大气科学前沿译丛

大气反应化学

秋元肇◎著
魏永杰◎译

图书在版编目(CIP)数据

大气反应化学 /(日) 秋元肇著 ; 魏永杰译著. —
北京 : 气象出版社, 2021.1
ISBN 978-7-5029-7387-2

Ⅰ.①大… Ⅱ.①秋… ②魏… Ⅲ.①大气化学-研
究 Ⅳ.①P402

中国版本图书馆 CIP 数据核字(2021)第 026072 号

北京版权局著作权合同登记:图字 01-2017-7874 号

大气反应化学
Daqi Fanying Huaxue

出版发行: 气象出版社
地　　址: 北京市海淀区中关村南大街 46 号　　**邮政编码:** 100081
电　　话: 010-68407112(总编室)　010-68408042(发行部)
网　　址: http://www.qxcbs.com　　**E-mail:** qxcbs@cma.gov.cn
责任编辑: 黄红丽　杨　辉　　**终　　审:** 吴晓鹏
责任校对: 张硕杰　　**责任技编:** 赵相宁
封面设计: 楠竹文化
印　　刷: 三河市君旺印务有限公司
开　　本: 710 mm×1000 mm　1/16　　**印　　张:** 24
字　　数: 478 千字
版　　次: 2021 年 1 月第 1 版　　**印　　次:** 2021 年 1 月第 1 次印刷
定　　价: 150.00 元

中文版序

我的《大气反应化学(大気反応化学)》一书在 2014 年出版日文版，现在非常高兴，在唐孝炎教授和魏永杰博士的努力下终于出版了中文版。

虽然科学的原理当然是国际化的，在国际上的科研交流也多以英文为主，但用母语学习科学的基础还是很重要的，因为我相信，用自己的语言思考，更容易有独创性和创造性的思想。如果我这本书的中文版能帮助中国大气化学家发展自己的研究，我会深感欣慰。

正如我在原版序言中所写的那样，想要"完全理解"大气化学这样的系统科学，就必须学习基础化学和物理学，这是解释大气现象，尤其是预测未来的信心所在。反应化学和动力学是物理化学的一个分支，是大气化学的基础知识之一，本书专攻这一领域，跳过了对综合大气化学的大量讨论。关于大气化学的整体内容，读者可以参考其他教科书。

这本书的原书是献给我在东京工业大学物理化学专业的博士生导师、已故的田中郁三教授，我在加州大学河滨分校大气化学专业的博士后导师、已故的 James N. Pitts 教授，以及加州大学欧文分校的 Barbara Finlayson-Pitts 教授，她是 20 世纪 70 年代初，和我一起在 Pitts 小组研究反应动力学的朋友。Pitts 教授和田中教授分别于 2014 年 6 月和 2015 年 2 月去世，就在日文版出版前后。我希望与大气化学有关的基本光化学和反应动力学能通过本书传承给下一代。

秋元肇
2019 年 4 月

序　言

健康的大气环境一直是社会可持续发展的重要组成部分，经济繁荣和城市化进程加快的同时，我国的大气污染问题也从 20 世纪 70 年代初较为简单的烟尘污染发展到 90 年代末开始并逐渐加剧的复合污染，出现了光化学烟雾、酸雨和细颗粒物等复杂的大气污染现象。在不断探讨和解决这些问题的过程中，大气环境科学学科也逐步成长壮大起来。我国大气环境科学研究发展至今大致经历了 3 个阶段：①局地光化学烟雾研究——大气一次污染向二次污染发展（1970—1984 年），以兰州西固地区的光化学烟雾为代表；②区域酸沉降研究——液相中的二次污染（1980—1996 年），以我国西南部地区的酸雨为代表；③大气复合污染研究（1997 年至今），以我国华北、东南乃至全国大范围的 $PM_{2.5}$ 重污染和臭氧污染为代表。由于大气具有氧化性的本质，所以大气污染过程无一不包含着复杂的无机物和有机物的大气化学反应。大气反应化学在揭示大气污染成因和机制、提高空气质量模型模拟和预测准确度，以及治理和控制污染过程中都起着至关重要的作用，是大气化学中非常基础和重要的组成部分。

日本著名大气化学家秋元肇先生，是 20 世纪 80 年代我在日本国立环境研究所（NIES）访学时结识的好友，他在大气环境化学方面拥有很高的成就，尤其在大气氧化剂方面，完成了很多高水平的研究。2014 年，他根据自己多年的研究积累出版了日文版的《大气反应化学》一书，随即又将其翻译成英文出版。2018 年，他来北大讲课的时候，跟我提出想将这本书译成中文并在中国出版的愿望。刚好我的学生魏永杰博士同时懂英文和日文，近年来又一直从事大气环境化学和大气环境健康的相关研究，也是秋元先生的好朋友，于是就请她进行翻译。她为本书的翻译工作投入了大量的时间和精力，付出了艰苦的努力，终于使《大气反应化学》中文版得以出版。

我们在大气环境方面已经有很多专业的教材和出版物，但还没有一本专门论述大气反应化学的书籍。希望这本教材能够尽快被大气环境工作相关的科研人员、老师和学生们读到，能够为他们提供相应的科学知识，了解大气化学的复杂和意趣，同时也希望听到他们的宝贵意见。

（中国工程院院士、北京大学教授　唐孝炎）

2020 年 12 月

译者前言

反应化学是物理化学的一个分支，大气反应化学是大气化学、大气环境化学的重要基础，它从量子化学的光谱学、光化学和反应动力学角度对发生在大气中的各种化学反应进行了科学解释。本书是日本著名大气化学家秋元肇先生根据数十年的教学、科研和实践经验编写的教科书，主要内容涉及大气化学相关的基本光化学均相和非均相反应动力学等，是希望深入了解大气反应化学机理的科学工作者的参考书和工具书。

秋元肇先生是我在北京大学攻读博士学位时的恩师唐孝炎院士的好友，当时我刚刚入门学习大气化学，又因为我们可以用日文交流，所以从2003年开始，跟秋元先生成为了忘年好友。秋元先生每年都要来北大访问一到两次，他喜欢中国的文化、中国的流行歌曲、中国的美食，更喜欢跟唐先生一起探讨大气化学的发展。他几乎可以读出所有的汉字，一直用来学习中文的教材就是唐先生编写的《大气环境化学》(1990年版)。2009年开始，秋元先生每年都会在唐先生为本科生开设的“环境问题”课上，作为国际知名大气化学专家讲授臭氧全球污染的案例和进展，开拓了学生们的国际视野。

2018年秋季，秋元先生希望将他以日文和英文出版的《大气反应化学》一书翻译成中文，我很认真地接下了这个任务。一年多来，英日文版对照，边译边学，终于在2020年中交稿，如释重负又心怀忐忑。希望能够不辱使命，让我国的大气环境工作者和学生们尽早看到这本教材。在翻译的过程中，我还有幸得到了唐先生的丈夫刘元方院士的指导。从这些老一辈科学家身上，我学到了很多东西，尤其是他们对待科学的严谨和执着。祖述有自，薪火相传，感谢前辈们的谆谆教诲，感谢身边同事和家人的支持，也感谢年轻时自己的努力。

本书作为大气化学研究的教材，包含了大气化学的很多基础知识和常见数据。

本书参考文献格式保留原书的表达。希望它的出版，能给致力于大气环境研究的同行、学者和学生们提供有力的科研帮助。同时，由于我在光量子化学和翻译等专业领域的疏浅，本书的译文难免会有言不尽意之处，欢迎读者切磋交流，批评指正。

魏永杰
2020 年 10 月

日文版前言

大气化学作为一门与全球环境息息相关的基础科学，至今已有25年以上的历史。这一时期，大气化学根据大气微量成分的生物地球化学循环规律，解决了许多重要的大气环境问题，如臭氧消耗、臭氧和氧化剂污染、气溶胶和 $PM_{2.5}$ 污染、空气污染-气候变化相互作用等。大气化学就是从这样一个整体性角度出发，赋予环境问题的研究意义，用综合的视角来解释现象与人类活动之间的因果关系。近十几年来，从这个角度出发，编写了许多优秀的大气化学教科书。

另一方面，我们需要做些什么才能使这种现象真正地被“理解”、并且在未来的预测中能够被证明是可靠的呢？在大气化学领域，当根据其各自的基本原理解释由物理和化学过程导致的现象时，可能只能感觉到这种现象被“理解”了。因此，那些有志于研究大气化学的人需要学习基础物理和化学。反应化学是物理化学的一个分支，是大气化学的基础学科之一。在反应化学中，“理解”意味着可以通过基于量子化学的光谱学，光化学和反应动力学适当地解释化学反应。在这本书中，我们省略了对丰富的大气化学的整体讨论，是重点讨论大气化学中的一个内容——大气反应化学。这是一本专门针对大气反应化学的教科书，关于大气化学的一般理论，您可以使用现有的书籍进行补充学习。

本书旨在帮助希望学习大气化学的本科生和研究生获得有关大气化学反应的基础知识，尤其是基础的思考方法，并为大气化学研究人员提供化学反应的参考。我特别希望化学专业的学生阅读，以了解隐藏在各个化学反应中的更深层的物理化学和量子化学含义。另外，我希望物理和气象学领域的学生阅读以理解化学反应的原理和基本思想。

在大气化学中起重要作用的大多数小分子可以通过光谱、反应动力学、光化学、热化学等准确描述。与它们有关的光解反应和气相均相反应已经被系统地阐明，并且许多过程从本质上是已知的。另一方面，本书所论述的化学反应不包括人为源芳香烃和植物源碳氢化合物等复杂的VOCs氧化过程、高沸点氧化产物形成有机气溶胶的机理以及颗粒物/气溶胶的表面反应等。从量子和物理化学角度来看，有很多问题还不清楚。这些未能得到明确解释或价值的内容，现阶段还不适合将其纳入教科书中。本书未对该领域进行系统梳理，仅限于介绍当前的研究。但是，这些研究反而是许多研究人员很感兴趣的领域，因此，本书可能在不久的将来即会被重写。

由于这本书是作为教科书编写的，因此不可能总是列出足够数量的参考文献。我尽力引用了最重要的论文，但是如果有很多篇相关论文，可能在引用时有些会随意，在此对参考文献中遗漏的研究人员表示歉意。另外，许多化学物质的测量值和大气浓度的波动都是直接引用了已有的出版物，并未参考原始来源。另一方面，关于吸收截面和反应速率常数，我们充分利用了 NASA/JPL 小组评估和 IUPAC 小组委员会的评估报告，并在此之后更新了重要发现。在以往关于大气化学的出版物中，主要参考了 Finlayson-Pitts 和 Pitts(2000)在对流层化学方面的工作、Brasseur 和 Solomon(2005)在平流层化学方面的工作以及 Seinfeld 和 Pandis(2006)在这两方面的工作。在写这本书时，我也充分借鉴了冈部英夫博士于 1978 年撰写的 *Photochemistry of Small Molecules* 一书的结构。

这本书我将献给我在东京工业大学物理化学专业的研究生教授田中郁三、已故美国加州大学河滨分校大气化学博士后教授 James N. Pitts，还有我的在美国加州大学欧文分校一起做实验的好朋友 Barbara Finlayson-Pitts 教授。日本在 20 世纪 60 年代仍然很贫穷，在研究方面也很孤立，是田中教授打开了我对光化学和分子科学国际研究的视野。Pitts 教授带领我进入了光化学氧化剂和对流层臭氧的研究之路，他在科学和政策方面开创性的方法对我产生了极大的影响。然后，是 Barbara，像我研究方向上的“北极星”，使我的专长从物理化学转变为大气化学。最后，我想把这本书献给我的妻子洋子，她虽然没有直接参与科学，但是却一直陪伴在我这个大气化学家身边。遗憾的是，Pitts 教授于 2014 年 6 月去世，未能看到本书的出版。

在阅读书稿的每一部分时，我要感谢秋吉英治、今村隆史、梶井克纯、金谷有刚、竹谷文一、谷本浩志、广川淳、松见丰博士等提出的有益的建议。特别要感谢广川博士，他检查了所有有关非均相反应的公式，并提出了易于理解的形式。感谢日本环境卫生中心/亚洲空气污染研究中心以及工作人员在编写本书时所付出的时间和给予的支持。最后，我还要感谢朝仓书店的编辑部门为完成本书所做的巨大努力。

秋元肇
2014 年 7 月

目　录

第 1 章　大气化学简介

本章主要是对大气化学的简介。概述了此领域从现代化学萌芽到大气化学诞生的发展过程。1.3 节列举了大气化学与大气化学方面迄今为止出版的教科书。另外，在本章末尾列举了在撰写本章过程中的参考文献。

1.1　现代化学与大气化学的萌芽

现代化学的诞生与大气化学有着不可分割的联系。大气化学萌芽于 18 世纪后半期的英格兰，当时提出的“空气化学”概念引起人们极大的兴趣，也预示着现代化学的萌芽。布莱克于 1755 年发现了二氧化碳（CO_2），同一时期，卡文迪许在 1766 年发现了氢，之后，卢瑟福于 1772 年发现了氮，普利斯特列在 1774 年发现了氧。此外，很多在今天被认为是空气污染物的空气成分，例如：一氧化氮（NO）、二氧化氮（NO_2）、二氧化硫（SO_2）、氯化氢（HCl）、氨气（NH_3）和氧化亚氮（N_2O），也在同一时期相继被发现。

18 世纪后半期也正是从炼金术转变至现代科学的时期。要提一下的是，尽管炼金术的日语单词“鍊金術”源于中文，看起来具有深奥的内涵，但是英文中对应词汇“alchemy”取阿拉伯语中“al”代替冠词“the”，使“炼金术”与“化学”之间的连续性更加自然。

并且，这也是燃素说提出的时期，尽管该理论最终被驳倒，但在当时的世界引起了轩然大波。它假设燃烧是可燃物质中燃素损失的结果。而今天，我们知道燃烧是与空气中氧气结合引起的剧烈放热反应的结果。但是根据那个时期的燃素说，燃烧则被认为是燃素与火焰一起从燃烧物质中急剧升起并释放到空气中时发生的一种现象。燃素说是当时学术界所提出的主流理论，并且在相当长的一段时间内，被认为是正确的。该理论的错误性，直至 1774 年拉瓦锡阐释了质量守恒定律后才被最终确认，并且人们开始知道，物质燃烧后留下的灰烬并非比原始物质轻，而是比原始物质更重了。由此来看，“空气化学”与燃素说相关，促进了现代化学的开端。与此同时，虽然当时并未被人们意识到，但大气化学也就是在这一时期悄悄拉开了序幕。

臭氧层与大气之间的关系，使化学家们越来越了解大气化学的相关知识。1839

年，德国/瑞士化学家舍拜恩(Schönbein)在其实验室中发现了臭氧分子，此后臭氧便被认为是地球大气化学的关键成分。1860 年，在分子形式的臭氧发现约 20 年后，人们在地球表面附近的大气中发现了臭氧，而由此便揭开了臭氧与大气的研究。从此之后，人们开始热衷于测量大气中的臭氧含量，在欧洲的很多地方开始了测量地表附近臭氧含量的工作。得益于这一热潮，19 世纪末的臭氧浓度得以以数据资料的形式记录了下来。这些数据非常重要，它们在 20 世纪对流层臭氧升高的研究中极具参考价值。当时臭氧测量的方法是将浸透碘化钾(KI)溶液的滤纸暴露于空气中，之后测量溶液发生氧化时呈现的紫褐色色度来确定臭氧浓度的方法叫作舍拜恩测量法。而时至今日，日本使用的湿式臭氧分析仪，就是以同样原理制作的自动化装置。

另一方面，在这一时期，臭氧的实验室合成得以实现。一位爱尔兰化学家——哈特莱(Hartley)，提出了测量吸收光谱的方法。其结果发现，臭氧能够非常强烈地吸收波长在 200～320 nm 的紫外线，因此，这个吸收带便以此化学家的名字命名为“哈特莱谱带”。目前测量环境中臭氧浓度的标准方法所使用的一种紫外线吸收仪器，就是以哈特莱谱带为基础研发的。臭氧吸收光谱的数据在大气化学方面起到了非常重要的作用，引导人们在平流层发现了臭氧层。在此之前，科学家们已经测量了太阳光谱，并且认识到波长短于 300 nm 的紫外线根本不能到达地球表面。因为这些紫外线波长的界限与在实验室测量的臭氧吸收光谱上升的波长一致，1880 年左右，哈特莱认为这毫无疑问是大气中存在着高浓度臭氧的结果。此后，因为按照当时地球表面附近测量到的臭氧浓度数据不能解释该浓度下太阳紫外线衰减的程度，有推断说更大量的臭氧存在于上层空气中。平流层臭氧层的存在，于 20～30 年后 20 世纪初的 1913 年，由两位法国物理学家法布里(C. Fabry) 和布桑(H. Buisson)验证确认。

但在那之前，由法国气象学家泰塞伦·德·波尔特(Léon-Philippe Teisserenc de Bort)于 1902 年发现了温度随高度升高而上升的平流层的存在。平流层早于臭氧层被发现，臭氧层通常在平流层中存在，但实际上臭氧层是在地球大气层中预先形成的，所以平流层是因臭氧层而形成。因为臭氧能高效吸收阳光，所以在臭氧浓度高的地方，大气温度上升，导致出现逆温现象，即温度随着高度升高而上升，导致了平流层的形成。与当前地球大气层中的氧气浓度相比，在地表以上 20～25 km 的地方，臭氧浓度最高。然而随着高度升高，空气密度下降，热容量变小，平流层温度的峰值出现在大约 50 km 的地方，而不是在臭氧层的中心。

研究大气化学的科学家们将注意力集中在了大气化学反应。对大气化学反应的研究主要有两大流派——一个是地球物理学流派，另一个是环境科学/地球化学流派。来自地球物理学视角的研究，植根于对大气臭氧化学的研究，旨在阐明臭氧层在平流层中的形成原因。英国地球物理学家查普曼(Chapman)率先阐明，当地球大气中的氧气被阳光照射时，通过光化学反应形成臭氧层。这就是发表于 1930 年，众所周知的查普曼机制。因为查普曼机制只将氧气看作地球大气中吸收阳光的一种成分,也被称为“纯氧理论”。氧气在光照下被光解成两个氧原子,这些氧原子与其他氧分子结合形成臭氧。如果只有这种简单的过程发生,那么随着时间的推移,所有氧气最终都将转化成臭氧。尽管如此,这种情况并未发生,因为产生的臭氧在阳光下也会发生光解作用,并与氧原子发生反应,最终还原成氧分子。通过此过程,氧气和臭氧在阳光中重复产生和分解,形成一种光化学平衡状态。根据氧气与臭氧的吸收光谱、阳光辐射强度、氧原子与臭氧和氧气的反应速率常数以及地球大气中氧分子密度在不同高度的分布,查普曼计算出在不同高度所产生的臭氧含量,并成功解释了在海拔 20～25 km 臭氧层的形成过程。查普曼在臭氧浓度的计算中忽略了除氧气以外的微量气体的化学反应,因而其获得的数值与我们现在的测定值相比,高估约两倍。但是其获得的臭氧随高度分布的数据成功再现了实测的结果。

此后,从 20 世纪 60—70 年代的平流层化学反应研究中,人们开始考虑大气中所包含的痕量组分的化学反应,例如:H_2O/CH_4, N_2O 和 CH_3Cl,带来了重大的学术进步,为大气中称为“HO_x、NO_x 和 ClO_x 循环”的重要连锁反应理论的系统化做出贡献的同时,消除了前述与平流层中臭氧浓度观察结果的不一致。该理论在 1974 年得到进一步发展,莫里纳(Molina)和罗兰德(Rowland)预测臭氧层因含氯氟烃(CFC)而不断被消耗,该理论有助于解决臭氧层损耗这一重大环境问题。

与此同时,从环境科学的角度对对流层化学的研究可追溯到工业革命期间。由于煤炭燃烧引起了严重的环境污染,从 18 世纪下半期,英国开始测定降雨和降雪中的化学成分。“酸雨”一词是 19 世纪苏格兰化学家安格斯・史密斯(Angus Smith)所创造的。当时发现,在城市降水中含有硫酸和硫酸铵,郊区的降水中含有硫酸铵,在未被污染的偏远地区通常含有碳酸铵。尽管早期对这种空气污染的研究一直集中于地球科学中的降水科学和气体气溶胶科学的学术研究,但在地球化学中,空气化学(air chemistry)与海洋化学、矿物化学等相比较,它的存在就显得过于普通了。此外,对于大气中微量元素进行研究的环境科学和地球化学,主要从分析化学的角度加以研究,并未对大气中化学反应研究的发展起到重要作用。原因之一在于,与平流层相比,对流层一般被认为是化学的静态场。

直到 20 世纪 40 年代后期,空气污染研究迎来了大气化学反应研究大发展的契机,这一时期,在美国南加州出现了光化学烟雾。夏天,白雾笼罩着整个洛杉矶盆地,报道称农作物遭到不断破坏,树叶枯萎、庄稼枯死等,除此之外,也出现了大量的健康问题,如眼部发炎和呼吸系统疾病等。直至 20 世纪 50 年代,这些问题持续出现,但导致这些问题的原因却在很长一段时间内都是一个不解之谜。这是因为在这个区域的主要空气污染物,包括汽车尾气中的碳氢化合物与氮氧化物,并不会直接导致健康问题和庄稼受害。这一谜题被美国加州理工学院教授哈根-史密特(Haagen-Smit)成功解决。哈根-史密特进行了一系列实验,将汽车尾气暴露于紫外线,证明了污染空气中的光化学反应会导致臭氧为首的氧化性物质(氧化剂)的形成,这些氧化剂会对人类健康和植物造成伤害。臭氧和其他大部分氧化剂都是无色气体,并且不会降低能见度。但是在臭氧生成的同时,由于大气化学反应,会产生大量的颗粒态二次气溶胶,就生成了降低能见度的"白雾"。

20 世纪 60—70 年代对于光化学烟雾机理的研究,使对流层大气化学得到迅猛发展,在学术领域,被看作对流层(包括自由对流层)化学的一部分。最为重要的例子是在 20 世纪 70 年代早期提出的对流层 OH 自由基链式反应理论。这使得光化学大气污染反应机理成为不可动摇的事实,与此同时也为下一代对流层化学研究科学工作者提供了基础理论,并且因为与全球环境问题具有直接关系而更具普遍性。

1.2　向大气化学发展

这种被看作主要是臭氧层化学和光化学烟雾化学的大气化学,在 20 世纪 80 年代进入重要过渡期,是从"大气中的化学"到"大气化学"的进化。直到 20 世纪 80 年代,大气化学已被看作是构成部分地球物理学的基础知识。对流层化学则被视为与空气污染有关的一个化学应用领域,而不属于基础科学的范畴。尽管如此,20 世纪 80 年代中期,在历史上从未被视为是一种科学形式的对流层化学,经历了巨大转变,首次被广泛地看作一个学术研究领域。与此同时,包含对流层和平流层化学的大气化学,成为组成地球科学一部分的新的基础学科。虽然过去的"大气(空气)化学"专注于大气组分的分析和反应化学等方面,"大气化学"更寻求阐明天然源和人为源等污染源对大气中微量化学成分的释放过程、大气中的传输过程以及传输过程中的化学转归、大气中微量化学成分的干湿沉降去除等一系列过程中的物质平衡。大气化学成为一种新的具有系统的科学性的学术领域,旨在阐明大气中的微量化学成分在全球、区域以及城市范围内的空间分布与时间演变,以及这些组分的生物地球化学循环。20 世纪 80 年代后半期,恰逢全球环境新时代的开端,大气化学作为以研究全球温暖化、臭氧层破坏、酸雨等为首的,由于人类活动所引起的全球变化的有用的基础性学科,与大气物理学、海洋物理/化学、陆地/海洋生态学等并列。大气化学是一门跨学科领域的科学,是将物理化学、分析化学、地球物理学、气象学和生态系统科学等传统学科结合在一起的学科。为系统地建立这样的一个整体学术领域,有必要确保构成该领域的各个学科元素得到有机的结合。

在此背景下,本书是以传统物理化学的一部分反应化学动力学为基础,以大气化学的一个重要部分"大气反应化学"为对象形成的教科书。作为系统科学的大气化学,文后列有若干相关优秀教科书,有兴趣的读者可以参考这些书籍,获得有关此学科的更多信息。

1.3 大气化学书籍

20世纪60年代撰写的有关大气化学的两本书籍是：

- Leighton, P. A., Photochemistry of Air Pollution, Academic Press, 300pp, 1961,来自光化学空气污染研究；
- Junge, C. E., Air Chemistry and Radioactivity, Academic Press, 382 pp, 1963,来自地质化学分支。

这些书籍可以被称作是大气化学家的圣经。

20世纪70—80年代撰写的书籍有：

- Phillips, L. F. and M. J. McEwan, Chemistry of the Atmosphere, 301 pp, Wiley & Sons, 1975.
- Heicklen, J., Atmospheric Chemistry, 406pp, Academic Press, 1976.
- Shimazaki, T., Minor Constituents in the Middle Atmosphere, 444 pp. D. Reidel, 1985.
- Wayne, R. P., Chemistry of Atmospheres, 355pp, Clarendon Press, 1985.
- Finlayson-Pitts, B. J., J. N. Pitts, Jr., Atmospheric Chemistry, 1098 pp, John Wiley & Sons, 1986.
- Seinfeld, J. H., Atmospheric Chemistry and Physics of Air Pollution, 738pp, John Wiley & Sons, 1986.
- Warneck, P., Chemistry of the Natural Atmosphere, 753 pp, Academic Press, 1988.
- 小川利紘,大気の物理化学,224 pp,東京堂出版,1991.

在大气化学研究尚未如此普遍的时代,这些出版物是那个时代的先锋教科书。尽管它不是有关大气化学的教科书,但是在很长时间里,是对大气化学家有用的、有关光化学的教科书,也是本书撰写过程中章节构成的光化学参考书。

- Okabe, H., Photochemistry of Small Molecules, 431 pp, John Wiley & Sons, 1978.

20世纪90年代,对于全球环境问题的强烈意识开始出现,系统科学观点加强,此时出现的“大气化学”时代的教科书如下：

- Graedel, T. E. and P. J. Crutzen, Atmospheric Change, 446 pp, W. H. Freeman and Company, 1993(地球システム科学の基礎,河村公隆・和田直子訳,400 pp,学会出版セン一,2004).

这是一本主要针对本科学生,以一个地球系统为视角,了解在大气层、岩石圈、水圈以及生物圈中各种现象的教科书。大气化学、淡水与海水被广泛讨论,可用作以大气化学为内容的课堂中的补充书籍。

- Brasseur, G. P. , J. J. Orlando, G. S. Tyndall, Eds. , Atmospheric Chemistry and Global Change, Oxford University Press, 1999.

从大气化学与全球环境问题、进程、化学组分、臭氧变化、气候变化等方面的相关视角，于每个章节由各个领域专家进行讨论。在每一章节的末尾，都包含由大气研究领域的高级科学家撰写的论文，非常有价值。

- Warneck, P. , Chemistry of the Natural Atmosphere, 2nd Edition, 927 pp, Academic Press, 1999.

它是1988年出版的原始书的第2版。涵盖了化学反应，天然源与人为源，气相中的去除过程，以及气溶胶、云、降水和大气组分的全球分布和生物地球化学循环。

- Jacob, D. , *Introduction to Atmospheric Chemistry*, 264 pp, Princeton University Press, 1999.（大気化学入門，278 pp，近藤豊訳，東京大学出版会，2005）

本书的内容以该作者在哈佛大学的演讲为基础。这是一本浓缩型教科书，包括可以在一个学期内学完的大气化学基础概论。同时，这本书选取了对大学生而言非常重要的环境问题作为主题。

- Finlayson-Pitts, B. J. and J. N. Pitts, Jr. , Chemistry of the Upper and Lower Atmosphere, Academic Press, 969 pp, 2000.

此书详细描述了物理化学的基本原理，例如：光谱学、光化学、反应动力学、均相非均相反应机理等；讲述了包括臭氧层破坏、光化学氧化剂、酸沉降、有害空气污染物、室内污染等，并以大气化学为基础，提出了各类大气污染问题相应的解决对策。

- Wayne, R. , Chemistry of Atmospheres, 3rd ed. , 775 pp, Oxford University Press, 2000.

除了平流层与对流层化学，还包含了大气中间层中的离子与大气辉光，以及行星大气层化学。在光化学一章中增加了对云水和非均相反应化学过程的描述，在第三版中增加了对反应动力学的描述。

- Hobbs, P. V. , Basic Physical Chemistry for the Atmospheric Sciences, 2nd Edition, 208 pp, Cambridge University Press, 2000.

该书简明描述了对于学生学习大气科学与行星科学非常必要的化学原理，如：化学平衡、化学热力学、反应动力学、光化学等，还可与以下书籍组合成供学生使用的配套大气化学教科书。

- Hobbs, P. V. , Introduction to Atmospheric Chemistry, 276 pp, Cambridge University Press, 2000.

该书简明地为学生概括讲述了大气化学的基础内容，包括空气污染、臭氧层空洞、全球变暖等。书中提出了很多问题，并给予了相应回答。

・秋元肇,河村公隆,中澤高清,鷲田伸明編,対流圏大気の化学と地球環境,223 pp,学会出版センター,2002.

该书以日本财政补贴在该领域的首个大项目"对流层化学全球动力学"研究为基础。讲述内容包含温室气体、对流层光化学反应和反应性痕量组分、大气均相和非均相反应以及气溶胶及其前体物等。

・McElroy, M. B., The Atmospheric Environment: Effects of Human Activities, 326 pp, Princeton University Press, 2002.

这是一本哈佛大学使用的教科书,使用对象为环境科学与社会政策科学专业的学生,作为全球环境问题基础课程教材使用。以一种可理解的方式,描述了基础的大气物理学和化学、碳、氮和硫循环、对流层化学和降水化学、气候变化以及其他课题。

・Brasseur, G. P and S. Solomon, Aeronomy of the Middle Atmosphere: Chemistry and Physics of the Stratosphere and Mesosphere, 3rd ed., 644 pp, Springer, 2005.

这是一本独特的教科书,主要讲述平流层和中间层的物理学与化学。在每个章节中,都讲述了动力学、传输、辐射以及化学组成等。特别是关于臭氧层,在化学组成和臭氧扰动论一章中,包括了气相反应和极地平流层(PSC)非均相反应,详细解释了来自模拟和观察的数据。

・Seinfeld, J. H. and S. N. Pandis, Atmospheric Chemistry and Physics: From Air Pollution to Climate Change, 2nd ed., 1,203 pp, John Wiley and Sons, 2006.

除了平流层和对流层均相反应,还详细解释了气溶胶特性、流体动力学、热力学、成核现象、沉降过程、有机气溶胶、气候影响等。尤其着力于从基本原理开始对每个过程的仔细阐释。

・Holloway, A. M. and R. P. Wayne, Atmospheric Chemistry, 271 pp, The Royal Society of Chemistry Publishing, Cambridge, 2010.

该书针对化学专业的学生,用于学习大气化学。虽然是由以上所列作者之一的Wayne撰写,但它比上述的《大气化学》一书更为精简。本书最特别之处在于,用不同的章节分别就微量气体的源和汇、平衡和大气寿命等概念进行了描述。

参考文献

Brock, W. H., The Fontana History of Chemistry, Harper Collins Publishers, 1992.(化学の歴史I,大野　誠・梅田　淳・菊池好行訳,朝倉書店,2003.)

Cowling, E. B., Acid precipitation in historical perspective, Environ. Sci. Technol., 16, 110A-123A,1982.

Ihde, J. A., The Development of Modern Chemistry, Harper & Row Publishers, New York,

1964.（鎌谷親善，藤井清久，藤田千枝訳，現代化学史 1，みすず書房，1972.）
Warneck, P., Chemistry of the Natural Atmosphere, Academic Press, 1988.

第 2 章　化学反应基础

大气化学反应系统由气相中的光解反应和均相反应，以及包括颗粒表面的多相反应在内的多相过程组成。在本章中，我们将基于物理化学原理讲述光化学、均相和多相反应的化学动力学。本章描述的化学反应的许多基础知识已相对完善，本章末尾列有推荐的参阅书目，以供想要更多了解这些内容的读者阅读。2.4 节中给出的多相非均相反应近年来引起了更多的关注，并且作为研究领域，仍在持续发展中，且研究方式并未标准化。

2.1　光化学与光解反应

2.1.1　光化学第一与第二定律

光化学第一定律亦称作格络塞斯-德雷珀定律，即“只有被化学物质吸收的光才会引起光化学反应”，换句话说，“没有光吸收，就没有光化学反应”。光化学第一定律指出，如果一个分子在光照波长区域内没有吸收光谱，那么即使受到强光照射，或光照的量子能量大于受光照分子键的解离能，光化学反应也无法发生。这意味着，理解光化学反应的第一步是掌握分子的吸收光谱，大气化学讨论的起点应该是理解大气成分与太阳辐射吸收光谱波长范围的交叉部分。

光化学第二定律亦称作光化当量定律，或者斯达克-爱因斯坦定律（Stark-Einstein law），即“光吸收发生在光子的量子单元中”或“一个分子吸收一个光子，相应地，一个或更少的分子可以被相应地光解”。

光的量子能量 E 表示为

$$E = h\nu = \frac{hc}{\lambda} \tag{2.1}$$

式中，h 为普朗克常数 6.6262×10^{-34} J · s，c 为光在真空中的速率 2.9979×10^{8} m · s^{-1}，ν 为光的频率（s^{-1}），λ 为光波长。大气化学中出现的可见光与紫外光波长，通常用纳米（1 nm＝10^{-9} m）表示，但历史上，也经常使用埃（1Å＝10^{-10} m）作为单位。并且，在红外区域，普遍使用波数 ω（cm^{-1}），它是单位为厘米的波长 λ 的倒数。光化学的第二定律的含义是分子通过对应于每个波长的量子化能量来吸收光，见式(2.1)。

实验化学中，经常使用摩尔而非分子(1 mol＝6.022×10[23]分子；阿伏加德罗常数)。1 mol光子能量的单位称为爱因斯坦。波长为λ(nm)的光，每爱因斯坦光子能量表示为

$$
\begin{aligned}
E &= (6.022\times 10^{23})\times\frac{hc}{\lambda}\\
&= \frac{1.196\times 10^{5}}{\lambda}\text{kJ}\cdot\text{爱因斯坦}^{-1}\\
&= \frac{2.859\times 10^{4}}{\lambda}\text{kcal}\cdot\text{爱因斯坦}^{-1}\\
&= \frac{1.240\times 10^{3}}{\lambda}\text{eV}
\end{aligned}
\tag{2.2}
$$

表2.1列出了本书中的物理常数值。表2.2列出了化学中常用的能量单位间的转换表，如：kJ(千焦耳)，kcal(千卡)，eV(电子伏)。表2.3给出了具有相应可见光和紫外光波长的1爱因斯坦光子能量转换表。我们在第4章中列出了单个分子光解过程的阈值。

表2.1　物理常数

常数	数值
玻尔兹曼常数(k)	1.3807×10^{-23} J·K^{-1}
普朗克常数(h)	6.6261×10^{-34} J·s^{-1}
光速(真空中)(c)	2.9979×10^{8} m·s^{-1}
阿伏加德罗常数(N)	6.0221×10^{23} mol^{-1}
气体常数(R)	8.3145 J·K^{-1}·mol^{-1}＝0.082058 L·atm·K^{-1}·mol^{-1}

表2.2　能量转换表

		kJ·mol^{-1}	kcal·mol^{-1}	eV
kJ·mol^{-1}	＝	1	×0.2390	×0.01036
kcal·mol^{-1}	＝	×4.184	1	×0.04337
eV	＝	×96.49	×23.06	1

表2.3　每摩尔光量子能对应于典型的可见紫外光

光的波长(λ)	每摩尔光量子能(E)		
nm	kJ·爱因斯坦$^{-1}$	kcal·爱因斯坦$^{-1}$	eV
600	199	47.7	2.07
500	239	57.2	2.48
400	299	71.5	3.10
300	399	95.3	4.13
200	598	143.0	6.20
100	1196	285.9	12.40

λ(nm)＝119600/E(kJ·爱因斯坦$^{-1}$)＝28590/E(kcal·爱因斯坦$^{-1}$)＝1240/E(eV)

2.1.2　光解量子产率

即使一束光具有足够能使光解离的能量，照射到满足光化学第一定律的分子上，该分子也不一定就能被光解。换言之，满足第一定律是光解作用的必要条件，但不一定是充分条件。当分子吸收可见光和紫外区域的光时，它们通常可达到电子激发态。图 2.1 和图 2.2 阐明了双原子分子在最简单情况下的势能曲线。图中横坐标是分子的原子间距，纵坐标是势能。原子或分子最稳定、最低能量状态称作基态，较高能量状态称作激发态。图 2.1 是激发态处于不具有潜在最小值的排斥状态的示例。在这种情况下，处于激发态的分子 AB^*（右上角加星号表示原子和分子处于电子激发态），吸收光后，立即分解成 A＋B 或 A^*＋B。图 2.1 的例子说明，通常，当吸收具有较短波长（较高光子能量）的光时，会离解成诸如 A^*＋B 型的激发态原子。基态能量曲线中的水平线表示基态中的振动能级（ν''）。

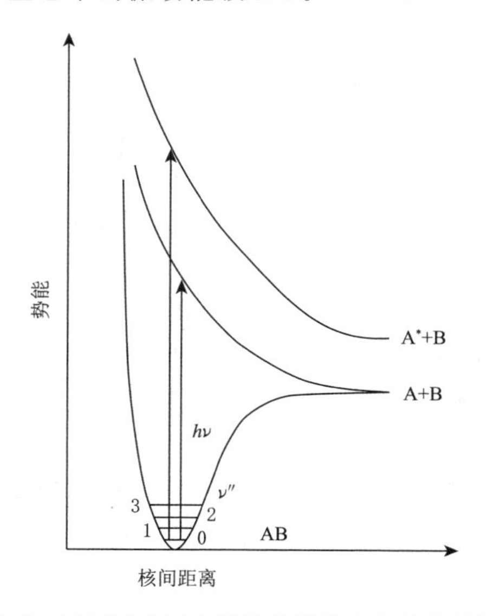

图 2.1　双原子分子电子排斥激发态的势能曲线图

图 2.2 列举了一个处于束缚激发态的分子，它在势能曲线中具有最小值。束缚激发态的水平线表示激发态的振动能级（ν'）。在这种情况下，即使激发态势能高于解离能，激发分子也不能立即解离，并在一定时间内保持激发态。在此期间，分子可能会发光并以自然的辐射寿命返回基态。在此类情况下，不会发生光离解。尽管如此，束缚激发态的能量曲线常常与排斥位能曲线交叉出现，导致分解成图 2.2 中虚线表示的 A＋B。当吸收的光子能量高于交叉点时，束缚激发态将转换为排斥态，导致分解成 A＋B。这种形式的解离叫作“预解离”。而且，当束缚态被具有高于 A^*＋B 分解能量的较高能量激发时，分子将立即分解成 A^*＋B。

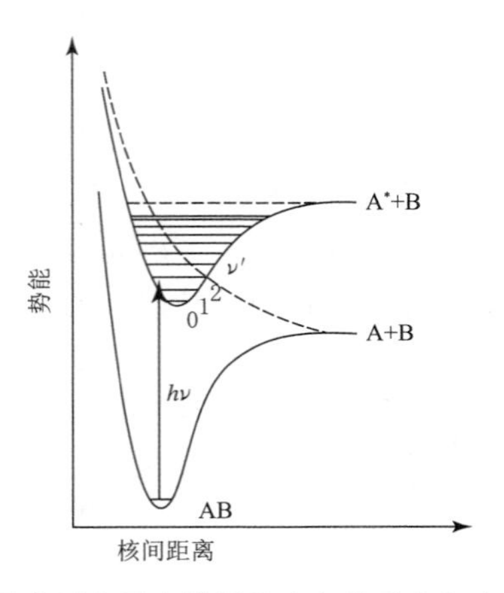

图 2.2　双原子分子电子束缚激发态与排斥态相交的势能曲线图

对于图 2.1 或图 2.2 的情况，光激发是适用的，可以通过吸收光谱的出现来判断它是连续的还是具有带结构的。在图 2.2 的情况下，由于吸收发生在束缚激发态中的振动能级，吸收光谱呈现为能带结构。图 2.3 和图 2.4 分别列举了氯气（Cl_2）（Maric 等，1993）和碘（I_2）（Saiz-Lopez 等，2004）的吸收光谱。氯气（Cl_2）在波长 250～450 nm 区域的吸收光谱呈现为连续体，这意味着在该区域中对应于光吸收的激发态的势能曲线是排斥的。如我们所知，在该波长区域，光激发后的 Cl_2 分子会立即分解成两个基态氯原子 Cl($^2P_{3/2}$)。而碘（I_2）的吸收光谱在 500～650 nm 区域呈现为带状结构，与 400～500 nm 区域的连续光谱重叠。后者区域中的能带结构对应于向势能曲线中具有最小值的亚稳态的转变。一般来说，分子被激发进入此种状态而进行光解离的可能性，需要通过实验进行验证。图 2.4 显示了与连续体重叠的带状结构，通常对应于上面提及的预解离。对于一氧化碳（CO）的情况，图 2.5 中给出了一个对应于没有预解离的纯束缚势能曲线的激发光谱（Myer 和 Samson，1970）。在

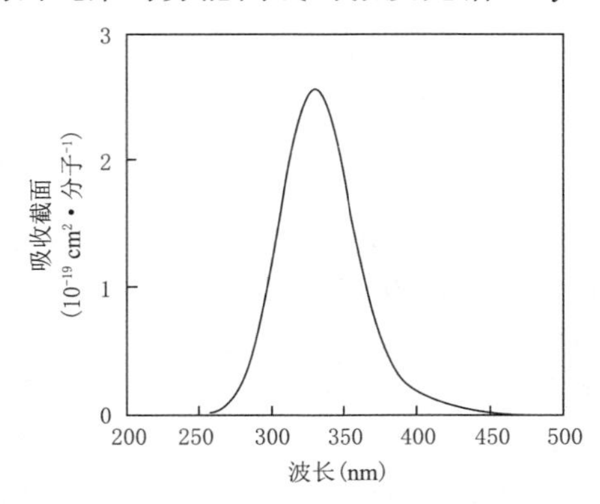

图 2.3　Cl_2 的吸收光谱（改编自 Maric 等，1993）

此情况下，光谱呈现为明显的离散带状，并且被激发的分子未光解，而是返回基态，释放荧光，或通过被另一个分子碰撞而失活，又称为淬灭。

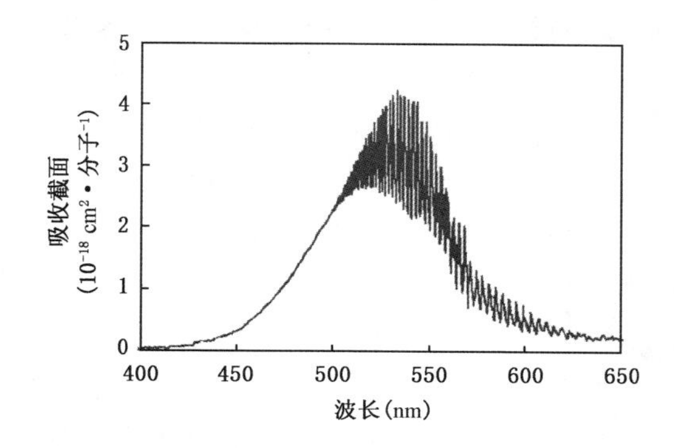

图 2.4　I_2 溶液的吸收光谱：500～630 nm 为 0.1 nm，其他区域为 1 nm
（改编自 Saiz-Lopez 等，2004）

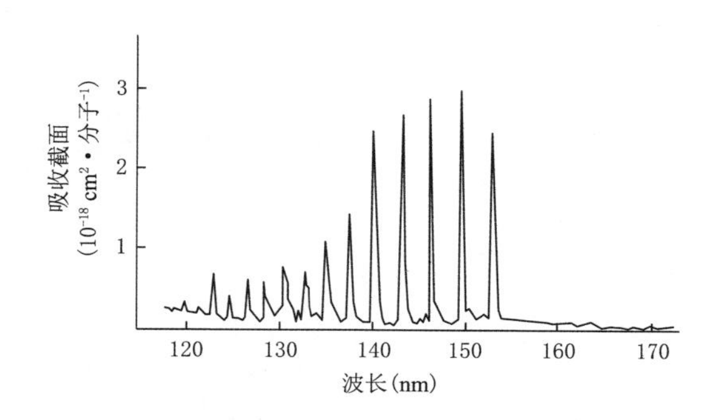

图 2.5　CO 溶液的吸收光谱：0.025 nm(改编自 Myer 和 Samson，1970)

迄今为止，一般以双原子分子作为例子来解释此现象。对于由 n 个原子组成的多原子分子的情况下，光激发势能曲面($n-1$ 维)和吸收光谱的概念完全相同，只是势能曲面是 $n-1$ 维度。由于光解离可以发生多个过程，比如：ABC→AB＋C、A＋BC，因此，必须考虑每个解离原子间距离的多维势面。

每个吸收光子的分子的解离概率称为光解量子产率。因此，将光解量子产率 Φ 定义为

$$\Phi = \frac{\text{解离的分子数}}{\text{吸收的光子数}} \tag{2.3}$$

根据该定义，光解量子产率的最大值和最小值分别为 1 和 0。

从光激发和吸收光谱之间的关系来看，当吸收光谱是连续的、并且如图 2.1 所示，通过光吸收在排斥激发电位曲面上激发分子的情况下，光解量子产率一般为 1。另一方面，当吸收光谱为带状结构，分子被激发成图 2.2 所示的束缚态，光解量子产

率一般为 $0 \leqslant \Phi \leqslant 1$，该值需要根据实验结果确定。

当一定波长的光激发一个分子时，光解离可以在能量允许的多路径中发生，每个过程的光解量子产率必须通过实验确定。例如：臭氧(O_3)经过太阳紫外辐射产生光解离的途径为

$$O_3 + h\nu \rightarrow O_2 + O(^1D) \tag{2.4}$$

$$\rightarrow O_2 + O(^3P) \tag{2.5}$$

这个途经在对流层化学中非常重要，并且已通过许多实验来确定每个过程的光解量子产率的波长依赖性(见 4.2.1 节)。

2.1.3 比尔-朗伯定律

如图 2.6 所示，当一束波长为 λ、强度为 I_0 的平行单色光(光子能量或数量)照射并通过浓度为 $C(\mathrm{mol \cdot L^{-1}})$，长度为 l(cm)的介质，通过后光的强度可以表示为

$$\ln \frac{I}{I_0} = -kCl \tag{2.6}$$

$$\frac{I}{I_0} = \exp(-kCl) \tag{2.7}$$

这种关系被称为比尔-朗伯定律。比例系数 k 一般称为吸收系数($\mathrm{L \cdot mol^{-1} \cdot cm^{-1}}$)。

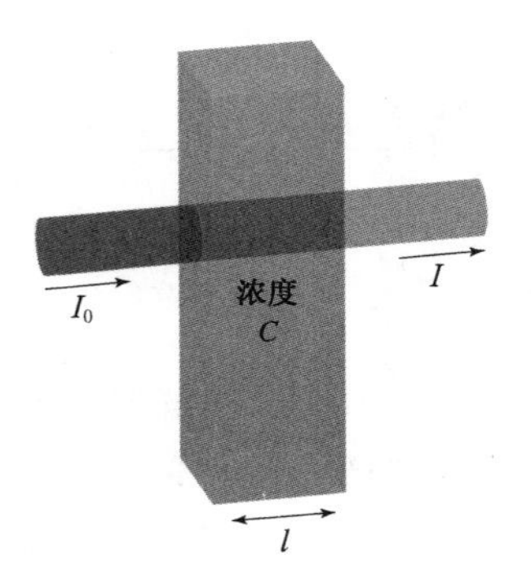

图 2.6 比尔-朗伯定律原理图

比尔-朗伯定律还经常由以 10 为底的对数表示为

$$\lg \frac{I}{I_0} = -\varepsilon Cl \tag{2.8}$$

$$\frac{I}{I_0} = 10^{-\varepsilon Cl} \tag{2.9}$$

比例系数 $\varepsilon(\mathrm{L \cdot mol^{-1} \cdot cm^{-1}})$称为摩尔消光系数。在方程式(2.8)中的 $\lg(I/I_0)$叫作吸收率 A，与透射比 T 有以下关系

$$A = -\lg\left(\frac{I}{I_0}\right) = -\lg T \tag{2.10}$$

介质的浓度单位在大气化学中通常以分子的数浓度 n(分子 · cm^{-3})表示，这种情况下，比尔-朗伯定律常用自然对数表示为

$$\ln\frac{I}{I_0} = -\sigma nl \tag{2.11}$$

$$\frac{I}{I_0} = \exp(-\sigma nl) \tag{2.12}$$

式中，比例系数 σ(cm^2 · 分子$^{-1}$)是面积维度，称为吸收截面。上述方程式中的无量纲数 σnl 写为 τ，称为光学厚度。

$$\tau = \ln(I_0/I) = \sigma nl \tag{2.13}$$

本书末尾处附表给出了一些大气中分子的吸收截面。例如：O_3 在 254 nm 处的强哈特莱谱带的吸收截面≈1×10^{-17} cm^2(图 3.6，表 4.1)。O_3 在 308 nm 处与 NO_2 在 360 nm 处的重要吸收截面分别≈1×10^{-19} 和≈5×10^{-19} cm^2(图 3.6，表 4.1；图 4.9，表 4.5)，CFC-11($CFCl_3$)在大约 200 nm 处(对臭氧层消耗非常重要)的吸收截面≈6×10^{-19} cm^2(图 4.33，表 4.26)。从概念上讲，如果分子直径的数量级为 10^{-8} cm，并且光被几何表面 100%吸收，那么吸收截面的数量级≈10^{-16} cm^2。一般地，当吸收截面 $\sigma > 10^{-20}$ cm^2 时，可以认为它足够强，这在大气中非常重要。

在计算大气化学中的光解速率时，宜使用吸收截面作为浓度单位。但有时候需要将文献中给出的不同单位的吸收系数转换为吸收截面。特别是在旧文献中，气体的吸收光谱常用消光系数的自然对数 atm 单位 k(atm^{-1} · cm^{-1})表示。在这种情况下，以 atm 为单位的分子浓度取决于温度，温度通常设定为 273 K 或 298 K，以便在合适的温度下将消光系数转换为吸收截面。表 2.4 给出了吸收系数之间的换算因子。另外，k(atm^{-1} · cm^{-1}，273 K)= 1.09 k(atm^{-1} · cm^{-1}，298 K)，k(底数为 e)= 2.303 k(底数为 10)。

表 2.4　不同单位中吸收系数转换表

	cm^2 · 分子$^{-1}$	L · mol^{-1} · cm^{-1}	atm^{-1} · cm^{-1}，273 K
cm^2 · 分子$^{-1}$(底数 e)=	1	$\times3.82\times10^{-21}$	$\times3.72\times10^{-20}$
L · mol^{-1} · cm^{-1}(底数 10)=	$\times2.62\times10^{20}$	1	$\times9.71$
atm^{-1} · cm^{-1}(底数 e，273 K)=	$\times2.69\times10^{19}$	$\times0.103$	1

2.1.4　光解速率常数

当分子 A 吸收光并光解时

$$A + h\nu \rightarrow B + C \tag{2.14}$$

光解速率用一级反应速率表示(见 2.3.2 节)

$$d[A]/dt = -k_p[A] \tag{2.15}$$

式中,方程式(2.14)左边部分的 h 和 ν 分别为普朗克常数和最初出现在方程式(2.1)中的光频率,这里的$[h\nu]$通常用作光化学反应式中光子的符号。实际应用中,光解速率常数 $k_p(s^{-1})$一般由辐射光强度 I(光子·$cm^{-2}·s^{-1}$),吸收截面 σ(cm^2·分子$^{-1}$,底数 e),以及光解量子产率 Φ 进行计算。当照射光是具有波长 λ 的单色光时,那么

$$k_p(\lambda) = \sigma(\lambda)\Phi(\lambda)I(\lambda) \tag{2.16}$$

大气光化学反应中,当波长范围较宽的光光解时,光解速率常数由每个波长的积分获得

$$k_p = \int_\lambda \sigma(\lambda)\Phi(\lambda)I(\lambda)d\lambda \tag{2.17}$$

在大气光解反应计算中,如何计算有效太阳强度是一个主要问题,因为除了来自太阳的直接照射,来自各个方向,如地表、云、大气分子和气溶胶等反射和散射的光,都能导致光解作用。而且,以对流层为例,只有未被高层、平流层及以上大气中的大气分子吸收的太阳辐射,才能导致光解反应发生。

将如此多的大气过程纳入考虑后,对太阳强度的球面积分叫作光化通量 $F(\lambda)$(光子·$cm^{-2}·s^{-1}$),这意味着太阳辐照对光化学作用有效。在大气化学中,经常使用 k_p 代替 j_p,表示光解速率常数。大气中的光解速率常数可以用这些参数表示为,

$$j_p = k_p = \int_\lambda \sigma(\lambda)\Phi(\lambda)F(\lambda)d\lambda \tag{2.18}$$

有关 $F(\lambda)$的详细计算方法将在第 3 章中介绍。

2.1.5 光谱学术语与选择规则

在大气反应化学方程式中,原子和分子有时用括号这样表示,如:$O(^3P)$、$O(^1D)$、$O_2(^3\Sigma_g^-)$、$O_2(^3\Pi_u)$等。这些符号称为光谱学术语,通过角动量波函数的对称来区分电子状态。这里,我们不引入量子化学理论,而只阐述符号和选择规则的含义和用途,这对于光吸收和光解反应的讨论很重要。

光谱学术语:原子的光谱学术语一般表示为$^{2S+1}L_J$。这里,S 和 L 是电子自旋与轨道角动量,各自与电子旋转和运行一致。J 是总角动量,它是自旋与轨道角动量的矢量和。当 L=0、1、2 等时,轨道角动量 L 分别用 S、P、D 等表示。自旋角动量 S 用自旋多重性的值表示为 $2S+1$,也就是 1、2、3,分别对应于 S 等于 D、1/2、1。也就是说,比如:对于^3P 状态($S=1,L=1$),J 可以取值 0、1、2,从而形成三种不同的电子状态,$^3P_0$、$^3P_1$、$^3P_2$。当这些自旋轨道状态没有区分时,简单地用^3P 表示而省略了 J 的值。在大气化学中,氧原子的基态与激发态一般表示为 $O(^3P)$和 $O(^1D)$,省略了 J 的值。然而,在卤素原子的情况中,有时在讨论 $Cl(^2P_{3/2})$、$Cl(^2P_{1/2})$、$I(^2P_{3/2})$、$I(^2P_{1/2})$时,使用不同的 J 值区分电子状态(见 4.3.8 节和 4.4.1 节)。

双原子分子的光谱学符号一般用$^{2S+1}\Lambda$表示。这里，自旋角动量与原子的情况相同。轨道角动量Λ是围绕原子轴的角动量，取值$\Lambda=0$、1、2等，分别对应于Σ、Π、Δ等。另外，对于诸如O_2和N_2等同核双原子分子，添加了表示波函数的分子对称性的符号。取德语单词中表示对称gerade和不对称ungerade的首字母g和u，分别代表偶数和奇数；并将它们放在Λ后作为下标，用以表示该波函数分别在不改变或改变其在对称中心处的反转时的符号，例如：$O_2(^3\Sigma_g^-)$和$O_2(^3\Pi_u)$。对于状态Σ，关于包含分子轴的平面中的反转，符号发生改变的，在Σ后加上标"+"；而符号不发生改变的，则加上标"—"。根据这些规则，O_2的基态表示为$O_2(^3\Sigma_g^-)$，激发态则用多种形式表示，如：$O_2(^1\Delta_g)$、$O_2(^1\Sigma_g^+)$、$O_2(^3\Sigma_u^+)$、$O_2(^3\Pi_u)$、$O_2(^3\Sigma_u^-)$(图3.5)。对于不是同核双原子分子来说，由于其没有对称中心，因此不加入g或u等符号。例如：一氧化氮(NO)分子基态为$NO(^2\Pi)$，激发态为：$NO(^2\Sigma^+)$、$NO(^4\Pi)$、$NO(^2\Delta)$(图4.28)。

对于一般的非线性多原子分子，根据波函数的符号是否随对称轴或平面的对称操作而改变，分别使用符号A'、A''、A_1、A_2、B_1、B_2等表示。但是，它们很少出现在大气化学的讨论中。

我们习惯上将X放在光谱学符号前，用来表示基态。对于激发态，对具有自旋多重性的电子状态，能量从低到高表示为A、B、C；而对于自旋状态发生改变的电子状态，则习惯上用a、b、c等来表示。如：O_2表示为$O_2(X^3\Sigma_g^-)$、$O_2(a^1\Delta_g)$、$O_2(b^1\Sigma_g^+)$、$O_2(A^3\Sigma_u^+)$、$O_2(B^3\Pi_u)$(见图3.5)，NO表示为$NO(X^2\Pi)$、$NO(A^2\Sigma^+)$、$NO(a^4\Pi)$、$NO(B^2\Pi)$、$NO(C^2\Pi)$(见图4.28)。

选择规则：从较低能态转变为较高能态的光吸收强度，可以由跃迁概率$|\boldsymbol{R}|^2$确定，其中$\boldsymbol{R}$为

$$\boldsymbol{R}=\int \psi^{*}\boldsymbol{\mu}\psi''\mathrm{d}\nu \tag{2.19}$$

式中，$\boldsymbol{R}$叫作偶极矩。这里，波函数ψ''或特征函数ψ'分别表示原始状态(基态)与最终状态(激发态)，其$\boldsymbol{\mu}$为电偶极矩向量。在ψ'^{*}右上角的*代表一种所谓的共轭复变函数，在该函数中，波函数的虚数部i被$-i$代替。分子的本征函数通常表示为

$$\psi=\psi_e\psi_v\psi_r \tag{2.20}$$

式中，ψ_e、ψ_v、ψ_r分别是电子运动、振动运动以及旋转运动的本征函数。使用方程式(2.20)，其中，$\boldsymbol{R}$为

$$\boldsymbol{R}=\int\psi_e'^{*}\boldsymbol{\mu}\,\psi''_e\mathrm{d}\nu_e\int\psi_v'^{*}\psi''_v\mathrm{d}\nu_v\int\psi_r'^{*}\psi''_r\cos\alpha\,\mathrm{d}\nu_r \tag{2.21}$$

在原子的情况下，由于没有振动旋转运动，因此跃迁速率仅由电子本征函数决定。

为了使光吸收和放射发生，以上提到的跃迁矩值应为非零，满足这个要求的规则叫作选择规则。电偶极矩的选择规则是，在原子的情况下，

对于轨道角动量量子数

$$\Delta L = 0、\pm 1\ (\text{不包括}\ L = 0 \rightarrow 0) \tag{2.22}$$

对于总角动量量子数

$$\Delta J = 0、\pm 1(\text{不包括}\ J = 0 \rightarrow 0) \tag{2.23}$$

如前所述，将总角动量 J 表示为 $J=|L+S|,|L+S-1|,|L+S-2|,\cdots,|L-S+2|,|L-S+1|,|L-S|$ 的情况，称作罗素-桑德斯耦合(Rusell-Sounders coupling)，这个近似值还可应用于光原子。在这种情况下，自旋量子数的选择规则是

$$\Delta S = 0 \tag{2.24}$$

跃迁矩大于某种程度时的跃迁，叫作允许跃迁，那些接近零矩的跃迁叫作禁阻跃迁。例如：O 原子 $O(^3P) \leftrightarrow (O\,^1D)$ 之间的跃迁是旋转禁阻的，$O(^1D) \rightarrow O(^3P)$ 的光发射概率非常小，因此，$O(^1D)$ 的辐射寿命很长，$O(^1D)$ 与其他分子的反应在大气中非常重要。

对于双原子分子，轨道角动量的允许跃迁为

$$\Delta \Lambda = 0、\pm 1 \tag{2.25}$$

在 g、u、+、- 适用于状态 Σ 中

$$g \leftrightarrow u,\ + \leftrightarrow +,\ - \leftrightarrow - \tag{2.26}$$

是允许跃迁。例如：O_2 分子的基态中，$O_2(X^3\Sigma_g^-) \leftrightarrow O_2(B^3\Pi_u)$ 是允许跃迁，而 $O_2(X^3\Sigma_g^-) \leftrightarrow O_2(a^1\Delta_g)$、$O_2(b^1\Sigma_g^+)$、$O_2(A^3\Sigma_u^+)$ 是禁阻跃迁。对于 NO 分子，$NO(X^2\Pi) \leftrightarrow NO(A^2\Sigma^+)$、$NO(X^2\Pi) \leftrightarrow NO(B^2\Pi)$ 是允许跃迁，而 $NO(X^2\Pi) \leftrightarrow NO(a^4\Pi)$ 是禁阻跃迁。

即使对于禁阻跃迁，跃迁矩也不完全为 0，但一般在光吸收和发射中，可以认为是非常小的概率。这是因为，对于双原子分子，会发生磁偶极跃迁而不是电偶极跃迁的情况($\Delta\Lambda = \pm 2$)；多原子分子中，会发生振动运动和电子运动结合而打破分子对称性的现象。此外，旋转禁阻跃迁只有在应用罗素-桑德斯耦合时才适用。对于重原子来说，该规则因旋转轨道耦合而遭到破坏，旋转禁阻规则不适用。例如：一个水银原子的 $Hg(^1S) \leftrightarrow Hg(^3P)$ 跃迁是旋转禁阻跃迁，但其在 253.7 nm 处具有强的光吸收性与放射性。利用此原理，使用来自汞灯的这种波长的光进行 O_3 浓度测量的装置，被广泛使用。

2.2 双分子反应

2.2.1 势能面和过渡态

大气反应很多是按以下类型进行的反应，包括了原子重组

$$AB + C \rightarrow A + BC \tag{2.27}$$

式中，AB 是分子，C 在大多数情况下是活性物质，如原子或自由基。在两种化学物

质之间发生原子重排的反应叫作双分子反应。在分子动力学中，双分子反应是分子 AB 和 C 在称为过渡态的能垒上碰撞并离解成 A＋BC 的过程。图 2.7 描述了这种反应途径。横坐标是反应坐标，纵坐标是势能。图的左侧显示反应 AB＋C 之前的状态，称为反应系统，右侧对应于反应 A＋BC 之后的状态，称为产物系统。中间的能量最大值被称为过渡态，对应于活化络合物$(ABC)^{\ddagger}$。这个概念以过渡态理论为基础，将在 2.2.2 节继续讨论。

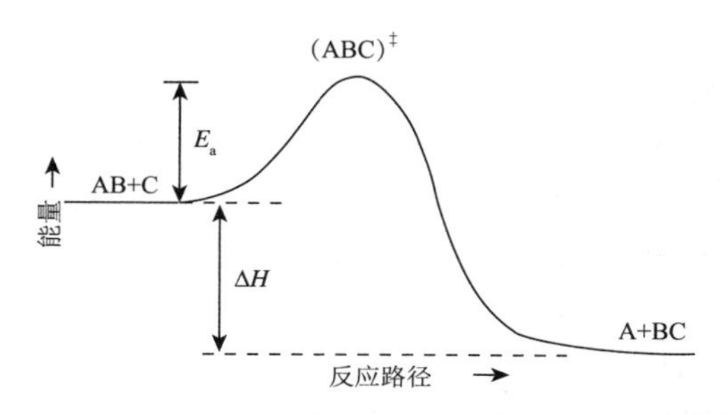

图 2.7　沿双分子反应路径的势能变化

图 2.7 以一维方式描述了反应途径。但实际上反应途径是由具有两个轴 r(A—B) 和 r(B—C)的势能面表示的，分别代表原子内部间距 A—B 和 B—C，如图 2.8 所示。这个面叫作势能面。图 2.8 中的实线，是连接等电位点时的能量轮廓。反应系统 AB＋C 与产物系统 A＋BC，分别对应于向左上方和右下方开口的势能谷。图中的虚线代表反应途径，其从反应系统延伸到产物系统，沿着最低能量路径，通过所示的能量最高值点×。图 2.7 所示的过渡态$(ABC)^{\ddagger}$ 对应于图 2.8 中的能量最高点×。点×对应于势能曲面的鞍点，虚线所示沿着反应轴的能量最大，但是沿着表面向不同

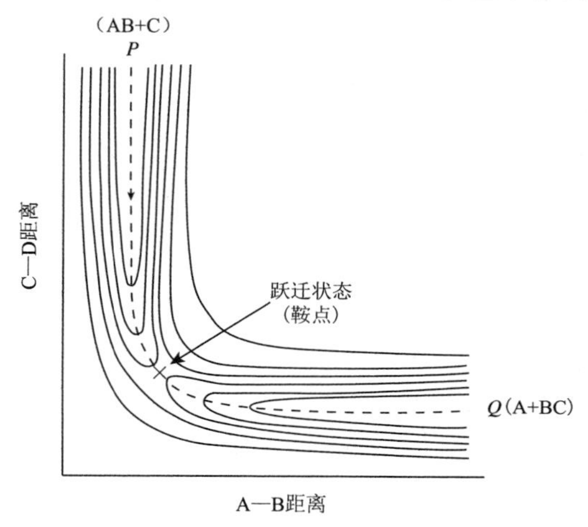

图 2.8　双分子反应的势能面

方向的能量最小。处于该过渡态的分子 A—B—C，被称为活化络合物，习惯于上用带有“‡”标记的 $ABC^{\ddagger}$ 表示。当反应从反应系统进入产物系统时，这个最大点可起到能垒的作用。反应系统与过渡态之间的能量差异称为活化能，通常用 E_a 表示，如图 2.7 所示。

反应(2.27)向右进行，还是向左进行，取决于反应系统与产物系统之间的自由能差 ΔG。根据热力学第一定律，自由能变化 ΔG 必须对反应的进行起反作用。ΔG 定义为

$$\Delta G = \Delta H - T\Delta S \tag{2.28}$$

式中，ΔH 是焓变，ΔS 是熵变，T 是温度。对于双分子反应的进行，熵变可以忽略不计，因此 ΔH 是负数。ΔH 为负数($\Delta H<0$)的反应叫作放热反应，相反，ΔH 为正($\Delta H>0$)的反应叫作吸热反应。也就是说，为了使反应进行，它必须是放热的。反应的焓变 ΔH，由反应系统、产物系统的原子和分子的生成焓之间的差 ΔH_f 求得。

$$\Delta H = \{\Delta H_f(A) + \Delta H_f(BC)\} - \{\Delta H_f(AB) + \Delta H_f(C)\} \tag{2.29}$$

表 2.5 列举了大气化学反应相关的典型原子、分子和自由基形成的生成焓。图 2.7 中的 ΔH 是式(2.29)反应的焓变，显示了因 $\Delta H<0$ 而发生的从左到右的反应。

表 2.5　在 298 K 和 0 K($\Delta H^{\circ}_{f,298}$，$\Delta H^{\circ}_{f,0}$)时，气相中分子、原子和自由基的生成焓

化学物种	$\Delta H^{\circ}_{f,298}$ kJ·mol^{-1}	$\Delta H^{\circ}_{f,0}$ kJ·mol^{-1}	化学物种	$\Delta H^{\circ}_{f,298}$ kJ·mol^{-1}	$\Delta H^{\circ}_{f,0}$ kJ·mol^{-1}	化学物种	$\Delta H^{\circ}_{f,298}$ kJ·mol^{-1}	$\Delta H^{\circ}_{f,0}$ kJ·mol^{-1}
H	218.0	216.0	CH_2OO(CI)[c]	110	118	C_2H_5ONO	−99.4	
H_2	0	0	CH_2O_2 (双环氧乙烷)	5.0	12.6	$C_2H_5ONO_2$	−154.1[a]	
O(^{3}P)	249.2	246.8	CH_3O	21.0	28.4	$C_2H_5OONO_2$	−63.2[a]	
O(^{1}D)	438.9[a]	436.6[a]	CH_3O_2	9.0		$CH_3C(O)O_2NO_2$	−240.1	
O_2	0	0	CH_2OH	−17.0	−10.7	C_3H_6	20.2	34.7[b]
$O_2(^1\Delta)$	94.3[a]	94.3[a]	CH_3OH	−201.0	−190.1	n-C_3H_7	101.3	119.1
$O_2(^1\Sigma)$	156.9[a]	156.9[a]	CH_2OOH	67.2		i-C_3H_7	86.6	107.1[b]
O_3	141.7	144.4	CH_3OOH	−132.2		C_3H_8	−104.7	−82.4[b]
HO	37.4	37.1	HC(O)OH	−378.8[a]	−371.6[a]	C_2H_5CHO	−185.6	−170.6[b]
HO_2	12.3	15.2	$HOCH_2O_2$	−162.1[a]		CH_3COCH_2	−23.9[a]	
H_2O	−241.8	−238.9	CH_3ONO	−64.0		CH_3COCH_3	−217.1	−200.5[b]
H_2O_2	−135.9	−129.9	CH_3ONO_2	−122.2		C_3H_6OH	−74[a]	
N	472.4	470.6	$CH_3O_2NO_2$	−44[a]		$CH_3C(O)CHO$	−271[a]	
N_2	0	0	C_2H_2	227.4	228.0	S	277.2	274.9
NH_2	186.2	189.1	C_2H_4	52.4	61.0	HS	142.9	142.5
NH_3	−45.9	−39.0	C_2H_3	295.4		H_2S	−20.6	−17.7
NO	91.0	90.5	C_2H_5	120.9	131.8	HSO	−6.1	−3.8
NO_2	34.0	36.8	C_2H_6	−84.0	−68.4[b]	SO	4.8	4.7

续表

化学物种	$\Delta H^{\circ}_{f,298}$ kJ·mol^{-1}	$\Delta H^{\circ}_{f,0}$ kJ·mol^{-1}	化学物种	$\Delta H^{\circ}_{f,298}$ kJ·mol^{-1}	$\Delta H^{\circ}_{f,0}$ kJ·mol^{-1}	化学物种	$\Delta H^{\circ}_{f,298}$ kJ·mol^{-1}	$\Delta H^{\circ}_{f,0}$ kJ·mol^{-1}
NO_3	74.7	79.9	CH_2CN	252.6	255.2	SO_2	−296.8	−294.3
N_2O	81.6	85.3	CH_3CN	74.0	81.0	SO_3	−395.9	−390.2
N_2O_4	11.1	20.4	CH_2CO	−49.6	−46.4	HSO_2	−178	
N_2O_5	13.3	22.9	CH_3CO	−10.3	−3.6	$HOSO_2$	−373	
HNO	109.2	112.1	CH_2CHO	10.5[a]		H_2SO_4	−732.7	−720.8
HONO	−78.5	−72.8	CH_3CHO	−166.1	−160.2[b]	CH_3S	124.7	129.9[b]
HNO_3	−134.3	−124.6	C_2H_2OH	121	120[a]	CH_3SO	−70.3	
HO_2NO_2	−54.0		C_2H_5O	−13.6	−0.2	CH_3SOO	75.7[a]	87.9[a]
CH_3	146.7	150.0	C_2H_4OH	−31	−23[a]	CH_3SH	−22.9	−11.9[b]
CH_4	−74.6	−66.6	C_2H_5OH	−234.8	−217.1	CH_3SCH_2	136.3	
CO	−110.5	−113.8	$(CHO)_2$	−212	206.4	CH_3SCH_3	−37.2[a]	−21.0[a]
CO_2	−393.5	−393.1	CH_3CO_2	−207.5[a]		CH_3SSCH_3	−24.7	
HCO	44.2	41.6[b]	$CH_3C(O)OH$	−432.8	−418.1[b]	CS	279.8	276.5
反式-HOCO	−187.9	−183.7	$C_2H_5O_2$	−27.4		CS_2	116.7	115.9
顺式-HOCO	−175.7	−171.5	CH_3OOCH_3	−125.5	−106.5	OCS	−141.7	−141.8
CH_2O	−108.7	−104.9	$CH_3C(O)O_2$	−154.4		CS_2OH	108.4	
F	79.4	77.3	ClOO	98.3	99.8	HOBr	−60.5	−50.0
HF	−273.3	−273.3	OClO	99.4	99.0[b]	BrO	123.4	131.0
FO	109	108	ClNO	52.7	54.6	OBrO	163.9	171.1
FO_2	25.4[a]	27.2[a]	$ClNO_2$	12.5	17.9	BrOO	119.8	128.2
FONO	67		顺式-ClONO	64.4		BrNO	82.2	91.5
$FONO_2$	15	22	$ClONO_2$	22.9		$BrONO_2$	42.7	
FNO	−65.7	−62.6[b]	CH_3Cl	−82.0[a]	−74.0[a]	CH_2Br	172.8	
FNO_2	−79		$CHClF_2$	−482.6		CH_3Br	−36.4	
FCO	−174.1	−174.5	COFCl	−427[a]	−423[a]	BrCl	14.8	22.2
F_2	0	0	Cl_2	0	0	$Br_2(g)$	30.9	45.7
COF_2	−634.7[a]	−631.6[a]	ClOCl	81.3	83.1	$CHBr_3$	55.4	
CH_3CF_3	−745.6	−732.8	ClOOCl	129.0	132.4	CF_2ClBr	−589.5	
CH_2FCHF_2	−665		Cl_2O_3	139	144	CF_3Br	−641.1	−637.6
CH_2FCF_3	−896	−885	$COCl_2$	−220.1[a]	−218.4[a]	I	106.8	107.2
CHF_2CF_3	−1105	−1095	CH_3CCl_3	−144.6	−131.9[b]	HI	26.5	28.7[b]
CF_3	−465.7	−462.8	CF_3Cl	−709.2	−704.2	HOI	−69.6	−64.9
CF_3O	−635		CF_2Cl_2	−493.3[a]	−489.1[a]	IO	125.1	127.2
CF_3OH	−923.4[a]		$CFCl_3$	−284.9[a]	−281.1[a]	OIO	119.7	123.4
CF_3O_2	−614.0[a]		CCl_4	−95.8[a]	−93.3[a]	INO	121.3[a]	124.3[a]

续表

化学物种	$\Delta H^\circ_{f,298}$ kJ·mol^{-1}	$\Delta H^\circ_{f,0}$ kJ·mol^{-1}	化学物种	$\Delta H^\circ_{f,298}$ kJ·mol^{-1}	$\Delta H^\circ_{f,0}$ kJ·mol^{-1}	化学物种	$\Delta H^\circ_{f,298}$ kJ·mol^{-1}	$\Delta H^\circ_{f,0}$ kJ·mol^{-1}
Cl	121.3	119.6	CF_2Cl	−279		INO_2	60.2[a]	66.5[a]
HCl	−92.3	−92.1	$CFCl_2$	−89.1		$IONO_2$	37.5	46.1
HOCl	−74.8	−71.5[b]	Br	111.9	117.9	CH_3I	13.2	
ClO	101.7	101.1	HBr	−36.3	−28.4	I_2(g)	62.4	65.5

来源：除非另有注明，否则均为 NASA/JPL 专家组评估文件第 17 号。

a） 国际理论与应用化学联合会分委员会报告第 I 卷；

b） 计算化学比较和基准数据库（CCCBDB：http//cccbdb. nist. gov. hf0k. asp）中，0 K 时物种及生成焓；

c） 库利基中间体（基氧化物）

反应(2.27)表示的双分子反应速率常数为

$$-\frac{d[AB]}{dt}=-\frac{d[C]}{dt}=\frac{d[A]}{dt}=\frac{d[BC]}{dt}=k_r[AB][C] \tag{2.30}$$

式中，方括号[ ]内是每个物种的浓度，k_r 是反应速率常数。双分子反应速率常数的单位是(浓度)$^{-1}$·(时间)$^{-1}$。在大气化学中，气态物种的浓度一般用分子密度表示，分子·cm^{-3}，因此，一个双分子反应的速率常数单位通常表示为 cm^3·分子$^{-1}$·s^{-1}。

2.2.2 活化能与反应速率常数

在本节，反应方程式简化为

$$A + B \rightarrow 产物 \tag{2.31}$$

关于反应速率常数有两种分子理论：碰撞理论与过渡态理论。根据碰撞理论，气相中双分子反应速率常数的上限被认为是分子碰撞频率，是从气体反应动力学获得的。A 和 B 分子间的分子碰撞频率 Z_{AB} 为

$$Z_{AB} = \pi(r_A + r_B)^2 u N_A N_B = \pi(r_A + r_B)^2\left(\frac{8k_BT}{\pi\mu_{AB}}\right)^{1/2} N_A N_B \tag{2.32}$$

式中，r_A、r_B 分别是 A 和 B 的分子半径，u 是分子速度，k_B 是玻尔兹曼常数(表 2.1)，μ_{AB}是 A 和 B 的折合质量，N_A 和 N_B 是每个分子的数密度。依据上式，分子半径为 0.2 nm，分子质量为 50 g·mol^{-1}的分子，在常温(298 K)下，分子碰撞频率为 2.5×10^{-10} cm^3·分子$^{-1}$·s^{-1}。该值被认为是双分子速率常数的上限，并且许多反应的实际速率常数通常小于此值。

双分子反应最为重要的部分是反应路径中的能垒，如图 2.7 和图 2.8 所示。考虑到这个因素，碰撞理论认为：动能大于能垒 E_0 的分子可以反应，而能量低于 E_0 的分子不能反应。因此，考虑碰撞概率 exp $(-E_0/kT)$的反应速率常数 k_r 为

$$k_r = P\sigma_{AB}\left(\frac{8k_BT}{\pi\mu_{AB}}\right)^{1/2}\exp(-E_0/k_BT) \tag{2.33}$$

式中，$\sigma_{AB}=\pi(r_A+r_B)^2$ 是分子 A 和 B 之间的碰撞截面，P 是稍后讨论的位阻因素。

另一方面，过渡态理论反应式表示为

$$A+B\rightarrow AB^{\ddagger}\rightarrow \text{产物} \tag{2.34}$$

考虑到在前节描述的活化络合物。使用公式(2.27)中的自由能定义 A、B 和 $AB^{\ddagger}$ 之间的热平衡常数 $K^{\ddagger}$

$$K^{\ddagger}=\frac{AB^{\ddagger}}{[A][B]}=\exp(-\Delta G^{\circ\ddagger}/RT)=\exp(-\Delta H^{\circ\ddagger}/RT)\exp(\Delta S^{\circ\ddagger}/R) \tag{2.35}$$

式中，R 是气体常数(表 2.1)。上式中，ΔG，ΔH，ΔS 后面的上标°，表示这些值是 1 atm① 状态下与标准状态相关的值。反应速率 R_r 和反应速率常数 k_r 分别表示为

$$R_r=k_BT/h\,[AB^{\ddagger}]=k_BT/h\exp(-\Delta G^{\ddagger}/RT)[A][B] \tag{2.36}$$

$$k_r=k_BT/h\exp(-\Delta G^{\ddagger}/RT)=k_BT/h\exp(\Delta S^{\circ\ddagger}/R)\exp(-\Delta H^{\circ\ddagger}/RT) \tag{2.37}$$

反应系统与过渡态之间的生成焓差 $\Delta H^{\circ\ddagger}$ 被活化能 E_a 代替，k_r 为

$$k_r=k_BT/h\exp(\Delta S^{\circ\ddagger}/R)\exp(-E_a/RT) \tag{2.38}$$

实验上，在大多数情况下，已知双分子反应速率常数表示为

$$k_r(T)=A\exp(-E_a/RT) \tag{2.39}$$

此式被称为阿伦尼乌斯(Arrhenius)方程，是表示反应速率常数随温度变化关系的基本方程。将阿伦尼乌斯方程(2.39)与碰撞理论速率常数公式(2.33)、过渡态理论公式(2.38)相比较，指数因子的温度依赖性与这些理论得到的形式完全一致，并且阿伦尼乌斯方程中的 E_a 与过渡态理论中的活化能 E_a 相同。其中，反应速率常数的对数 $\ln k$ 相对于 $1/RT$ 绘制的图表称为阿伦尼乌斯图，其活化能 E_a 的实验值可以由阿伦尼乌斯图的斜率获得。我们已知这种线性关系在实验上适用于许多反应，并可确定每个反应的活化能值。

与此同时，在阿伦尼乌斯方程(2.39)中的指前因子 A 是与反应频率相关的、与温度无关的因素。将碰撞理论公式(2.33)与过渡态理论公式(2.38)进行对比，这些理论中的指前因子分别包含 $T^{1/2}$ 和 T^1 两种温度关系。实验上，已知在许多活化能不接近 0 的反应中，反应速率常数的温度依赖性几乎仅由指数因子确定，并且阿伦尼乌斯方程保持了很好的近似。指前因子温度依赖性仅在活化能接近 0 的反应中才明确出现，并且可以验证与阿伦尼乌斯曲线的直线偏差。在这种情况下，可以将阿伦尼乌斯方程变形为

$$k_r(T)=BT^n\exp(-E_a/RT) \tag{2.40}$$

式中，B 是温度独立常数，n 的值是由实验确定的参数。

① 1 atm＝101.325 kPa。

如上所述，指前因子 A 的上限是来自碰撞理论的约 2.5×10^{-10} cm^3 · 分子$^{-1}$ · s^{-1}，但阿伦尼乌斯方程的实际 A 值通常小于该值。根据碰撞理论，只有分子以特定方向碰撞时，才会发生反应。公式(2.33)中的 P 称为位阻因素，表示特定方向的要求。随着空间位阻变大，反应概率降低，A 值变小。在过渡态理论中，指前因子包括过渡态中涉及的熵项 $\exp(\Delta S^{\circ\ddagger}/R)$，并且反应的活化络合物中的这种空间位阻现象，被解释为随着熵的减少而使反应速率降低的因素。

2.3 三分子反应与单分子反应

2.3.1 分子缔合反应

在大气反应中，三分子反应的缔合反应以如下的形式表示

$$A + B + M \rightarrow AB + M \tag{2.41}$$

式中，A 和 B 为原子、分子或自由基。作为链终止反应，这种缔合反应经常发挥着重要作用。上式中的 M 是反应中的第三体。当 A 和 B 缔合时，获得与 A—B 键能相应的内能($\Delta H<0$)，并且形成振动激发态分子 $AB^\dagger$。除非振动能量可以被带走，否则，$AB^\dagger$ 会重新分解为 A+B，而实际上反应并未进行。第三体 M 在反应中的作用非常重要，是与这种振动激发的分子碰撞，并在一定程度上带走能量，通过稳定分子 $AB^\dagger$ 以防止其离解成 A+B 并完成后续反应的必要分子。在大气中，N_2 和 O_2 分子就起到了第三体的作用。

因此，三分子反应速率常数具有压力依赖性，下面通过林德曼(Lindemann)机理做出详细阐述。根据该机理

$$A + B \rightarrow AB^\dagger \tag{2.42}$$

$$AB^\dagger \rightarrow A + B \tag{2.43}$$

$$AB^\dagger + M \rightarrow AB + M \tag{2.44}$$

由 A 和 B 缔和产生的振动激发分子 $AB^\dagger$，假设与反应和产物系统处于平衡状态，因此

$$\frac{d[AB^\dagger]}{dt} = k_a[A][B] - k_b[AB^\dagger] - k_c[AB^\dagger][M] = 0 \tag{2.45}$$

$$[AB^\dagger] = \frac{k_a[A][B]}{k_b + k_c[M]} \tag{2.46}$$

$$\frac{d[AB]}{dt} = k_c[AB^\dagger][M] = \frac{k_a k_c[A][B][M]}{k_b + k_c[M]} \tag{2.47}$$

从这些反应式得出三分子反应速率常数 k_{ter}

$$k_{ter} = \frac{k_a k_c[M]}{k_b + k_c[M]} \tag{2.48}$$

式中，k_a、k_b 和 k_c 分别是反应(2.42)、(2.43)和(2.44)的反应速率常数。

当压力足够低时，将[M]= 0 放在方程式(2.47)的分母中，速率方程式为

$$\frac{d[AB]}{dt} = \frac{k_a k_c}{k_b}[A][B][M] \tag{2.49}$$

在这种情况下，三分子反应速率常数 k_0 为

$$k_0 = \frac{k_a k_c}{k_b} \tag{2.50}$$

式中，k_0 叫作低压限定速率常数。低压极限速率常数的单位为(浓度)$^{-2}$ ·(时间)$^{-1}$，在大气化学中使用的单位是 cm^6 · 分子$^{-2}$ · s^{-1}。

另一方面，当压力足够高时，忽略方程式(2.47)中的 k_b，反应速率方程式表示为

$$\frac{d[AB]}{dt} = k_a[A][B] \tag{2.51}$$

这种情况下，反应速率常数为

$$k_\infty = k_a \tag{2.52}$$

式中，k_∞ 叫作高压极限速率常数。使用这些 k_0 和 k_∞，反应常数方程式(2.48)表示为

$$k_{ter} = \frac{k_0 k_\infty [M]}{k_\infty + k_0[M]} \tag{2.53}$$

图 2.9 中的曲线(a)是根据林德曼机理得出的三分子反应速率常数压力依赖性原理图。从图中可以看出，反应速率常数在低压极限下与[M](压力)成比例，而无论高压极限的压力如何，都保持恒定。这两个极限之间的中间区域叫作下降区域。

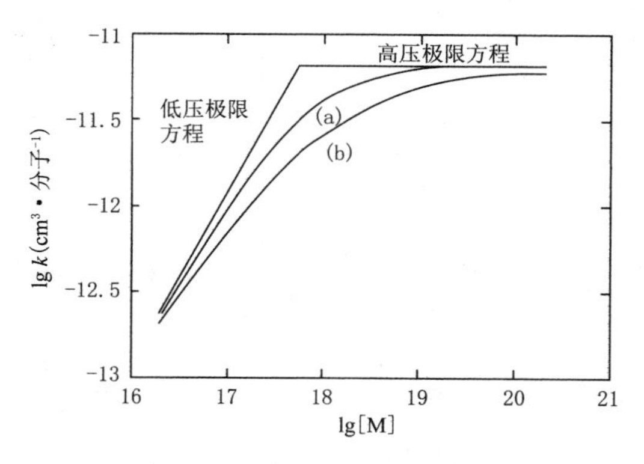

图 2.9 三分子反应速率常数的压力效应林德曼机制(a)与 Troe 公式(b)

尽管林德曼机理捕捉到了缔和反应的基本特征，并有效表示了三分子反应的压力依赖性特征，但是，它在定量方面还不够完美。主要原因是从 $AB^\dagger$ 到 A+B 的单分子分解反应(见 2.3.2 节)，不能用简单的一级速率常数表示。为了使振动激发分子 $AB^\dagger$ 分解，需要将振动激发能量定位到需要分解的键，必须考虑到这个概率和一次碰撞消除的能量来确定实际的单分子分解速率常数。单分子分解理论将在下一节

阐述，下式为由 Troe(1979)提出的计算三分子反应速率常数的 Troe 方程

$$k_{\mathrm{ter}}([\mathrm{M}],T)=\left[\frac{k_0(T)[\mathrm{M}]}{1+\frac{k_0(T)[\mathrm{M}]}{k_\infty(T)}}\right]F_{\mathrm{c}}^{\left\{1+\left[\lg\left(\frac{k_0(T)[\mathrm{M}]}{k_\infty(T)}\right)^2\right]\right\}^{-1}} \tag{2.54}$$

该方程式是以卡塞尔(Kassel)理论提出的单分子分解速率压力依赖性曲线拟合为基础，用该方程来表示三分子反应速率常数的压力依赖性非常好。在等式(2.54)中，F_{c} 称为展宽因子(broadening factor)，它对于很多大气化学三分子反应的实验均拟合良好，如 $F_{\mathrm{c}}=0.6$。图 2.9 中的曲线(b)，通过 Troe 公式，是三分子反应压力依赖性示意图。在这种情况下，温度依赖性 k_0 和 k_∞ 用参数 n 和 m 表示

$$k_0(T)=k_0^{300}\left(\frac{T}{300}\right)^{-n}\ \mathrm{cm^6}\cdot\text{分子}^{-2}\cdot\mathrm{s^{-1}} \tag{2.55}$$

$$k_\infty(T)=k_\infty^{300}\left(\frac{T}{300}\right)^{-m}\ \mathrm{cm^3}\cdot\text{分子}^{-1}\cdot\mathrm{s^{-1}} \tag{2.56}$$

2.3.2 单分子分解反应

当键能较小时，通过缔和反应(2.41)形成的分子 AB，其热分解反应可能快于光解或双分子反应。在这种情况下，AB 的热解反应表示为

$$\mathrm{AB}+\mathrm{M}\rightarrow\mathrm{A}+\mathrm{B}+\mathrm{M} \tag{2.57}$$

这种反应类型称为单分子反应。

从历史上看，上节提到的三分子反应理论，是通过单分子反应理论发展起来的。本节详细描述了单分子分解反应。与林德曼机理一致的单分子分解反应化学方程式，可以表示为

$$\mathrm{AB}+\mathrm{M}\underset{-1}{\overset{1}{\rightleftharpoons}}\mathrm{AB}^{\dagger}+\mathrm{M} \tag{2.58}$$

$$\mathrm{AB}^{\dagger}\xrightarrow{2}\mathrm{A}+\mathrm{B} \tag{2.59}$$

式中，M 是前文描述的反应的第三体。在上面的反应式中，假设$[\mathrm{AB}^{\dagger}]$为稳态，AB 的分解速率常数 k_{uni}表示为

$$k_{\mathrm{uni}}=\frac{k_1k_2[\mathrm{M}]}{k_2+k_{-1}[\mathrm{M}]}=\frac{k_2(k_1/k_{-1})}{1+(k_2/k_{-1}[\mathrm{M}])} \tag{2.60}$$

式中，k_1、k_{-1}是反应式(2.58)中正向和逆向反应的速率常数，k_2 是反应(2.59)的速率常数。根据方程式(2.60)，在高压极限速率常数 k_∞时，$k_2\ll k_{-1}[\mathrm{M}]$用一级速率常数($\mathrm{s^{-1}}$)表示为

$$k_\infty=(k_1/k_{-1})k_2 \tag{2.61}$$

另一方面，在低压极限 $k_2\gg k_{-1}[\mathrm{M}]$中，反应速率与[M]成正比，速率常数 k_0 用双分子反应速率常数($\mathrm{cm^3}\cdot$分子$^{-1}\cdot\mathrm{s^{-1}}$)表示

$$k_0=k_1 \tag{2.62}$$

根据林德曼机理，具有高于解离能 E_0 的 $AB^\dagger$ 的生成速率常数 k_1，是根据经典的刚体碰撞理论，采用碰撞频率 Z、活化能 E_0、玻尔兹曼常数 k_B，考虑第三体 M，并同时假设 k_{-1} 在与 M 的单次碰撞中导致 AB 失活等条件下得出的。

$$k_1 = Z\exp(-E_0/k_BT) \tag{2.63}$$

研究发现从方程式(2.60)计算的速率常数 k_{uni}，可定性地再现单分子分解的实验压力依赖性，但其生成的高压极限速率常数 k_∞ 与实验值有较大的差异。

欣谢尔伍德(Hinshelwood)提出了 k_1 速率方程，其中 $AB^\dagger$ 具有高于解离能 E_0 的能量，在此过程中，不仅考虑了刚性球的平动能，还同时考虑了振动能量的分布。因此，

$$k_0 = k_1 = \frac{Z}{(s-1)!}\left(\frac{E_0}{k_BT}\right)^{s-1}\exp\left(-\frac{E_0}{k_BT}\right) \tag{2.64}$$

式中，s 是由 n 个原子组成的分子的正常振动模式的自由度，$s=2n-1$。具有内能 $E\sim E+\mathrm{d}E$ 的 $AB^\dagger$ 的统计分数是

$$\frac{\mathrm{d}k_1}{k_{-1}} = \frac{1}{(s-1)!}\left(\frac{E_0}{k_BT}\right)^{s-1}\exp\left(-\frac{E_0}{k_BT}\right)\left(\frac{\mathrm{d}E}{k_BT}\right) \tag{2.65}$$

根据该方程，与方程式(2.60)对应的公式是

$$k_{uni} = \int_{E_0}^{\infty}\frac{k_2(\mathrm{d}k_1/k_{-1})}{1+(k_2/k_{-1}[\mathrm{M}])} \tag{2.66}$$

对能量的积分可得出高压极限方程

$$k_\infty = \frac{k_2}{(s-1)!}\left(\frac{E_0}{k_BT}\right)^{s-1}\exp\left(-\frac{E_0}{k_BT}\right) \tag{2.67}$$

这种处理方式叫作林德曼-欣谢尔伍德理论(Lindemann-Hinshelwood theory)。尽管欣谢尔伍德处理方式成功地复制出了高压极限速率常数 k_∞ 的实验值，但是该理论仍旧有一个缺陷，即对于解释实验值所必需的 s 值与振动自由度的实际数值之间差异很大，同时在下降区域，k_{uni} 与实验值存在很大差异。

此后的单分子分解理论的发展主要是关于振动激发态分子 $AB^\dagger$ 的内能在内部如何分布、如何定位于特定化学键并破坏它的统计概率的计算上。具有内能 $E\sim E+\mathrm{d}E$ 的 $AB^\dagger$ 的统计概率用 $P(E)$ 代替，同时考虑到能量依赖性，方程式(2.66)中的 k_2 写作 $k_2(E)$，k_{uni} 此时被写作

$$k_{uni} = \int_{E_0}^{\infty}\frac{k_2(E)P(E)\mathrm{d}E}{1+k_2(E)/k_{-1}[\mathrm{M}]} \tag{2.68}$$

目前建立的单分子分解理论叫作 RRKM 理论，取 Rice、Ramsperger、Kassel 和 Markus 的首字母。在先于 RRKM 理论的 RRK 理论中，是假设分子由频率为 ν 的 s 个谐振子组成，并且分子的总能量概率集中在一个单振子中。RRK 理论发展了单分子分解理念，但是它仍旧需要 s 和 ν 作为再现实验值的调整参数，其物理意义尚不清楚。

马库斯(Markus)提升了 RRKM 理论，并基于反应分子的实际振动-旋转能级，建立了单分子分解速率常数的计算方法。RRKM 理论是一种过渡态理论，过渡态的平衡常数由下式给出

$$K^{\ddagger} = \frac{W^{\ddagger}(E^{\ddagger})}{\rho(E_{\mathrm{v}})} \tag{2.69}$$

式中，$E^{\ddagger}$ 是过渡态能量，$W(E^{\ddagger})$是过渡态分子振动-旋转自由度的状态总和，$\rho(E_{\mathrm{v}})$是具有振动能量 E_{v} 的反应分子的状态密度，因此

$$k_2(E^{\ddagger}) = \frac{W^{\ddagger}(E^{\ddagger})}{h\rho(E_{\mathrm{v}})} \tag{2.70}$$

$k_2(T)$为

$$k_2(T) = \int_0^{\infty} k_2(E^{\ddagger})P(E^{\ddagger})\mathrm{d}E^{\ddagger} \tag{2.71}$$

与此同时，$P(E^{\ddagger})$可以使用配分函数 Q 为

$$P(E^{\ddagger}) = \frac{\rho(E^{\ddagger})\exp(-E^{\ddagger}/k_{\mathrm{B}}T)}{Q} \tag{2.72}$$

这里，配分函数一般表达为下式

$$Q = \int \mathrm{d}E\exp(-E/k_{\mathrm{B}}T) \tag{2.73}$$

根据方程式(2.71)和(2.72)

$$k_2(T) = \frac{1}{hQ}\int_0^{\infty} \rho(E^{\ddagger})\exp\left(-\frac{E^{\ddagger}}{k_{\mathrm{B}}T}\right)\mathrm{d}E^{\ddagger} \tag{2.74}$$

高压极限方程式为

$$k_{\infty}(T) = \frac{k_{\mathrm{B}}T}{h}\frac{Q^{\ddagger}}{Q}\exp\left(-\frac{E_0}{k_{\mathrm{B}}T}\right) \tag{2.75}$$

与过渡态理论的方程式一致。有关使用这些公式的反应速率常数的具体计算方法，请参阅本章末尾的参考资料。

RRKM 理论能够很好地反映实验值，目前被认为是最完善的单分子反应理论。RRKM 理论的计算已应用于大气反应，如 $OH + CO$(5.2.3 节)、$OH + NO_2 + M$(5.2.4 节)，用于获得基于量子化学的理论速率常数。

因为三分子缔合反应(2.41)和单分子分解是逆反应，所以建立 A+B 和 AB 之间的热平衡

$$\mathrm{A} + \mathrm{B} + \mathrm{M} \rightleftharpoons \mathrm{AB} + \mathrm{M} \tag{2.76}$$

并且每个反应速率常数与热力学平衡常数相互关联

$$k_{\mathrm{ter}}[\mathrm{A}][\mathrm{B}] = k_{\mathrm{uni}}[\mathrm{AB}] \tag{2.77}$$

$$K(T) = \frac{[\mathrm{A}][\mathrm{B}]}{[\mathrm{AB}]} = \exp\left(\frac{-\Delta G^0}{RT}\right) = \exp\left(-\frac{\Delta H^0}{RT} + \frac{\Delta S^0}{R}\right) \tag{2.78}$$

$$k_{\mathrm{uni}} = k_{\mathrm{ter}}\,K(T) \tag{2.79}$$

根据这些关系,可以从分子反应速率常数和平衡常数计算出单分子分解速率常数(见表 5.3)。

2.4　多相反应

一系列过程,诸如:将大气分子吸收到液体颗粒中,如雾和雨滴伴随着液相反应,被称为多相反应;而分子在固态气溶胶表面的反应,常被称为非均相反应。但因为这些术语经常被混淆使用,并且这些过程中均包含着化学动力学的基本因素,本节将它们放在一起讲述。

2.4.1　适应系数和摄取系数

当气相分子与颗粒表面碰撞时,基于量子化学理论确定分子从气相转移到液相或固相的速率的基本参数称为质量适应系数 α,并由下式定义

$$\alpha = \frac{\text{最初附于液体或固体表面的分子数}}{\text{撞向液体或固体表面的分子数}} \tag{2.80}$$

根据分子散射理论,入射到表面的粒子可能有一部分会留在表面,其余的被散射回到气相中。α 为初始附着概率,是通过基于量子化学的分子动力学模拟确定的参数。尽管在表面化学中,也使用热适应系数,但在大气化学中,仅使用质量适应系数,在此,我们简称 α 为适应系数。一般来说,α 不能通过实验直接确定,实验确定的气体分子进入颗粒表面的参数是摄取系数 γ,其定义为

$$\gamma = \frac{\text{从气体到液相或固相过程中损失的分子数}}{\text{撞向气体或液体表面的分子数}} \tag{2.81}$$

式中,γ 定义为下述气体分子的消除反应速率常数的系数。

在单位时间内单位表面积与液体/固体表面碰撞的分子通量 J_{col} 表示为:

$$J_{col} = \frac{1}{4} u_{av} N_g \tag{2.82}$$

式中,u_{av}(cm · s^{-1})是平均热动力速率,N_g(分子 · cm^{-1} · s^{-1})是气相中的分子密度。上式中的 u_{av} 由气体动力学理论给出

$$u_{av} = \left(\frac{8k_B T}{\pi M}\right)^{1/2} \tag{2.83}$$

式中,T 是温度,M 是分子质量,k_B 是玻尔兹曼常数。因此,每单位时间和单位表面面积中,吸收到颗粒表面的分子净数量 J_{het}(分子 · cm^{-2} · s^{-1}),表示为

$$J_{het} = \frac{1}{4} \gamma u_{av} N_g \tag{2.84}$$

与单位体积气体中所含颗粒的表面积密度 A(cm^2 · cm^{-3})相乘,给出了表面非均相过程中气相中分子的去除率。当气相分子的去除率由伪一级速率方程表示时

$$\frac{d[N_g]}{dt}=-k_{het}[N_g] \tag{2.85}$$

多相反应速率常数 k_{het}（s^{-1}）表示为

$$k_{het}=\frac{1}{4}\gamma u_{av}A \tag{2.86}$$

根据此方程式，γ 可以从 k_{het} 的实验值和参数 u_{av} 及 A 得出。

对于球形颗粒，如液体颗粒，颗粒数分布 $n(r)$ 在粒径 $r \sim r+dr$ 范围内由下式所示的表面积密度确定

$$A=\int_0^\infty 4\pi r^2 n(r)dr \tag{2.87}$$

然而，大气中的固体颗粒大多是非球形的，且表面通常是带有微孔且多孔。在这种情况下，实际表面积比几何表面积大得多，同时，当从 k_{het} 的实际值获得系数 γ 时，γ 的实验值与 A 的取值有很大关系，不同 A 的取值会使结果有很大不同（见 6.3 和 6.4 节）。

图 2.10 是假想的液滴，包含了多相反应的过程，并采用阻力模型模拟的概念图。如图所示，多相反应包括一系列过程：气态分子向气液表面的传输和扩散；②适应界面；③界面处的气液平衡；④液相内的物理溶解和扩散；⑤包括在液相内的化学反应过程。

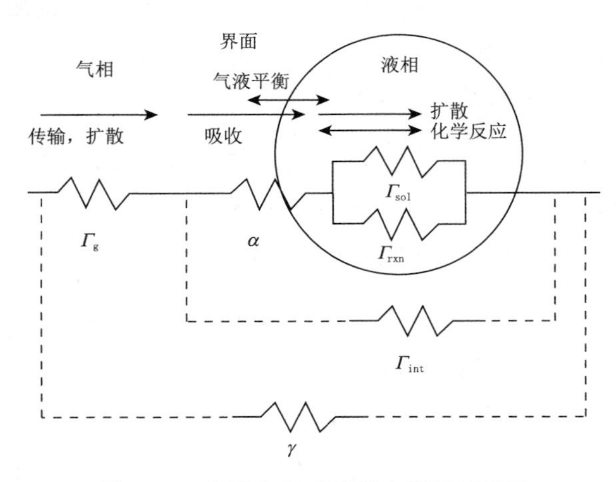

图 2.10　气液多相反应阻力模型原理图

阻力模型是以动力学方法处理这一系列过程。在该模型中，对应于每个过程的速率由与气体分子界面的碰撞次数的电导率 Γ 的比率表示，气体分子的摄取系数 γ 是 Γ 的倒数，由电阻的串联-并联耦合表示。

$$\frac{1}{\gamma}=\frac{1}{\Gamma_g}+\frac{1}{\alpha}+\frac{1}{\Gamma_{sol}+\Gamma_{rxn}} \tag{2.88}$$

式中，α 是上文定义的适应系数，Γ_g 是气相分子向界面扩散的电导，Γ_{sol} 和 Γ_{rxn} 分别是从摄入分子的界面向液相内部扩散和液相内反应的电导。

在图 2.10 中，除了气相扩散过程，方程式(2.88)右侧的第二项以后 2 顶对应的电导表示为 $1/\Gamma_{int}$。Γ_{sol} 不仅取决于分子对溶液的溶解度，还取决于表面反应中形成的累积产物的表面浓度，通常是时间依赖性参数。因此，γ 本身通常取决于反应时间（见第 6 章）。γ 在这种处理方式下，当 $\alpha<0.01$ 时，气相扩散 Γ_g 可以忽略；当 $\alpha>0.01$ 时，由 Γ_g 表示的界面扩散速率变为限速步。

气体分子向气相球形颗粒表面的扩散速率由 $4\pi rD_gN_g$（分子 · s^{-1}）给出，其中 D_g 是扩散系数，将其除以球形颗粒的表面积 $4\pi r^2$，每单位时间单位体积通过气相扩散输送到界面的气体分子数（气相扩散通量）J 用 J_g（分子 · cm^{-2} · s^{-1}）表示。

$$J_g=\frac{4\pi rD_g}{4\pi r^2}N_g=\frac{D_g}{r}N_g \tag{2.89}$$

通过方程式(2.82)，用表面的碰撞通量将 J_g 进行归一化处理为 J_{col}，界面附近的扩散电导 Γ_g 表示为

$$\Gamma_g=\frac{J_g}{J_{col}}=\frac{4D_g}{ru_{av}}=\frac{4D_g}{r}\left(\frac{\pi M}{8k_BT}\right) \tag{2.90}$$

2.4.2　气液平衡与亨利定律系数

气液平衡常数决定了气态分子在液相中的溶解度，因此它们是多相反应动力学分析的重要参数。液相反应对于大气中颗粒半径在 1～100 μm 的雾和云水滴非常重要。当这些水滴在大气中同时存在时，气相中的水溶性分子 X 被液滴吸收，且气液平衡

$$X(g)\rightleftharpoons X(aq) \tag{2.91}$$

式中，X(g)和 X(aq)分别是气相和液相中的化学物质 X。该气液平衡用亨利定律系数的平衡常数 K_H 表达。

$$\frac{X(aq)}{p_X}=K_H \tag{2.92}$$

以上方程中的[X(aq)]和 p_X，分别是水溶液中 X 的浓度和气相中 X 的分压。通常，亨利定律系数单位用 mol · L^{-1} · atm^{-1} 表示。如果体积摩尔浓度 mol · L^{-1} 用 M 表示，单位为 M · atm^{-1}，表 2.6 列出了以此为单位的大气中重要分子的亨利定律系数。如果大气中的分子浓度没有用分压表示，而是用液相中相同单位下的摩尔浓度[X(g)]表示，那么，无量纲亨利定律系数由 $\hat{K}_H$ 表示。

$$\frac{[X(aq)]}{[X(g)]}=\frac{N_{qq}}{N_g}=K_HRT=\hat{K}_H \tag{2.93}$$

表 2.6　水中大气分子的亨利定律系数[a]（298 K）

化学物种	K_H（$M \cdot atm^{-1}$）	化学物种	K_H（$M \cdot atm^{-1}$）
O_2	1.3×10^{-3}	CO	9.8×10^{-4}
O_3	1.0×10^{-2}	CO_2	3.4×10^{-2}
OH	39	CH_3Cl	0.13
HO_2	690	CH_3Br	0.17
H_2O_2	8.4×10^4	CH_3I	0.20
NH_3	60	HCHO	3.2×10^3
NO	1.9×10^{-3}	CH_3CHO	13
NO_2	1.2×10^{-2}	CH_3OH	200
NO_3	3.8×10^{-2}	CH_3OOH	300
HNO_2（HONO）	49 [b]	$HOCH_2OOH$	1.7×10^6
HNO_3（$HONO_2$）	2.1×10^5 [b]	$CH_3C(O)OOH$	840
SO_2	1.4	CH_3COCH_3	28
H_2S	0.10	HCOOH	8.9×10^3
CH_3SCH_3	0.54	$CH_3C(O)OH$	4.1×10^3
HCl	1.1 [b]	CH_3ONO_2	2.0 [b]
HOBr	$>1.3\times10^2$	$CH_3C(O)O_2NO_2$（PAN）	2.8 [c]

来源：a）　除非另有注明，否则都来源于 NASA/JPL 专家组评估文件第 17 号（Sander, et al., 2011. Chemical Kinetics and Photochemical Data for Use in Atmospheric Studies, Evaluation Number 17, JPL Publication 10-6, Pasadena, California）；

b）　Seinfeld J H, S N Pandis, 2006. Atmospheric Chemistry and Physics: From Air Pollution to Climate Change, 2nd ed. 1,203 pp, John Wiley and Sons.

c）　Pandis S N, J H Seinfeld, 1989. Sensitivity analysis of a chemical mechanism for aqueous-phase atmospheric chemistry. J. Geophys. Res., 94, 1105-1126.

从 K_H 到 $\hat{K}_H$ 的转换，使用上面方程式给出的 RT 乘以 K_H，其中，R 是气体常数（表 2.1），T(K)是温度。

亨利定律系数与温度有关，用范特霍夫方程（Van't Hoff equation）表示，如下

$$\frac{d\ \ln K_H}{dT}=\frac{\Delta H_{A,298}}{RT^2} \tag{2.94}$$

式中，$\Delta H_{A,298}$（$kJ \cdot mol^{-1}$）是从左到右的溶解过程（2.91）进行时的焓变（溶解热）。表 2.7 列出了典型大气分子的 $\Delta H_{A,298}$ 值。如表中所示，与溶解相关的焓变通常是负的，因此亨利定律系数随着温度的降低而增加。也就是说，气体分子对水溶液的溶解度随温度的降低而增加。因为如果温度变化不太大，ΔH_A 的温度依赖可以忽略不计，不同温度下的亨利定律系数可以使用表 2.7 中给出的 $\Delta H_{A,298}$ 值从方程式（2.94）

中获得。

$$\ln \frac{K_H(T_2)}{K_H(T_1)} = \frac{\Delta H_{A,298}}{R}\left(\frac{1}{T_1} - \frac{1}{T_2}\right) \tag{2.95}$$

表 2.7　大气中水分子的溶解热(298 K)

化学物种	ΔH_A(kJ · mol^{-1})	化学物种	ΔH_A(kJ · mol^{-1})
O_3	−21.1	CO_2	−20.3
H_2O_2	−60.7	HCHO	−53.6
NH_3	−34.2	CH_3OH	−40.6
NO	−12.1	CH_3OOH	−46.4
NO_2	−20.9	$CH_3C(O)OOH$	−51.0
HNO_2(HONO)	−39.7	HCOOH	−47.7
SO_2	−26.2	$CH_3C(O)O_2NO_2$(PAN)	−49.0
HCl	−16.7		

来源:Pandis 和 Seinfeld(1989)

2.4.3　液相中的扩散与反应

在分子 X 进入液相之后需考虑扩散过程的发生。假设液相是水溶液,溶解分子的扩散在一维中发生,则该过程用一维扩散方程表示,

$$\frac{\partial N_{aq}}{\partial t} = D_{aq}\frac{\partial^2 N_{aq}}{\partial x^2} \tag{2.96}$$

式中,x 是沿溶液深度界面的轴距离,N_{aq}是分子 X 的浓度(分子 · cm^{-3}),D_{aq}是分子在水溶液中的扩散系数。由于扩散方程是具有时间的一阶和空间的二阶偏微分方程,因此,在某个空间的某一点关于 N_{aq}的一个初始条件和两个边界条件是必要的。这里,我们将 $t=0$ 和 $x>0$ 时,$N_{aq}=N_{aq,bulk}$作为初始条件;$x=0$(界面)时,无论时间 t 如何,$N_{aq}=N_{aq,int}$作为第一边界条件(气液平衡建立得非常快,液体界面浓度始终处于由亨利定律系数确定的平衡浓度);$x=\infty$时,无论时间 t 如何,$N_{aq}= N_{aq,bulk}$作为第二边界条件(在液滴的深部,X 的浓度不随初始浓度而变化)。在这些条件下求解扩散方程(2.96),经过时间 t 后,分子通过液相单位区域的速率 $J_{sol}(t)$(分子 · cm^{-2} · s^{-1})可以由下式获得

$$J_{sol}(t) = (N_{aq,int} - N_{aq,bulk})\sqrt{\frac{D_{aq}}{\pi t}} \tag{2.97}$$

如我们所预期的,扩散速率取决于气-液界面附近和大量液体中的浓度差异。而且,扩散速率的降低与时间的平方根成反比。这是因为从气液表面到气相的再蒸发分子的数量随时间增加。

这里,$t=0$ 时,$N_{aq,bulk}= 0$,以上方程式变为

$$J_{sol}(t) = N_{aq,int}\sqrt{\frac{D_{aq}}{\pi t}} \tag{2.98}$$

假定气液平衡

$$N_{aq,int} = N_g \hat{K}_H \tag{2.99}$$

由方程式(2.98)和(2.99)给出

$$J_{sol}(t) = N_g \hat{K}_H \sqrt{\frac{D_{aq}}{\pi t}} \tag{2.100}$$

通过使用通量 J_{col} 对 $J_{sol}(t)$ 进行归一化，气体分子在单位表面积和单位时间的界面处碰撞(方程式(2.82))，方程式(2.88)中液相中的扩散电导 Γ_{sol} 由下式给出

$$\Gamma_{sol}(t) = \frac{J_{sol}(t)}{J_{col}} = \frac{4\hat{K}_H}{u_{av}}\sqrt{\frac{D_{aq}}{\pi t}} \tag{2.101}$$

如以上方程中所示，Γ_{sol} 随着时间而降低，表明了从液相到气相的再蒸发过程。因此，经过足够时间($t \to \infty$)，吸收速率与再蒸发速率相等，达到气液平衡，且 $\Gamma_{sol} \to 0$。与此同时，当液体颗粒非常小，界面层形成体层时，气液平衡瞬间完成，方程式(2.101)不适用。

当分子 X 在液相中发生化学反应被不可逆地消耗后，将拟一级反应速率常数设为 $k_{aq}(s^{-1})$，扩散方程式(2.96)变为

$$\frac{\partial N_{aq}}{\partial t} = D_{aq}\frac{\partial^2 N_{aq}}{\partial t^2} - k_{aq}N_{aq} \tag{2.102}$$

在如上所述的相同边界条件下求解该方程。假设亨利定律平衡已建立并且 $N_{aq,bulk} = 0$ 且 $kt \gg 1$，则单位时间和单位面积内反应耗散的分子通量(分子 · cm^{-2} · s^{-1})，由下式给出

$$J_{rxn} = N_{aq,int}\sqrt{D_{aq}k_{aq}} \tag{2.103}$$

假设在气-液界面处亨利平衡

$$J_{rxn} = N_g \hat{K}_H \sqrt{D_{aq}k_{aq}} \tag{2.104}$$

通过用方程式(2.82)中给出的 J_{col} 进行归一化，液相中反应的电导率为

$$\Gamma_{rxn} = \frac{J_{rxn}}{J_{col}} = \frac{4\hat{K}_H}{u_{av}}\sqrt{D_{aq}k_{aq}} \tag{2.105}$$

此方程式适用于不可逆反应，以及溶解度足够大的时候。

2.5 参阅书目

在有关大气化学的教科书中，有关化学反应的详细描述如下：

- Brasseur, G. P and S. Solomon, Aeronomy of the Middle Atmosphere: Chemistry and Physics of the Stratosphere and Mesosphere, 3rd ed., 644 pp, Springer, Dordrecht, the Netherland, 2005.

- Finlayson-Pitts, B. J. and J. N. Pitts, Jr., Chemistry of the Upper and Lower Atmosphere, 969 pp, Academic Press, San Diego, 2000.
- Wayne, R., Chemistry of Atmospheres, 3rd ed., 775 pp, Oxford University Press, New York, 2000.

为了更深入地了解化学反应,以下教科书将很有用:

在光化学方面

- Turro, N. J., V. Ramamurthy and J. C. Scaiano, Principles of Molecular Photochemistry: An Introduction, 530 pp, University Science Books, Herndon, VA, NJ, 2008.
- Wardle, B., Principles and Applications of Photochemistry, 250pp., John Wiley and Sons, Sussex, UK, 2009.

在分子光谱学方面

- Harris, D. C., Symmetry and Spectroscopy: An Introduction to Vibrational and Electronic Spectroscopy, 576 pp, Dover Books on Chemistry, New York, 1989.
- 小尾欣一,分光測定の基礎,176 pp,講談社,2009.

在反应动力学方面

- Leidler, K. J., Chemical Kinetics 3rd ed., 531 pp, Prentice Hall, 1987(.高石哲男訳,化学反応速度論 1 —基礎理論・均一気相反応,229 pp,産業図書,2000)
- Steinfeld, J. I., J. S. Francisco and W. L. Hase, Chemical Kinetics and Dynamics, 548 pp, Prentice Hall, Upper Saddle River, NJ, 1989.
- Houston, P. L., Chemical Kinetics and Reaction Dynamics, 352 pp, Dover Books on Chemistry, 2006.
- 平田善則・川崎昌博,化学反応,224 pp,岩波書店,2007.
- 幸田清一郎・小谷正博・染田清彦・阿波賀邦夫編,大学院講義・物理化学 II,反応速度論とダイナミクス,285 pp,東京化学同人,2011.

在多相化学方面

- Pöschl, U., Y. Rudich and M. Ammann, Kinetic model framework for aerosol and cloud surface chemistry and gas-particle interactions-Part 1: General equations, parameters, and terminology, Atmos. Chem. Phys., 7, 5989-6023, 2007.
- Seinfeld, J. H. and S. N. Pandis, Atmospheric Chemistry and Physics: From Air Pollution to Climate Change, 2nd ed., 1203 pp, John Wiley and Sons, 2006.

参考文献

Maric, D. , J. P. Burrows, R. Meller and G. K. Moortgat, A study of the UV-visible absorption spectrum of molecular chlorine, J. Photochem. Photobiol. A. Chem. , 70, 205-214, 1993.

Myer, J. A. and J. A. R. Samson, Vacuum ultraviolet absorption cross sections of CO, HCl, and ICN between 1050 and 2100Å, J. Chem. Phys. , 52, 266-271, 1970.

Pandis, S. N. and J. H. Seinfeld, Sensitivity analysis of a chemical mechanism for aqueous-phase atmospheric chemistry. J. Geophys. Res. , 94, 1105-1126, 1989.

Saiz-Lopez, A. , R. W. Saunders, D. M. Joseph, S. H. Ashworth and J. M. C. Plane, Absolute absorption cross-section and photolysis rate of I_2, Atmos. Chem. Phys. , 4, 1443-1450, 2004.

Sander, S. P. et al. , Chemical Kinetics and Photochemical Data fot Use in Atmospheric Studies Evaluation Number 17, JPL Publication 10-6, Pasadena, California, 2011.

Seinfeld, J. H. and S. N. Pandis, Atmospheric Chemistry and Physics: From Air Pollution to Climation Change, 2nd ed. , 1203 pp. , John Wiley and Sons, 2006.

Troe, J. , Predictive possibilities of unimolecular rate theory, J. Phys. Chem. , 83, 114-126, 1979.

第 3 章　大气光化学基础

地球大气化学系统的主要驱动因素，是由太阳辐射引起的光化学反应。根据图 3.1 中显示的温度梯度特征，地球大气从离地面最近到离地面最远，分成几层，分别为对流层、平流层、中间层和热层。平流层中的逆温现象是地球大气的特征，该现象出现的原因是大气中的主要成分氧气光解时，形成了臭氧层。本章将根据第 2 章所讲述的光化学原理，解释太阳辐射光谱、光化通量等，是实际计算太阳光对大气分子光解速率所必需。

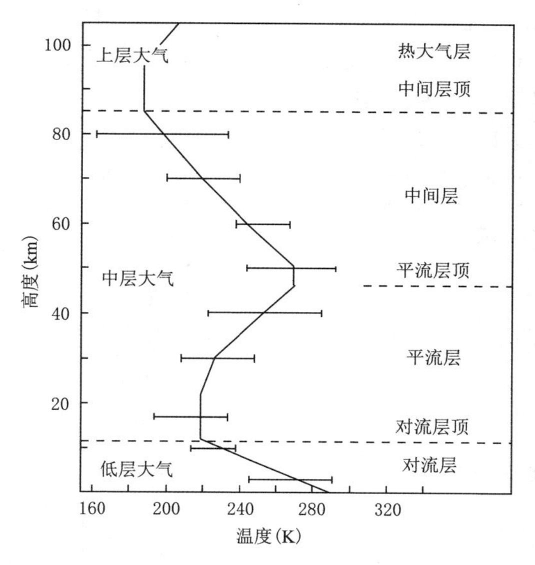

图 3.1　以美国标准大气理论为基础的大气垂直温度曲线
（改编自 Goody，1995，基于 NASA，1976）

3.1　外层大气太阳光谱

为了研究地球大气层中的光化学反应，有必要定量计算太阳光谱从大气层外到地球表面每个高度的变化情况。为此，让我们先看看受到地球大气中化学物质影响之前的地外太阳光谱。关于地球大气层外太阳辐射强度的测量，通常情况下，对较短波长的紫外区域由卫星进行，对长波长的紫外和可见光部分则是通过地面观测完成。近期的数据是通过 ASTM（美国材料试验协会）(2006)2000 ASTM E490 数据库（标准地外光谱参考文献）整理获得。该数据库覆盖了从远紫外线区 120 nm 处到波长大于 10 μm 的红外线区域范围。对于波长小于 330 nm 区域的数据由 Woods 等(1996)以几个卫星传感器的观测数据整理获得，对于较长波长区域的数据则是以 Neckel 和 Labs(1984)等的地面观测数据为基础整理获得。由 WMO/WRDC（世界气象组织/世界辐射数据中心）(1985)发布的威尔利(Wehrli)标准地球外光谱被广泛应用，该标准覆盖了 200 nm 到 10 μm 的波长范围。

图 3.2 给出了地球标准太阳辐照度在太阳垂直面上的光谱分布（光子 · cm^{-2} · s^{-1} · nm^{-1}），分辨率为 1 nm。表 3.1 给出了以 5 nm 为间隔的数据。图中和表中给出的太阳辐照度单位为每单位面积、单位时间和给定波长间隔的光子数。尽管我们可以看到源自各种原子被叫作夫琅和费(Fraunhofer)谱线的吸收谱线，但从大气光化学角度来看，波长大于 200 nm 的太阳辐射基本可以被看作是连续光谱。在波长小于 200 nm 的区域，不能忽略来自太阳的线光谱，并且最为重要的是与氢原子 2P→1S 跃迁相应的 121.6 nm 处的莱曼 α 谱线(Lyman-α)，其强度约为 3×10^{11}（光子 · cm^{-2} · s^{-1}）（如图 3.2）。太阳辐射在波长大于 400 nm 时，近似于色温 5900 K 的黑体辐射；在 400 nm 以下，波长变短，相应的黑体辐射温度逐渐变低。

表 3.1　地外太阳辐射通量[a, b]（太阳-地球平均距离）（每 5 nm，底数 e）

波长 (nm)	辐射强度（光子 · cm^{-2} · s^{-1} · 5 nm^{-1}）	波长 (nm)	辐射强度（光子 · cm^{-2} · s^{-1} · 5 nm^{-1}）	波长 (nm)	辐射强度（光子 · cm^{-2} · s^{-1} · 5 nm^{-1}）
120～125 [c]	4.15×10^{11}	290～295	4.05×10^{14}	460～465	2.38×10^{15}
125～130	9.15×10^{9}	295～300	3.77×10^{14}	465～470	2.35×10^{15}
130～135	2.77×10^{10}	300～305	3.94×10^{14}	470～475	2.37×10^{15}
135～140	1.48×10^{10}	305～310	4.45×10^{14}	475～480	2.44×10^{15}
140～145	1.81×10^{10}	310～315	5.30×10^{14}	480～485	2.46×10^{15}
145～150	2.49×10^{10}	315～320	5.46×10^{14}	485～490	2.25×10^{15}
150～155	4.85×10^{10}	320～325	5.87×10^{14}	490～495	2.42×10^{15}
155～160	7.25×10^{10}	325～330	7.89×10^{14}	495～500	2.45×10^{15}
160～165	1.02×10^{11}	330～335	8.07×10^{14}	500～505	2.37×10^{15}
165～170	1.91×10^{11}	335～340	7.60×10^{14}	505～510	2.48×10^{15}
170～175	3.25×10^{11}	340～345	8.06×10^{14}	510～515	2.46×10^{15}
175～180	6.09×10^{11}	345～350	7.97×10^{14}	515～520	2.29×10^{15}

续表

波长 (nm)	辐射强度 (光子·cm^{-2}·s^{-1}·5 nm^{-1})	波长 (nm)	辐射强度 (光子·cm^{-2}·s^{-1}·5 nm^{-1})	波长 (nm)	辐射强度 (光子·cm^{-2}·s^{-1}·5 nm^{-1})
180～185	9.76×10^{11}	350～355	9.02×10^{14}	520～525	2.48×10^{15}
185～190	1.41×10^{12}	355～360	7.99×10^{14}	525～530	2.46×10^{15}
190～195	2.04×10^{12}	360～365	8.87×10^{14}	530～535	2.54×10^{15}
195～200	3.03×10^{12}	365～370	1.09×10^{15}	535～540	2.57×10^{15}
200～205	4.39×10^{12}	370～375	9.73×10^{14}	540～545	2.52×10^{15}
205～210	7.39×10^{12}	375～380	1.11×10^{15}	545～550	2.58×10^{15}
210～215	1.78×10^{13}	380～385	9.09×10^{14}	550～555	2.60×10^{15}
215～220	2.14×10^{13}	385～390	1.01×10^{15}	555～560	2.57×10^{15}
220～225	2.90×10^{13}	390～395	1.03×10^{15}	560～565	2.62×10^{15}
225～230	2.65×10^{13}	395～400	1.26×10^{15}	565～570	2.62×10^{15}
230～235	2.81×10^{13}	400～405	1.73×10^{15}	570～575	2.66×10^{15}
235～240	2.81×10^{13}	405～410	1.71×10^{15}	575～580	2.66×10^{15}
240～245	3.53×10^{13}	410～415	1.79×10^{15}	580～585	2.72×10^{15}
245～250	3.21×10^{13}	415～420	1.81×10^{15}	585～590	2.61×10^{15}
250～255	3.29×10^{13}	420～425	1.85×10^{15}	590～595	2.68×10^{15}
255～260	6.95×10^{13}	425～430	1.73×10^{15}	595～600	2.68×10^{15}
260～265	9.18×10^{13}	430～435	1.71×10^{15}	600～605	2.66×10^{15}
265～270	1.66×10^{14}	435～440	1.95×10^{15}	605～610	2.68×10^{15}
270～275	1.40×10^{14}	440～445	2.12×10^{15}	610～615	2.64×10^{15}
275～280	1.25×10^{14}	445～450	2.21×10^{15}	615～620	2.63×10^{15}
280～285	1.63×10^{14}	450～455	2.31×10^{15}	620～625	2.65×10^{15}
285～290	2.34×10^{14}	455～460	2.35×10^{15}	625～630	2.65×10^{15}

来源：a)　根据 ASTM International，计算得出的标准太阳能常数和零空气质量太阳光谱辐照表 E490-001，2006；

b)　在 120～300 nm 波长范围内观察到由于太阳活动导致的辐射强度的 11 年周期变化（<20%）（Brasseur G P，Simon P C，1981. Stratospheric chemical and thermal response to long-term variability in solar UV irradiation[J]. J. Geophys Res，86：7343-7368；Brasseur G P，J L Orland，G S Tyndal (eds.)，1999. Atmospheric Chemistry and Global Change，Oxford University Press)；

c)　121.6 nm 莱曼 α 谱线的主要作用（±30%波动）（Timothy A F，J G Timothy，1970. Long-term variations in the solar helium Ⅱ Ly-alpha line，J. Geophys. Res.，75，6950）

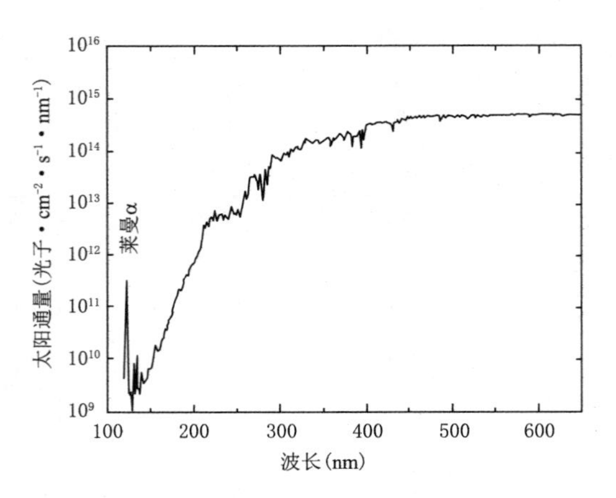

图 3.2　地外太阳辐射通量(辐照度)(基于 ASTM,2006)

3.2　氮气、氧气和臭氧对大气中太阳辐射照度的衰减

进入地球大气层后,太阳辐射被大气中的主要成分 N_2 和 O_2 吸收。N_2,D_0(N—N)的键能很大,在波长 127.9 nm 处的相应光子能量为 9.76 eV。图 3.3 给出了氮气分子的势能。N_2 分子具有 Lyman-Birge-Hopfield 谱带(L-B-H 谱带),对应于 100～150 nm 波长区域 $a^1\Pi_g - X^1\Sigma_g^+$ 的跃迁,并具有振动结构。最大波长为 135.4 nm 的 L-B-H 谱带的跃迁是电偶极子禁阻跃迁,且吸收截面小于 $4\times10^{-21}\,cm^2$(Lofthus 和 Krupenie,1977)。因为在该波长区域中存在更强的 O_2 吸收光谱,所以 N_2 的吸收实际上不会影响太阳辐照度。对 N_2 较低能级 $A^3\Sigma_u^+ - X^1\Sigma_g^+$ 的吸收是自旋禁阻跃迁,并且在极光处发现相应的 Vegard-Kaplan 谱带(V-K 谱带),当计算太阳辐照时可以忽略。N_2 的强吸收带是在小于 100 nm 的波长区域,带谱和连续谱分别存在于 66～100 nm 和小于 66 nm 的区域。这些现象对于地表以上 100～300 km 处的热层光化学反应非常重要。由于本书主要关注对流层和平流层,因此在本书中不讨论 N_2 的吸收和光解。

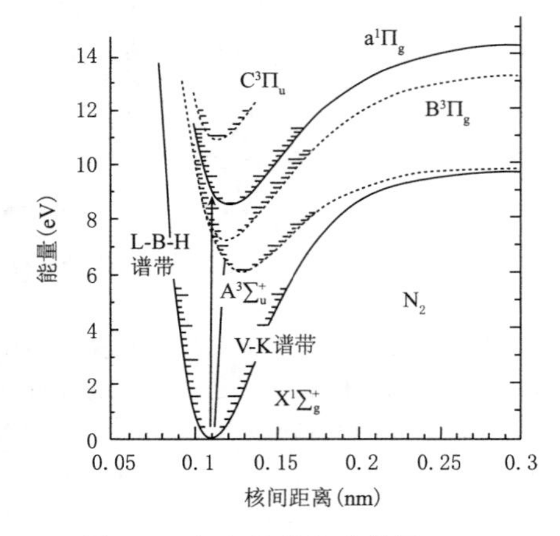

图 3.3　氮气的势能曲线图
(改编自 Lofthus 和 Krupeniem,1997)

氧气是地球大气中的第二大组成成分,O_2 分子的吸收光谱、截面和能量图,分别在图 3.4、表 3.2 和图 3.5 中显示。如图 3.4 所示,O_2 在波长 130～175 nm 区域,具有较强

的连续吸收带，叫作舒曼-龙格连续带（S-R 连续带），与图 3.5 中的 $B^3\Sigma_u^- - X^3\Sigma_g^-$ 容许跃迁相对应。该连续带融合了舒曼-龙格谱带（S-R 谱带）的带状光谱，波长范围超过 175 nm。

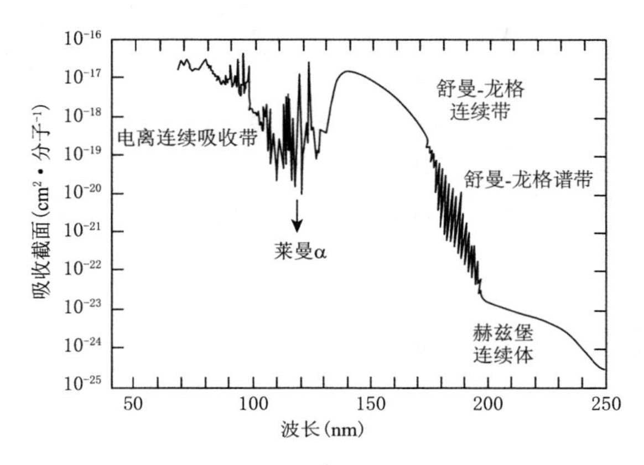

图 3.4 氧气的吸收光谱（改编自 Goody，1995）

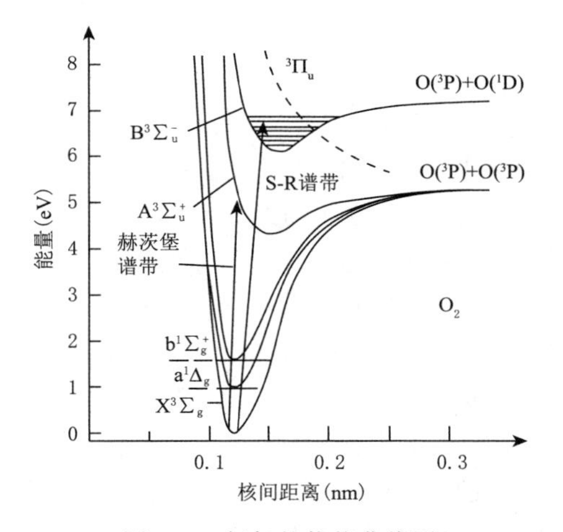

图 3.5 氧气的势能曲线图

（以 Gaydon，1968 为基础，改编自 Finlayson-Pitts 和 Pitts，2000）

表 3.2 氧气的吸收截面（205～245 nm）（底数为 e）

波长 (nm)	$10^{24}\sigma$ (cm²·分子⁻¹)	波长 (nm)	$10^{24}\sigma$ (cm²·分子⁻¹)	波长 (nm)	$10^{24}\sigma$ (cm²·分子⁻¹)
205	7.35	220	4.46	235	1.63
206	7.13	221	4.26	236	1.48
207	7.05	222	4.09	237	1.34

续表

波长 (nm)	$10^{24}\sigma$ (cm^2 · 分子$^{-1}$)	波长 (nm)	$10^{24}\sigma$ (cm^2 · 分子$^{-1}$)	波长 (nm)	$10^{24}\sigma$ (cm^2 · 分子$^{-1}$)
208	6.86	223	3.89	238	1.22
209	6.68	224	3.67	239	1.10
210	6.51	225	3.45	240	1.01
211	6.24	226	3.21	241	0.88
212	6.05	227	2.98	242	0.81
213	5.89	228	2.77	243	0.39
214	5.72	229	2.63	244	0.13
215	5.59	230	2.43	245	0.05
216	5.35	231	2.25		
217	5.13	232	2.10		
218	4.88	233	1.94		
219	4.64	234	1.78		

来源：NASA/JPL 专家组评估文件第 17 号

该吸收带的跃迁与同样属于 $B^3\Sigma_u^- - X^3\Sigma_g^-$ 跃迁的解离能更低的 $O_2 \rightarrow O(^3P)+O(^1D)$ 向振动水平的跃迁相当。严格意义上讲，舒曼-龙格连续带与连续吸收带重叠，与图 3.5 中的 $^3\Pi_u - X^3\Sigma_g^-$ 排斥位能的跃迁对应。如图 3.4 中所示，一种叫作赫茨堡(Herzberg)谱带的非常微弱的连续吸收带，在 190～242 nm 范围，被延长到舒曼-龙格谱带的较长波长范围，与禁阻跃迁 $A^3\Sigma_u^+ - X^3\Sigma_g^-$(图 3.5 中的赫茨堡谱带)相一致。该连续吸收带被认为是在高于 $O_2 \rightarrow O(^3P)+O(^3P)$ 的解离能下，向 $A^3\Sigma_u^+$ 状态的跃迁。O_2 在几个波段对太阳辐射的吸收，对于研究平流层辐射强度和化学系统很重要。O_2 吸收光谱范围内的太阳辐射，在平流层被全部吸收，不会到达对流层。如图 3.5 所示，低能量状态的 O_2 向 $a^1\Delta_g$ 和 $b^1\Sigma_g^+$ 的跃迁，可以分别在 1270 和 762 nm(0－0 谱带，从 $\nu''=0$ 到 $\nu'=0$)的近红外线区域和可见光区域观测到，但两者都是禁阻跃迁，并且吸收非常微弱。

在舒曼-龙格体系中 O_2 的光解反应，是平流层中形成臭氧层非常重要的化学过程。平流层化学将在第 8 章讲述。在平流层形成的臭氧吸收光谱，在确定不同海拔高度的太阳光谱以及对流层中较短波长边缘的垂直分布时起着重要作用。

平流层中臭氧的吸收，对于计算对流层中的太阳辐照非常重要。图 3.6 和表 4.1 给出了 O_3 的吸收光谱和吸收截面。如图 3.6 所示，O_3 在 100～200 nm 和 200～310 nm 范围，具有强烈吸收谱带。因为 O_2 的较强谱带，完全吸收了 100～200 nm 区域的太阳辐射，作为确定太阳辐照度光谱的一个因素，O_3 在此区域的吸收并不重要。

相反地，被称为哈特莱(Hartley)谱带的 200～310 nm 区域，对应于 O_2 吸收变弱的光谱区域，因此，O_3 吸收在确定平流层下层和对流层中的太阳光谱发挥着非常重要的作用。该吸收对应于 $^1B_2-X^1A_2$ 跃迁，它是向比解离 $O_3 \rightarrow O(^1D)+O_2(^1\Delta_g)$ 高的能量级的跃迁，基本上是连续光谱(见图 4.8)。

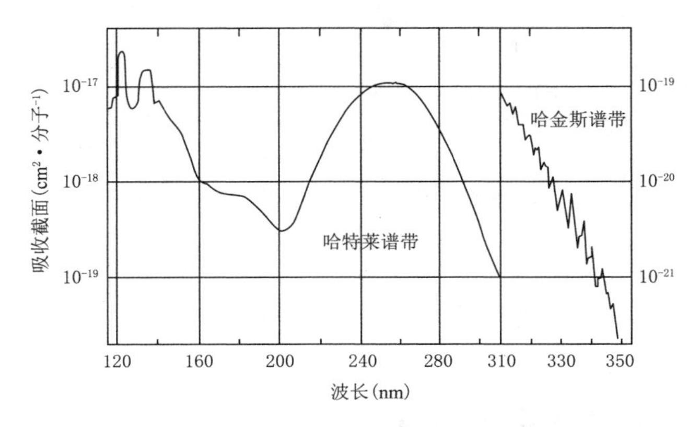

图 3.6　O_3 在紫外线区域的吸收光谱(改编自 Warneck，1988)

如图 3.6 所示，哈特莱谱带长波长边缘大于 310 nm 的部分与具有振动结构的叫作哈金斯(Huggins)谱带的波段光谱合并。O_3 在 310～350 nm 范围内光解激发产生的氧原子 $O(^1D)$，在对流层中作为 OH 自由基的来源极为重要，我们将在 4.2.1 节中详细讨论。而且，臭氧在可见区域(440～850 nm)具有被称为查普斯(Chappuis)谱带的吸收带，它是一个弱连续吸收带，吸收截面为 5×10^{-21} cm^2·分子$^{-1}$(见图 4.2)，其对太阳光谱辐照度的影响几乎可以忽略不计。

如上所述，经过 N_2、O_2 和 O_3 的吸收，到达地球大气的太阳辐射强度随着高度而衰减。图 3.7 描述了太阳辐射强度被这些不同波长的物种吸收后，衰减 90%的高度图。如图中所示，小于 100 nm 以及 130～180 nm 范围内的太阳辐射，被距地表 80 km 以上的热层中的 N_2 和 O_2 吸收，同时，莱曼 α 谱线(Lyman α)(121.6 nm)和周围以及更长的波长辐射可到达地表以上 45～80 km 的大气中间层。超过 185 nm 的太阳辐射可到达平流层(15～45 km 处)。特别地，200 nm 左右的太阳辐射可到达平流层深处，这一事实在人为氯氟烃(CFC)的臭氧消耗中起着重要作用，我们将在第 8 章中予以讨论。

由于 O_3 在平流层中被吸收，波长小于 310 nm 的太阳辐射，几乎在到达对流层之前就全部衰减了。尽管如此，295～310 nm 的一小部分辐射仍旧能够到达对流层，并且在该波长区域的 O_3 光解中形成激发的 $O(^1D)$ 原子，随后与水蒸气反应，在对流层中 OH 自由基的形成过程中起着重要作用。

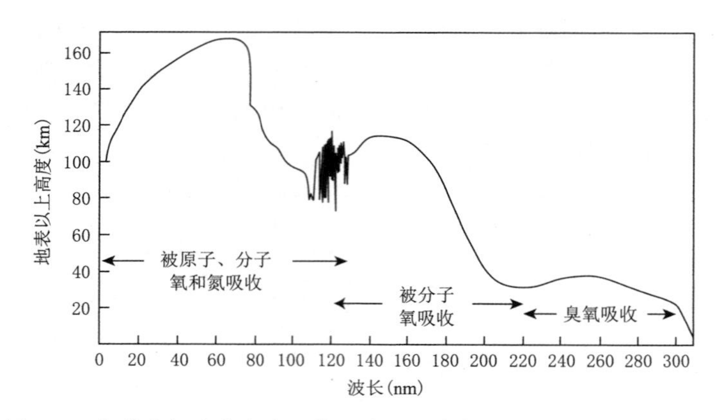

图 3.7　每种大气成分各自吸收垂直于地球表面的太阳光的最大高度
(以 Friedman,1960 为基础,改编自 Finlayson-Pitts 和 Pitts, 2000)

3.3　太阳天顶角与空气质量

当太阳辐射穿透到地球大气层的衰减是由 O_2 和 O_3 的吸收引起时,在距离地球表面高度 z_0 处的波长 λ 的太阳辐照度,按照比尔-朗伯(Beer-Lambert)定律表示

$$I(\lambda, z_0) = I_0(\lambda)\exp\left\{-\int_{z_0}^{\infty}\left[\sum_k \sigma_k(\lambda)n_k(z)\right]dz\right\} \tag{3.1}$$

$$\sum_k \sigma_k(\lambda)n_k(z) = \sigma_{O_2}(\lambda)n_{O_2}(z) + \sigma_{O_3}(\lambda)n_{O_3}(z) \tag{3.2}$$

式中,I_0 是地外日射辐照度,σ_k 和 n_k 分别是吸收截面和每个分子物种的分子密度。

从太阳到地球表面某个点的距离 I,如图 3.8 所示,随太阳天顶角 θ 变化,l 变得比垂直距离 z 长,更多的光子被分子吸收。考虑到水平地球表面,l 与 θ 之间的关系表示为

$$l = z/\cos\theta = z\ \sec\theta \tag{3.3}$$

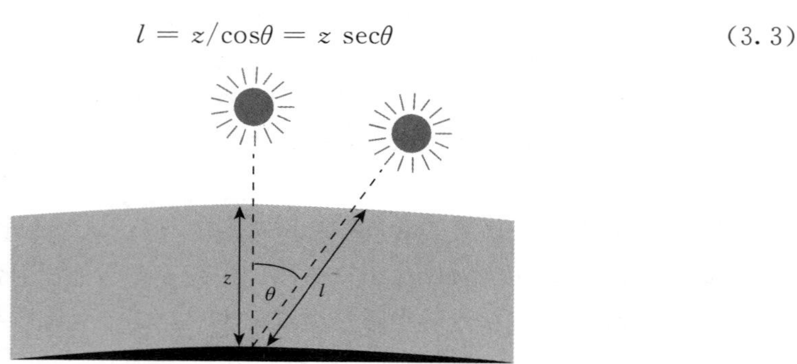

图 3.8　太阳天顶角与空气质量的定义

直射阳光通过大气到达的距离 l 与垂直于太阳的距离 z 之比称为空气质量 m。空气质量的计算可以近似取 $\theta<60°$，见公式(3.4)。

$$m = l/z = \sec\theta \tag{3.4}$$

表 3.3 显示了不同太阳天顶角和 $\sec\theta$ 时的空气质量。如表 3.3 所示，只有当 $\theta>60°$，天顶角非常大时，大气曲率和大气折射才有效，它们之间的差异不能忽略。空气质量 m 的太阳辐照度，在距离地球表面 z_0 高度处，由以下公式表示

$$I(\lambda, z_0) = I_0(\lambda)\exp\left\{-m\int_{z_0}^{\infty}\left[\sum_k \sigma_k(\lambda)n_k(z)\right]dz\right\} \tag{3.5}$$

来自式(3.1)。

表 3.3　不同太阳天顶角下的空气质量

太阳天顶角 θ(°)	$m=\sec\theta$	空气质量
0	1.00	1.00
10	1.02	1.02
20	1.06	1.06
30	1.15	1.15
40	1.31	1.31
50	1.56	1.56
60	2.00	2.00
70	2.92	2.90
78	4.81	4.72
86	14.3	12.4

来源：Demerjian 等(1980)

式(3.4)中的空气质量所需的太阳天顶角 θ 可以通过纬度 φ(度)、太阳赤纬 δ(弧度)以及时角 h(弧度)得出

$$\cos\theta = \sin\delta\sin\varphi + \cos\delta\cos\varphi\cos h \tag{3.6}$$

式中，太阳赤纬 δ 由下列公式得出(Vermote 等，1997)。

$$\delta(\text{弧度}) = \beta_1 - \beta_2\cos N + \beta_3\sin N - \beta_4\cos 2N + \beta_5\sin 2N - \beta_6\cos 3N + \beta_7\sin 3N \tag{3.7}$$

$$N(\text{弧度}) = \frac{2\pi d_n}{365} \tag{3.8}$$

式(3.7)中，$\beta_1 = 0.006918$，$\beta_2 = 0.399912$，$\beta_3 = 0.070257$，$\beta_4 = 0.006758$，$\beta_5 = 0.000907$，$\beta_6 = 0.002697$，$\beta_7 = 0.001480$。式(3.8)中，d_n 是一年中的日期编号，0 为 1 月 1 日，364 为 12 月 31 日。式(3.6)中的时角 h，通过格林尼治平均时间 GMT(小时)、经度 λ(度)和平均时差(时间方程)(Vermote 等，1997)得出

$$h(\text{弧度}) = \pi[(GMT/12) - 1 + (\lambda/180)] + EQT \tag{3.9}$$

$$EQT = \alpha_1 + \alpha_2 \cos N - \alpha_3 \sin N - \alpha_4 \cos 2N - \alpha_5 \sin 2N \tag{3.10}$$

式中，$\alpha_1 = 0.000075$，$\alpha_2 = 0.001868$，$\alpha_3 = 0.032077$，$\alpha_4 = 0.014615$，$\alpha_5 = 0.040849$。平均时差是平均太阳赤经与真实太阳赤经之间的差，地球按照椭圆轨道围着太阳公转，公转角速度随季节变化，赤道与公转轨道的倾角为 23°27′，因此 1 d 内太阳的运动在东西方向略有偏移。

3.4 大气分子、粒子的散射和表面反照率

太阳辐射在穿过大气层的过程中，除了受到 N_2、O_2 和 O_3 吸收外，还受到大气分子和颗粒物（气溶胶）的光散射影响，改变了其强度和光谱分布。尤其在计算对流层中光化通量时（见 3.5 节），必须考虑这些作用。

除光吸收之外，当考虑这种光散射时，可用比尔-朗伯定律表示

$$\ln \frac{I}{I_0} = -sm \tag{3.11}$$

$$s = s_{sm} + s_{am} + s_{sp} + s_{ap} \tag{3.12}$$

其中，s_{sm}、s_{am}、s_{sp} 和 s_{ap} 分别是散射光衰减系数、气体分子吸收常数、大气微粒散射与吸收系数，m 是在之前章节中提到的空气质量。

气体分子散射叫作瑞利散射（Rayleigh scattering），其散射系数通过以下公式得到

$$s_{sm} = \frac{24\pi^3}{\lambda^4 N^2}\left(\frac{n^2 - 1}{n^2 + 1}\right) \tag{3.13}$$

式中，n 是折射率，N（分子 · cm^{-3}）是分子密度。因为空气的折射率接近于 1（530 nm 处为 1.000278），上式可以近似计算为

$$s_{sm} = \frac{32\pi^3}{3\lambda^4}\left(\frac{n - 1}{N}\right)^2 \tag{3.14}$$

因此，瑞利散射系数与光的波长 λ 的四次方成反比（Bohren 和 Huffman，1981；Ahrens，2007）。较短波长的光更容易散射，众所周知，正是由于到达对流层的太阳辐射中的蓝光被更强烈地散射，所以我们才能看到蓝天。

在 273 K，高度 $H = 7.996 \times 10^5$ cm（约 8 km）处（在该高度，大气压力减少到海洋表面的 1/e；e 是自然对数的底），采用大气分子密度 $N_0 = 2.687 \times 10^{19}\ cm^{-3}$，瑞利散射系数为

$$(s_{sm})_0 = \frac{1.044 \times 10^5 (m_{0,\lambda} - 1)^2}{\lambda^4} \tag{3.15}$$

式中，$m_{0,\lambda}$ 是此高度波长 λ 范围内空气的折射率（Leighton，1961；Finlayson-Pitts 和 Pitts，2000）。从式（3.15），可得出大气层中每个高度的分子散射光衰减系数 s_{sm}，见下式：

$$s_{sm} = \frac{(s_{sm})_0 N}{N_0} = (s_{sm})_0 \frac{P}{P_0} \tag{3.16}$$

式中，P_0 是与高度范围相对应的大气压力，比如：1/e atm。

颗粒散射与吸收的详细方法由 Bohren 和 Huffman(1981)给出。颗粒的散射是颗粒直径与光波长的函数，通过粒子散射的光衰减系数通常表示为

$$s_{sp} = \frac{b}{\lambda^a} \tag{3.17}$$

在此，如果颗粒直径参数由 α 定义

$$\alpha = \frac{2\pi r}{\lambda} \tag{3.18}$$

式(3.18)中的 α，对于直径很小的颗粒($\alpha \ll 1$)，与分子散射相等取 $a=4$，α 随粒径增大而减小；当粒径远大于波长($\alpha \gg 1$)时，通过几何光学近似值表达，$a=0$(Leighton，1961)。中间区段的颗粒散射叫作米(Mie)散射。

在分子和粒子散射的情况下，与吸收不同，太阳光强度单侧损失，并且散射光也有效地被用于大气分子的光化学反应。因此，尽管直接辐射强度衰减，但多种散射光一起形成了光化通量(3.5 节)。

图 3.9 显示了对流层中，针对不同波长每个过程的光透射图，其中考虑了分子和粒子散射以及臭氧吸收等因素。图中的散射系数 T 为

$$T = \frac{I}{I_0} \tag{3.19}$$

$$T_{总} = T_a T_m T_p \tag{3.20}$$

$$T_s = T_m T_p \tag{3.21}$$

式中，T_a、T_m、T_p、T_s、$T_{总}$ 分别为分子吸收、分子散射、粒子散射、总散射与总透射率。在图 3.9 的计算中，太阳天顶角为 45°，臭氧柱密度为 0.300 atm-cm(= 300 DU；DU 表示陶普生(Dobson)单位)，气溶胶光密度采用 0.295(500 nm 处)。这充分证明了每个过程的波长依赖性的一般特征；粒子散射对于大于 450 nm 的波长是重要的，分子散射(瑞利散射)对于较短波长非常重要，并且臭氧的吸收在比 320 nm 更短的波长中占主导地位。

另外，因为到达地球表面的太阳辐射有一部分被反射回了大气层，所以，在计算光化通量时，除了直接散射辐射(Ahrens，2008)以外，还有必要将表面反射光纳入考虑范围。地球表面的反射率叫作反照率，并且随表面性质不同而不同。表 3.4 概括了各种地球表面反照率的值。新雪的反照率值最高，为 0.75～0.95，非常接近 1。与此同时，海洋等水面的反照率非常小，太阳天顶角较小时取 0.1，随着天顶角增大而增加。植被覆盖的表面，如：森林、草原与田地，其反照率一般在 0.1～0.3，并随着季节自然地变化。尽管反照率值决定于波长，但其细节尚未被大规模研究(McLinden 等，1997)。

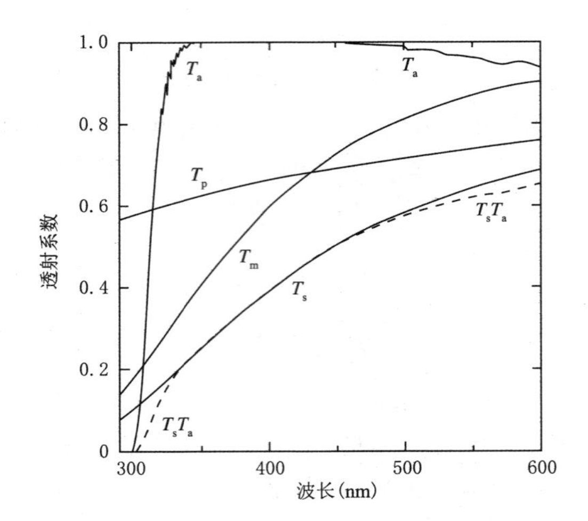

图 3.9 太阳天顶角为 45°时的大气透射率

（T_a：臭氧吸收；T_m：分子的瑞利散射；T_p：粒子的米散射；$T_s=T_m+T_p$；$T_{总}=T_aT_s$）

（由入江等提供）

表 3. 4 不同地球表面的典型反照率

表面	反照率
雪(积雪～新雪)	0.40～0.95
海冰	0.30～0.40
水表面($\theta<25°$)	0.03～0.10
水表面($\theta>25°$)	0.10～1.00
冻原地带	0.18～0.25
沙地、沙漠	0.15～0.45
土壤(阴暗潮湿的土壤～明亮干燥的土壤)	0.05～0.40
草原	0.16～0.26
耕地(农作物)	0.05～0.20
森林(阔叶树)	0.15～0.20
森林(针叶树)	0.05～0.15
厚云	0.60～0.90
薄云	0.30～0.50

来源：Budikova (2010)

3.5 光化通量与光解速率常数

大气分子的光解速率常数，可以根据第2章中给出的公式进行计算

$$j_p = k_p = \int_\lambda \sigma(\lambda)\Phi(\lambda)F(\lambda)\mathrm{d}\lambda \tag{2.18}$$

式中，$\sigma(\lambda)$ (cm^2)是待光解分子的吸收截面，$\Phi(\lambda)$是产生特定光解产物的量子产率，$F(\lambda)$ (光子·cm^{-2}·s^{-1}·nm^{-1})是球形积分的光化通量。光化学通量$F(\lambda)$是入射到大气中某个小的球面的光子总数，通过对所有角度的太阳辐射$L(\lambda,\theta,\varphi)$ (光子·cm^{-2}·s^{-1}·nm^{-1}·sr^{-1})(太阳天顶角θ和方位角φ)进行积分所得(Madronich, 1987)。

$$F(\lambda) = \int_0^{2\pi}\int_{-\pi/2}^{\pi/2} L(\lambda,\theta,\phi)\sin\theta\mathrm{d}\theta\mathrm{d}\phi \tag{3.22}$$

式中，$\sin\theta$是出现在立体角向球形坐标转换中的系数。应该注意的是，积分区间是$-\pi/2\sim\pi/2$，这意味着所有来自上方和下方的辐射对光解都是有效的。

图3.10是形成光化通量的各种辐射类型的示意图。因此，对于$F(\lambda)$的计算，必须考虑所有过程，例如平流层臭氧的吸收、大气分子的瑞利散射、气溶胶和云的散射和吸收，以及地球表面的反射等。同时，还必须考虑来自太阳的直接辐射，以及来自气溶胶反射和散射的所有方向的光。

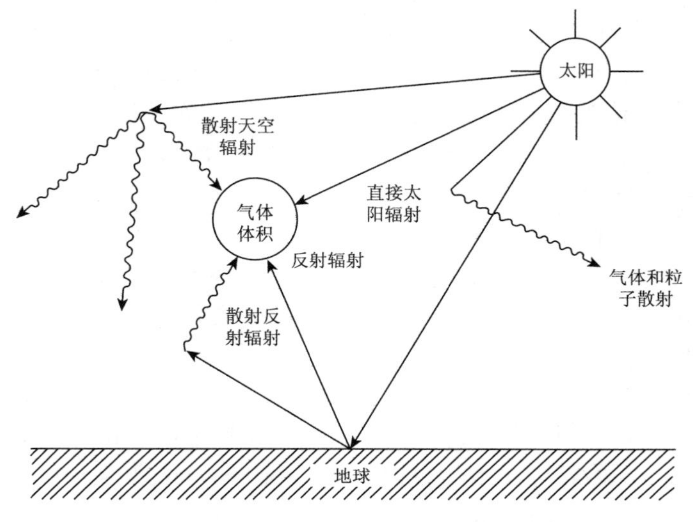

图3.10 大气中小体积光化通量的各种辐射源
(改编自Finlayson-Pitts和Pitts，2000)

同时,3.1 节提到的太阳辐照度 $E(\lambda)$(光子 · cm^{-2} · s^{-1} · nm^{-1})由以下公式定义

$$E(\lambda) = \int_0^{2\pi}\int_0^{\pi/2} L(\lambda,\theta,\phi)\cos\theta\sin\theta d\theta d\phi \tag{3.23}$$

这是入射到大气层平面上的辐射通量。也就是说,$E(\lambda)$是直射光和入射在从上方具有固定空间取向的平面上的散射光强度的半球积分,并且包括取决于光照射方向的 $\cos\theta$ 项,它区别于式(3.22)定义的光化通量。$E(\lambda)$通常以能量单位给出(W · cm^{-2} · nm^{-1}),可以通过式(2.2),将其转换成每单位时间的光子。顺便提及,在地外太阳光谱的讨论中,垂直于太阳的平面($\cos\theta=1$)处的辐照度 $E(\lambda)$,等于光化通量 $F(\lambda)$。

光化通量 $F(\lambda)$是计算大气中光解速率常数时不可缺少的重要参数,有两种方法可以获得:一种是通过使用辐射传递模型的理论计算获得的方法,另一种是通过辐射计测量辐照度 $E(\lambda)$并使用理论公式将其转换为 $F(\lambda)$的方法。这里,我们首先看到使用辐射传递模型获得光化通量的方法。这种开创性方法的工作由 Leighton(1961)进行,他利用简化的辐射传输模型计算了适用于光化学空气污染的光化通量,该模型适用于波长范围在 290～800 nm 区域内的不同的太阳天顶角。虽然 Leighton(1961)的工作已有 50 多年历史,考虑到本章提到的所有因素,我们可以得出结论,大气中有关光解作用的基本观点已经形成。

Peterson(1976)通过使用新的输入参数,发展了 Leighton(1961)的研究工作,并由 Demerjian(1980)和 Madronich(1987)进一步提高了光化通量的精度。Peterson(1976)计算了天顶角 0°处的光化通量,将光谱区域划分为 5 nm(290～420 nm)、10 nm(420～580 nm)和 20 nm(580～700 nm),并假设平流层臭氧量 0.285 atm-cm(285 D.U.),距离地面 0～1 km 的边界层臭氧为 100 ppb①(O_3 总量 0.295 atm-cm)。为了通过气溶胶粒子计算辐射特性,假设粒径分布使用式(3.18)的粒径,柱密度为 4.99×10^7 粒子 · cm^{-2}。在假设吸收为部分吸收时,使用气溶胶复合折射率的光学参数 $n = 1.5-0.01i$。图 3.11 显示了由式(3.11)和式(3.12)定义的辐射消光系数 s 对波长吸收、粒子散射和吸收以及大气分子利用上述参数进行瑞利散射对波长的依赖性。在图 3.11 中显示,由气溶胶颗粒引起的消光速率主要由散射造成,吸收的贡献率约为 9%。同时,臭氧查普斯谱带在 600 nm 左右的可见光部分的光吸收导致消光系数约为 3%或更小。

众所周知,除了这些参数,表面反照率对于光化通量有很大影响(Luther 和 Gelinas,1976)。按照 Peterson(1976)理论,反照率为 5%(290～400 nm)、6%(400～450 nm)、8%(450～500 nm)、10%(500～550 nm)、11% (550～600nm)、12%(600～640 nm)、13.5%(640～660 nm) 以及 15%(660～700 nm)。表 3.5 给出了 Peterson

① 1 ppb$=10^{-9}$,余同

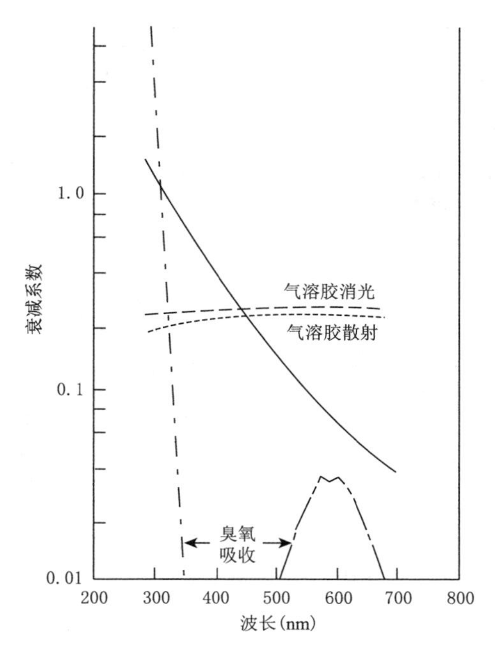

图 3.11　基于大气分子和粒子吸收和散射的太阳光辐射强度衰减系数
（改编自 Peterson，1976）

(1976)计算的光化通量值。图 3.12 描述了多个波长的光化通量对太阳天顶角的依赖性。图 3.12 所示，光化通量在太阳天顶角 0°～50°范围内，减少量相当小，但在 50°～90°范围内，减少得非常快。如表 3.3 所示，这是因为当天顶角增加超过 50°时，空气质量增加迅速。此外，在 300～400 nm 光谱范围内，地球表面光化通量的迅速增长与波长增加过程中 O_3 吸收的快速减少相匹配。Finlayson-Pitts 和 Pitts(2000)给出了 15、25、40 km 海拔的光化通量值。

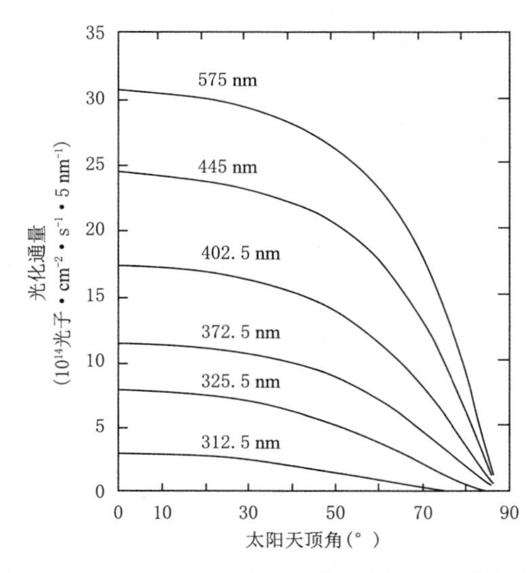

图 3.12　地球表面光化通量的太阳天顶角依赖性
（改编自 Peterson，1976）

表 3.5 不同太阳天顶角的地球表面光化通量(光子·cm^{-2}·s^{-1}·5 nm^{-1})

波长(nm)	能量	光化通量:太阳天顶角(°)									
		0	10	20	30	40	50	60	70	78	86
290～295	14	0.001	0.001	—	—	—	—	—	—	—	—
295～300	14	0.041	0.038	0.030	0.019	0.009	0.003	—	—	—	—
300～305	14	0.398	0.381	0.331	0.255	0.167	0.084	0.027	0.004	0.001	—
305～310	14	1.41	1.37	1.25	1.05	0.800	0.513	0.244	0.064	0.011	0.002
310～315	14	3.14	3.10	2.91	2.58	2.13	1.56	0.922	0.357	0.090	0.009
315～320	14	4.35	4.31	4.10	3.74	3.21	2.52	1.67	0.793	0.264	0.030
320～325	14	5.48	5.41	5.19	4.80	4.23	3.43	2.43	1.29	0.502	0.073
325～330	14	7.89	7.79	7.51	7.01	6.27	5.21	3.83	2.17	0.928	0.167
330～335	14	8.35	8.25	7.98	7.50	6.76	5.72	4.30	2.54	1.15	0.241
335～340	14	8.24	8.16	7.91	7.46	6.78	5.79	4.43	2.69	1.25	0.282
340～345	14	8.89	8.80	8.54	8.09	7.38	6.36	4.93	3.04	1.44	0.333
345～350	14	8.87	8.79	8.54	8.11	7.43	6.44	5.04	3.15	1.51	0.352
350～355	14	10.05	9.96	9.70	9.22	8.48	7.39	5.83	3.69	1.77	0.414
355～360	14	9.26	9.18	8.94	8.52	7.86	6.88	5.47	3.50	1.69	0.391
360～365	14	10.25	10.16	9.91	9.46	8.76	7.71	6.17	3.99	1.94	0.444
365～370	15	1.26	1.25	1.22	1.17	1.08	0.958	0.772	0.505	0.247	0.055
370～375	15	1.14	1.13	1.10	1.06	0.983	0.873	0.708	0.467	0.230	0.051
375～380	15	1.27	1.26	1.23	1.18	1.10	0.983	0.802	0.535	0.265	0.058
380～385	15	1.05	1.04	1.02	0.980	0.917	0.820	0.673	0.453	0.226	0.049
385～390	15	1.15	1.15	1.12	1.08	1.01	0.909	0.750	0.510	0.257	0.054
390～395	15	1.19	1.18	1.16	1.11	1.05	0.943	0.783	0.537	0.273	0.057
395～400	15	1.44	1.43	1.40	1.35	1.28	1.15	0.962	0.666	0.341	0.070
400～405	15	1.73	1.72	1.69	1.63	1.53	1.39	1.16	0.809	0.418	0.085
405～410	15	1.94	1.93	1.90	1.83	1.17	1.57	1.32	0.926	0.482	0.097
410～415	15	2.05	2.04	2.00	1.93	1.83	1.66	1.41	0.993	0.522	0.104
415～420	15	2.08	2.07	2.03	1.96	1.86	1.70	1.44	1.03	0.543	0.107
420～430	15	4.08	4.06	3.99	3.87	3.67	3.36	2.87	2.07	1.11	0.216
430～440	15	4.20	4.18	4.11	3.99	3.80	3.49	3.01	2.19	1.20	0.229
440～450	15	4.87	4.85	4.77	4.64	4.43	4.09	3.54	2.61	1.45	0.272
450～460	15	5.55	5.51	5.43	5.27	5.03	4.64	4.02	2.99	1.67	0.312
460～470	15	5.68	5.65	5.57	5.42	5.17	4.79	4.17	3.12	1.77	0.325
470～480	15	5.82	5.79	5.70	5.55	5.31	4.91	4.32	3.26	1.87	0.341
480～490	15	5.78	5.75	5.67	5.53	5.29	4.93	4.33	3.29	1.90	0.339
490～500	15	5.79	5.76	5.68	5.54	5.31	4.96	4.37	3.34	1.95	0.344
500～510	15	5.99	5.96	5.87	5.71	5.47	5.09	4.47	3.41	1.99	0.340
510～520	15	5.88	5.86	5.77	5.62	5.38	5.02	4.43	3.40	2.00	0.340
520～530	15	5.98	5.95	5.87	5.72	5.48	5.11	4.52	3.47	2.04	0.336
530～540	15	5.98	5.95	5.87	5.72	5.48	5.12	4.52	3.48	2.05	0.326
540～550	15	5.88	5.85	5.77	5.62	5.40	5.04	4.46	3.44	2.03	0.317

来源:Peterson(1976)

尽管已有人做过大量的尝试，光谱光化通量 $F(\lambda)$ 的直接物理测量并不容易(Shetter 和 Müller, 1999; Hofzumahaus 等, 1999)。通常，我们通过辐照计测量辐照度 $E(\lambda)$(每单位面积的辐照通量，$W \cdot m^{-2} \cdot nm^{-1}$)，为了将光谱辐照 $E(\lambda)$ 转换为 $F(\lambda)$，已经进行了将场中的太阳光谱强度与辐射传递模型的比较实验。在这些分析中，向下光化通量 $F_d(\lambda)$ 是通过观察到的光谱辐射率 $L(\lambda,\theta,\varphi)$ 的上半球积分(每立体角的辐射通量，$W \cdot sr^{-1} \cdot m^{-2} \cdot nm^{-1}$)获得；$F_d(\lambda)$ 表示为直接辐射通量 $F_0(\lambda)$ 与向下扩散通量 $F_\downarrow(\lambda)$ 之和

$$F_d(\lambda) = \int_0^{2\pi}\int_0^{\pi/2} L(\theta,\phi)\sin\theta \mathrm{d}\theta \mathrm{d}\phi = F_\downarrow(\lambda) + F_0(\lambda) \tag{3.24}$$

类似地，辐照度 $E(\lambda)$ 表示为直接分量 $E_0(\lambda)$ ($=\cos\theta F_0(\lambda)$) 与向下扩散组分 $E_\downarrow(\lambda)$ 之和

$$E(\lambda) = \int_0^{2\pi}\int_0^{\pi/2} L(\theta,\phi)\cos\theta\sin\theta \mathrm{d}\theta \mathrm{d}\phi = E_\downarrow(\lambda) + E_0(\lambda) \tag{3.25}$$

使用 van Weele 等(1995)得出的近似值，$F_d(\lambda)$ 和 $E(\lambda)$ 的比值由下式给出

$$\frac{F_d(\lambda)}{E(\lambda)} = \frac{F_\downarrow(\lambda)}{E_\downarrow(\lambda)} + \left(\frac{1}{\cos\theta} - \frac{F_\downarrow(\lambda)}{E_\downarrow(\lambda)}\right)\frac{E_0(\lambda)}{E(\lambda)} \tag{3.26}$$

科学家们通过几个现场观测获得了向下光化通量 F_d 与辐照度 E 的比值，并完成了与模型计算值的比较(Kazadzis 等, 2000; Webb 等, 2002a, 2002b; McKenzie 等, 2002; Bais 等, 2003; Kylling 等, 2005; Palancer 等, 2011)。对于完全各向同性的漫辐射，$F_\downarrow(\lambda)/E_\downarrow(\lambda)$ 的值取 2，观测值通常为 1.4～2.6，这取决于波长、太阳天顶角和气溶胶密度(Kazadzis 等, 2000; Webb 等, 2002a)。这些值与没有云的情况下的理论模型一致，并且可以通过使用经验证的比值，从观测到的辐照度获得光化通量。

相反地，在有云的情况下，观测值与模型计算值之间的差异较大，其不确定性被认为是云反照率的贡献。

当光化学活性通量 F_{tot} 被分成直射光分量 F_0、向下漫射光分量 $F_\downarrow$ 和向上漫射光分量 $F_\uparrow$ 时，假定有一个 Lambertian 表面，也就是一个虚拟的完全漫射表面，其辐射恒定，与观察方向无关(各向同性散射)。

$$F_\uparrow = A(2\cos\theta_0 F_0 + F_\downarrow) \tag{3.27}$$

式中，A 是表面反照率，并且由

$$F_{tot} = F_0 + F_\downarrow + F_\uparrow = F_0(1 + 2A\cos\theta_0) + F_\downarrow(1 + A) \tag{3.28}$$

推导得出(Madronich,1987)。在此，θ_0 是太阳天顶角。式(3.28)，在 $A=1$、$\theta_0=0$ 和 $F_\downarrow=0$ 的极限条件下，得出 $F_{tot} = F_0 + F_\downarrow = 3F_0$。理论上，当仅考虑直接光分量时，光化学活性通量最终可增加 3 倍。通常，当直射光在表面上被各向同性地反射时，光化通量增加 $\cos\theta_0$。

当获得光化通量时，光解速率常数 j_p (s^{-1})可以通过式(2.18)计算得出。实践

中，经常可通过下式计算得出

$$j_{p}(s^{-1}) = \sum_{\lambda}\sigma_{av}(\lambda)\phi_{av}(\lambda)F_{av}(\lambda) \quad (3.29)$$

事实上，它用分段求积代替了积分。在此，$\sigma_{av}(\lambda)$、φ_{av}和 F_{av}分别是以各自波长λ 为中心波长间隔 $\Delta\lambda$ 计算的吸收截面、光解量子产率和光化通量。

由式(3.29)计算出来的光解速率常数与实际的测量值相比，例如 NO_2，有时非常契合，而有时又有很大差异(Kraus 和 Hofzumahaus，1998)。特别是在云层上、云层中以及雪上的光解速率计算中，计算值与观测值之间存在较大差异。已经有很多研究讨论了反照率效应的处理问题(Van Weele 和 Duynkerke，1993；Junkermann，1994；Wild 等，2000；Lee-Taylor 和 Madronich，2002；Simpson 等，2002；Brasseur 等，2002；Hofzumahaus，2004)。

参考文献

ASTM(American Society for Testing and Materials)，2000 ASTM Standard Extraterrestrial Spectrum Reference E-490-00，2000. http://www.astm.org/Standards/E490.htm

Bais，A.，S. Madronich，J. Crawford，S. R. Hall，B. Mayer，M. Van-Weele，J. Lenoble，J. G. Calvert，C. A. Cantrell，R. E. Shetter，A. Hofzumahaus，P. Koepke，P. S. Monks，G. Frost，R. McKenzie，N. Krotkov，A. Kylling，S. Lloyd，W. H. Swartz，G. Pfister，T. J. Martin，E. -P. Roeth，E. Griffioen，A. Ruggaber，M. Krol，A. Kraus，G. D. Edwards，M. Mueller，B. L. Lefer，P. Johnston，H. Schwander，D. Flittner，B. G. Gardiner，J. Barrick and R. Schmitt，International photolysis frequency measurement and model intercomparison (IPMMI) spectral actinic solar flux measurements and modeling，J. Geophys. Res.，108(D16)，8543，doi:1029/2002/JD002891，2003.

Bohren，C. and D. Huffman，Scattering and Absorption of Light by Small Particles，Wiley，New York，1981.

Brasseur，G. P. and P. C. Simon，Stratospheric chemical and thermal response to long-term variability in solar UV irradiation，J. Geophys. Res.，86，7343-7368，1981.

Brasseur，G. P.，J. L. Orlando and G. S. Tyndall (eds)，Atmospheric Chemistry and Global Change，Oxford University Press，1999.

Brasseur，A. L.，R. Ramaroson，A. Delannoy，W. Skamarock and M. Barth，Three-dimensional calculation of photolysis frequencies in the presence of clouds and impact on photochemistry，J. Atmos. Chem.，41，211-237，2002.

Budikova，D.，The Encyclopedia of Earth，Albedo，M. Pidwiny ed.，2010. http://www.eoearth.org

Demerjian，K. L.，K. L. Shere and J. T. Peterson，Theoretical estimate of actinic (spherically integrated) flux and photolytic rate constants，of atmospheric species in the lower troposphere，Adv. Environ. Sci. Technol.，10，369-459，1980.

Finlayson-Pitts，B. J. and J. N. Pitts，Jr.，Chemistry of the Upper and Lower Atmosphere，

Academic Press, 2000.

Friedman, H. , Physics of the Upper Atmosphere(J. A. Ratcliffe, Ed.), Academic Press, 1960.

Gaydon, A. G. , Dissociation Energies and Spectrum of Diatomic Molecules, 3rd ed. , Chapman and Hall, London, 1968.

Goody, R. , Principles of Atmospheric Physics and Chemistry, Oxford University Press, 1995.

Hofzumahaus, A. ed. , INSPECTRO — Influence of clouds on spectral actinic flux in the lower troposphere, ACP — Special Issue, 2004.

Hofzumahaus, A. , A. Kraus and M. Muller, Solar actinic flux spectroradiometry: A new technique to measure photolysis frequencies in the atmosphere, Appl. Opt. , 38, 4443-4460, 1999.

Junkermann, W. , Measurements of the $J(O^1D)$ actinic flux within and above stratiform clouds and above snow surfaces, Geophys. Res. Lett. , 21, 793-796, 1994.

Kazandzis, S. , A. F. Bais, D. Balis, C. Zerefos and M. Blumthaler, Retrieval of downwelling UV actinic flux density spectra from spectral measurements of global and direct solar UV irradiance. J. Geophys. Res. , 105, 4857-4864, 2000.

Kraus, A. and A. Hofzumahaus, Field measurements of atmospheric photolysis frequencies for O_3, NO_2, HCHO, CH_3CHO, H_2O_2 and HONO by UV spectroradiometry, J. Atom. Chem. , 31, 161-180, 1998.

Kylling, A. , A. R. Webb, R. Kift, G. P. Gobbi, L. Ammannato, F. Barnaba, A. Bais, S. Kazandzidis, M. Wendisch, E. Jäkel, S. Schmidt, A. Kniffka, S. Thiel, W. Junkermann, M. Blumthaler, R. Silbernagl, B. Schallhart, R. Schmitt, B. Kjeldstad, T. M. Thorseth, R. Scheirer and B. Mayer, Spectral actinic flux in the lower troposphere: measurement and 1-D simulations for cloudless, broken cloud and overcast situations, Atmos. Chem. Phys. , 5, 1975-1997, 2005.

Lee-Taylor, J. and S. Madronich, Calculation of actinic fluxes with a coupled atmosphere-snow radiative transfer model, J. Geophys. Res. , 107(D24), 4796, doi: 10. 1029/2002JD002084, 2002.

Leighton, P. A. , Photochemistry of Air Pollution, Academic Press, 1961.

Lofthus, A. and P. H. Krupenie, The spectrum of molecular nitrogen, J. Phys. Chem. Ref. Data, 6, 113-307, 1977.

Luther, F. M. and R. J. Gelinas, Effect of molecular multiple scattering and surface albedo on atmospheric photodissociation rates, J. Geophys. Res. , 81, 1125-1132, 1976.

Madronich, S. , Photodissociation in the atmosphere 1. Actinic flux and the effect of ground reflections and clouds, J. Geophys. Res. , 92, 9740-9752, 1987.

Madronich, S. , Theoretical estimation of biologically effective UV radiation at the earth's surface, in Solar Ultraviolet Radiation Modeling Measurements and Effects, NATO ASI Ser. I 52, edited by C. S. Zeretos and A. F. Bais, Springer-Verlag New York 1997.

McKenzie, R. L. , P. V. Johnston, A. Hofzumahaus, A. Kraus, S. Madronich, C. Cantrell, J. Calvert and R. Shetter, Relationship between photolysis frequencies derived from spectroscopic measurements of actinic fluxes and irradiances during the IPMMI campaign, J. Geophys. Res., 107, 4042, doi: 10.1029/2001JD000601, 2002.

McLinden C. A., J. C. McConnell, E. Griffoen, C. T. McElroy and L. Pfister, Estimating the wavelength-dependent ocean albedo under clear-sky conditions using NASA ER2 spectrometer measurements, J. Geophys. Res., 102, 18801-18811, 1997.

Molina, L. T. and M. J. Molina, Absolute absorption cross sections of ozone in the 185- to 350-nm wavelength range, J. Geophys. Res., 91, 14501-14508, 1986.

NOAA, U. S. Standard Atmosphere, Publication NOAA-S/T76-1562. Washington, D. C., U. S. Government Printing Office, 1976.

Palancer, G. G., R. E. Shetter, S. R. Hall, B. M. Toselli, and S. Madronich, Ultraviolet actinic flux in clear and cloudy atmospheres: Model calculations and aircraft-based measurements, Atmos. Chem. Phys., 11, 5457-5469, 2011.

Peterson, J. T., "Calculated Actinic Fluxes (290-700 nm) for Air Pollution Photochemistry Applications", U. S. Environmental Protection Agency Report No. EPA-600/4-76-025, June, 1976.

Sander, S. P., R. Baker, D. M. Golden, M. J. Kurylo, P. H. Wine, J. P. D. Abatt, J. B. Burkholder, C. E. Kolb, G. K. Moortgat, R. E. Huie and V. L. Orkin, Chemical Kinetics and Photochemical Data for Use in Atmospheric Studies, Evaluation Number 17, JPL Publication 10-6, Pasadena, California, 2011. Website: http://jpldataeval.jpl.nasa.gov/.

Shetter, R. and M. Müller, Photolysis frequency measurements using actinic flux spectroradiometry during the PEM-Tropics mission: Instrumentation description and some results, J. Geophys. Res., 104, 5647-5561, 1999.

Simpson, W. R., M. D. Kinga, H. J. Beineb, R. E. Honrath and X. Zhou, Radiation-transfer modeling of snow-pack photochemical processes during ALERT 2000, Atmos. Environ., 36, 2663-2670, 2002.

Van Weele, M. and P. G. Duynkerke, Effect of clouds on the photodissociation of NO_2: Observations and modelling, J. Atmos. Chem., 16, 231-255, 1993.

Van Weele, M., J. V.-G. de Arrelano and F. Kuik, Combined measurements of UV-A actinic flux, UV-A irradiance and global radiation in relation to photodissociation rates., Tellus, 47B, 353-364, 1995.

Vermote, E. F., D. Tanre, J. L. Deuze, M. Herman and J. J. Morcette, Second simulation of the satellite signal in the solar spectrum, 6S: an overview, IEEE Trans. Geosci. Remote Sens., 35, 675-686, 1997.

Warneck, P., Chemistry of the Natural Atmosphere, Academic Press, 1988.

Webb, A. R., A. F. Bais, M. Blumthaler, G-P. Gobbi, A. Kylling, R. Schmitt, S. Thiel, F. Barnaba, T. Danielsen, W. Junkermann, A. Kazantzidis, P. Kelly, R. Kift, G. L. Liberti, M. Misslbeck, B. Schallhart, J. Schreder and C. Topaloglou, Measuring spectral actinic flux and irradiance: Experimental results from the actinic flux determination from measurements of irradiance (ADMIRA) project. J. Atmos. Ocean. Technol., 19, 1049-1062, 2002a.

Webb, A. R., R. Kift, S. Thiel and M. Blumthaler: An empirical method for the conversion of spectral UV irradiance measurements to actinic flux data, Atmos. Environ., 36, 4044-4397, 2002b.

Wild, O., Z. Zhu and M. J. Prather, Fast-J: Accurate simulation of in- and below-cloud photolysis in tropospheric chemical models, J. Atmos. Chem., 37, 245-282, 2000.

WMO, 1985 Wehrli Standard Extraterrestrial Solar Irradiance Spectrum, World Meteorological Organization, Geneva, 1985.

第 4 章　大气分子的光谱与光解反应

大气分子的光化学反应是对流层和平流层中化学反应系统的主要驱动力。因此，了解每个物种的光解过程，对于理解大气层化学起着非常重要的作用。本章中详述了对流层和平流层中光化通量下被光解的大气分子的吸收光谱和截面、光解途径及其量子产率(见 2.1.2 节)。对于大气分子在哪个高度会被光解，取决于光化通量的光谱重叠、吸收光谱，以及每个波长处的光解量子产率。许多分子的光解对于对流层和平流层同样重要。尤其是，臭氧主要在对流层光解部分讨论(4.2.1 节)，对于仅在平流层中发生的过程，在 4.3.2 节中给出了补充说明。因为包括含氯氟烃的有机卤素物种的光解在平流层中特别重要，因此将它们编入平流层光解部分，同时还包括了在对流层中也发生光解的几个物种。而且，因为大部分非有机卤素物种在对流层和平流层中都是相互关联的，所以，它们作为非有机卤素光解，在 4.3 节合并讲述。

大气分子的吸收截面与光解过程，由美国国家航空航天局(NASA)数据评估小组以及国际纯粹与应用化学联合会(IUPAC)大气化学气体动力学数据评估小组进行评估和编译。本章中的描述，参考了主要针对吸收截面的 NASA/JPL 专家组评估第 17 号文件(Sander 等，2011)，还参考了主要针对光解过程的 IUPAC 小组委员会报告第Ⅰ、Ⅱ、Ⅲ和Ⅳ卷(Atkinson 等，2004，2006，2007，2008)。

在每个光解反应的反应式后面，给出了光解最有可能发生的反应焓 ΔH° 和临界波长阈值。需要注意的是，本章中给出的值是根据表 2.5 中 0 K 时形成 $\Delta H^\circ_{f,0}$ 的热量计算出来的 ΔH°_0。对于反应热，在 298 K ΔH°_{298} 时的值通常被用作气相反应，在第 5 章中讲述。尽管如此，对于光解反应，0 K 时的值 ΔH°_0，在振动与转动能的形成讨论中非常有用，它们会在本章中有所引述。

4.1　对流层和平流层中的太阳光谱

图 4.1 显示了在太阳天顶角为 60°时，不同海拔高度紫外线区域的太阳光化通量，是根据第 3 章所述的过程计算而来。如图所示，到达对流层的太阳辐射的最短波长约 295 nm，在紫外线与可见区域，具有大于此波长吸收光谱的分子，是我们讨论的主要内容。另一方面，具有波长超过大约 185 nm 的太阳辐射到达平流层上部，并且

由于平流层中存在臭氧吸收，因此光谱受高度的影响非常大。尤其是在 190～230 nm 的紫外线辐射到达平流层中下部时，该波长区域被称为平流层“大气窗口”。该波长区域恰好与氯氟烃的吸收光谱重叠，氯氟烃的光解通过大气窗口导致臭氧层消耗。

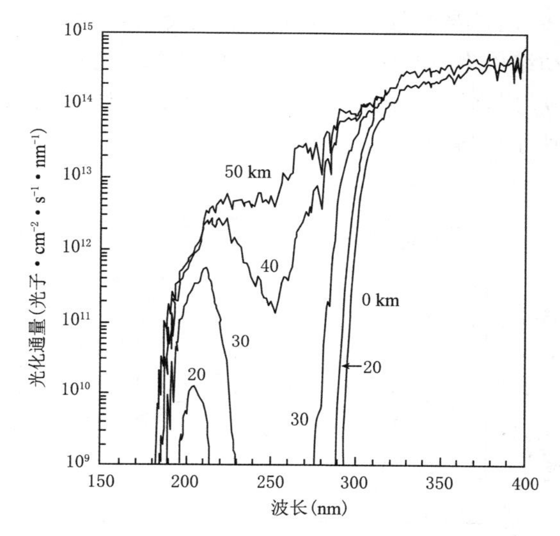

图 4.1　不同高度的太阳光化通量，太阳天顶角 30°，表面反射率 0.3(改编自 Demore 等，1997)

4.2　对流层中的光解

本节讨论了对流层光分解的化学物种中重要的大气化学分子，无机卤素将在 4.4 节中描述。

4.2.1　臭氧(O_3)

在臭氧(O_3)光解过程中，H_2O 与激活的氧原子 $O(^1D)$反应，在自然大气中生成 OH 自由基，是导致对流层光化学反应的最重要的反应。本章详细描述了对流层中光解过程的吸收光谱与 $O(^1D)$生成的量子产率。

通过 H_2O 与臭氧(O_3)光解中形成的电子激发氧原子 $O(^1D)$的反应产生 OH 自由基，是自然大气中引发对流层光化学的最重要的反应。

O_3 的吸收光谱与吸收截面：尽管 O_3 在紫外线区域的吸收光谱，已在图 3.6 中给出，图 4.2 描绘了包括可见区域内的光谱，并且图 4.3 给出了具有纵坐标线的 UV 吸收光谱的线性范围。在 200～310 nm 波长范围的强烈吸收，叫作哈特莱谱带(Hartley bands)，并且对应于从基态 X^1A_1 到电子激活状态 $^1B_2$ 的容许跃迁(见图 4.8)。哈特莱谱带的吸收几乎是连续光谱，大多数被激发到这种电子状态的臭氧分子被认为是解离的。尽管如此，如图 4.3 所示，在 250 nm 附近的哈特莱谱带的峰值处可以辨别出弱的振动结构。这意味着 $^1B_2$ 状态是束缚态，并且大多数分子通过解离电位曲线与交叉点发生光解离，但是当激发到高于电位曲线交叉点的能级时，可以解释为由于核的运动引起的振动结构出现在吸收光谱中。以 NASA/JPL 专家组评估文件第 17 号(Sander 等，2011)为基础，根据在 186～390 nm 波长区域的吸收截面(293～298 K)，制成了表 4.1 所示内容。

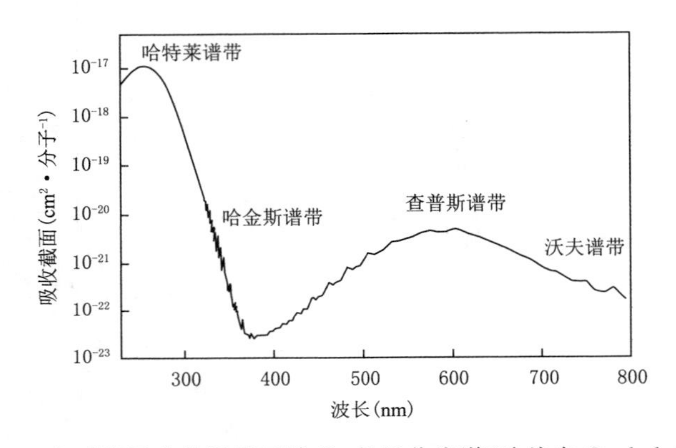

图 4.2　在对流层光化通量区域 O_3 的吸收光谱(改编自 Orphal，2003)

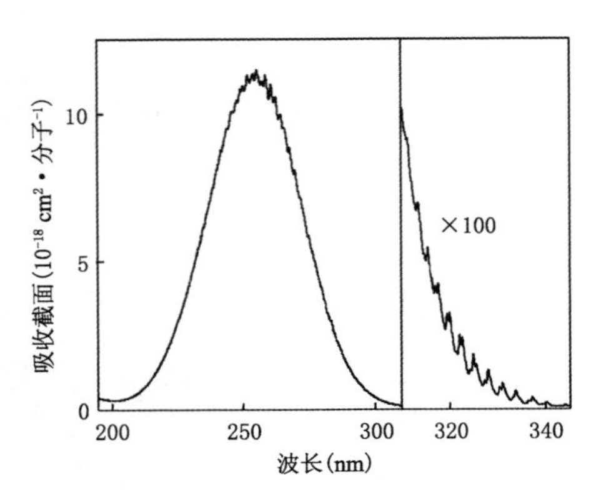

图 4.3　O_3 在线性范围内的紫外线吸收光谱
(改编自 Matsumi 和 Kawasaki，2003)

表 4.1　O_3 的吸收截面(186～390 nm, T=293～298 K)(底数 e)

波长 λ(nm)	$10^{20}\sigma$ (cm^2·分子$^{-1}$)	波长 λ(nm)	$10^{20}\sigma$ (cm^2·分子$^{-1}$)	波长 λ(nm)	$10^{20}\sigma$ (cm^2·分子$^{-1}$)
186	61.9	242	897	298	51.2
188	56.6	244	972	300	39.2
190	51.1	246	1033	302	30.3
192	46.1	248	1071	304	23.4
194	40.7	250	1124	306	17.9
196	36.7	252	1155	308	13.5
198	33.5	254	1159	310	10.2
200	31.5	256	1154	312	7.95
202	31.8	258	1124	314	6.25
204	33.7	260	1080	316	4.77
206	38.6	262	1057	318	3.72
208	46.4	264	1006	320	2.99
210	57.2	266	949	322	2.05
212	71.9	268	875	324	1.41
214	91.0	270	798	326	1.01
216	115	272	715	330	0.697
218	144	274	614	335	0.320
220	179	276	545	340	0.146
222	220	278	467	345	0.0779
224	268	280	400	350	0.0306
226	323	282	325	355	0.0136
228	383	284	271	360	0.0694
230	448	286	224	365	0.00305
232	518	288	175	370	0.00130
234	589	290	142	375	0.000850
236	672	292	111	380	0.000572
238	749	294	87.1	385	0.000542
240	831	296	67.3	390	0.000668

来源：186～298 nm(298 K)：Molina 和 Molina(1986)；300～390 nm(293～298 K)：NASA/JPL 专家组评估文件第 17 号

在波长大于 310 nm 区域，带有振动结构的吸收谱带叫作哈金斯谱带(Huggins bands)。尽管认为该波段导致在低于交叉点、从能量状态$^1B_2$到束缚电子激活状态$^1A_1$跃迁过程中，与分解势能曲线重叠，但是，关于哈金斯谱带激发态的归属问题，在理论上尚未确定(Matsumi 和 Kawasaki，2003)。

另外，如图 4.2 所示，臭氧(O_3)在可见光区域具有弱的吸收带，叫作查普斯谱带(Chappuis bands)，沃夫带具有较长的波长。这些波段与禁阻跃迁到较低电子激活状态相一致，该能量与解离曲线相交，离解成基态的 O 原子和氧气(O_2)分子。

对流层中的重要过程是哈特莱谱带和哈金斯谱带中的光吸收，其波长范围为 295～360 nm，即太阳光化学通量区域。众所周知，在这个区域内，吸收截面对温度有很强的依赖性，并随着温度升高而降低。图 4.4 显示了臭氧(O_3)在该波长范围内，在 293 和 202 K 的吸收光谱。如图中所示，随着波长变化，温度依赖性变强；此外，哈金斯谱带光谱的峰和谷的温度依赖性有很大不同。表 4.1 中给出了臭氧(O_3)在 186～390 nm 范围内的吸收截面，表 4.2 引用了哈金斯谱带(310～345 nm)在不同温度(298、263 和 226 K)(Molina 和 Molina，1986)(O_3)的吸收截面。臭氧(O_3)吸收截面的温度依赖性由一个二次函数的经验公式近似得出(Orphal，2003)

$$\sigma(\lambda,\ T) = a(\lambda) + b(\lambda)(T - 230) + c(\lambda)(T - 230)^2 \qquad (4.1)$$

并且，参考文献中提供了 280～320 nm 范围内 $a(\lambda)$、$b(\lambda)$和 $c(\lambda)$的值(Molina 和 Molina，1986；Finlayson-Pitts 和 Pitts，2000)。

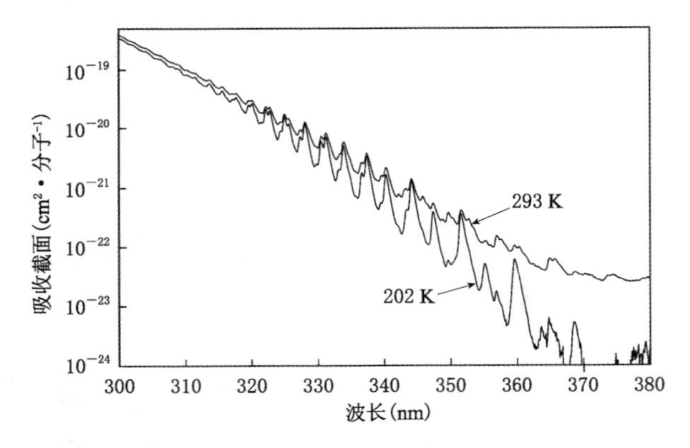

图 4.4　O_3哈金斯谱带在 202 K 和 293 K 处的吸收光谱(改编自 Orphal 等，2003)

表 4.2　298、263 和 226 K 处，280～350 nm 区域内 O_3 的吸收截面[a)]

波长	吸收截面(10^{-20} cm^2·分子$^{-1}$)		
(nm)	298 K	263 K	226 K
310[b)]	10.6	9.66	9.14
315	5.55	4.92	4.56

续表

波长(nm)	吸收截面(10^{-20} cm^2 · 分子$^{-1}$)		
	298 K	263 K	226 K
320	2.80	2.46	2.21
325	1.38	1.18	1.01
330	0.706	0.599	0.506
335	0.329	0.263	0.214
340	0.149	0.112	0.0832
345	0.0781	0.0586	0.0442

来源：Molina 和 Molina(1986)。

a)除非另有规定，吸收截面的平均范围为 $\lambda-2.5$ nm～$\lambda+2.5$ nm；

b)307.69 nm$<\lambda<$312.5 nm

光解量子产率：表 4.3 给出了在臭氧(O_3)的光解作用下能够进行光解离的波长阈值(Okabe,1978)。从表中可以看出，到达对流层的太阳光谱，可能有以下五种光解过程

$$O_3 + h\nu(\lambda<310\ \text{nm}) \rightarrow O(^1D) + O_2(a^1\Delta_g) \quad \Delta H_0^\circ = 386\ \text{kJ} \cdot \text{mol}^{-1} \tag{4.2}$$

$$+ h\nu(\lambda<411\ \text{nm}) \rightarrow O(^1D) + O_2(X^3\Sigma_g^-) \quad \Delta H_0^\circ = 291\ \text{kJ} \cdot \text{mol}^{-1} \tag{4.3}$$

$$+ h\nu(\lambda<463\ \text{nm}) \rightarrow O(^3P) + O_2(b^1\Sigma_g^+) \quad \Delta H_0^\circ = 258\ \text{kJ} \cdot \text{mol}^{-1} \tag{4.4}$$

$$+ h\nu(\lambda<611\ \text{nm}) \rightarrow O(^3P) + O_2(a^1\Delta_g) \quad \Delta H_0^\circ = 195\ \text{kJ} \cdot \text{mol}^{-1} \tag{4.5}$$

$$+ h\nu(\lambda<1180\ \text{nm}) \rightarrow O(^3P) + O_2(X^3\Sigma_g^-) \quad \Delta H_0^\circ = 101\ \text{kJ} \cdot \text{mol}^{-1} \tag{4.6}$$

在臭氧(O_3)光解中形成的原子 $O(^1D)$与水蒸气发生反应

$$O(^1D) + H_2O \rightarrow 2OH \tag{4.7}$$

生成 OH 自由基，这在对流层化学中非常重要。尽管哈特莱谱带的容许跃迁与光解过程相一致，反应(4.2)可产生 $O(^1D)$原子，但直到目前，产生 $O(^1D)$原子的量子产率尚未被精确测定。特别是在哈金斯谱带，$O(^1D)$生成的量子产率对于对流层化学有着巨大影响，因为在波长大于 310 nm 处的太阳辐射通量变得很强。

表 4.3　在 O_3(0 K)光解中最可能产生每对 O 和 O_2 波长阈值(nm)

O/O_2	$X^3\Sigma_g^-$	$a^1\Delta_g$	$b^1\Sigma_g^+$	$A^3\Sigma_u^+$	$B^3\Sigma_u^-$
^3P	1180	611	463	230	173
^1D	411	310	266	168	136
^1S	237	200	180	129	109

来源：Okabe(1978)

Matsumi 团队(Matsumi 和 Kawasaki,2003)使用光谱学方法，通过直接探测 $O(^3P)$和 $O(^1D)$，精确得出了在 305～330 nm 区域的 $O(^1D)$生成量子产率，并且他们

的数据替代了前人的数据(Ravishankara 等,1998)。针对这一情况,启动了一个关于臭氧分解数据的国际评估小组,并且该数据结果(Matsumi 等,2002)在 NASA/JPL 专家组评估文件第 14 号(Sander 等,2003)中被采纳,并在后续的评估中获得成功(Sanders,2011)。

过去通过光谱学方法测定的 308 nm 处的绝对量子产率的结果都非常一致(Greenblatt 和 Wiesenfeld,1983;Talukdar 等,1997b;Takahashi 等,1998),298 K 时采用数值 $\Phi(^1D)=0.79$。以该值为基础,$O(^1D)$量子产率波长依赖性(298 K)的归一化值如图 4.5a 所示(Matsumi 等,2002)。

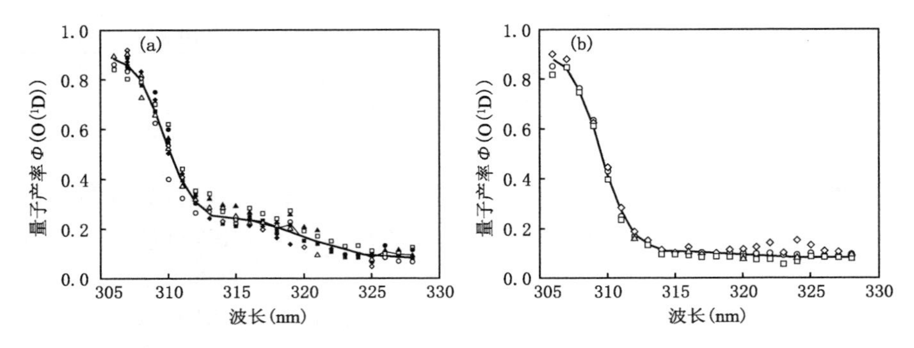

图 4.5 O_3 在波长大于 305 nm 范围光解时 $O(^1D)$量子产率的波长依赖性
(符号为实验值(指的是每个文献来源),实线是推荐曲线拟合)(改编自 Matsumi 等,2002)
(a)298 K;(b)227 K

如图 4.5a 所示,$O(^1D)$生成的量子产率从波长 308 nm 处的 0.79 开始,随着波长的增加而降低,并且在波长大于 325 nm 处,趋近于 0.1。如表 4.3 所示,对应于反应(4.2)的容许跃迁的光解能量阈值为 310 nm

$$O_3 + h\nu\ (\lambda < 310\ nm) \rightarrow O(^1D) + O_2(a^1\Delta_g) \quad \Delta H_0^\circ = 386\ kJ \cdot mol^{-1} \quad (4.2)$$

图 4.5a 显示,即使波长大于此阈值,$O(^1D)$的量子产率也相当大。这意味着反应(4.2)以外的过程涉及该波长区域的臭氧(O_3)光解,这对于对流层光化学具有重要意义。

$O(^1D)$生成量子产率的温度依赖性给出了关于在哈金斯谱带区域中臭氧光解中涉及哪些过程的线索。在 200~320 K 范围内获得温度依赖性,在 298 K 处 Φ 归一化为 0.79 时,在温度为 T、波长为 308 nm 处的量子产率(308 nm,T)表示为(Matsumi 等,2002)Φ

$$\Phi(308\ nm, T) = (6.10 \times 10^{-4})T + 0.608 \quad (4.8)$$

通过数项研究获得的 277 K 下,$O(^1D)$生成量子产率的波长依赖性如图 4.5b 所示。277 K $O(^1D)$生成量子产率在 308 nm 处为 0.75,比 298 K 处的值下降迅速,并在波长大于 315 nm 时,趋近于 0.1。从这些结果中得出的 $O(^1D)$生成量子产率的波长依赖性，在表 4.4 中列出了 306～328 nm 范围内，在 321、298、273、253、223 和 203 K 处的量子产率值（Matsumi 等，2002）。

表 4.4　每个温度（321、298、273、253、223、203 K）下，O_3 光解中产生的 $O(^1D)$ 的量子产率

波长 (nm)	$O(^1D)$生成量子产率					
	321 K	298 K	273 K	253 K	223 K	203 K
306	0.893	0.884	0.878	0.875	0.872	0.872
307	0.879	0.862	0.850	0.844	0.838	0.835
308	0.821	0.793	0.772	0.760	0.748	0.744
309	0.714	0.671	0.636	0.616	0.595	0.585
310	0.582	0.523	0.473	0.443	0.411	0.396
311	0.467	0.394	0.334	0.298	0.259	0.241
312	0.390	0.310	0.246	0.208	0.169	0.152
313	0.349	0.265	0.200	0.162	0.126	0.112
314	0.332	0.246	0.180	0.143	0.108	0.095
315	0.325	0.239	0.173	0.136	0.102	0.090
316	0.317	0.233	0.168	0.133	0.100	0.088
317	0.300	0.222	0.162	0.129	0.098	0.087
318	0.275	0.206	0.152	0.123	0.096	0.086
319	0.246	0.187	0.141	0.116	0.093	0.085
320	0.214	0.166	0.129	0.109	0.090	0.083
321	0.183	0.146	0.117	0.101	0.087	0.082
322	0.155	0.128	0.107	0.095	0.084	0.080
323	0.132	0.113	0.098	0.089	0.082	0.079
324	0.114	0.101	0.091	0.085	0.080	0.078
325	0.101	0.092	0.086	0.082	0.079	0.078
326	0.091	0.086	0.082	0.080	0.078	0.077
327	0.085	0.082	0.080	0.079	0.077	0.077
328	0.081	0.080	0.078	0.078	0.077	0.077

来源：Matsumi 等（2002）

基于近期的测量结果（Talukdar 等，1998；Taniguchi 等，2000），对于波长小于 308 nm，在 290～305 nm 范围内的 $O(^1D)$ 的生成量子产率，建议取 NASA/JPL 的评估值 0.90±0.09（Matsumi 等，2002；Sander，2011）。更短波长的 $O(^1D)$ 生成量子产率为 0.85～0.95。图 4.6 显示了包括这些值在内的哈特莱谱带在 220～290 nm 内的 $O(^1D)$ 生成量子产率数据。在此波长范围内，未发现温度依赖性，并且，NASA/JPL 专家组评估文件第 17 号推荐，在波长小于 306 nm 时的值为 0.90（Sander 等，2011）。

与此同时，$O(^1D)$ 生成量子产率即使在波长大于 328 nm 时，也不为 0，并且相应的光解过程被认为等于 $O(^1D)+O_2(X^3\Sigma_g^-)$，将在后文予以讨论。因为该过程波长的阈值为 411 nm，所以，$O(^1D)$ 的生成被认为持续到此波长。NASA/JPL 专家组评估文件第 17 号（Sander 等，2011）建议，对于大于 340 nm 的波长，$O(^1D)$ 生成量子产

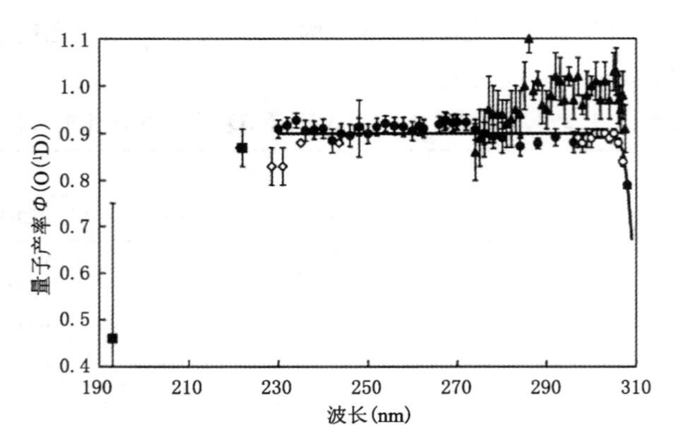

图 4.6　波长小于 310 nm，O_3 光解中 $O(^1D)$量子产率的波长依赖性
（改编自 Matsumi 等，2002）

率 0.08±0.04 与温度无关。因为臭氧（O_3）在波长大于 340 nm 处的吸收截面非常小，在此区域的光解对于对流层光化学不那么重要。

再次，让我们看看基于图 4.5 和图 4.6 所示的 O_3 光解过程中 $O(^1D)$生成量子产率的波长温度依赖性涉及什么光解过程。图 4.7 描绘了由 Matsumi 等(2002)计算的在 305～330 nm 区域，$O(^1D)$生成量子产率的波长与温度依赖性。另外，图 4.8 中显示了以解离键长度为横坐标轴的臭氧（O_3）位能曲线图（Matsumi 和 Kawasaki，2003）。

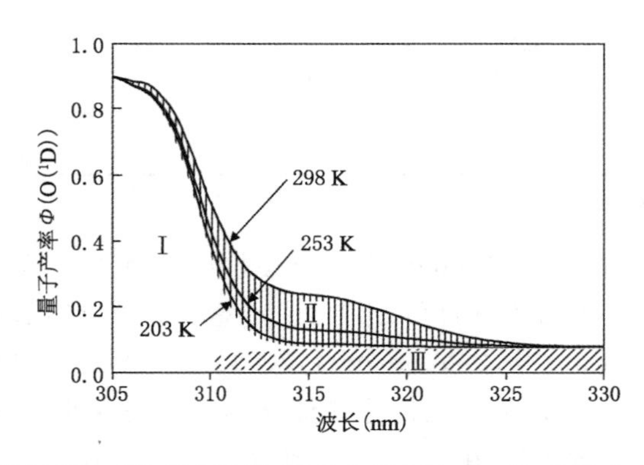

图 4.7　对于 203、253 和 298 K，波长大于 305 nm，O_3 光解中 $O(^1D)$量子产率的推荐计算值（区域Ⅰ：通过反应(4.2)，生成 $O(^1D)$ + $O_2(a^1\Delta g)$；区域Ⅱ：通过反应(4.2)，由热带激发生成 $O(^1D)$ + $O_2(a^1\Delta g)$；区域Ⅲ：通过反应(4.3)，生成 $O(^1D)$ + $O_2(X^3\Sigma_g^-)$)（改编自 Matsumi 等，2002）

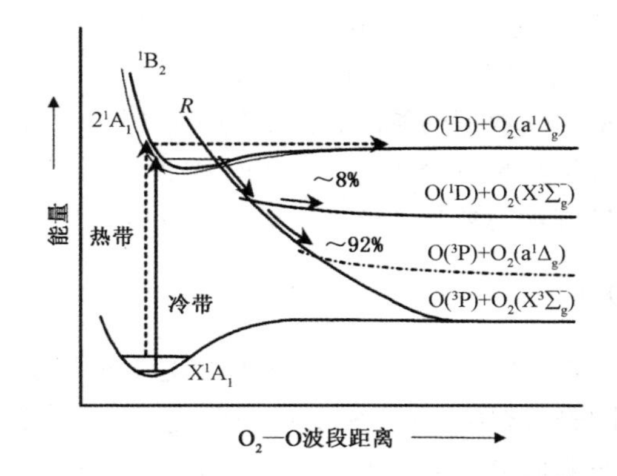

图 4.8　O_3 的势能曲线图(改编自 Matsumi 和 Kawasaki, 2003)

在哈特莱谱带,与图 4.8 显示的 $^1B_2-X^1A_1$ 跃迁一致的

$$O_3 + h\nu \rightarrow O(^1D) + O_2(a^1\Delta_g) \qquad (4.2)$$

$$+ h\nu \rightarrow O(^3P) + O_2(X^3\Sigma_g^-) \qquad (4.6)$$

是主要路径,并且,$O(^1D)$和 $O(^3P)$的生成分别发生在比率为 0.9 和 0.1 时(Adler-Golden 等,1982)。根据 Taniguchi 等(1999)准确测量的 O—O 键能,$\Delta H_f^\circ(O_3)$为 -144.31 ± 0.14 kJ · mol^{-1},反应(4.2)的波长阈值为 309.44 ± 0.02 nm。尽管如此,在波长大于该值时,$O(^1D)$的生成是可以辨别的。由于该波长区域中的 $O(^1D)$生成量子产率取决于温度,因此认为该部分 $O(^1D)$的产生是由于光吸收将臭氧分子从基态振动激发到哈特莱谱带(热带)的结果。虽然在 200～320 K 的温度范围内振动激活分子的比率不大,基态 O_3 分子是具有相同 O—O 键距离的对称分子,而$^1B_2$ 态是不对称的,两个 O—O 键距离不同。从伸缩振动(ν_3)被激发的振动水平到$^1B_2$ 状态的跃迁概率大,并且热带的吸收截面相当大。理论计算还表明,哈特莱谱带长波长边界的吸收截面,随着反对称伸缩振动 ν_3 的激活而变大(Adler-Golden,1983)。在图 4.7 中,从哈特莱谱带中的振动基态跃迁的 $O(^1D)$生成量子产率与区域 I 相一致,而那些从 ν_3 振动激活状态跃迁的 $O(^1D)$生成量子产率与区域Ⅱ在 298、253 和 203 K 相一致。

从所产生的 $O(^1D)$的平动能测量证实(Takahashi 等,1996;Denzer 等,1998),除了作为哈金斯谱带中的 $O(^1D)$生成路径的光解路径(4.2)外还存在以下路径(4.3)

$$O_3 + h\nu\ (\lambda < 411\ \text{nm}) \rightarrow O(^1D) + O_2(X^3\Sigma_g^-) \qquad (4.3)$$

如图 4.5 和 4.7 所示,无论温度如何,$O(^1D)$的产生归因于自旋禁阻过程(4.3)光解,其对应于图 4.7 中的区域Ⅲ。通过该自旋禁阻过程产生的 $O(^1D)$的量子产率在哈金斯谱带的吸收区域中从大约 310 nm 到长波长大致恒定为 0.08,在 313～320 nm 吸收光谱中未发现与振动结构相关的波长依赖性(Takahashi 等,1996,1998)。尽管对于哈金斯谱带自旋禁阻跃迁上的能级电子状态尚未明确，Takahashi 等(1997)从近期测量的转动常数，提出了如图 4.8 所示的 2^1A_1 状态。

使用这些量子产率的新数据估算，太阳天顶角为 40°～80°的对流层光化学中，上述哈特莱谱带中振动激发的臭氧分子对产生 $O(^1D)$的贡献率为 25%～40%，太阳天顶角 80°时，自旋禁阻跃迁的贡献率为 30%(Matsumi 等，2002)。

4.2.2 二氧化氮(NO_2)

在二氧化氮(NO_2)光解中氧原子 $O(^3P)$的形成是对流层臭氧(O_3)产生的基本反应。在本段中，将讲述与对流层光化学相关的吸收光谱与 $O(^3P)$生成量子产率。

NO_2 的吸收光谱与吸收截面：NO_2 在 240～800 nm 区域的吸收光谱，见图 4.9 (Orphal，2003)。如图所示，从紫外到可见光和近红外的整个范围，二氧化氮(NO_2)具有连续吸收光谱，吸收的最大值在 400 nm 附近。在该光谱中，吸收波长小于 240 nm 的是 $D^2B_2-X^2A_1$ 跃迁；在波长 300～790 nm 区域内的吸收，被认为是 $B^2B_1-X^2A_1$ 和 $A^2B_2-X^2A_1$ 以及 $C^2A_2-X^2A_1$ 禁阻跃迁的混合物(Douglas，1966；Stevens 等，1973)。因此，近紫外和可见光区域中二氧化氮(NO_2)的吸收光谱非常复杂。图 4.10 显示了 370～430 nm 区域的高分辨率吸收光谱(Orphal，2003)。旋转谱线在接近解离极限 398 nm 处非常尖锐且致密，线宽由压力增宽决定。在小于解离极限的波长处，因为解离，激发态寿命缩短，从图中可以看出，基于不确定性原理，线宽被加宽了。众所周知，二氧化氮(NO_2)的吸收光谱具有温度依赖性；吸收线在峰谷之间的差异在较低温度时变大，这就使得吸收谱线更加明显(Harder 等，1997；Vandaele 等，2002)。二氧化氮(NO_2)的高分辨率光谱的温度与压力依赖性，对于卫星远程感应数据的光谱分析非常重要。

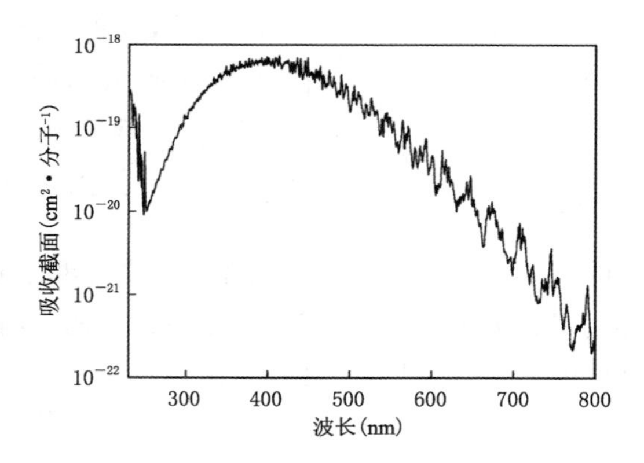

图 4.9 紫外和可见区域 NO_2 的吸收光谱
(改编自 Orphal 等，2003)

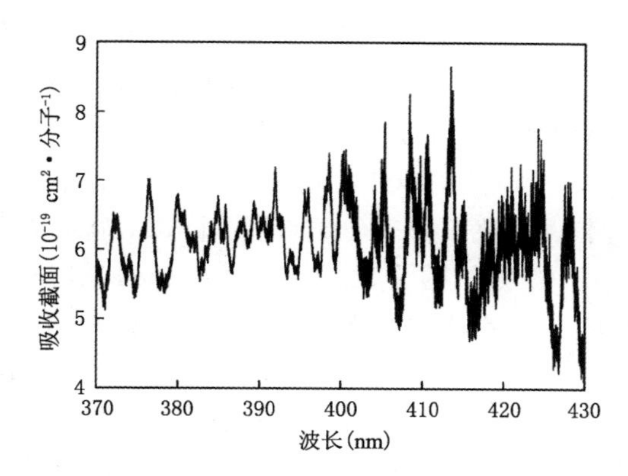

图 4.10　$NO_2 \rightarrow NO + O(^3P)$的离解波长阈值(398 nm)附近的 NO_2 高分辨率吸收光谱（在 445 nm,分辨率为 0.03 nm)(改编自 Orphal 等，2003)

表 4.5 给出了以 Vandaele 等(1998)的理论为基础,国际纯粹与应用化学联合会 IUPAC 小组委员会报告第 I 卷推荐的 NO_2 在 298 K 时的吸收截面。

表 4.5　NO_2 的吸收截面(298 K)

波长 λ(nm)	$10^{20}\sigma$ (cm²·分子⁻¹)	波长 λ(nm)	$10^{20}\sigma$ (cm²·分子⁻¹)	波长 λ(nm)	$10^{20}\sigma$ (cm²·分子⁻¹)
205	33.8	305	16.0	405	57.7
210	44.5	310	18.8	410	61.5
215	48.9	315	21.6	415	58.9
220	46.7	320	25.4	420	59.2
225	39.0	325	28.8	425	56.7
230	27.7	330	31.9	430	54.0
235	16.5	335	35.9	435	55.5
240	8.30	340	40.2	440	48.4
245	3.75	345	41.8	445	48.8
250	1.46	350	46.1	450	48.1
255	1.09	355	49.8	455	41.2
260	1.54	360	50.8	460	43.0
265	2.18	365	55.0	465	40.9
270	2.92	370	56.1	470	33.6
275	4.06	375	58.9	475	38.5
280	5.27	380	59.2	480	33.4
285	6.82	385	59.4	485	25.2
290	8.64	390	62.0	490	30.7
295	10.6	395	59.2	495	29.3
300	13.0	400	63.9		

来源:IUPAC 小组委员会报告第 I 卷

光解量子产率：表 4.6 显示了 NO_2 光解中，产生基态或激发态 NO($X^2\Pi$、$A^2\Sigma^+$)和 O(^3P、^1D、^1S)所需能量的阈值波长(Okabe,1978)。从表 4.6 可以看出，只有对流层中光化通量可能产生的光解过程是

$$NO_2 + h\nu\ (\lambda < 398\ nm) \rightarrow NO(X^2\Pi) + O(^3P) \quad \Delta H_0^\circ = 301\ kJ \cdot mol^{-1} \quad (4.9)$$

0 K 时，NO 和 O 的基态阈值波长为 397.8 nm。图 4.11 显示了 298 K 处接近阈值波长的光解过程(4.9)中一氧化氮的生成量子产率(Roehl 等，1994；Troe，2000)。此外，基于 Roehl 等(1994)和 Troe(2000)的理论，由 NASA/JPL 专家组评估文件第 17 号文件推荐，NO_2 在 300～420 nm 范围内的光解量子产率如表 4.7 所示。如图 4.11 中所示，NO 的生成量子产率在长于约 398 nm 的离解极限波长处快速降低，但即使超过阈值波长也不会变为 0，并且在高达约 420 nm 时仍观察到 NO 的产生。超过离解极限的能量区域中 NO_2 的分解主要是由于来自基态分子的振动/旋转激发态内能的加和，除此以外，光吸收后激发的 NO_2 分子与其他分子碰撞产生的能量是进一步的补充。图 4.11 分别用点线和虚线描绘了这些过程的贡献的计算值。

表 4.6　在 NO_2(0 K)光解中最可能产生每对 NO 和 O 波长阈值(nm)

NO/O	^3P	^1D	^1S
$X^2\Pi$	397.8	243.9	169.7
$A^2\Sigma^+$	144.2	117.4	97.0

来源：Okabe(1978)

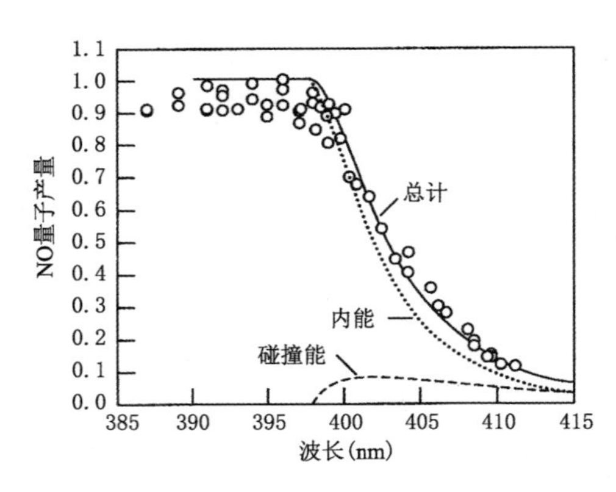

图 4.11　NO_2 光解中，NO 形成的量子产率(虚线和折线分别显示振动和旋转内能的贡献，以及超过解离极限的碰撞能对光解的贡献)(改编自 Roehl 等，1994)

表 4.7　300～420 nm 区域内 NO_2 的光解量子产率 (298 和 248 K)

波长 (nm)	量子产率 Φ		波长 (nm)	量子产率 Φ		波长 (nm)	量子产率 Φ	
	298 K	248 K		298 K	248 K		298 K	248 K
300～398	1.00	1.00	406	0.30	0.22	414	0.08	0.04
399	0.95	0.94	407	0.26	0.18	415	0.06	0.03
400	0.88	0.86	408	0.22	0.14	416	0.05	0.02
401	0.75	0.69	409	0.18	0.12	417	0.04	0.02
402	0.62	0.56	410	0.15	0.10	418	0.03	0.02
403	0.53	0.44	411	0.13	0.08	419	0.02	0.01
404	0.44	0.34	412	0.11	0.07	420	0.02	0.01
405	0.37	0.28	413	0.09	0.06			

如图 4.9 所示，NO_2 的吸收光谱在可见光区域的整个范围内延伸，并且在波长大于离解阈值时，由于吸收太阳辐射而激发的 NO_2 分子的形成速率很大。大部分非离解的电子激发的 NO_2 分子都会经历如下过程

$$NO_2^* \rightarrow NO_2 + h\nu' \tag{4.10}$$

$$NO_2^* + M \rightarrow NO_2 + M \tag{4.11}$$

并通过发射荧光或被其他大气分子淬灭而返回基态。电子激发 NO_2 的辐射速率为 $\sim 1.5\times10^4\ s^{-1}$，荧光寿命为～70 μs(Donnelly 和 Kaufman，1978)。与此同时，N_2 和 O_2 分子的淬灭速率常数为 $\sim 5\times10^{-11}\ cm^3 \cdot$ 分子$^{-1} \cdot s^{-1}$(Donnelly 等，1979)，在较低对流层压力下，荧光量子产率约为 10^{-5}，因此，大部分由太阳辐射吸收形成的激发态 NO_2 被 N_2 和 O_2 淬灭。

然而，如果电子激发的 NO_2 与其他大气分子之间的反应或能量转移的速率常数足够大，则无法否认这种过程的可能性。Jones 和 Bayes(1973)已对 $O_2(a^1\Delta_g)$形成的能量转移过程进行了研究

$$NO_2^* + O_2(X^3\Sigma_g^-) \rightarrow NO_2 + O_2(a^1\Delta_g) \tag{4.12}$$

但是，在低层大气中，反应(4.12)中形成的电子激发 O_2 分子的作用并不重要。另一方面，据近期报道称，在水蒸气存在的情况下，NO_2 分子在 565、590、613 nm 处被可见光激发，并且形成 OH 自由基(Li 等，2008)

$$NO_2^* + H_2O \rightarrow HONO + OH \tag{4.13}$$

如果反应速率常数 $k_{4.13} = 1.7\times10^{-13}\ cm^3 \cdot$ 分子$^{-1} \cdot s^{-1}$，如 Li 等(2008)所报告，那么该反应在对流层下部的重要性可与 O_3 光解后的 $O(^1D) + H_2O$ 反应相媲美。有人尝试进行了验证性实验(Carr 等，2009)和理论研究(Fang 等，2010)。

4.2.3 亚硝酸(HONO)

亚硝酸(HONO)不仅通过 OH+NO 的均相反应形成,而且通过 NO_2 与地面的非均相反应形成,通过光照射进一步增强(参见 6.4.2 节),即使在白天光解速率快的时候,它也存在于相对高浓度污染空气中。因此,HONO 的光解反应是污染大气中 OH 自由基的重要来源。

HONO 的吸收光谱与截面:HONO 的吸收光谱如图 4.12 所示。由于无法在实验室中获得纯的 HONO,并且样品中始终存在痕量的 NO_2,因此如何消除 NO_2 在 HONO 吸收光谱和截面测量中的影响一直是一个大问题(Stockwell 和 Calvert,1978)。图 4.12 中显示的吸收光谱分辨率为 0.08 nm,是基于 Stutz 等(2000)的研究,与先前的数据非常吻合(Vasudev,1990;Bongartz 等,1991)。HONO 在 300~400 nm 波长区域的吸收谱带被指定为 $AA'' \leftarrow XA'$ 跃迁,光谱显示出清晰的振动结构。该振动结构与激发态的—N=O 伸缩频率相一致,在 369、355 和 342 nm 处的能带分别被分配到 1—0、2—0 和 3—0(Vasudev 等,1984)。对于吸收截面的绝对值,由于杂质 NO_2 的影响,不确定性很大。通常将 HONO 的吸收截面的绝对值在吸收带的最大峰 354 nm 处进行比较,而对于其他波长,每隔 1 nm 就给出对此值归一化后的相对值。但是,应该注意的是,近期的值适用于 0.1 nm 或更高分辨率的测量,而之前的值适用于分辨率较低的测量,对比时应格外注意。Stults 等(2000)提出的 354 nm 处的吸收截面为$(51.9\pm0.03)\times10^{-20}$ cm^2(分辨率为 0.08 nm),其与 Stockwell 和 Calvert(1978)、Nongartz 等(1994)和 Pagsberg 等(1997)提出的值非常契合,误差在 5%内。表 4.8 提供了由 NASA/JPL 专家组评估文件第 17 号(Sander 等,2011)推荐的吸收截面。这些值以 Stults 等(2000)的研究为基础,平均在 1 nm 间隔以上。

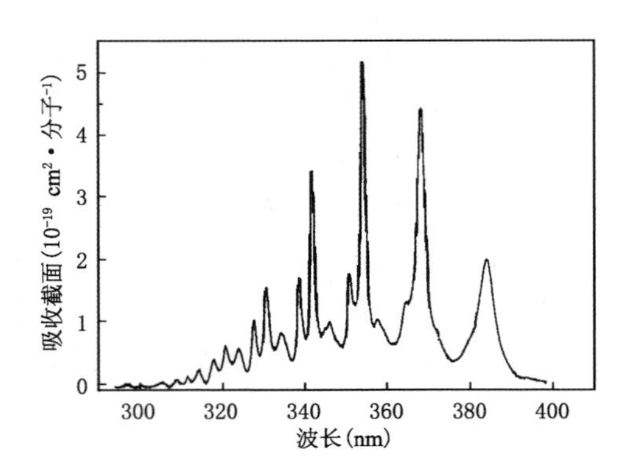

图 4.12 HONO 的吸收光谱(改编自 Stutz 等,2000)

表 4.8　HONO 的吸收截面(298 K)

波长 (nm)	$10^{20}\sigma$ (cm^2 · 分子$^{-1}$)	波长 (nm)	$10^{20}\sigma$ (cm^2 · 分子$^{-1}$)	波长 (nm)	$10^{20}\sigma$ (cm^2 · 分子$^{-1}$)	波长 (nm)	$10^{20}\sigma$ (cm^2 · 分子$^{-1}$)	波长 (nm)	$10^{20}\sigma$ (cm^2 · 分子$^{-1}$)
300	0.617	320	4.66	340	7.79	360	6.87	380	7.21
301	0.690	321	5.96	341	16.1	361	6.05	381	9.13
302	0.579	322	4.05	342	29.4	362	5.98	382	12.4
303	0.925	323	4.56	343	11.4	363	7.39	383	17.0
304	1.04	324	5.89	344	7.79	364	11.5	384	19.5
305	1.57	325	4.05	345	8.77	365	12.8	385	16.1
306	1.29	326	2.65	346	9.64	366	14.8	386	10.5
307	0.916	327	6.44	347	7.80	367	25.1	387	6.59
308	1.45	328	9.22	348	6.63	368	43.6	388	4.30
309	2.01	329	5.20	349	6.00	369	31.5	389	2.81
310	1.51	330	9.92	350	9.06	370	15.1	390	1.71
311	2.07	331	14.3	351	16.9	371	9.49	391	0.992
312	2.42	332	6.94	352	12.4	372	7.96	392	0.731
313	2.25	333	6.31	353	16.3	373	6.30	393	0.597
314	3.35	334	8.35	354	48.7	374	4.59	394	0.528
315	2.54	335	7.71	355	27.6	375	3.55	395	0.403
316	1.61	336	5.33	356	11.1	376	3.36	396	0.237
317	3.21	337	4.23	357	9.45	377	3.66		
318	4.49	338	9.38	358	9.84	378	4.33		
319	3.19	339	14.3	359	8.37	379	5.66		

来源:NASA/JPL 专家组评估文件第 17 号

光解量子产率:图 4.12 中显示的光谱中无转动结构的宽带,意味着激活状态的分解生命周期很短。实际上,已知在此波长区域吸收辐射的 HONO 分子在路径中解离,量子产率为 1(Cox 和 Derwent,1976)。

$$HONO + h\nu\ (\lambda < 598\ nm) \rightarrow OH + NO \quad \Delta H_0^\circ = 200\ kJ \cdot mol^{-1} \quad (4.14)$$

据报道,另一种设想的光解途径产生 H 原子的比例小于 0.01(Wollenhaupt 等,2000)。

$$HONO + h\nu\ (\lambda < 367\ nm) \rightarrow H + NO_2 \quad \Delta H_0^\circ = 326\ kJ \cdot mol^{-1} \quad (4.15)$$

4.2.4　硝酸自由基(NO_3)和五氧化二氮(N_2O_5)

三氧化氮(NO_3)又称为硝酸根,由 $O_3 + NO_2$ 反应形成。五氧化二氮(N_2O_5)由 $NO_3 + NO_2 \rightleftharpoons N_2O_5$ 的平衡反应形成。NO_3 和 N_2O_5 是夜间化学的重要中间产物,由于 NO_3 可强烈吸收太阳辐射,易被光解,因此白天浓度很低。

NO_3 的吸收光谱与截面:NO_3 是带有不成对电子的游离基,许多研究都是从光谱角度进行的(Wayne 等,1991)。图 4.13 显示了在可见区域,NO_3 的吸收光谱

(Sander 等,2011)。如图中所见,在 400～700 nm 的较宽的可见光区域,特别是在 600～700 nm 的红色光区域,NO_3 具有非常强的吸收带和振动结构。这些吸收带对应于 B—X 跃迁,在 662 和 623 nm 处最强的峰被分配到 0—0 和 1—0 谱带。图 4.13 所示的光谱是在 1 nm 间隔内的平均光谱。这些谱带由许多旋转谱线组成,并且最近已经获得了分离这些频带的高分辨率光谱(Orphal 等,2003;Osthoff 等,2007)。

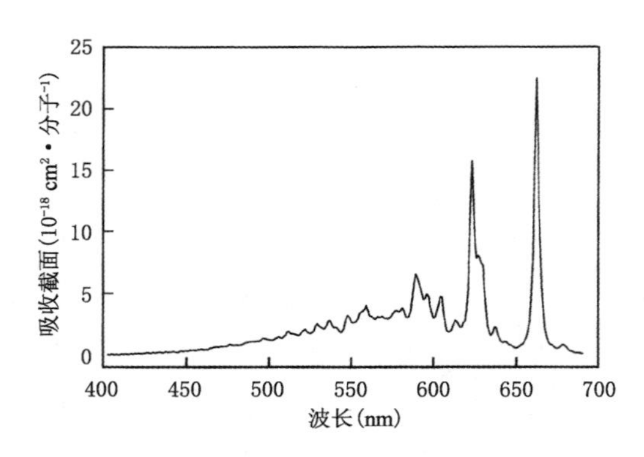

图 4.13 NO_3 的吸收光谱(改编自 Sander 等, 2011)

大量的实验室采用 662 nm 的吸收截面测定实验和环境空气中的 NO_3 的浓度。Wayne 等(1991)推荐的值为 $(2.10 \pm 0.20) \times 10^{-17}$ cm^2 · 分子$^{-1}$,与 NASA/JPL 专家组评估文件第 17 号推荐的 $(2.25 \pm 0.15) \times 10^{-17}$ cm^2 · 分子$^{-1}$ 值非常符合(Sander 等,2011)。已知 NO_3 在 662 nm 峰值处的吸收截面具有温度依赖性,Osthoff 等(2007)修正了 Yokelson 等(1994)实验公式的参数,提出了下式

$$\sigma(662\ \text{nm},\ T) = (4.582 \pm 0.096) = [(0.00796 \pm 0.0031) \times T] \times 10^{-17}\ \text{cm}^2 \cdot \text{分子}^{-1} \tag{4.16}$$

NO_3 的吸收截面具有温度依赖性是由振动旋转能级的玻尔兹曼(Boltzmann)分布的温度变化引起的(Orphal 等,2003)。

表 4.9 给出了 NASA / JPL 专家组评估文件第 17 号建议(Sander 等,2011)推荐的平均 1 nm 间隔内 NO_3 的吸收截面。这些值以 Sander 等(1986)提出的数据为基础,且这些数据由上述在 662 nm 处的数值进行了标准化处理。

NO_3 光解量子产率:在可见光区 NO_3 光解的两条反应途径为

$$NO_3 + h\nu\ (\lambda < 1031\ \text{nm}) \rightarrow NO + O_2 \quad \Delta H_0^\circ = 11.6\ \text{kJ} \cdot \text{mol}^{-1} \tag{4.17}$$

$$+ h\nu\ (\lambda < 587\ \text{nm}) \rightarrow NO_2 + O(^3P) \quad \Delta H_0^\circ = 205\ \text{kJ} \cdot \text{mol}^{-1} \tag{4.18}$$

表 4.9　NO_3 的吸收截面(298 K)

波长(nm)	$10^{20}\sigma$ (cm^2·分子$^{-1}$)	波长(nm)	$10^{20}\sigma$ (cm^2·分子$^{-1}$)	波长(nm)	$10^{20}\sigma$ (cm^2·分子$^{-1}$)	波长(nm)	$10^{20}\sigma$ (cm^2·分子$^{-1}$)	波长(nm)	$10^{20}\sigma$ (cm^2·分子$^{-1}$)
420	9	470	63	520	180	570	299	620	350
422	10	472	69	522	206	572	294	622	1090
424	10	474	66	524	176	574	306	624	1290
426	15	476	84	526	175	576	350	626	783
428	13	478	78	528	225	578	354	628	789
430	18	480	75	530	239	580	358	630	724
432	16	482	76	532	216	582	351	632	350
434	20	484	83	534	218	584	302	634	176
436	16	486	98	536	275	586	355	636	181
438	23	488	102	538	251	588	540	638	217
440	21	490	111	540	225	590	638	640	132
442	23	492	107	542	201	592	548	642	99
444	21	494	109	544	183	594	449	644	102
446	26	496	129	546	260	596	495	646	80
448	26	498	128	548	320	598	393	648	66
450	31	500	121	550	265	600	296	650	53
452	36	502	118	552	264	602	355	652	65
454	38	504	135	554	298	604	468	654	88
456	38	506	143	556	349	606	355	656	142
458	39	508	136	558	376	608	198	658	260
460	42	510	162	560	355	610	189	660	798
462	42	512	189	562	311	612	239	662	2250
464	51	514	169	564	291	614	273	664	1210
466	58	516	167	566	305	616	224	666	532
468	60	518	154	568	305	618	256	668	203

来源：NASA/JPL 专家组评估文件第 17 号

此外，正如我们从高分辨率吸收光谱所预期的，在观察到波长大于 600 nm 左右的尖锐的振动旋转结构的吸收带中，NO_3 在激发态下的离解寿命较长，且从实验室研究中发现，其符合荧光规律。

$$NO_3 + h\nu \rightarrow NO_3^* + h\nu' \tag{4.19}$$

反应(4.17)接近热中性，并且没有能量限制，但是由于它通过了三中心的 O—N—O 过渡态，因此具有较大的能垒。通过光碎裂实验获得的能垒高度为 198 kJ·mol^{-1} (Davis 等，1993)。另一方面，将反应(4.18)波长阈值确定为 587±3 nm，由此得出在 0 K 和 298 K 下 NO_3 生成的新热值分别为 79.0±1.4、73.7±1.4 kJ·mol^{-1}。

图 4.14 描述了反应(4.17)和(4.18)中的 $\Phi(NO+O_2)$ 和 $\Phi(NO_2+O)$ 的量子产率随波长和荧光量子产率的函数曲线。如图 4.14 所示，$\Phi(NO_2+O)$ 在 587 nm 的阈

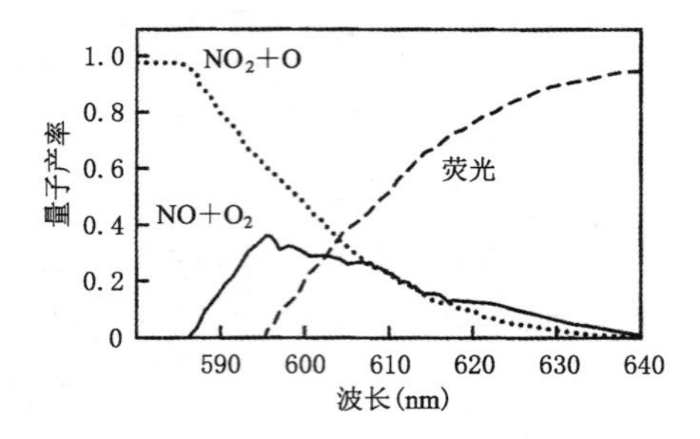

图 4.14　NO_3 的光解与荧光量子产率(改编自 Johnston 等，1996)

值波长处几乎为 1。在较长的波长范围内，$\Phi(NO_2+O)$值随波长的增加而减小，但在 635 nm 左右仍达到约 0.1。在波长大于 587 nm 的波长处通过反应(4.18)进行光解的原因与 NO_2 一样，是基态分子的振动旋转能补充了能量。除了部分波长区域(605～620 nm)，由 Johnston 等(1996)得出的 $\Phi(NO+O_2)$ 与 $\Phi(NO_2+O)$数值，与 Orlando 等(1993)通过不同实验方法得出的值非常吻合。如图 4.14 所示，在 $\Phi_2(NO_2+O)=1$时，在小于 587 nm 较短的波长处 $\Phi(NO+O_2)$的值为 0，它会随着波长的增加而增加，并在 595 nm 处达到 0.35 的最大值。而在较长波长处，$\Phi(NO+O_2)$逐渐减少，在大约 630 nm 处接近 0.1。在波长为 587 nm 的情况下，$\Phi(NO+O_2)$与 $\Phi_2(NO_2+O)$相加的 NO_3 光分解量子吸收率小于 1，相应地，路径(4.19)荧光量子吸收率增加。波长大于 587 nm 的 NO_3 光解量子吸收率显示出很大的温度依赖性，并且随温度降低(Johnston 等，1996)。特别地，由于该区域的反应(4.18)是由热带引起的，因此 $\Phi(NO_2+O)$温度依赖性远大于 $\Phi(NO+O_2)$。表 4.10 给出了由 NASA/JPL 专家组评估文件第 17 号(Sander 等，2011)推荐的 298、230 和 190 K 时 NO_3 光解量子产率。

表 4.10　NO_3 的光解量子产率

λ	$\Phi(NO+O_2)$			$\Phi(NO_2+O)$		
(nm)	298 K	230 K	190 K	298 K	230 K	190 K
586	0.015	0.026	0.038	0.97	0.97	0.96
588	0.097	0.16	0.22	0.89	0.84	0.78
590	0.19	0.30	0.40	0.79	0.70	0.60
592	0.25	0.38	0.50	0.73	0.61	0.51
594	0.33	0.49	0.61	0.65	0.51	0.39
596	0.36	0.50	0.60	0.59	0.43	0.31
598	0.32	0.42	0.47	0.53	0.37	0.25
600	0.29	0.35	0.36	0.47	0.31	0.20
602	0.29	0.32	0.31	0.42	0.25	0.15
604	0.28	0.28	0.25	0.35	0.20	0.11
606	0.27	0.25	0.21	0.30	0.16	0.080

续表

λ	Φ(NO+O₂)			Φ(NO₂+O)		
(nm)	298 K	230 K	190 K	298 K	230 K	190 K
608	0.25	0.22	0.17	0.26	0.13	0.062
610	0.24	0.19	0.14	0.23	0.11	0.048
612	0.20	0.15	0.10	0.19	0.10	0.042
614	0.17	0.11	0.071	0.17	0.068	0.028
616	0.16	0.10	0.060	0.14	0.053	0.020
618	0.14	0.084	0.045	0.11	0.039	0.014
620	0.13	0.072	0.036	0.090	0.030	0.010
622	0.12	0.062	0.029	0.070	0.022	0.0070
624	0.11	0.050	0.022	0.055	0.016	0.0048
626	0.092	0.041	0.017	0.044	0.012	0.0034
628	0.074	0.030	0.012	0.034	0.0087	0.0023
630	0.065	0.025	0.0090	0.026	0.0063	0.0015
632	0.051	0.018	0.0060	0.020	0.0043	0.0010
634	0.043	0.014	0.0045	0.016	0.0034	0.0007
636	0.032	0.0099	0.0029	0.012	0.0023	0.0005
638	0.027	0.0077	0.0022	0.0096	0.0018	0.0003
640	0.020	0.0054	0.0014	0.0072	0.0012	0.0002

来源：NASA/JPL 专家组评估文件第 17 号(Sander 等,2011)

N_2O_5 的吸收光谱与截面：图 4.15 显示了 N_2O_5 的吸收光谱(Harwood 等,1998)。N_2O_5 的吸收光谱在 160 nm 处具有最大值,随波长增大单调递减,并延伸到对流层太阳光化通量的近紫外区域。表 4.11 列出了 IUPAC 小组委员会报告第 I 卷(Atkinson 等,2004)推荐的 N_2O_5 吸收截面。建议值的提出以 Harwood 等(1993,1998)得出的大于 240 nm 波长区域的值和 Yao 等(1982)、Osborne 等(2000)在小于该波长的区域得出的值为基础设置。

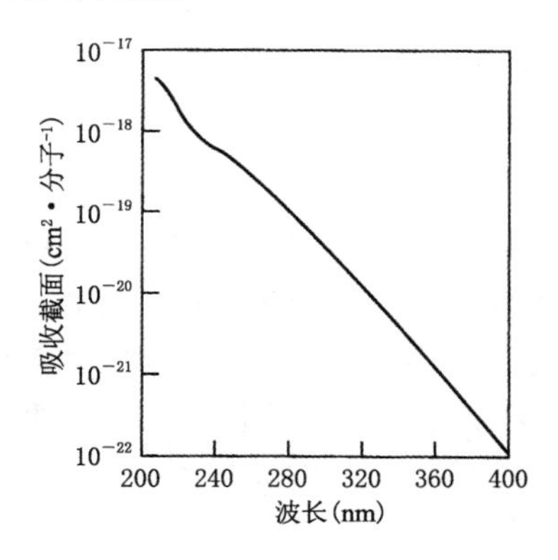

图 4.15　N_2O_5 的吸收光谱(改编自 Harwood 等，1998)

表 4.11　N_2O_5 的吸收截面(298 K)

波长(nm)	$10^{20}\sigma$ (cm^2·分子$^{-1}$)	波长(nm)	$10^{20}\sigma$ (cm^2·分子$^{-1}$)	波长 λ(nm)	$10^{20}\sigma$ (cm^2·分子$^{-1}$)
210	470	280	11	350	0.22
215	316	285	8.6	355	0.16
220	193	290	6.7	360	0.12
225	128	295	5.1	365	0.091
230	91	300	3.9	370	0.072
235	73	305	2.9	375	0.053
240	60	310	2.2	380	0.041
245	51	315	1.6	385	0.032
250	40	320	1.2	390	0.023
255	32	325	0.89	395	0.017
260	26	330	0.67	400	0.014
265	20	335	0.50	405	0.010
270	16	340	0.38	410	0.008
275	13	345	0.28		

来源:IUPAC 小组委员会报告第 I 卷

在 N_2O_5 的吸收截面中,也发现了温度依赖性。在对流层光解发生的波长大于 280 nm 区域,该依赖性尤为大,吸收截面随着温度降低而减少。

N_2O_5 的光解量子产率:在对流层光化学成为问题的波长范围的 N_2O_5 光分解过程如下式所示

$$N_2O_5 + h\nu\ (\lambda < 1289\ \text{nm}) \rightarrow NO_3 + NO_2 \quad \Delta H_0^\circ = 94.8\ \text{kJ} \cdot \text{mol}^{-1} \tag{4.20}$$

据报道,N_2O_5 在 290 nm 处的光解量子产率接近于 1(Harwood,1993,1998)。

4.2.5　甲醛(HCHO)和乙醛(CH_3CHO)

甲醛(HCHO)作为甲烷 CH_4 的一种氧化产物存在于全球自然大气中,它也是陆地上植物来源的生物碳氢化合物的氧化产物。另一方面,HCHO 是在污染的大气中由人为源排放的碳氢化合物氧化形成的二次污染物,也是汽车尾气和生物质燃烧排放的主要污染物。HCHO 通常是存在于污染大气中浓度最高的醛类物质。HCHO 的光解,释放出 H 原子和 HCO 自由基,在大气中转换成 HO_2 自由基,对污染大气中的光化学臭氧产生有很大的影响。

乙醛(CH_3CHO)是污染大气中仅次于 HCHO 的重要的醛。与 HCHO 一样,CH_3CHO 作为人为源排放的碳氢化合物氧化形成的二次污染物,也是汽车尾气和生物质燃烧排放的主要污染物。CH_3CHO 的光解，作为自由基的来源，对光化学臭氧的生成也非常重要。

HCHO 的吸收光谱与截面：对于羰基化合物，如醛类和酮类，由于电子跃迁产生的吸收带称为 $n-\pi^*$ 跃迁，其中羰基（—C=O）O 原子上孤立的一对孤对电子被激发到双键的激发 π 轨道上，这个现象出现在大概 300 nm 处。因为此跃迁为禁阻跃迁，所以，一般来说，吸收截面不是很大（$\sim 10^{-20}$ cm^2 · 分子$^{-1}$）。但是，由于吸收带延伸到太阳光化通量增长的 350 nm 附近，因此它们的光解在对流层中非常重要。

图 4.16 显示了 HCHO 的吸收光谱（Rogers，1990）。如图 4.16 所示，HCHO 的吸收带分布在 260～360 nm，并以具有多种振动结构为特点。因为吸收具有带状结构，它的光谱形状很大程度上取决于光谱分辨率。Rogers（1990）、Cantrell 等（1990）、Meller 和 Moortgat 等（2000）分别获得了分辨率小于 0.1 nm 的光谱，并取得了较好的一致性。较高分辨率的光谱（0.001 nm，0.1 cm^{-1}）会将旋转谱线分开（Pope 等，2005a；Co 等，2005；Smith 等，2006）。

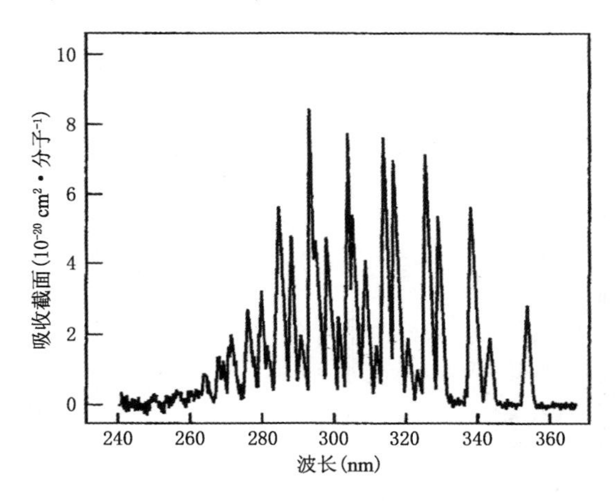

图 4.16　HCHO 的吸收光谱（分辨率为 0.1 nm）（改编自 Rogers，1990）

HCHO 吸收截面的温度依赖性是已知的（Cantrell，1990；Meller 和 Moortgat，2000；Smith 等，2006），Meller 和 Moortgat（2000）提出了在 223～323 nm 范围内的线性近似公式

$$\sigma(\lambda,\ T) = \sigma(\lambda,\ 298\ \text{K}) + \Gamma(\lambda) \times (T - 298) \qquad (4.21)$$

表 4.12 提供了由 NASA/JPL 专家组评估文件第 17 号（Sander 等，2011）和 IUPAC 小组委员会报告第 Ⅱ 卷推荐的吸收截面。这些值基于 Meller 和 Moortgat（2000）提出的高分辨率吸收常数，在大气模式的计算时，在波长间隔内取平均值。

表 4.12　HCHO 的吸收截面(298 K)(平均间隔超过 1 nm)

波长(nm)	$10^{20}\sigma$ (cm^2 · 分子$^{-1}$)	波长(nm)	$10^{20}\sigma$ (cm^2 · 分子$^{-1}$)	波长(nm)	$10^{20}\sigma$ (cm^2 · 分子$^{-1}$)	波长(nm)	$10^{20}\sigma$ (cm^2 · 分子$^{-1}$)
240	0.078	270	0.963	300	0.964	330	3.87
241	0.078	271	1.94	301	1.62	331	1.41
242	0.123	272	1.43	302	0.854	332	0.347
243	0.159	273	0.811	303	3.02	333	0.214
244	0.110	274	0.658	304	7.22	334	0.159
245	0.131	275	2.14	305	4.75	335	0.097
246	0.163	276	2.58	306	4.29	336	0.126
247	0.151	277	1.57	307	1.78	337	0.383
248	0.234	278	1.03	308	1.38	338	1.92
249	0.318	279	2.45	309	3.25	339	5.38
250	0.257	280	2.34	310	1.74	340	3.15
251	0.204	281	1.56	311	0.462	341	0.978
252	0.337	282	0.973	312	1.19	342	0.509
253	0.289	283	0.722	313	0.906	343	1.92
254	0.342	284	4.26	314	5.64	344	1.27
255	0.450	285	4.05	315	5.57	345	0.437
256	0.628	286	2.10	316	2.56	346	0.119
257	0.443	287	1.15	317	5.78	347	0.044
258	0.307	288	3.17	318	3.15	348	0.075
259	0.617	289	3.22	319	0.978	349	0.038
260	0.605	290	1.17	320	1.19	350	0.036
261	0.659	291	1.84	321	1.60	351	0.089
262	0.603	292	0.797	322	0.722	352	0.729
263	1.08	293	3.12	323	0.328	353	2.27
264	0.947	294	7.15	324	0.858	354	1.64
265	0.531	295	4.05	325	1.58	355	0.696
266	0.539	296	2.47	326	6.88	356	0.148
267	1.36	297	1.37	327	4.37	357	0.035
268	1.24	298	4.22	328	1.22	358	0.019
269	0.991	299	3.17	329	3.12	359	0.011

来源:IUPAC 小组委员会报告第Ⅱ卷

HCHO 的光解量子产率:在近紫外光解 HCHO 的过程中,有两条反应途径在能量上是可能的。

$$HCHO + h\nu\ (\lambda < 330\ nm) \rightarrow H + HCO \quad \Delta H_0^\circ = 363\ kJ \cdot mol^{-1} \tag{4.22}$$

$$+ h\nu(\text{所有波长}) \rightarrow H_2 + CO \quad \Delta H_0^\circ = -8.9\ kJ \cdot mol^{-1} \tag{4.23}$$

反应(4.22)的能量阈值为 363 kJ · mol^{-1},相应的波长阈值为 330 nm。另一方面,反应(4.23)的反应焓为负值,没有热化学阈值限制。在这些过程中,反应(4.23)仅生成稳定的分子,而 HO_2 自由基则由在反应(4.22)中形成的 H 原子和 HCO 自由基产生,并在很大程度上影响对流层中的光化学过程。

$$H + O_2 + M \rightarrow HO_2 + M \tag{4.24}$$

$$HCO + O_2 \rightarrow HO_2 + CO \tag{4.25}$$

因此,从大气化学的角度出发,获得反应(4.22)的量子产率的准确值是非常重要的。

反应(4.22)的 Φ(H+HCO)光解量子产率,已通过中等分辨率(0.62 nm)(Smith 等,2002)和高分辨率(0.0035 nm)(Carbajo 等,2008)进行了测定。Troe(2007)回顾了文献中提出的 Φ(H+HCO)和 Φ(H_2+CO)值,并总结出它们在 300 K 和 1 atm 时的波长依赖性,如图 4.17。在 303.75 nm 处,当用 0.753 进行归一化时,Φ(H+HCO)的光解量子产率的最新值与前一个值非常吻合。不过,在高分辨率中得出的 Φ(H+HCO)值显示了带状结构,而在大约 305 nm 处的值,变得极其小(Carbajo 等,2008)。

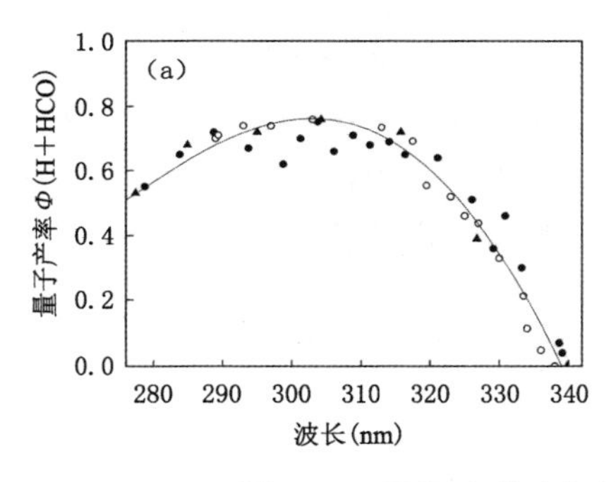

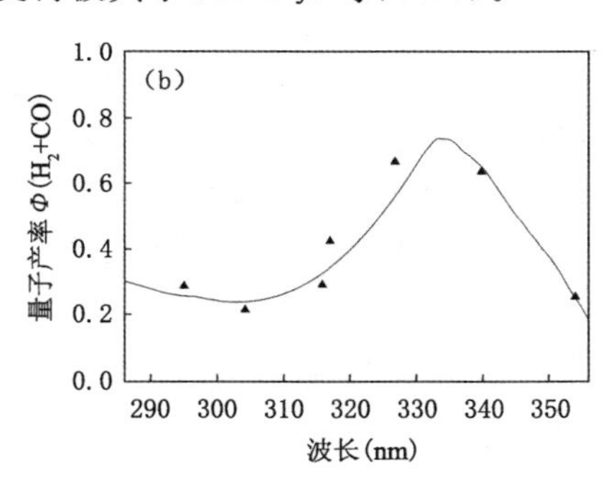

图 4.17 HCHO 的光解量子产率(改编自 Troe,2007)
(a)Φ(H+HCO);(b)Φ(H_2+CO)

表 4.13 给出了由 NASA/JPL 专家组评估文件第 17 号建议的 Φ(H+HCO)和 Φ(H_2+CO)值。这些值,是通过整合 Horowitz 和 Calvert(1978)、Moortgat 等(1979,1983)以及其他人之前的数据获得。而最近的值,是通过整合 Smith 等(2002)、Pope 等(2005b)和 Carbajo 等(2008)的数据获得。在 290～350 nm 范围内,CO 合并反应(4.22)和(4.23)形成的量子产率为 1,与温度和压力无关(Moortgat 和 Warneck,1979;Moortgat 等,1983)。在波长大于 350 nm 的区域,Φ(H+HCO)未显示出任何温度和压力依赖性,但是,对于 Φ(H_2+CO)却发现了较大温度与压力依赖性(Moortgat 等,1983)。

表 4.13　HCHO 的光解量子产率(300 K,1 atm)

λ (nm)	Φ (H+HCO)	Φ (H_2+CO)	λ (nm)	Φ (H+HCO)	Φ (H_2+CO)
250	0.310	0.490	310	0.737	0.263
255	0.304	0.496	315	0.685	0.315
260	0.307	0.493	320	0.603	0.397
265	0.343	0.477	325	0.489	0.511
270	0.404	0.441	330	0.343	0.657
275	0.479	0.391	335	0.165	0.735
280	0.560	0.347	340	0.0	0.645
285	0.633	0.307	345	0.0	0.505
290	0.690	0.278	350	0.0	0.375
295	0.734	0.256	355	0.0	0.220
300	0.758	0.242	360	0.0	0.04
305	0.760	0.240			

来源:NASA/JPL 专家组评估文件第 17 号

CH_3CHO 的吸收光谱与吸收截面:图 4.18 显示了 CH_3CHO 以及其他开链醛类的吸收光谱,如丙醛(CH_3CH_2CHO)、正丁醛($CH_3(CH_2)_2CHO$)和异丁醛($(CH_3)_2CHCHO$)的吸收光谱(Martinez 等,1992)。对于这些醛类,类似于 HCHO,与 $n-\pi^*$ 跃迁相一致的吸收峰值出现在的 290 nm 附近。这些醛的吸收光谱的特征在于靠近吸收峰的扩散振动结构,该结构不同于 HCHO 尖锐的吸收峰,并且移动到比 HCHO 波长还要短的波长处。这些开链醛的吸收光谱的波长范围不变,但长波长侧的吸收截面随碳数的增加而增大。

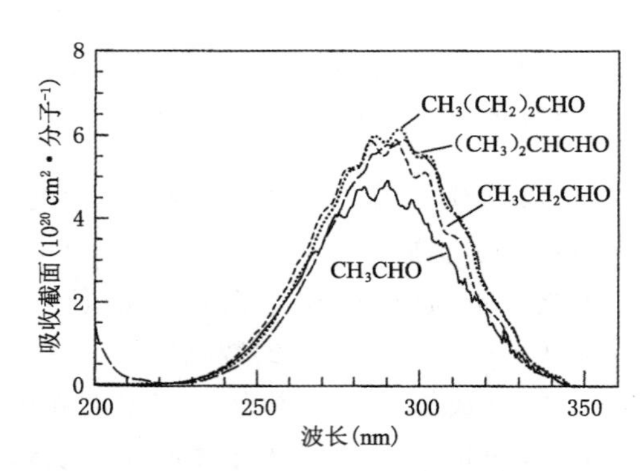

图 4.18　CH_3CHO 与其他脂肪醛类的吸收光谱(改编自 Martinez 等,1992)

表 4.14 给出了基于 Mertinez 等(1992)和 Libuda 等(1995)的数据,由 NASA/JPL 专家组评估文件第 17 号(Sander 等,2011)推荐的 CH_3CHO 吸收截面。

表 4.14　CH_3CHO 的吸收截面(298 K)

波长 (nm)	$10^{20}\sigma$ (cm^2 · 分子$^{-1}$)	波长 (nm)	$10^{20}\sigma$ (cm^2 · 分子$^{-1}$)	波长 (nm)	$10^{20}\sigma$ (cm^2 · 分子$^{-1}$)
230	0.151	290	4.86	326	1.09
234	0.241	292	4.66	328	0.715
238	0.375	294	4.31	330	0.699
242	0.639	296	4.24	332	0.496
246	0.887	298	4.41	334	0.333
250	1.18	300	4.15	336	0.227
254	1.57	302	3.87	338	0.212
258	2.03	304	3.46	340	0.135
262	2.45	306	3.41	342	0.042
266	3.06	308	3.31	344	0.027
270	3.38	310	2.92	346	0.020
274	4.03	312	2.52	348	0.016
278	4.15	314	2.38	350	0.008
280	4.48	316	2.07	352	0.005
282	4.66	318	1.98	354	0.004
284	4.58	320	1.70	356	0.005
286	4.41	322	1.38	358	0.004
288	4.69	324	1.06	360	0.003

来源：NASA/JPL 专家组评估文件第 17 号

CH_3CHO 的光解量子产率：在对流层太阳光通量的波长范围内，CH_3CHO 的光解过程有三条反应途径。

$$CH_3CHO + h\nu\ (\lambda < 340\ nm) \rightarrow CH_3 + HCO \quad \Delta H_0^\circ = 352\ kJ \cdot mol^{-1} \tag{4.26}$$

$$+ h\nu(\text{所有波长}) \rightarrow CH_4 + CO \quad \Delta H_0^\circ = -20\ kJ \cdot mol^{-1} \tag{4.27}$$

$$+ h\nu\ (\lambda < 321\ nm) \rightarrow CH_3CO + H \quad \Delta H_0^\circ = 373\ kJ \cdot mol^{-1} \tag{4.28}$$

在这些过程中，反应(4.26)和(4.28)的能量阈值(0 K)为 352、373 kJ · mol^{-1}，分别对应于 340、321 nm 的波长阈值。同时，反应(4.27)是一个放热过程，因此，不存在热化学阈值。

Meyrahn 等(1981)、Horowitz 和 Calvert(1982)基于产物产率分析，报道了在 1 atm、250～330 nm 区域中，作为波长函数的 CH_3CHO 光解量子产率的测量结果。图 4.19 描述了 Atkinson 和 Lloyd(1984)给出的 1 atm 处，CH_3CHO 光解的 $\Phi(CH_3 + HCO)$ 和 $\Phi(CH_4 + CO)$ 的波长依赖性。同时，表 4.15 显示了由 NASA/JPL 专家组评估文件第 17 号(Sander 等，2011)给出的 1 atm、256～332 nm 处 $\Phi(CH_3 + HCO)$ 和 $\Phi(CH_4 + CO)$ 的推荐数值。这些数据以 Meyrahn 等 (1981)、Horowitz 和 Calvert

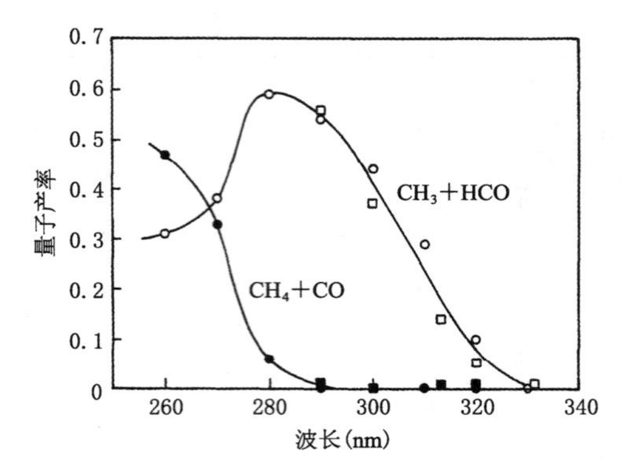

图 4.19 CH_3CHO 的光解量子产率(○、□:$\Phi(CH_3+HCO)$;●、■:$\Phi(CH_4+CO)$)
(改编自 Atkinson 和 Lloyd, 1984)

表 4.15 CH_3CHO 的光解量子产率(298 K,1 atm)

λ (nm)	Φ (CH_3+HCO)	Φ (CH_4+CO)	λ (nm)	Φ (CH_3+HCO)
256	0.29	0.48	296	0.47
258	0.30	0.47	298	0.45
260	0.31	0.45	300	0.43
262	0.32	0.43	302	0.40
264	0.34	0.40	304	0.38
266	0.36	0.37	306	0.35
268	0.38	0.33	308	0.31
270	0.41	0.29	310	0.28
272	0.44	0.25	312	0.24
274	0.48	0.20	314	0.19
276	0.53	0.16	316	0.15
278	0.56	0.09	318	0.12
280	0.58	0.06	320	0.10
282	0.59	0.04	322	0.07
284	0.59	0.03	324	0.05
286	0.58	0.02	326	0.03
288	0.56	0.01	328	0.02
290	0.54	0.01	330	0.01
292	0.52	0.005	332	0.00
294	0.50	0.00		

来源:NASA/JPL 专家组评估文件第 17 号

(1982)的数据与 Atkinson 和 Lloyd(1984)的回顾研究为基础。根据这些结果,$\Phi(CH_4+CO)$在 256 nm 处的值为 0.48,并随着波长增加而减小,在 294 nm 处降低为 0。相反地,$\Phi(CH_3+HCO)$的峰值在大约 283 nm 时为 0.59,并随着波长增加而降低,但是,直到 330 nm 处,其值仍保持大于 0.01。$\Phi(CH_3CO+H)$的值在图和表中均未显示,其在 300 nm 时为 0.025,并随着波长增加而降低,在 320 nm 处达到 0。因此,在对流层的光解中不会发生反应(4.27),并且反应(4.28)的量子产率非常小,因此在对流层化学中仅应考虑反应(4.26)。CH_3CHO 的光解量子产率取决于温度和压力,并且随压力而降低。这说明 CH_3CHO 激发态的解离寿命足够长,可以经受分子碰撞,并且激发态的猝灭是随着压力的增加而发生的。

4.2.6　丙酮(CH_3COCH_3)

除了生物源和人为源的直接排放,丙酮(CH_3COCH_3)还可通过非甲烷碳氢化合物的氧化反应在大气中形成。因为 CH_3COCH_3 的大气寿命较长,存在于对流层的整个范围内,浓度约为 1 ppbv①。CH_3COCH_3 在对流层中的光解是自由对流层中 HO_x 自由基的重要来源,也是 CH_3COCH_3 本身的主要损失过程。

吸收光谱与吸收截面:图 4.20 显示了 CH_3COCH_3 与其他同系物酮的吸收光谱(Martinez 等,1992)。由于 $n-\pi^*$ 跃迁,酮在 200～350 nm 范围显示出与醛类似的吸收,但与醛相比,吸收转移至较短的波长,并且振动结构不明显。

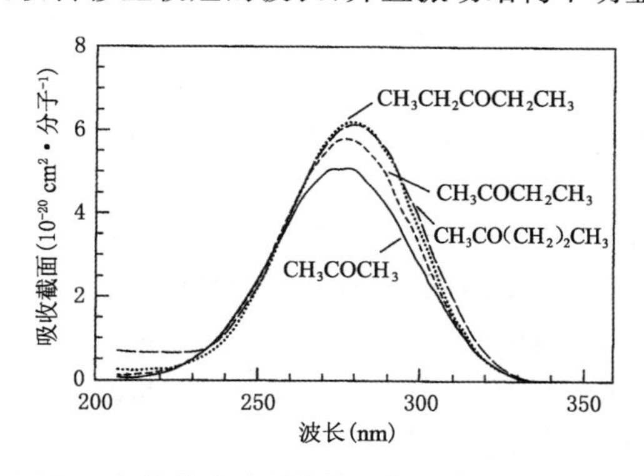

图 4.20　CH_3COCH_3 与其他脂肪酮类的吸收光谱(改编自 Martinez 等, 1992)

CH_3COCH_3 的吸收光谱具有温度依赖性,吸收截面随着温度降低而变小(Hynes 等,1992;Gierczak 等,1998)。表 4.16 摘录了以 Gierczak 等(1998)数据为基础,由 NASA/JPL 专家组评估文件第 17 号建议的吸收截面数据(1 nm 分辨率)。

① 1 ppbv$=10^{-9}$(体积分数),余同

表 4.16　CH_3COCH_3 的吸收截面(298 K)

波长(nm)	$10^{20}\sigma$ (cm^2·分子$^{-1}$)	波长(nm)	$10^{20}\sigma$ (cm^2·分子$^{-1}$)	波长(nm)	$10^{20}\sigma$ (cm^2·分子$^{-1}$)	波长(nm)	$10^{20}\sigma$ (cm^2·分子$^{-1}$)
220	0.246	250	2.47	280	4.91	310	1.36
222	0.294	252	2.74	282	4.79	312	1.14
224	0.346	254	3.01	284	4.62	314	0.944
226	0.419	256	3.30	286	4.44	316	0.760
228	0.492	258	3.57	288	4.28	318	0.598
230	0.584	260	3.81	290	4.06	320	0.455
232	0.693	262	4.07	292	3.82	322	0.348
234	0.815	264	4.32	294	3.57	324	0.248
236	0.956	266	4.49	296	3.26	326	0.174
238	1.11	268	4.64	298	2.98	328	0.113
240	1.30	270	4.79	300	2.67	330	0.0740
242	1.50	272	4.91	302	2.45	332	0.0465
244	1.72	274	4.94	304	2.18	334	0.0311
246	1.95	276	4.93	306	1.89	336	0.0199
248	2.20	278	4.94	308	1.61	338	0.0135

来源:NASA/JPL 专家组评估文件第 17 号

光解量子产率:对于 CH_3COCH_3 的光解过程,有两条反应路径

$$CH_3COCH_3 + h\nu\ (\lambda < 338\ nm) \rightarrow CH_3CO + CH_3 \quad \Delta H_0^\circ = 354\ kJ \cdot mol^{-1} \tag{4.29}$$

$$CH_3COCH_3 + h\nu(\lambda < 299\ nm) \rightarrow 2CH_3 + CO \quad \Delta H_0^\circ = 400\ kJ \cdot mol^{-1} \tag{4.30}$$

对于反应(4.29)和(4.30)的波长阈值分别为 338 nm、299 nm。从这些波长阈值可以设想,反应(4.29)在对流层中是更加重要的光解过程。众所周知,CH_3COCH_3 的光解量子产率具有很强的压力依赖性和温度依赖性(Meyrahn 等,1986;Gierczak 等,1998;Emrich 和 Warneck,2000;Blitz 等,2004)。从这些结果来看,CH_3COCH_3 的光解是在以下过程中进行的

$$CH_3COCH_3 + h\nu \rightarrow {}^1[CH_3COCH_3]^* \tag{4.31}$$

$${}^1[CH_3COCH_3]^* \rightarrow {}^3[CH_3COCH_3]^* \tag{4.32}$$

$${}^1[CH_3COCH_3]^* \rightarrow 2CH_3 + CO \tag{4.33}$$

$${}^1[CH_3COCH_3]^* + M \rightarrow CH_3COCH_3 + M \tag{4.34}$$

$${}^3[CH_3COCH_3]^* \rightarrow CH_3CO + CH_3 \tag{4.35}$$

$${}^3[CH_3COCH_3]^* + M \rightarrow CH_3COCH_3 + M \tag{4.36}$$

在此,${}^1[CH_3COCH_3]^*$ 是直接由光吸收产生的激活单重态分子,${}^3[CH_3COCH_3]^*$ 是由系统间交叉形成的激活三重态分子(自旋多重性之间的非辐射跃迁,如单重态与

三重态之间的跃迁）。结果表明，反应(4.29)和(4.30)分别通过$^3[CH_3COCH_3]^*$和$^1[CH_3COCH_3]^*$分子发生（Emrich 和 Warneck，2000）。$^1[CH_3COCH_3]^*$和$^3[CH_3COCH_3]$都具有相对较长的寿命，会发生碰撞失活，如反应(4.34)和(4.36)。这是$\Phi(CH_3CO+CH_3)$和$\Phi(2CH_3+CO)$对压力依赖性强的原因（Meyrahn 等，1986；Emrich 和 Warneck，2000；Blitz 等，2004）。

对于CH_3COCH_3的光解量子产率的温度依赖性，其总量子产率在波长小于 295 nm 区域，随温度升高而增大；而在波长大于 295 nm 区域，随着温度升高而降低。NASA/JPL 专家组评估文件第 17 号(Sander 等，2011)给出了基于 Blitz 等(2004)提出的压力与温度依赖性的量子产率的近似公式。表 4.17 给出了与温度相关的光解量子产率，图 4.21 描绘了通过近似计算得出的光解量子产率与实验值的比较(Blitz 等，2004)。

表 4.17　CH_3COCH_3 的光解量子产率(295、273、218 K)

λ (nm)	Φ			λ (nm)	Φ		
	295 K	273 K	218 K		295 K	273 K	218 K
280	0.60	0.55	0.66	304	0.18	0.087	0.056
282	0.56	0.51	0.62	306	0.14	0.061	0.032
284	0.52	0.47	0.57	308	0.10	0.043	0.018
286	0.48	0.43	0.50	310	0.077	0.030	0.010
288	0.45	0.39	0.43	312	0.058	0.022	0.0057
290	0.41	0.35	0.36	314	0.045	0.016	0.0033
292	0.38	0.31	0.29	316	0.035	0.012	0.0019
294	0.35	0.28	0.23	318	0.028	0.0088	0.0011
296	0.32	0.25	0.18	320	0.022	0.0068	0.0007
298	0.27	0.20	0.16	322	0.018	0.0053	0.0004
300	0.26	0.20	0.11	324	0.015	0.0041	0.0002
302	0.24	0.13	0.079	326	0.012	0.0033	0.0001

来源：NASA/JPL 专家组评估文件第 17 号(Sander 等，2011)

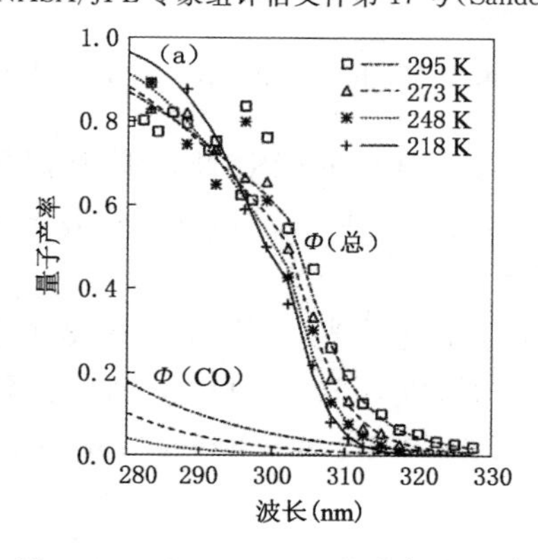

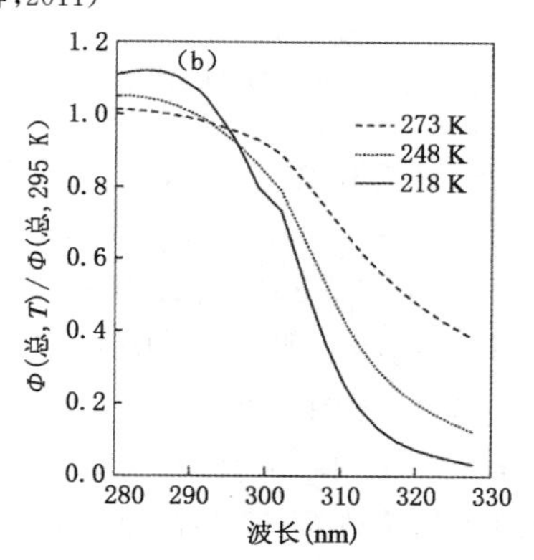

图 4.21　CH_3COCH_3 的光解量子产率：(a)Φ(总)和 Φ(CO)，符号为实验值，线段为通过参数公式$[M]=5\times10^{18}$分子·cm^{-3}的计算值；(b)Φ(总，T)/Φ(总，295 K)（改编自 Blitz 等，2004）

4.2.7　过氧化氢(H_2O_2)和甲基过氧化氢(CH_3OOH)

过氧化氢(H_2O_2)由自由基终止反应 HO_2+HO_2 形成,在对流层中一般以 ppbv 量级存在。因为 H_2O_2 可溶于水,它可通过溶解到云水和雾水中被去除,光解反应是另一个重要的去除过程。甲基过氧化氢(CH_3OOH)作为甲烷的氧化产物,存在于自然大气对流层的整个区域中。它的光解反应作为对流层上层的清除过程和自由基来源都很重要。

如图 4.22 所示,H_2O_2 的吸收光谱是一个连续光谱,从 190 nm 的真空紫外线区域(波长小于 200 nm)向较长的波长单调递减(Vaghijiani 和 Ravishankara,1989)。尽管吸收截面相对较小,仅为 $\sigma<1\times10^{-20}$ cm^2 · 分子$^{-1}$,光谱延伸到 350 nm,在对流层中的光解非常重要。人们在 20 世纪 70 年代后半期之后得出的吸收截面,彼此非常吻合(Lin 等,1978;Molina 和 Molina,1981;Nocovich 和 Wine,1988;Vaghijiani 和 Ravishankara,1989)。表 4.18 摘录了以这些理论的平均值为基础,来自 NASA/JPL 专家组评估文件第 17 号(Sander 等,2011)。

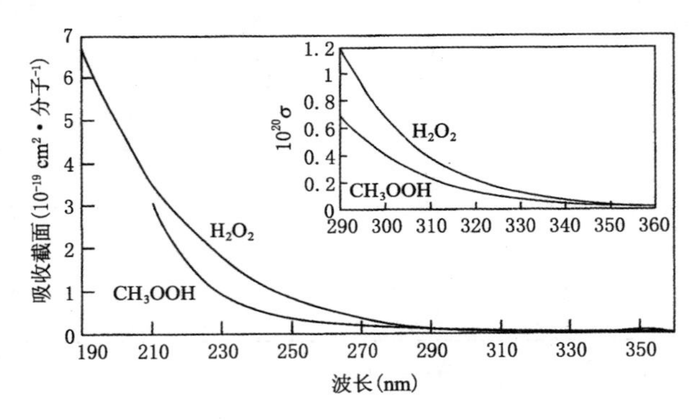

图 4.22　H_2O_2 和 CH_3OOH 的吸收截面(改编自 Vaghjiani 和 Ravishankara,1989)

由于电子基态中振动激发态的跃迁效应,H_2O_2 的吸收截面具有温度依赖性(Nicovich 和 Wine, 1988; Knight 等, 2002),并且它们在 260 nm 的温度依赖性由 Nicovich 和 Wine(1988)以波长函数形式给出。

CH_3OOH 的吸收光谱与 H_2O_2 相似,并且是连续光谱,其中吸收截面从紫外到近紫外单调递减,如图 4.22 所示。由于杂质的影响,CH_3OOH 的吸收截面具有相当大的不确定性。表 4.18 引用了基于 Vaghijiani 和 Ravishankara(1989)的 NASA/JPL 专家组评估文件第 17 号的推荐值。

表 4.18　H_2O_2 和 CH_3OOH 的吸收截面(298 K)

波长 (nm)	$10^{20}\sigma$(cm² · 分子⁻¹)		波长 (nm)	$10^{20}\sigma$(cm² · 分子⁻¹)	
	H_2O_2	CH_3OOH		H_2O_2	CH_3OOH
200	47.5	—	280	2.0	1.09
205	40.8	—	285	1.5	0.863
210	35.7	31.2	290	1.2	0.691
215	30.7	20.9	295	0.90	0.551
220	25.8	15.4	300	0.68	0.413
225	21.7	12.2	305	0.51	0.313
230	18.2	9.62	310	0.39	0.239
235	15.0	7.61	315	0.29	0.182
240	12.4	6.05	320	0.22	0.137
245	10.2	4.88	325	0.16	0.105
250	8.3	3.98	330	0.13	0.079
255	6.7	3.23	335	0.10	0.061
260	5.3	2.56	340	0.07	0.047
265	4.2	2.11	345	0.05	0.035
270	3.3	1.70	350	0.04	0.027
275	2.6	1.39	355	—	0.021

来源:NASA/JPL 专家组评估文件第 17 号

H_2O_2 和 CH_3OOH 在近紫外区的光解过程为

$$H_2O_2 + h\nu\ (\lambda < 587\ \text{nm}) \rightarrow OH + OH \qquad \Delta H_0^\circ = 204\ \text{kJ} \cdot \text{mol}^{-1} \tag{4.37}$$

$$CH_3OOH + h\nu\ (\lambda < 640\ \text{nm}) \rightarrow CH_3O + OH \qquad \Delta H_{298}^\circ = 187\ \text{kJ} \cdot \text{mol}^{-1} \tag{4.38}$$

由于该吸收光谱是一个完整的连续光谱,因此正如我们所期待的,每个光解量子产率都为 1(Vaghijiani 和 Ravishankara, 1989)。

4.2.8　过氧硝酸(HO_2NO_2)

过氧硝酸(HO_2NO_2)是 HO_2 自由基和二氧化氮(NO_2)之间发生重组反应形成的分子。尽管在大气中未检测到 HO_2NO_2,但我们认为它是一种重要的大气物种,应该包含在对流层化学模型中。在对流层下部,热分解反应是 HO_2NO_2 的主要损失过程,但在对流层中上部温度较低的情况下,通过光解再生 HO_2 自由基就显得尤为重要。

吸收光谱与截面：图 4.23 描述了 HO_2NO_2 的吸收光谱。与 H_2O_2 相似，HO_2NO_2 的吸收光谱在小于 200 nm 的波长处具有最大值，并向较长波长单调递减，并延伸至 320 nm 处（Monlina 和 Monlina，1981；Singer 等，1989；Knight 等，2002）。表 4.19 列出了由 NASA/JPL 专家组评估文件第 17 号（Sander 等，2011）推荐的 298 K 时的吸收截面。众所周知，HO_2NO_2 的吸收截面也具有温度依赖性（Knight 等，2002）。

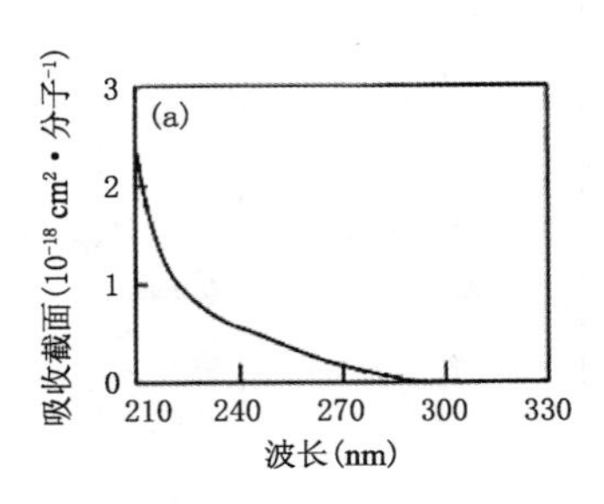

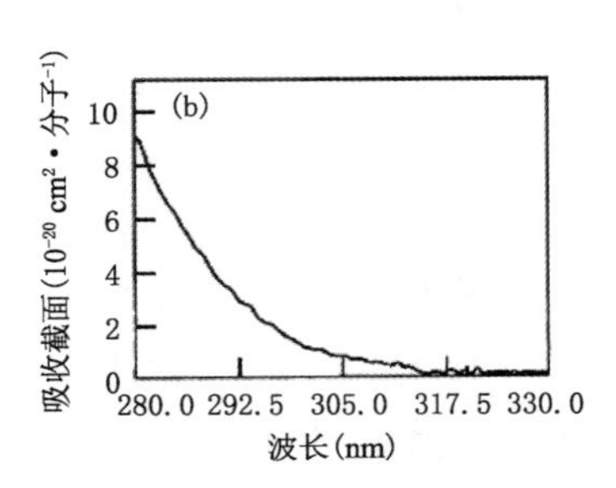

图 4.23 HO_2NO_2 的吸收光谱（改编自 Singer 等，1989）

(a)210～330 nm；(b)280～330 nm

表 4.19 HO_2NO_2 的吸收截面(298 K)

波长 (nm)	$10^{20}\sigma$ (cm² · 分子⁻¹)	波长 (nm)	$10^{20}\sigma$ (cm² · 分子⁻¹)	波长 (nm)	$10^{20}\sigma$ (cm² · 分子⁻¹)	波长 (nm)	$10^{20}\sigma$ (cm² · 分子⁻¹)
200	563	240	58.1	280	9.29	312	0.465
205	367	245	49.0	284	6.93	316	0.313
210	239	250	41.3	288	4.91	320	0.216
215	161	255	35.0	292	3.37	324	0.152
220	118	260	28.5	296	2.30	328	0.110
225	93.5	265	23.0	300	1.52	332	0.079
230	79.2	270	18.1	304	1.05	336	0.054
235	68.3	275	13.4	308	0.702	340	0.037

来源：NASA/JPL 专家组评估文件第 17 号

光解量子产率：对于 HO_2NO_2，目前认为其最主要的光解过程是

$$HO_2NO_2 + h\nu\ (\lambda < 1184\ nm) \rightarrow HO_2 + NO_2 \quad \Delta H_0^\circ = 101\ kJ \cdot mol^{-1} \tag{4.39}$$

$$+ h\nu(\lambda < 724\ nm) \rightarrow OH + NO_3 \quad \Delta H_0^\circ = 165\ kJ \cdot mol^{-1} \tag{4.40}$$

其他分裂成三种产物的反应路径，例如

$$HO_2NO_2 + h\nu\ (\lambda < 320\ nm) \rightarrow OH + NO_2 + O(^3P) \quad \Delta H_{298} = 374\ kJ \cdot mol^{-1}$$

在对流层太阳光化通量的波长范围内，从能量的角度看是可能的。MacLeod 等(1988)、Roehl 等(2001)以及 Jimenez 等(2005)测定给出，在波长大于 200 nm 时 HO_2NO_2 的光解量子产率为 1。由于 HO_2 和 NO_2 的量子产率为 0.8，OH 和 NO_3 的量子产率是 0.2(Sander 等，2011)，如果把它们带入反应(4.39)和(4.40)，那么，$\Phi(HO_2+NO_2)=0.8$，$\Phi(OH+NO_3)=0.2$。

4.2.9　硝酸(HNO_3)和硝酸甲酯(CH_3ONO_2)

硝酸(HNO_3，$HONO_2$)主要由链终止反应 OH + NO_2 形成，并普遍存在于对流层中。HNO_3 在对流层中的光解速率不是很大，在对流层下部，气溶胶的产生和干/湿沉降过程是优先的，但是对流层上部的光解对于 HNO_3 的消除过程和 OH 自由基的产生也很重要。类似地，硝酸甲酯(CH_3ONO_2)是由 NO_2 与 CH_3O 自由基反应生成。CH_3O 是在 CH_4 与其他碳氢化合物氧化过程中形成。同 OH 自由基的反应一样，光解也是 CH_3ONO_2 重要的消除过程。

吸收光谱与截面：如图 4.24 所示，HNO_3 的吸收光谱由一个非常强的波段组成，在大约 180 nm 处具有最大值，第二个吸收带具有连续的吸收光谱，在 270 nm 附近具有肩峰值，并与之前的波段重叠(Rattigan 等，1992；Burkholder 等，1993)。该吸收截面具有很强的温度依赖性，并且 Burkholder 等(1993)给出了一个近似式

$$\sigma(\lambda,\ T) = \sigma(\lambda,\ 298\ \mathrm{K})\exp B(\lambda)(T-298)] \tag{4.41}$$

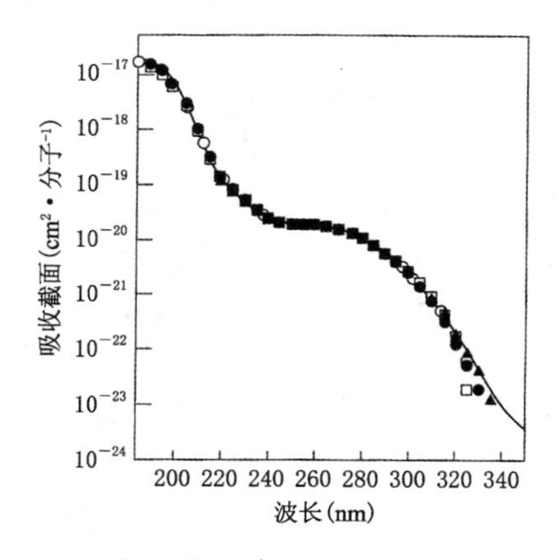

图 4.24　HNO_3 的吸收光谱(改编自 Burkholder 等，1993)

表 4.20 列出了 IUPAC 小组委员会报告第Ⅰ卷(Atkinson 等，2004)基于 Burkholder 等(1993)提出的数据，所推荐的 298 K 时 200～345 nm 的吸收截面。

表 4.20 HNO_3[a] 和 CH_3ONO_2[b] 的吸收截面(298 K)

波长 (nm)	$10^{20}\sigma(cm^2 \cdot 分子^{-1})$		波长 (nm)	$10^{20}\sigma(cm^2 \cdot 分子^{-1})$		波长 (nm)	$10^{20}\sigma(cm^2 \cdot 分子^{-1})$	
	HNO_3	CH_3ONO_2		HNO_3	CH_3ONO_2		HNO_3	CH_3ONO_2
200	588	1180	250	1.97	3.59	300	0.263	0.360
205	280	700	255	1.95	3.30	305	0.150	0.214
210	104	360	260	1.91	3.06	310	0.081	0.134
215	36.5	145	265	1.80	2.77	315	0.041	0.063
220	14.9	70	270	1.62	2.39	320	0.020	0.032
225	8.81	33	275	1.38	2.00	325	0.0095	0.014
230	5.78	18	280	1.12	1.58	330	0.0043	0.0066
235	3.75	10	285	0.858	1.19	335	0.0022	0.0027
240	2.58	5.88	290	0.615	0.850	340	0.0010	0.0012
245	2.11	4.19	295	0.412	0.568	345	0.0006	

来源：a)IUPAC 小组委员会报告第Ⅰ卷

b)200～235 nm：NASA/JPL 专家组评估文件第 17 号；240～345 nm：IUPAC 小组委员会报告第Ⅱ卷

CH_3ONO_2 与其他硝酸烷基酯的吸收光谱与 HNO_3 相似，由 190～250 nm 的强连续光谱和 250～340 nm 的单调递减连续光谱组成，如图 4.25 所示(Roberts 和 Fajer，1989)。CH_3ONO_2 的吸收截面也具有温度依赖性(Talukdar 等，1997a)。表 4.20 中列出了以 Talukdar 等(1997a) 和 Taylor 等(1980)的数据为基础，HNO_3(Sander 等，2011；Atkinson 等，2006)和 CH_3ONO_2 在 298 K 的吸收截面。

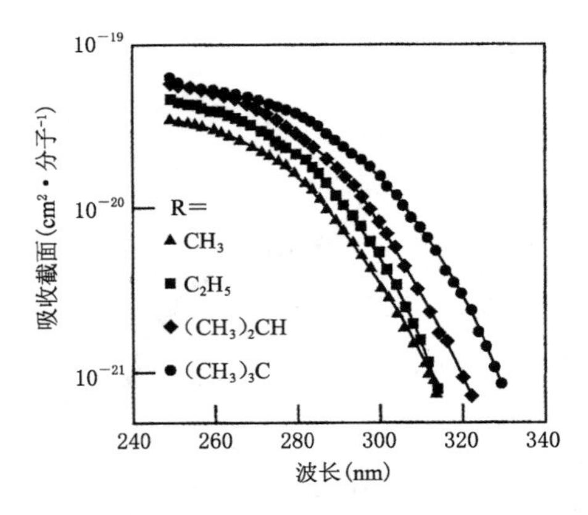

图 4.25 CH_3ONO_2 和其他硝酸烷基酯的吸收光谱(改编自 Roberts 和 Fajer，1989)

光解量子产率：已知 HNO_3 的光解过程是通过如下方式进行的

$$HNO_3 + h\nu(\lambda < 604\ nm) \rightarrow OH + NO_2 \quad \Delta H_0^\circ = 198\ kJ \cdot mol^{-1} \tag{4.42}$$

作为 HNO_3 的光分解过程，已知该式在 200～350 nm 的波长区域(Johnston 等，1974)量子产率为 1，并且据报道仅在小于 200 nm 的波长下，以下反应

$$HNO_3 + h\nu\ (\lambda < 401\ nm) \rightarrow HONO + O(^3P) \quad \Delta H_0^\circ = 298\ kJ \cdot mol^{-1} \tag{4.43}$$

是重要的(Sander 等，2011)。

一般认为，CH_3ONO_2 的类似物的光解过程与 HNO_3 反应(4.42)相当，发生在波长大于 200 nm 处，量子产率为 1。

$$CH_3ONO_2 + h\nu\ (\lambda < 703\ nm) \rightarrow CH_3O + NO_2 \quad \Delta H^\circ_{298} = 170\ kJ \cdot mol^{-1} \tag{4.44}$$

在 193 nm 处，通过类似于反应(4.43)的过程产生 $O(^3P)$ 原子的过程很重要(Sander 等，2011)。

$$CH_3ONO_2 + h\nu\ (\lambda < 394\ nm) \rightarrow CH_3ONO + O(^3P) \quad \Delta H^\circ_{298} = 304\ kJ \cdot mol^{-1} \tag{4.45}$$

4.2.10　氧乙酰硝酸酯($CH_3C(O)OONO_2$)

过氧乙酰硝酸酯($CH_3C(O)OONO_2$)通常称为 PAN，是污染大气中产生的独特化合物，并且作为将 NO_x 输送到干净的自由对流层的储库很重要。$CH_3C(O)OONO_2$ 的大气浓度，通过热分解反应保持平衡。在温度较高的对流层下部，热分解优先发生，但是光解作为对流层上层与 OH 自由基反应的去除过程非常重要(Talukdar 等，1995)。

吸收光谱与截面：如图 4.26 所示，$CH_3C(O)OONO_2$ 的吸收光谱类似于 H_2O_2 和 HNO_3，由在小于 200 nm 的波长处具有峰值的连续吸收带组成，在 200～340 nm 范围内，随着波长的增加而单调递减(Talukdar 等，1995)。表 4.21 列出了由 Harwood 等(2003)报告的吸收截面(Sander 等，2011)。

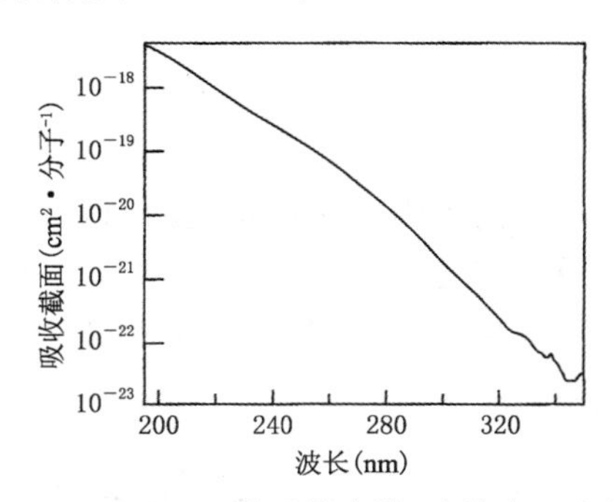

图 4.26　$CH_3C(O)OONO_2$ 的吸收光谱(改编自 Talukdar 等，1995)

表 4.21　$CH_3C(O)OONO_2$ 吸收截面(298 K)

波长 (nm)	$10^{20}\sigma$ (cm^2 · 分子$^{-1}$)	波长 (nm)	$10^{20}\sigma$ (cm^2 · 分子$^{-1}$)	波长 (nm)	$10^{20}\sigma$ (cm^2 · 分子$^{-1}$)	波长 (nm)	$10^{20}\sigma$ (cm^2 · 分子$^{-1}$)
200	361	240	24.4	280	1.46	320	0.0252
204	292	244	18.8	284	1.01	324	0.0166
208	226	248	14.6	288	0.648	328	0.0117
212	168	252	11.4	292	0.447	332	0.0086
216	122	256	8.86	296	0.297	336	0.0061
220	89.7	260	6.85	300	0.189	340	0.0042
224	67.6	264	5.23	304	0.125	344	0.0029
228	52.0	268	3.94	308	0.0816	348	0.0020
232	40.4	272	2.87	312	0.0538		
236	31.4	276	2.07	316	0.0363		

来源：NASA/JPL 专家组评估文件第 17 号(336～348 nm 的数据是平滑后的)

光解量子产率：一般认为 $CH_3C(O)OONO_2$ 的光解过程如下

$$CH_3C(O)OONO_2 + h\nu(\lambda < 1004\ nm) \rightarrow CH_3C(O)OO + NO_2 \quad \Delta H^\circ_{298} = 119\ kJ \cdot mol^{-1} \tag{4.46}$$

$$+ h\nu(\lambda < 1004\ nm) \rightarrow CH_3C(O)O + NO_3 \quad \Delta H^\circ_{298} = 124\ kJ \cdot mol^{-1} \tag{4.47}$$

Harwood 等(2003)报道了 248 和 308 nm 下，NO_3 的生成量子产率分别为 0.22±0.04、0.39±0.04。这些值被认为与 $\Phi(CH_3C(O)O + NO_3)$相一致，因为总的光解量子产率为 1，所以 $\Phi(CH_3C(O)OO+NO_2)=1-\Phi(CH_3C(O)O+NO_3)$。

4.3　平流层中的光解

本节描述了未被对流层中的太阳光化通量光解，而仅在平流层中被光解的大气分子的吸收光谱和截面以及光解过程。在 4.4 节中，我们将分别总结平流层中许多重要的无机卤素分子的光解作用，因为大多数物质也在对流层中发挥作用。

4.3.1　氧气(O_2)

氧气(O_2)的光解反应，是平流层化学最基本的反应。首先，地球大气中平流层的形成，是由于 O_2 的光解反应，$O(^3P)$原子与 O_2 在空中产生大量的 O_3，阳光被 O_3 分子吸收并转化为热量，从而导致垂直方向的温度反转。从这个意义上讲，可以说 O_2 光解反应是平流层化学基础的基础。

因为我们已经在第 3 章(3.2 节，图 3.4、3.5，表 3.2)中描述了吸收光谱、吸收截面和潜能曲线，在此仅讨论光解过程。O_2 的光解中，可以形成如下三种不同电子状态的氧原子

$$O_2 + h\nu(\lambda < 242\ \text{nm}) \rightarrow O(^3P) + O(^3P) \quad \Delta H_0^\circ = 494\ \text{kJ} \cdot \text{mol}^{-1} \tag{4.48}$$

$$+ h\nu(\lambda < 175\ \text{nm}) \rightarrow O(^3P) + O(^1D) \quad \Delta H_0^\circ = 683\ \text{kJ} \cdot \text{mol}^{-1} \tag{4.49}$$

$$+ h\nu(\lambda < 133\ \text{nm}) \rightarrow O(^3P) + O(^1S) \quad \Delta H_0^\circ = 906\ \text{kJ} \cdot \text{mol}^{-1} \tag{4.50}$$

如图 4.1 中所见，因为到达平流层的太阳辐射波长为 $\lambda \geqslant \sim 190$ nm，所以，在能量上只有反应(4.48)生成 $O(^3P)$，作为平流层中 O_2 的光解过程是可能的。如图 3.4 所示，在该波长范围内 O_2 的吸收带是 200 nm$<\lambda<$250 nm 的 Herzberg 谱带(赫茨堡谱带)和 175$<\lambda<$200 nm 的 Schuman-Runge(S-R)谱带(舒曼-龙格谱带)。如图 3.5 势能曲线所示，采用与解离能相当的、小于 242 nm 的短波长的光将 O_2 激发到赫茨堡谱带，沿 $A^3\Sigma_u^+$ 的势能曲线解离为 $O(^3P)+O(^3P)$，其量子产率为 1。另一方面，被激发到舒曼-龙格谱带的 O_2 分子到达了 $B^3\Sigma_u^-$ 束缚态，然后与排斥的 $^3\Pi_u$ 状态交叉，并预解离成 $O(^3P)+O(^3P)$，量子产率为 1。顺便说一下，在波长小于 175 nm 处，被激活到舒曼-龙格连续谱的 O_2 分解成 $O(^3P) + O(^1D)$，其量子产率为 1，只发生在比大气中间层更高的高度。

而且，O_2 具有向两个低能级 $a^1\Delta_g$(比基态高 94 kJ · mol^{-1})和 $b^1\Sigma_g^+$(比基态高 157 kJ · mol^{-1})的禁阻跃迁，它们的 0—0 谱带，可以在 1270 nm 和 762 nm 处观察到。$O_2(a^1\Delta_g)$和 $O_2(b^1\Sigma_g^+)$的辐射生命周期很长，分别为 12 s(Wallace 和 Hunten, 1968)和 67 min(Slanger 和 Cosby, 1988)。因此，被激发到这些状态的 O_2 分子，大部分会通过与大气分子碰撞而失活，并返回到 O_2 的基态

$$O_2(a^1\Delta_g) + M \rightarrow O_2(X^3\Sigma_g^-) + M \tag{4.51}$$

$$O_2(b^1\Sigma_g^+) + M \rightarrow O_2(X^3\Sigma_g^-) + M \tag{4.52}$$

4.3.2　臭氧(O_3)

O_3 的光解在平流层化学中，与上面提及的 O_2 光解，具有同等重要的作用。在平流层中，臭氧层通过 O_3 形成与 O_3 流失之间的平衡形成，其中，O_3 的形成是通过 O_2 与 O_2 分子的光解产生 $O(^3P)$原子的反应，O_3 的流失是通过 O_3 本身的光解以及与 $O(^3P)$原子的反应进行的(见 8.1 节)。

3.2 节图 3.6 和 4.2.1 节图 4.2—4.8、表 4.1—4.4 已经描述了吸收光谱和吸收截面，在对流层光化通量区域的光解过程，以及光解量子产率，在此只讲述平流层光解过程。如图 3.6 所示，O_3 的哈特莱谱带的吸收光谱在 200～300 nm 的宽度范围内扩展，这在平流层太阳光化通量中最为重要。通过吸收哈特莱谱带中的光子达到 O_3 分子的光解过程被认为是

$$O_3 + h\nu\ (\lambda < 310\ \text{nm}) \rightarrow O(^1D) + O_2(a^1\Delta_g) \tag{4.2}$$

如 4.2.1 节中所述，实验室研究已获得 $O(^1D)$形成的量子产率(见图 4.6)(Cooper 等，1993；Takahashi 等，2002；Matsumi 和 Kawasaki，2003)。根据这些数据，NASA/JPL 专家组评估文件第 17 号推荐 0.90 作为该波长区域内 $O(^1D)$形成的量

子产率(Sander 等,2011)。由于认为哈特莱谱带中 O_3 光解的总量子产率是 1,如果 $O(^1D)$形成的量子产率小于 1,则意味着还有其他一些过程形成了 $O(^3P)$。

另外,据报道在 193 nm 处,$O(^3P)$和 $O(^1D)$形成的量子产率分别为 0.57±0.14 和 0.46±0.29,因此,如图 4.6 所示,表明该区域中 $O(^1D)$形成的量子产率远小于哈特莱谱带(Turnipseed 等, 1991)。并且,在此波长区域,已测量到 $O_2(b^1\Sigma_g^+)$的形成,其量子产率为 0.50±0.38,并有如下过程发生(Turnipseed 等,1991)

$$O_3 + h\nu(\lambda < 260\ \text{nm}) \rightarrow O(^1D) + O_2(b^1\Sigma_g^+) \tag{4.53}$$

4.3.3　一氧化氮(NO)

一氧化氮(NO)是一种主要的氮氧化物,在平流层中由 N_2O 光解形成,由于其光解速率不是很大,过去并未得到很多关注。但是,NO 光解会形成 N 原子,并通过 $N + NO \rightarrow N_2 + O$ 反应损失奇氮,因此,人们逐渐意识到其在平流层化学中的重要性。

人们很早以前就对 NO 的吸收光谱进行了测定,如图 4.27 所示,显示了波长小于 250 nm 的能带结构。图中还显示了电子跃迁和振动能级的分配,图 4.28 显示了 NO 的势能曲线(Okabe, 1978)。图 4.27 中显示的 196～227 nm 范围的 γ-、β-、δ-和 ε-波段,分别与图 4.28 中的 $A^2\Sigma - X^2\Pi$、$B^2\Pi - X^2\Pi$、$C^2\Pi - X^2\Pi$ 和 $D^2\Sigma - X^2\Pi$ 跃迁相一致(Callear 和 Pilling, 1970)。

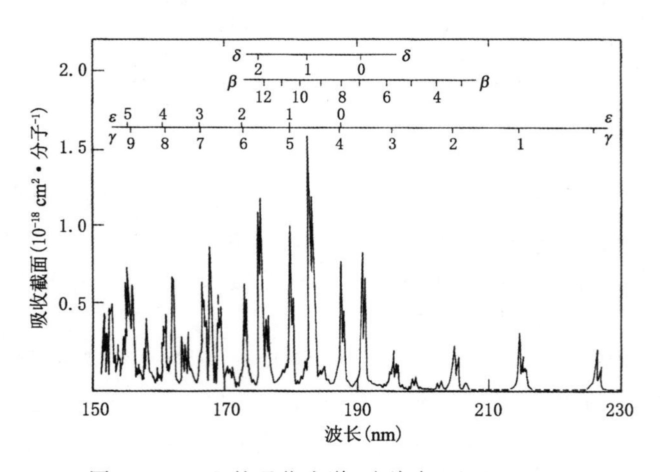

图 4.27　NO 的吸收光谱(改编自 Okabe,1978)

作为 NO 的光解过程,在小于 191 nm 的波长处,反应

$$NO + h\nu(\lambda < 191\ \text{nm}) \rightarrow N(^4S) + O(^3P) \quad \Delta H_0^\circ = 627\ \text{kJ} \cdot \text{mol}^{-1} \tag{4.54}$$

在能量上是可能的。从实验室研究中得知,平流层太阳光化通量区域中,对 β-和 γ-波段激发(图 4.28)产生的 NO 的荧光反应如下

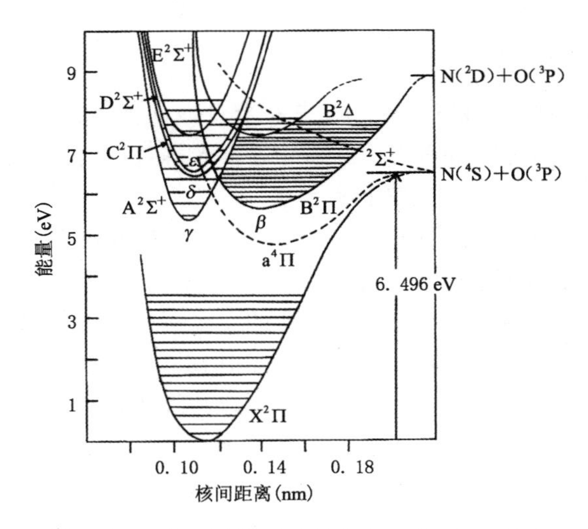

图 4.28　NO 的势能曲线(改编自 Okabe,1978)

$$\mathrm{NO} + h\nu \rightarrow \mathrm{NO}^* \tag{4.55}$$

$$\mathrm{NO}^* \rightarrow \mathrm{NO} + h\nu \tag{4.56}$$

相反地,在 $\delta(0-0)$ 和 $\delta(1-0)$ 谱带的激发中未观察到 NO 的荧光,并且光解反应(4.54)的量子产率为 1。因此,对于平流层中 NO 的光解速率,仅考虑这些 $\delta(0-0)$ 和 $\delta(1-0)$ 谱带的吸收就足够了。

因为 NO $\delta(0-0)$(189.4~191.6 nm)和 $\delta(1-0)$(181.3~183.5 nm)吸收波段的波长区域,与 O_2 的舒曼-龙格谱带的波长区域重叠,因此,计算平流层中 NO 的光降解速率 J_{NO} 需要 NO 和 O_2 的确切波长的旋转谱线,以及作为每个单独旋转谱线吸收截面基础的振子强度数据。振子强度是一个无量纲数,用以表示单个电子对吸收的贡献率。尽管电子跃迁的振子强度通常小于 1,但对于非常强的容许跃迁,它接近于 1。对于 NO 的振子强度,很长一段时间我们都使用由 Bethke(1959)提出的值 5.78×10^{-3}($\delta(1-0)+\beta(10-0)$)和 2.49×10^{-3}($\delta(0-0)+\beta(7-0)$),但是,之后报道出了相当于这些值 50%大小的数值,并且通过使用这些数值,之后又报道了 J_{NO} 的计算值(Frederic 和 Hudson, 1979; Nicolet 和 Cieslik, 1980)。但是,此后 Minschwaner 和 Siskind (1993)等,通过使用分离了旋转线的 O_2 的高分辨率光谱(Yoshino 等, 1983; Lewis 等, 1986)以及新观察到的高分辨率光谱和 NO $\delta(0-0)$ 与 $\delta(1-0)$ 谱带的吸收截面,逐行计算了 NO 光解速率 J_{NO}。这里使用的吸收截面与 Bethke(1959)以及 Imajo 等(2000)提出的最新值一致(对于 $\delta(1-0)$,振子强度为 5.4×10^{-3},吸收截面为 4.80×10^{-15} cm^2 · 分子$^{-1}$)。作为平流层上层中,奇氮的损失过程,计算出的 NO 光解速率 $J_{NO}\approx10^{-7}\,s^{-1}$($\delta(0-0)$ 和 $\delta(1-0)$ 的总和)不可忽略(Minschwaner 和 Siskind, 1993; Mayor 等, 2007)。

4.3.4 一氧化二氮(N_2O)

一氧化二氮(N_2O)又称为氧化亚氮,主要来自地面的自然与人为来源。N_2O 在对流层中不会消散,所以,它会到达平流层并进行光解,以提供氮的反应性氧化物(奇数氮)。因此,平流层中 N_2O 的光解非常重要。

如图 4.29 所示,N_2O 的吸收光谱是一个宽连续谱,其峰值在 180 nm 附近向较长波长单调递减,并延伸至 240 nm 附近(Johnston 和 Selwyn, 1975)。表 4.22 列出了 NASA/JPL 专家组评估文件第 17 号推荐的 160~240 nm 范围 N_2O 的吸收截面(Sander 等, 2011)。这些值以 Hubrich 和 Stuhl(1980)(160、165、170 nm)以及 Selwyn 等(1977)(173~240 nm)得出的数据为基础。吸收截面具有温度依赖性,并随着温度增加而降低, Selwyn 等(1977)给出了近似公式。

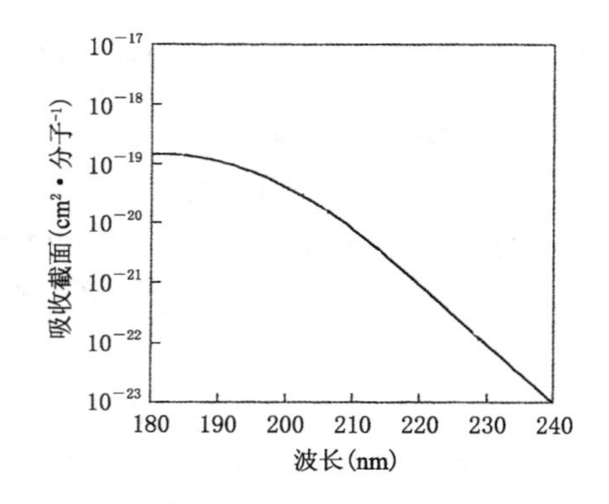

图 4.29 N_2O 的吸收光谱(改编自 Carlon 等,2010)

表 4.22 N_2O 的吸收截面(298 K)

波长(nm)	$10^{20}\sigma$(cm^2·分子$^{-1}$)	波长(nm)	$10^{20}\sigma$(cm^2·分子$^{-1}$)	波长(nm)	$10^{20}\sigma$(cm^2·分子$^{-1}$)
160	4.30	190	11.1	220	0.922
165	5.61	195	7.57	225	0.030
170	8.30	200	4.09	230	0.0096
175	12.6	205	1.95	235	0.0030
180	14.6	210	0.755	240	0.0010
185	14.3	215	0.276		

来源:NASA/JPL 专家组评估文件第 17 号

通过 20 世纪 70 年代以前的研究得知,在平流层光解很重要的波长范围 140~230 nm 内发生了以下光解过程

$$N_2O + h\nu(\lambda < 340\ \text{nm}) \rightarrow N_2 + O(^1D) \quad \Delta H_0^\circ = 352\ \text{kJ} \cdot \text{mol}^{-1} \qquad (4.57)$$

其量子产率为 1(Paraskevopoulos 和 Cvetanovic, 1969; Preston 和 Barr, 1971)。近期的研究对该结果进行了确认,通过自旋禁阻过程,O(^{3}P) 和 N(^{4}S)的形成均分别少于 1%(Nishida 等,2004 年;Greenblatt 和 Ravishankara,1990)。

$$N_2O + h\nu(\lambda < 739\ nm) \rightarrow N_2 + O(^3P) \quad \Delta H_0^\circ = 162\ kJ \cdot mol^{-1} \tag{4.58}$$

$$+ h\nu(\lambda < 251\ nm) \rightarrow N(^4S) + NO(^2\Pi) \quad \Delta H_0^\circ = 476\ kJ \cdot mol^{-1} \tag{4.59}$$

4.3.5 氮的其他氧化物(NO_2、NO_3、N_2O_5、HNO_3、HO_2NO_2)、过氧化氢(H_2O_2)和甲醛(HCHO)

除了 NO 和 N_2O 以外,NO_2、NO_3、N_2O_5、HNO_3、HO_2NO_2 也是平流层中重要的氮氧化物。由于它们的光解作用在对流层中也很重要,因此它们的吸收光谱、截面和光解过程,包括平流层光化通量等,已在前几节中进行了叙述。H_2O_2 和 CH_4 在平流层中浓度也很高,这是因为它们是通过与对流层一样的 HO_2 的相互链终止反应以及 CH_4 的氧化过程中形成的。它们的吸收光谱、吸收截面以及光解过程,已在之前的章节中进行了描述。

4.3.6 羰基硫(COS)

羰基硫(COS)由陆地的土壤、海洋和生物质燃烧等过程释放到大气层,但是因为它们在对流层中的损率非常小,所以,大部分到达了平流层。COS 在平流层中的光解是非常关键的反应,因为它向大气中提供了硫,从而在平流层中形成了硫酸气溶胶层(Junge 层)。顺便说一下,尽管在大气层化学的教科书和文献中,经常将 COS 描述为 OCS,但是,本书中按照国际纯粹与应用化学联合会(IUPAC)的建议,在本书中使用了 COS 的表示法。

如图 4.30 所示,COS 的吸收光谱是一个宽连续谱,在 222 nm 处的峰值延伸到 300 nm 左右,并且在接近最大值处可以看到较弱的振动结构(Okabe, 1978; Molina 等,1981; Rudolph 和 Inn, 1981)。众所周知,羰基硫(COS)的吸收截面具有温度依赖性;Wu 等(1991)通过高分辨率测定结果(0.06 nm)发现可以在 215~260 nm 区域看到热带,并且在波长大于 224 nm 时,温度依赖性特别大。

根据 Molina 等(1981)的研究数据,表 4.23 列出了由 NASA/JPL 专家组评估文件第 17 号(Sander 等,2011)推荐的吸收截面。

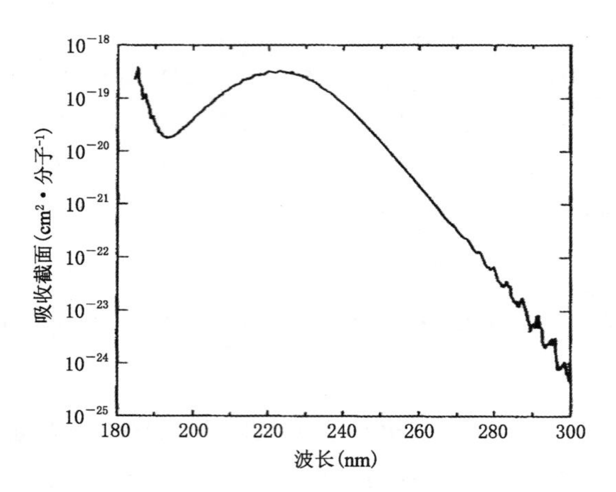

图 4.30 COS 的吸收光谱(改编自 Molina 等,1981)

表 4.23 COS 的吸收截面(295 K)

波长 (nm)	$10^{20}\sigma$ (cm^2·分子$^{-1}$)	波长 (nm)	$10^{20}\sigma$ (cm^2·分子$^{-1}$)	波长 (nm)	$10^{20}\sigma$ (cm^2·分子$^{-1}$)
185	19.0	225	31.0	265	0.096
190	3.97	230	24.3	270	0.038
195	2.02	235	15.4	275	0.015
200	3.93	240	8.13	280	0.0054
205	8.20	245	3.82	285	0.0022
210	15.1	250	1.65	290	0.0008
215	24.2	255	0.664	295	0.0002
220	30.5	260	0.252	300	0.0001

来源:IUPAC 小组委员会报告第 I 卷

COS 的光解过程

$$COS + h\nu(\lambda < 395\ nm) \rightarrow CO + S(^3P) \quad \Delta H_0^\circ = 303\ kJ \cdot mol^{-1} \quad (4.60)$$

$$+ h\nu(\lambda < 290\ nm) \rightarrow CO + S(^1D) \quad \Delta H_0^\circ = 413\ kJ \cdot mol^{-1} \quad (4.61)$$

$$+ h\nu(\lambda < 180\ nm) \rightarrow CS + O(^3P) \quad \Delta H_0^\circ = 665\ kJ \cdot mol^{-1} \quad (4.62)$$

分别在 395、290 和 180nm,具有波长阈值。因此,参照图 4.30 所示的吸收光谱,在平流层中可能通过反应(4.60)和(4.61)形成 CO 和 S 原子。实验已确认,CO 是 214~254 nm 处光解的主要产物,据报道在 248 nm 处 CO 形成量子产率>0.95(Zhao 等,1995)。基于此,NASA/JPL 专家组评估第 17 号文件推荐在 220~254 nm 波长范围内 COS 光解量子产率为 1。COS 的光解不仅具有通过光激发达到的激发单重态直接分解生成 $S(^1D)$的可能,而且还具有通过系统间交叉转变为激发三重态后解离成 $S(^3P)$的可能。从分子动力学的最新研究来看,在 228 nm 处由光吸收形成的 S 原子主要是 $S(^3P)$,因此至少在此波长下,通过激发三重态的反应(4.60)是 COS 的主要光解过程(Zhao 等，1995；Katayanagi 等，1995)。

4.3.7　二氧化硫(SO_2)

如 NO_x 一样，二氧化硫(SO_2)是最典型的空气污染物之一。尽管 SO_2 在对流层光化通量区域具有吸收光谱，但是在该区域吸收辐射的 SO_2 分子只达到激发态而不解离。与此同时，在平流层光化通量区域吸收小于 219 nm 辐射的分子可以被分解，但是由于对流层中释放的 SO_2 分子大部分被 OH 自由基反应除去或吸收到云雾水中，因此它们没有到达平流层。因此，只有对于平流层 COS 光化学反应形成的 SO_2，以及由火山爆发或飞行器释放直接进入平流层的 SO_2，考虑其光解才有必要。所以，尽管 SO_2 的光解在大气层化学中并不是非常重要，在此我们仍然将其作为大气光化学基础来进行讲述。

如图 4.31 所示(Manatt 和 Lane，1993)，SO_2 的吸收光谱由一个非常强的谱带组成，该谱带延伸到 230 nm，峰值在 200 nm 左右，中等强度的谱带在 230～340 nm 范围内，峰值在 290 nm，而在 340～400 nm 范围内则是一个非常弱的谱带。这些吸收带分别分配给从基态到 C^1B_2 的跃迁、B^1B_1 和 A^1A_2 混合态以及 a^3B_1 态(Okabe，1978)。在这些谱带中，$C^1B_2-X^1A_1$ 和 $B^1B_1-X^1A_1$ 是允许跃迁，$A^1A_2-X^1A_1$ 和 $a^3B_1-X^1A_1$ 是禁阻跃迁。Katagiri 等(1997)和 Li 等(2006)研究了光化学过程和势能面的理论计算。

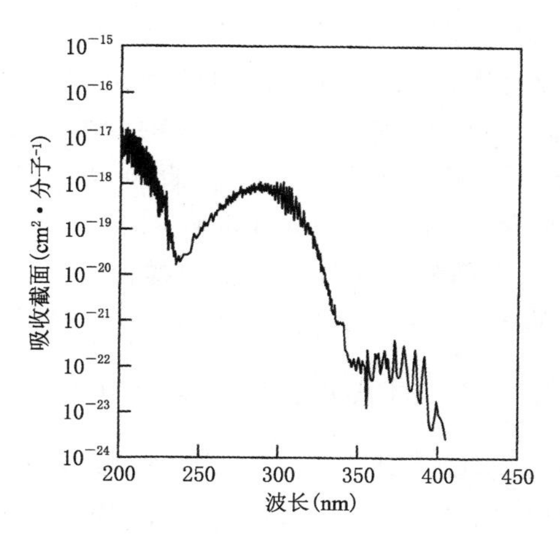

图 4.31　SO_2 的吸收光谱(改编自 Manatt 和 Lane，1993)

1993 年以前，Manatt 和 Lane(1993)编制了 106～403 nm 的 SO_2 的吸收截面数据，之后，又报道了高分辨率测量值(Vandaele 等，1994；Rufus 等，2003)以及温度依赖特性(Prahlad 和 Kumar，1997；Bogumil 等，2003)。

SO_2 的光化学过程已为大家所熟知(Okabe，1978)

$$SO_2 + h\nu(\lambda < 219\ nm) \rightarrow SO(X^3\Sigma^-) + O(^3P) \quad \Delta H_0^\circ = 545\ kJ \cdot mol^{-1} \quad (4.63)$$

$$+ h\nu(\lambda > 217\ nm) \rightarrow SO_2^*(C^1B_2, B^1B_1, A^1A_2, a^3B_1) \quad (4.64)$$

$$SO_2^*(C^1B_2, B^1B_1, A^1A_2, a^3B_1) \rightarrow SO_2(X^1A_1) + h\nu' \quad (4.65)$$

$$+ M \rightarrow SO_2(X^1A_1) + M \quad (4.66)$$

对于光解反应(4.63)，形成基态 SO $(X^3\Sigma^-)$ 和 $O(^3P)$ 的能量阈值为 545 kJ · mol^{-1}，对应于 219 nm 波长临界值。因此，尽管 SO_2 在对流层和平流层太阳活动通量区域中具有相对较低的激发能级的吸收光谱，但这种高解离能也是大气中 SO_2 的光化学过程不那么重要的原因。所以，只有在平流层波长小于 219 nm 处，SO_2 的光解才有可能发生。事实上，Okabe(1971)首次发现在 219 nm 的边界处未看到 C^1B_2 状态的荧光，这表明光解应该发生在较短的波长处。尽管直到最近才知道光解反应(4.63)的绝对量子产率值，但 Abu-Bajeh 等(2002)报道 $O(^3P)$ 在 222.4 nm 处的生成量子产率为 $\Phi(O(^3P)) = 0.13 \pm 0.05$，在该波长处，在电子基态下，通过旋转激发能级的吸收可以发生光解离。正如从 200 nm 附近吸收光谱中的振动结构所预期的那样，在 C^1B_2 状态的 SO_2 分子处于束缚状态，预离解过程可能通过转换到另一个解离状态而发生。

波长大于 219 nm 的太阳辐射的吸收会在反应(4.64)后形成激发的 SO_2 分子，并且在实验室研究中观察到了发光现象。通过吸收 340～400 nm 的光子达到的激发态的辐射寿命相当长，为 8.1 ± 2.5 ms(Su 等，1977)，这被认为与 a^3B_1 态的磷光现象自旋多重性不同的电子状态之间的发光相一致。另一方面，在 230～340 nm 范围内的荧光(自旋多重性相同的电子状态之间的发光)寿命由～50 μs 的较短成分(与波长无关)和 80～600 μs 的较长成分(在较长的波长下较长)组成，分别由 B^1B_1 态和 A^1A_2 态释放(Brus 和 McDonald，1974)。此外，在波长大于 219 nm 处，来自 C^1B_2 态的荧光寿命非常短，仅为～50 ns(Hui 和 Rice，1972)。在任何情况下，激活到非解离态的 SO_2 分子，大部分是通过大气中的物种而淬灭，一小部分通过发光等返回到电子基态，SO_2 的光解作用在大气化学中通常不发挥重要作用。

4.3.8　氯甲烷(CH_3Cl)、溴甲烷(CH_3Br)和碘甲烷(CH_3I)

甲基卤化物，如氯甲烷(CH_3Cl)、溴甲烷(CH_3Br)和碘甲烷(CH_3I)，主要是来自陆地和海洋释放的天然源物种，但是人为排放的 CH_3Br 也很重要。其中，CH_3I 主要被对流层中的光化学通量光解。

图 4.32 给出了 NASA/JPL 专家组评估文件第 17 号推荐的 180～360 nm 区域，CH_3Cl、CH_3Br 和 CH_3I 的吸收光谱的吸收截面(Sander 等，2011)。如图所示，卤代甲烷的吸收光谱都是连续的，没有振动结构。CH_3Cl 具有较宽的吸收带，在约 170 nm 处有很强的峰，并有一个延伸至 230 nm 的尾巴(Hubrich 和 Stuhl，1980)。CH_3Br 吸收光谱的形状类似于 CH_3Cl，但是其光谱转移到更长的波长，在 180 nm 附近处达

到峰值，尾部延伸到 280 nm(Robbins，1976；Molina 等，1982)。CH_3I 吸收带的峰和扩展的尾端边缘进一步移至更长的波长，分别为 260 和 360 nm(Fahr 等，1995；Roehl 等，1997)。

NASA/JPL 专家组评估文件第 17 号(Sander 等，2011)推荐的吸收截面是以上述研究和其他研究取平均值得出的。表 4.24 和 4.25 分别列出了从评估文件中摘录的 CH_3Cl、CH_3Br 和 CH_3I 的吸收截面。Sander 等(2011)还给出了吸收截面温度依赖性的近似公式。

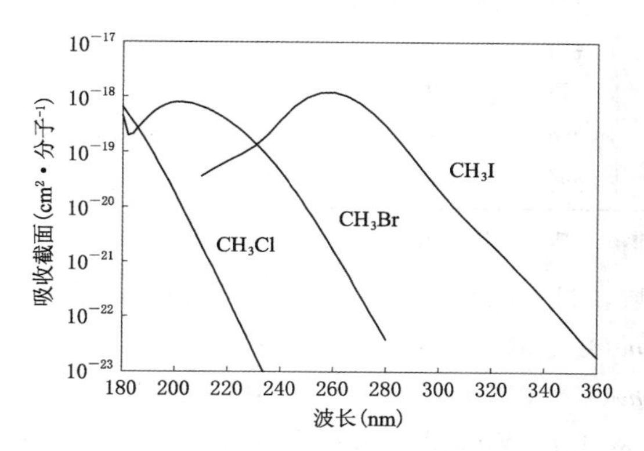

图 4.32　CH_3Cl、CH_3Br 和 CH_3I 的吸收光谱

(以 NASA/JPL 专家组评估文件第 17 号为基础进行构想，Sander 等，2011)

表 4.24　CH_3Cl 和 CH_3Br 的吸收截面(298 K)

波长 (nm)	$10^{20}\sigma$(cm²·分子⁻¹)		波长 (nm)	$10^{20}\sigma$(cm²·分子⁻¹)		波长 (nm)	$10^{20}\sigma$(cm²·分子⁻¹)	
	CH_3Cl	CH_3Br		CH_3Cl	CH_3Br		CH_3Cl	CH_3Br
180	63.6	44.6	214	0.0860	54.2	248	—	1.31
182	46.5	19.8	216	0.0534	47.9	250	—	0.921
184	35.0	21.0	218	0.0345	42.3	252	—	0.683
186	25.8	27.8	220	0.0220	36.6	254	—	0.484
188	18.4	35.2	222	0.0135	31.1	256	—	0.340
190	12.8	44.2	224	0.0086	26.6	258	—	0.240
192	8.84	53.8	226	0.0055	22.2	260	—	0.162
194	5.83	62.6	228	0.0035	18.1	262	—	0.115
196	3.96	69.7	230	0.0022	14.7	264	—	0.0795
198	2.68	76.1	232	0.0014	11.9	266	—	0.0551
200	1.77	79.0	234	0.0009	9.41	268	—	0.0356
202	1.13	79.2	236	0.0006	7.38	270	—	0.0246
204	0.731	78.0	238	—	5.73	272	—	0.0172
206	0.482	75.2	240	—	4.32	274	—	0.0114
208	0.313	70.4	242	—	3.27	276	—	0.0081
210	0.200	65.5	244	—	2.37	278	—	0.0055
212	0.127	59.9	246	—	1.81	280	—	0.0038

来源：NASA/JPL 专家组评估文件第 17 号

表 4.25　CH_3I 的吸收截面(298 K)

λ (nm)	10^{20} σ (cm² · 分子⁻¹)	λ (nm)	10^{20} σ (cm² · 分子⁻¹)	λ (nm)	10^{20} σ (cm² · 分子⁻¹)	λ (nm)	10^{20} σ (cm² · 分子⁻¹)
210	3.62	250	96.3	290	8.04	330	0.0684
215	5.08	255	117.7	295	4.00	335	0.0388
220	6.90	260	119.7	300	2.06	340	0.0212
225	9.11	265	102.9	305	1.10	345	0.0114
230	12.6	270	75.9	310	0.621	350	0.0061
235	20.5	275	49.6	315	0.359	355	0.0032
240	38.1	280	29.2	320	0.221	360	0.0019
245	65.6	285	15.6	325	0.126	365	0.0009

来源：NASA/JPL 专家组评估文件第 17 号

在以上光谱区域，CH_3Cl 和 CH_3Br 的光解过程被认为是

$$CH_3Cl + h\nu(\lambda < 342\ \text{nm}) \rightarrow CH_3 + Cl \quad \Delta H^\circ_{298} = 350\ \text{kJ} \cdot \text{mol}^{-1} \tag{4.67}$$

$$CH_3Br + h\nu(\lambda < 396\ \text{nm}) \rightarrow CH_3 + Br \quad \Delta H^\circ_{298} = 302\ \text{kJ} \cdot \text{mol}^{-1} \tag{4.68}$$

其量子产率为 1(Takacs 和 Willard，1977；Talukdar，1992)。对于 CH_3I，形成 I 原子两种不同的电子态 $I(^2P_{3/2})$(基态)和 $I^*(^2P_{1/2})$的反应过程如下

$$CH_3I + h\nu(\lambda < 500\ \text{nm}) \rightarrow CH_3 + I(^2P_{3/2}) \quad \Delta H^\circ_{298} = 239\ \text{kJ} \cdot \text{mol}^{-1} \tag{4.69}$$

$$CH_3I + h\nu(\lambda < 362\ \text{nm}) \rightarrow CH_3 + I^*(^2P_{1/2}) \quad \Delta H^\circ_{298} = 330\ \text{kJ} \cdot \text{mol}^{-1} \tag{4.70}$$

上式给出了每个过程在不同波长处的量子产率，将反应(4.69)和(4.70)相加的总光解量子产率为 1(Kang 等，1996)。

4.3.9　氯氟烃(CFC)和氢氯氟烃(HCFC)

CFC 和 HCFC 都是人为来源物种，是破坏臭氧层和温室气体的诱因。CFC 是碳氢化合物中所有氢原子被氯和氟原子所取代的分子，它们在对流层光化通量区域没有吸收带，也不与 OH 自由基反应。因此，它们在对流层中没有任何损耗过程，只有到达平流层后才能被光解。另一方面，HCFC 是其中 CFC 的氯或氟原子至少有一个被氢原子取代的分子。由于 HCFC 可以与 OH 自由基反应，它们在对流层中可以部分被去除，另一部分到达平流层并被光解，类似于 CFC。

在分子中不含 H 原子的有机氯化合物中，有 5 种 CFC 化合物，CFC-11($CFCl_3$)、CFC-12(CF_2Cl_2)、CFC-113($CF_2ClCFCl_2$)、CFC-114(CF_2ClCF_2Cl)、CFC-115(CF_3CF_2Cl)以及四氯化碳(CCl_4)，在平流层中具有相对高的浓度。图 4.33 显示了这些化合物的吸收光谱(Hubrich 和 Stuhl，1980)。从图中可以看出，所有的物种的

光谱都在 180～200 nm 有个峰值，并且尾部都向波长较长的一端延伸，其形状类似于图 4.32 所示的 CH_3Cl。从图中可以看出，随着分子中氯原子数目的增加，吸收截面增大，吸收波长更长。

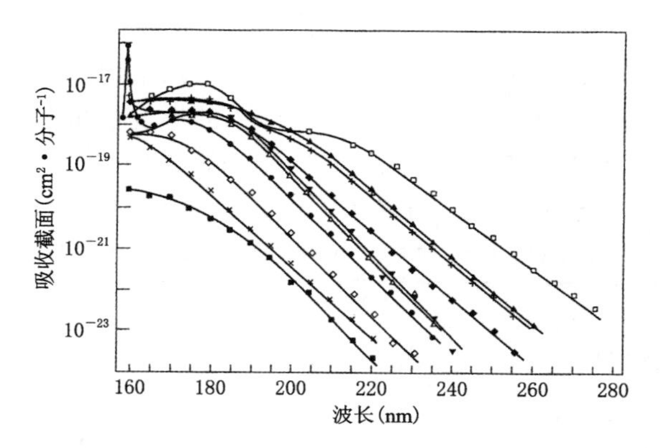

图 4.33 CFC 的吸收光谱(298 K：+ $CHCl_3$；△ $CHFCl_2$；× CHF_2Cl；◆ CH_2Cl_2；◇ CH_2FCl；● CH_3Cl；□ CCl_4；▲ $CFCl_3$(CFC-11)；▼ CF_2Cl_2(CFC-12)；■ CF_3Cl)(改编自 Hubrich 和 Stuhl，1980)

同时，在 HCFCs 中，HCFC-22(CHF_2Cl)、HCFC-141b(CH_3CFCCl_2)和 HCFC-142b(CH_3CF_2Cl)在平流层中浓度较高。图 4.34 显示了这些分子的吸收光谱(Hubrich 和 Stuhl，1980)。HCFC 的吸收光谱在 180～200 nm 附近也有峰值，尾部向波长较长的一端延伸，类似于 CFC。

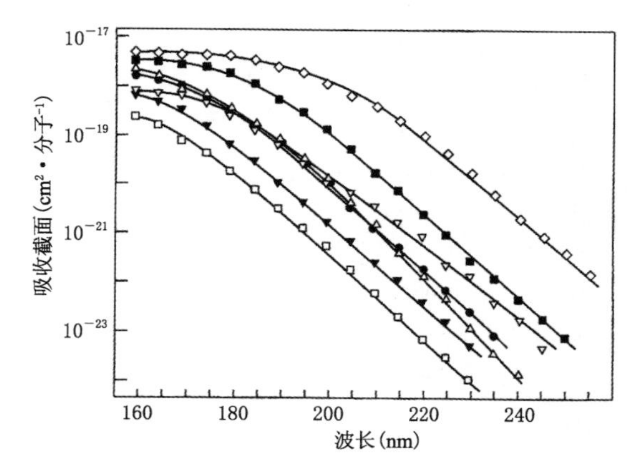

图 4.34 HCFC 的吸收光谱(298 K：△ CH_3CCl_3；▽ CF_3CH_2Cl；△ CH_3CH_2Cl；□ CF_3CF_2Cl ▼ CH_3CF_2Cl；● CF_2ClCF_2Cl；■ $CFCl_2CF_2Cl$)(改编自 Hubrich 和 Stuhl，1980)

如图 4.1 所示，190～220 nm 区域为较短波长侧的氧气的强吸收与较长波长侧臭氧的强吸收之间的波谷。该范围内的光化通量到达平流层中部。图 4.33 和图 4.34 所示的 CFC 和 HCFC 的吸收峰恰好与这个范围相一致，它们在平流层中被有效地光解，这是人为物种破坏臭氧层的直接原因。

基于 Hubrich 和 Stuhl(1980)、Simon 等(1988)、Mérienne 等(1990)、Gillotay 和 Simon(1991)、Fahr(1993)等的测定，NASA/JPL 专家组评估文件第 17 号(Sander 等，2011)给出了这些化合物的推荐吸收截面和它们的温度依赖性。表 4.26 给出了从该评估文件中摘录的 CCl_4、$CFCl_3$、CF_2Cl_2、$CF_2ClCFCl_2$、CF_2ClCF_2Cl 和 CF_3CF_2Cl 的吸收截面，表 4.27 给出了 CHF_2Cl、CH_3CFCCl_2 和 CH_3CF_2Cl 的吸收截面。

表 4.26　CCl_4 和 CFC 的吸收截面(295～298 K)

波长(nm)	$10^{20}\sigma$(cm^2·分子$^{-1}$)					
	CCl_4	$CFCl_3$ (CFC-11)	CF_2Cl_2 (CFC-12)	$CF_2ClCFCl_2$ (CFC-113)	CF_2ClCF_2Cl (CFC-114)	CF_3CF_2Cl (CFC-115)
176	1010	324	186	(192)[a]	43.0	3.08
180	806	314	179	155	26.2	1.58
184	479	272	134	123	15.0	0.790
188	227	213	82.8	83.5	7.80	0.403
192	99.6	154	45.5	48.8	3.70	0.203
196	69.5	99.1	21.1	26.0	1.75	0.0985
200	66.0	63.2	8.71	12.5	0.800	0.0474
204	61.0	37.3	3.37	5.80	0.370	0.0218
208	52.5	20.4	1.26	2.65	0.160	(0.0187)[b]
212	41.0	10.7	0.458	1.15	0.0680	(0.0070)[c]
216	27.8	5.25	0.163	0.505	0.0290	(0.0027)[d]
220	17.5	2.51	0.062	0.220	0.0122	0.0011
224	10.2	1.17	0.023	0.0950	0.0053	—
228	5.65	0.532	0.0090	0.0410	0.0023	—
232	3.04	—	0.0034	0.0188	0.0010	—
236	1.60	(0.132)[e]	0.0013	0.008		—
240	0.830	0.047	—	0.0036	—	—
244	0.413	(0.017)[f]	—	0.0016	—	—
248	0.210	—	—	0.0007	—	—
250	0.148	0.0066	—	0.0005	—	—
260	0.025	0.0015	—	—	—	—

来源：NASA/JPL 专家组评估文件第 17 号；a)175 nm；b)205 nm；c)210 nm；d)215 nm；e)235 nm；f)245 nm

表 4.27　HCFC 的吸收截面(298 K)

波长(nm)	$10^{20}\sigma$(cm^2·分子$^{-1}$)			波长(nm)	$10^{20}\sigma$(cm^2·分子$^{-1}$)		
	CHF_2Cl (HCFC-22)	CH_3CFCl_2 (HCFC-141b)	CH_3CF_2Cl (HCFC-142b)		CHF_2Cl (HCFC-22)	CH_3CFCl_2 (HCFC-141b)	CH_3CF_2Cl (HCFC-142b)
176	4.04	163	(14.0)[a)]	212	0.0029	1.40	0.0105
180	1.91	172	6.38	216	0.0013	0.589	0.0040
184	0.842	146	(2.73)[b)]	220	0.0006	0.248	0.0015
188	0.372	104	—	224	—	0.105	0.0005
192	0.156	63.6	0.706	228	—	0.0444	0.0001
196	0.072	34.1	0.324	232	—	0.0189	—
200	0.032	16.6	0.145	236	—	0.0080	—
204	0.0142	7.56	0.0622	240	—	0.0033	—
208	0.00636	3.30	0.0256		—	—	—

来源:NASA/JPL 专家组评估文件第 17 号;a)175 nm,b)185 nm

CFC 和 HCFC 在平流层光化通量区域的光化过程一般表示如下

$$CFCl_3 + h\nu(\lambda < 377\ nm) \rightarrow CFCl_2 + Cl \quad \Delta H^\circ_{298} = 317\ kJ \cdot mol^{-1} \tag{4.71}$$

$$CF_2Cl_2 + h\nu\ (\lambda < 346\ nm) \rightarrow CF_2Cl + Cl \quad \Delta H^\circ_{298} = 346\ kJ \cdot mol^{-1} \tag{4.72}$$

$$CH_3CF_2Cl + h\nu\ (\lambda < 360\ nm) \rightarrow CF_2Cl + Cl \quad \Delta H^\circ_{298} = 335\ kJ \cdot mol^{-1} \tag{4.73}$$

释放 Cl 原子(Clark 和 Husain, 1984; Brownsword 等, 1999; Hanf 等, 2003)。最近,Taketani 等(2005)在 CFCs、CCl_4 和 HCFC 的光解过程中,用光谱法检测了 Cl($^2P_{3/2}$)和 Cl($^2P_{1/2}$),并测定了 Cl 原子的形成量子产率。对于 CF_2Cl_2、$CFCl_3$、CCl_4 和 $CHFCl_2$,所获得的量子产率分别为 1.03±0.09、1.01±0.08、1.41±0.14 和 1.02±0.08,这就意味着,除了 CCl_4 之外,CFC 和 HCFC 的单个 C—Cl 键断裂的量子产率为 1。研究发现,释放两个氯原子的过程部分发生在

$$CCl_4 + h\nu(\lambda < 207\ nm) \rightarrow CCl_2 + 2\ Cl \quad \Delta H^\circ_{298} = 577\ kJ \cdot mol^{-1} \tag{4.74}$$

CCl_4 在 193 nm 处的光解过程中。

4.3.10　溴氯氟烃(哈龙)

将氯氟烃中至少一个氯或氟原子由溴取代称为溴的溴氯氟烃,简称哈龙。与 CFC 一样,哈龙在对流层中没有任何消耗过程,当其到达平流层时被光解,这会造成臭氧层的破坏。在哈龙中,CF_2ClBr(哈龙-1211)和 CF_3Br(哈龙-1301)具有最高的大气浓度,并且这两种化合物均在这里被吸收。

图 4.35 显示了哈龙和溴氢氟烃的吸收光谱(Orkin 和 Kasimovskaya, 1995)。如图所示,哈龙的吸收带在 200～210 nm 处有一个峰值,并且 CF_2ClBr 和 CF_3Br 的尾部分别延伸至 300 和 280 nm。尽管其吸收带与对流层光化通量区域重叠,尤其是 CF_2ClBr,其吸收截面非常小,因此对流层中的光解作用几乎可以忽略不计。由于哈

龙在 200 nm 附近具有较大的吸收截面，因此它们很容易在平流层中被光解。

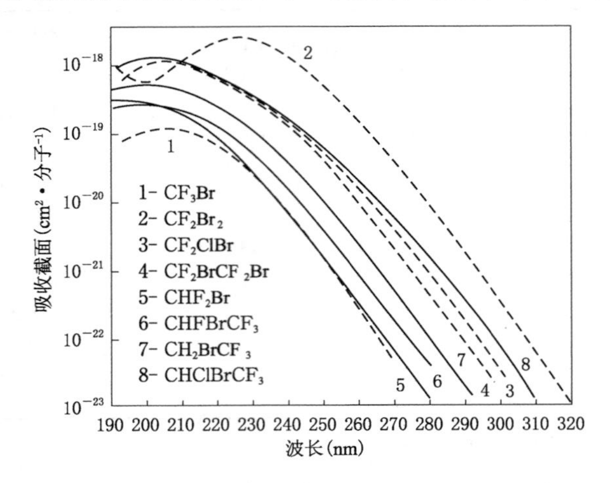

图 4.35 卤代烷的吸收光谱(改编自 Orkin 和 Kasimovskaya，1995)

表 4.28 列出了 CF_2ClBr 和 CF_3Br 的吸收截面。这些吸收截面摘录自 Gillotay 和 Simons(1989)、Burkholder 等(1991)以及 Orkin 和 Kasimovskaya(1995)等在 NASA/JPL 专家组评估文件第 17 号中的数据(Sander 等，2011)。

表 4.28 CF_2ClBr 和 CF_3Br 的吸收截面(298 K)

波长(nm)	$10^{20}\sigma$(cm² · 分子⁻¹)		波长(nm)	$10^{20}\sigma$(cm² · 分子⁻¹)		波长(nm)	$10^{20}\sigma$(cm² · 分子⁻¹)	
	CF_2ClBr 卤代烷 -1211	CF_3Br 卤代烷 -1301		CF_2ClBr 卤代烷 -1211	CF_3Br 卤代烷 -1301		CF_2ClBr 卤代烷 -1211	CF_3Br 卤代烷 -1301
176	121	1.60	228	45.7	3.69	280	0.0991	0.0006
180	58.1	2.61	232	33.8	2.32	284	0.0527	(0.0002)[a]
184	35.0	4.02	236	24.4	1.39	288	0.0282	—
188	38.9	5.82	240	16.9	0.766	292	0.0148	—
192	57.0	7.58	244	11.4	0.414	296	0.0076	—
196	81.4	9.61	248	7.50	0.212	300	0.0039	—
200	106	11.3	252	4.76	0.107	304	0.0021	—
204	117	12.4	256	2.94	0.0516	308	0.0011	—
208	118	12.4	260	1.76	0.0248	312	0.0006	—
212	109	11.4	264	1.03	0.0118	316	0.0003	—
216	93.6	9.71	268	0.593	0.0058	320	0.0002	
220	76.8	7.56	272	0.336	0.0027	—	—	
224	60.4	5.47	276	0.184	0.0013	—	—	

来源：NASA/JPL 专家组评估文件第 17 号；a)285 nm

作为 CF2ClBr 的光解过程

$$CF_2ClBr + h\nu(\lambda < 441\ nm) \rightarrow CF_2Cl + Br \quad \Delta H^\circ_{298} = 271\ kJ \cdot mol^{-1} \tag{4.75}$$

$$+ h\nu(\lambda < 344\ nm) \rightarrow CF_2Br + Cl \quad \Delta H^\circ_{298} = 348\ kJ \cdot mol^{-1} \tag{4.76}$$

$$+ h\nu(\lambda < 245\ nm) \rightarrow CF_2 + Cl + Br \quad \Delta H^\circ_{298} = 488\ kJ \cdot mol^{-1} \tag{4.77}$$

Talukdar 等(1996)给出了在 193、222 和 248 nm 条件下产生 Cl 和 Br 原子的量子产率,分别为 $\Phi(Cl) = 1.03 \pm 0.14$、0.27 ± 0.04 和 0.18 ± 003,$\Phi(Br) = 1.04 \pm 0.13$、0.86 ± 0.11 和 0.75 ± 0.13。结果表明,反应(4.77)在 193 nm 处同时释放 Cl 和 Br 原子,反应(4.75)和(4.76)在波长大于 200 nm 的时候,其总量子产率为 1。

对于 CF_3Br,Talukdar 等(1992)给出了 Br 的形成量子产率,在 193 和 222 nm 处,分别为 $\Phi(Br)=1.12\pm0.16$、0.92 ± 0.15

$$CF_3Br + h\nu(\lambda < 404\ nm) \rightarrow CF_3 + Br \quad \Delta H^\circ_{298} = 296\ kJ \cdot mol^{-1} \tag{4.78}$$

并且该反应量子产率为 1。

4.4　无机卤素的光解

由于甲基卤化物 CFC、HCFC 和哈龙类物质的光解,大量的 Cl 和 Br 原子被释放到平流层中,并形成引起臭氧层破坏的链式反应。在此链式反应中,作为链载体或链终止物质所形成的许多无机卤素化合物,在平流层中将再次光解,重新产生了卤素原子或自由基。计算这些物质的光解速率对于确定链式反应的效率非常重要。另一方面,从对流层中生物来源的有机卤素分子在海盐粒子上的非均相反应所生成的无机卤素分子的光解和 OH 自由基的反应等,在对流层中也会产生类似于平流层光化学生成的无机卤素分子/自由基。

4.4.1　氯(Cl_2)、一氯化溴(BrCl)、溴(Br_2)、碘(I_2)

氯和一氯化溴是由 $ClONO_2$、$BrONO_2$、HCl、HBr、HOCl 和 HOBr 在极地平流层云多相反应中形成的(见 6.5 节),并且它们的光解在臭氧空洞形成的链式反应中起着重要作用。在对流层中,Cl_2 是在海盐的非均相反应中产生的,但观测数据十分有限。溴(Br_2)是由北极地区对流层臭氧破坏中的非均相链反应产生的。同时,碘(I_2)是从沿海地区的海草中释放而来。

图 4.36 显示了 Cl_2、BrCl、Br_2 和 I_2 的吸收光谱。如图所示,Cl_2 的光谱是从 260 nm的紫外区域延伸到 500 nm 的可见区域的宽带,最大值在 330 nm 附近。因此,Cl_2 可以在海拔约 20 km 的平流层下层和对流层中通过在波长大于 290 nm 的近紫外和可见光区域的光吸收进行光解。Br_2 的吸收光谱由 190～300 nm 的相对弱吸收带(最大值在 225 nm 左右)和 300～650 nm 的强吸收带(最大值在 415 nm 左右)

组成。第二和第三波段可以看作是后者波段在 480 和 550 nm 附近的肩部。此外，在波长超过 510 nm 处，弱振动带与连续吸收带出现重叠，但在图 4.36 的对数比例图中无法看出。在平流层和对流层中，Br_2 都被可见光以高的速率光解。BrCl 的光谱类似于 Br_2，由 190～290 nm 的谱带和大约 375 nm 的峰组成，其中 190～290 nm 的谱带在 230 nm 附近有一个峰。因此，BrCl 可以在平流层下部的 230 nm 附近的大气窗口区域被光解，但在可见光辐射下的光解速率要大得多。I_2 在 200～300 nm 的紫外区域和 450～700 nm 的可见区域具有非常强的吸收带，并且在对流层中容易光解。尽管在以对数为纵坐标的图 4.36 中未能显示出来，在可见光谱中，在波长大于 500 nm 处仍然可以看到更明显的振动带结构(见图 2.4)。

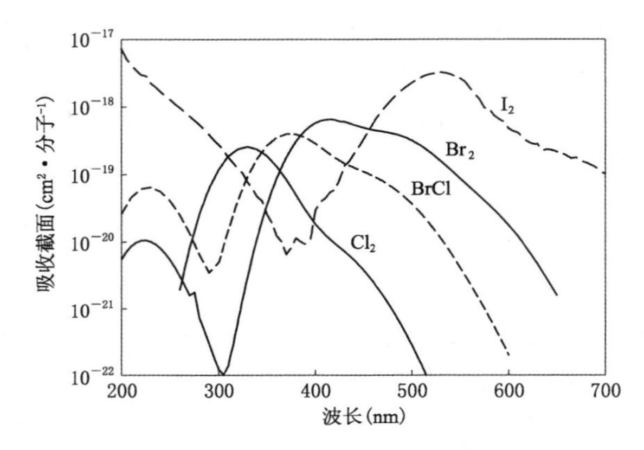

图 4.36　Cl_2、BrCl、Br_2 和 I_2 的吸收光谱(以 NASA/JPL 专家组评估文件第 17 号，Sander 等，2011，以及 IUPAC 小组委员会报告第Ⅲ卷，Atkinson 等，2007 为基础绘制)

表 4.29 摘录了 NASA/JPL 专家组评估文件第 17 号(Sander 等，2011)中获得的 Cl_2、BrCl、Br_2 和 I_2 的吸收截面，这些数据来自 Maric 等(1993)对 Cl_2，Maric 等(1994)对 BrCl 和 Br_2，以及 Saiz-Lopez 等(2004)对 I_2 的吸收截面的研究数据。

Cl_2 在 250～450 nm 的吸收光谱被分配给从基态 $X^1\Sigma_g$ 到解离激发态 $^1\Pi_u$ 和 $^3\Pi_u$ 的跃迁。从 $^1\Pi_u$ 态 $Cl(^2P_{3/2})+Cl(^2P_{3/2})$ 开始和从 $^3\Pi_u$ 态 $Cl(^2P_{3/2})+Cl^*(^2P_{1/2})$ 开始，被认为是在以下反应之后形成的(Matsumi 等，1992)。

$$Cl_2 + h\nu(\lambda < 500\ \text{nm}) \rightarrow Cl(^2P_{3/2}) + Cl(^2P_{3/2}) \quad \Delta H_0^\circ = 239\ \text{kJ} \cdot \text{mol}^{-1} \tag{4.79}$$

$$+ h\nu(\lambda < 480\ \text{nm}) \rightarrow Cl(^2P_{3/2}) + Cl^*(^2P_{1/2}) \quad \Delta H_0^\circ = 249\ \text{kJ} \cdot \text{mol}^{-1} \tag{4.80}$$

在波长小于 350 nm 时，受激氯原子 $Cl^*(^2P_{1/2})$ 的形成比率小至约 0.01，在接近反应(4.80)的解离极限，475 nm 处增加到 0.47(Park 等，1991；Matsumi 等，1992；Samartzis 等，1997)。在小于 450 nm 的波长下，总光解量子产率 $\Phi(Cl(^2P_{3/2}))+\Phi$

($Cl^*(^2P_{1/2})$)被认为是 1。

表 4.29　Cl_2、BrCl、Br_2 的吸收截面

波长 (nm)	$10^{20}\sigma(cm^2\cdot分子^{-1})$			波长 (nm)	$10^{20}\sigma(cm^2\cdot分子^{-1})$		
	Cl_2	BrCl	Br_2		Cl_2	BrCl	Br_2
200	—	2.64	0.562	430	0.732	14.6	60.1
210	—	4.59	0.870	440	0.546	12.6	54.0
220	—	6.13	1.05	450	0.387	11.0	48.8
230	—	6.48	1.01	460	0.258	9.52	45.2
240	—	5.60	0.808	470	0.162	8.02	42.8
250	—	4.05	0.544	480	0.0957	6.47	40.3
260	0.198	2.50	0.316	490	0.0534	4.99	36.6
270	0.824	1.35	0.161	500	0.0283	3.68	31.8
280	2.58	0.653	0.0728	510	0.0142	2.59	26.2
290	6.22	0.357	0.0299	520	0.0068	1.74	20.6
300	11.9	0.504	0.0122	530	0.0031	1.13	15.7
310	18.5	1.47	0.0135	540	0.0014	0.700	11.7
320	23.7	4.08	0.0626	550	0.0006	0.419	8.68
330	25.6	9.25	0.300	560	—	0.243	6.43
340	23.5	17.2	1.14	570	—	0.136	4.77
350	18.8	26.7	3.49	580	—	0.0739	3.50
360	13.2	35.0	8.66	590	—	0.0390	2.52
370	8.41	39.6	17.8	600	—	0.0200	1.76
380	5.00	39.3	30.7	610	—	—	1.19
390	2.94	34.9	45.1	620	—	—	0.767
400	1.84	28.6	57.4	630	—	—	0.475
410	1.28	22.5	64.2	640	—	—	0.282
420	0.956	17.8	64.5	650	—	—	0.161

来源：NASA/JPL 专家组评估文件第 17 号

Br_2 的光解过程被认为与 Cl_2 相似(Lindeman 和 Wiesenfeld,1979)

$$Br_2 + h\nu(\lambda < 629\ nm) \rightarrow Br(^2P_{3/2}) + Br(^2P_{3/2}) \quad \Delta H_0^\circ = 190\ kJ\cdot mol^{-1} \tag{4.81}$$

$$+ h\nu(\lambda < 511\ nm) \rightarrow Br(^2P_{3/2}) + Br^*(^2P_{1/2}) \quad \Delta H_0^\circ = 234\ kJ\cdot mol^{-1} \tag{4.82}$$

受激溴原子 $Br(^3P_{1/2})$的形成量子产率从 444 nm 处的 0.4 增加到接近反应解离极限的 510 nm 处的 0.89,然后降低(Peterson 和 Smith, 1978)。关于 Br_2 的光解过程,也有一些其他的研究(Haugen 等, 1985; Cooper 等, 1998),但都没有测量绝对光解量子产率。对于大气化学来说,在 200～510 nm 的波长范围内,Br_2 的总光解量子产率可以近似为 1。

BrCl 的每个过程的量子产率

$$BrCl + h\nu(\lambda < 559\ nm) \rightarrow Br(^2P_{3/2}) + Cl(^2P_{3/2}) \quad \Delta H_0^\circ = 214\ kJ \cdot mol^{-1} \tag{4.83}$$

$$+ h\nu(\lambda < 534\ nm) \rightarrow Br(^2P_{3/2}) + Cl^*(^2P_{1/2}) \quad \Delta H_0^\circ = 224\ kJ \cdot mol^{-1} \tag{4.84}$$

$$+ h\nu(\lambda < 464\ nm) \rightarrow Br^*(^2P_{1/2}) + Cl(^2P_{3/2}) \quad \Delta H_0^\circ = 258\ kJ \cdot mol^{-1} \tag{4.85}$$

$$+ h\nu(\lambda < 446\ nm) \rightarrow Br^*(^3P_{1/2}) + Cl^*(^2P_{1/2}) \quad \Delta H_0^\circ = 268\ kJ \cdot mol^{-1} \tag{4.86}$$

在 235 nm 处,$\Phi[Br(^2P_{3/2})+Cl(^2P_{3/2})]=0.26\pm0.05$,$\Phi[Br(^2P_{3/2})+Cl^*(^2P_{1/2})]=0.16\pm0.05$,以及 $\Phi[Br^*(^2P_{1/2})+Cl(^2P_{3/2})]=0.58\pm0.05$(Park 等,2000)。光离解的总量子产率可以近似为 1。

I_2 的光解类似于 Cl_2 和 Br_2

$$I_2 + h\nu(\lambda < 803\ nm) \rightarrow I(^2P_{3/2}) + I(^2P_{3/2}) \quad \Delta H_0^\circ = 149\ kJ \cdot mol^{-1} \tag{4.87}$$

$$+ h\nu(\lambda < 498\ nm) \rightarrow I(^2P_{3/2}) + I^*(^2P_{1/2}) \quad \Delta H_0^\circ = 240\ kJ \cdot mol^{-1} \tag{4.88}$$

据报道,其总的光解量子产率为 0.33～0.9,这取决于 501～624 nm 区域的波长,而在连续带中,在小于 500 nm 处光解量子产率为 1(Brewer 和 Tellinghuisen,1972)。

4.4.2　硝酸氯($ClONO_2$)、硝酸溴($BrONO_2$)、硝酸碘($IONO_2$)

$ClONO_2$ 和 $BrONO_2$ 是由平流层的 ClO_x 和 BrO_x 循环中链终止反应 $ClO+NO_2$ 和 $BrO+NO_2$ 形成的重要的储库分子。$IONO_2$ 在对流层的碘化学中起着类似的作用。

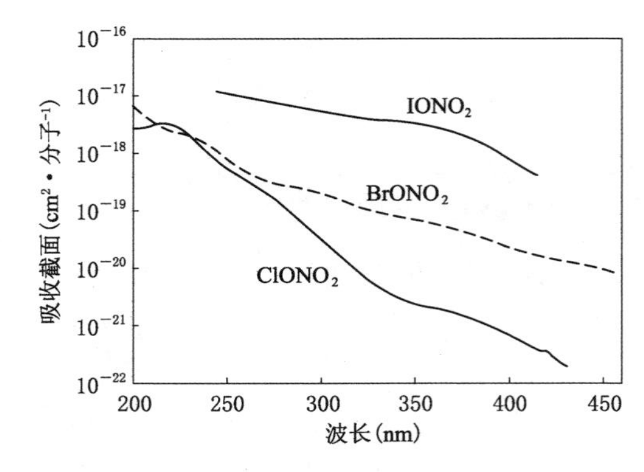

图 4.37　$ClONO_2$、$BrONO_2$ 和 $IONO_2$ 的吸收光谱(以 IUPAC 小组委员会报告第Ⅲ卷(Atkinson 等,2007)以及 NASA/JPL 专家组评估文件第 17 号(Sander 等,2011)为基础绘制)

如图 4.37 所示,$ClONO_2$ 和 $BrONO_2$ 的吸收光谱在 200 nm 附近的平流层窗口区域具有共同的峰值,并且分别单调递减到 380 和 400 nm。人们已经在 240～415 nm 的波长区域中测量到了 $IONO_2$ 的吸收光谱,并且在该区域中呈现连续吸收带。$ClONO_2$ 和 $BrONO_2$ 的吸收截面根据 IUPAC 小组委员会报告第Ⅲ卷(Atkinson 等，2007)制定，而 $IONO_2$ 的吸收截面由 NASA/JPL 专家组评估文件第 17 号(Sander 等，2011)，根据 Mössinger 等(2002)的研究制定。表 4.30 摘录了这些值。

表 4.30　ClONO2[a]、BrONO2[a]、IONO2[b] 的吸收截面(298 K)

波长 (nm)	$10^{20}\sigma$(cm² · 分子⁻¹)			波长 (nm)	$10^{20}\sigma$(cm² · 分子⁻¹)		
	$ClONO_2$	$BrONO_2$	$IONO_2$		$ClONO_2$	$BrONO_2$	$IONO_2$
200	282	680	—	330	0.466	9.32	380
205	284	520	—	335	0.367	8.62	374
210	314	361	—	340	0.302	8.06	360
215	342	292	—	345	0.258	7.57	348
220	332	256	—	350	0.229	7.01	334
225	278	230	—	355	0.208	6.52	316
230	208	205	—	360	0.200	5.99	294
235	148	175	—	365	0.180	5.43	270
240	105	140	—	370	0.159	4.89	242
245	76.4	106	1210	375	0.141	4.35	213
250	56.0	79.7	1170	380	0.121	3.85	184
255	43.2	60.0	1060	385	0.106	3.37	153
260	33.8	47.1	946	390	0.091	2.97	130
265	26.5	38.9	880	395	0.076	2.59	103
270	20.5	33.8	797	400	0.064	2.28	78.0
275	15.7	30.5	772	405	0.054	2.01	60.5
280	11.9	27.9	741	410	0.044	1.81	49.6
285	8.80	25.6	691	415	0.036	1.65	41.6
290	6.41	23.2	631	420	0.032	1.50	—
295	4.38	20.8	577	425	0.023	1.38	—
300	3.13	18.6	525	430	0.019	1.29	—
305	2.24	16.5	495	435	—	1.20	—
310	1.60	14.5	462	440	—	1.11	—
315	1.14	12.7	441	445	—	1.03	—
320	0.831	11.3	404	450	—	0.928	—
325	0.613	10.2	396	455	—	0.831	—

来源：a)IUPAC 小组委员会报告第Ⅲ卷；

b)NASA/JPL 专家组评估文件第 17 号

$ClONO_2$ 的光解过程被认为是

$$ClONO_2 + h\nu(\lambda < 1068\ nm) \rightarrow ClO + NO_2 \quad \Delta H^{\circ}_{298} = 112\ kJ \cdot mol^{-1} \tag{4.89}$$

$$h\nu(\lambda < 695\ nm) \rightarrow Cl + NO_3 \quad \Delta H^{\circ}_{298} = 172\ kJ \cdot mol^{-1} \tag{4.90}$$

$$h\nu(\lambda < 411\ nm) \rightarrow ClONO + O(^3P) \quad \Delta H^{\circ}_{298} = 291\ kJ \cdot mol^{-1} \tag{4.91}$$

基于 Goldfarb 等(1997),Yokelson 等(1997)以及其他人的研究,NASA/JPL 专家组评估文件第 17 号(Sander 等,2011)建议 $\Phi(Cl+NO_3)$ 的值:$\lambda<308$ nm 时为 0.6;308 nm$<\lambda<$ 364 nm 时为 $7.143\times10^{-3}\lambda-1.60$;$\lambda>364$ nm 时为 1.0;并且建议 $\Phi(ClO+NO_2)=1-\Phi(Cl+NO_3)$(Sander 等, 2011)。

$BrONO_2$ 的过程

$$BrONO_2 + h\nu\ (\lambda < 1049\ nm) \rightarrow BrO + NO_2 \quad \Delta H^{\circ}_{298} = 114\ kJ \cdot mol^{-1} \tag{4.92}$$

$$+ h\nu(\lambda < 836\ nm) \rightarrow Br + NO_3 \quad \Delta H^{\circ}_{298} = 143\ kJ \cdot mol^{-1} \tag{4.93}$$

$$+ h\nu(\lambda < 423\ nm) \rightarrow BrONO + O(^3P) \quad \Delta H^{\circ}_{298} = 283\ kJ \cdot mol^{-1} \tag{4.94}$$

可以通过类比 $ClONO_2$ 来考虑,但相关实验非常少(Harwood 等, 1998; Soller 等, 2002)。NASA/JPL 专家组评估文件第 17 号(Sander 等, 2011)建议 λ 大于 300 nm 处为 Φ 总$=1$、$\Phi(Br+NO_3)=0.85$ 和 $\Phi(BrO+NO_2)=0.15$。

尽管对 $IONO_2$ 的光解过程和量子产率研究得不甚透彻,但据 Josephet 等(2007)的报告,IO 和 NO_3 量子产率形成:在 248 nm 处时 $\Phi(IO)\leqslant0.02$,$\Phi(NO_3)=0.21\pm0.09$。根据这些结果推测,光解的主要途径是 $I+NO_3$,但也暗示了生成的 NO_3 可能会进一步分解成为 NO_2 和 O。

4.4.3　氯化氢(HCl)、溴化氢(HBr)、碘化氢(HI)

氯化氢(HCl)、溴化氢(HB)、碘化氢(HI)以及 4.4.2 节所述的 $ClONO_2$、$BrONO_2$ 和 $IONO_2$,都是在对流层和平流层中光化学卤素链的终止反应中形成的储库分子。由于它们的吸收光谱处于较短的波长中,并且吸收截面比 $ClONO_2$、$BrONO_2$、$IONO_2$ 小得多,因此,相比于储库分子,它们的大气光解速率要小得多,寿命也长得多。

如图 4.38 所示, HCl、HBr 的吸收光谱在真空紫外线区域 154 nm 和 178 nm 处达到峰值,并向较长波一侧的波长 230 nm 和 279 nm 处单调递减。因此,HCl 和 HBr 的光解只可能发生在平流层。HI 吸收波段的峰值是 222 nm 并可扩展到 340 nm,因此 HI 可以在对流层中被光解,但其吸收截面在对流层光化通量区域$\leqslant\sim3\times10^{-20}\ cm^2$。

表 4.31 列出了 NASA/JPL 专家组评估文件第 17 号(Sander 等, 2011)中获取

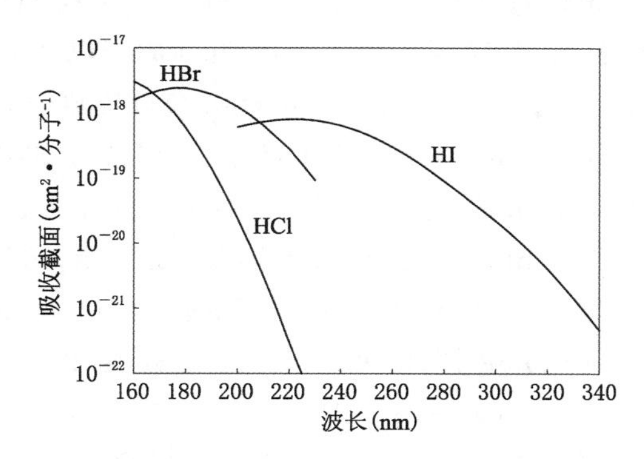

图 4.38　HCl、HBr、HI 的吸收光谱(以 NASA/JPL 专家组评估文件第 17 号为基础进行构想，Sander，2011)

的 HCl、HBr 和 HI 的吸收截面。这些建议数值是以 Bahou 等(2001)对于 HCl、Huebert 和 Martin(1968)对于 HBr 氢以及 Campuzano-Jost 和 Crowley(1999)对 HI 的研究结果形成的。

表 4.31　HCl、HBr 和 HI 的吸收截面(298 K)

波长(nm)	$10^{20}\sigma$(cm^2·分子$^{-1}$) HCl	HBr	HI	波长(nm)	$10^{20}\sigma$(cm^2·分子$^{-1}$) HI
150	334	—	—	250	47.0
155	343	131	—	255	38.2
160	306	161	—	260	30.0
165	240	195	—	265	23.0
170	163	225	—	270	17.2
175	106	242	—	275	12.5
180	58.9	242	—	280	8.94
185	29.4	221	—	285	6.37
190	13.8	194	—	290	4.51
195	5.96	161	—	295	3.18
200	2.39	125	61.1	300	2.23
205	0.903	91.8	67.7	305	1.52
210	0.310	64.4	73.8	310	1.01
215	0.101	42.3	78.4	315	0.653
220	0.030	28.0	80.8	320	0.409
225	0.010	16.3	80.4	325	0.247
230	0.0034	9.32	77.4	330	0.145
235	—	—	71.9	335	0.083
240	—	—	64.6	340	0.047
245	—	—	56.1	345	—

来源：NASA/JPL 专家组评估文件第 17 号

在对流层和平流层光化通量的波长范围内,HCl、HBr 和 HI 的总光化量子产率被认为是 1。它们各自的光解过程可产生 Cl、Br 和 I 原子以及 $Cl(^2P_{3/2})$、$Br(^2P_{3/2})$、$I(^2P_{3/2})$基态原子和 $Cl^*(^2P_{1/2})$、$Br^*(^2P_{1/2})$、$I^*(^2P_{1/2})$自旋轨道激发态原子。

$$HCl + h\nu(\lambda < 279\ nm) \rightarrow H + Cl(^2P_{3/2}) \quad \Delta H_0^\circ = 428\ kJ \cdot mol^{-1} \quad (4.95)$$

$$+ h\nu(\lambda < 273\ nm) \rightarrow H + Cl^*(^2P_{1/2}) \quad \Delta H_0^\circ = 438\ kJ \cdot mol^{-1} \quad (4.96)$$

$$HBr + h\nu(\lambda < 330\ nm) \rightarrow H + Br(^2P_{3/2}) \quad \Delta H_0^\circ = 362\ kJ \cdot mol^{-1} \quad (4.97)$$

$$+ h\nu(\lambda < 295\ nm) \rightarrow H + Br^*(^2P_{1/2}) \quad \Delta H_0^\circ = 406\ kJ \cdot mol^{-1} \quad (4.98)$$

$$HI + h\nu(\lambda < 405\ nm) \rightarrow H + I(^2P_{3/2}) \quad \Delta H_0^\circ = 295\ kJ \cdot mol^{-1} \quad (4.99)$$

$$+ h\nu(\lambda < 311\ nm) \rightarrow H + I^*(^2P_{1/2}) \quad \Delta H_0^\circ = 385\ kJ \cdot mol^{-1} \quad (4.100)$$

激发态和基态原子的生成比(formation ratios)得到了充分的研究。例如,HCl 在 201～210 nm 处,$\Phi[Cl^*(^2P_{1/2})]/\Phi[Cl^*(^2P_{1/2})+Cl(^2P_{3/2})]=0.42\sim0.48$(Regan 等, 1999a);HBr 在 201～253 nm 处,$\Phi[Br^*(^2P_{1/2})]/\Phi[Br^*(^2P_{1/2})+Br(^2P_{3/2})]=0.15\sim0.23$(Regan 等, 1999b);HI 在 208 nm 处,$\Phi[I^*(^2P_{1/2})]/\Phi[I(^2P_{3/2})]=0.2$,在 303 nm 处,$\Phi[I^*(^2P_{1/2})]/\Phi[I(^2P_{3/2})]=0.1$(Langford 等, 1998)。

4.4.4 次氯酸(HOCl)、次溴酸(HOBr)、次碘酸(HOI)

次氯酸(HOCl)、次溴酸(HOBr)、次碘酸(HOI)形成于 ClO、BrO、IO 自由基和 HO_2 自由基之间的链终止反应。由于它们在紫外线到可见区域具有吸收光谱,因此在大气中必须考虑自由基的光解再生。

从图 4.39a 中可以看出,HOCl 的吸收光谱由一个相当强的连续谱带组成,该谱带的峰值在 240 nm 左右,第二个连续谱在 300 nm 处表现为肩峰。这些过渡带分别分配给了 $2^1A' \leftarrow 1^1A'$ 和 $1^1A'' \leftarrow 1^1A'$。表 4.32 提供了 HOCl 的吸收截面,摘录自 NASA/JPL 专家组评估文件第 17 号(Sander 等,2011),这些数据依据 Burkholder (1993)和 Barnes(1998)等的研究获得。

对于 HOBr,由于杂质的影响,各种研究报告的吸收光谱存在较大差异(Finlayson-Pitts 和 Pitts, 2000)。图 4.39b 显示 Ingham 等(1998)研究的吸收光谱,表 4.32 给出了 Sander 等(2011)基于 Ingham 等(1998)的研究推荐的吸收截面。

Bauer 等(1998)和 Rowley 等(1999)报道了次碘酸(HOI)的吸收光谱。图 4.39c 显示 Bauer 等(1998)研究的吸收光谱,表 4.32 给出的 NASA/JPL 专家组评估文件第 17 号(Sander 等, 2011)推荐的吸收截面,是上述两项研究的平均值。从图 4.39c 中可以看出,次碘酸(HOI)的吸收光谱由 340 和 408 nm 处的两个峰的连续谱带组成。

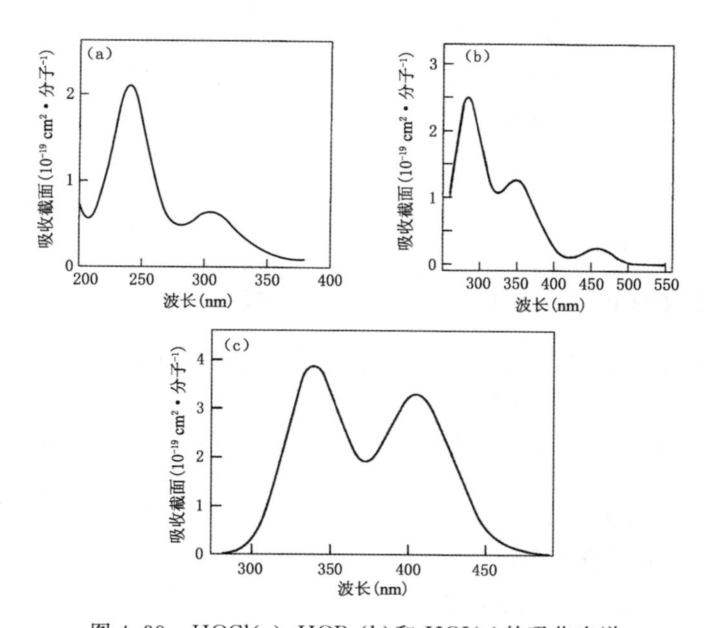

图 4.39　HOCl(a)、HOBr(b)和 HOI(c)的吸收光谱

(改编自 Burkholder,1993(HOCl);Ingham 等,1998(HOBr);Bauer 等,1998(HOI))

表 4.32　HOCl、HOBr 和 HOI 的吸收截面(298 K)

波长 (nm)	10^{20} σ(cm² · 分子⁻¹)			波长 (nm)	10^{20} σ(cm² · 分子⁻¹)		
	HOCl[a]	HOBr	HOI[a]		HOCl[a]	HOBr	HOI[a]
280	4.64	24.3	0.077	390	0.491	4.22	24.8
285	4.74	25.0	0.234	395	0.385	3.23	27.9
290	5.13	24.0	0.608	400	0.288	2.43	30.1
295	5.62	21.9	1.45	405	0.208	1.80	30.9
300	5.99	19.1	3.02	410	0.144	1.36	30.2
305	6.12	16.2	5.77	415	0.097	1.08	28.0
310	5.97	13.6	9.85	420	0.063	0.967	24.7
315	5.56	11.8	15.4	425	—	0.998	20.7
320	4.95	10.8	21.9	430	—	1.15	16.6
325	4.24	10.5	28.6	435	—	1.40	12.7
330	3.50	10.8	34.3	440	—	1.68	9.30
335	2.81	11.3	38.1	445	—	1.96	6.54
340	2.22	11.9	39.2	450	—	2.18	4.40
345	1.77	12.3	37.7	455	—	2.29	2.37
350	1.43	12.4	33.9	460	—	2.28	1.79
355	1.22	12.1	29.1	465	—	2.14	1.09
360	1.06	11.5	24.1	470	—	1.91	0.632
365	0.968	10.5	20.2	475	—	1.62	0.360
370	0.888	9.32	17.8	480	—	1.30	0.196
375	0.804	7.99	17.4	485	—	0.993	—
380	0.708	6.65	18.8	490	—	0.723	—
385	0.602	5.38	21.5	495	—	0.502	—

来源:NASA/JPL 专家组评估文件第 17 号;a)例如,285 nm 和 295 nm 处的数值分别为 284 和 286 nm,以及 294 和 296 nm 处的平均值

次氯酸(HOCl)、次溴酸(HOBr)、次碘酸(HOI)的光解途径如下

$$HOCl + h\nu(\lambda < 525\ nm) \rightarrow OH + Cl \quad \Delta H_0^\circ = 228\ kJ \cdot mol^{-1} \tag{4.101}$$

$$HOBr + h\nu(\lambda < 589\ nm) \rightarrow OH + Br \quad \Delta H_0^\circ = 203\ kJ \cdot mol^{-1} \tag{4.102}$$

$$HOI + h\nu(\lambda < 572\ nm) \rightarrow OH + I \quad \Delta H_0^\circ = 209\ kJ \cdot mol^{-1} \tag{4.103}$$

Schindler 等(1997)、Benter 等(1995)和 Bauer 等(1998)分别针对 HOCl、HOBr 和 HOI 进行了实验,确定了每个反应的单位量子产率。

4.4.5 一氧化氯(ClO)、一氧化溴(BrO)、一氧化碘(IO)

一氧化氯(ClO)、一氧化溴(BrO)、一氧化碘(IO)是平流层和对流层卤素链反应的主要链载体。ClO 仅在平流层被部分的光解,而 BrO 和 IO 在对流层中的光解速率也很大。在评估臭氧消耗链反应时,必须将它们的光解率考虑在内。

如图 4.40a 所示,ClO 的吸收光谱由最大 210～265 nm 的连续谱带以及 265～315 nm 的振动结构谱带组成(Sander 和 Friedl, 1989; Sander 等, 2011)。ClO 的吸收截面取决于光谱分辨率和温度。表 4.33 引用了 NASA/JPL 专家组评估文件第 17 号(Sander 等,2011)给出的平均波长间隔为 1 nm 的吸收截面,该结果依据 Sander 和 Friedl(1989)在 0.3 nm 光谱分辨率下的测量结果获得。虽然 ClO 在 265 nm

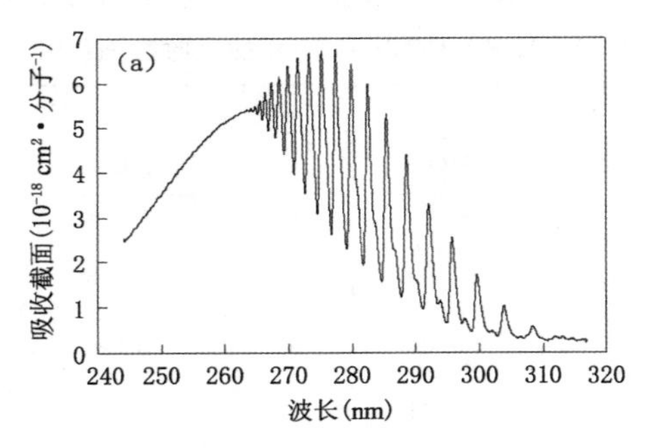

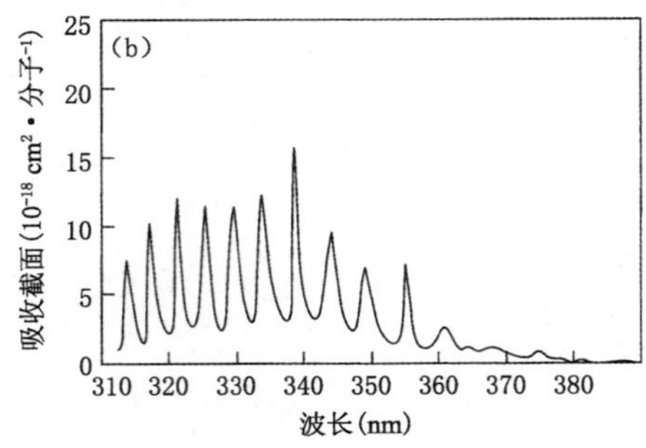

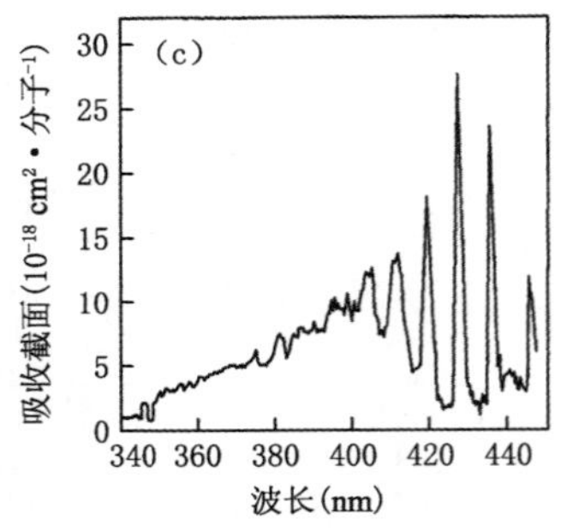

图 4.40 ClO(a)、BrO(b)和 IO(c)的吸收光谱 (改编自 Sander 和 Friedl,1989(ClO);Wahner 等,1988(BrO);Lasylo 等,1995(IO))

处的吸收截面较大，为 $5.2\times10^{-18}\ cm^2\cdot$ 分子$^{-1}$，但该区域与平流层中 O_3 的吸收区域重叠，ClO 的光解主要是由长波尾部吸收引起的。基于这个原因，在 ClO 的平流层中由光解引起的损失被认为比由 O 原子和 NO 引起的损失小得多(Langhoff 等，1977)。

Schmidt 等(1998)报告 ClO 光解过程中 $Cl(^2P_{3/2,1/2})$ 和 $O(^1D)$ 的形成量子产率是 1。

$$ClO + h\nu(\lambda < 451\ nm) \rightarrow Cl + O(^3P)\quad \Delta H_0^\circ = 265\ kJ\cdot mol^{-1}\quad (4.104)$$

$$+ h\nu(\lambda < 263\ nm) \rightarrow Cl + O(^1D)\quad \Delta H_0^\circ = 455\ kJ\cdot mol^{-1}\quad (4.105)$$

如图 4.40b 所示，BrO 的吸收光谱在 290～380 nm 的紫外区域呈现带状结构，由 $A^2\Pi_{3/2}\leftarrow X^2\Pi_{3/2}$ 的跃迁产生(Wahner 等，1988；Sander 等，2011)。表 4.33 给出了基于 Wilmouth(1999 年)研究的推荐值，BrO 的吸收截面取决于光谱的分辨率和温度。BrO 的光解量子产率被认为是 1。

$$BrO + h\nu(\lambda < 511\ nm) \rightarrow Br + O\quad \Delta H_0^\circ = 234\ kJ\cdot mol^{-1}\quad (4.106)$$

对于 IO，可在紫外可见光区域 338～488 nm 观察到与 BrO 类似的 $A^2\Pi_{3/2}\leftarrow X^2\Pi_{3/2}$ 跃迁吸收带。连续吸收带的最大值出现在 400 nm 左右，在更长的波长处，具有振动结构的带与连续带重叠。在 427.2 nm 处的 A－X(4－0)谱带出现最大吸收截面。图 4.40c 描绘了 IO 的吸收光谱(Lasylo 等，1995；Harwood 等，1997)，表 4.33 列出了 NASA/JPL 专家组评估文件第 17 号(Sander 等，2011)推荐的 1 nm 间隔的吸收截面，这些数据基于 Harwood 等(1997)和 Bloss 等(2001)的研究获得。

Ingham 等(2000)报道，在 355 nm 的 IO 光解中，$O(^3P)$ 的量子产率为 0.91。图 4.40c 的吸收光谱的波长范围内唯一可能的光解过程是反应(4.107)

$$IO + h\nu(\lambda < 527\ nm) \rightarrow I + O(^3P)\quad \Delta H_0^\circ = 227\ kJ\cdot mol^{-1}\quad (4.107)$$

$$+ h\nu(\lambda < 287\ nm) \rightarrow I + O(^1D)\quad \Delta H_0^\circ = 417\ kJ\cdot mol^{-1}\quad (4.108)$$

通过该反应形成的 I 和 $O(^3P)$ 原子的量子产率为 1。

4.4.6　过氧化氯(ClOOCl)

过氧化氯(ClOOCl)是当 ClO 基团以高浓度存在时，ClO 之间的三分子重组反应形成 ClOOCl。在冬季南极洲的平流层储库分子中，过氧化氯(ClOOCl)浓度最高，春季时其光解对臭氧空洞的形成非常重要。

表 4.33　ClO、BrO 和 IO 的吸收截面(298 K)

波长 (nm)	$10^{20}\sigma$ (cm^2·分子$^{-1}$) ClO	BrO	波长 (nm)	$10^{20}\sigma$ (cm^2·分子$^{-1}$) ClO	BrO	波长 (nm)	$10^{20}\sigma$ (cm^2·分子$^{-1}$) BrO	IO	波长 (nm)	$10^{20}\sigma$ (cm^2·分子$^{-1}$) IO	波长 (nm)	$10^{20}\sigma$ (cm^2·分子$^{-1}$) IO
250	352	—	300	133	275	335	652	—	400	671	420	1200
254	425	—	301	56.6	180	336	339	—	391	620	421	681
258	486	—	302	45.2	502	337	222	—	392	617	412	365
262	529	—	303	44.9	217	338	201	—	393	642	423	253
266	549	—	304	87.8	274	339	1296	—	394	684	424	204
270	574	—	305	45.5	466	340	445	118	395	694	425	205
271	489	—	306	33.2	221	341	243	100	396	709	426	302
272	532	—	307	33.1	407	342	235	107	397	701	427	2050
273	515	—	308	47.7	518	343	424	89	398	654	428	1370
274	470	—	309	45.5	227	344	968	96.2	399	671	429	543
275	507	—	310	28.7	396	345	542	86.2	400	671	430	309
276	456	—	311	27.3	659	346	226	126	401	700	431	208
277	418	—	312	33.1	294	347	146	112	402	765	432	173
278	501	—	313	32.5	197	348	258	108	403	859	433	166
279	283	—	314	28.9	901	349	748	142	404	864	434	177
280	538	—	315	27.8	443	350	499	160	400	787	435	653
281	329	—	316	26.8	232	351	272	154	401	667	436	1880
282	311	—	317	—	721	352	182	165	402	606	437	807
283	445	—	318	—	730	353	163	163	403	578	438	381
284	245	—	319	—	345	354	180	181	404	643	439	249
285	292	—	320	—	251	355	789	185	405	787	440	256
286	362	—	321	—	1138	356	276	194	406	667	441	219
287	200	107	322	—	677	357	120	207	407	606	442	168
288	197	95.0	323	—	301	358	115	223	408	578	443	183
289	337	110	324	—	288	359	144	230	409	643	444	195
290	165	184	325	—	983	360	236	242	410	813	445	957
291	111	134	326	—	838	364	113	268	411	1010	446	805
292	270	157	327	—	312	368	130	326	412	976	447	392
293	161	248	328	—	223	372	39.4	360	413	786	448	214
294	102	140	329	—	789	376	35.4	402	414	589	449	269
295	94.5	294	330	—	1058	380	12.3	504	415	568	450	156
296	206	164	331	—	453	384	3.89	523	416	414	451	96.9
297	83.1	361	332	—	203	388	—	580	417	460	452	102
298	65.1	193	333	—	260	392	—	617	418	734	453	87.3
299	74.8	284	334	—	1294	396	—	709	419	1380	454	100

来源：NASA/JPL 专家组评估文件第 17 号

表 4.34　ClOOCl 的吸收截面(190～250 K)

波长 (nm)	$10^{20}\sigma$ (cm^2 · 分子$^{-1}$)	波长 (nm)	$10^{20}\sigma$ (cm^2 · 分子$^{-1}$)	波长 (nm)	$10^{20}\sigma$ (cm^2 · 分子$^{-1}$)	波长 (nm)	$10^{20}\sigma$ (cm^2 · 分子$^{-1}$)
200	423	260	445	320	28.2	380	2.97
204	362	264	360	324	24.7	384	2.45
208	303	268	294	328	21.9	388	2.04
212	255	272	246	332	19.5	392	1.71
216	228	276	206	336	17.3	396	1.47
220	232	280	173	340	15.4	400	1.26
224	277	284	144	344	13.6	404	1.11
228	366	288	119	348	11.9	408	0.988
232	488	292	98.2	352	10.3	412	0.878
236	618	296	80.5	356	8.82	416	0.778
240	719	300	66.1	360	7.43	420	0.712
244	758	304	54.4	364	6.24		
248	732	308	45.4	368	5.23		
252	651	312	38.2	372	4.35		
256	549	316	32.8	376	3.60		

来源：NASA/JPL 专家组评估文件第 17 号

图 4.41 中展示了 Papanastasiou 等(2009)研究的吸收光谱的结果。ClOOCl 的吸收光谱在 218 nm 左右具有最小值，在 245 nm 处有最大值，此后向长波长方向单调递减直至 400 nm 附近。对于较低的平流层光化学反应中，大于 290 nm 的波长区域的吸收光谱很重要。然而，在实验室生成的 ClOOCl 样品中，Cl_2 作为杂质存在，在计算 ClOOCl 的光谱和吸收截面时需要将 Cl_2 的部分减去。而由此引起的误差，直到现在，在研究人员之间还存在较大分歧。为解决上述问题，Chen 等(2009)利用分子束，通过质谱法测量了光解衰减，并确定了 ClOOCl 的吸收截面。该方法似乎可以消除杂质 Cl_2 的光吸收效应，他们报道了 200 K 时 ClOOCl 在 308 nm 和 351 nm 处的吸收截面分别为 49.0×10^{-20} 和 11.2×10^{-20} cm^2 · 分子$^{-1}$。这些数值与近来 Papanastasiou 等(2009)的报道的数据非常吻合。基于这一数据，NASA/JPL 专家组评

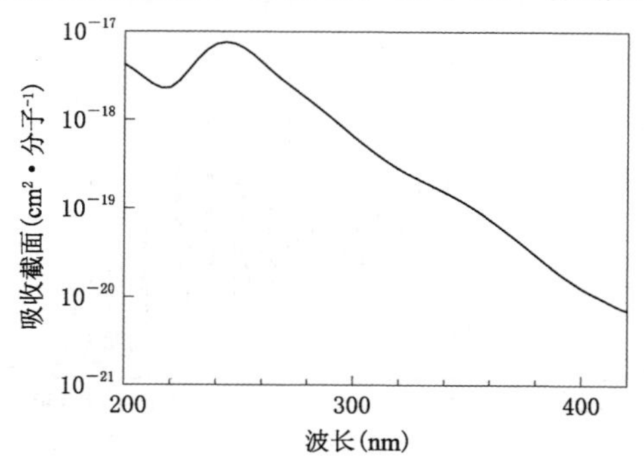

图 4.41　ClOOCl 的吸收光谱(改编自 Papanastasiou 等，2009)

估文件第 17 号中建议吸收截面平均为 2 nm，估计误差为±35％(Sander 等，2011)。表 4.34 列出了在 190～250 K 温度范围内的建议吸收截面。

一般认为，ClOOCl 的光解途径为

$$ClOOCl + h\nu(\lambda < 1709\ nm) \rightarrow ClO + ClO \quad \Delta H_0^\circ = 70\ kJ \cdot mol^{-1} \tag{4.109}$$

$$+ h\nu(\lambda < 357\ nm) \rightarrow ClO + Cl + O \quad \Delta H_0^\circ = 335\ kJ \cdot mol^{-1} \tag{4.110}$$

$$+ h\nu(\lambda < 1375\ nm) \rightarrow Cl + ClOO \quad \Delta H_0^\circ = 87\ kJ \cdot mol^{-1} \tag{4.111}$$

$$+ h\nu(\lambda < 1117\ nm) \rightarrow 2Cl + O_2 \quad \Delta H_0^\circ = 107\ kJ \cdot mol^{-1} \tag{4.112}$$

根据最近对直接检测 Cl 原子和 ClO 自由基的研究，最主要的反应产物是式(4.112)生成的 2Cl + O_2(Moore 等，1999；Huang 等，2011)。NASA/JPL 专家组评估文件第 17 号推荐 $\Phi(2Cl+O_2)=0.8\pm0.1$，$\Phi(2ClO)+\Phi(ClO+Cl+O)=0.2\pm0.1$，如图 4.41 所示的整个光谱范围内的总量子产率为 1，在 $\lambda>300$ nm 时，$\Phi(ClO+Cl+O)=0.0\pm0.1$。由于光解途径的差异会导致臭氧破坏效率的较大差异，因此该反应途径引起了人们的极大兴趣。

4.4.7 二氧化氯(OClO)

二氧化氯(OClO)是由 ClO 自由基之间的双分子反应形成的化合物，类似于 ClOOCl，它是冬季南极上空平流层中的氯的储库分子。由于二氧化氯在可见光区域具有很强的吸收能力，所以当春季太阳光线开始照射时，OClO 会立即被光解。

如图 4.42 所示，吸收光谱由 280～480 nm 区域内结构良好的强谱带组成(Wahner等，1987)。该能带结构对应于与电子跃迁 $A^2A_2 \leftarrow X^2B_1$ 伴随发生的伸缩振动($\nu' \leftarrow \nu''=0$)。根据能带结构预测，OClO 的吸收带的形状和吸收截面取决于要测量的光谱分辨率。Wahner 等(1987)在 0.25 nm 进行了测量，Kromminga 等

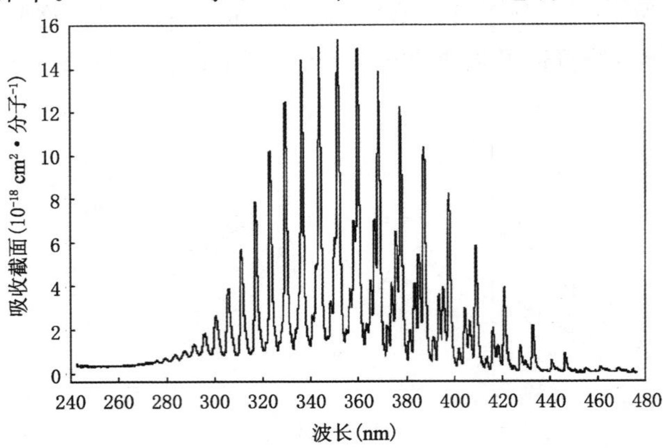

图 4.42 OClO 的吸收光谱(改编自 Wahner 等，1987)

(2003)后来进行了较高分辨率 0.01～0.02 nm 和中等分辨率 0.2～0.4 nm 的测量。NASA/JPL 专家组评估文件第 17 号给出了在 1 nm 间隔内的平均吸收截面，以及在不同温度下每个振动带峰值处的吸收截面(Sander 等，2011)。表 4.35 引用了评估文件中 204 K 时 1 nm 间隔处的吸收截面。

表 4.35　OClO 的吸收截面(平均间隔超过 1 nm,204 K)

波长 (nm)	$10^{20}\sigma$ (cm^2·分子$^{-1}$)	波长 (nm)	$10^{20}\sigma$ (cm^2·分子$^{-1}$)	波长 (nm)	$10^{20}\sigma$ (cm^2·分子$^{-1}$)	波长 (nm)	$10^{20}\sigma$ (cm^2·分子$^{-1}$)	波长 (nm)	$10^{20}\sigma$ (cm^2·分子$^{-1}$)	波长 (nm)	$10^{20}\sigma$ (cm^2·分子$^{-1}$)
270	44.3	300	226	330	782	360	1210	390	71.4	420	81.4
271	45.7	301	222	331	285	361	477	391	123	421	323
272	49.9	302	143	332	155	362	173	392	109	422	151
273	49.1	303	95.3	333	147	363	179	393	203	423	50.0
274	48.1	304	96.1	334	208	364	207	394	270	424	23.8
275	54.8	305	276	335	335	365	361	395	285	425	23.3
276	58.3	306	328	336	1090	366	403	396	275	426	14.5
277	52.5	307	190	337	782	367	625	397	370	427	43.8
278	54.3	308	116	338	266	368	919	398	53	428	99.5
279	67.4	309	85.4	339	155	369	903	399	225	429	46.9
280	67.2	310	168	340	167	370	268	400	70.1	430	44.3
281	58.3	311	511	341	250	371	107	401	45.6	431	23.3
282	65.4	312	338	342	414	372	180	402	96.9	432	47.0
283	82.4	313	174	343	925	373	170	403	56.3	433	173
284	77.6	314	107	344	1090	374	364	404	196	434	69.6
285	67.2	315	94.2	345	388	375	376	405	194	435	24.6
286	77.7	316	239	346	176	376	554	406	185	436	11.2
287	100	317	686	347	161	377	718	407	160	437	7.68
288	93.7	318	360	348	258	378	881	408	158	438	9.09
289	79.4	319	176	349	320	379	278	409	493	439	5.13
290	90.5	320	114	350	581	380	92.4	410	210	440	12.5
291	127	321	125	351	1100	381	135	411	71.6	441	47.8
292	116	322	279	352	993	382	148	412	34.0	442	23.2
293	90.9	323	873	353	330	383	266	413	46.8	443	14.7
294	94.1	324	443	354	164	384	298	414	44.6	444	7.59
295	147	325	192	355	190	385	440	415	30.0	445	3.96
296	172	326	121	356	276	386	345	416	164	446	46.8
297	122	327	147	357	343	387	762	417	100	447	55.2
298	92.0	328	221	358	597	388	388	418	107	448	18.4
299	106	329	838	359	830	389	173	419	75.1	449	7.17

来源:NASA/JPL 专家组评估文件第 17 号

OClO 的光解途径如下所示

$$OClO + h\nu(\lambda < 480\ nm) \rightarrow ClO + O(^3P) \qquad \Delta H_0^\circ = 249\ kJ \cdot mol^{-1} \tag{4.113}$$

$$+ h\nu(\lambda < 1040\ nm) \rightarrow Cl + O_2(^1\Delta_g) \qquad \Delta H_0^\circ = 115\ kJ \cdot mol^{-1} \tag{4.114}$$

$O(^3P)$的产生是350～475 nm区域内的主要过程，包括光碎片光谱研究等(Lawrence等，1990；Davis和Lee，1992，1996；Delmdahl等，1998)。尽管在较短的波长区域也报告了Cl原子的形成，但据推测，反应(4.113)形成$O(^3P)$的量子产率为1，并且在大于350 nm的波长范围内，Cl原子的形成小于4%，这对低平流层的光解有效(Sander等，2011)。

4.4.8 亚硝酰氯(ClNO)和硝酰氯($ClNO_2$)

亚硝酰氯(ClNO)和硝酰氯($ClNO_2$)都是由NO_2和N_2O_5在固体海盐表面上的非均相反应所形成。人们认为它们主要形成于受城市污染烟羽影响的海洋边界层，其光降解是由于中高纬度对流层中的卤素化学作用所致。

如图4.43所示，ClNO的紫外-可见光吸收光谱在200 nm附近具有很强的吸收最大值，并且由非常宽的连续吸收带组成，该吸收带在较长波长侧的可见光区域中延伸至600 nm或更长。NASA/JPL专家组评估文件第17号(Sander等，2011)中的吸收截面的推荐值是基于Tyndall等(1987)(190～350 nm)和Roehl等(1992)(350～650 nm)的研究获得，表4.36列出了200～500 nm区域的相关数据。图4.43显示了使用这些吸收截面的对流层光化学通量区域的吸收光谱。

$ClNO_2$的吸收光谱在紫外光区域215 nm左右处达到最大，并具有延伸到较长波长侧的可见光的连续带。横截面的衰减大于ClNO，并且其光谱在400 nm左右终止。NASA/JPL专家组评估文件第17号(Sander等，2011)中的吸收截面取自Illies和Takacs(1976)以及Furlan等(2000)的平均数据。表4.36引用了与ClNO一样来自评估文件的数据。关于$ClNO_2$的吸收光谱，Ghosh等(2011)最近报道了新的测量数据，但该数据或多或少与上述数值有所不同。

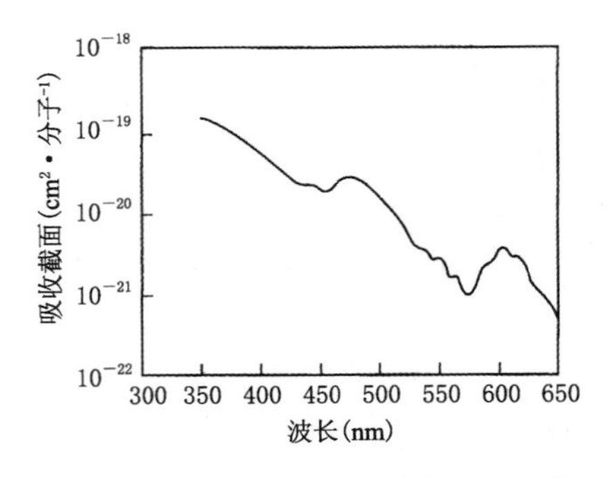

图4.43 ClNO的吸收光谱(改编自Roehl等，1992)

表 4.36　ClNO 和 $ClNO_2$ (298 K)的吸收截面

波长 (nm)	$10^{20}\sigma$(cm^2·分子$^{-1}$) ClNO	$ClNO_2$	波长 (nm)	$10^{20}\sigma$(cm^2·分子$^{-1}$) ClNO	$ClNO_2$	波长 (nm)	$10^{20}\sigma$(cm^2·分子$^{-1}$) ClNO
200	5860	445	310	11.5	12.1	420	2.89
210	2630	321	320	13.4	9.40	430	2.21
220	896	325	330	14.7	6.79	440	2.20
230	266	221	340	15.2	4.62	450	1.87
240	82.5	132	350	14.2	3.05	460	1.95
250	31.7	90.9	360	12.9	1.86	470	2.50
260	17.5	58.7	370	11.0	1.12	480	2.53
270	12.9	33.7	380	8.86	0.772	490	2.07
280	10.6	20.7	390	6.85	0.475	500	1.50
290	9.64	16.3	400	5.13	0.327		
300	10.0	14.1	410	3.83	—		

来源：NASA/JPL 专家组评估文件第 17 号

Calvert 和 Pitts(1969)、Nelson 和 Johnston(1983)证实了 ClNO 和 $ClNO_2$ 的光解过程

$$ClNO + h\nu(\lambda < 767\ nm) \rightarrow Cl + NO \quad \Delta H_0^\circ = 156\ kJ \cdot mol^{-1} \tag{4.115}$$

$$ClNO_2 + h\nu(\lambda < 867\ nm) \rightarrow Cl + NO_2 \quad \Delta H_0^\circ = 138\ kJ \cdot mol^{-1} \tag{4.116}$$

如我们根据吸收光谱所预期的那样，它们的量子产率被认为是 1。对于 ClNO，对形成的 Cl 原子的不同自旋轨道状态 $\Phi[Cl^*(^2P_{1/2})]/\Phi[Cl^*(^2P_{1/2})+Cl(^2P_{3/2})]$的相对产率也进行了测量。例如，如在 351 nm 处的该比率为 0.90±0.10，那么 $Cl^*(^2P_{1/2})$原子主要在该波长形成(Chichinin，1993)。

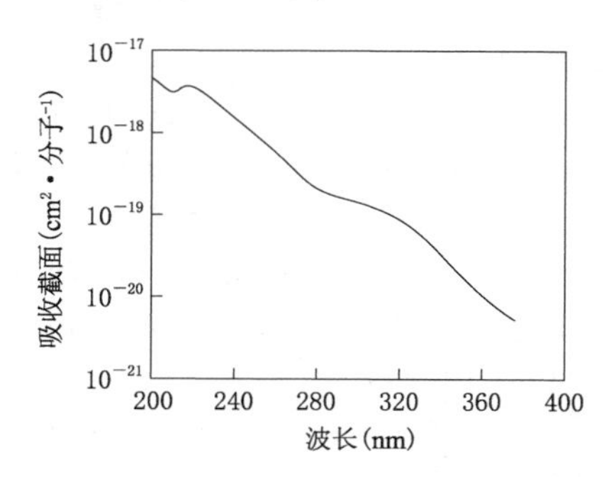

图 4.44　$ClNO_2$ 的吸收光谱(改编自 Ganske 等，1992)

参考文献

Abu-Bajeh, M., M. Cameron, K.-H. Jung, C. Kappel, A. Laeuter, K.-S. Lee, H. P. Upadhyaya, R. K. Vasta and H.-R. Volpp, Absolute quantum yield measurements for the formation of oxygen atoms after UV laser excitation of SO_2 at 222.4 nm, Proc. Indian Acad. Sci. (Chem. Sci.), 114, 675-686, 2002.

Adler-Golden, S. M., Franck-Condon analysis of thermal and vibrational excitation effects on the ozone Hartley continuum, J. Quant. Spesctrosc. Rad. Transfer, 30, 175-185, 1983.

Adler-Golden, S. M., E. L. Schweitzer and J. I. Steinfeld, Ultraviolet continuum spectroscopy of vibrationally excited ozone, J. Chem. Phys., 76, 2201-2209, 1982.

Atkinson, R. and A. C. Lloyd, Evaluation of kinetic and mechanistic data for modeling of photochemical smog, J. Phys. Chem. Ref. Data, 13, 315-444, 1984.

Atkinson, R. et al., Summary of evaluated kinetic and photochemical data for atmospheric chemistry, Data Sheet P7, IUPAC, London, 2002.

Atkinson, R., D. L. Baulch, R. A. Cox, J. N. Crowley, R. F. Hampson, R. G. Hynes, M. E. Jenkin, M. J. Rossi and J. Troe, Evaluated kinetic and photochemical data for atmospheric chemistry: Volume I-Gas phase reactions of Ox, HOx, NOx, and SOx species, Atmos. Chem. Phys., 4, 1461-1738, 2004.

Atkinson, R., D. L. Baulch, R. A. Cox, J. N. Crowley, R. F. Hampson, R. G. Hynes, M. E. Jenkin, M. J. Rossi and J. Troe, Evaluated kinetic and photochemical data for atmospheric chemistry: Volume II-gas phase reactions of organic species, Atmos. Chem. Phys., 6, 3625-4055, 2006.

Atkinson, R., D. L. Baulch, R. A. Cox, J. N. Crowley, R. F. Hampson, R. G. Hynes, M. E. Jenkin, M. J. Rossi and J. Troe, Evaluated kinetic and photochemical data for atmospheric chemistry: Volume III-gas phase reactions of inorganic halogens, Atmos. Chem. Phys., 7, 981-1191, 2007.

Atkinson, R., D. L. Baulch, R. A. Cox, J. N. Crowley, R. F. Hampson, R. G. Hynes, M. E. Jenkin, M. J. Rossi, J. Troe and T. J. Wallington, Evaluated kinetic and photochemical data for atmospheric chemistry: Volume IV-gas phase reactions of organic halogen species, Atmos. Chem. Phys., 8, 4141-4496, 2008.

Bahou, M., C.-Y. Chung, Y.-P. Lee, B. M. Cheng, Y. L. Yung and L. C. Lee, Absorption cross sections of HCl and DCl at 135-232 nanometers: Implications for photodissociation on venus, Astrophys. J., 559, L179-L182, 2001.

Barnes, R. J., A. Sinha and H. A. Michelsen, Assessing the contribution of the lowest triplet state to the near-UV absorption spectrum of HOCl, J. Phys. Chem. A, 102, 8855-8859, 1998.

Bauer, D., T. Ingham, S. A. Carl, G. K. Moortgat and J. N. Crowley, Ultraviolet-visible absorption cross sections of gaseous HOI and its photolysis at 355 nm, J. Phys. Chem., 102,

2857-2864, 1998.

Benter, T., C. Feldmann, U. Kirchner, M. Schmidt, S. Schmidt and R. N. Schindler, UV/VISabsorption spectra of HOBr and CH_3OBr; Br ($^2P_{3/2}$) atom yields in the photolysis of H0131, Ber. Bunsenges. Phys. Chem., 99, 1144-1147, 1995.

Bethke, G. W., Oscillator strengths in the far ultraviolet. I. nitric oxide, J. Chem. Phys. 31, 662-668, 1959.

Blitz, M. A., D. E. Heard, M. J. Pilling, S. R. Arnold and M. P. Chipperfield, Pressure and temperature-dependent quantum yields for the photodissociation of acetone between 279 and 327. 5 nm, Geophys. Res. Lett., 31, L06111, doi:1029/2003GL018793, 2004.

Bloss, W. J., D. M. Rowley, R. A. Cox and R. L. Jones, Kinetics and products of the IO self-reaction, J. Phys. Chem. A, 105, 7840-7854, 2001.

Bogumil, K., J. Orphal, T. Homann, S. Voigt, P. Spietz, O. C. Fleischmann, A. Vogel, M. Hartmann, H. Bovensmann, J. Frerick and J. P. Burrows, Measurements of molecular absorption spectra with the SCIAMACHY pre-flight model: Instrument characterization and reference data for atmospheric remote-sensing in the 230-2380 nm region, J. Photochem. Photobiol. A: Chem., 157, 167-184, 2003.

Bongartz, A., J. Kames, F. Welter and U. Schurath, Near-UV absorption cross sections and trans/cis equilibrium of nitrous acid, J. Phys. Chem., 95, 1076-1082, 1991.

Bongartz, A., J. Kames, U. Schurath, C. George, P. Mirabel and J. L. Ponche, Experimental determination of HONO mass accommodation coefficients using two different techniques, J. Atmos. Chem., 18, 149-169, 1994.

Brewer, L. and J. Tellinghuisen, Quantum yield for unimolecular dissociation of I_2 in visible absorption, J. Chem. Phys., 56, 3929-3938, 1972.

Brownsword, R. A., P. Schmiechen, H.-R. Volpp, H. P. Upadhyaya, Y. J. Jung and K.-H. Jung, Chlorine atom formation dynamics in the dissociation of CH_3CF_2Cl (HCFC-142b) after UV laser photoexcitation, J. Chem. Phys., 110, 11823-11829, 1999.

Brus, L. E. and J. R. McDonald, Time-resolved fluorescence kinetics and $^1B_1$ ($^1\Delta_g$) vibronic structure in tunable ultraviolet laser excited SO_2 vapor, J. Chem. Phys., 61, 97-105, 1974.

Burkholder, J. B., Ultraviolet absorption spectrum of HOCl, J. Geophys. Res., 98, 2963-2974, 1993.

Burkholder, J. B., R. R. Wilson, T. Gierczak, R. Talukdar, S. A. McKeen, J. J. Orlando, G. L. Vaghjiani and A. R. Ravishankara, Atmospheric fate of CF_3Br, CF_2Br_2, CF_2ClBr, and CF_2BrCF_2BR, J. Geophys. Res., 96, 5025-5043, 1991.

Burkholder, J. B., R. K. Talukdar, A. R. Ravishankara and S. Solomon, Temperature dependence of the HNO_3 UV absorption cross sections, J. Geophys. Res., 98, 22937-22948, 1993.

Burkholder, J. B., R. K. Talukdar and A. R. Ravishankara, Temperature dependence of the $ClONO_2$ UV absorption spectrum, Geophys. Res. Lett., 21, 585-588, 1994.

Burkholder, J. B., A. R. Ravishankara and S. Solomon, UV/visible and IR absorption cross sections of $BrONO_2$, J. Geophys. Res., 100, 16793-16800, 1995.

Callear, A. B. and M. J. Pilling, Fluorescence of nitric oxide. Part 7. -Quenching rates of NO $C^2\Pi(v=0)$, its rate of radiation to NO $A^2S\Sigma_+$, energy transfer efficiencies, and mechanisms of predissociation, Trans. Faraday Soc., 66, 1618-1634, 1970.

Calvert, J. G. and J. N. Pitts. In Photochemistry, John Wiley & Sons, pp 230-231, 1966.

Campuzano-Jost, P. and J. N. Crowley, Kinetics of the reaction of OH with HI between 246 and 353 K, J. Phys. Chem. A 103, 2712-2719, 1999.

Cantrell, C. A., J. A. Davidson, A. H. McDaniel, R. E. Shetter and J. G. Calvert, Temperaturedependent formaldehyde cross sections in the near-ultraviolet spectral region, J. Phys. Chem., 94, 3902-3908, 1990.

Carbajo, P. G., S. C. Smith, A.-L. Holloway, C. A. Smith, F. D. Pope, D. E. Shallcross and A. J. Orr-Ewing, Ultraviolet photolysis of HCHO: Absolute HCO quantum yields by direct detection of the HCO radical photoproduct, J. Phys. Chem. A, 112, 12437-12448, 2008.

Carlon, N. R., D. K. Papanastasiou, E. L. Fleming, C. H. Jackman, P. A. Newman and J. B. Burkholder, UV absorption cross sections of nitrous oxide(N_2O) and carbon tetrachloride (CCl_4) between 210 and 350 K and the atmospheric implications, Atmos. Chem. Phys., 10, 6137-6149, 2010.

Carr, S., D. E. Heard and M. A. Blitz, Comment on "Atmospheric hydroxyl radical production from electronically excited NO_2 and H_2O", Science, 324, 336, 2009.

Chen, H.-Y., C-Y Lien, W-Y Lin, Y. T. Lee and J. J. Lin, UV absorption cross sections of ClOOCl are consistent with ozone degradation models, Science, 324, 781-784, 2009.

Chichinin, A. I., Chem. Phys. Lett., 209, 459-463, 1993.

Clark, R. H. and D. Husain, Quantum yield measurements of $Cl(3^2P_{1/2})$ and $Cl(3^2P_{3/2})$ in the photolysis of C1 chlorofluorocarbons determined by atomic resonance absorption spectroscopy in the vacuum UV, J. Photochem., 24, 103-115, 1984.

Co, D., T. F. Hanisco, J. G. Anderson and F. N. Keutsch, Rotationally resolved absorption cross sections of formaldehyde in the 28100-28500 cm^{-1} (351-356 nm) spectral region: Implications for in situ LIF measurements, J. Phys. Chem. A, 109, 10675-10682, 2005.

Cooper, I. A., P. J. Neill and J. R. Wiesenfeld, Relative quantum yield of $O(^1D_2)$ following ozone photolysis between 221 and 243. 5 nm, J. Geophys. Res., 98, 12795-12800, 1993.

Cooper, M. J., E. Wrede, A. J. Orr-Ewing and M. N. R. Ashfold, Ion imaging studies of the $Br(^2P_J)$ atomic products resulting from Br_2 photolysis in the wavelength range 260-580 nm, J. Chem. Soc. Faraday Trans., 94, 2901-2907, 1998.

Cox, R. A. and R. G. Derwent, The ultra-violet absorption spectrum of gaseous nitrous acid, J. Photochem., 6, 23-34, 1976.

Davis, H. F. and Y. T. Lee, Dynamics and mode specificity in OClO photodissociation, J. Phys. Chem., 96, 5681-5684, 1992.

Davis, H. F. and Y. T. Lee, Photodissociation dynamics of OClO, J. Chem. Phys., 105, 8142-

8163, 1996.

Davis, H. F., B. Kim, H. S. Johnston and Y. T. Lee, Dissociation energy and photochemistry of nitrogen trioxide, J. Phys. Chem., 97, 2172-2180, 1993.

Delmdahl, R. F., S. Ulrich and K.-H. Gericke, Photofragmentation of OClO($\tilde{A}^2A_2$ $\nu_1\nu_2\nu_3$)→Cl(^2P_J)+ O_2, J. Phys. Chem. A, 102, 7680-7685, 1998.

DeMore, W. B., S. P. Sander, D. M. Golden, R. F. Hampson, M. J. Kurylo, C. J. Howard, A. R. Ravishankara, C. E. Kolb and M. J. Molina, Chemical Kinetics and Photochemical Data for Use in Stratospheric Modeling, Evaluation Number 12, JPL Publication 97-4, 1997.

Denzer, W., G. Hancock, J. C. Pinot de Moira and P. L. Tyley, Spin forbidden dissociation of ozone in the Huggins bands, Chem. Phys., 231, 109-120, 1998.

Deters, B., J. P. Burrows and J. Orphal, UV-visible absorption cross sections of bromine nitrate determined by photolysis of $BrONO_2/Br_2$ mixtures, J. Geophys. Res., 103, 3563-3570, 1998.

Donnelly, V. M. and F. Kaufman, Fluorescence lifetime studies of NO_2, II. Dependence of the perturbed $^2B_2$ state lifetimes on excitation energy, J. Chem. Phys., 69, 1456-1460, 1978.

Donnelly, V. M., D. G. Keil and F. Kaufman, Fluorescence lifetime studies of NO_2. III. Mechanism of fluorescence quenching, J. Chem. Phys., 71, 659-673, 1979.

Douglas, A. E., Anomalously long radiative lifetimes of molecular excited states, J. Chem. Phys., 45, 1007-1015, 1966.

Emrich, M. and P. Warneck, Photodissociation of acetone in air: Dependence on pressure and wavelength, behavior of the excited singlet state, J. Phys. Chem., A 104, 9436-9442, 2000.

Fahr, A., W. Braun and M. J. Kurylo, Scattered light and accuracy of the cross-section measurements of weak absorptions: Gas and liquid phase UV absorption cross sections of CH_3CFCl_2, J. Geophys. Res., 98, 20467-20472, 1993.

Fahr, A., A. K. Nayak and M. J. Kurylo, The ultraviolet absorption cross sections of CH_3I temperature dependent gas and liquid phase measurements, Chem. Phys., 197, 195-203, 1995.

Fang, Q., J. Han, J.-L. Jiang, X.-B. Chen and W.-H. Fang, The conical intersection dominates the generation of tropospheric hydroxyl radicals from NO_2 and H_2O, J. Phys. Chem. A, 114, 4601-4608, 2010.

Francisco, J. S., M. R. Hand and I. H. Williams, Ab initio study of the electronic spectrum of HOBr, J. Phys. Chem., 100, 9250-9253, 1996.

Fredlick, J. E. and R. D. Hudson, Predissociation of nitric oxide in the mesosphere and stratosphere, J. Atmos. Sci., 36, 737-745, 1979.

Finlayson-Pitts, B. J. and J. N. Pitts, Jr., Chemistry of the Upper and Lower Atmosphere, p. 99, Academic Press, 2000.

Furlan, A., M. A. Haeberli and R. J. Huber, The 248 nm photodissociation of $ClNO_2$ studied by photofragment translational energy spectroscopy, J. Phys. Chem. A, 104, 10392-10397, 2000.

Ganske, J. A., H. N. Berko and B. J. Finlayson-Pitts, Absorption cross sections for gaseous

$ClNO_2$ and Cl_2 at 298 K: Potential organic oxidant source in the marine troposphere, J. Geophys. Res., 97, 7651-7656, 1992.

Ghosh, B., D. K. Papanastasiou, R. K. Talukdar, J. M. Roberts and J. B. Burkholder, Nitryl chloride ($ClNO_2$): UV/Vis absorption spectrum between 210 and 296 K and $O(^3P)$ quantum yield at 193 and 248 nm, J. Phys. Chem. A, 10.1021/jp207389y, 2011.

Gierczak, T., J. B. Burkholder, S. Bauerle and A. R. Ravishankara, Photochemistry of acetone under tropospheric conditions, Chem. Phys., 231, 229-244, 1998.

Gillotay, D. and P. C. Simon, Ultraviolet absorption spectrum of trifluoro-bromo-methane, difluorodibromo-methane and difluoro-bromo-chloro-methane in the vapor phase, J. Atmos. Chem., 8, 41-62, 1989.

Gillotay, D. and P. C. Simon, Temperature-dependence of ultraviolet absorption cross-sections of alternative chlorofluoroethanes, J. Atmos. Chem., 12, 269-285, 1991.

Goldfarb, L., A.-M. Schmoltner, M. K. Gilles, J. Burkholder and A. R. Ravishankara, Photodissociation of $ClONO_2$: 1. Atomic resonance fluorescence measurements of product quantum yields, J. Phys. Chem. A, 101, 6658-6666, 1997.

Greenblatt, G. D. and J. R. Wiesenfeld, Time-resolved resonance fluorescence studies of $O(^1D_2)$ yields in the photodissociation of O_3 at 248 and 308 nm, J. Chem. Phys., 78, 4924-4928, 1983.

Greenblatt, G. D. and A. R. Ravishankara, Laboratory studies on the stratospheric NOx production rate, J. Geophys. Res., 95, 3539-3547, 1990.

Hanf, A., A. Laüter and H.-R. Volpp, Absolute chlorine atom quantum yield measurements in the UV and VUV gas-phase laser photolysis of CCl_4, Chem. Phys. Lett., 368, 445-451, 2003.

Harder, J. W., J. W. Brault, P. V. Johnston and G. H. Mount, Temperature dependent NO_2 crosssections at high spectral resolution, J. Geophys. Res. D, 102, 3861-3879, 1997.

Harwood, M. H., R. L. Jones, R. A. Cox, E. Lutman and O. V. Rattigan, Temperature-dependent absorption cross-sections of N_2O_5, J. Photochem. Photobiol. A: Chem., 73, 167-175, 1993.

Harwood, M. H., J. B. Burkholder, M. Hunter, R. W. Fox and A. R. Ravishankara, Absorption cross sections and self-reaction kinetics of the IO radical, J. Phys. Chem. A, 101, 853-863, 1997.

Harwood, M. H., J. B. Burkholder and A. R. Ravishankara, Photodissociation of $BrONO_2$ and N_2O_5: Quantum yields for NO_3 production at 248, 308, and 352.5 nm, J. Phys. Chem. A, 102, 1309-1317, 1998.

Harwood, M. H., J. M. Roberts, G. J. Frost, A. R. Ravishankara and J. B. Burkholder, Photochemical studies of $CH_3C(O)OONO_2$ (PAN) and $CH_3CH_2C(O)OONO_2$ (PPN): NO_3 quantum yields, J. Phys. Chem. A, 107, 1148-1154, 2003.

Haugen, H. K., E. Weitz and S. R. Leone, Accurate quantum yields by laser gain vs absorption spectroscopy: Investigation of Br/Br* channels in photofragmentation of Br_2 and IBr, J. Chem. Phys., 83, 3402-3412, 1985.

Horowitz, A. and J. G. Calvert, Wavelength dependence of the quantum efficiencies of the primary processes in formaldehyde photolysis at 25℃, Int. J. Chem. Kinet., 10, 805-819, 1978.

Horowitz, A. and J. G. Calvert, Wavelength dependence of the primary processes in acetaldehyde photolysis, J. Phys. Chem., 86, 3105-3114, 1982.

Huang, W.-T., A. F. Chen, I.-C. Chen, C.-H. Tsai and J. J.-M. Lin, Photodissociation dynamics of ClOOCl at 248.4 and 308.4 nm, Phys. Chem. Chem. Phys., 13, 8195-8203, 2011.

Hubrich, C. and F. Stuhl, The ultraviolet absorption of some halogenated methanes and ethanes of atmospheric interest, J. Photochem., 12, 93-107, 1980.

Huebert, B. J. and Martin, R. M., Gas-phase far-ultraviolet absorption spectrum of hydrogen bromide and hydrogen iodide, J. Phys. Chem., 72, 3046, 1968.

Hui, M. H. and S. A. Rice, Decay of fluorescence from single vibronic states of SO_2, Chem. Phys Lett., 17, 474-478, 1972.

Hynes, A. J., E. A. Kenyon, A. J. Pounds and P. H. Wine, Temperature dependent absorption crosssections for acetone and n-butanone-implications for atmospheric lifetimes, Spectrochim. Acta, 48A, 1235-1242, 1992.

Illies, A. J. and G. A. Takacs, Gas phase ultra-violet photoabsorption cross-sections for nitrosyl chloride and nitryl chloride, J. Photochem., 6, 35-42, 1976.

Imajo, T., K. Yoshino, J. R. Esmond, W. H. Parkinson, A. P. Thorne, J. E. Murray, R. C. M. Learner, G. Cox, A. S.-C. Cheung, K. Ito and T. Matsui, The application of a VUV Fourier transform spectrometer and synchrotron radiation source to measurements of: II. The δ (1, 0) band of NO, J. Chem. Phys., 112, 2251-2258, 2000.

Ingham, T., M. Cameron and J. N. Crowley, Photodissociation of IO (355 nm) and OIO (532 nm): Quantum yields for $O(^3P)$ and $I(^2P_J)$ production, J. Phys. Chem. A, 104, 8001-8010, 2000.

Jimenez, E., T. Gierczak, H. Stark, J. B. Burkholder and A. R. Ravishankara, Quantum yields of OH, HO_2 and NO_3 in the UV photolysis of HO_2NO_2, Phys. Chem. Chem. Phys., 7, 342-348, 2005.

Johnston, H. S. and G. S. Selwyn, New cross sections for the absorption of near ultraviolet radiation by nitrous oxide(N_2O), Geophys. Res. Lett., 2, 549-551, 1975.

Johnston, H. S., S. Chang and G. Whitten, Photolysis of nitric acid vapor, J. Phys. Chem., 78, 1-7, 1974.

Johnston, H. S., H. F. Davis and Y. T. Lee, NO_3 photolysis product channels: Quantum yields from observed energy thresholds, J. Phys. Chem., 100, 4713-4723, 1996.

Jones, I. T. N. and K. D. Bayes, Formation of $O_2(a^1\Delta_g)$ by electronic energy transfer in mixtures of NO_2 and O_2, J. Chem. Phys., 59, 3119-3124, 1973.

Joseph, D. M., S. H. Ashworth and J. M. C. Plane, On the photochemistry of $IONO_2$: Absorption cross section(240-370 nm) and photolysis product yields at 248 nm, Phys. Chem. Chem.

Phys., 9, 5599-5600, 2007.

Kang, W. K., K. W. Jung, D.-C. Kim and K.-H. Jung, Photodissociation of alkyl iodides and CF_3I at 304 nm: Relative populations of I ($^2P_{1/2}$) and I ($^2P_{3/2}$) and dynamics of curve crossing, J. Chem. Phys., 104, 5815-5820, 1996.

Katagiri, H., T. Sako, A. Hishikawa, T. Yazaki, K. Onda, K. Yamanouchi and K. Yoshino, Experimental and theoretical exploration of photodissociation of SO_2 via the C^1B_2 state: Identification of the dissociation pathway, J. Mol. Struct., 413-414, 589-614, 1997.

Katayanagi, H., Y. X. Mo and T. Suzuki, 223 nm photodissociation of OCS. Two components in $S(^1D_2)$ and $S(^3P_2)$ channels, Chem. Phys. Lett., 247, 571-576, 1995.

Knight, G. P., A. R. Ravishankara and J. B. Burkholder, UV absorption cross sections of HO_2NO_2 between 343 and 273 K, Phys. Chem. Chem. Phys., 4, 1432-1437, 2002.

Kromminga, J., J. Orphal, P. Spietz, S. Voigt and J. P. Burrows, New measurements of OClO absorption cross-sections in the 325-435 nm region and their temperature dependence between 213 and 293 K, J. Photochem. Photobiol. A: Chem., 157, 149-160, 2003.

Langford, S. R., P. M. Regan, A. J. Orr-Ewing and N. M. R. Ashfold, On the UV photodissociation dynamics of hydrogen iodide, Chem. Phys., 231, 245-260, 1998.

Langhoff, S. R., L. Jaffe and J. O. Arnold, Effective cross sections and rate constants for predissociation of ClO in the earth's atmosphere, J. Quant. Spectrosc. Radiat. Transfer, 18, 227-235, 1977.

Lasylo, B., M. J. Kurylo and R. E. Huie, Absorption cross sections, kinetics of formation, and selfreaction of the IO radical produced via the laser photolysis of $N_2O/I_2/N_2$ mixtures, J. Phys. Chem., 99, 11701-11707, 1995.

Lawrence, W. G., K. C. Clemitshaw and V. A. Apkarian, On the relevance of OClO photodissociation to the destruction of stratospheric ozone, J. Geophys. Res., 95, 18591-18595, 1990.

Lewis, B. R., L. Berzins and J. H. Carver, Oscillator strength for the Schumann-Runge bands of O_2, J. Quant. Spectrosc. Rad. Transfer, 36, 209-232, 1986.

Li, S., J. Matthews and A. Sinha, Atmospheic hydroxyl radical production from electronically excited NO_2 and H_2O, Science, 319, 1657-1660, 2008.

Li, A., B. Suo, Z. Wen and Y. Wang, Potential energy surfaces for low-lying electronic states of SO_2, Sci. China B: Chem., 49, 289-295, 2006.

Libuda, H. G. and F. Zabel, UV absorption cross section of acetyl peroxynitrate and trifuoroacetyl peroxynitrate at 298 K, Ber. Bunsenges. Phys. Chem., 99, 1205-1213, 1995.

Lin, C. L., N. K. Rohatgi and W. B. DeMore, Ultraviolet absorption cross sections of hydrogen peroxide, Geophys. Res. Lett., 5, 113-115, 1978.

Lindeman, T. G. and J. R. Wiesenfeld, Photodissociation of Br_2 in the visible continuum, J. Chem. Phys., 70, 2882-2888, 1979.

MacLeod, H., G. P. Smith and D. M. Golden, Photodissociation of pernitric acid (HO_2NO_2) at 248 nm, J. Geophys. Res., 93, 3813-3823, 1988.

Malicet, J. , D. Daumont, D, J. Charbonnier, C. Parisse, A. Chakir and J. Brion, Ozone UV spetroscopy. II. Absorption cross-sections and temperature dependence, J. Atmos. Chem. 21, 263-273, 1995.

Manatt, S. L. and A. L. Lane, A compilation of the absorption cross-sections of SO_2 from 106 to 403 nm, J. Quant. Spectrosc. Radiat. Transfer, 50, 267-276, 1993.

Maric, D. , J. P. Burrows, R. Meller and G. K. Moortgat, A study of the UV-visible absorption spectrum of molecular chlorine, J. Photochem. Photobiol. A:Chem. , 70, 205-214, 1993.

Maric, D. , J. P. Burrows and G. K. Moortgat, A study of the UV-visible absorption spectra of Br_2 and BrCl, J. Photochem. Photobiol A:Chem. , 83, 179-192, 1994.

Martinez, R. D. , A. A. Buitrago, N. W. Howell, C. H. Hearn and J. A. Joens, The near U. V. absorption spectra of several aliphatic aldehydes and ketones at 300 K, Atmos. Environ. , 26A, 785-792. 1992.

Matsumi, Y. , K. Tonokura and M. Kawasaki, Fine-structure branching ratios and Doppler profiles of $Cl(^2P_j)$ photofragments from photodissociation of the chlorine molecule near and in the ultraviolet region, J. Chem. Phys. , 97, 1065-1071, 1992.

Matsumi, Y. , F. J. Comes, G. Hancock, A. Hofzumahaus, A. J. Hynes, M. Kawasaki and A. R. Ravishankara, Quantum yields for production of $O(^1D)$ in the ultraviolet photolysis of ozone: Recommendation based on evaluation of laboratory data, J. Geophys. Res. , 107(D3), 4024, 10.1029/2001JD000510, 2002.

Matsumi, Y. and M. Kawasaki, Photolysis of atmospheric ozone in the ultraviolet region, Chem. Rev. , 103, 4767-4781, 2003.

Mayor, E. , A. M. Velasco and I. Martin, Photodissociation of the δ(0, 0) and δ(1, 0) bands of nitric oxide in the stratosphere and the mesosphere: A molecular-adapted quantum defect orbital calculation of photolysis rate constants, J. Geophys. Res. , 112, D13304, doi: 10. 1029/2007JD008643, 2007.

Meller, R. and G. K. Moortgat, Temperature dependence of the absorption cross sections of formaldehyde between 223 and 323 K in the wavelength range 225-375 nm, J. Geophys. Res. D, 105, 7089-7101, 2000.

Merienne, M. F. , B. Coquart and A. Jenouvrier, Temperature effect on the ultraviolet absorption of $CFCl_3$, CF_2Cl_2 and N_2O, Planet. Space Sci. , 38, 617-625, 1990.

Meyrahn, H. , G. K. Moortgat and P. Warneck, Photolysis of CH_3CHO in the range 250-330 nm, J. Photochem. , 17, 138, 1981.

Meyrahn, H. , J. Pauly, W. Schneider and P. Warneck, Quantum yields for the photodissociation of acetone in air and an estimate for the lifetime of acetone in the lower troposphere, J. Atmos. Chem. , 4, 277-291, 1986.

Minaev, B. F. , Physical properties and spectra of IO, IO^- and HOI studied by ab initio methods, J. Phys. Chem. A, 103, 7294-7309, 1999.

Minschwaner, K. and D. E. Siskind, A new calculation of nitric oxide photolysis in the stratosphere, mesosphere, and lower thermosphere, J. Geophys. Res., 98, D11, 20401-20412, 1993.

Molina, L. T. and M. J. Molina, UV absorption cross sections of HO_2NO_2 vapor, J. Photochem., 15, 97-108, 1981.

Molina, L. T. and M. J. Molina, Absorption cross sections of ozone in the 185-350 nm wavelength range, J. Geophys. Res., 91, 14501-14508, 1986.

Molina, L. T., J. J. Lamb and M. J. Molina, Temperature dependent UV absorption cross sections for carbonyl sulfide, Geophys. Res. Lett., 8, 1008-1011, 1981.

Molina, L. T., M. J. Molina and F. S. Rowland, Ultraviolet absorption cross sections of several brominated methanes and ethanes of atmospheric interest, J. Phys. Chem., 86, 2672-2676, 1982.

Moore, T. A., M. Okumura, J. W. Seale and T. K. Minton, UV photolysis of ClOOCl, J. Phys. Chem. A, 103, 1692-1695, 1999.

Moortgat, G. K. and P. Warneck, CO and H_2 quantum yields in the photodecomposition of formaldehyde in air, J. Chem. Phys., 70, 3639-3651, 1979.

Moortgat, G. K., W. Seiler and P. Warneck, Photodissociation of HCHO in air: CO and H_2 quantum yields at 220 and 300 K, J. Chem. Phys., 78, 1185-1190, 1983.

Mössinger, J. C., D. M. Rowley and R. A. Cox, The UV-visible absorption cross-sections of IO-NO_2, Atmos. Chem. Phys., 2, 227-234, 2002.

Nee, J. B., M. Suto and L. C. Lee, Quantitative spectroscopy study of HBr in the 105-235 nm region, J. Chem. Phys., 85, 4919-4924, 1986.

Nelson, H. H. and H. S. Johnston, 1981, J. Phys. Chem., 85, 3891-3896.

Nicolet, M. and S. Cieslik, The photodissociation of nitric oxide in the mesosphere and stratosphere, Planet. Space Sci., 28, 105-115, 1980.

Nicovich, J. M. and P. H. Wine, Temperature-dependent absorption cross sections for hydrogen peroxide vapor, J. Geophys. Res., 93, 2417, 1988.

Nishida, S., K. Takahashi, Y. Matsumi, N. Taniguchi and S. Hayashida, Formation of $O(^3P)$ atoms in the photolysis of N_2O at 193 nm and $O(^3P)+N_2O$ product channel in the reaction of $O(^1D)+N_2O$, J. Phys. Chem. A, 108, 2451-2456, 2004.

Okabe, H., Fluorescence and predissociation of sulfur dioxide, J. Am. Chem. Soc., 93, 7095-7096, 1971.

Okabe, H., Photochemistry of Small Molecules, Wiley, 1978.

Orkin, V. L. and E. E. Kasimovskaya, Ultraviolet absorption spectra of some Br-containing haloalkanes, J. Atm. Chem., 21, 1-11, 1995.

Orlando, J. J., G. S. Tyndall, G. K. Moortgat and J. G. Calvert, Quantum yields for NO_3 photolysis between 570-635 nm, J. Phys. Chem., 97, 10996-11000, 1993.

Orphal, J., A critical review of the absorption cross-sections of O_3 and NO_2 in the ultraviolet and visible, J. Photochem. Photobiol. A: Chem., 157, 185-209, 2003.

Orphal, J., C. E. Fellows and J.-M. Flaud, The visible absorption spectrum of NO_3 measured by highresolution Fourier transform spectroscopy, J. Geophys. Res., 108, 4077, doi:10.1029/2002JD002489, 2003.

Osborne, B. A., G. Marston, L. Kaminski, N. C. Jones, J. M. Gingell, N. J. Mason, I. C. Walker, J. Delwiche and M.-J. Hubin-Franskin, Vacuum ultraviolet spectrum of dinitrogen pentoxide, J. Quant. Spectrosc. Radiat. Transfer, 64, 67-74, 2000.

Osthoff, H. D., M. J. Pilling, A. R. Ravishankara and S. S. Brown, Temperature dependence of the NO_3 absorption cross-section above 298 K and determination of the equilibrium constant for $NO_3 + NO_2 \leftrightarrow N_2O_5$ at atmospherically relevant conditions, Phys. Chem. Chem. Phys., 9, 5785-5793, 2007.

Pagsberg P., E. Bjergbakke, A. Sillesen and E. Ratajczak, Kinetics of the gas phase reaction OH + NO(+M) → HONO(+M) and the determination of the UV absorption cross sections of HONO, Chem. Phys. Lett., 272, 383-390, 1997.

Papanastasiou, D. K., V. C. Papadimitriou, D. W. Fahey and J. B. Burkholder, UV absorption spectrum of the ClO dimer(Cl_2O_2) between 200 and 420 nm, J. Phys. Chem. A, 113, 13711-13726, 2009.

Paraskevopoulos, G. and R. J. Cvetanovic, Competitive reactions of the excited oxygen atoms, $O(^1D)$, J. Am. Chem. Soc., 91, 7572-7577, 1969.

Park, J., Y. Lee and G. W. Flynn, Tunable diode laser probe of chlorine atoms produced from the photodissociation of a number of molecular precursors, Chem. Phys Lett., 186, 441-449, 1991.

Park, M.-S., Y.-J. Jung, S.-H. Lee, D.-C. Kim and K.-H. Jung, The role of $3\Pi_{0+}$ in the photodissociation of BrCl at 235 nm, Chem. Phys. Lett., 322, 429-438, 2000.

Petersen, A. B. and I. W. M. Smith, Yields of Br^* ($4^2P_{1/2}$) as a function of wavelength in the photodissociation of Br_2 and IBr, Chem. Phys., 30, 407-413, 1978.

Pope, F. D., C. A. Smith, M. N. R. Ashfold and A. J. Orr-Ewing, High-resolution absorption cross sections of formaldehyde at wavelengths from 313 to 320 nm, Phys. Chem. Chem. Phys., 7, 79-84, 2005a.

Pope, F. D., C. A. Smith, P. R. Davis, D. E. Shallcross, M. N. R. Ashfold and A. J. Orr-Ewing, Photochemistry of formaldehyde under tropospheric conditions, J. Chem. Soc. Faraday. Disc., 130, 59-73, 2005b.

Prahlad, V. and V. Kumar, Temperature dependence of photoabsorption cross-sections of sulfur dioxide at 188-220 nm, J. Quant. Spectrosc. Radiat. Transfer, 57, 719-723, 1997.

Preston, K. F. and R. F. Barr, Primary processes in the photolysis of nitrous oxide, J. Chem. Phys., 54, 3347-3348, 1971.

Rattigan, O., E. Lutman, R. L. Jones, R. A. Cox, K. Clemitshaw and J. Williams, Temperaturedependent absorption cross-sections of gaseous nitric acid and methyl nitrate, J. Photochem. Photobiol. A:Chem., 69, 125-126, 1992b.

Ravishankara, A. R., G. Hancock, M. Kawasaki and Y. Matsumi, Photochemistry of ozone: Surprises and recent lessons, Science, 280, 60-61, DOI:10.1126, 1998.

Regan, P. M., S. R. Langford, D. Ascenzi, P. A. Cook, A. J. Orr-Ewing and M. N. R. Ashfold, Spin-orbit branching in Cl(^{2}P) atoms produced by ultraviolet photodissociation of HCl, Phys. Chem. Chem. Phys., 1, 3247-3251, 1999a.

Regan, P. M., S. R. Langford, A. J. Orr-Ewing and M. N. R. Ashfold, The ultraviolet photodissociation dynamics of hydrogen bromide, J. Chem. Phys., 110, 281-288, 1999b.

Robbins, D. E., Photodissociation of methyl chloride and methyl bromide in the atmosphere, Geophys. Res. Lett., 3, 213-216, 1976. (Erratum, GRL, 3, 757, 1976.)

Roberts, J. M. and R. W. Fajer, UV absorption cross sections of organic nitrates of potential atmospheric importance and estimation of atmospheric lifetimes, Environ. Sci. Technol., 23, 945-951, 1989.

Roehl, C. M., J. J. Orlando and J. G. Calvert, The temperature dependence of the UV-visible absorption cross-sections of NOCl, J. Photochem. Photobiol. A:Chem., 69, 1-5, 1992.

Roehl, C. M., J. J. Orlando, G. S. Tyndall, R. E. Shetter, G. J. Vazquez, C. A. Cantrell and J. G. Calvert, Temperature dependence of the quantum yields for the photolysis of NO_2 near the dissociation limit, J. Phys. Chem., 98, 7837-7843, 1994.

Roehl, C. M., J. B. Burkholder, G. K. Moortgat, A. R. Ravishankara and P. J. Crutzen, Temperature dependence of UV absorption cross sections and atmospheric implications of several alkyl iodides, J. Geophys. Res., 102, 12819-12829, 1997.

Roehl, C. M., T. L. Mazely, R. R. Friedl, Y. M. Li, J. S. Francisco and S. P. Sander, NO_2 Quantum yield from the 248 nm photodissociation of peroxynitric acid (HO_2NO_2), J. Phys. Chem. A, 105, 1592-1598, 2001.

Rogers, J. D., Ultraviolet absorption cross sections and atmospheric photodissociation rate constants of formaldehyde, J. Phys. Chem., 94, 4011-4015, 1990.

Rowley, D. M., J. C. Mössinger, R. A. Cox and R. L. Jones, The UV-visible absorption cross-sections and atmospheric photolysis rate of HOI, J. Atmos. Chem., 34, 137-151, 1999.

Rudolph, R. N. and E. C. Y. Inn, OCS photolysis and absorption in the 200- to 300-nm region, J. Geophys. Res., 86, 9891-9894, 1981.

Rufus, J., G. Stark, P. L. Smith, J. C. Pickering and A. P. Thorne, High-resolution photoabsorption cross section measurements of SO_2, 2:220 to 325 nm at 295 K, J. Geophys. Res., 108, 5011, doi:10. 1029/2002JE001931, 2003.

Saiz-Lopez, A., R. W. Saunders, D. M. Joseph, S. H. Ashworth and J. M. C. Plane, Absolute absorption cross-section and photolysis rate of I_2, Atmos. Chem. Phys., 4, 1443-1450, 2004.

Samartzis, P. C., I. Sakellariou and T. Gougousi, Photofragmentation study of Cl_2 using ion imaging, J. Chem. Phys., 107, 43-48, 1997.

Sander, S. P. and R. R. Friedl, Kinetics and product studies of the reaction chlorine monoxide+

bromine monoxide using flash photolysis-ultraviolet absorption, J. Phys. Chem., 93, 4764-4771, 1989.

Sander, S. P., Temperature dependence of the nitrogen trioxide absorption spectrum, J. Phys. Chem., 90, 4135-4142, 1986.

Sander, S. P., D. M. Golden, M. J. Kurylo, G. K. Moortgat, A. R. Ravishankara, C. E. Kolb, M. J. Molina and B. J. Finlayson-Pitts, Chemical Kinetics and Photochemical Data for Use in Atmospheric Studies, Evaluation Number 14, JPL Publication 02-25, 2003. Website: http://jpldataeval.jpl.nasa.gov/pdf/JPL_02-25_rev02.

Sander, S. P., R. Baker, D. M. Golden, M. J. Kurylo, P. H. Wine, J. P. D. Abatt, J. B. Burkholder, C. E. Kolb, G. K. Moortgat, R. E. Huie and V. L. Orkin, Chemical Kinetics and Photochemical Data for Use in Atmospheric Studies, Evaluation Number 17, JPL Publication 10-6, 2011. Website: http://jpldataeval.jpl.nasa.gov/.

Schindler, R., M. Liesner, S. Schmidt, U. Kirschner and T. Benter, Identification of nascent products formed in the laser photolysis of CH_3OCl and HOCl at 308 nm and around 235 nm. Total Cl-atom quantum yields and the state and velocity distributions of $Cl(^2P_j)$, J. Photochem. Photobiol. A: Chem., 107, 9-19, 1997.

Schmidt, S., T. Benter and R. N. Schindler, Photodissociation dynamcis of ClO radicals in the range ($237 \leqslant \lambda \leqslant 270$) nm and at 205 nm and the velocity distribution of $O(^1D)$ atoms, Chem. Phys. Lett., 282, 292-298, 1998.

Selwyn, G., J. Podolske and H. S. Johnston, Nitrous oxide ultraviolet absorption spectrum at stratospheric temperatures, Geophys. Res. Lett., 4, 427-430, 1977.

Simon, P. C., D. Gillotay, N. Vanlaethem-Meuree and J. Wisemberg, Ultraviolet absorption crosssections of chloro and chlorofluoro-methanes at stratospheric temperatures, J. Atmos. Chem., 7, 107-135, 1988.

Singer, R. J., J. N. Crowley, J. P. Burrows, W. Schneider and G. K. Moortgat, Measurement of the absorption cross-section of peroxynitric acid between 210 and 330 nm in the range 253-298 K, J. Photochem. Photobiol., 48, 17-32, 1989.

Slanger T. G. and P. C. Cosby, O_2 spectroscopy below 5.1 eV, J. Phys. Chem., 92, 267-282, 1988.

Smith, G. D., L. T. Molina and M. J. Molina, Measurement of radical quantum yields from formaldehyde photolysis between 269 and 339 nm, J. Phys. Chem. A, 106, 1233-1240, 2002.

Smith, C. A., F. D. Pope, B. Cronin, C. B. Parkes and A. J. Orr-Ewing, Absorption cross sections of formaldehyde at wavelengths from 300 to 340 nm at 294 and 245 K, J. Phys. Chem. A, 110, 11645-11653, 2006.

Soller, R., J. M. Nicovich and P. H. Wine, Bromine nitrate photochemistry: Quantum yields for O, Br, and BrO over the wavelength range 248-355 nm, J. Phys. Chem. A, 106, 8378-8385, 2002.

Stevens, C. G., M. W. Swagel, R. Wallace and R. N. Zare, Analysis of polyatomic spectra using tunable laser-induced fluorescence: Applications to the NO_2 visible band system, Chem. Phys. Lett., 18, 465-469, 1973.

Stockwell, R. W. and J. G. Calvert, The near ultraviolet absorption spectrum of gaseous HONO and N_2O_3, J. Photochem., 8, 193-203, 1978.

Stutz, J, E. S. Kim, U. Platt, P. Bruno, C. Perrino and A. Febo, UV-visible absorption cross section of nitrous acid, J. Geophys. Res., 105, D11, 14585-14592, 2000.

Su, F., J. W. Bottenheim, D. L. Thorsell, J. G. Calvert and E. K. Damon, The efficiency of the phosphorescence decay of the isolated $SO_2(^3B_1)$ molecule, Chem. Phys. Lett., 49, 305-311, 1977.

Takacs, G. and J. Willard, Primary products and secondary reactions in the photodecomposition of methyl halides, J. Phys. Chem., 81, 1343-1349, 1977.

Takahashi, K., Y. Matsumi and M. Kawasaki, Photodissociation processes of ozone in the Huggins band at 308-326 nm: Direct observation of $O(^1D_2)$ and $O(^3P_j)$ products, J. Phys. Chem., 100, 4084-4089, 1996.

Takahashi, K., M. Kishigami, N. Taniguchi, Y. Matsumi and M. Kawasaki, Photofragment excitation spectrum for $O(^1D)$ from the photodissociation of jet-cooled ozone in the wavelength range 305-329 nm, J. Chem. Phys., 106, 6390-6397, 1997.

Takahashi, K., N. Taniguchi, Y. Matsumi, M. Kawasaki and M. N. R. Ashfold, Wavelength and temperature dependence of the absolute $O(^1D)$ yield from the 305-329 nm photodissociation of ozone, J. Chem. Phys., 108, 7161-7172, 1998.

Takahashi, K., S. Hayashi, Y. Matsumi, N. Taniguchi and S. Hayashida, Quantum yields of $O(^1D)$ formation in the photolysis of ozone between 230 and 308 nm, J. Geophys. Res., 107 (D20), ACH-11, 10.1029/2001JD002048, 2002.

Taketani, F., K. Takahashi and Y. Matsumi, Quantum yields for $Cl(^2P_j)$ atom formation from the photolysis of chlorofluorocarbons and chlorinated hydrocarbons at 193.3 nm, J. Phys. Chem., A109, 2855-2860, 2005.

Talukdar, R. K., G. L. Vashjiani and A. R. Ravishankara, Photodissociation of bromocarbons at 193, 222, and 248 nm: Quantum yields of Br atom at 298 K, J. Chem. Phys., 96, 8194-8201, 1992.

Talukdar, R. K., J. B. Burkholder, A.-M. Schmoltner, J. M. Roberts, R. Wilson and A. R. Ravishankara, Investigation of the loss processes for peroxyacetyl nitrate in the atmosphere: UV photolysis and reaction with OH, J. Geophys. Res., 100, 14163-14173, 1995.

Talukdar, R. K., M. Hunter, R. F. Warren, J. B. Burkholder and A. R. Ravishankara, UV laser photodissociation of CF_2ClBr and CF_2Br_2 at 298 K: Quantum yields of Cl, Br, and CF_2, Chem. Phys. Lett., 262, 669-674, 1996.

Talukdar, R. K., J. B. Burkholder, M. Hunter, M. K. Gilles, J. M. Roberts and A. R. Ravishankara, Atmospheric fate of several alkyl nitrates Part 2: UV absorption cross-sections and photodissociation quantum yields, J. Chem. Soc. Faraday Trans., 93, 2797-2805, 1997a.

Talukdar, R. K., M. K. Gilles, F. Battin-Leclerc and A. R. Ravishankara, Photolysis of ozone at 308 and 248 nm: Quantum yield of $O(^1D)$ as a function of temperature, Geophys. Res. Lett., 24, 1091-1094, 1997b.

Talukdar, R. K., C. A. Longfellow, M. K. Gilles and A. R. Ravishankara, Quantum yields of O(1D) in the photolysis of ozone between 289 and 329 nm as a function of temperature, Geophys. Res. Lett., 25, 143-146, 1998.

Taniguchi, N., K. Takahashi, Y. Matsumi, S. M. Dylewski, J. D. Geiser and P. L. Houston, Determination of the heat of formation of O_3 using vacuum ultraviolet laser-induced fluorescence spectroscopy and two-dimensional product imaging techniques, J. Chem. Phys., 111, 6350-6355, 1999.

Taniguchi, N., K. Takahashi and Y. Matsumi, Photodissociation of O_3 around 309 nm, J. Phys. Chem., 104, 8936-8944, 2000.

Taylor, W. D., T. D. Allston, M. J. Moscato, G. B. Fazekas, R. Koslowski and G. A. Takacs, Atmospheric photodissociation lifetimes for nitromethane, methyl nitrite, and methyl nitrate, Int. J. Chem. Kinet., 12, 231-240, 1980.

Troe, J., Are primary quantum yields of NO_2 photolysis at 398 nm smaller than unity, J. Phys. Chem., 214, 573-581, 2000.

Troe, J., Analysis of quantum yields for the photolysis of formaldehyde at $\lambda > 310$ nm, J. Phys. Chem. A, 111, 3868-3874, 2007.

Turnipseed, A. A., G. L. Vaghjiani, T. Gierczak, J. E. Thompson and A. R. Ravishankara, The photochemistry of ozone at 193 and 222 nm, J. Chem. Phys., 95, 3244-3251, 1991.

Tyndall, G. S., K. M. Stedman, W. Schneider, J. P. Burrows and G. K. Moortgat, The absorption spectrum of ClNO between 190 and 350 nm, J. Photochem., 36, 133-139, 1987.

Vaghjiani, G. L. and A. R. Ravishankara, J. Geophys. Res., Absorption cross sections of CH_3OOH H_2O_2, and D_2O_2 vapors between 210 and 365 nm at 297 K, 94, 3487-3492, 1989.

Vandaele, A. C., P. C. Simon, J. M. Guilmot., M. Carleer and R. Colin, SO_2 absorption cross section measurement in the UV using a Fourier transform spectrometer, J. Geophys. Res., 99, 25599-25605, 1994.

Vandaele, A. C., C. Hermans, P. C. Simon, M. Carleer, R. Colin, S. Fally, M. F. Mérienne, A. Jenouvrier and B. Coquart, Measurements of the NO2 absorption cross-section from 42000 cm^{-1} to 10000 cm^{-1} (238-1000 nm) at 220 K and 294 K, J. Quant. Spectr. Rad. Trans., 59, Issues 3-5, 171-184, 1998.

Vandaele, A. C., C. Hermans, S. Fally, M. Carleer, R. Colin, M.-F. Meerienne, A. Jenouvrier and B. Coquart, High-resolution Fourier transform measurement of the NO_2 visible and near-infrared absorption cross sections: Temperature and pressure effects, J. Geophys. Res., 107(D18), 4348, doi:10.1029/2001JD000971, 2002.

Vasudev, R., Absorption spectrum and solar photodissociation of gaseous nitrous acid in actinic wavelength region, Geophys. Res. Lett., 17, 2153-2155, 1990.

Vasudev, R., R. N. Zare and R. N. Dixon, State-selected photodissociation dynamics: Complete characterization of the OH fragment ejected by the HONO state, J. Chem. Phys., 80, 4863-4878, 1984.

Wahner, A., G. S. Tyndall and A. R. Ravishankara, Absorption cross sections for symmetric chlorine dioxide as a function of temperature in the wavelength range 240-480nm, J. Phys. Chem., 91, 2734-2738, 1987.

Wahner, A., A. R. Ravishankara, S. P. Sander and R. R. Friedl, Absorption cross section of BrO between 312 and 385 nm at 298 and 223 K, Chem. Phys. Lett., 152, 507-512, 1988.

Wallace, L. and D. N. Hunten, Dayglow of the oxygen A band, J. Geophys. Res., 73, 4813-4834, 1968.

Warneck, P., Photodissociation of acetone in the troposphere: An algorithm for the quantum yield, Atmos. Environ., 35, 5773-5777, 2001.

Wayne, R. P., I. Barnes, J. P. Burrows, C. E. Canosa-Mas, J. Hjorth, G. Le Bras, G. K. Moortgat, D. Perner, G. Poulet, G. Restelli and H. Sidebottom, The nitrate radical: Physics, chemistry and atmosphere, Atmos. Environ., 25, 1-203, 1991.

Wilmouth, D. M., T. F. Hanisco, N. M. Donahue and J. G. Anderson, Fourier transform ultraviolet spectroscopy of the $A^2\Pi_{3/2} \leftarrow X^2\Pi_{3/2}$ transition of BrO, J. Phys. Chem A., 103, 8935-8945, 1999.

Wollenhaupt, M., S. A. Carl, A. Horowitz and J. N. Crowley, Rate coefficients for reaction of OH with acetone between 202 and 395 K, J. Phys. Chem., A, 104, 2695-2705, 2000.

Wu, C. Y. R., F. Z. Chen and D. L. Judge, Temperature-dependent photoabsorption cross section of OCS in the 2000-2600 Åregion, J. Quant. Spectrosc. Rad. Transfer, 61, 265-271, 1999.

Yao, F., I. Wilson and H. Johnston, Temperature-dependent ultraviolet absorption spectrum for dinitrogen pentoxide, J. Phys. Chem., 86, 3611-3615, 1982.

Yokelson, R. J., J. B. Burkholder, R. W. Fox, R. K. Talukdar and A. R. Ravishankara, Temperature dependence of the NO_3 absorption spectrum, J. Phys. Chem., 98, 13144-13150, 1994.

Yokelson, R. J., J. Burkholder, R. W. Fox and A. R. Ravishankara, Photodissociation of $ClONO_2$: 2. Time-resolved absorption studies of product quantum yields, J. Phys. Chem. A, 101, 6667-6678, 1997.

Yoshino, K., D. F. Freeman, J. R. Esmond and W. H. Parkinson, High resolution absorption cross section measurements and band oscillator strengths of the (1, 0)-(12, 0) Schumann-Runge bands of O_2, Planet. Space Sci., 31, 339-353, 1983.

Zhao, Z., R. E. Stickel and P. H. Wine, Quantum yield for carbon monoxide production in the 248 nm photodissociation of carbonyl sulfide (OCS), Geophys. Res. Lett., 22, 615-618, 1995.

第 5 章　大气中的均相基元反应和速率常数

大气化学系统由许多化学反应组成。在微观过程中,侧重于原子、分子和自由基之间化学键变化的基本反应,通常被称为基元反应。均相基元反应是理论分析的主要课题,例如第 2 章中描述的过渡状态理论,也是分子动力学研究的主题。本章在与大气化学有关的气相均相反应中,选取了基元反应,给出了它们的反应产物和反应速率常数,包括反应途径和反应速率的量子化学知识的简要介绍。

在第 7 章中讨论了排放到大气对流层中的许多有机分子的顺序氧化反应机理和对流层中 HO_x 链式反应机理,第 8 章介绍了平流层中的 HO_x、NO_x、ClO_x 链式反应体系。

关于反应速率常数,NASA/JPL 专家组从 1977 年开始进行评估,建议的速率常数每隔几年更新一次。最新的评估在评估文件第 17 号中给出(Sander 等, 2011)。IUPAC 大气化学气体动力学数据评估小组委员会提出了另一个评估,即分别于 2004 年、2006 年、2007 年和 2008 年发表的第Ⅰ卷无机物、第Ⅱ卷有机物、第Ⅲ卷无机卤素物、第Ⅳ卷有机卤素物(Atkinson 等, 2004, 2006b, 2007, 2008)。新的数据(Wallington 等, 2012)已在网上更新。这些推荐值对大气化学研究非常有用,本章充分引用了这些值。原则上,应用于与温度有关的速率常数公式的温度范围取自 IUPAC 小组委员会的报告,在 298 K 温度条件下给出反应焓值 ΔH°,并根据本书末尾处表 2.5 中给出的生成热计算得出。

5.1　$O(^3P)$和 $O(^1D)$原子的反应

大气中 O_2、O_3、NO_2 光解形成的氧原子反应是平流层和对流层化学系统的初始触发因素。平流层和对流层化学中靶向的氧原子基态为 $O(^3P)$,最低激发态 $O(^1D)$ 比基态高 190 $kJ \cdot mol^{-1}$。

$O(^3P)$能与许多有机和无机分子反应,但反应活性远低于 $O(^1D)$。对流层清洁和污染的大气中存在的所有碳氢化合物都会与 $O(^3P)$反应,但是考虑到大气中的浓度和反应速率常数,对于稍后描述的 OH 自由基反应,这两者都可以忽略不计。作为 $O(^3P)$的反应,仅需考虑与大气中主要成分 O_2 的反应。在平流层中,与 O_2 和 O_3 的反应占主导地位，而与 OH、HO_2、NO_2、ClO 的反应在链式反应体系中也很重要。

另一方面，$O(^1D)$比 $O(^3P)$反应活性大，并且与许多不与 $O(^3P)$反应的大气微量分子发生反应。其中，最重要的反应是通过与水蒸气(H_2O)反应形成 OH 基。至于 $O(^1D)$反应，在对流层可以只考虑这种反应，而在平流层与 N_2O、CH_4、CFC 的反应也很重要。

表 5.1 给出了 $O(^3P)$和 $O(^1D)$与大气物种的反应速率常数，这些常数摘自 NASA/JPL 专家组评估文件第 17 号 (Sander 等，2011)和 IUPAC 小组委员会报告(Atkinson 等，2004)。在本节中，描述了 $O(^3P)$与 O_2、O_3、OH、HO_2、NO_2、ClO 的反应，以及 $O(^1D)$与 H_2O、N_2O、CH_4、CFC 的反应，这些反应在大气化学中特别重要。

表 5.1　在 298 K 温度下的反应速率常数以及 $O(^3P)$原子与 $O(^1D)$原子反应的阿伦尼乌斯参数

反应	k (298 K) (cm^3·分子$^{-1}$·s^{-1})	A 因素 (cm^3·分子$^{-1}$·s^{-1})	E_a/R (K)	参考
$O(^3P)+O_2+M \rightarrow O_3+M$	$6.0\times10^{-34}[O_2](k_0)$	$6.0\times10^{-34}(T/300)^{-2.6}[O_2]$	(k_0)	(a1)
	$5.6\times10^{-34}[N_2](k_0)$	$5.6\times10^{-34}(T/300)^{-2.6}[N_2]$	(k_0)	
$O(^3P)+O_3 \rightarrow 2O_2$	8.0×10^{-15}	8.0×10^{-12}	2060	(a1)
$O(^3P)+OH \rightarrow H+O_2$	3.5×10^{-11}	2.4×10^{-11}	−110	(a1)
$O(^3P)+HO_2 \rightarrow OH+O_2$	5.8×10^{-11}	2.7×10^{-11}	−220	(a1)
$O(^3P)+NO_2 \rightarrow NO+O_2$	1.0×10^{-11}	5.5×10^{-12}	−190	(a1)
$O(^3P)+NO_2+M \rightarrow NO_3+M$	$1.3\times10^{-31}[N_2](k_0)$	$1.3\times10^{-31}(T/300)^{-1.5}[N_2]$	(k_0)	(a1)
	$2.3\times10^{-11}(k_\infty)$	$2.3\times10^{-11}(T/300)^{-0.24}$	(k_∞)	
$O(^3P)+ClO \rightarrow Cl+O_2$	3.7×10^{-11}	2.5×10^{-11}	−110	(a2)
$O(^3P)+BrO \rightarrow Br+O_2$	4.1×10^{-11}	1.9×10^{-11}	−230	(a2)
$O(^1D)+N_2+M \rightarrow N_2O+M$	$2.8\times10^{-36}[N_2](k_0)$	$2.8\times10^{-36}(T/300)^{-0.9}[N_2]$	(k_0)	(a1, b)
$O(^1D)+N_2 \rightarrow O(^3P)+N_2$	3.1×10^{-11}	2.2×10^{-11}	−110	(b)
$+O_2 \rightarrow O(^3P)+O_2$	4.0×10^{-11}	3.3×10^{-11}	−60	(b)
$O(^1D)+H_2 \rightarrow OH+H$	1.2×10^{-10}	1.2×10^{-10}	0	(b)
$O(^1D)+H_2O \rightarrow 2OH$	2.0×10^{-10}	1.6×10^{-10}	−60	(b)
$O(^1D)+N_2O \rightarrow$ 总计	1.3×10^{-10}	1.2×10^{-10}	−20	(b)
$\rightarrow N_2+O_2$	5.0×10^{-11}	4.6×10^{-11}	−20	(b)
$\rightarrow 2\ NO$	7.8×10^{-11}	7.3×10^{-11}	−20	(b)
$O(^1D)+CH_4 \rightarrow$ 总计	1.8×10^{-10}	1.8×10^{-10}	0	(b)
$\rightarrow CH_3+OH$	1.3×10^{-10}	1.3×10^{-10}	0	(b)
$\rightarrow CH_2OH+H$	0.35×10^{-10}	0.35×10^{-10}	0	(b)
$\rightarrow HCHO+H_2$	0.09×10^{-10}	0.09×10^{-10}	0	(b)
$O(^1D)+CCl_3F \rightarrow$ 总计	2.3×10^{-10}	2.3×10^{-10}	0	(b)
$O(^1D)+CCl_2F_2 \rightarrow$ 总计	1.4×10^{-10}	1.4×10^{-10}	0	(b)
$\rightarrow ClO+CClF_2$	1.2×10^{-10}	1.2×10^{-10}	0	(a3)
$\rightarrow O(^3P)+CCl_2F_2$	2.4×10^{-11}	2.4×10^{-11}	0	(a3)
$O(^1D)+CClF_3 \rightarrow$ 总计	8.7×10^{-11}	8.7×10^{-11}	0	(b)

来源：(a1、a2、a3)分别源自 IUPAC 小组委员会报告第Ⅰ、Ⅲ、Ⅳ卷(Atkinson 等，2004，2007，2008)；

(b)NASA/JPL 专家组评估文件第 17 号(Sander 等，2011)

5.1.1　$O(^3P)+O_2+M$

$O(^3P)$和 O_2 的反应是生成臭氧(O_3)的典型三分子反应(见 2.3.1 节)

$$O(^3P) + O_2 + M \rightarrow O_3 + M \qquad \Delta H^\circ_{298} = -107\ \text{kJ} \cdot \text{mol}^{-1} \tag{5.1}$$

在实验室中,当 O_2 和 N_2 作为 M 时,反应(5.1)低压极限速率常数略有不同(Lin 和 Liu,1982;Hipper 等,1990)。IUPAC 小组委员会的建议值(Atkinson 等,2004)为

$$k^{①}_{0,5.1}(T,N_2) = 5.6 \times 10^{-34}[N_2]\left(\frac{T}{300}\right)^{-2.6} \quad \text{cm}^3 \cdot 分子^{-1} \cdot \text{s}^{-1} \quad (100 \sim 300\ \text{K})$$

$$k_{0,5.1}(T,O_2) = 6.0 \times 10^{-34}[O_2]\left(\frac{T}{300}\right)^{-2.6} \quad \text{cm}^3 \cdot 分子^{-1} \cdot \text{s}^{-1} \quad (100 \sim 300\ \text{K})$$

在大气条件下,反应(5.1)处于低压极限,其中速率常数与压力成正比,并且在 298 K 和 1 atm($M=2.69\times10^{19}$分子 · cm^{-3})下的双分子表观速率常数为 1.6×10^{-14} cm^3 · 分子$^{-1}$ · s^{-1}。

5.1.2　$O(^3P)+O_3$

$O(^3P)$和 O_3 的反应是典型的双分子反应,具有高放热性。

$$O(^3P) + O_3 \rightarrow 2O_2 \quad \Delta H^\circ_{298} = 320\ \text{kJ} \cdot \text{mol}^{-1} \tag{5.2}$$

Wine 等(1983)通过使用共振荧光法直接测量 $O(^3P)$的时间衰减,确定 237～477 K 下反应(5.2)的速率常数,这些数值与以前实验测得的结果吻合得很好,IUPAC 小组委员会将这些测量值组合起来(Atkinson 等,2004),建议在 298 K 时的速率常数为 $k(298\ K)=8.0\times10^{-15}$ cm^3 · 分子$^{-1}$ · s^{-1},以阿伦尼乌斯方程表示的温度依赖性关系式为

$$k_{5.2}(T) = 8.0 \times 10^{-12}\exp\left(\frac{2060}{T}\right) \quad \text{cm}^3 \cdot 分子^{-1} \cdot \text{s}^{-1} \quad (200 \sim 400\ \text{K})$$

反应(5.2)的活化能具有相当大的温度依赖性,为 17.1 kJ · mol^{-1},因此有必要根据平流层温度条件使用适当的速率常数。Balakrishnan 和 Billing(1996)报道了反应(5.2)过渡态理论的量子化学计算结果,所得理论值与上述实验值吻合较好。根据理论计算,由于放热反应大而产生的多余能量被选择性地保留在生成的两个 O_2 分子之一中,该 O_2 以振动高激发分子的形式形成,最大值为 $\nu=27$。

5.1.3　$O(^3P)+OH$、HO_2、NO_2、ClO

$O(^3P)$与 OH、HO_2、NO_2 以及 ClO 的反应对于对流层上层很重要,在该层的 $O(^3P)$浓度足以构成臭氧消耗循环(见 8.2 节)。

---

① $k_{0,5.1}$ 中,下标 5.1 代表反应(5.1)

这些反应的共同特点是反应物都是带有不成对电子的自由基。每个反应都是氧原子转移反应，表示为

$$O(^3P) + OH \rightarrow H + O_2 \qquad \Delta H^\circ_{298} = -68\ kJ \cdot mol^{-1} \tag{5.3}$$

$$+ HO_2 \rightarrow OH + O_2 \qquad \Delta H^\circ_{298} = -226\ kJ \cdot mol^{-1} \tag{5.4}$$

$$+ NO_2 \rightarrow NO + O_2 \qquad \Delta H^\circ_{298} = -192\ kJ \cdot mol^{-1} \tag{5.5}$$

$$+ ClO \rightarrow Cl + O_2 \qquad \Delta H^\circ_{298} = -226\ kJ \cdot mol^{-1} \tag{5.6}$$

由于这些反应产物形成的是原子和自由基，它们在平流层中扮演着破坏臭氧的链式增长反应的角色(见 8.2 节)。

$O(^3P)$与原子和自由基(例如 OH、HO_2、NO_2 和 ClO)之间的反应具有活化能低和速率常数大的特点。已知反应(5.3)—(5.6)在 298 K 温度条件下的速率常数分别为 3.5×10^{-11}、5.8×10^{-11}、1.0×10^{-11}、3.7×10^{-11} cm^3 · 分子$^{-1}$ · s^{-1}，均具有相同的量级(Atkinson 等，2004,2007)。IUPAC 小组委员会的建议值(包括与温度的关系)为

$$k_{5.3}(T) = 2.4\times10^{-11}\exp\left(\frac{110}{T}\right) \quad cm^3 \cdot 分子^{-1} \cdot s^{-1} \quad (150 \sim 500\ K)$$

$$k_{5.4}(T) = 2.7\times10^{-11}\exp\left(\frac{224}{T}\right) \quad cm^3 \cdot 分子^{-1} \cdot s^{-1} \quad (220 \sim 400\ K)$$

$$k_{5.5}(T) = 5.5\times10^{-12}\exp\left(\frac{188}{T}\right) \quad cm^3 \cdot 分子^{-1} \cdot s^{-1} \quad (220 \sim 420\ K)$$

$$k_{5.6}(T) = 2.5\times10^{-11}\exp\left(\frac{110}{T}\right) \quad cm^3 \cdot 分子^{-1} \cdot s^{-1} \quad (150 \sim 500\ K)$$

并且均具有较小的负温度依赖性。$O(^3P)+OH$ 受温度影响的速率常数的建议基于：Lewis 和 Watson(1980)、Howard 和 Smith(1981)，$O(^3P) + HO_2$：Keyser(1982)、Nicovich 和 Wine(1987)，$O(^3P) + NO_2$：Ongstad 和 Birks(1986)、Geer－Müller 和 Stuhl(1987)、Gierczak 等(1999)，$O(^3P) + ClO$：Ongstad 和 Birks(1986)、Nicovich 等(1988)、Goldfarb 等(2001)的研究和以前的实验。

对于 $O(^3P)+NO_2$ 反应，已知除了上述反应(5.5)以外，还有如下三分子反应过程

$$O(^3P) + NO_2 + M \rightarrow NO_3 + M \qquad \Delta H^\circ_{298} = -209\ kJ \cdot mol^{-1} \tag{5.7}$$

由于该反应在平流层大气条件下处于低压极限和高压极限之间的下降区域，第 2 章中的公式(2.54)和下式适用于反应速率常数对温度和压力的依赖性。

$$k_{ter}([M],T) = \left[\frac{k_0(T)[M]}{1+\dfrac{k_0(T)[M]}{k_\infty(T)}}\right] F_c^{\left\{1+\left[\lg\left(\frac{k_0(T)[M]}{k_\infty(T)}\right)^2\right]\right\}^{-1}} \tag{5.8}$$

IUPAC 小组委员会(Atkinson 等，2004)建议的参数为 $F_c=0.6$，

$$k_{0,5.7}(T)=1.3\times10^{-31}\left(\frac{T}{300}\right)^{-1.5}\quad \text{cm}^6\cdot\text{分子}^{-2}\cdot\text{s}^{-1}\quad(200\sim400\ \text{K})$$

$$k_{\infty,5.7}(T)=2.3\times10^{-11}\left(\frac{T}{300}\right)^{-0.24}\quad \text{cm}^3\cdot\text{分子}^{-1}\cdot\text{s}^{-1}\quad(200\sim400\ \text{K})$$

基于 Burkholder 和 Ravishankara(2000)、Hahn 等(2000)的研究和以前的数据获得。

5.1.4　$O(^1D)+H_2O$

对于 $O(^1D)$和 H_2O 反应的途径，除了形成 OH 之外，还有 H_2+O_2 的形成以及灭活作用(也称为淬灭)。

$$O(^1D)+H_2O\rightarrow 2\ OH\qquad \Delta H^\circ_{298}=-121\ \text{kJ}\cdot\text{mol}^{-1}\tag{5.9}$$

$$\rightarrow H_2+O_2\qquad \Delta H^\circ_{298}=-197\ \text{kJ}\cdot\text{mol}^{-1}\tag{5.10}$$

$$\rightarrow O(^3P)+H_2O\qquad \Delta H^\circ_{298}=-190\ \text{kJ}\cdot\text{mol}^{-1}\tag{5.11}$$

然而，据报道反应(5.10)和(5.11)的反应比率分别为 0.6%(Glinski 和 Birks，1985)和 0.3%(Carl,2005)，并且对于反应(5.9)几乎可以忽略不计。

Dunlea 和 Ravishankara(2004b)在 298 K 温度条件下，测算的反应 $O(^1D)+H_2O$ 的速率常数的结果与之前研究的值高度一致，并且 NASA/JPL 专家组评估文件第 17 号计算报告(Sander 等，2011)基于这些值，推荐 $k_{5.9}(298\ \text{K})=2.0\times10^{-10}$ $\text{cm}^3\cdot$分子$^{-1}\cdot\text{s}^{-1}$。IUPAC 小组委员会报告第 I 卷(Atkinson 等,2004)建议在 200～350 K 温度条件下不受温度影响的值是 $k_{5.9}=2.2\times10^{-10}$ $\text{cm}^3\cdot$分子$^{-1}\cdot\text{s}^{-1}$，与上述值相差 10%之内。Vranckx 等(2010)最近对于更宽的温度范围获取的测定结果也与先前的结果一致。

反应(5.9)是非常快的反应，具有几乎为零的活化能和接近碰撞频率的速率常数。因此，该反应可以在对流层中具有足够的 H_2O 浓度的条件下，与失活反应竞争，产生 OH 自由基(Sander 等，2011)。

$$O(^1D)+N_2\rightarrow O(^3P)+O_2\quad k_{5.12}(298\ \text{K})=3.1\times10^{-11}\ \text{cm}^3\cdot\text{分子}^{-1}\cdot\text{s}^{-1}\tag{5.12}$$

$$O(^1D)+O_2\rightarrow O(^3P)+O_2\quad k_{5.13}(298\ \text{K})=4.0\times10^{-11}\ \text{cm}^3\cdot\text{分子}^{-1}\cdot\text{s}^{-1}\tag{5.13}$$

Sayós 等(2001)进行了 $O(^1D)+H_2O$ 反应势能面的量子化学计算。结果表明，在主反应通道的最低能级(OH + OH)中没有能垒，与实验吻合良好。

5.1.5　$O(^1D)+N_2O$

对于 $O(^1D)$和 N_2O 的反应，有三种设想的途径

$$O(^1D)+N_2O\rightarrow N_2+O_2\qquad \Delta H^\circ_{298}=-521\ \text{kJ}\cdot\text{mol}^{-1}\tag{5.14}$$

$$\rightarrow 2\ NO\qquad \Delta H^\circ_{298}=-340\ \text{kJ}\cdot\text{mol}^{-1}\tag{5.15}$$

$$\rightarrow O(^3P) + N_2O \quad \Delta H^\circ_{298} = -190\ \text{kJ} \cdot \text{mol}^{-1} \quad (5.16)$$

尽管通过反应(5.16)生成 $O(^3P)$ 的比率小于 0.01，且通常可以忽略不计（Vrackx 等，2008a)，而反应(5.14)和(5.15)均很重要。在大气化学中，对于在平流层中形成活性氮（也称为奇氮）的反应(5.15)非常重要，结合反应(5.14)和(5.15)，总反应速率常数对于估算 N_2O 的大气寿命而言也很重要。

许多针对 $O(^1D)$ 和 N_2O 反应的速率常数的测算大多于 2000 年之前开展的（Blitz 等，2004；Dunlea 和 Ravishankara，2004a；Carl，2005；Takahashi 等，2005；Vranckx 等，2008a)。并且，NASA/JPL 专家组评估文件第 17 号计算报告基于这些值建议 $k_{5.14+5.15+5.16}(298\ \text{K}) = 1.3\times10^{-10}\ \text{cm}^3 \cdot 分子^{-1} \cdot \text{s}^{-1}$（Sander 等，2011)。IUPAC 小组委员会建议的速率常数与此值高度吻合。与 $O(^1D)$ 和 H_2O 的反应类似，该反应的活化能也几乎为零，并且在 200～350 K 的温度范围内不受温度变化影响。

对于反应速率(5.15)，基于 Cantrell 等(1994)研究结果，建议 $k_{5.15}/k_{5.14+5.15+5.16} = 0.61$，并且 NO 形成反应的反应速率常数为 $k_{5.15} = 7.8\times10^{-11}\ \text{cm}^3 \cdot 分子^{-1} \cdot \text{s}^{-1}$（Sander 等，2011)。反应(5.15)具有高放热性，并且通过实验，已知所形成的 NO 受到振动和旋转激发。Akagi 等(1999)在使用氧同位素 $^{18}O(^1D) + N_2^{16}O \rightarrow N^{18}O + N^{16}O$ 的实验发现，原始 $N^{16}O$ 分子中的 $N^{16}O$ 主要在 $\nu=0$、1 时形成，且无振动激发，新形成的 $N^{18}O$，在高度振动激发水平为 $\nu=4\sim15$ 时生成。此外，Tokel 等(2010)最近在分子束实验中提出，NO 振动水平($\nu=0\sim9$)呈反转分布，此点表明有两种反应途径，一种给出统计分布，另一种给出反向分布。

多个研究小组对该反应进行了量子化学理论计算。Takayanagi 和 Wada(2001)的研究表明，反应的放热能主要分配给新形成的 NO 的振动能，而不分配给 N_2O 中的原始 NO，但该 NO 并非完全不参与，有些多余的能量也分配给了旧的 NO。该理论计算的结果与使用氧同位素的上述实验结果相吻合。根据 Takayanagi 和 Akagi(2002)对势能面的轨迹计算，形成 2NO 的反应(5.15)和形成 $N_2 + O_2$ 的反应(5.14)的比率受 $O(^1D)$ 的碰撞能量和 $O(^1D)$ 向 N—N—O 的接近角的影响。

5.1.6 $O(^1D) + CH_4$

$O(^1D)$ 和 CH_4 的反应途径被认为是

$$O(^1D) + CH_4 \rightarrow CH_3 + OH \quad \Delta H^\circ_{298} = -181\ \text{kJ} \cdot \text{mol}^{-1} \quad (5.17)$$

$$\rightarrow CH_2OH + H \quad \Delta H^\circ_{298} = -163\ \text{kJ} \cdot \text{mol}^{-1} \quad (5.18)$$

$$\rightarrow HCHO + H_2 \quad \Delta H^\circ_{298} = -473\ \text{kJ} \cdot \text{mol}^{-1} \quad (5.19)$$

$$\rightarrow O(^3P) + CH_4 \quad \Delta H^\circ_{298} = -190\ \text{kJ} \cdot \text{mol}^{-1} \quad (5.20)$$

基于 Davidson 等(1977)、Blitz 等(2004)、Dillon 等(2007)、Vranckx(2008b)等的实

验，建议总反应速率常数为 $k^{①}_{5.17-5.20}(298\ \text{K}) = 1.8 \times 10^{-10}\ \text{cm}^3 \cdot 分子^{-1} \cdot \text{s}^{-1}$（NASA/JPL 专家组评估文件第 17 号(Sander 等，2011)）；在 200～350 K 温度条件下，不受温度变化影响的 $k_{5.11-5.20}(298\ \text{K}) = 1.5 \times 10^{-10}\ \text{cm}^3 \cdot 分子^{-1} \cdot \text{s}^{-1}$（IUPAC 小组委员会报告第Ⅱ卷(Atkinson 等，2006)）。类似于 $O(^1D)$ 与 H_2O 和 N_2O 的反应，该反应也是一种速度非常快的反应，接近碰撞频率，活化能几乎为零。

近来，已经通过使用分子束的光谱方法研究了反应(5.17)、(5.18)和(5.19)的比率(Casavecchia 等，1980；Lin 等，1999；Matsumi 等，1993；Chen 等，2005)。在 298 K 温度条件下，每个反应途径的分支比和速率常数为

$$\frac{k_{5.17}}{k_{5.17-5.20}} = 0.75 \pm 0.15, k_{5.17} = 1.31 \times 10^{-10}\ \text{cm}^3 \cdot 分子^{-1} \cdot \text{s}^{-1}$$

$$\frac{k_{5.18}}{k_{5.17-5.20}} = 0.75 \pm 0.15, k_{5.18} = 1.31 \times 10^{-10}\ \text{cm}^3 \cdot 分子^{-1} \cdot \text{s}^{-1}$$

$$\frac{k_{5.19}}{k_{5.17-5.20}} = 0.75 \pm 0.15, k_{5.19} = 1.31 \times 10^{-10}\ \text{cm}^3 \cdot 分子^{-1} \cdot \text{s}^{-1}$$

关于反应(5.18)，使用交叉分子束分解产物的电离图谱表明 $CH_2OH + H$ 是主要的，而 $CH_3O + H$ 不是关键的(Lin 等，1998)。Wine 和 Ravishankara(1982)和 Takahashi 等(1996)曾报告 $O(^1D)$(5.20)的物理失活途径所占比例不到百分之几。Vranckx 等(2008b)使用化学发光方法进行的高精度实验结果表明，其所占比例仅为(0.2±0.3)%，表明它在大气反应中可忽略不计。

关于氧原子与 CH_4 和其他烷烃的反应，$O(^1D)$的反应主要是碳氢键插入反应，与此相反，$O(^3P)$的反应是抽氢反应。Lin 等(1999)从交叉分子束实验中产物的角度分布来看，H 原子的形成反应(5.18)和 H_2 分子形成反应(5.19)均通过反应中间体 $CH_3OH^{\ddagger}$ 进行，其寿命相当长。此外，LIF 实验显示，在 $\nu = 0$、1、2、3 和 4 时，反应(5.17)中形成的 OH 自由基的振动能级的相对分布分别为 0.18、0.29、0.37、0.15 和 0.01，并且人们已知对于 $\nu = 0$、1 和 2 时的统计分布存在反转现象(Cheskis 等，1989)。此外，在 González 等(2000)的实验中，改变了 $O(^1D)$的碰撞能，当碰撞能为 $57.8\ \text{kJ} \cdot \text{mol}^{-1}$(0.6 eV)或更低时，OH 振动水平的反转主要通过插入反应观察到。但对于较高的碰撞能，则没有观察到反转的发生。根据势面的轨迹计算可以看出，当碰撞能量较小时，插入是主要反应，随着碰撞能量的增加，抽氢反应增强，此点与实验证据吻合(Sayós 等，2002)。此外，根据 Yu 和 Muckerman(2004)的理论计算，考虑了构型的相互作用，给出了反应(5.17)、(5.18)和(5.19)中 OH、H 和 H_2 形成途径的比例分别为 0.725、0.186 和 0.025，可以很好地重现该实验，此外，$CH_2 + H_2O$ 的反应途径比例为 0.064。

---

① $k_{5.17-5.20} = k_{5.17+5.18+5.19+5.20}$

5.1.7　$O(^1D)+CFCs$

已知$O(^1D)$与CFCs(氯氟烃)和哈龙(溴氯氟烷)的反应具有较大的速率常数(大约10^{-10} cm^3·分子$^{-1}$·s^{-1}),并且可能影响这些可消耗臭氧层物质在平流层中的寿命。然而,平流层中CFCs和哈龙的分解速率通常主要由光解速率决定,并且对于光解速率高的$CFCl_3$(CFC-11)和哈龙,与$O(^1D)$的反应几乎可以忽略不计。然而,随着诸如CF_2Cl_2(CFC-12)、CF_3Cl (CFC-13)的光解速率降低,$O(^1D)$反应的重要性增加。

可以将$O(^1D)$和CFCs(氯氟烃)的反应途径认为是ClO自由基形成和物理失活。例如,对于CCl_2F_2,以下反应途径已知的,为

$$O(^1D)+CF_2Cl_2 \rightarrow ClO+CF_2Cl \qquad \Delta H^\circ_{298}=-123\ kJ\cdot mol^{-1} \tag{5.21}$$

$$\rightarrow O(^3P)+CF_2Cl_2 \qquad \Delta H^\circ_{298}=-190\ kJ\cdot mol^{-1} \tag{5.22}$$

Davidson等(1978)、Force和Wiesenfeld(1981)测量了$O(^1D)$与$CFCl_3$和CF_2Cl_2的反应速率常数,Ravishankara等(1993) 测量了$O(^1D)$与CF_3Cl的反应速率常数,这些测量结果均表明其不受温度影响。表5.1列出了NASA/JPL专家组和IUPAC小组委员会根据这些实验的推荐值。Takahashi等(1996)分别计算出,$CFCl_3$、CF_2Cl_2和CF_3Cl的ClO的生成比率分别为88±18%、87±18%和85±18%。

尽管$O(^1D)$也与哈龙反应形成BrO,但与CFC和PFCs(全氟碳)的反应,并没有生成FO。

5.2　OH自由基的反应

OH自由基几乎与大气中的所有痕量分子(除了CO_2、N_2O、CFC等)发生反应,从而驱动大气光化学反应系统,而许多化学物种的大气寿命取决于与OH的反应速率,因此OH是对流层中最重要的活性反应组分。从此意义上而言,大气分子和OH的速率常数对于对流层化学至关重要。在平流层中,HO_x循环与NO_x和ClO_x循环的链式反应中的OH的无机反应也很重要。目前,已经在实验室中测量了大气化学中大多数目标分子的OH反应速率常数及其温度依赖性。

在本节中,在众多的大气OH反应中,选择并说明了那些作为基元反应感兴趣的反应。表5.2给出了反应速率常数及其在大气中特别重要的温度依赖性,这些数据均摘自IUPAC小组委员会(Atkinson等,2004,2006)和NASA/JPL专家组(Sander等,2011)的报告。大气中典型可逆反应的平衡常数如表5.3所示。

表 5.2　在 298 K 温度下的反应速率常数以及 OH 自由基反应的阿伦尼乌斯参数

反应	k (298 K) (cm^3·分子$^{-1}$·s^{-1})	A 因素 (cm^3·分子$^{-1}$·s^{-1})	E_a/R (K)	参考
$OH+O_3 \to HO_2+O_2$	7.3×10^{-14}	1.7×10^{-12}	940	(a1)
$OH+HO_2 \to H_2O+O_2$	1.1×10^{-10}	4.8×10^{-11}	−250	(a1)
$OH+H_2O_2 \to H_2O+HO_2$	1.7×10^{-12}	2.9×10^{-12}	160	(a1)
$OH+CO \to$ 总计	2.3×10^{-13}(1 atm)	$1.4\times10^{-13}(1+[N_2]/4.2\times10^{19})$		(a2)
$\to H+CO_2$	1.5×10^{-13}	$1.5\times10^{-13}(T/300)^{0.6}(k_0)$		(b)
$+M \to HOCO+M$		$5.9\times10^{-33}(T/300)^{-1.4}[N_2]$		(b)
		$1.1\times10^{-12}(T/300)^{1.3}(k_\infty)$		
$OH+NO+M \to HONO+M$	$7.4\times10^{-31}[N_2](k_0)$	$7.4\times10^{-31}(T/300)^{-2.4}[N_2](k_0)$	(a1)	
	$3.3\times10^{-11}(k_\infty)$	$3.3\times10^{-11}(T/300)^{0.3}(k_\infty)$		
$OH+NO_2+M \to HOOH+M$	1.2×10^{-11}(1 atm)	$1.8\times10^{-30}(T/300)^{-3.0}[M]$	(b)	
		$2.8\times10^{-11}(T/300)^{0}(k_\infty)$		
$\to HOONO+M$	1.2×10^{-12}(1 atm)	$9.1\times10^{-32}(T/300)^{-3.9}[M](k_0)$	(b)	
		$4.2\times10^{-11}(T/300)^{-0.5}(k_\infty)$		
$OH+HONO \to H_2O+NO_2$	6.0×10^{-12}	2.5×10^{-12}	−260	(a1)
$OH+HONO_2 \to H_2O+NO_3$	1.5×10^{-13}(1 atm)	2.4×10^{-14}	−460	(a1)(b)
$OH+HO_2NO_2 \to$ 产物	4.6×10^{-12}	1.3×10^{-12}	−380	(b)
$OH+NH_3 \to H_2O+NH_2$	1.6×10^{-13}	1.7×10^{-12}	710	(b)
$OH+SO_2+M \to HOSO_2+M$	1.1×10^{-12}(1 atm)	$4.5\times10^{-31}(T/300)^{-3.9}[N_2](k_0)$	(a1)	
		$1.3\ \ 10^{-12}(T/300)^{0.7}(k_\infty)$		
$OH+OCS \to$ 产物	2.0×10^{-15}	1.1×10^{-13}	1200	(a1)
$OH+CS_2+M \to HOCS_2+M$	1.2×10^{-12}(1 atm)	$4.9\times10^{-31}(T/300)^{-3.5}[N_2](k_0)$	(b)	
		$1.4\times10^{-11}(T/300)^{-1}(k_\infty)$		
$OH+H_2S \to SH+H_2O$	4.7×10^{-12}	6.1×10^{-12}	80	(b)
$OH+CH_3SH \to CH_3S+H_2O$	3.3×10^{-11}	9.9×10^{-12}	−360	(b)
$OH+CH_3SCH_3 \to CH_3SCH_2+H_2O$	3.1×10^{-11}	1.2×10^{-11}	280	(b)
$OH+CH_3SCH_3+M \to (CH_3)_2SOH+M$	5.7×10^{-12}(1 atm)	$2.9\times10^{-31}(T/300)^{-6.2}[M](k_0)$	(a1)(b)	
$OH+CH_3SSCH_3 \to$ 产物	2.3×10^{-10}	6.0×10^{-11}	−400	(b)
$OH+CH_4 \to CH_3+H_2O$	6.4×10^{-15}	1.9×10^{-12}	1690	(a2)
$OH+C_2H_6 \to C_2H_5+H_2O$	2.4×10^{-13}	6.9×10^{-12}	1000	(a2)
$OH+C_3H_8 \to C_3H_7+H_2O$	1.1×10^{-12}	7.6×10^{-12}	590	(a2)
$OH+C_2H_4+M \to HOCH_2CH_2+M$	7.9×10^{-12}(1 atm)	$8.6\times10^{-29}(T/300)^{-3.1}[N_2](k_0)$		(a2)
		$9.0\times10^{-12}(T/300)^{-0.85}(k_\infty)$		
$OH+C_3H_6+M \to HOC_3H_6+M$	2.9×10^{-11}(1 atm)	$8\times10^{-27}(T/300)^{-3.5}[N_2](k_0)$		(a2)
		$3.0\times10^{-11}(T/300)^{-1}(k_\infty)$		
$OH+C_5H_8$(异戊二烯)$\to$产物	1.0×10^{-10}	3.1×10^{-11}	−350	(b)
$OH+C_{10}H_{16}$(α-蒎烯)$\to$产物	5.3×10^{-11}	1.2×10^{-11}	−440	(a2)
$OH+C_2H_2+M \to HOCHCH+M$	7.8×10^{-13}(1 atm)	$5.5\times10^{-30}(T/300)^{0}[N_2](k_0)$		(a2)
		$8.3\times10^{-13}(T/300)^{2}(k_\infty)$		(b)
$OH+HCHO \to H_2O+HCO$	8.5×10^{-12}	5.4×10^{-12}	−140	(a2)
$OH+CH_3CHO \to H_2O+CH_3CO$	1.5×10^{-11}	4.4×10^{-12}	−370	(a2)
$OH+(CHO)_2 \to H_2O+CH(O)CO$	1.1×10^{-11}	—	—	(a2)
$OH+CH_3C(O)CH_3 \to H_2O+CH_2C(O)CH_3$	1.8×10^{-13}	8.8×10^{-12}	1320	(a2)
$OH+CH_3OH \to$ 产物	9.0×10^{-13}	2.9×10^{-12}	350	(a2)

续表

反应	k (298 K) (cm³ · 分子⁻¹ · s⁻¹)	A 因素 (cm³ · 分子⁻¹ · s⁻¹)	E_a/R (K)	参考
$OH+CH_3OOH \rightarrow$ 产物	5.5×10^{-12}	2.9×10^{-12}	−190	(a2)
$OH+HC(O)OH \rightarrow$ 产物	4.5×10^{-13}	4.5×10^{-13}	0	(a2)
$OH+CH_3ONO_2 \rightarrow$ 产物	2.3×10^{-14}	4.0×10^{-13}	850	(a2)
$OH+HCl \rightarrow H_2O+Cl$	7.8×10^{-13}	1.8×10^{-12}	250	(b)
$OH+CH_3Cl \rightarrow H_2O+CH_2Cl$	3.6×10^{-14}	2.4×10^{-12}	1250	(b)
$OH+CH_3CCl_3 \rightarrow H_2O+CH_2CCl_3$	1.0×10^{-14}	1.6×10^{-12}	1520	(b)
$OH+CHF_2Cl \rightarrow H_2O+CF_2Cl$	4.8×10^{-15}	1.1×10^{-12}	1600	(b)
$OH+HBr \rightarrow H_2O+Br$	1.1×10^{-11}	5.5×10^{-12}	−200	(b)
$OH+CH_3Br \rightarrow H_2O+CH_2Br$	3.0×10^{-14}	2.4×10^{-12}	1300	(b)
$OH+HI \rightarrow H_2O+I$	7.0×10^{-11}	1.6×10^{-11}	−440	(a3)
$OH+CH_3I \rightarrow H_2O+CH_2I$	7.2×10^{-14}	2.9×10^{-12}	1100	(b)

来源：(a1、a2、a3)分别源自 IUPAC 小组委员会报告第Ⅰ、Ⅱ、Ⅲ卷(Atkinson 等，2004、2006、2007)；

(b) NASA/JPL 专家组评估文件第 17 号 (Sander 等，2011)

表 5.3　在 298 K 温度下的平衡常数以及可逆反应的温度依赖性参数

反应	K_{eq}(298 K) (cm³ · 分子⁻¹)	A (cm³ · 分子⁻¹)	B (K)
$HO+NO_2 \rightleftharpoons HOONO$	2.2×10^{-12}	3.5×10^{-27}	10140
$HO_2+NO_2 \rightleftharpoons HO_2NO_2$	1.6×10^{-11}	2.1×10^{-27}	10900
$HO_2+H_2O \rightleftharpoons HO_2\cdot H_2O$	5.2×10^{-19}	2.4×10^{-25}	4350
$NO_2+NO_3 \rightleftharpoons N_2O_5$	2.9×10^{-11}	2.7×10^{-27}	11000
$CH_3O_2+NO_2 \rightleftharpoons CH_3O_2NO_2$	2.2×10^{-12}	9.5×10^{-29}	11230
$CH_3C(O)O_2+NO_2 \rightleftharpoons CH_3C(O)O_2NO_2$	2.3×10^{-8}	9.0×10^{-29}	14000
$OH+CS_2 \rightleftharpoons CS_2OH$	1.4×10^{-17}	4.5×10^{-25}	5140
$CH_3S+O_2 \rightleftharpoons CH_3SOO$	2.2×10^{-19}	1.8×10^{-25}	5550
$Cl+O_2 \rightleftharpoons ClOO$	2.9×10^{-21}	6.6×10^{-25}	2500
$ClO+ClO \rightleftharpoons Cl_2O_2$	6.9×10^{-15}	1.7×10^{-27}	8650

$K_{eq}(T)$ (cm³ · 分子⁻¹) $=A\exp(B/T)$ (200 K $<T<$ 300 K)

来源：NASA/JPL 专家组评估文件第 17 号(Sander 等，2011)

5.2.1　$OH+O_3$

OH 自由基与 O_3 的反应是臭氧消耗链式反应中的重要反应，导致低平流层 HO_x 循环中 OH 转化为 HO_2(见 8.2.1 节)。在对流层中，即使在未污染的大气中，HO_2 也通过 $OH+CO$ 反应再生，$OH+O_3$ 反应对 HO_2 再生的贡献很小。

OH 与 O_3 的反应过程为

$$OH + O_3 \rightarrow HO_2 + O_2 \quad \Delta H^\circ_{298} = -167\ kJ \cdot mol^{-1} \tag{5.23}$$

该反应形成了 HO_2 自由基。根据 Ravishankara 等(1979)、Nizcorodov 等(2000)等，IUPAC 小组委员会(Atkinson 等，2004)建议，该反应在 298 K 温度条件下的速率常数为 $k_{5.23}(298\ K) = 7.3 \times 10^{-14}\ cm^3 \cdot 分子^{-1} \cdot s^{-1}$，与温度关系式为

$$k_{5.23}(T) = 1.7 \times 10^{-12} \exp\left(-\frac{940}{T}\right) \quad cm^3 \cdot 分子^{-1} \cdot s^{-1}$$

因此，OH 和 O_3 的反应具有活化能 7.8 $kJ \cdot mol^{-1}$，在接近室温时反应速度不是很快。

另一方面，根据量子化学理论计算，取决于计算水平，存在一个或两个过渡态，并且计算出比实验值更大的势垒(Peiró-García 和 Nebot-Gil，2003a)，因此有必要开展进一步的理论研究。

5.2.2 OH+HO₂

OH 和 HO_2 之间的反应是由两个自由基产生稳定分子的反应，它是中上层平流层中 HO_x 循环的终止反应，是影响臭氧消耗过程效率的重要反应(见 8.2.1 节)。

OH 和 HO_2 的反应过程为

$$OH + HO_2 \rightarrow H_2O + O_2 \quad \Delta H^\circ_{298} = -295\ kJ \cdot mol^{-1} \tag{5.24}$$

该反应生成了 H_2O 和 O_2。该反应速率常数的测量在实验上是困难的，并且常规测量值的不确定性很大。Keyser(1988)发现不确定性的原因在于二次生成的 H 和 O 原子的副反应，并且通过使用化学模型分析，提出了更准确的值。IUPAC 小组委员会在 298 K 温度条件下的建议值为 $k_{5.24}(298\ K) = 1.1 \times 10^{-10}\ cm^3 \cdot 分子^{-1} \cdot s^{-1}$(Atkinson 等，2004)。它是一种非常快速的自由基之间反应。与温度关系的阿伦尼乌斯方程(Arrhenius equation)如下

$$k_{5.24}(T) = 4.8 \times 10^{-11} \exp\left(-\frac{250}{T}\right) \quad cm^3 \cdot 分子^{-1} \cdot s^{-1}$$

具有较低的负活化能(Atkinson 等，2004)。并且也已经证实，在 1～1000 torr① 范围内与压力无关(Keyser，1988)。

从燃烧化学的角度分析该反应，并测量了高温下的速率常数。Hipper 等(1995)发现了在 1100 K 高温条件下反应速率降低的异常温度依赖特性，并提出了中间复合物存在的可能性。

5.2.3 OH+CO

OH 和 CO 的反应是作为清洁未污染对流层中的 OH 自由基的主要反应(见 7.1

---

① 1 torr≈133.322 Pa

节)，并且是确定 CO 在大气中寿命的重要反应。关于反应的速率常数已经进行了许多研究，根据这些结果，反应按以下途径进行

$$\begin{array}{c} OH + CO \rightleftharpoons HOCO^{\dagger} \rightarrow H + CO_2 \\ \downarrow + M \\ HOCO \end{array} \tag{5.25}$$

以往根据实验结果，已经提出了以 HOCO 为中间产物的反应图式，且 OH + CO 反应的速率常数随压力的增加而增加(Smith，1977)。此后，直接通过红外吸收(Petty 等，1993)和光电离光谱仪(photoionization spectrometer)(Miyoshi 等，1994)直接检测到 HOCO，并在理论上按照如下所述进行了确认。

根据上述图式，OH + CO 反应的速率常数可用通过如下两个过程加以描述

$$OH + CO \rightarrow H + CO_2 \qquad \Delta H^{\circ}_{298} = -102\ \mathrm{kJ \cdot mol^{-1}} \tag{5.26}$$

$$OH + CO + M \rightarrow HOCO + M \qquad \Delta H^{\circ}_{298} = -115\ \mathrm{kJ \cdot mol^{-1}} \tag{5.27}$$

反应(5.27)中形成的 HOCO 与 O_2 反应

$$HOCO + O_2 \rightarrow HO_2 + CO_2 \tag{5.28}$$

速率常数为～$1.5 \times 10^{-12}\ \mathrm{cm^3}$ · 分子$^{-1}$ · $\mathrm{s^{-1}}$(Miyoshi 等，1994)。反应(5.26)中形成的氢原子在大气条件下仅与氧气发生反应，并产生 HO_2。因此，无论反应途径如何，是否经过反应(5.26)或(5.27)，均可以认为 OH + CO 的产物是大气中的 $HO_2 + CO_2$。

Golden 等(1998)、McCabe 等(2001)最近根据上述方案测量了反应速率常数的结果。包括这些研究在内的数据由 NASA/JPL 专家组评估文件第 17 号(Sander 等 2011)进行汇编。在低压极限下，通过反应(5.26)进行，建议双分子反应速率常数为

$$k_{0,5.26}(T) = 1.5 \times 10^{-13} \left(\frac{T}{300}\right)^{0.6} \quad \mathrm{cm^3} \cdot \text{分子}^{-1} \cdot \mathrm{s^{-1}}$$

并且温度依赖性小。另一方面，反应(5.27)属于三分子反应，反应速率常数的温度和压力依赖性适用于反应(2.54)。低压和高压极限值时推荐 $F_c = 0.6$(Sander 等，2011)为

$$k_{0,5.27}(T) = 5.9 \times 10^{-33} \left(\frac{T}{300}\right)^{-1.4} \quad \mathrm{cm^6} \cdot \text{分子}^{-2} \cdot \mathrm{s^{-1}}$$

$$k_{\infty,5.27}(T) = 1.1 \times 10^{-12} \left(\frac{T}{300}\right)^{-1.3} \quad \mathrm{cm^3} \cdot \text{分子}^{-1} \cdot \mathrm{s^{-1}}$$

在大气条件下，反应(5.27)处于低压和高压极限之间的中间区域，并且受压力影响，必须通过使用方程式(5.8)进行计算。IUPAC 小组委员会报告第Ⅱ卷综合了 200～300 K 的温度范围内和 0～1 atm 的压力(N_2)下具有较小温度依赖性的反应(5.26)和(5.27)，提出了总反应速率常数的近似方程式

$$k_{5.26+5.27} = 1.44 \times 10^{-13} \left(1 + \frac{N_2}{4.2 \times 10^{19}}\right) \quad \mathrm{cm^3} \cdot \text{分子}^{-1} \cdot \mathrm{s^{-1}}$$

根据这些结果，获得 298 K 和 1 atm 条件下的反应速率常数为 $k_{5.26+5.27}$(298 K, 1 atm)≈2.4×10^{-13} cm^3 · 分子$^{-1}$ · s^{-1}。

作为涉及三个重原子的四中心反应模型，OH+CO 的反应从理论的角度引起了人们的兴趣，且进行了许多研究。多个小组（Yu 等，2001；Zhu 等，2001；Valero 等，2004）对 OH + CO 的缔合反应的势能面进行了计算，人们认为 OH + CO 的反应最初形成的是反式-HOCO，并且在顺式-反式异构化后分解为 H + CO_2。采用这种势能面进行反应速率常数的理论计算（Valero 等，2004；Medvedev 等，2004），主要是基于轨迹以及 $HOCO^†$（Troe，1998；Zhu 等，2001；Senosiain 等，2003；Chen 和 Markus，2005；Joshi 和 Wang，2006）的单分子分解理论（见 2.3.2 节）进行。除大气化学外，OH + CO 的反应在燃烧化学中也很重要，因此在 80～2800 K 的较宽的温度范围内对此进行研究。已知所获得的双分子速率常数的温度依赖性，在 500 K以上及以下显示出与阿伦尼乌斯曲线之间有较大偏差。如上所述，尽管在 300 K 以下温度依赖性非常小，但是近期的理论研究未能充分再现 300 K 以下低温区域的温度依赖性、压力依赖性和同位素效应，并且关于 HOCO 分解路径的过渡态能量以及隧道效应的存在与否仍在讨论中。

5.2.4　OH+NO_2+M

如同 HO_x 链终止反应，OH 自由基和 NO_2 的重组反应是对流层中最重要的反应（见 7.3.2 节）。OH+NO_2 的反应曾被描述为形成硝酸（$HONO_2$）的三分子反应（尽管通常将硝酸写为 HNO_3，在本章中将其写为 $HONO_2$，以帮助大家更容易地理解反应路径）。然而，在使用脉冲光解法测量该反应的反应速率常数时，OH 的衰减显示出双指数衰减，并且提出该反应除了形成 $HONO_2$ 之外还有 HOONO（过氧亚硝酸）的途径（Burkholder 等，1987；Hippler 等，2002；Golden 和 Smith，2000）。并认为该反应途径很重要

$$OH + NO_2 + M \rightarrow HONO_2 + M \quad \Delta H^\circ_{298} = -208\ kJ \cdot mol^{-1} \tag{5.29}$$

$$\rightarrow HOONO + M \quad \Delta H^\circ_{298} = -93\ kJ \cdot mol^{-1} \tag{5.30}$$

图 5.1 显示了 Hippler 等（2002）针对 OH+NO_2 反应中 OH 信号强度随时间变化观测示例。如图 5.1 所示，OH 衰变在 300 K 条件下呈单指数，但在 340 K 温度下表现出明显的双指数，通过实验可以确定存在 OH+NO_2 $\rightleftharpoons$HOONO 的平衡反应。通过这些实验证据和理论思考，证实了反应（5.30）的存在。意味着人们一直以来用于估算 OH +NO_2 反应的速率常数，忽略了反应（5.30），高估了反应（5.29）的值，这可能会影响臭氧形成的模型计算等（Golden 和 Smith，2000）。有报道通过使用红外光谱（Nizkorodov 和 Wennberg，2002；Pollack 等，2003）以及光腔衰荡光谱（Bean 等，2003）对 HOONO 进行了检测。

基于 Brown 等（1999）、D′Ottone 等（2001）、Hippler 等（2002）和其他学者的研

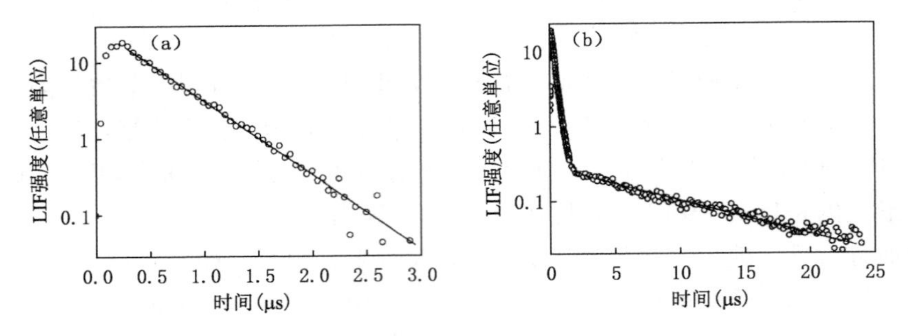

图 5.1 OH+NO_2 反应实验中 OH 信号的衰减曲线(改编自 Hippler 等,2002)
(a)300 K;(b)430 K

究,NASA/JPL 专家组评估文件第 17 号(Sander 等,2011)推荐反应(5.29)和(5.30)的低压和高压极限速率常数为

$$k_{0,5.29}(T) = 1.8 \times 10^{30}\left(\frac{T}{300}\right)^{-3.0} \quad \text{cm}^6 \cdot 分子^{-2} \cdot \text{s}^{-1}$$

$$k_{\infty,5.29}(T) = 2.8 \times 10^{-11}\left(\frac{T}{300}\right)^{0} \quad \text{cm}^3 \cdot 分子^{-1} \cdot \text{s}^{-1}$$

$$k_{0,5.30}(T) = 9.1 \times 10^{-32}\left(\frac{T}{300}\right)^{-3.9} \quad \text{cm}^6 \cdot 分子^{-2} \cdot \text{s}^{-1}$$

$$k_{\infty,5.30}(T) = 4.2 \times 10^{-11}\left(\frac{T}{300}\right)^{-0.5} \quad \text{cm}^3 \cdot 分子^{-1} \cdot \text{s}^{-1}$$

采用推荐值的 $HONO_2$ 形成速率常数在 298 K 和 1 atm 条件下为 $k_{5.29}=1.1\times 10^{-11}$ $\text{cm}^6 \cdot 分子^{-2} \cdot \text{s}^{-1}$,并且 HOONO 的形成比率是 5%~15%。

近期,Mollner 等(2010)报告,使用对 OH 高灵敏度的 LIF,更准确地确定了 OH+NO_2 在 N_2、O_2、空气 20~900 torr 时的总反应速率常数($k_{5.29}+k_{5.30}$),并且通过使用光腔衰荡光谱分别检测出了 $HONO_2$ 和 HOONO 在反应(5.29)和(5.30)中所占的比例。这些结果表明作为第三体 M 的 N_2 和 O_2 的效率存在一些差异,空气的碰撞效率是 N_2 的 94%。空气中 298 K 温度条件下,反应(5.29)和(5.30)的速率常数为 $k_{0,5.29}=1.51\times10^{-30}$ $\text{cm}^6 \cdot 分子^{-2} \cdot \text{s}^{-1}$,$k_{\infty,5.29}=1.84\times10^{-11}$ $\text{cm}^3 \cdot 分子^{-1} \cdot \text{s}^{-1}$,$k_{0,5.30}=6.2\times10^{-32}$ $\text{cm}^6 \cdot 分子^{-2} \cdot \text{s}^{-1}$ 和 $k_{\infty,5.30}=8.1\times10^{-11}$ $\text{cm}^3 \cdot 分子^{-1} \cdot \text{s}^{-1}$。根据这些结果,$HONO_2$ 在大气压下的形成速率常数为 $k_{5.29}=9.2(\pm0.4)\times10^{-12}$ $\text{cm}^3 \cdot 分子^{-1} \cdot \text{s}^{-1}$,HOONO 形成的分支比为 $k_{\infty,5.30}/k_{\infty,5.29}=0.142(\pm0.012)$。据此获得的 $HONO_2$ 形成速率常数比 NASA/JPL 专家组评估文件第 17 号(Sander 等,2011)建议值大约低 14%。图 5.2 显示了 OH+NO_2 反应速率常数 $k_{5.29+5.30}$ 以及分支比 $k_{5.30}/k_{5.29}$ 的压力依赖性。

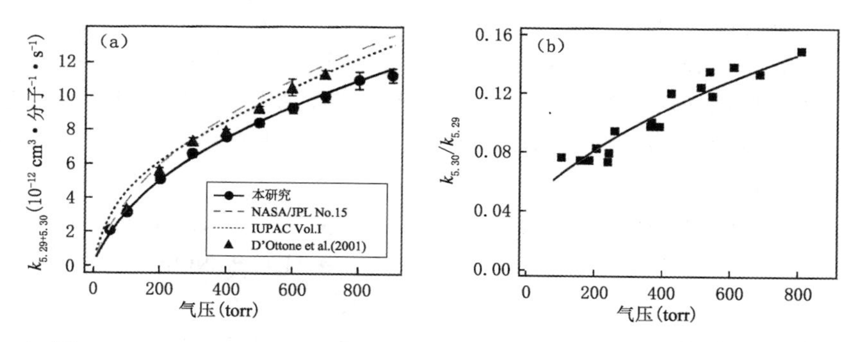

图 5.2 OH+NO_2 反应速率常数的压力依赖性(改编自 Mollner 等,2010)

(a)$k_{5.29+5.30}$;(b)$k_{5.30}/k_{5.29}$

图 5.3 描述了通过量子化学计算法获得的 OH+NO_2 反应的势能图(Pollack 等,2003)。通过使用过渡态电子结构的 RRKM 理论计算的反应速率常数与观测值(Sumathi 和 Peyerimhoff, 1997; Chakraborty 等, 1998)进行了比较, Goldenet 等(2003)报道了最近计算得出的速率常数,很好地再现了通过实验获得的与温度和压力的依赖性。然而目前尚未明确的是,该反应在对流层中形成臭氧,取决于作为反应中间体生成的 HOONO 是在大气中异构化为 $HONO_2$,还是通过光解或与其他活性物质反应再生比 $HONO_2$ 更具反应性的化学物质,这将影响对流层中臭氧的产生。

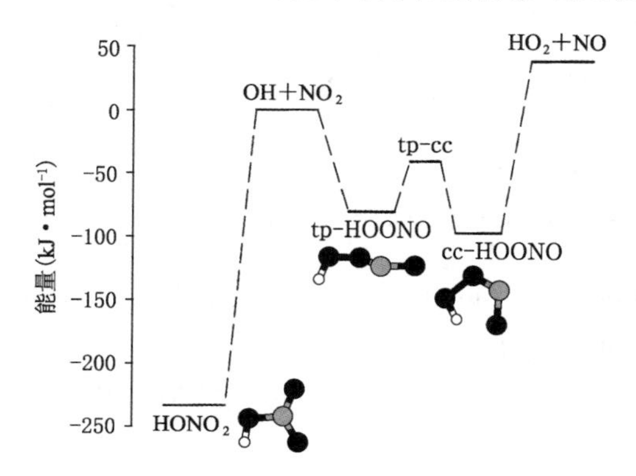

图 5.3 OH+NO_2 反应的势能面示意图(改编自 Pollack 等,2003)

5.2.5 OH+$HONO_2$(HNO_3)

OH 自由基与硝酸($HONO_2$、HNO_3)在平流层中的反应很重要,因为它在 NO_x 循环中,能够从储库分子 $HONO_2$ 中再生成活性氮。在对流层中,水溶性硝酸主要通过在云层上的湿沉降和在地面上的干沉降而去除;在少云的对流层中,光解与 OH 自由基反应对于去除过程和活性氮再生过程也很重要。

通过实验已知，在温度和压力影响下，OH 和 $HONO_2$ 反应的速率常数大幅偏离阿伦尼乌斯图（Margitan 和 Watson，1982；Smith 等，1984；Devolder 等，1984；Stachnik 等，1986；Brown 等，1999）。根据该实验证据，表明反应通过两种途径进行，一个途径是通过反应中间体 $OH-HONO_2$，另一个为直接反应（Smith 等，1984；Brown 等，1999）

$$OH + HONO_2 \rightarrow H_2O + NO_3 \quad \Delta H^{\circ}_{298} = -70\ kJ \cdot mol^{-1} \tag{5.31}$$

$$\rightarrow [OH - HONO_2] \rightarrow H_2O + NO_3 \quad \Delta H^{\circ}_{298} = -70\ kJ \cdot mol^{-1} \tag{5.32}$$

理论上已证实 $OH-HONO_2$ 以六元环分子（Xia 和 Lin，2001）形式存在，并在实验中通过红外光谱直接检测（O′Donnell 等，2008）验证。反应（5.32）的途径可以表示为

$$\begin{array}{l} OH + HONO_2 \rightleftharpoons OH - HONO_2^{\dagger} \xrightarrow{(5.34)} H_2O + NO_3 \\ \qquad\qquad (5.35) \downarrow + M \\ \qquad\qquad OH - HONO_2 \rightarrow H_2O + NO_3 \end{array} \tag{5.33}$$

图 5.4 显示该反应的能量概念图（Brown 等，1999）。

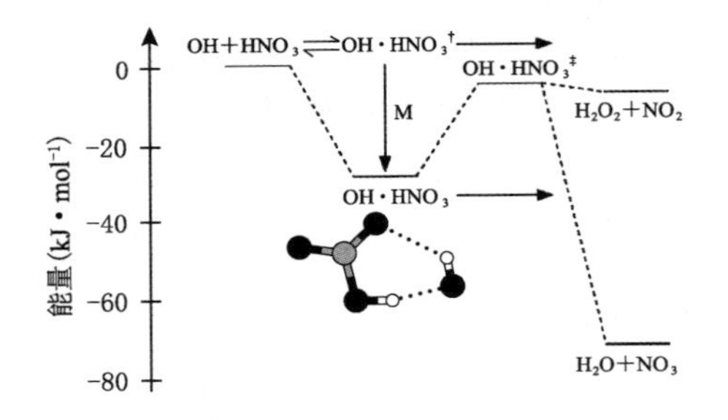

图 5.4　$OH+HONO_2$ 反应的势能面示意图（改编自 Brown 等，1999）

基于这些考虑，OH + $HONO_2$ 的总反应速率常数可以用林德曼机理公式描述的不依赖压力的 $k_{5.31}$ 和依赖压力的 $k_{5.32}$ 之和表示

$$k_{5.33} = k_{5.31}(T) + k_{5.32}([M], T) \tag{5.36}$$

$$k_{5.32}([M], T) = \frac{k_{5.35}[M]}{1 + \dfrac{k_{5.35}[M]}{k_{5.34}}} \tag{5.37}$$

NASA/JPL 专家组评估文件第 17 号（Sander 等，2011）对于速率参数的建议值为

$$k_{5.31}(T) = 2.4 \times 10^{-14} \exp\left(\frac{460}{T}\right)\ cm^3 \cdot 分子^{-1} s^{-1}$$

$$k_{5.34}(T) = 2.7 \times 10^{-17} \exp\left(\frac{2199}{T}\right)\ cm^3 \cdot 分子^{-1} \cdot s^{-1}$$

$$k_{5.35}(T) = 6.5 \times 10^{-34} \exp\left(\frac{1335}{T}\right)\ cm^6 \cdot 分子^{-1} \cdot s^{-2}$$

并且,IUPAC 小组委员会报告(Atkinson 等, 2004)采用了相同的值。由于反应(5.31)和(5.32)中的任何一种均生成了相同的产物,因此 NO_3 的反应产率是 1。从上述反应速率参数可以看出,随着温度下降,通过 $OH-HONO_2$ 的途径变得更加重要。

5.2.6　$OH+SO_2+M$

SO_2 的主要大气反应是通过与 OH 自由基的均相气相氧化反应,以及在云雾等水滴中与 H_2O_2 和 O_3 进行的液相氧化反应。本部分描述了 SO_2 与 OH 的反应,这对于均相气相反应很重要。

OH 和 SO_2 的反应是三分子反应,表示为

$$OH + SO_2 + M \rightarrow HOSO_2 + M \quad \Delta H^\circ_{298} = -125\ \mathrm{kJ \cdot mol^{-1}} \tag{5.38}$$

反应(5.38)的速率常数,Wine 等(1984)选取 IUPAC 小组委员会(Atkinson 等, 2004)的建议值 $F_c=0.525$,给出低压和高压极限条件下的方程式为

$$k_{0,5.22}(T) = 4.5\times10^{-31}[N_2]\left(\frac{T}{300}\right)^{-3.9}\quad \mathrm{cm^3 \cdot 分子^{-1} \cdot s^{-1}}$$

$$k_{\infty,5.22}(T) = 1.3\times10^{-12}\left(\frac{T}{300}\right)^{-0.7}\quad \mathrm{cm^3 \cdot 分子^{-1} \cdot s^{-1}}$$

在 298 K 和 1 atm 条件下的值为$\sim1\times10^{-12}\ \mathrm{cm^3 \cdot 分子^{-1} \cdot s^{-1}}$,几乎比 NO_2 与 OH 反应的速率常数小近一个数量级。

Li 和 McKee(1997)、Somnitz(2004)等针对反应(5.38)途径和产物 $HOSO_2$ 进行了量子化学计算。$HOSO_2$ 自由基的确切热化学值未能通过实验获得,Klopper 等(2008)报道其生成热为 $\Delta H^\circ_{f,0}(HOSO_2)=-366.6\pm2.5\ \mathrm{KJ \cdot mol^{-1}}$和 $\Delta H^\circ_{f,298}(HOSO_2)=-374.1\pm3.0\ \mathrm{kJ \cdot mol^{-1}}$。

人们认为 OH 和 SO_2 的反应中形成的 $HOSO_2$ 自由基与大气中的 O_2 反应为

$$HOSO_2 + O_2 \rightarrow HO_2 + SO_3 \quad \Delta H^\circ_{298} = -9.5\ \mathrm{kJ \cdot mol^{-1}} \tag{5.39}$$

生成 HO_2 和 SO_3。由上述生成热值得到的反应焓为 $\Delta H^\circ_{f,0}=-8.5\pm3.0\ \mathrm{kJ \cdot mol^{-1}}$、$\Delta H^\circ_{f,298}=-9.5\pm3.0\ \mathrm{kJ \cdot mol^{-1}}$。通过实验,已经在气相(Egsgaard 和 Carlsen, 1988)和低温基质(Hashimoto 等, 1984; Kuo 等, 1991)中检测到 $HOSO_2$。

5.2.7　$OH+CH_4$、C_2H_6、C_3H_8

尽管 OH 自由基可与所有烷烃发生反应,但本节中将甲烷(CH_4)、乙烷(C_2H_6)和丙烷(C_3H_8)作为典型的烷烃。由于烷烃的大气寿命取决于与 OH 的反应速率,因此,如 $OH + CH_4$ 等准确的反应速率常数对于评估全球变暖至关重要。

OH 与烷烃的反应是抽氢反应,如

$$OH + CH_4 \rightarrow CH_3 + H_2O \quad \Delta H^\circ_{298} = -58\ \mathrm{kJ \cdot mol^{-1}} \tag{5.40}$$

$$+C_2H_6 \rightarrow C_2H_5 + H_2O \quad \Delta H^\circ_{298} = -74\ kJ \cdot mol^{-1} \tag{5.41}$$

$$+C_3H_8 \rightarrow CH_3CH_2CH_2 + H_2O \quad \Delta H^\circ_{298} = -74\ kJ \cdot mol^{-1} \tag{5.42}$$

$$\rightarrow CH_3CHCH_3 + H_2O \quad \Delta H^\circ_{298} = -88\ kJ \cdot mol^{-1} \tag{5.43}$$

在 200～420 K 温度范围内，对 OH 和 CH_4 的反应速率常数进行了许多测量。IUPAC 小组委员会报告第 II 卷（Atkinson 等，2006）引用了 298 K 温度条件下的值 $k_{5.40}(298\ K)=6.4\times10^{-15}\ cm^3 \cdot$ 分子$^{-1}\cdot s^{-1}$，并且与温度关系为

$$k_{5.40}(T) = 1.85 \times 10^{-12} \exp\left(-\frac{1690}{T}\right)\ cm^3 \cdot 分子^{-1} \cdot s^{-1}$$

NASA/JPL 专家组评估文件第 17 号（Sander 等，2011）推荐了更详细的公式，包括三个参数

$$k_{5.40}(T) = 2.80 \times 10^{-14}\, T^{0.667} \exp\left(-\frac{1575}{T}\right)\ cm^3 \cdot 分子^{-1} \cdot s^{-1}$$

适用于对流层上下两层的模型计算。Gierczak 等（1997）和 Bonard 等（2002）提出的 OH 和 CH_4 反应速率常数的值与以前报道的值相吻合。

同理，已经报道了许多关于 OH 与 C_2H_6、C_3H_8 反应的速率常数测量值的研究，并且基于这些值，IUPAC 小组委员会报告第 Ⅱ 卷（Atkinson 等，2006）的建议值为 $k_{5.41}=2.4\times10^{-13}$、$k_{5.42+5.43}=1.1\times10^{-12}\ cm^3\cdot$ 分子$^{-1}\cdot s^{-1}$（在 298 K 温度条件下），并且与温度关系为

$$k_{5.41}(T) = 6.9 \times 10^{-12} \exp\left(-\frac{1000}{T}\right)\ cm^3 \cdot 分子^{-1} \cdot s^{-1}$$

$$k_{5.42+5.43}(T) = 7.6 \times 10^{-12} \exp\left(-\frac{585}{T}\right)\ cm^3 \cdot 分子^{-1} \cdot s^{-1}$$

比较 298 K 下的反应速率常数，C_2H_6 的速率常数比 CH_4 高 2 个以上数量级，而 C_3H_8 的速率常数比 C_2H_6 高几乎一个数量级，这是由于每种反应的活化能不同所致。

对于 >C_3 的烷烃反应，OH 可以从伯碳原子（只与一个碳原子相连的碳原子）、仲碳原子（与两个碳原子相连的碳原子）和叔碳原子（与三个碳原子相连的碳原子）中抽取氢原子。对于 C_3H_8，两个反应（5.42）和（5.43）与温度关系由 Droege 和 Tully（1986）给出

$$k_{5.42}(T) = 6.3 \times 10^{-12} \exp\left(-\frac{1050}{T}\right)\ cm^3 \cdot 分子^{-1} \cdot s^{-1}$$

$$k_{5.43}(T) = 6.3 \times 10^{-12} \exp\left(-\frac{580}{T}\right)\ cm^3 \cdot 分子^{-1} \cdot s^{-1}$$

在 298 K 时从伯碳原子和仲碳原子提取氢的比例为 0.17 ∶ 0.83。已知氢原子抽取

的难易，是按照叔、仲和伯的顺序越来越容易，其原因是上述反应式中活化能的差异。

关于 OH 和烷烃之间反应性的差异，长期以来是从分子的物理参数方面加以讨论，正如后面将要描述的 OH、O_3 和 NO_3 与烯烃的反应一样，电离电势(IP)与速率常数具有良好的相关性。此外，还采用传统过渡态理论，将计算出的 $\Delta S^{\ddagger}$ 和 $\Delta H^{\ddagger}$ 速率常数与实验值进行了比较(Cohen，1982)。

5.2.8　$OH+C_2H_4+M$

在烃类中，乙烯(烯烃，C_2H_4)等烯烃与 OH 具有较大的反应速率常数，并且考虑其混合比，它们对城市空气中的光化学臭氧形成有很大的贡献。

OH 与烯烃之间的反应通常是加成反应，并且 OH 与 C_2H_4 之间的反应由以下三分子反应表示，例如

$$OH + C_2H_4 + M \rightarrow HOCH_2CH_2 + M \quad \Delta H^{\circ}_{298} = -23\ kJ \cdot mol^{-1} \quad (5.44)$$

已经报道了许多关于反应(5.44)与温度和压力有关的实验。IUPAC 小组委员会报告第Ⅱ卷(Atkinson 等，2006)基于 Zellner 和 Lorenz(1984)、Klein 等(1984)、Kuo 和 Lee(1991)、Fulle 等(1997)、Vakhtin 等(2003)的研究结果，推荐 200～300 K 温度条件下低压和高压极限速率常数为

$$k_{0,5.44}(T) = 8.6 \times 10^{-29}\left(\frac{T}{300}\right)^{-3.1}\ cm^6 \cdot 分子^{-2} \cdot s^{-1}$$

$$k_{\infty,5.44}(T) = 9.0 \times 10^{-12}\left(\frac{T}{300}\right)^{-0.85}\ cm^3 \cdot 分子^{-1} \cdot s^{-1}$$

如上式所示，该反应在低压极限下具有较强的温度依赖性，而在高压极限下几乎与温度无关。对于 OH + C_2H_4 的反应，根据量子化学计算了其反应速率常数，并用于分析实验值(Clearry 等，2006；Taylor 等，2008)。

OH + C_2H_4 反应在 1 atm 大气条件下，几乎处于高压极限，但由于该反应处于高层大气低压和高压极限之间的中间区域，因此必须通过方程式(5.8)计算速率常数。由反应(5.44)形成的 $HOCH_2CH_2$ 自由基在大气条件下处于稳态，可与氧气反应形成过氧自由基(见第 7 章)。

OH 在与具有更多碳原子的烯烃反应时几乎处于高压极限，IUPAC 小组委员会报告第Ⅱ卷推荐在 298 K 和 1 atm 条件下 C_2H_4、C_3H_6 和 C_5H_8(异戊二烯)的速率常数分别为 7.9×10^{-12}、2.9×10^{-11} 和 1.0×10^{-10} $cm^3 \cdot 分子^{-1} \cdot s^{-1}$(Atkinson 等，2006)。因此，OH 和烯烃的反应速率常数通常随碳数的增加而显著增加。科学家对 OH-烯烃反应速率常数与分子电子结构参数的相关性进行了研究，结果表明电离势(Grosjean，1990)与最高占据轨道(HOMO)能量(King 等，1999)具有很好的相关性。

5.2.9 $OH+C_2H_2+M$

由乙炔(C_2H_2)为代表的炔烃是分子中含有三键的链状烃。尽管炔烃与 OH 的反应速率小于烯烃，然而，在污染大气中，C_2H_2 具有相对较高的混合比，对于光化学臭氧生成不可忽视。

OH 与炔烃的反应是在近似室温和大气压条件下与烯烃类似的加成反应，OH 和 C_2H_2 的反应可以写成如下分子反应

$$OH + C_2H_2 + M \rightarrow HOCHCH + M \quad \Delta H^\circ_{298} = -145\ kJ \cdot mol^{-1} \qquad (5.45)$$

通过实验对反应(5.45)速率常数进行了测量，IUPAC 小组委员会报告第Ⅱ卷基于 Bohn 等(1996)、Fulle 等(1997)和以前的其他研究，对于 300～800 K 温度条件下的低压极限和 298 K 温度条件下的高压极限(Atkinson 等，2006)给出了建议。

$$k_{0,5.45}(T,N_2) = 5\times10^{-30}[N_2]\left(\frac{T}{300}\right)^{-1.5} \quad cm^3 \cdot 分子^{-1} \cdot s^{-1}$$

$$k_{\infty,5.45}(298\ K) = 1.0\times10^{-12} \quad cm^3 \cdot 分子^{-1} \cdot s^{-1}$$

另外，在大气压下，该反应未达到高压极限，在常温和 1 atm 下的速率常数的建议值为

$$k_{5.45}(298\ K,\ 1\ atm) = 7.8\times10^{-13} \quad cm^3 \cdot 分子^{-1} \cdot s^{-1}$$

Senosiain 等(2005)对 OH 和 C_2H_2 反应进行了量子化学计算，并获得了理论速率常数值。根据计算结果，可以得出结论，形成乙烯酮的反应途径为

$$OH + C_2H_2 \rightarrow CH_2CO + H \qquad (5.46)$$

在高温下，相比于抽氢反应，该反应是主要反应。在低温下，通过加成反应(5.45)使 HOCHCH 的碰撞稳定化是主要的反应途径。

5.2.10 $OH+C_6H_6$、$C_6H_5CH_3$

已知 OH 与典型的芳烃、苯(C_6H_6)的反应是苯环的加成反应(Atkinosn 和 Arey，2003)。

$$OH + C_6H_6 + M \rightleftharpoons HOC_6H_6 + M \qquad (5.47)$$

对于具有侧链烷基的芳族烃，如甲苯($C_6H_5CH_3$)，苯环的加成反应和来自烷基的抽氢反应可以同时发生。

$$OH + C_6H_5CH_3 \rightleftharpoons CH_3C_6H_5(OH)(H) \qquad (5.48)$$

$$\longrightarrow C_6H_5CH_2 + H_2O \qquad (5.49)$$

图 5.5 显示了 OH 与甲苯以及 1,2,3-三甲基苯反应的阿伦尼乌斯图(Perry 等，1977)。从该图可以看出，对于甲苯在>～350 K，对于三甲苯在> 380 K 的高温区域，阿伦尼乌斯图显示为正常的负斜率(正活化能)直线，但是在<～330 K，两种化合物在低温区域，均显示为正斜率(负活化能)直线，可以看出，两个温度范围之间的反应速率常数存在较大差异。此外，据报道，OH 的衰减速率的对数图在高温和低温范围内与时间呈线性关系，阿伦尼乌斯图是线性的，在间隙区域中显示出非指数衰减(Perry 等，1977)。这意味着 OH 和芳烃之间的初始反应是高温下的抽氢反应和低温下的加成反应，并且在中间温度范围内，这两个过程均很重要。在该温度范围，OH 自由基会在延迟一定的时间后再生，从而导致 OH 的非指数衰变。此外，仅抽氢反应只能从侧链而不是苯环上发生的原因，反映了烷基的 C—H 键能(360 kJ · mol^{-1})远小于苯环的键能(460 kJ · mol^{-1})的事实(Uc 等，2006)。

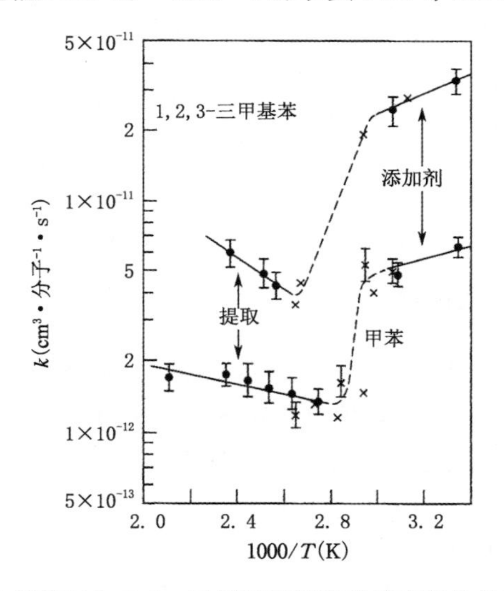

图 5.5　OH+甲苯与 1,2,3—三甲基苯反应的速率常数的阿伦尼乌斯图
(改编自 Perry 等，1977)

在反应(5.47)和(5.48)中将 OH 加成到苯环中形成的加合物自由基称为环己二烯自由基，其存在性已通过紫外吸收光谱实验证实(Grebenkin 和 Krasnoperov，2004；Johnson 等，2005)。

OH 与甲苯加成，可以在本位(与甲基键合的碳原子)、邻位(与甲基相邻的碳原子)、间位(与甲基相隔一个碳原子)和对位(与甲基相对的碳原子)发生。实际上，OH 加成反应主要发生在邻位，然后是对位(邻位-对位定向性)，此结论已被甲酚异构体的产量所证实(Smith 等，1998；Klotz 等，1998)，并且还得到理论计算的支持(Bartolotti 和 Edney，1995；Suh 等，2002)。环己二烯基自由基与 O_2 在大气中的反应将在 7.2.8 节中加以论述。

Perry 等(1977)、Tully 等(1981)、Goumri 等(1991)、Bohn 和 Zetsch(1999)等测算了 OH 和苯的反应速率常数。测算结果表明反应处于高压极限,其中 OH 加合物自由基在>100 torr 的压力下,通过碰撞达到稳定状态,而在下降区域压力较低。IUPAC 小组委员会(Wallington 等,2012)建议在 230～350 K 温度及大气压(高压极限)条件下的速率常数与温度关系为

$$k_{5.47}(T) = 2.3 \times 10^{-12} \exp\left(-\frac{190}{T}\right) \quad \mathrm{cm^3 \cdot 分子^{-1} \cdot s^{-1}}$$

在 298 K 温度条件下的值

$$k_{5.47}(298\ \mathrm{K}) = 1.2 \times 10^{-12} \quad \mathrm{cm^3 \cdot 分子^{-1} \cdot s^{-1}}$$

Perry 等(1977)、Tully 等(1981)、Bohn(2001)测算了 OH 和甲苯的反应速率常数。根据这些研究,IUPAC 小组委员会(Wallington 等, 2012)建议反应(5.48)和(5.49)在 210～350 K 和 298 K 温度条件下的总速率常数为

$$k_{5.48+5.49}(T) = 1.8 \times 10^{-12} \exp\left(-\frac{340}{T}\right) \quad \mathrm{cm^3 \cdot 分子^{-1} \cdot s^{-1}}$$

$$k_{5.48+5.49}(298\ \mathrm{K}) = 5.6 \times 10^{-12} \quad \mathrm{cm^3 \cdot 分子^{-1} \cdot s^{-1}}$$

在 298 K 温度条件下,抽氢反应(5.49)的比例给定为 $k_{5.49}/k_{5.48+5.49}=0.063$,是通过实验得到的产物的分析结果(Smith 等 1998; Klotz 等, 1998)。

5.2.11 OH+HCHO、CH_3CHO

通常认为 OH 和醛的反应是从醛基中抽取氢原子。本节中将 HCHO 和 CH_3CHO 的反应描述为 OH 与有机化合物的典型大气反应之一,与烷烃的烷基中的抽氢反应和烯烃的 C—C 双键的加成反应一样重要。

根据实验证据(Niki 等, 1984; Butkoyskaya 和 Setser, 1998; Sivakumaran 等, 2003),已证实 OH 和 HCHO 的反应是从醛基中抽取氢原子的反应。

$$OH + HCHO \rightarrow H_2O + HCO \quad \Delta H^\circ_{298} = -127\ \mathrm{kJ \cdot mol^{-1}} \tag{5.50}$$

对于该反应,已经从理论上考虑了通过加成反应形成 HCOOH(甲酸)的可能性(D′Anna等,2003)。

$$OH + HCHO \rightarrow H_2C(O)OH \rightarrow HCOOH + H \tag{5.51}$$

图 5.6 描述了 D′Anna 等(2003),通过量子化学计算获得的 OH 和 HCHO 的能量图。根据该计算,OH 和 HCHO 的抽氢反应的过渡态无能垒,而加成反应的过渡态具有 30 kJ · mol^{-1}的正能垒,这与产物中未见 HCOOH 的实验证据一致。

在 OH 和 CH_3CHO 反应中,可以设想存在两种抽氢反应的可能

$$OH + CH_3CHO \rightarrow H_2O + CH_3CO \quad \Delta H^\circ_{298} = -123\ \mathrm{kJ \cdot mol^{-1}} \tag{5.52}$$

$$\rightarrow H_2O + CH_2CHO \quad \Delta H^\circ_{298} = -133\ \mathrm{kJ \cdot mol^{-1}} \tag{5.53}$$

已知主要过程是反应(5.52)中醛基的抽氢反应。Cameron 等(2002)根据对 CH_3CO

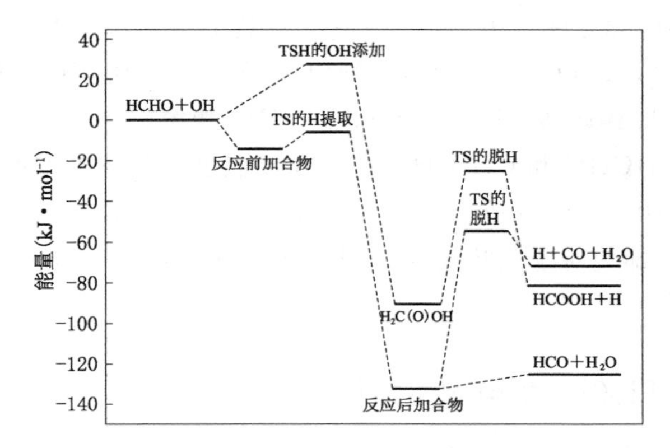

图 5.6　OH+HCHO 反应体系的能量图(改编自 Anna 等,2003)

自由基的直接测定,给出该反应的产率为(93±18)%。此外,根据 Butkovskaya 等(2004)对 CH_2CHO 自由基直接测量的报道,反应(5.53)从 CH_3 基团中抽取 H 原子的比例约为 5.1%。

反应(5.50)、(5.52)和(5.53)中形成的 HCO、CH_3CO 和 CH_2CHO 自由基在大气中与 O_2 反应形成过氧自由基

$$HCO + O_2 \rightarrow HO_2 + CO \qquad \Delta H^\circ_{298} = -139\ kJ \cdot mol^{-1} \tag{5.54}$$

$$CH_3CO + O_2 + M \rightarrow CH_3C(O)O_2 + M \qquad \Delta H^\circ_{298} = -162\ kJ \cdot mol^{-1} \tag{5.55}$$

$$CH_2CHO + O_2 \rightarrow HCHO + HO_2 \qquad \Delta H^\circ_{298} = -76\ kJ \cdot mol^{-1} \tag{5.56}$$

在此,反应(5.55)中形成的乙酰过氧自由基与受到污染的大气中的 NO_2 反应,生成叫作过氧乙酰硝酸酯(PAN,$CH_3C(O)O_2NO_2$)的特殊化合物(见 7.2.9 节)。

Atkinson 和 Pitts(1978)、Stief 等(1980)、Sivakumaran 等(2003)等测定了 OH 和 HCHO 的反应速率常数与温度的关系,并且 IUPAC 小组委员会(Atkinson 等,2006)根据这些结果推荐了阿伦尼乌斯方程

$$k_{5.50}(T) = 5.4 \times 10^{-12} \exp\left(\frac{135}{T}\right) \quad cm^3 \cdot 分子^{-1} \cdot s^{-1} \quad (200 \sim 300\ K)$$

如上式所示,获得的负活化能很小,与反应的理论计算结果一致(D'Anna 等,2003)。然而,应该注意的是,在高于 330 K 的温度条件下,速率常数偏离上述阿伦尼乌斯方程并接近正活化能,并且上述公式应仅在大气条件下应用(Atkinson 等,2006)。

对于 CH_3CHO 反应,IUPAC 小组委员会(Atkinson 等,2006)基于 Sivakumaran 和 Crowley(2003)等建议类似的阿伦尼乌斯方程为

$$k_{5.52+5.53}(T) = 4.6 \times 10^{-12} \exp\left(\frac{350}{T}\right) \quad cm^3 \cdot 分子^{-1} \cdot s^{-1} \quad (200 \sim 300\ K)$$

该值与 NASA/JPL 专家组评估文件第 17 号的建议高度一致,其中包括 Zhu 等(2008)最近的计算结果。

OH 与 HCHO 和 CH_3CHO 的反应速率常数的指前因子与小的负活化能的值之间没有显著差异，这与 OH 与烷烃和烯烃反应的情况非常不同。IUPAC 小组委员会报告第Ⅱ卷（Atkinson 等，2004）和 NASA/JPL 专家组评估文件第 17 号（Sander 等，2011）给定的 HCHO 和 CH_3CHO 在 298 K 温度条件下的速率常数分别为 $k_{5.50}$(298 K) = 8.5×10^{-12} cm^3 · 分子$^{-1}$ · s^{-1}，$k_{5.52+5.53}$(298 K) = 1.5×10^{-11} cm^3 · 分子$^{-1}$ · s^{-1}。因此，即使对于碳数最少的 HCHO，OH 与醛的反应在室温下也具有较高的速率常数。

5.3 HO_2、CH_3O_2 自由基的反应

HO_2 自由基与 OH 自由基一起在对流层和平流层中，是形成链式反应循环的主要化学物质。在对流层中，除 HO_2 外，有机过氧自由基 RO_2 也是重要的链增长中间体。本节中，这些自由基的反应包括：影响平流层和对流层中 O_3 形成和损耗的 HO_2 和 O_3 的反应，与对流层臭氧形成直接相关的 HO_2、CH_3O_2 和 NO 的反应，以及 HO_2 和 CH_3O_2 自由基与自由基之间的反应。表 5.4 列举了从 IUPAC 小组委员会报告第Ⅱ卷（Atkinson 等，2006）以及 NASA/JPL 专家组评估文件第 17 号（Sander 等，2011）中摘录的 HO_2、CH_3O_2 以及其他有机自由基的反应速率常数对温度的依赖性。

表 5.4 在 298 K 温度下的反应速率常数以及 HO_2 与有机自由基反应的阿伦尼乌斯参数

反应	k (298 K) (cm³ · 分子⁻¹ · s⁻¹)	A 因素 (cm³ · 分子⁻¹ · s⁻¹)	E_a/R (K)	参考
$HO_2+O_3\rightarrow OH+2O_2$	1.9×10^{-15}	1.0×10^{-14}	490	(b)
$HO_2+NO\rightarrow OH+NO_2$	8.0×10^{-12}	3.3×10^{-12}	−270	(b)
$CH_3O_2+NO\rightarrow CH_3O+NO_2$	7.7×10^{-12}	2.3×10^{-12}	360	(a)
$HO_2+NO_2+M\rightarrow HO_2NO_2+M$	$2.0\times10^{-31}[N_2](k_0)$	$2.0\times10^{-31}(T/300)^{-3.4}[N_2](k_0)$		(b)
	$2.9\times10^{-12}(k_\infty)$	$2.9\times10^{-12}(T/300)^{-1.1}(k_\infty)$		
$HO_2+HO_2\rightarrow H_2O_2+O_2$	1.4×10^{-12}	3.0×10^{-13}	−460	(b)
$+M\rightarrow HO_2NO_2+M$	$4.6\times10^{-32}[M]$	$2.1\times10^{-33}[M]$	−920	
$HO_2+CH_3O_2\rightarrow CH_3OOH+O_2$	5.2×10^{-12}	4.1×10^{-13}	−750	(b)
$CH_3O_2+CH_3O_2\rightarrow$产物	3.5×10^{-13}	1.0×10^{-13}	−370	(a)
$HCO+O_2\rightarrow HO_2+CO$	5.1×10^{-12}	5.1×10^{-12}	0	(a)
$CH_3CO+O_2+M\rightarrow CH_3C(O)O_2+M$	$5.1\times10^{-12}(k_\infty)$	5.1×10^{-12}	0	(a)
$CH_2OH+O_2\rightarrow HCHO+HO_2$	9.7×10^{-12}	—	—	(a)
$CH_3O+O_2\rightarrow HCHO+HO2$	1.9×10^{-15}	7.2×10^{-14}	1080	(a)
$CH_3O+NO+M\rightarrow CH_3ONO+M$	$2.6\times10^{-29}[N_2](k_0)$	$2.6\times10^{-29}(T/300)^{-2.8}[N_2](k_0)$		(a)
	$3.3\times10^{-11}(k_\infty)$	$3.3\times10^{-11}(T/300)^{-0.6}(k_\infty)$		
$CH_3O+NO_2+M\rightarrow CH_3ONO+M$	$8.1\times10^{-29}[N_2](k_0)$	$8.1\times10^{-29}(T/300)^{-4.5}[N_2](k_0)$		(a)
	$2.1\times10^{-11}(k_\infty)$	$2.1\times10^{-11}(k_\infty)$		

来源：(a) IUPAC 小组委员会报告第Ⅱ卷（Atkinson 等，2006）；

(b) NASA/JPL 专家组评估文件第 17 号（Sander 等，2011）

5.3.1　HO_2+O_3

作为在 HO_x 循环中将 HO_2 转化为 OH 的反应，HO_2 和 O_3 的反应对于平流层很重要。另一方面，在对流层中，该反应是在 NO 浓度较低的海洋边界层以及自由对流层中将 HO_2 转化为 OH 主要反应。

HO_2+O_3 反应的途径是

$$HO_2+O_3 \rightarrow OH+2O_2 \quad \Delta H^\circ_{298}=-118\ \mathrm{kJ\cdot mol^{-1}} \tag{5.57}$$

对于反应速率常数，NASA/JPL 专家组评估文件第 17 号(Sander 等，2011)推荐阿伦尼乌斯方程为

$$k_{5.57}(T)=1.0\times10^{-14}\exp\left(-\frac{490}{T}\right)\quad \mathrm{cm^3\cdot 分子^{-1}\cdot s^{-1}}$$

根据 Zahniser 和 Howard(1980)、Sinha 等(1987)、Wang 等(1988)、Herndon 等(2001)等的测量结果，IUPAC 小组委员会(Atkinson 等，2004)推荐温度依赖性速率公式

$$k_{5.57}(T)=2.0\times10^{-16}\left(-\frac{T}{300}\right)^{4.57}\exp\left(-\frac{693}{T}\right)\quad \mathrm{cm^3\cdot 分子^{-1}\cdot s^{-1}}(250\sim340\ \mathrm{K})$$

在 298 K 温度条件下的速率常数是 $k_{5.57}(298\ \mathrm{K})=2.0\times10^{-15}\ \mathrm{cm^3\cdot 分子^{-1}\cdot s^{-1}}$，与 $OH+O_3$(见 5.2.1 节)的反应相比，其反应速率要小一个数量级。此外，阿伦尼乌斯图显示了上式所示的曲线特征，在 250 K 温度条件下更为明显。这意味着低温下活化能降低。

至于该反应的机理，Sinha 等(1987)在使用同位素标记的 $H^{18}O_2$ 和 $^{16}O_3$ 的实验中，通过 LIF 检测到 OH，并且发现大部分 OH((75±10)%)是 ^{16}OH。这意味着 O_3 的抽氢反应是主要的反应。Nelson 和 Zahnisier(1994)在类似的实验中通过 LIF 确定了 ^{16}OH 和 ^{18}OH 的形成率，显示 O_3 的抽氢反应在 226 K 和 355 K 温度条件下的发生率分别为(94±5)%和(85±5)%，表明温度依赖性较低。

HO_2 和 O_3 反应的量子化学计算结果表明，通过 O_3-HO_2 络合物形成 HO_3 的抽氢途径的能垒低于通过 O_3-O_2H 抽氧反应的能垒，此点与通过实验获得的结果相一致(Xu 和 Lin，2007；Varandas 和 Viegas，2011)。

5.3.2　HO_2+NO

HO_2 和 NO 生成 OH 和 NO_2 的反应是对流层和平流层中完成 $OH-HO_2$ 链式反应的重要反应。尤其是在对流层中，该反应是光化学产生臭氧以及 RO_2 和 NO 的基本反应(将在后续内容中进行论述)(参见 7.3.1 节和 7.3.2 节)。

自从 Howard 和 Evenson(1977)使用 LMR(激光磁共振)首次测量绝对速率以来，许多研究中对 HO_2+ NO 反应

$$HO_2 + NO \rightarrow HO + NO_2 \quad \Delta H^\circ_{298} = -35\ \text{kJ} \cdot \text{mol}^{-1} \tag{5.58}$$

的速率常数进行测定。1990 年以后，Jemi-Alade 和 Thrush (1990)、Seeley 等 (1996a)、Bohn 和 Zetzsch (1997)、Bardwell 等 (2003) 及其他学者也进行了研究。NASA/JPL 专家组评估文件第 17 号(Sander 等，2011)推荐了 298 K 温度条件下的值 $k_{5.58}(298\ \text{K}) = 8.0 \times 10^{-12}\ \text{cm}^3 \cdot$ 分子$^{-1} \cdot \text{s}^{-1}$，并且与温度关系式为

$$k_{5.58}(T) = 3.3 \times 10^{-12} \exp\left(\frac{270}{T}\right) \quad \text{cm}^3 \cdot \text{分子}^{-1} \cdot \text{s}^{-1}$$

IUPAC 小组委员会建议在 200～400 K 时将数值提高 10%(Atkinson 等，2004)。已知该反应具有负活化能，且不具有压力依赖性。

Sumathi 和 Peyerimhoff (1997)、Chakraborty 等 (1998)、Zhang 和 Donahue (2006)等通过量子化学计算，研究了 HO_2 和 NO 的反应势能面。根据这些研究，HO_2 和 NO 的反应生成 HOONO 中间体，同时对除了反应(5.58)以外的其他反应途径形成 $HONO_2$ 和 HNO 提出了建议。

$$HO_2 + NO \rightarrow HOONO^\dagger \rightarrow HO + NO_2 \tag{5.58}$$

$$\rightarrow HONO_2 \tag{5.59}$$

$$\rightarrow HNO + O_2 \tag{5.60}$$

特别值得关注的是，过氧亚硝酸(HOONO)是 5.2.4 节所述 OH 和 NO_2 反应常见的中间体，确认 $HO_2 + NO$ 反应是否部分导致硝酸($HONO_2$)的形成是一项有趣的工作。

在这方面，Butkovskaya 等(2005，2007，2009)报道了 $HO_2 + NO$ 反应中 $HONO_2$ 的形成。Butkovskaya 等(2009)使用化学电离质谱仪检测到 $HONO_2$，该结果表明，在 223～323 K 温度条件和 72～600 torr 范围内，形成 $HONO_2$ 的反应速率，在无水蒸气的情况下分别随着温度的降低和压力的增加而增加。在不存在水蒸气的情况下，反应(5.59)与(5.58)的比率 $\alpha(T,P) = k_{5.59}/k_{5.58}$，由下式给出

$$\alpha(T,P) = \frac{k_{5.59}}{k_{5.58}} = \frac{530}{T} + 6.4 \times 10^{-4} P(\text{torr}) - 1.731 \tag{5.61}$$

在存在水蒸气的情况下，$HONO_2$ 形成的增加率 f 表示为

$$f = 1 + 2 \times 10^{-17} [H_2O] \tag{5.62}$$

式中，$[H_2O]$的单位是分子 · cm^{-3}。根据该方程式，与$[H_2O] = 0$ 的情况相比，在温度 298 K 及相对湿度 50%($[H_2O] = 4 \times 10^{17}$分子 · cm^{-3})的条件下，$HONO_2$ 的产率增加了 8 倍。如果认为水蒸气引起的反应增加是由于包含了 $HO_2 \cdot H_2O$ 复合物的反应

$$HO_2 \cdot H_2O + NO \rightarrow HONO_2 + H_2O \tag{5.63}$$

反应(5.63)速率常数在 298 K 温度和 1 atm 条件下，推导为 $k_{5.63} = 6 \times 10^{-13}\ \text{cm}^3 \cdot$ 分子$^{-1} \cdot \text{s}^{-1}$，比没有水蒸气时的反应(5.59)速率常数大 40 倍。Butkovskaya 等

(2009)讨论了非均相反应贡献率较低的可能性,并提出 $HONO_2$ 的形成可能对于对流层低层中 $HO_2 \cdot H_2O$ 复合物与 NO 的反应很重要。

Zhu 和 Lin(2003a)报道了 HO_2+NO 反应的量子化学计算结果,认为其主要的反应途径是通过 HOONO 直接分解产生的 $OH+NO_2$,并且 HOONO 异构化为 $HONO_2$ 的能量损失 21.7 kJ · mol^{-1}。理论计算表明,在 10 个大气压下,$OH+NO_2$ 反应不存在压力依赖性,此点与实验结果一致。

5.3.3　CH_3O_2 + NO

CH_3O_2 和其他有机过氧自由基与 NO 的反应和 HO_x 链增长反应,与 5.3.2 节中提到的 HO_2 和 NO 一样,对于对流层化学也很重要。特别是在人为源和生物源碳氢化合物浓度高的城市和森林空气中,RO_2+ NO 的反应对局部光化学臭氧形成的贡献很大。本节将 CH_3O_2 选取为一种具有代表性的有机过氧自由基,并且在适当的情况下提及其他烷基过氧自由基。

已知 CH_3O_2 和 NO 的反应产物是 CH_3O 和 NO_2(Ravishankara 等,1981;Zellner 等,1986;Bacak 等,2004),因此主要的反应途径是

$$CH_3O_2 + NO \rightarrow CH_3O + NO_2 \quad \Delta H^\circ_{298} = -49\ \text{kJ} \cdot \text{mol}^{-1} \tag{5.64}$$

研究人员已经报道了针对该反应速率常数的许多测算值,并且 IUPAC 小组委员会(Atkinson 等, 2006),根据 Scholtens 等(1999)、Bacak 等(2004)的研究以及以前的测算值,建议在 298 K 温度条件下 $k_{5.64}(298\ \text{K}) = 7.7 \times 10^{-12}$ cm^3 · 分子$^{-1}$ · s^{-1},与温度关系式为

$$k_{5.64}(T) = 2.3 \times 10^{-12} \exp\left(\frac{360}{T}\right) \quad \text{cm}^3 \cdot \text{分子}^{-1} \cdot \text{s}^{-1}$$

如上式所示,该反应具有负活化能,并且已知在低温条件下其反应速率常数随压力增加而增加。根据这些证据,人们认为该反应的途径与 HO_2+NO 反应类似(Scholtens 等, 1999)

$$CH_3O_2 + NO \leftrightarrow [CH_3OONO]^\dagger \tag{5.65}$$

$$[CH_3OONO]^\dagger \rightarrow CH_3O + NO_2 \tag{5.66}$$

$$+ M \rightarrow CH_3ONO_2 \tag{5.67}$$

由 Zhang 等(2004)通过量子化学计算,获得 CH_3OONO 异构化为 CH_3ONO_2 的反应方案。然而,还未能通过实验看到 CH_3ONO_3 的形成,Scholtens 等(1999)将上限定为 0.3%。

人们已知上述方案中硝酸酯(硝酸烷基酯)的产率随着烷基中碳原子数的增加而变大。例如,通过乙基过氧自由基——$C_2H_5O_2$ 和 NO 的反应

$$C_2H_5O_2 + NO \rightarrow C_2H_5O + NO_2 \quad \Delta H^\circ_{298} = -45.2\ \text{kJ} \cdot \text{mol}^{-1} \tag{5.68}$$

$$\rightarrow C_2H_5ONO_2 \quad \Delta H^\circ_{298} = -217.0\ \text{kJ} \cdot \text{mol}^{-1} \tag{5.69}$$

得出 $C_2H_5ONO_2$ 的产率在 298 K 温度条件下为 $k_{5.69}/k_{5.68+5.69} \leqslant 0.014$(Ranschaert 等，2000)，根据 IUPAC 小组委员会报告第Ⅱ卷(Atkinson 等，2006)的建议，对于 n-$C_3H_7O_2$ 和 i-$C_3H_7O_2$、n-$C_3H_7ONO_2$ 和 i-$C_3H_7ONO_2$ 的产率，分别为 0.020 和 0.042(Carter 和 Atkinson，1989)。根据 Lightfoot 等(1992)、Tyndall 等(2001)、Finlayson-Pitts 和 Pitts(2000)的研究，列出了每种烷烃的 $RONO_2$ 的产率。对于碳数 74 的烷烃，产率增加，C_7 和 C_8 产率达到 0.3 以上。

通常 RO_2 和 NO 的反应

$$RO_2 + NO \rightarrow RO + NO_2 \tag{5.70}$$

$$\rightarrow RONO_2 \tag{5.71}$$

会形成 RO 自由基和 $RONO_2$。从 RO 自由基，HO_2 通过

$$RO + O_2 \rightarrow R'CHO + HO_2 \tag{5.72}$$

再生而继续链式反应，而 $RONO_2$ 的形成则使链式反应终止。因此，$RONO_2$ 在 RO_2 和 NO 反应中的产率是影响每种碳氢化合物的光化学臭氧生成效率的非常重要的参数。

Lohr 等(2003)和 Barker 等(2003)完成了 RO_2($R=CH_3$，C_2H_5，n-C_3H_7、i-C_3H_7、2-C_5H_{11})+NO 反应的量子化学计算。根据这些理论计算，该反应的主要产物是 $RO+NO_2$，从 ROONO 到 $RONO_2$ 的异构化反应的能垒相当高，还无法解释实验所得到的 $RONO_2$ 的产率。

5.3.4 HO_2+NO_2+M

HO_2 与 NO_2 反应生成过氧硝酸(HO_2NO_2)，可能是 $OH-HO_2$ 自由基链式反应的终止反应。但是，由于 HO_2NO_2 具有热不稳定性，会在室温附近分解成 HO_2 和 NO_2，所以一般不会影响近地表臭氧的形成。然而，当 HO_2NO_2 在低温对流层中形成时，它可以充当储库物质，远距离运输 NO_x，因此，将该反应纳入化学传输模型是非常重要的。

HO_2 与 NO_2 的反应达到热平衡状态

$$HO_2 + NO_2 + M \rightarrow HO_2NO_2 + M \quad \Delta H^\circ_{298} = -101 \text{ kJ} \cdot \text{mol}^{-1} \tag{5.73}$$

$$HO_2NO_2 + M \rightarrow HO_2 + NO_2 + M \quad \Delta H^\circ_{298} = 101 \text{ kJ} \cdot \text{mol}^{-1} \tag{5.74}$$

该反应(5.73)是三分子反应，可以假设 $F_c=0.6$，用方程式(5.8)描述低压与高压极限速率常数。根据 Christensen 等(2004)的研究数据，NASA/JPL 专家组评估文件第 17 号(Sander 等，2011)建议

$$k_{0,5.73}(T) = 2.0 \times 10^{-31}\left(\frac{T}{300}\right)^{-3.4} \quad \text{cm}^6 \cdot \text{分子}^{-2} \cdot \text{s}^{-1}$$

$$k_{\infty,5.73}(T) = 2.9 \times 10^{-12}\left(\frac{T}{300}\right)^{-1.1} \quad \text{cm}^3 \cdot \text{分子}^{-1} \cdot \text{s}^{-1}$$

同时，对于逆反应，根据 Graham(1977)和 Zabel(1995)的研究数据，IUPAC 小组委员会(Atkinson 等，2004)建议在温度为 260～300 K 范围内

$$k_{0,5.74}(T,N_2) = 4.1 \times 10^{-5}[N_2]\left(-\frac{10605}{T}\right) \quad s^{-1}$$

$$k_{\infty,5.74}(T) = 4.8 \times 10^{15}\exp\left(-\frac{11170}{T}\right) \quad s^{-1}$$

在 298 K 温度下，$k_{0,5.74}=1.3\times10^{-20}[N_2]\ s^{-1}$、$k_{\infty,5.74}=0.25\ s^{-1}$，并且根据这些值，可以估计出 HO_2NO_2 在大气中存在的时间仅有几秒钟。根据这些逆反应和反应(5.57)的反应速率常数，NASA/JPL 专家组(Sander 等，2011)建议反应(5.73)和反应(5.74)的平衡常数应为

$$k_{5.73/5.74}(T) = 2.1 \times 10^{-27}\exp\left(\frac{10900}{T}\right) \quad cm^3 \cdot 分子^{-1}$$

并且在 298 K 温度下，平衡常数 $k_{5.73/5.74}(298\ K)=1.6\times10^{-11}\ cm^3 \cdot 分子^{-1}$。

虽然，Bai 等(2005)通过量子化学计算提出了 HONO 的形成途径，但在该反应中，HONO 的生成尚未通过实验证实(Dransfield 等，2001)。

5.3.5　$HO_2 + HO_2 (+M)$

在对流层和平流层中，HO_2 之间的反应(自反应)在自由基链式反应中发挥了重要作用，因为在大气中 HO_2 的浓度通常是最高的。此反应中产生的 H_2O_2，尤其在污染空气中的雾中，是 SO_2 液相氧化的重要氧化剂(参见 7.6.2 节)。

众所周知，HO_2 的自反应通过同时进行的双分子和三分子反应来持续进行(Kircher 和 Sander，1984；Kurylo 等，1986；Takacs 和 Howard，1986；Lightfoot 等，1988)

$$HO_2 + HO_2 \rightarrow H_2O_2 + O_2 \quad \Delta H^\circ_{298} = -166\ kJ \cdot mol^{-1} \tag{5.75}$$

$$+ M \rightarrow H_2O_2 + O_2 + M \quad \Delta H^\circ_{298} = -166\ kJ \cdot mol^{-1} \tag{5.76}$$

IUPAC 小组委员会(Atkinson 等 2004)建议在 298 K 温度下，双分子反应的速率常数 $k_{5.75}(298\ K) = 1.6\times10^{-12}\ cm^3 \cdot 分子^{-1} \cdot s^{-1}$，三分子反应的速率常数 $k_{5.76}(298\ K)=5.2\times10^{-32}[N_2]$、$4.6\times10^{-32}[O_2]\ cm^3 \cdot 分子^{-1} \cdot s^{-1}$。NASA/JPL 专家组(Sander 等，2011)建议双分子反应的速率常数 $k_{5.75}(298\ K)=1.4\times10^{-12}\ cm^3 \cdot 分子^{-1} \cdot s^{-1}$，以 N_2、O_2 作为第三体的三分子反应的速率常数 $k_{5.76}(298\ K)=4.6\times10^{-32}[M]\ cm^3 \cdot 分子^{-1} \cdot s^{-1}$。他们还建议了 240～420 K 范围内，双分子反应和三分子反应的温度依赖性速率方程为

$$k_{5.75}(T) = 3.0 \times 10^{-13}\exp\left(\frac{460}{T}\right) \quad cm^3 \cdot 分子^{-1} \cdot s^{-1}$$

$$k_{5.76}(T) = 2.1 \times 10^{-33}[\mathrm{M}]\exp\left(\frac{920}{T}\right) \quad \mathrm{cm}^3 \cdot 分子^{-1} \cdot \mathrm{s}^{-1}$$

因此，该反应具有负活化能，并且作为自由基一自由基间的反应而言，其速率不是非常快。

已知当存在水蒸气时，该反应的速率常数会增大。Hamilton(1975)率先发现了水蒸气对该反应存在影响，随后，Lii 等(1981)以及 Kircher 和 Sander(1984)提出了包括温度依赖性在内的反应速率方程。在存在水蒸气的情况下，Kircher 和 Sander(1984)给出了扩大系数 $f_{5.75+5.76}$

$$f_{5.75+5.76}(T) = 1 + 1.4 \times 10^{-21}[\mathrm{H_2O}]\exp\left(\frac{2200}{T}\right) \quad \mathrm{cm}^3 \cdot 分子^{-1} \cdot \mathrm{s}^{-1}$$

IUPAC 小组委员会(Atkinson 等，2004)也提出相同的建议。

无论从理论还是实验角度，都已经详细研究了水蒸气对于 HO_2+HO_2 反应的影响，并且证实 HO_2 与 HO_2 可反应形成一种 $HO_2 \cdot H_2O$ 复合物，反应式如下

$$HO_2 + H_2O \rightarrow HO_2 \cdot H_2O \tag{5.77}$$

并且，该复合物与 HO_2 的反应速率常数

$$HO_2 + HO_2 \cdot H_2O \rightarrow H_2O_2 + O_2 + H_2O \tag{5.78}$$

要比 HO_2+HO_2 的速率常数大(Aloisio 和 Francisco，1998；Aloisio 等，2000；Zhu 和 Lin，2002)。Kanno 等(2005,2006)根据存在 H_2O 时，HO_2 自由基的红外吸收下降情况，确定了 HO_2 与 $HO_2 \cdot H_2O$ 的平衡常数，并且通过减去反应(5.75)和(5.76)的贡献，根据 HO_2 的实验衰减率，得出了反应(5.78)的温度依赖性速率常数

$$k_{5.78}(T) = 5.4 \times 10^{-11}\exp\left(-\frac{410}{T}\right) \quad \mathrm{cm}^3 \cdot 分子^{-1} \cdot \mathrm{s}^{-1}$$

在 298 K 温度下，$k_{5.78}$的值是 $1.4\times10^{-11}\,\mathrm{cm}^3 \cdot 分子^{-1} \cdot \mathrm{s}^{-1}$，相较于不存在 H_2O 的情况，反应(5.75)和(5.76)的速率常数要高出一个数量级。NASA/JPL 专家组(Sander 等，2011)建议将此值作为反应(5.78)的速率常数。

根据 Kanno 等(2006)得出的平衡常数，可以计算出反应(5.78)的焓 ΔH°_{298}和熵 ΔS°_{298}分别是 -31 ± 4 kJ · mol^{-1}和 -83 ± 14 mol^{-1} · K^{-1}，与此前的实验(Aloisio 等 2000)和理论值(Hamilton 和 Naleway，1976；Aloisio 和 Francisco，1998)相吻合。根据所得的平衡常数，可以估计出在温度为 297 K，相对湿度 50%的条件下[HO_2-H_2O]/[HO_2]的浓度比为 0.19 ± 0.11(Kanno 等 2005)。

Zhu 和 Lin(2002)报道了 HO_2 自反应的量子化学计算结果。他们证明了虽然单重态和三重态势能面的途径都是可能的，但 H_2O 分子降低了两条途径的势垒。

5.3.6 $HO_2+CH_3O_2$

在 NO_x 浓度较低的自由对流层中，除了 HO_2 的自反应之外，在 CH_4 氧化过程中形成的 HO_2 和 CH_3O_2 之间的交叉自由基反应，作为链终止反应非常重要。在污

染大气中，有机过氧自由基(RO_2)的浓度很高，在光化学臭氧形成的模型计算中也需要考虑这些过氧自由基与 HO_2 发生的交叉自由基反应。在此，作为 RO_2 的代表性自由基反应，描述了 HO_2 与 CH_3O_2 的反应。

已知 HO_2 和 CH_3O_2 的两种反应途径是

$$HO_2 + CH_3O_2 \rightarrow CH_3OOH + O_2 \qquad \Delta H^\circ_{298} = -155\ kJ \cdot mol^{-1} \quad (5.79)$$

$$\rightarrow HCHO + H_2O + O_2 \quad \Delta H^\circ_{298} = -374\ kJ \cdot mol^{-1} \quad (5.80)$$

导致该反应速率常数实验值离散的主要原因，是由反应物自由基的紫外吸收截面的离散所致。根据 Cox 和 Tyndall(1980)、Dagaut 等(1988)、Lightfoot 等(1991)、Boyd 等(2003)的研究以及 Tyndall 等(2001)的回顾研究，IUPAC 小组委员会(Atkinson 等，2006)和 NASA/JPL 专家组(Sander 等，2011)提出了 298 K 温度下，建议的反应速率常数和温度依赖性方程。两个评估给出在 298 K 温度下建议值为 $k_{5.79+5.80}(298\ K) = 5.2 \times 10^{-12} cm^3 \cdot$ 分子$^{-1} \cdot s^{-1}$。Lightfoot 等(1990)认为在 298 K 温度下，在 13～1013 hPa 压力范围内，反应速率常数与压力无关。

NASA/JPL 专家组(Sander 等，2011)建议的阿伦尼乌斯方程为

$$k_{5.79+5.80}(T) = 4.1 \times 10^{-13} \exp\left(\frac{750}{T}\right) \quad cm^3 \cdot \text{分子}^{-1} \cdot s^{-1}$$

这也符合 IUPAC 小组委员会(Atkinson 等，2006)推荐的参数，偏差在 10%以内。

Wallington 和 Japar(1990)以及 Elrod 等(2001)确定了两种反应途径的分支比。在 298 K 温度下，反应(5.80)的产率很小，$k_{5.80}/k_{5.79+5.80}(298\ K) = 0.1$。但是，现已发现分支比与温度有关(Elrod 等，2001)，所以，IUPAC 小组委员会(Atkinson 等，2006)建议的温度依赖比为

$$\frac{k_{5.80}}{k_{5.79+5.80}} = \frac{1}{1 + 498\exp(-1160/T)}$$

因此，反应(5.80)的分支随温度下降而升高，在 218 K 达到 0.31。

根据该反应的量子化学计算，存在涉及复合物 CH_3OOOOH 的单重态和三重态途径，这些途径与反应(5.79)中单重态和三重态 O_2 的形成有关(Zhou 等，2006)。

5.4　O_3 反应

在大气的众多稳定分子之中，虽然臭氧(O_3)属于活性物种，但是，大气中与其一起参与均相气相反应的分子并不多。重要的大气反应包括与平流层中的卤素原子、对流层和平流层中的 NO、NO_2、OH 和 HO_2 以及对流层中的烯烃、二烯烃和生物环烃等发生的反应。本节详细介绍与 NO、NO_2 和典型烯烃 C_2H_4 的反应，与 Cl 原子和生物烃的反应将分别在 5.6.1 节和 7.2.6 节中介绍。5.2.1 节和 5.3.1 节已经描述了与 OH 和 HO_2 的反应。表 5.5 总结了基本 O_3 反应的速率常数。

表 5.5　在 298 K 温度下的速率常数以及臭氧反应的阿伦尼乌斯参数

反应	k (298 K) (cm^3 · 分子$^{-1}$ · s^{-1})	A 因素 (cm^3 · 分子$^{-1}$ · s^{-1})	E_a/R (K)	参考
$O_3+NO \to NO_2+O_2$	1.8×10^{-14}	1.0×10^{-12}	1310	(a1)
$O_3+NO_2 \to NO_3+O_2$	3.5×10^{-17}	1.4×10^{-13}	2470	(a1)
$O_3+C_2H_2 \to$ 产物	1.0×10^{-20}	1.0×10^{-14}	4100	(b)
$O_3+C_2H_4 \to$ 产物	1.7×10^{-18}	1.2×10^{-14}	2630	(b)
$O_3+C_3H_6 \to$ 产物	1.1×10^{-17}	6.5×10^{-15}	1900	(b)
$O_3+i\text{-}C_4H_8 \to$ 产物	1.1×10^{-17}	2.7×10^{-15}	1630	(a2)
$O_3+1\text{-}C_4H_8 \to$ 产物	9.6×10^{-18}	3.6×10^{-15}	1750	(a2)
O_3+顺式-2-$C_4H_8 \to$ 产物	1.3×10^{-16}	3.2×10^{-15}	970	(a2)
O_3+反式-2-$C_4H_8 \to$ 产物	1.9×10^{-16}	6.6×10^{-15}	1060	(a2)
$O_3+C_5H_8$(异戊二烯)$\to$ 产物	1.3×10^{-17}	1.0×10^{-14}	1970	(b)
$O_3+C_{10}H_{16}$(α-蒎烯)$\to$ 产物	9.0×10^{-17}	6.3×10^{-16}	580	(a2)

来源：(a1、a2)分别源自 IUPAC 小组委员会报告第Ⅰ、Ⅴ卷(Atkinson 等，2004；Wallington 等，2012)

(b)NASA/JPL 专家组评估文件第 17 号(Sander 等，2011)

5.4.1　O_3+NO

在对流层中 O_3 与 NO 反应可短暂地降低 O_3 的含量，这一反应被称为“滴定反应”，该反应对于 NO_x 排放源附近的城市大气有重要意义。在平流层中，作为 NO_x 的循环反应，对实现 O_3 含量的净减少(见 8.2.2 节)是非常重要的。

O_3 与 NO 的反应可以写成

$$O_3+NO \to NO_2+O_2 \quad \Delta H^\circ_{298}=-200\ kJ\cdot mol^{-1} \tag{5.81}$$

Lippman 等(1980)、Ray 和 Watson(1981)、Borders 和 Birks(1982)以及 Moonen 等(1998)以及其他学者做出了众多研究，测定了该反应的速率常数，以这些研究为基础，IUPAC 小组委员会报告第 I 卷(Atkinson 等，2004)和 NASA/JPL 专家组评估文件第 17 号(Sander 等，2011)报告，给出了速率常数及其与温度依赖性关系。IUPAC 小组委员会建议在 289 K 温度下，反应(5.81)和反应(5.82)相加的总反应速率常数为 $k_{5.81+5.82}(298\ K)=1.8\times10^{-14}\ cm^3\cdot$分子$^{-1}\cdot s^{-1}$，在 195～308 K 的温度范围内(Atkinson 等，2004)阿伦尼乌斯方程为

$$k_{5.81+5.82}(T)=1.4\times10^{-12}\exp\left(-\frac{1310}{T}\right)\quad cm^3\cdot\text{分子}^{-1}\cdot s^{-1}$$

同时，已知该反应是化学发光反应(Clyne 等，1964；Clough 和 Thrush，1967)

$$O_3+NO \to NO_2^*+O_2 \tag{5.82}$$

并且已经证明，反应(5.82)的活化能大于反应(5.81)(Michael 等，1981；Schurath

等，1981）。Schurath 等（1981）在 290 K 温度下得到的 NO_2^* 的量子产率为 0.20。关于大气反应，因为几乎所有的 NO_2^* 都被去活化形成基态 NO_2，因此，反应（5.81）和反应（5.82）的总反应速率更重要。利用反应（5.82）产生的化学发光，现已成为测量大气中 O_3 的一种手段（Fontijn 等，1970）。

Viswanathan 和 Raff（1983）通过经典轨迹法在势能面上进行了 O_3 + NO 反应的量子化学计算，得到了产物间的反应截面和内能分布，但是，近年来没有这方面的研究报告。

5.4.2　O_3 + NO_2

在对流层化学中，O_3 与 NO_2 的反应作为一种 NO_3 自由基形成反应是非常重要的。5.5 节中对 NO_3 与其他大气成分的反应进行了描述。

O_3 + NO_2 的反应途径是

$$O_3 + NO_2 \rightarrow NO_3 + O_2 \quad \Delta H^\circ_{298} = -102\ \text{kJ} \cdot \text{mol}^{-1} \tag{5.83}$$

形成 NO_3。根据 Davis 等（1983）、Graham 和 Johnston（1974）、Huie 和 Herron（1974）以及 Cox 和 Coker（1983）的测量数据，IUPAC 小组委员会（Atkinson 等，2004）建议，在 298 K 温度下该反应的速率常数为 $k_{5.83}(298\ \text{K}) = 3.5 \times 10^{-17}\ \text{cm}^3 \cdot$ 分子$^{-1}$，阿伦尼乌斯方程为

$$k_{5.83}(T) = 1.4 \times 10^{-13} \exp\left(-\frac{2470}{T}\right) \quad \text{cm}^3 \cdot \text{分子}^{-1} \cdot \text{s}^{-1} \quad (230 \sim 360\ \text{K})$$

该反应的活化能为 20.5 kJ · mol^{-1}，在室温下反应速度相当慢。

Peiró-García 和 Nebot-Gil（2003b）公布了量子化学计算结果，并且得出了活化能、反应焓和反应速率常数，其数据与实验结果一致。

5.4.3　O_3 + C_2H_4

在污染大气中，O_3 与烯烃、二烯、萜烯等双键有机化合物的反应十分重要。这里描述了 O_3 与乙烯（C_2H_4）的最基本的元素反应。关于 O_3 与其他烯烃和生物烃的反应请见 7.2.4 节和 7.2.6 节。

O_3 与 C_2H_4 的反应

$$O_3 + C_2H_4 \rightarrow \text{产物} \tag{5.84}$$

速率常数已在较宽的温度范围内测得。根据 Bahta 等（1984）和 Treacy 等（1992）的测量数据，IUPAC 小组委员会（Atkinson 等，2006）建议阿伦尼乌斯方程为

$$k_{5.84}(T) = 9.1 \times 10^{-15} \exp\left(-\frac{2580}{T}\right) \quad \text{cm}^3 \cdot \text{分子}^{-1} \cdot \text{s}^{-1} \quad (180 \sim 360\ \text{K})$$

在 298 K 下，速率常数 $k_{5.84}(298\ \text{K}) = 1.6 \times 10^{-18}\ \text{cm}^3 \cdot$ 分子$^{-1}$。因此，尽管 O_3 与 C_2H_4 的反应速度相对缓慢，且需要 21.5 kJ · mol^{-1}的活化能，但是，该反应作为

C_2H_4 的消散过程有重要意义，并且如下文所述，在 O_3 和 C_2H_4 浓度很高的污染大气中，该反应还作为自由基形成反应。

随着碳原子数量的增多，O_3 与烯烃反应所需的活化能降低，反应速率常数迅速提高。例如，O_3 与丙烯（C_3H_6）和蒎烯（$C_{10}H_{16}$）反应所需的活化能分别降至 15.6 和 4.8 kJ · mol^{-1}，速率常数分别为 1.0×10^{-17} 和 9.0×10^{-17} cm^3 · 分子$^{-1}$，相较于 O_3 与乙烯的反应，高出了 1～2 个数量级（Atkinson 等，2006）。

已知 O_3 与烯烃的初始反应是通过将 O_3 环状加成至双键而形成的伯碳氧化物，形成羰基化合物和羰基氧化物。以 C_2H_4 为例，反应式可表示为

$$O_3+C_2H_4 \rightarrow \left[\begin{array}{c} \text{O—O—O} \\ | \quad\quad | \\ CH_2\text{—}CH_2 \\ (A) \end{array}\right]^{\dagger} \rightarrow HCHO + [CH_2OO]^{\dagger} \tag{5.85}$$

历史上，最先提出这种类型的反应是为了解释液相溶剂笼中次级臭氧化物的形成（Criegee，1975），

$$HCHO + CH_2OO \rightarrow \text{(H}_2\text{C(O–O)(O)CH}_2\text{, 次级臭氧化物)} \tag{5.86}$$

现在此类反应也在气相臭氧—烯烃反应中得到了承认（Finlayson-Pitts 和 Pitts，2000）。通过微波光谱方法已证实在乙烯气相形成了初级臭氧化物（A），并确定了其分子结构（Gillies 等，1988，1989）。此外，McKee 和 Rohlfing（1989）还对初级臭氧化物进行了量子化学计算，得到的几何分子结构与实验结果非常吻合。通过这些实验和理论研究，初级臭氧化物的结构得到证实，C_2H_4 的两个亚甲基位面与 O_3 的 O—O—O 位面具有平行构象。假设形成初级臭氧化物所需要的理论热值为 −51 kJ · mol^{-1}（Olzmann 等，1997），反应（5.85）发出的热量是 246 kJ · mol^{-1}，可以预见，如反应（5.85）所示，多余的能量能够将生成的初级臭氧化物分解成 HCHO 和 CH_2OO。实验上，已知 HCHO 的产率为 1（Grosjean 和 Grosjean，1996）。

在臭氧—烯烃反应中，初级臭氧化物分解形成 RR′COO 型物质（如果是 C_2H_4，则为 CH_2OO），这些物质通常会被称为羰基氧化物，或以率先提出该机理的 Criegee 的名字将其命名为 Criegee 中间体。关于 Criegee 中间体，尽管该物质的存在已在包括理论研究领域在内的各个研究领域得到广泛认可，但是，长期以来尚未直接在气相中测得。近来，Taajes 等（2008）和 Welz 等（2012）利用同步加速器辐射，通过光电离质谱仪检测到了 CH_2OO（甲醛氧化物），并报道了其 UV 和 IR 吸收光谱（Beams 等，2012；Su 等，2013）。

在液相中，根据其反应性，可以确定 CH_2OO 是两性离子结构 $^{+}CH_2OO^{-}$。同时，关于 CH_2OO 在气相中是以双自由基 CH_2OO 结构还是以两性离子结构存在，讨论之声从未停止（Wald 和 Goddard Ⅲ，1975；Johnson 和 Marston，2008），并且近年

来的量子化学计算表明，CH_2OO 在气相中是具有离子性双自由基结构（Sander，1990；Cremer 等，1993）。理论研究（Nguyen 等，2007）表明，形成基态 $CH_2OO(1A')$ 所产生的热量 $\Delta H^\circ_{f,298}=1.2$，$\Delta H^\circ_{f,0}=12.5\ kJ\cdot mol^{-1}$。

已知在反应(5.85)中产生的 CH_2OO 受到振动激发，在大气条件下，一部分进行单分子分解，一部分参与与其他分子的双分子反应（Atkinson 等，2006）。

$$[CH_2OO]^\dagger + M \rightarrow CH_2OO + M \quad (5.87)$$

$$\rightarrow \left[CH_2\langle\begin{smallmatrix}O\\|\\O\end{smallmatrix}\right]^\dagger \quad (5.88)$$

$$\rightarrow HCO + OH \quad (5.89)$$

$$\left[CH_2\langle\begin{smallmatrix}O\\|\\O\end{smallmatrix}\right]^\dagger \rightarrow [HCOOH]^\dagger \rightarrow CO_2 + H_2 \quad (5.90)$$

$$\rightarrow CO + H_2O \quad (5.91)$$

$$\rightarrow CO_2 + 2H \quad (5.92)$$

$$\rightarrow HCO + OH \quad (5.93)$$

以前的实验中，在室温 1 atm 条件下，利用 HCHO、SO_2 和其他分子的捕集实验，可以得出在大气条件下，稳定的 CH_2OO 的产率为 $\Phi(CH_2OO)=0.35\sim0.39$（Niki 等，1981；Kan 等，1981；Hatakeyama 等，1984，1986；Hasson 等，2001），但是，最近的实验得到了更大的值 $\Phi(CH_2OO)=0.47\sim0.50$（Horie 和 Moortgat，1991；Neeb 等，1996，1998；Horie 等，1999；Alam 等，2011）。尽管稳定的 CH_2OO 产率被认为与压力相关，Hatakeyama 等（1986）在报告中称，即使外推至压力为零，也可获得 $\Phi(CH_2OO)=0.20\pm0.03$，这意味着在反应(5.85)中只形成了部分 CH_2OO 而且没有多余的能量。

已知受到振动激发的 CH_2OO 在分解时除了产生 CO_2、H_2、CO、H_2O，还会产生 OH 自由基和 H 原子（Atkinson 等，2006；Finlayson-Pitts 和 Pitts，2000）。大量关于 CH_2OO 分解途径的理论研究推测，如反应(5.90)—(5.93)所示，这些产物通过环状异构体过氧化酮异构化为振动激发的甲酸 HCOOH（Anglada 等，1996；Gutbrod 等，1996；Olzmann 等，1997；Qi 等，1998）。

在这些分解过程中，OH 自由基和 H 原子的形成对于大气化学有重要意义。通过示踪剂实验或使用 LIF 方法直接测量可获得 OH 的产率（Paulson 等，1999；Rickard 等，1999；Kroll 等，2001），IUPAC 小组委员会建议 $\Phi(OH)=0.16$（Atkinson 等，2006）。近期利用 EUPHORE 室进行的 LIF 检测得到的值（见第 7 章后专栏）$\Phi(OH)=0.17\pm0.09$，与上述建议一致（Alam 等，2011）。关于 HCO+OH 的反应途径，除了上述通过过氧化酮的途径之外，还提出了一种直接分解路径反应(5.89)（Alam 等，2011）。关于 OH 与除 C_2H_4 之外的烯烃反应所得到的 OH 产率请见 7.2.4 节的描述。

关于 H 原子的产率，可以根据 HO_2 的产率获得，因为在反应(5.92)中形成的 H 原子会在大气条件下与 O_2 反应转化形成 HO_2。然而，在反应(5.93)中形成的 HCO 自由基也能通过反应(5.54)与 O_2 反应产生 HO_2，测得的 HO_2 产率应相当于 $2\Phi_{5.92}+\Phi_{5.93}$的总和。另外，在某些实验条件下，生成的 OH 也可通过反应(5.23)与 O_3 反应产生 HO_2，这可能会给 HO_2 的初始产率造成误差。据报道，通过低温基质法、化学放大法(PERCA)等研究，HO_2 的产率分为 0.39±0.03(Mihelcic 等，1999)、0.38±0.02(Qi 等，2006)、0.27±0.07(Alam 等，2011)。

关于在反应(5.87)中形成的稳定的 CH_2OO，可以与其他大气分子发生双分子反应。迄今为止构想的双分子反应是

$$CH_2OO + H_2O \rightarrow HCOOH + H_2O \tag{5.94}$$

$$+NO \rightarrow HCHO + NO_2 \tag{5.95}$$

$$+NO_2 \rightarrow HCHO + NO_3 \tag{5.96}$$

$$+SO_2 \rightarrow HCHO + SO_3 \tag{5.97}$$

然而，所报道的这些反应的速率常数具有很大的不确定性，因为它们是假设上述 CH_2OO 的反应机理的间接值。最近，Welz 等(2012)和 Stone 等(2014)通过直接测量 CH_2OO 公布了下列数值——SO_2：3.9×10^{-11}、3.4×10^{-11}；NO_2：7×10^{-12}、1.5×10^{-12}；NO：$<6\times10^{-14}$、$<2\times10^{-13}$；H_2O：$<4\times10^{-15}$、$<9\times10^{-17}$ $cm^3\cdot$分子$^{-1}\cdot s^{-1}$。SO_2 和 NO_2 的值足够大，足以使这些反应在污染大气中发挥作用。

O_3 与其他烯烃和衍生的羰基氧化物的反应请见 7.2.4 节的描述。

5.5 NO_3 自由基的反应

硝酸根自由基(NO_3)是 O_3 与 NO_2 反应形成的(见 5.4.2 节)，在夜间受污染空气的大气化学中起着重要作用。如 4.2.4 节所示，NO_3 在可见光区域内具有吸收光谱，很容易被太阳光解，因此在白天浓度非常低。同时，由于 NO_3 与 NO 的反应速率常数较大，所以容易被 NO 还原成 NO_2，因此在 NO 排放源附近的 NO_3 浓度也非常低。NO_3 在夜间与烯烃和乙醛发生反应，形成二硝酸盐和 OH/HO_2 自由基。大气中 NO_3 与相关 N_2O_5 的基本反应速率常数见表 5.6。

5.5.1 NO_3+NO

NO_3 与 NO 的反应是简单的氧原子转移反应

$$NO_3 + NO \rightarrow 2\ NO_2 \quad \Delta H^\circ_{298} = -98\ kJ\cdot mol^{-1} \tag{5.98}$$

Hammer 等(1986)、Sander 和 Kirchner(1986)、Tyndall 等(1991)以及 Brown 等(2000)测得的反应(5.98)速率常数都十分一致，根据这些测量值，IUPAC 小组委员会(Atkinson 等，2004)推荐在上述温度范围内 $k_{5.98}$(298 K)$=2.6\times10^{-11}\,cm^3\cdot$分

表 5.6　在 298 K 温度下的速率常数以及 NO_3 与 N_2O_5 反应的阿伦尼乌斯参数

反应	k(298 K) (cm^3·分子$^{-1}$·s^{-1})	A 因素 (cm^3·分子$^{-1}$·s^{-1})	E_a/R (K)	参考
$NO3+NO \rightarrow 2\ NO_2$	2.6×10^{-11}	1.8×10^{-11}	−110	(a1)
$NO_3+NO_2+M \rightarrow N_2O_5+M$	$3.6\times10^{-30}[N_2](k_0)$	$3.6\times10^{-30}(T/300)^{-4.1}[N_2](k_0)$		(a1)
	$1.9\times10^{-12}(k_\infty)$	$1.9\times10^{-12}(T/300)^{0.2}(k_\infty)$		
$N_2O_5+M \rightarrow NO_3+NO_2$	$1.2\times10^{-19}[N_2](k_0/s^{-1})$	$1.3\times10^{-3}(T/300)^{-3.5}\exp(-11000/T)[N_2](k_0/s^{-1})$		(a1)
	$6.9\times10^{-2}(k_\infty/s^{-1})$	$9.7\times10^{14}(T/300)^{0.1}\exp(-11080/T)(k_\infty/s^{-1})$		
$N_2O_5+H_2O \rightarrow 2\ HONO_2$	2.5×10^{-22}	—	—	(a1)
$N_2O_5+2\ H_2O \rightarrow 2\ HONO_2+H_2O$	1.8×10^{-39} (b)	—	—	(a1)
$NO_3+C_2H_4 \rightarrow$ 产物	2.1×10^{-16}	3.3×10^{-12}	2880	(a2)
$NO_3+C_3H_6 \rightarrow$ 产物	9.5×10^{-15}	4.6×10^{-13}	1160	(a2)
$NO_3+i\text{-}C_4H_8 \rightarrow$ 产物	3.4×10^{-13}	—	—	(a3)
$NO_3+1\text{-}C_4H_8 \rightarrow$ 产物	1.3×10^{-14}	3.2×10^{-13}	950	(a3)
NO_3+顺式-2-$C_4H_8 \rightarrow$ 产物	3.5×10^{-13}	—	—	(a3)
NO_3+反式-2-$C_4H_8 \rightarrow$ 产物	3.9×10^{-13}	—	—	(a3)
$NO_3+C_5H_8$(异戊二烯)$\rightarrow$ 产物	7.0×10^{-13}	3.2×10^{-12}	450	(a2)
$NO_3+C_{10}H_{16}$(α-蒎烯)$\rightarrow$ 产物	6.2×10^{-12}	1.2×10^{-12}	−490	(a2)
$NO_3+n\text{-}C_4H_{10} \rightarrow$ 产物	4.6×10^{-17}	2.8×10^{-12}	3280	(a3)
$NO_3+i\text{-}C_4H_{10} \rightarrow$ 产物	1.1×10^{-16}	3.0×10^{-12}	3050	(a3)
$NO_3+HCHO \rightarrow HONO_2+HCO$	5.6×10^{-16}	—	—	(a2)
$NO_3+CH_3CHO \rightarrow HONO_2+CH_3CO$	2.7×10^{-15}	1.4×10^{-12}	1860	(a2)
$NO_3+C_2H_5CHO \rightarrow HONO_2+C_2H_5CO$	6.4×10^{-15}	—	—	(a2)
NO_3+蒎酮醛$\rightarrow$ 产物	2.0×10^{-14}	—	—	(a3)

(a1、a2、a3)分别源自 IUPAC 小组委员会报告第Ⅰ、Ⅱ卷(Atkinson 等,2004,2006)和 Wallington 等(2012)

(b)单位:cm^6·分子$^{-2}$·s^{-1}

子$^{-1}$,阿伦尼乌斯方程为

$$k_{5.98}(T) = 1.8 \times 10^{-11} \exp\left(\frac{110}{T}\right) \quad \text{cm}^3 \cdot 分子^{-1} \cdot \text{s}^{-1} \quad (220 \sim 420\ \text{K})$$

因此,NO_3 与 NO 之间的反应是具有负活化能的快速反应,并且该反应以约 1/10 的碰撞频率发生。

5.5.2 $NO_3 + NO_2 + M$

在污染大气中,NO_3 自由基与 NO_2 在夜间发生反应,消耗 NO_3 形成 N_2O_5,然后,N_2O_5 通过与 H_2O 反应转化为硝酸 $HONO_2$。因此,该反应可去除链式反应体系中的 NO_x,并结合白天的 $OH + NO_2 + M$ 反应(见 5.2.4 节)形成 $HONO_2$ 储库,因此具有重要作用。

NO_3 与 NO_2 的反应是平衡反应

$$NO_3 + NO_2 + M \rightarrow N_2O_5 + M \quad \Delta H^\circ_{298} = -96\ \text{kJ} \cdot \text{mol}^{-1} \qquad (5.99)$$

$$N_2O_5 + M \rightarrow NO_3 + NO_2 + M \quad \Delta H^\circ_{298} = -96\ \text{kJ} \cdot \text{mol}^{-1} \qquad (5.100)$$

根据 Orland 等(1991)、Hahn 等(2000)以及以往的数据,假设 $F_c = 0.35$,IUPAC 小组委员会(Atkinson 等, 2004)建议 $NO_3 + NO_2 + M$ 反应的低压和高压极限公式分别为

$$k_{0,5.99}(T, N_2) = 3.6 \times 10^{-30} [N_2] \left(-\frac{T}{300}\right)^{-4.1} \quad \text{cm}^3 \cdot 分子^{-1} \cdot \text{s}^{-1} \quad (200 \sim 300\ \text{K})$$

$$k_{\infty,5.99}(T) = 1.9 \times 10^{-12} \left(\frac{T}{300}\right)^{0.2} \quad \text{cm}^3 \cdot 分子^{-1} \cdot \text{s}^{-1} \quad (200 \sim 400\ \text{K})$$

此外,根据 Cantrell 等(1993)的研究数据,建议 $N_2O_5 + M$ 反应(5.100)的低压和高压极限公式分别为

$$k_{0,5.100}(T, N_2) = 1.3 \times 10^{-3} [N_2] \left(-\frac{T}{300}\right)^{-3.5} \exp\left(-\frac{11000}{T}\right) \quad \text{s}^{-1} \quad (200 \sim 400\ \text{K})$$

$$k_{\infty,5.100}(T) = 9.7 \times 10^{14} \left(\frac{T}{300}\right)^{0.1} \exp\left(\frac{-11000}{T}\right) \quad \text{s}^{-1} \quad (200 \sim 400\ \text{K})$$

NASA/JPL 专家组评估文件第 17 号(Sander 等, 2011)也建议了反应(5.99)和反应(5.100)的反应平衡常数,具体请见表 5.3。

$$k_{5.99/5.100}(T) = 2.7 \times 10^{-27} \exp\left(-\frac{11000}{T}\right) \quad \text{cm}^3 \cdot 分子^{-1}$$

$$k_{5.99/5.100}(298\ \text{K}) = 2.9 \times 10^{-11} \quad \text{cm}^3 \cdot 分子^{-1}$$

通过上述公式,可以计算出 N_2O_5 在室温且一个大气压下的大气寿命约为 10 s,在此期间 N_2O_5 通过与 H_2O 分子的均相反应转化为 $HONO_2$

$$N_2O_5 + H_2O \rightarrow 2\ HONO_2 \quad \Delta H^\circ_{298} = -39\ \text{kJ} \cdot \text{mol}^{-1} \qquad (5.101)$$

$$N_2O_5 + 2H_2O \rightarrow 2\ HONO_2 + H_2O \quad \Delta H^\circ_{298} = -39\ \text{kJ} \cdot \text{mol}^{-1} \qquad (5.102)$$

或通过在气溶胶上的非均相反应转化为 $HONO_2$。根据 Wahner 等(1998)的测量数据,IUPAC 小组委员会建议反应(5.101)和反应(5.102)的均相速率常数分别为 $k_{5.101}(290\ K)=2.5\times10^{-22}\ cm^3\cdot$分子$^{-1}\cdot s^{-1}$和 $k_{5.102}(290\ K)=1.8\times10^{-39}\ cm^6\cdot$分子$^{-2}\cdot s^{-1}$。在实际受污染的大气中,通常认为非均相反应对于 $HONO_2$ 的形成更为重要。关于将 N_2O_5 转化为 $HONO_2$ 的非均相反应请见第6章。

Jitariu 和 Hirst(2000)、Glendening 和 Halpern(2007)对 NO_3、NO_2 和 N_2O_5 之间的平衡反应进行了量子化学理论计算。Jitariu 和 Hirst(2000)得到了 N_2O_5 的分子结构和单分子分解的过渡状态,表明 NO_3 与 NO_2 反应可以通过过氧型复合物 ONO－ONOO 分解成 NO_2+NO+O_2。然而,NO_2+NO+O_2 形成过程的重要性尚未得到实验证实(Sander 等, 2011),Glendening 和 Halpern(2007)通过理论计算获得了反应(5.99)、(5.100)的 ΔH°、ΔG°、ΔS° 以及其他氮氧化物的平衡反应,并与 NIST/JANAF(1988)中的值进行了比较。关于水解反应(5.101)和(5.102),Hanway 和 Tao(1998)进行了理论计算,发现两种低能反应途径的存在,一种涉及一个 H_2O 分子,另一种涉及两个 H_2O 分子。根据该计算,表明了与一个 H_2O 分子反应的活化能为 $84\ kJ\cdot mol^{-1}$,而对于涉及两个 H_2O 分子的反应,其活化能降低几乎一半,并且非均相水解过程比均相过程进行的更有效。

5.5.3 $NO_3+C_2H_4$

已知 NO_3 自由基与有机化合物中的烯烃和醛发生反应。这里,将 NO_3 与 C_2H_4 的反应作为 NO_3 与烯烃反应的代表进行介绍。

已知 NO_3 与 C_2H_4 和其他烯烃之间的初始反应是加成反应,其过程为

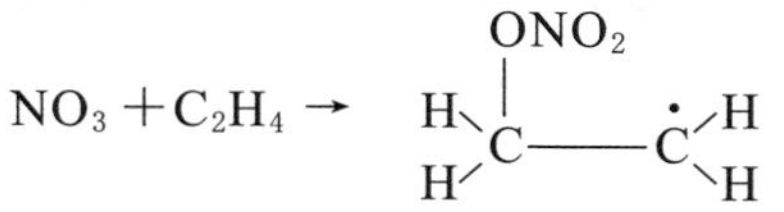

$$NO_3+C_2H_4\rightarrow H_2C(ONO_2)-\dot{C}H_2 \tag{5.103}$$

$$H_2C(ONO_2)-\dot{C}H_2\rightarrow H_2C\overset{O}{—}CH_2\ (\text{环氧}) + NO_2 \tag{5.104}$$

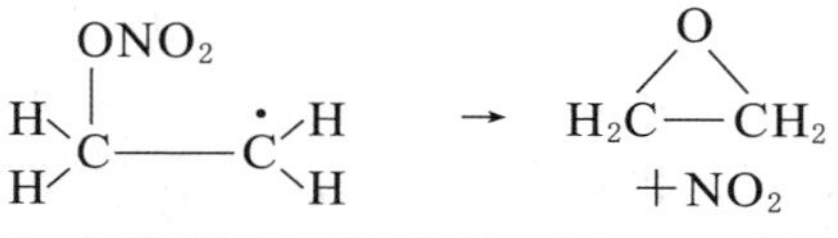

因此,由 NO_3－烯烃加合物形成环氧化物(在 C_2H_4 情况下为环氧乙烷)(Benter 等, 1994; Skov 等, 1994)。加合物的寿命足够长,可以使分子围绕 C－C 键旋转,并且顺式和反式环氧化物的形成比例相同,例如,对于像顺式和反式-2-丁烯那样不对称烯烃,无论起始点如何都以相同比例形成顺式和反式环氧化物(Benter 等, 1994)。据报道,顺式、反式-2-丁烯、2,3-二甲基-2-丁烯和异戊二烯的环氧化物的产率分别为0.50、0.95 和 0.20(Skov 等, 1994)。

同时,NO_3－烯烃加合物与大气中的 O_2 反应形成过氧自由基,由此形成二硝酸盐

$$H_2C(ONO_2)-\dot{C}H_2 \xrightarrow{+O_2} H_2C(ONO_2)-CH_2(OO\cdot)$$

$$H_2C(ONO_2)-CH_2(OO\cdot) \xrightarrow{+NO} H_2C(ONO_2)-CH_2(ONO_2)$$

$$H_2C(ONO_2)-CH_2(OO\cdot) \xrightarrow{+NO} H_2C(ONO_2)-CH_2(O\cdot) + NO_2 \qquad (5.105)$$

$$H_2C(ONO_2)-CH_2(ONO_2) \xleftarrow{+NO_2} H_2C(ONO_2)-CH_2(O\cdot)$$

对于 NO_3 与 C_2H_4 的反应的速率常数，根据 Canosa-Mas 等(1988a，b)和其他一些学者的研究数据，IUPAC 小组委员会报告第Ⅱ卷(Atkinson 等，2006)推荐阿伦尼乌斯方程为

$$k_{5.103}(T) = 3.3 \times 10^{-12}\exp\left(-\frac{2880}{T}\right) \quad cm^3 \cdot 分子^{-1} \cdot s^{-1} \quad (270 \sim 340\ K)$$

并且在 298 K 温度下，建议速率常数 $k_{5.103}(298\ K) = 2.1 \times 10^{-16}\ cm^3 \cdot 分子^{-1} \cdot s^{-1}$。尽管如上所述，$NO_3$ 与 C_2H_4 的反应是加成反应，但在该反应中未发现与压力的相关性，这意味着该反应在大气条件下处于高压极限。虽然，NO_3 与 C_2H_4 的反应速率常数相当小，活化能相对较高，为 23.9 $kJ \cdot mol^{-1}$，但随着碳数的增加，活化能降低，在 298 K 温度下速率常数增加为 3.5×10^{-13}、5.7×10^{-11} 和 $7.0 \times 10^{-13}\ cm^3 \cdot 分子^{-1} \cdot s^{-1}$，分别对应顺式-2-丁烯、2,3-二甲基-2-丁烯和异戊二烯(Atkinson 等，2006)。

Nguzen 等(2011)进行了 NO_3 与 C_2H_4 反应的量子化学计算。他们证实了初始途径是将 NO_3 的亲电子 O 原子加成到 C＝C 双键，从而形成开链加合物，与反应(5.103)一致。根据该计算，80%～90%生成的加合物以这种形式达到稳定，其余 10%～20%形成环氧乙烷。计算出的速率常数与实验值十分吻合。

5.5.4 NO_3＋HCHO

除了乙烯，NO_3 还可与乙醛反应。由于 HO_2 自由基是由反应中生成的酰基自由基(RCO)形成的，因此 NO_3-醛反应在夜间作为 HO 和 HO_2 自由基来源非常重要。在本节中，NO_3 与 HCHO 和 CH_3CHO 的反应作为醛的代表性实例进行描述。

NO_3 与醛的反应是从醛基中抽取 H 原子的过程。以 HCHO 和 CH_3CHO 为例，反应以下列方式继续进行

$$NO_3 + HCHO \rightarrow HONO_2 + HCO \quad \Delta H^\circ_{298} = -57\ kJ \cdot mol^{-1} \qquad (5.106)$$

$$NO_3 + CH_3CHO \rightarrow HONO_2 + CH_3CO \quad \Delta H^\circ_{298} = -53\ kJ \cdot mol^{-1} \qquad (5.107)$$

分别产生甲酰基(HCO)和乙酰基(CH_3CO)自由基，如反应(5.54)—(5.56)(见 5.2.11 节)所示，这些自由基与 O_2 反应生成过氧自由基 HO_2 和 $CH_3C(O)OO$。

很少会有人测量 NO_3 与 HCHO 和 CH_3CHO 的反应速率常数。Cantrell 等(1985)直接利用了 DOAS 测量 NO_3，根据他们的测量数据，IUPAC 小组委员会

(Atkinson等，2006)建议在298 K温度下HCHO和CH_3CHO的反应速率常数分别为$k_{5.106}$(298 K)=5.6×10^{-16}和$k_{5.107}$(298 K)=2.7×10^{-15} $cm^3\cdot$分子$^{-1}\cdot s^{-1}$，仅对与CH_3CHO的反应(5.107)进行了温度依赖性测量，根据Dlugokencky和Howard(1989)的研究，IUPAC小组委员会(Atkinson等，2006)建议

$$k_{5.107}(T)=1.4\times10^{-12}\exp\left(-\frac{1860}{T}\right)\quad cm^3\cdot 分子^{-1}\cdot s^{-1}$$

这里给出的活化能为15.6 kJ·mol^{-1}。对于与HCHO的反应，尚未报道任何关于速率常数与温度依赖性的测量数据，如果假设指数因子与CH_3CHO反应的值类似，则HCHO的阿伦尼乌斯方程为$k_{5.106}(T)\approx2\times10^{-12}\exp(-2440/T)$ $cm^3\cdot$分子$^{-1}\cdot s^{-1}$，其活化能更大，为20.3 kJ·mol^{-1}(Atkinson等，2006)。

Mora-Diez和Boyd(2002)对NO_3与HCHO和CH_3CHO的反应进行了量子化学计算，得到抽氢反应(5.106)和(5.107)的过渡状态及其能级。理论上得到的CH_3CHO反应活化能为18.5 kJ·mol^{-1}，与实验值15.6 kJ·mol^{-1}相当吻合。

5.6 Cl原子与ClO自由基的反应

在平流层化学中，卤素原子与自由基的反应相当重要(参见4.4节和8.2—8.4节)，卤素循环在对流层的海洋边界层中也有十分重要的作用(见7.5节)。在本节中，描述了Cl原子与ClO自由基在卤素原子与自由基大气反应中的基本均相反应，并且将在第7章和第8章对其他现象讨论过程中探讨了溴和碘原子与自由基的反应。

表5.7列出了Cl、ClO和其他卤素原子与自由基的反应速率常数及其温度依赖性，这些数据来自NASA/JPL专家组评估文件第17号(Sander等，2011)和IUPAC小组委员会报告第Ⅲ卷(Atkinson等，2007)。

表5.7 卤素原子与自由基反应的速率常数以及阿伦尼乌斯参数

反应	k (298 K) ($cm^3\cdot$分子$^{-1}\cdot s^{-1}$)	A因素 ($cm^3\cdot$分子$^{-1}\cdot s^{-1}$)	E_a/R (K)	参考
$F+O_2+M\rightarrow FOO+M$	$5.8\times10^{-33}[N_2]$ (k_0)	$5.8\times10^{-33}(T/300)^{-3.9}[N_2](k_0)$		(a)
	1.2×10^{-10} (k_∞)	$1.2\times10^{-10}(k_\infty)$		
$Cl+O_2+M\rightarrow ClOO+M$	$1.4\times10^{-33}[N_2]$ (k_0)	$1.4\times10^{-33}(T/300)^{-3.9}[N_2](k_0)$		(a)
	$1.6\times10^{-33}[O_2]$ (k_0)	$1.6\times10^{-33}(T/300)^{-2.9}[O_2](k_0)$		
$F+O_3\rightarrow FO+O_2$	1.0×10^{-11}	2.2×10^{-11}	230	(b)
$Cl+O_3\rightarrow ClO+O_2$	1.2×10^{-11}	2.3×10^{-11}	200	(b)
$Br+O_3\rightarrow BrO+O_2$	1.2×10^{-12}	1.6×10^{-11}	780	(b)
$I+O_3\rightarrow BrO+O_2$	1.2×10^{-12}	2.3×10^{-11}	870	(b)
$F+H_2\rightarrow HF+H$	2.6×10^{-11}	1.4×10^{-10}	500	(b)
$F+CH_4\rightarrow HF+CH_3$	6.7×10^{-11}	1.6×10^{-10}	260	(b)

续表

反应	k (298 K) (cm^3·分子$^{-1}$·s^{-1})	A 因素 (cm^3·分子$^{-1}$·s^{-1})	E_a/R (K)	参考
$F+H_2O \rightarrow HF+OH$	1.4×10^{-11}	1.4×10^{-11}	0	(b)
$Cl+CH_4 \rightarrow HCl+CH_3$	1.0×10^{-13}	7.3×10^{-12}	1280	(b)
$FO+O \rightarrow F+O_2$	2.7×10^{-11}	—	—	(a)
$ClO+O \rightarrow Cl+O_2$	3.7×10^{-11}	2.8×10^{-11}	−90	(b)
$BrO+O \rightarrow Br+O_2$	4.1×10^{-11}	1.9×10^{-11}	−230	(b)
$IO+O \rightarrow I+O_2$	1.2×10^{-10}	—	—	(b)
$ClO+OH \rightarrow HO_2+Cl$	1.8×10^{-11}	7.4×10^{-12}	−270	(b)
$\rightarrow HCl+O_2$	1.3×10^{-12}	6.0×10^{-13}	−230	
$BrO+OH \rightarrow$ 产物	3.9×10^{-11}	1.7×10^{-12}	−250	(b)
$ClO+HO_2 \rightarrow HOCl+O_2$	6.9×10^{-12}	2.6×10^{-12}	−290	(b)
$BrO+HO_2 \rightarrow HOBr+O_2$	2.1×10^{-11}	4.5×10^{-12}	−460	(b)
$IO+HO_2 \rightarrow HOI+O_2$	8.4×10^{-11}	—	—	
$FO+NO \rightarrow NO_2+F$	2.2×10^{-11}	8.2×10^{-12}	−300	(b)
$ClO+NO \rightarrow NO_2+Cl$	1.7×10^{-11}	6.4×10^{-12}	−290	(b)
$BrO+NO \rightarrow NO_2+Br$	2.1×10^{-11}	8.8×10^{-12}	−260	(b)
$IO+NO \rightarrow NO_2+I$	2.0×10^{-11}	9.1×10^{-12}	−240	(b)
$FO_2+NO \rightarrow FNO+O_2$	7.5×10^{-13}	7.5×10^{-12}	690	(b)
$ClO+NO_2+M \rightarrow ClONO_2+M$	$1.8\times10^{-31}[M](k_0)$	$1.8\times10^{-31}(T/300)^{-3.4}[M](k_0)$		(b)
	$1.5\times10^{-11}(k_\infty)$	$1.5\times10^{-11}(T/300)^{-1.9}(k_\infty)$		
$BrO+NO_2+M \rightarrow BrONO_2+M$	$5.2\times10^{-31}[M](k_0)$	$5.2\times10^{-31}(T/300)^{-32}[M](k_0)$		(b)
	$6.9\times10^{-12}(k_\infty)$	$6.9\times10^{-12}(T/300)^{-2.9}(k_\infty)$		
$ClO+ClO+M \rightarrow Cl_2O_2+M$	$1.6\times10^{-32}[M](k_0)$	$1.6\times10^{-32}(T/300)^{-4.5}[M](k_0)$		(b)
	$3.0\times10^{-12}(k_\infty)$	$3.0\times10^{-12}(T/300)^{-2.0}(k_\infty)$		
$ClO+ClO \rightarrow Cl_2+O_2$	4.8×10^{-15}	1.0×10^{-12}	1590	(a)
$\rightarrow Cl+ClOO$	8.0×10^{-15}	3.0×10^{-11}	2450	
$\rightarrow Cl+OClO$	3.5×10^{-15}	3.5×10^{-13}	1370	
$BrO+ClO \rightarrow Br+OClO$	6.0×10^{-12}	9.5×10^{-13}	−550	(b)
$\rightarrow Br+ClOO$	5.5×10^{-12}	2.3×10^{-12}	−260	
$\rightarrow BrCl+O_2$	1.1×10^{-12}	4.1×10^{-13}	−290	
$BrO+BrO \rightarrow$ 产物	3.2×10^{-12}	1.5×10^{-12}	−230	(b)
$BrO+IO \rightarrow$ 产物	6.9×10^{-11}	—	—	(b)
$IO+IO \rightarrow$ 产物	8.0×10^{-11}	1.5×10^{-11}	500	(b)

来源：(a)IUPAC 小组委员会报告第Ⅲ卷(Atkinson 等,2007)；

(b)NASA/JPL 专家组评估文件第 17 号(Sander 等,2011)

5.6.1 $Cl+O_3$

Cl 原子与 O_3 的反应是 O_3 分子在 ClO_x 循环中的直接损耗反应(见 8.2.3 节),并且在自然平流层中,是通过 CH_3Cl 决定臭氧平衡浓度降低速率的关键步骤,因而十分重要。

$$Cl + O_3 \rightarrow ClO + O_2 \quad \Delta H^\circ_{298} = -162\ kJ \cdot mol^{-1} \tag{5.108}$$

已知 Cl 和 O_3 的反应产生一氧化氯(ClO)自由基,产率几乎为 1(Atkinson 等, 2007; Sander 等, 2011)。由于其与 CFC 导致臭氧层破坏的严重程度息息相关,其反应(5.108)速率常数已被多次测量。NASA/JPL 专家组评估文件第 17 号(Sander 等, 2011)推荐的阿伦尼乌斯方程为

$$k_{5.108}(T) = 2.3 \times 10^{-11} \exp\left(\frac{200}{T}\right) \quad cm^3 \cdot 分子^{-1} \cdot s^{-1} \quad (180 \sim 300\ K)$$

根据 Nicovich 等(1990)、Seeley(1996b)、Beach 等(2002)相对近期的测量数据以及此前的其他研究数据,在 298 K 温度下 $k_{5.108}(298\ K) = 1.2 \times 10^{-11}\ cm^3 \cdot 分子^{-1} \cdot s^{-1}$。IUPAC 小组委员会(Atkinson 等, 2008)建议的 $k_{5.108}(298\ K)$ 值与上述相同,阿伦尼乌斯参数在误差范围内与上述公式一致。

反应(5.108)是放热反应,会产生大量过剩能量,Matsumi 等(1996)研究发现受振动激发的 ClO 在形成时呈逆分布,v=1、2、3、4、5,分别为 0.8 : 1.0 : 1.3 : 2.4 : 2.9 : 2.7。Castillo 等(2011)通过量子化学计算确定了该反应的势能面,显示其过渡态的能级低于反应物,这与实验证明反应负活化能小、无能垒的实验证据吻合。通过理论计算得出的反应速率常数和振动激发能级的强反向分布与实验结果十分吻合。

5.6.2 $Cl+CH_4$

虽然,通过 Cl 原子实现的 CH_4 耗散反应不仅在平流层中,也在对流层中起重要作用。但由于尚未评估全球海盐中无机氯的排放,因此,尚未定量评估相对于 OH 反应的重要性比率。

Cl 与 CH_4 的反应是一个简单的抽氢反应过程

$$Cl + CH_4 \rightarrow HCl + CH_3 \quad \Delta H^\circ_{298} = 7.6\ kJ \cdot mol^{-1} \tag{5.109}$$

有大量的研究测量了该反应的速率常数,包括相对近期的温度依赖性测量(Seeley 等, 1996b; Pilgrim 等, 1997; Wang 和 Keyser, 1999; Bryukov 等, 2002)。根据这些测量数据和其他在 298 K 温度下测得的数值,NASA/JPL 专家组评估文件第 17 号(Sander 等, 2011)建议

$$k_{5.109}(T) = 7.3 \times 10^{-12} \exp\left(-\frac{1280}{T}\right) \quad cm^3 \cdot 分子^{-1} \cdot s^{-1} \quad (200 \sim 300\ K)$$

并且在 298 K 温度下 $k_{5.109}(298\ K) = 1.0 \times 10^{-13} cm^3 \cdot 分子^{-1} \cdot s^{-1}$。IUPAC 小组委

员会(Atkinson 等，2006)建议 $k_{5.109}$(298 K)值与上述相同，阿伦尼乌斯参数与上述公式一致。据报道，该反应的活化能在低于和高于 300 K 的温度下是不同的，建议在低于室温条件下使用上述公式。

尽管 $Cl+CH_4$ 反应略微吸热，但是，该反应在 298 K 温度下的速率常数比 5.2.7 节所描述的 $OH+CH_4$ 反应(5.40)大 15 倍，因为其活化能小于 3.4 kJ，并且其指前因子是后者的 4 倍，因此，即使 Cl 的浓度低于 OH，该反应也不可小视。

$Cl+CH_4$ 反应引起了众多理论研究的兴趣，并且已经有人利用交叉分子束的分子动力学实验，研究了 CH_4 内振动模式的激发和 Cl 原子($^2P_{3/2}$、$^2P_{1/2}$)自旋轨道状态差异对反应性的影响以及所形成的 HCl 的内能分布(Yoon 等，2002；Bechtel 等，2004；Zhou 等，2004；Bass 等，2005)。研究人员进行了大量关于势能面、速率常数、分子动力学参数的量子化学计算研究，并且与实验数据进行了比较(Corchado 等，2000；Troya 等，2002；Yang 等，2008)。

5.6.3　ClO+OH

与 5.6.4 节所述的 ClO 和 HO_2 反应一样，ClO 与 OH 的反应是 ClO_x 和 HO_x 循环的交叉反应。

经实验证实，ClO 与 OH 的反应有两种反应途径

$$OH+ClO \rightarrow HO_2+Cl \quad \Delta H^\circ_{298}=-4.9\ \text{kJ}\cdot\text{mol}^{-1} \tag{5.110}$$

$$\rightarrow HCl+O_2 \quad \Delta H^\circ_{298}=-233\ \text{kJ}\cdot\text{mol}^{-1} \tag{5.111}$$

反应(5.110)是通过再生 Cl 原子实现的链增长反应，而反应(5.111)是通过形成亚稳态 HCl 分子实现的链终止反应，所以，它们在链式反应中的功能完全不同。Bedjianian 等(2001)、Wang 和 Keyser(2001a)以及 Lipson 等(1999)通过直接测量产物得到了这些反应的分支反应，据报道，反应(5.111)的收率分别为 0.035±0.010、0.07±0.03 和 0.090±0.04，无温度依赖性。IUPAC 小组委员会(Atkinson 等，2007)通过取平均值建议 $HCl+O_2$ 的形成比为 0.06。

关于 ClO+OH 反应速率常数的测量报告有很多，在 20 世纪 90 年代之后，Lipson 等(1999)、Kegley-Owen 等(1999)、Bedjianian 等(2001)以及 Wang 和 Keyser(2001b)都对此开展了研究。根据这些测量数据和以前的研究，NASA/JPL 专家组评估文件第 17 号(Sander 等，2011)建议

$$k_{5.110}(T)=7.4\times10^{-12}\exp\left(\frac{270}{T}\right)\quad \text{cm}^3\cdot\text{分子}^{-1}\cdot\text{s}^{-1}(200\sim380\ \text{K})$$

$$k_{5.111}(T)=6.0\times10^{-13}\exp\left(\frac{230}{T}\right)\quad \text{cm}^3\cdot\text{分子}^{-1}\cdot\text{s}^{-1}(200\sim380\ \text{K})$$

并且 $k_{5.110}$(298 K)$=1.8\times10^{-11}$，$k_{5.111}$(298 K)$=1.3\times10^{-12}$ $\text{cm}^3\cdot\text{分子}^{-1}\cdot\text{s}^{-1}$。IUPAC 小组委员会的建议也与这些值十分吻合(Atkinson 等，2007)。

Zhu 等(2002)报道了 ClO+OH 反应的量子化学计算。据报道,该反应主要在单重态势能面上进行,根据反应(5.110)和(5.111)形成 HO_2+Cl 和 HCl+O_2($^1\Delta$),以及 HCl+O_2 的形成比为 0.073,与实验值非常吻合。

5.6.4　ClO+HO_2

与 5.6.3 节中所述的 ClO 与 OH 的反应一样,ClO 与 HO_2 的反应也是对流层中 ClO_x 和 HO_x 循环的交叉反应。

关于 ClO 与 HO_2 反应的途径,基本只存在这一种路径

$$HO_2 + ClO \rightarrow HOCl + O_2 \quad \Delta H^\circ_{298} = -195\ kJ \cdot mol^{-1} \tag{5.112}$$

除上述途径外,也考虑过其他路径

$$HO_2 + ClO \rightarrow HCl + O_3 \quad \Delta H^\circ_{298} = -65.8\ kJ \cdot mol^{-1} \tag{5.113}$$

但是,几份实验报告,包括 Knight 等(2000)最近的研究称尚未观察到通过反应(5.113)所形成的 HCl。Nickolaisen 等(2000)的理论研究也得出结论,称该反应的贡献是零。

Nickolaisen 等(2000)、Knight 等(2000)以及 Hickson 等(2007)最近公布了反应(5.112)和(5.113)速率常数的测量结果。根据这些数据和此前的研究,NASA/JPL 专家组评估文件第 17 号(Sander 等, 2011)建议的阿伦尼乌斯方程为

$$k_{5.112+5.113}(T) = 2.6 \times 10^{-12} \exp\left(\frac{290}{T}\right) \quad cm^3 \cdot 分子^{-1} \cdot s^{-1} (230 \sim 300\ K)$$

并且 $k_{5.112+5.113}(298\ K) = 6.9 \times 10^{-12} cm^3 \cdot 分子^{-1} \cdot s^{-1}$。IUPAC 小组委员会的建议也与这些值十分一致(Atkinson 等 2007)。因此,该反应具有几乎同样较小的负活化能和指前因子,并且在 298 K 的温度下,其速率常数约为 ClO+OH 反应的 50%。

根据量子化学计算(Nickolaisen 等, 2000; Kaltsoyannis 和 Rowley, 2002; Xu 等, 2003),ClO+HO_2 反应在单重态势能面上进行

$$ClO + HO_2 + M \rightarrow HOOOCl + M \tag{5.114}$$

该反应形成的加合物比反应物稳定,为 64 $kJ \cdot mol^{-1}$,并且由于分解成 HOCl+O_2($^1\Delta$)或 HCl+O_3 存在较大的势垒,因此有人提出 HOOOCl 在大气中的寿命相对较长。另一方面,如反应(5.112)所示,沿着三重态势能面上进行的反应形成了 HOCl+O_2($^3\Sigma$),并且负活化能很小,只有 10 $kJ \cdot mol^{-1}$。这些理论结果与实验结果吻合较好,即该反应的负活化能较小,反应途径只有反应(5.112)一种,并且未观察到反应(5.113)形成 HCl+O_3 的途径。

5.6.5　ClO+NO_2

通过 ClO 与 NO_2 反应形成 $ClONO_2$ 是 ClO_x 自由基链的终止反应。该反应也是平流层臭氧消散反应中 ClO_x 和 NO_x 循环之间的交叉反应(见 8.2.3 节)。

$ClO+NO_2$ 反应是类似于 $OH+NO_2$ 的分子间重组反应

$$ClO + NO_2 + M \rightarrow ClONO_2 + M \quad \Delta H^{\circ}_{298} = -111.9\ \text{kJ} \cdot \text{mol}^{-1} \tag{5.115}$$

并且在大气压下，其速率常数处于下降区域。在 20 世纪 90 年代之前，进行了大量关于该反应速率常数的测量，根据 Handwerk 和 Zellner(1984)、Wallington 和 Cox(1986)、Percival 等的测量数据以及此前的其他研究，NASA/JPL 专家组评估文件第 17 号(Sander 等 2011)建议低压和高压极限公式分别为

$$k_{0,5.115}(T) = 1.8 \times 10^{-31} \left(\frac{T}{300}\right)^{-3.4} \quad \text{cm}^6 \cdot \text{分子}^{-2} \cdot \text{s}^{-1}$$

$$k_{\infty,5.115}(T) = 1.5 \times 10^{-11} \left(\frac{T}{300}\right)^{-1.9} \quad \text{cm}^3 \cdot \text{分子}^{-1} \cdot \text{s}^{-1}$$

然而，高压极限方程式并不是直接通过高压实验获得的，而是使用方程式(5.8)，取 $F_c = 0.6$，在一个大气压下测得的曲线回归值。根据 Cobos 和 Troe(2003)的研究，IUPAC 小组委员会(Atkinson 等，2007)建议，使用更加合理的数值 $F_c = 0.4$，不与温度相关的高压极限值 $k_{\infty,5.115} = 7 \times 10^{-11}\ \text{cm}^3 \cdot \text{分子}^{-1} \cdot \text{s}^{-1}$。

Kovacic 等(2005)以及 Zhu 和 Lin(2005)进行了 $ClO + NO_2$ 反应的量子化学计算。根据这些理论计算，该反应通过缔合 ClO 中的 O 原子和 NO_2 中的 N 原子，形成 $ClONO_2$，并且没有能垒。此外，顺式-ClOONO 和反式-ClOONO 的形成，对应 $OH+NO_2$ 反应中 HOONO 的形成，尽管该反应是热中性或仅略微放热，但是，从 ClOO-NO 到 $ClONO_2$ 的异构化存在很大的能垒，从而得出结论，该过程可能不会形成 $ClONO_2$。

5.6.6 ClO+ClO

当 ClO 浓度很高时，如平流层臭氧空洞中，ClO 的自反应变得重要。

ClO+ClO 反应的最重要途径是

$$ClO + ClO + M \rightarrow ClOOCl + M \quad \Delta H^{\circ}_{298} = -75\ \text{kJ} \cdot \text{mol}^{-1} \tag{5.116}$$

形成二氯化过氧化物(ClOOCl)，ClOOCl 是 ClO 通过三分子缔合反应形成的一种二聚体(Birk 等，1989；Trolier 等，1990)。这种分子反应在平流层条件下处于衰减区域，并且使用方程式(5.8)通过曲线回归得出低压和高压表达式。根据 Trolier 等(1990)、Nickolaisen 等(1994)、Bloss 等(2001)、Boakes 等(2005)和其他学者的研究结果，NASA/JPL 专家组(Sander 等，2011)取 $F_c = 0.6$，建议速率方程式为

$$k_{0,5.116}(T) = 1.6 \times 10^{-32} \left(\frac{T}{300}\right)^{-4.5} \quad \text{cm}^6 \cdot \text{分子}^{-2} \cdot \text{s}^{-1}$$

$$k_{\infty,5.116}(T) = 3.0 \times 10^{-12} \left(\frac{T}{300}\right)^{-2.0} \quad \text{cm}^3 \cdot \text{分子}^{-1} \cdot \text{s}^{-1}$$

同时，根据 Troiler 等(1990)和 Bloss 等(2001)的研究，IUPAC 小组委员会(Atkinson 等，2007)也建议

$$k_{0,5.116}(T) = 2.0 \times 10^{-32} \left(\frac{T}{300}\right)^{-4} \quad \text{cm}^6 \cdot \text{分子}^{-2} \cdot \text{s}^{-1} (190 \sim 300\ \text{K})$$

$$k_{\infty,5.116} = 1.0 \times 10^{-11} \quad \text{cm}^3 \cdot \text{分子}^{-1} \cdot \text{s}^{-1} (190 \sim 300\ \text{K})$$

尤其是，取 $F_c = 0.45$，他们得出了上述与压力不相关的值。

关于 ClO + ClO 反应，除上述途径外，还有双分子过程

$$ClO + ClO \rightarrow Cl_2 + O_2 \quad \Delta H^\circ_{298} = -203\ \text{kJ} \cdot \text{mol}^{-1} \tag{5.117}$$

$$\rightarrow Cl + ClOO \quad \Delta H^\circ_{298} = 16\ \text{kJ} \cdot \text{mol}^{-1} \tag{5.118}$$

$$\rightarrow Cl + OClO \quad \Delta H^\circ_{298} = 13\ \text{kJ} \cdot \text{mol}^{-1} \tag{5.119}$$

NASA/JPL 专家组和 IUPAC 小组委员会（Sander 等，2011；Atkinson 等，2007）建议采用 Nickolaisen 等（1994）的测量值，即

$$k_{5.117}(T) = 1.0 \times 10^{-12} \exp\left(-\frac{1590}{T}\right) \quad \text{cm}^3 \cdot \text{分子}^{-1} \cdot \text{s}^{-1} (260 \sim 390\ \text{K})$$

$$k_{5.118}(T) = 3.0 \times 10^{-11} \exp\left(-\frac{2450}{T}\right) \quad \text{cm}^3 \cdot \text{分子}^{-1} \cdot \text{s}^{-1} (260 \sim 390\ \text{K})$$

$$k_{5.119}(T) = 3.5 \times 10^{-13} \exp\left(-\frac{1370}{T}\right) \quad \text{cm}^3 \cdot \text{分子}^{-1} \cdot \text{s}^{-1} (260 \sim 390\ \text{K})$$

在 298 K 温度下，速率常数 $k_{5.117}$、$k_{5.118}$ 和 $k_{5.119}$ 分别为 4.8×10^{-15}、8.0×10^{-15} 和 3.5×10^{-15} $\text{cm}^3 \cdot \text{分子}^{-1} \cdot \text{s}^{-1}$，以及反应（5.117）、（5.118）和（5.119）的分支比分别为 0.39、0.41 和 0.20。由于这些双分子反应具有很大的活化能，因此，自由基反应速率常数非常小，并且在平流层条件下三分子反应（5.116）占主导地位。然而，通过三分子反应形成的 ClOOCl 分子受热不稳定，并且会与 ClO 达到下式的平衡（Sander 等，2011）

$$ClO + ClO + M \rightarrow ClOOCl + M \tag{5.116}$$

$$ClOOCl + M \rightarrow ClO + ClO + M \tag{5.120}$$

$$K_{5.116/5.120}(T) = 1.72 \times 10^{-27} \exp(-8650/T) \quad \text{cm}^3 \cdot \text{分子}^{-1}$$

因此，在 285 K 温度以上，三分子反应（5.116）变得不那么重要（Atkinson 等，2007）。

根据量子化学计算，该反应过程主要沿单重态势能面进行。关于二聚体的结构，设想了 ClOOCl 以及 ClOClO 与 ClClOO 的情况，但是，从能量角度而言，ClOOCl 是最稳定的，这也与实验结果一致（Lee 等，1992；Zhu 和 Lin，2003b；Liu 和 Barker，2007）。

参考文献

Akagi，H.，Y. Fujimura and O. Kajimoto，Energy partitioning in two kinds of NO molecules generated from the reaction of O(^{1}D) with N$_2$O: Vibrational state distributions of “new” and “old” NO’s，J. Chem. Phys.，111，115-122，1999.

Alam, M. S., M. Camredon, A. R. Rickard, T. Carr, K. P. Wyche, K. E. Hornsby, P. S. Monks and W. J. Bloss, Total radical yields from tropospheric ethene ozonolysis, Phys. Chem. Chem. Phys., 13, 11002-11015, 2011.

Aloisio, S. and J. S. Francisco, Existence of a hydroperoxy and water($HO_2 \cdot H_2O$) radical complex, J. Phys. Chem. A, 102, 1899-1902, 1998.

Aloisio, S., J. S. Francisco and R. R. Friedl, Experimental evidence for the existence of the HO_2-H_2O complex, J. Phys. Chem. A, 104, 6597-6601, 2000.

Anglada, J. M., J. M. Bofill, S. Olivella and A. Solé, Unimolecular isomerizations and oxygen atom loss in formaldehyde and acetaldehyde carbonyl oxides. A theoretical investigation, J. Am. Chem. Soc., 118, 4636-4647, 1996.

Atkinson, R. and J. Arey, Atmospheric degradation of volatile organic compounds, Chem. Rev., 103, 4605-4638, 2003.

Atkinson, R. and J. N. Pitts, Kinetics of the reactions of the OH radical with HCHO and CH_3CHO over the temperature range 299-426 K, J. Chem. Phys., 68, 3581-3590, 1978.

Atkinson, R., D. L. Baulch, R. A. Cox, J. N. Crowley, R. F. Hampson, R. G. Hynes, M. E. Jenkin, M. J. Rossi and J. Troe, Evaluated kinetic and photochemical data for atmospheric chemistry: Volume Ⅰ — Gas phase reactions of Ox, HOx, NOx, and SOx species, Atmos. Chem. Phys., 4, 1461-1738, 2004.

Atkinson, R., D. L. Baulch, R. A. Cox, J. N. Crowley, R. F. Hampson, R. G. Hynes, M. E. Jenkin, M. J. Rossi and J. Troe, Evaluated kinetic and photochemical data for atmospheric chemistry: Volume Ⅱ — Gas phase reactions of organic species, Atmos. Chem. Phys., 6, 3625-4055, 2006.

Atkinson, R., D. L. Baulch, R. A. Cox, J. N. Crowley, R. F. Hampson, R. G. Hynes, M. E. Jenkin, M. J. Rossi and J. Troe, Evaluated kinetic and photochemical data for atmospheric chemistry: Volume Ⅲ — Gas phase reactions of inorganic halogens, Atmos. Chem. Phys., 7, 981-1191, 2007.

Atkinson, R., D. L. Baulch, R. A. Cox, J. N. Crowley, R. F. Hampson, R. G. Hynes, M. E. Jenkin, M. J. Rossi, J. Troe and T. J. Wallington, Evaluated kinetic and photochemical data for atmospheric chemistry: Volume Ⅳ — Gas phase reactions of organic halogen species, Atmos. Chem. Phys., 8, 4141-4496, 2008.

Bacak, A., M. W. Bardwell, M. T. Raventos, C. J. Percival, G. Sanchez-Reyna and D. E. Shallcross, Kinetics of the reaction of $CH_3O_2 + NO$: A temperature and pressure dependence study with chemical ionization mass spectrometry, J. Phys. Chem. A, 108, 10681-10687, 2004.

Bahta, A., R. Simonaitis and J. Heicklen, Reactions of ozone with olefins: Ethylene, allene, 1, 3-butadiene, and trans-1, 3-pentadiene, Int. J. Chem. Kinet., 16, 1227-1246, 1984.

Bai, H.-T., X.-R. Huang, Z.-G. Wei, J.-L. Li and J.-Z. Sun, Theoretical study on the reaction of HO_2 radical with NO_2 by density functional theory method, Huaxue Xuebao, 63, 196-202,

2005.

Balakrishnan, N. and G. D. Billing, Quantum-classical reaction path study of the reaction $O(^3P)+O_3(^1A_1)\rightarrow 2O_2(X^3\Sigma_g^-)$, J. Chem. Phys., 104, 9482-9494, 1996.

Bardwell, M. W., A. Bacak, M. T. Raventos, C. J. Percival, G. Sanchez-Reyna and D. E. Shallcross, Kinetics of the HO_2+NO reaction: A temperature and pressure dependence study using chemical ionisation mass spectrometry, Phys. Chem. Chem. Phys., 5, 2381-2385, 2003.

Barker, J. R., L. L. Lohr, R. M. Shroll and S. Reading, Modeling the organic nitrate yields in the reaction of alkyl peroxy radicals with nitric oxide. 2. Reaction simulations, Phys. Chem. A, 107, 7434-7444, 2003.

Bartolotti, L. J. and E. O. Edney, Density functional theory derived intermediates from the OH initiated atmospheric oxidation of toluene, Chem. Phys. Lett., 245, 119-122, 1995.

Bass, M. J., M. Brouard, R. Cireasa, A. P. Clark and C. Vallance, Imaging photon-initiated reactions: A study of the $Cl(^2P_{3/2})+CH4\rightarrow HCl+CH_3$ reaction, J. Chem. Phys., 123, 094301 (12 pages), 2005.

Beach, S. D., I. W. M. Smith and R. P. Tuckett, Rate constants for the reaction of Cl atoms with O_3 at temperatures from 298 to 184 K, Int. J. Chem. Kinet., 34, 104-109, 2002.

Beames, J. M., F. Liu, L. Lu and M. I. Lester, Ultraviolet spectrum and photochemistry of the simplest Criegee intermediate CH_2OO, J. Am. Chem. Soc., 134, 20045-20048, 2012.

Bean, B. D., A. K. Mollner, S. A. Nizkorodov, G. Nair, M. Okumura, S. P. Sander, K. A. Peterson and J. S. Francisco, Cavity ringdown spectroscopy of cis-cis HOONO and the HOONO/$HONO_2$ branching ratio in the reaction $OH+NO_2+M$, J. Phys. Chem. A, 107, 6974-6985, 2003.

Bechtel, H. A., J. P. Camden, D. J. A. Brown and R. N. Zare, Comparing the dynamical effects of symmetric and antisymmetric stretch excitation of methane in the $Cl+CH_4$ reaction, J. Chem. Phys., 120, 5096-5103, 2004.

Bedjanian, Y., V. Riffault and G. Le Bras, Kinetics and mechanism of the reaction of OH with ClO, Int. J. Chem. Kinet., 33, 587-599, 2001.

Benter, Th., M. Liesner, R. N. Schindler, H. Skov, J. Hjorth and G. Restelli, REMPI-MS and FTIR study of NO_2 and oxirane formation in the reactions of unsaturated hydrocarbons with NO_3 radicals, J. Phys. Chem., 98, 10492-10496, 1994.

Birk, M., R. R. Friedl, E. A. Cohen, H. M. Pickett and S. P. Sander, The rotational spectrum and structure of chlorine peroxide, J. Chem. Phys., 91, 6588-6597, 1989.

Blitz, M. A., T. J. Dillon, D. E. Heard, M. J. Pilling and I. D. Trought, Laser induced fluorescence studies of the reactions of $O(^1D_2)$ with N_2, O_2, N_2O, CH_4, H_2, CO_2, Ar, Kr and n-C_4H_{10}, Phys. Chem. Chem. Phys., 6, 2162-2171, 2004.

Bloss, W. J., S. L. Nickolaisen, R. J. Salawitch, R. R. Friedl and S. P. Sander, Kinetics of the ClO selfreaction and 210 nm absorption cross section of the ClO dimer, J. Phys. Chem. A,

105, 11226-11239, 2001.

Boakes, G., W. H. H. Mok and D. M. Rowley, Kinetic studies of the ClO+ClO association reaction as a function of temperature and pressure, Phys. Chem. Chem. Phys., 7, 4102-4113, 2005.

Bohn, B., M. Siese and C. Zetzsch, Kinetics of the $OH+C_2H_2$ reaction in the presence of O_2, J. Chem. Soc. Faraday Trans., 92, 1459-1466, 1996.

Bohn, B. and C. Zetzsch, Rate constants of HO_2+NO covering atmospheric conditions. 1. HO_2 formed by $OH+H_2O_2$, J. Phys. Chem. A, 101, 1488-1493, 1997.

Bohn, B. and C. Zetzsch, Kinetics of the reaction of hydroxyl radical with benzene and toluene, Phys. Chem. Chem. Phys., 1, 5097-5107, 1999.

Bohn, B., Formation of peroxy radicals from OH-toluene adducts and O_2, J. Phys. Chem. A, 105, 6092-6101, 2001.

Bonard, A., V. Daele, J.-L. Delfau and C. Vovelle, Kinetics of OH radical reactions with methane in the temperature range 295-660 K and with dimethyl ether and methyl-tert-butyl ether in the temperature range 295-618 K, J. Phys. Chem. A, 106, 4384-4389, 2002.

Borders, R. A. and J. W. Birks, High-precision measurements of activation energies over small temperature intervals: Curvature in the Arrhenius plot for the reaction $NO+O_3 \rightarrow NO_2+O_2$, J. Phys. Chem., 86, 3295-3302, 1982.

Boyd, A. A., P.-M. Flaud, M. Daugey and R. Lesclaux, Rate constants for RO_2+HO_2 reactions measured under a large excess of HO_2, J. Phys. Chem. A, 107, 818-821, 2003.

Brown, S. S., R. K. Talukdar and A. R. Ravishankara, Reconsideration of the rate constant for the reaction of hydroxyl radicals with nitric acid, J. Phys. Chem. A, 103, 3031-3037, 1999.

Brown, S. S., A. R. Ravishankara and H. Stark, Simultaneous kinetics and ring-down: Rate coefficients from single cavity loss temporal profiles, J. Phys. Chem. A, 104, 7044-7052, 2000.

Bryukov, M. G., I. R. Slagle and V. D. Knyazev, Kinetics of reactions of Cl atoms with methane and chlorinated methanes, J. Phys. Chem. A, 106, 10532-10542, 2002.

Burkholder, J. B., P. D. Hammer and C. J. Howard, Product analysis of the $OH+NO_2+M$ reaction, J. Phys. Chem., 91, 2136-2144, 1987.

Burkholder, J. B. and A. R. Ravishankara, Rate coefficient for the reaction: $O+NO_2+M \rightarrow NO_3+M$, J. Phys. Chem. A, 104, 6752-6757, 2000.

Butkovskaya, N. I. and D. W. Setser, Infrared chemiluminescence study of the reactions of hydroxyl radicals with formaldehyde and formyl radicals with H, OH, NO, and NO_2, J. Phys. Chem. A, 102, 9715-9728, 1998.

Butkovskaya, N. I., A. Kukui and G. Le Bras, Branching fractions for H_2O forming channels of the reaction of OH radicals with acetaldehyde, J. Phys. Chem. A, 108, 1160-1168, 2004.

Butkovskaya, N. I., A. Kukui, N. Pouvesle and G. Le Bras, Formation of nitric acid in the gas-phase HO_2+NO reaction: Effects of temperature and water vapor, J. Phys. Chem. A, 109, 6509-6520, 2005.

Butkovskaya, N., A. Kukui and G. Le Bras, HNO_3 Forming channel of the HO_2+NO reaction as a function of pressure and temperature in the ranges of 72-600 Torr and 223-323 K, J. Phys. Chem. A, 111, 9047-9053, 2007.

Butkovskaya, N., M.-T. Rayez, J.-C. Rayez, A. Kukui and G. Le Bras, Water vapor effect on the HNO_3 yield in the HO_2 + NO reaction: Experimental and theoretical evidence, J. Phys. Chem. A, 113, 11327-11342, 2009.

Cameron, M., V. Sivakumaran, T. J. Dillon and J. Crowley, Reaction between OH and CH_3CHO Part 1. Primary product yields of CH_3(296 K), CH_3CO(296 K), and H(237-296 K), Phys. Chem. Chem. Phys., 4, 3628-3638, 2002

Cantrell, C. A., W. R. Stockwell, L. G. Anderson, K. L. Busarow, D. Perner, A. Schmeltekopf, J. G. Calvert and H. S. Johnston, Kinetic study of the nitrate free radical (NO_3)-formaldehyde reaction and its possible role in nighttime tropospheric chemistry, J. Phys. Chem., 89, 139-146, 1985.

Cantrell, C. A., R. E. Shetter, J. G. Calvert, G. S. Tyndall and J. J. Orlando, Measurement of rate coefficients for the unimolecular decomposition of dinitrogen pentoxide, J. Phys. Chem., 97, 9141-9148, 1993.

Cantrell, C. A., R. E. Shetter and J. G. Calvert, Branching ratios for the $O(^1D)+N_2O$ reaction, J. Geophys. Res., 99, 3739-3743, 1994.

Carl, S. A., A highly sensitive method for time-resolved detection of $O(^1D)$ applied to precise determination of absolute $O(^1D)$ reaction rate constants and $O(^3P)$ yields, Phys. Chem. Chem. Phys., 7, 4051-4053, 2005.

Carter, W. P. L. and R. Atkinson, Alkyl nitrate formation from the atmospheric photoxidation of alkanes; A revised estimation method, J. Atmos. Chem., 8, 165-173, 1989.

Casavecchia, P., R. J. Buss, S. J. Sibener and Y. T. Lee, A crossed molecular beam study of the $O(^1D_2)+CH_4$ reaction, J. Chem. Phys., 73, 6351-6352, 1980.

Castillo, J. F., F. J. Aoiz and B. Martínez-Haya, Theoretical study of the dynamics of $Cl+O_3$ reaction I. Ab initio potential energy surface and quasiclassical trajectory results, Phys. Chem. Chem. Phys., 13, 8537-8548, 2011.

Chakraborty, D., J. Park and M. C. Lin, Theoretical study of the $OH+NO_2$ reaction: Formation of nitric acid and the hydroperoxyl radical, Chem. Phys., 231, 39-49, 1998.

Chen, H.-B., W. D. Thweatt, J. Wang, G. P. Glass and R. F. Curl, IR kinetic spectroscopy, investigation of the $CH_4+O(^1D)$ reaction, J. Phys. Chem. A, 109, 2207-2216, 2005.

Chen, W.-C. and R. A. Marcus, On the theory of the CO+OH reaction, including H and C kinetic isotope effects, J. Chem. Phys., 123, 094307/1-16, 2005.

Cheskis, S. G., A. A. Ioganse n, P. V. Kulakov, I. Y. Razuvaev, O. M. Sarkisov and A. A. Titov, OH vibrational distribution in the reaction $O(^1D)$+CH4, Chem. Phys. Lett., 155, 37-42, 1989.

Christensen, L. E., M. Okumura, S. P. Sander, R. R. Friedl, C. E. Miller and J. J. Sloan,

Measurements of the rate constant of $HO_2 + NO_2 + N_2 \rightarrow HO_2NO_2 + N_2$ using near-infrared wavelength-modulation spectroscopy and UV-Visible absorption spectroscopy, J. Phys. Chem. A, 108, 80-91, 2004.

Cleary, P. A., M. T. B. Romero, M. A. Blitz, D. E. Heard, M. J. Pilling, P. W. Seakins and L. Wang, Determination of the temperature and pressure dependence of the reaction $OH + C_2H_4$ from 200-400 K using experimental and master equation analyses, Phys. Chem. Chem. Phys., 8, 5633-5642, 2006.

Clough, P. N. and B. A. Thrush, Mechanism of chemiluminescent reaction between nitric oxide and ozone, Trans. Faraday Soc., 63, 915-925, 1967.

Clyne, M. A. A., B. A. Thrush and R. P. Wayne, Kinetics of the chemiluminescent reaction between nitric oxide and ozone, Trans. Faraday Soc., 60, 359-370, 1964.

Cobos, C. J. and J. Troe, Prediction of reduced falloff curves for recombination reactions at low temperatures, J. Phys. Chem., 217, 1031-1044, 2003.

Cohen, N., The use of transition-state theory to extrapolate rate coefficients for reactions of OH with alkanes, Int. J. Chem. Kinet., 14, 1339-1362, 1982.

Corchado, J. C., D. G. Truhlar and J. Espinosa-García, Potential energy surface, thermal, and stateselected rate coefficients, and kinetic isotope effects for $Cl + CH_4 \rightarrow HCl + CH_3$, J. Chem. Phys., 112, 9375-9389, 2000.

Cox, R. A. and G. S. Tyndall, Rate constants for the reactions of CH_3O_2 with HO_2, NO and NO_2 using molecular modulation spectrometry, J. Chem. Soc. Faraday Trans. 2, 76, 153-163, 1980.

Cox, R. A. and G. B. Coker, Kinetics of the reaction of nitrogen dioxide with ozone, J. Atmos. Chem., 1, 53-63, 1983.

Cremer, D., J. Gauss, E. Kraka, J. F. Stanton and R. J. Bartlett, A CCSD(T) investigation of carbonyl oxide and dioxirane. Equilibrium geometries, dipole moments, infrared spectra, heats of formation and isomerization energies, Chem. Phys. Lett., 209, 547-556, 1993.

Criegee, R., Mechanism of Ozonolysis, Angew. Chem. Int. Ed. Engl., 14, 745-752, 1975.

Dagaut, P., T. J. Wallington and M. J. Kurylo, The temperature dependence of the rate constant for the $HO_2 + CH_3O_2$ gas-phase reaction, J. Phys. Chem., 92, 3833-3836, 1988.

D'Anna, B., V. Bakke, J. A. Beuke, C. J. Nielsen, K. Brudnik and J. T. Jodkowski, Experimental and theoretical studies of gas phase NO_3 and OH radical reactions with formaldehyde, acetaldehyde and their isotopomers, Phys. Chem. Chem. Phys., 5, 1790-1805, 2003.

Davidson, J. A., H. I. Schiff, G. E. Streit, J. R. McAfee, A. L. Schmeltekopf and C. J. Howard, Temperature dependence of $O(^1D)$ rate constants for reactions with N_2O, H_2, CH_4, HCl, and NH_3, J. Chem. Phys., 67, 5021-5025, 1977.

Davidson, J. A., H. I. Schiff, T. J. Brown and C. J. Howard, Temperature dependence of the rate constants for reactions of $O(^1D)$ atoms with a number of halocarbons, J. Chem. Phys., 69, 4277-4279, 1978.

Davis, D. D., J. Prusazcyk, M. Dwyer and P. Kim, Stop-flow time-of-flight mass spectrometry kinetics study. Reaction of ozone with nitrogen dioxide and sulfur dioxide, J. Phys. Chem., 78, 1775-1779, 1974.

Devolder, P., M. Carlier, J. F. Pauwels and L. R. Sochet, Rate constant for the reaction of OH with nitric acid: A new investigation by discharge flow resonance fluorescence, Chem. Phys. Lett., 111, 94-99, 1984.

Dillon, T. J., A. Horowitz and J. N. Crowley, Absolute rate coefficients for the reactions of $O(^1D)$ with a series of n-alkanes, Chem. Phys. Lett., 443, 12-16, 2007.

Dlugokencky, E. J. and C. J. Howard, Studies of nitrate radical reactions with some atmospheric organic compounds at low pressures, J. Phys. Chem., 93, 1091-1096, 1989.

D'Ottone, L., P. Campuzano-Jost, D. Bauer and A. J. Hynes, A pulsed laser photolysis-pulsed laser induced fluorescence study of the kinetics of the gas-phase reaction of OH with NO_2, J. Phys. Chem. A, 105, 10538-10543, 2001.

Dransfield, T. J., N. M. Donahue and J. G. Anderson, High-pressure flow reactor product study of the reactions of $HO_2 + NO_2$: The role of vibrationally excited intermediates, J. Phys. Chem. A, 105, 1507-1514, 2001.

Droege, A. T. and F. P. Tully, Hydrogen-atom abstraction from alkanes by hydroxyl. 3. Propane, J. Phys. Chem., 90, 1949-1954, 1986.

Dunlea, E. J. and A. R. Ravishankara, Kinetic studies of the reactions of $O(^1D)$ with several atmospheric molecules, Phys. Chem. Chem. Phys., 6, 2152-2161, 2004a.

Dunlea, E. J. and A. R. Ravishankara, Measurement of the rate coefficient for the reaction of $O(^1D)$ with H_2O and re-evaluation of the atmospheric OH production rate, Phys. Chem. Chem. Phys., 6, 3333-3340, 2004b.

Egsgaard, H. and L. Carlsen, Experimental evidence for the gaseous $HSO_3\cdot$ radical, The key intermediate in the oxidation of SO_2 in the atmosphere, Chem. Phys. Lett., 148, 537-540, 1988.

Elrod, M. J., D. L. Ranschaert and N. J. Schneider, Direct kinetics study of the temperature dependence of the CH_2O branching channel for the $CH_3O_2 + HO_2$ reaction, Int. J. Chem. Kinet., 33, 363-376, 2001.

Finlayson-Pitts, B. J. and J. N. Pitts, Jr., Chemistry of the Upper and Lower Atmosphere, Academic Press, 2000.

Fontijn, A., A. J. Sabadell and R. J. Ronco, Homogeneous chemiluminescent measurement of nitric oxide with ozone. Implications for continuous selective monitoring of gaseous air pollutants, Anal. Chem., 42, 575-579, 1970.

Force, A. P. and J. R. Wiesenfeld, Collisional deactivation of oxygen($^1D_2$) by the halomethanes. Direct determination of reaction efficiency, J. Phys. Chem., 85, 782-785, 1981.

Fulle, D., H. F. Hamann, H. Hippler and C. P. Jänsch, The high pressure range of the addition of OH to C_2H_2 and C_2H_4, Ber. Bunsenges. Phys. Chem., 101, 1433-1442, 1997.

Geers-Müller, R. and F. Stuhl, On the kinetics of the reactions of oxygen atoms with NO_2, N_2O_4, and N_2O_3 at low temperatures, Chem. Phys. Lett., 135, 263-268, 1987.

Gierczak, T., R. K. Talukdar, S. C. Herndon, G. L. Vaghjiani and A. R. Ravishankara, Rate coefficients for the reactions of hydroxyl radicals with methane and deuterated methanes, J. Phys. Chem. A, 101, 3125-3134, 1997.

Gierczak, T., J. B. Burkholder and A. R. Ravishankara, Temperature dependent rate coefficient for the reaction $O(^3P)+NO_2 \rightarrow NO+O_2$, J. Phys. Chem. A, 103, 877-883, 1999.

Gillies, J. Z., C. W. Gillies, R. D. Suenram and F. J. Lovas, The ozonolysis of ethylene. Microwave spectrum, molecular structure, and dipole moment of ethylene primary ozonide(1, 2, 3-trioxolane), J. Am. Chem. Soc., 110, 7991-7999, 1988.

Gillies, J. Z., C. W. Gillies, R. D. Suenram, F. J. Lovas and W. Stahl, The microwave spectrum and molecular structure of the ethylene-ozone van der Waals complex, J. Am. Chem. Soc., 111, 3073-3074, 1989.

Glendening, E. D. and A. M. Halpern, Ab initio calculations of nitrogen oxide reactions: Formation of N_2O_2, N_2O_3, N_2O_4, N_2O_5, and N_4O_2 from NO, NO_2, NO_3, and N_2O, J. Chem. Phys., 127, 164307(11pages), 2007.

Glinski, R. J. and J. W. Birks, Yields of molecular hydrogen in the elementary reactions hydroperoxo (HO_2) + HO_2 and atomic oxygen ($^1D_2$) + water, J. Phys. Chem., 89, 3449-3453, 1985.

Golden, D. M., G. P. Smith, A. B. McEwen, C.-L. Yu, B. Eiteneer, M. Frenklach, G. L. Vaghjiani, A. R. Ravishankara and F. P. Tully, OH(OD)+CO: Measurements and an optimized RRKM Fit, J. Phys. Chem. A, 102, 8598-8606, 1998.

Golden, D. M. and G. P. Smith, Reaction of $OH+NO_2+M$: A new view, J. Phys. Chem. A, 104, 3991-3997, 2000.

Golden, D. M., J. R. Barker and L. L. Lohr, Master equation models for the pressure- and temperaturedependent reactions $HO+NO_2 \rightarrow HONO_2$ and $HO+NO_2 \rightarrow HOONO$, J. Phys. Chem. A, 107, 11057-11071, 2003.

Goldfarb, L., J. B. Burkholder and A. R. Ravishankara, Kinetics of the O+ClO reaction, J. Phys. Chem. A, 105, 5402-5409, 2001.

González, M., M. P. Puyuelo, J. Hernando, R. Sayós, P. A. Enríquez, J. Guallar and I. Baños, Influence of the collision energy on the $O(^1D)+RH \rightarrow OH(X^2\Pi)+R(RH=CH_4$, C_2H_6, $C_3H_8)$ reaction dynamics: A laser-induced fluorescence and quasiclassical trajectory study, J. Phys. Chem. A, 104, 521-529, 2000.

Goumri, A., J. F. Pauwels and P. Devolder, Rate of the $OH+C_6H_6+He$ reaction in the fall-off range by discharge flow and OH resonance fluorescence, Can. J. Chem., 69, 1057-1064, 1991.

Graham, R. A. and H. S. Johnston, Kinetics of the gas-phase reaction between ozone and nitrogen dioxide, J. Chem. Phys., 60, 4628-4629, 1974.

Graham, R. A., A. M. Winer and J. N. Pitts, Jr., Temperature dependence of the unimolecular decomposition of pernitric acid and its atmospheric implications, Chem. Phys. Lett., 51, 215-220, 1977.

Grebenkin, S. Y. and L. N. Krasnoperov, Kinetics and thermochemistry of the hydroxycyclohexadienyl radical reaction with O_2: $C_6H_6OH+O_2 \rightleftharpoons C_6H_6(OH)OO$, J. Phys. Chem. A, 108, 1953-1963, 2004.

Grosjean, D., Atmospheric chemistry of toxic contaminants 1. Reaction rates and atmospheric persistence, J. Air Waste Manag. Assoc., 40, 1397-1402, 1990.

Grosjean, E. and D. Grosjean, Carbonyl products of the gas phase reaction of ozone with symmetrical alkenes, Environ. Sci. Technol., 30, 2036-2044, 1996.

Gutbrod, R., R. N. Schindler, E. Kraka and D. Cremer, Formation of OH radicals in the gas phase ozonolysis of alkenes: The unexpected role of carbonyl oxides, Chem. Phys. Lett., 252, 221-229, 1996.

Hahn, J., K. Luther and J. Troe, Experimental and theoretical study of the temperature and pressure dependences of the recombination reactions $O+NO_2(+M) \rightarrow NO_3(+M)$ and $NO_2+NO_3(+M) \rightarrow N_2O_5(+M)$, Phys. Chem. Chem. Phys., 2, 5098-5104, 2000.

Hamilton, E. J., Water vapor dependence of the kinetics of the self reaction of HO_2 in the gas phase, J. Chem. Phys., 63, 3682-3683, 1975.

Hamilton, E. J., Jr. and C. A. Naleway, Theoretical calculation of strong complex formation by the HO_2 radical: $HO_2 \cdot H_2O$ and $HO_2 \cdot NH_3$, J. Phys. Chem., 80, 2037-2040, 1976.

Hammer, P. D., E. J. Dlugokencky and C. J. Howard, Kinetics of the nitric oxide-nitrate radical gasphase reaction $NO+NO_3 \rightarrow 2NO_2$, J. Phys. Chem., 90, 2491-2496, 1986.

Handwerk, V. and R. Zellner, Pressure and temperature dependence of the reaction $ClO+NO_2(+N_2) \rightarrow ClONO_2(+N_2)$, Ber. Bunsenges. Phys. Chem., 88, 405-409, 1984.

Hanway, D. and F.-M. Tao, A density functional theory and ab initio study of the hydrolysis of dinitrogen pentoxide, Chem. Phys. Lett., 285, 459-466, 1998.

Hashimoto, S., G. Inoue and H. Akimoto, Infrared spectroscopic detection of the $HOSO_2$ radical in argon matrix at 11 K, Chem. Phys. Lett., 107, 198-202, 1984.

Hasson, A. S., G. Orzechowska and S. E. Paulson, Production of stabilized Criegee intermediates and peroxides in the gas phase ozonolysis of alkenes 1. Ethene, trans-2-butene, and 2, 3-dimethyl-2-butene, J. Geophys. Res., 106, 34131-34142, 2001.

Hatakeyama, S., H. Kobayashi and H. Akimoto, Gas-phase oxidation of sulfur dioxide in the ozoneolefin reactions, J. Phys. Chem., 88, 4736-4739, 1984.

Hatakeyama, S., H. Kobayashi, Z.-Y. Lin, H. Takagi and H. Akimoto, Mechanism for the reaction of peroxymethylene with sulfur dioxide, J. Phys. Chem., 90, 4131-4135, 1986.

Herndon, S. C., P. W. V. Malta, D. D. Nelson, J. T. Jayne and M. S. Zahniser, Rate constant measurements for the reaction of HO_2 with O_3 from 200 to 300 K using a turbulent flow reactor, J. Phys. Chem. A, 105, 1583-1591, 2001.

Hickson, K. M., L. F. Keyser and S. P. Sander, Temperature dependence of the HO_2+ClO reaction. 2. Reaction kinetics using the discharge-flow resonance-fluorescence technique, J. Phys. Chem. A, 111, 8126-8138, 2007.

Hippler, H., R. Rahn and J. Troe, Temperature and pressure dependence of ozone formation rates in the range 1-1000 bar and 90-370 K, J. Chem. Phys., 93, 6560, 1990.

Hippler, H., N. Neunaber and J. Troe, Shock wave studies of the reactions $HO+H_2O_2 \rightarrow H_2O+HO_2$ and $HO+HO_2 \rightarrow H_2O+O_2$ between 930 and 1680 K, J. Chem. Phys., 103, 3510-3516, 1995.

Hippler, H., S. Nasterlack and F. Striebel, Reaction of $OH+NO_2+M$: Kinetic evidence of isomer formation, Phys. Chem. Chem. Phys., 4, 2959-2964, 2002.

Horie, O. and G. K. Moortgat, Decomposition pathways of the excited Criegee intermediates in the ozonolysis of simple alkenes, Atmos. Environ., 25A, 1881-1896, 1991.

Horie, O., C. Schäfer and G. K. Moortgat, High reactivity of hexafluoro acetone toward Criegee intermediates in the gas-phase ozonolysis of simple alkenes, Int. J. Chem. Kinet., 31, 261-269, 1999.

Howard, C. J. and K. M. Evenson, Kinetics of the reaction of HO_2 with NO, Geophys. Res. Lett., 4, 437-440, 1977.

Howard, M. J. and I. W. M. Smith, Direct rate measurements on the reactions $N+OH \rightarrow NO+H$ and $O+OH \rightarrow O_2+H$ from 250 to 515 K, J. Chem. Soc. Faraday Trans. 2, 77, 997-1008, 1981.

Huie, R. E. and J. T. Herron, The rate constant for the reaction $O_3+NO_2 \rightarrow O_2+NO_3$ over the temperature range 259-362 K, Chem. Phys. Lett., 27, 411-414, 1974.

Jemi-Alade, A. A. and B. A. Thrush, Reactions of HO_2 with NO and NO_2 studied by mid-infrared laser magnetic resonance, J. Chem. Soc. Faraday Trans. 2, 86, 3355-3363, 1990.

Jitariu, L. C. and D. M. Hirst, Theoretical investigation of the $N_2O_5 \rightleftharpoons NO_2+NO_3$ equilibrium by density functional theory and ab initio calculations, Phys. Chem. Chem. Phys., 2, 847-852, 2000.

Johnson, D., S. Raoult, R. Lesclaux and L. N. Krasnoperov, UV absorption spectra of methyl-substituted hydroxy-cyclohexadienyl radicals in the gas phase, J. Photochem. Photobiol. A, 176, 98-106, 2005.

Johnson, D. and G. Marston, The gas-phase ozonolysis of unsaturated volatile organic compounds in the troposphere, Chem. Soc. Rev., 37, 699-716, 2008.

Joshi, V. A. and H. Wang, Master equation modeling of wide range temperature and pressure dependence of $CO+OH \rightarrow$ products, Int. J. Chem. Kinet., 38, 57-73, 2006.

Kaltsoyannis, N. and D. M. Rowley, Ab initio investigations of the potential energy surfaces of the $XO+HO_2$ reaction (X = chlorine or bromine), Phys. Chem. Chem. Phys., 4, 419-427, 2002.

Kan, C. S., F. Su, J. G. Calvert and J. H. Shaw, Mechanism of the ozone-ethene reaction in dilute N_2/O_2 mixtures near 1-atm pressure, J. Phys. Chem., 85, 2359-2363, 1981.

Kanno, N., K. Tonokura, A. Tezaki and M. Koshi, Water dependence of the HO_2 self reaction: Kinetics of the HO_2-H_2O complex, J. Phys. Chem. A, 109, 3153-3158, 2005.

Kanno, N., K. Tonokura and M. Koshi, Equilibrium constant of the HO_2-H_2O complex formation and kinetics of HO_2 + HO_2-H_2O: Implications for tropospheric chemistry, J. Geophys. Res., 111, D20312. 1-7, 2006.

Kegley-Owen, C. S., M. K. Gilles, J. B. Burkholder and A. R. Ravishankara, Rate coefficient measurements for the reaction OH + ClO → Products, J. Phys. Chem. A, 103, 5040-5048, 1999.

Keyser, L. F., Kinetics of the reaction $O+HO_2 \rightarrow OH+O_2$ from 229 to 372 K, J. Phys. Chem., 86, 3439-3446, 1982.

Keyser, L. F., Kinetics of the reaction $OH+HO_2 \rightarrow H_2O+O$ from 254 to 382 K, J. Phys. Chem., 92, 1193-1200, 1988.

King, M. D., C. E. Canosa-Mas and R. P. Wayne, Frontier molecular orbital correlations for predicting rate constants between alkenes and the tropospheric oxidants NO_3, OH and O_3, Phys. Chem. Chem. Phys., 1, 2231-2238, 1999.

Kircher, C. C. and S. P. Sander, Kinetics and mechanism of HO_2 and DO_2 disproportionations, J. Phys. Chem., 88, 2082-2091, 1984.

Klein, T., I. Barnes, K. H. Becker, E. H. Fink and F. Zabel, Pressure dependence of the rate constants for the reactions of ethene and propene with hydroxyl radicals at 295 K, J. Phys. Chem., 88, 5020-5025, 1984.

Klopper, W., D. P. Tew, N. González-García and M. Olzmann, Heat of formation of the HO-SO_2 radical from accurate quantum chemical calculations, J. Chem. Phys., 129, 114308, 2008.

Klotz, B., S. Sørensen, I. Barnes, K. H. Becker, T. Etzkorn, R. Volkamer, U. Platt, K. Wirtz and M. Martín-Reviejo, Atmospheric oxidation of toluene in a large-volume outdoor photoreactor: In situ determination of ring-retaining product yields, J. Phys. Chem. A, 102, 10289-10299, 1998.

Knight, G. P., T. Beiderhase, F. Helleis, G. K. Moortgat and J. N. Crowley, Reaction of HO_2 with ClO: Flow tube studies of kinetics and product formation between 215 and 298 K, J. Phys. Chem. A, 104, 1674-1685, 2000.

Kovacic, S., K. Lesar, S and M. Hodoscek, Quantum mechanical study of the potential energy surface of the $ClO+NO_2$ reaction, 45, 58-64, 2005.

Kroll, J. H., T. F. Hanisco, N. M. Donahue, K. L. Demerjian and J. G. Anderson, Accurate, direct measurements of OH yields from gas-phase ozone-alkene reactions using an LIF Instrument, Geophys. Res. Lett., 28, 3863-3866, 2001.

Kuo, C. H. and Y. P. Lee, Kinetics of the reaction hydroxyl + ethene in helium, nitrogen, and oxygen at low pressure, J. Phys. Chem., 95, 1253-1257, 1991.

Kuo, Y. P., B. M. Cheng and Y. P. Lee, Production and trapping of $HOSO_2$ from the gaseous reaction $OH+SO_2$: The infrared absorption of $HOSO_2$ in solid argon, Chem. Phys. Lett., 177, 195-199, 1991.

Kurylo, M. J., P. A. Ouellette and A. H. Laufer, Measurements of the pressure dependence of the hydroperoxy (HO_2) radical self-disproportionation reaction at 298 K, J. Phys. Chem., 90, 437-440, 1986.

Lee, T. J., C. M. Rohlfing and J. E. Rice, An extensive ab initio study of the structures, vibrational spectra, quadratic force fields, and relative energetics of three isomers of Cl_2O_2, J. Chem. Phys., 97, 6593-6605, 1992.

Lewis, R. S. and R. T. Watson, Temperature dependence of the reaction $O(^3P)+OH(^2\Pi)\rightarrow O_2+H$, J. Phys. Chem., 84, 3495-3503, 1980.

Li, W.-K. and M. L. McKee, Theoretical study of OH and H_2O addition to SO_2, J. Phys. Chem. A, 101, 9778-9782, 1997.

Lightfoot, P. D., B. Veyret and R. Lesclaux, The rate constant for the HO_2+HO_2 reaction at elevated temperatures, Chem. Phys. Lett., 150, 120-126, 1988.

Lightfoot, P. D., B. Veyret and R. Lesclaux, Flash photolysis study of the $CH_3O_2+HO_2$ reaction between 248 and 573 K, J. Phys. Chem., 94, 708-714, 1990.

Lightfoot, P. D., P. Roussel, F. Caralp and R. Lesclaux, Flash photolysis study of the $CH_3O_2+CH_3O_2$ and $CH_3O_2+HO_2$ reactions between 600 and 719 K: Unimolecular decomposition of methylhydroperoxide, J. Chem. Soc. Faraday Trans., 87, 3213-3220, 1991.

Lightfoot, P. D., R. A. Cox, J. N. Crowly, M. Destriau, G. D. Hayman, M. E. Jenkin, G. K. Moortgat and F. Zabel, Organic peroxy radicals: Kinetics, spectroscopy and tropospheric chemistry, Atmos. Environ., 26A, 1805-1961, 1992.

Lii, R.-R., M. C. Sauer Jr. and S. Gordon, Temperature dependence of the gas-phase self-reaction of HO_2 in the presence of H_2O, J. Phys. Chem., 85, 2833-2834, 1981.

Lin, C. L. and M. T. Leu, Temperature and third-body dependence of the rate constant for the reaction $O+O_2+M\rightarrow O_3+M$, Int. J. Chem. Kinet., 14, 417, 1982.

Lin, J. J., Y. T. Lee and X. Yang, Crossed molecular beam studies of the $O(^1D)+CH_4$ reaction: Evidences for the CH_2OH+H channel, J. Chem. Phys., 109, 2975-2978, 1998.

Lin, J. J., S. Harich, Y. T. Lee and X. Yang, Dynamics of the $O(^1D)+CH_4$ reaction: Atomic hydrogen channel vs molecular hydrogen channel, J. Chem. Phys., 110, 10821-10829, 1999.

Lippmann, H. H., B. Jesser and U. Schurath, The rate constant of $NO+O_3\rightarrow NO_2+O_2$ in the temperature range of 283-443 K, Int. J. Chem. Kinet., 12, 547-554, 1980.

Lipson, J. B., T. W. Beiderhase, L. T. Molina, M. J. Molina and M. Olzmann, Production of HCl in the $OH+ClO$ reaction: Laboratory measurements and statistical rate theory calculations, J. Phys. Chem. A, 103, 6540-6551, 1999.

Liu, J. Y. and J. R. Barker, On the Chaperon mechanism: Application to $ClO+ClO(+N_2)\rightarrow ClOOCl(+N_2)$, J. Phys. Chem. A, 111, 8689-8698, 2007.

Lohr, L. L., J. R. Barker and R. M. Shroll, Modeling the organic nitrate yields in the reaction of alkyl peroxy radicals with nitric oxide. 1. Electronic structure calculations and thermochemistry, J. Phys. Chem. A, 107, 7429-7433, 2003.

Margitan, J. J. and R. T. Watson, Kinetics of the reaction of hydroxyl radicals with nitric acid, J. Phys. Chem., 86, 3819-3824, 1982.

Matsumi, Y., K. Tonokura, Y. Inagaki and M. Kawasaki, Isotopic branching ratios and translational energy release of hydrogen and deuterium atoms in reaction of oxygen (^1D) atoms with alkanes and alkyl chlorides, J. Phys. Chem., 97, 6816-6821, 1993.

Matsumi, Y., S. Nomura, M. Kawasaki and T. Imamura, Vibrational distribution of ClO radicals produced in the reaction $Cl+O_3 \rightarrow ClO+O_2$, J. Phys. Chem., 100, 176-179, 1996.

McCabe, D. C., T. Gierczak, R. Talukdara and A. R. Ravishankara, Kinetics of the reaction OH+CO under atmospheric conditions, Geophys. Res. Lett., 28, 3135-3138, 2001.

McKee, M. J. and C. M. Rohlfing, An ab initio study of complexes between ethylene and ozone, J. Am. Chem. Soc., 111, 2497-2500, 1989.

Medvedev, D., S. K. Gray, E. M. Goldfield, M. J. Lakin, D. Troya and G. C. Schatz, Quantum wave packet and quasiclassical trajectory studies of OH+CO: Influence of the reactant channel well on thermal rate constants, J. Chem. Phys., 120, 1231-1238, 2004.

Michael, J. V., J. E. Allen Jr. and W. D. Brobst, Temperature dependence of the nitric oxide+ozone reaction rate from 195 to 369 K, J. Phys. Chem., 85, 4109-4117, 1981.

Mihelcic, D., M. Heitlinger, D. Kley, P. Musgen and A. Volz-Thomas, Formation of hydroxyl and hydroperoxy radicals in the gas-phase ozonolysis of ethene, Chem. Phys. Lett., 301, 559-564, 1999.

Miyoshi, A., H. Matsui and N. Washida, Detection and reactions of the HOCO radical in gas phase, J. Chem. Phys., 100, 3532-3539, 1994.

Mollner, A. K., S. Valluvadasan, L. Feng, M. K. Sprague, M. Okumura, D. B. Milligan, W. J. Bloss, S. P. Sander, P. T. Martien, R. A. Harley, A. B. McCoy and W. P. L. Carter, Rate of gas phase association of hydroxyl radical and nitrogen dioxide, Science, 330, 646-649, 2010.

Moonen, P. C., J. N. Cape, R. L. Storeton-West and R. McColm, Measurement of the $NO+O_3$ reaction rate at atmospheric pressure using realistic mixing ratios, J. Atmos. Chem., 29, 299-314, 1998.

Mora-Diez, N. and R. J. Boyd, A computational study of the kinetics of the NO_3 hydrogen-abstraction reaction from a series of aldehydes (XCHO: X) F, Cl, H, CH_3), J. Phys. Chem. A, 106, 384-394, 2002.

Neeb, P., O. Horie and G. K. Moortgat, Gas-phase ozonolysis of ethene in the presence of hydroxylic compounds, Int. J. Chem. Kinet., 28, 721-730, 1996.

Neeb, P., O. Horie and G. K. Moortgat, The ethene-ozone reaction in the gas phase, J. Phys. Chem. A, 102, 6778-6785, 1998.

Nelson Jr., D. D. and M. S. Zahniser, A mechanistic study of the reaction of HO_2 radical with ozone, J. Phys. Chem., 98, 2101-2104, 1994.

Nguyen, T. L., J. H. Park, K. J. Lee, K. Y. Song and J. R. Barker, Mechanism and kinetics of the reaction $NO_3+C_2H_4$, J. Phys. Chem. A, 115, 4894-4901, 2011.

Nguyen, M. T., T. L. Nguyen, V. T. Ngan and H. M. T. Nguyen, Heats of formation of the Criegee formaldehyde oxide and dioxirane, Chem. Phys. Lett., 448, 183-188, 2007.

Nickolaisen, S. L., R. R. Friedl and S. P. Sander, Kinetics and mechanism of the chlorine oxide ClO +ClO reaction: Pressure and temperature dependences of the bimolecular and termolecular channels and thermal decomposition of chlorine peroxide, J. Phys. Chem., 98, 155-169, 1994.

Nickolaisen, S. L., C. M. Roehl, L. K. Blakeley, R. R. Friedl, J. S. Francisco, R. F. Liu and S. P. Sander, Temperature dependence of the HO_2 + ClO reaction. 1. Reaction kinetics by pulsed photolysisultraviolet absorption and ab initio studies of the potential surface, J. Phys. Chem. A, 104, 308-319, 2000.

Nicovich, J. M. and P. H. Wine, Temperature dependence of the O+ HO_2 rate coefficient, J. Phys. Chem., 91, 5118-5123, 1987.

Nicovich, J. M., P. H. Wine and A. R. Ravishankara, Pulsed laser photolysis kinetics study of the $O(^3P)$+ClO reaction, J. Chem. Phys., 89, 5670-5679, 1988.

Nicovich, J. M., K. D. Kreutter and P. H. Wine, Kinetics of the reactions of $Cl(^2P_J)$ and $Br(^2P_{3/2})$ with O_3, Int. J. Chem. Kinet., 22, 399-414, 1990.

Niki, H., P. D. Maker, C. M. Savage and L. P. Breitenbach, A FT IR study of a transitory product in the gas-phase ozone-ethylene reaction, J. Phys. Chem., 85, 1024-1027, 1981.

Niki, H., P. D. Maker, C. M. Savage and L. P. Breitenbach, An Fourier transform infrared study of the kinetics and mechanism for the reaction of hydroxyl radical with formaldehyde, J. Phys. Chem., 88, 5342-5344, 1984.

NIST-JANAF Thermochemical Tables, Edited by M. W. Chase, Jr., American Chemical Society and American Institute of Physics, Woodbury, NY, 4th ed., J. Phys. Chem. Ref. Data Monograph No. 9, 1988.

Nizkorodov, S. A., W. W. Harper, B. W. Blackman and D. J. Nesbitt, Temperature dependent kinetics of the $OH/HO_2/O_3$ chain reaction by time-resolved IR laser absorption spectroscopy, J. Phys. Chem. A, 104, 3964-3973, 2000.

Nizkorodov, S. A. and P. O. Wennberg, First spectroscopic observation of gas-phase HOONO, J. Phys. Chem. A, 106, 855-859, 2002.

O'Donnell, B. A, E. X. J. Li, M. I. Lester and J. S. Francisco, Spectroscopic identification and stability of the intermediate in the OH + $HONO_2$ reaction, Proc. Natl. Acad. Sci., USA, 105, 12647-12648, 2008.

Olzmann, M., E. Kraka, D. Cremer, R. Gutbrod and S. Andersson, Energetics, kinetics, and product distributions of the reactions of ozone with ethene and 2, 3-dimethyl-2-butene, J.

Phys. Chem. A, 101, 9421-9429, 1997.

Ongstad, A. P. and J. W. Birks, Studies of reactions of importance in the stratosphere. VI. Temperature dependence of the reactions $O+NO_2 \rightarrow NO+O_2$ and $O+ClO \rightarrow Cl+O_2$, J. Chem. Phys., 85, 3359-3368, 1986.

Orlando, J. J., G. S. Tyndall, C. A. Cantrell and J. G. Calvert, Temperature and pressure dependence of the rate coefficient for the reaction $NO_3+NO_2+N_2 \rightarrow N_2O_5+N_2$, J. Chem. Soc. Faraday Trans., 87, 2345-2349, 1991.

Paulson, S. E., J. D. Fenske, A. D. Sen and T. W. Callahan, A novel small-ratio relative-rate technique for measuring OH formation yields from the reactions of O_3 with alkenes in the gas phase, and its application to the reactions of ethene and propene, J. Phys. Chem. A, 103, 2050-2059, 1999.

Peiró-García, J. and I. Nebot-Gil, Ab initio study on the mechanism of the atmospheric reaction $OH+O_3 \rightarrow HO_2+O_2$, Chem Phys Chem, 4, 843-847, 2003a.

Peiró-García, J. and I. Nebot-Gil, Ab initio study of the mechanism of the atmospheric reaction: $NO_2+O_3 \rightarrow NO_3+O_2$, J. Comput. Chem., 24, 1657-1663, 2003b.

Percival, C. J., G. D. Smith, L. T. Molina and M. J. Molina, Temperature and pressure dependence of the rate constant for the $ClO+NO_2$ reaction, J. Phys. Chem. A, 101, 8830-8833, 1997.

Perry, R. A., R. Atkinson and J. N. Pitts Jr., Kinetics and mechanism of the gas phase reaction of hydroxyl radicals with aromatic hydrocarbons over the temperature range 296-473 K, J. Phys. Chem., 81, 296-304, 1977.

Petty, J. T., J. A. Harrison and C. B. Moore, Reactions of trans-HOCO studied by infrared spectroscopy, J. Phys. Chem., 97, 11194-11198, 1993.

Pilgrim, J. S., A. McIlroy and C. A. Taatjes, Kinetics of Cl atom reactions with methane, ethane, and propane from 292 to 800 K, J. Phys. Chem. A, 101, 1873-1880, 1997.

Pollack, I. B., I. M. Konen, E. X. J. Li and M. I. Lester, Spectroscopic characterization of HOONO and its binding energy via infrared action spectroscopy, J. Chem. Phys., 119, 9981-9984, 2003.

Qi B., K.-H. Su, Y.-B. Wang, Z.-Y. Wen and X.-Y. Tang, Gaussian-2 calculations of the thermochemistry of Criegee intermediates in gas phase reactions, Acta. Phys. Chim. Sin., 14, 1033-1039, 1998.

Qi, B., K. Sato, T. Imamura, A. Takami, S. Hatakeyama and Y. Ma, Production of the radicals in the ozonolysis of ethene: A chamber study by FT-IR and PERCA, Chem. Phys. Lett., 427, 461-465, 2006.

Ranschaert, D. L., N. J. Schneider and M. J. Elrod, Kinetics of the $C_2H_5O_2+NO_x$ reactions: Temperature dependence of the overall rate constant and the $C_2H_5ONO_2$ branching channel of $C_2H_5O_2+NO$, J. Phys. Chem. A, 104, 5758-5765, 2000.

Ravishankara, A. R., P. H. Wine and A. O. Langford, Absolute rate constant for the reaction

$OH(\nu=0)+O_3 \rightarrow HO_2+O_2$ over the temperature range 238-357 K, J. Chem. Phys., 70, 984-989, 1979.

Ravishankara, A. R., F. L. Eisele, N. M. Kreutter and P. H. Wine, Kinetics of the reaction of CH_3O_2 with NO, J. Chem. Phys., 74, 2267-2274, 1981.

Ravishankara, A. R., S. Solomon, A. A. Turnipseed and R. F. Warren, Atmospheric lifetimes of longlived halogenated species, Science, 259, 194-199, 1993.

Ray, G. W. and R. T. Watson, Kinetics of the reaction $NO+O_3 \rightarrow NO_2+O_2$ from 212 to 422 K, J. Phys. Chem., 85, 1673-1676, 1981.

Rickard, A. R., D. Johnson, C. D. McGill and G. Marston, OH yields in the gas-phase reactions of ozone with alkenes, J. Phys. Chem. A, 103, 7656-7664, 1999.

Sander, S. P., R. Baker, D. M. Golden, M. J. Kurylo, P. H. Wine, J. P. D. Abatt, J. B. Burkholder, C. E. Kolb, G. K. Moortgat, R. E. Huie and V. L. Orkin, Chemical Kinetics and Photochemical Data for Use in Atmospheric Studies, Evaluation Number 17, JPL Publication 10-6, Pasadena, California, 2011. Website:http://jpldataeval.jpl.nasa.gov/.

Sander, S. P. and C. C. Kircher, Temperature dependence of the reaction $NO+NO_3 \rightarrow 2NO_2$, Chem. Phys. Lett., 126, 149-152, 1986.

Sander, W., Carbonyl oxides: Zwitterions or diradicals?, Angew. Chem. Int. Ed. Engl., 29, 344-354, 1990.

Sayós, R., C. Olive and M. González, Ab initio CASPT2/CASSCF study of the $O(^1D)+H_2O(X^1A_1)$ reaction, J. Chem. Phys., 115, 8826-8835, 2001.

Sayós, R., J. Hernando, M. P. Puyuelo, P. A. Enríquez and M. González, Influence of collision energy on the dynamics of the reaction $O(^1D)+CH_4(X^1A_1) \rightarrow OH(X^2\Pi)+CH_3(X^2A_2)$, Phys. Chem. Chem. Phys., 4, 288-294, 2002.

Scholtens, K. W., B. M. Messer, C. D. Cappa and M. J. Elrod, Kinetics of the CH_3O_2+NO reaction: Temperature dependence of the overall rate constant and an improved upper limit for the CH_3ONO_2 branching channel, J. Phys. Chem. A, 103, 4378-4384, 1999.

Schurath, U., H. H. Lippmann and B. Jesser, Temperature dependence of the chemiluminescent reaction (1), $NO+O_3 \rightarrow NO_3(^2A_1;^2B_{1,2})+O_3$, and quenching of the excited product, Ber. Bunsenges. Phys. Chem., 85, 807-813, 1981.

Seeley, J. V., R. F. Meads, M. J. Elrod, and M. J. Molina, Temperature and pressure dependence of the rate constant for the HO_2+NO reaction, J. Phys. Chem., 100, 4026-4031, 1996a.

Seeley, J. V., J. T. Jayne and M. J. Molina, Kinetic studies of chlorine atom reactions using the turbulent flow tube technique, J. Phys. Chem., 100, 4019-4025, 1996b.

Senosiain, J. P., C. B. Musgrave and D. M. Golden, Temperature and pressure dependence of the reaction of OH and CO: Master equation modeling on a high-level potential energy surface, Int. J. Chem. Kinet., 35, 464-474, 2003.

Senosiain, J. P., S. J. Klippenstein and J. A. Miller, The reaction of acetylene with hydroxyl radicals, J. Phys. Chem. A, 109, 6045-6055, 2005.

Sinha, A., E. R. Lovejoy and C. J. Howard, Kinetic study of the reaction of HO_2 with ozone, J. Chem. Phys., 87, 2122-2128, 1987.

Sivakumaran, V., D. Holscher, T. J. Dillon and J. Crowley, Reaction between OH and HCHO: Temperature dependent rate coefficients (202-399 K) and product pathways (298 K), Phys. Chem. Chem. Phys., 5, 4821, 2003.

Sivakumaran, V. and J. N. Crowley, Reaction between OH and CH_3CHO Part 2. Temperature dependent rate coefficients(201-348 K), Phys. Chem. Chem. Phys., 5, 106-111, 2003.

Sivakumaran, V., D. Holscher, T. J. Dillon and J. Crowley, Reaction between OH and HCHO: Temperature dependent rate coefficients (202-399 K) and product pathways (298 K), Phys. Chem. Chem. Phys., 5, 4821-4827, 2003.

Skov, H., Th. Benter, R. N. Schindler, J. Hjorth and G. Restelli, Epoxide formation in the reactions of the nitrate radical with 2, 3-dimethyl-2-butene, cis- and trans-2-butene and isoprene, Atmos. Environ., 28, 1583-1592, 1994.

Smith, I. W. M., The mechanism of the OH+CO reaction and the stability of the HOCO radical, Chem. Phys. Lett., 49, 112-115, 1977.

Smith, C. A., L. T. Molina, J. J. Lamb and M. J. Molina, Kinetics of the reaction of OH with pernitric and nitric acids, Int. J. Chem. Kinet., 16, 41-55, 1984.

Smith, D. F., C. D. McIver and T. E. Kleindienst, Primary product distribution from the reaction of hydroxyl radicals with toluene at ppb NOx mixing ratios, J. Atmos. Chem., 30, 209-228, 1998.

Somnitz, H., Quantum chemical and dynamical characterization of the reaction $OH+SO_2 \rightarrow HO-SO_2$ over an extended range of temperature and pressure, Phys. Chem. Chem. Phys., 6, 3844-3851, 2004.

Stachnik, R. A., M. J. Molina and L. T. Molina, Pressure and temperature dependences of the reaction of hydroxyl radical with nitric acid, J. Phys. Chem., 90, 2777-2780, 1986.

Stief, L. J., D. F. Nava, W. A. Payne and J. V. Michael, Rate constant for the reaction of hydroxyl radical with formaldehyde over the temperature range 228-362 K, J. Chem. Phys., 73, 2254-2258, 1980.

Stone, D., M. Blitz, L. Daubney, N. U. M. Howes and P. Seakins, Kinetics of CH_2OO reactions with SO_2, NO_2, NO, H_2O and CH_3CHO as a function of pressure, Phys. Chem. Chem. Phys., 16, 1139-1149, 2014.

Su, Y.-T., Y.-H. Huang, H. A. Witek and Y.-P. Lee, Infrared absorption spectrum of the simplest Criegee intermediate CH_2OO, Science, 340, 174-176, 2013.

Suh, I., D. Zhang, R. Zhang, L. T Molina and M. J Molina, Theoretical study of OH addition reaction to toluene, Chem. Phys. Lett., 364, 454-462, 2002.

Sumathi, R. and S. D. Peyerimhoff, An ab initio molecular orbital study of the potential energy surface of the HO_2+NO reaction, J. Chem. Phys., 107, 1872-1880, 1997.

Taatjes, C. A., G. Meloni, T. M. Selby, A. J. Trevitt, D. L. Osborn, C. J. Percival and D. E. Shallcross, Direct observation of the gas phase Criegee intermediate(CH_2OO), J. Am. Chem. Soc., 130, 11883-11885, 2008.

Takacs, G. A. and C. J. Howard, Temperature dependence of the reaction $HO_2 + HO_2$ at low pressures, J. Phys. Chem., 90, 687-690, 1986.

Takahashi, K., R. Wada, Y. Matsumi and M. Kawasaki, Product branching ratios for $O(^3P)$ atom and ClO radical formation in the reactions of $O(^1D)$ with chlorinated compounds, J. Phys. Chem., 100, 10145-10149, 1996.

Takahashi, K., Y. Takeuchi and Y. Matsumi, Rate constants of the $O(^1D)$ reactions with N_2, O_2, N_2O, and H_2O at 295 K, Chem. Phys. Lett., 410, 196-200, 2005.

Takayanagi, T. and A. Wada, Reduced dimensionality quantum reactive scattering calculations on the ab initio potential energy surface for the $O(^1D) + N_2O \rightarrow NO + NO$ reaction, Chem. Phys., 269, 37-47, 2001.

Takayanagi, T. and H. Akagi, Translational energy dependence of $NO + NO/N_2 + O_2$ product branching in the $O(^1D) + N_2O$ reaction: A classical trajectory study on a new global potential energy surface for the lowest $1A'$ state, Chem. Phys. Lett., 363, 298-306, 2002.

Taylor, S. E., A. Goddard, M. A. Blitz, P. A. Cleary and D. E. Heard, Pulsed Laval nozzle study of the kinetics of OH with unsaturated hydrocarbons at very low temperatures, Phys. Chem. Chem. Phys., 10, 422-437, 2008.

Tokel, O., J. Chen, C. K. Ulrich and P. L. Houston, $O(^1D) + N_2O$ reaction: NO vibrational and rotational distributions, J. Phys. Chem. A, 114, 11292-11297, 2010.

Treacy, J., M. El. Hag, D. O'Farrell and H. Sidebottom, Reactions of ozone with unsaturated organic compounds, Ber. Bunsenges. Phys. Chem., 96, 422-427, 1992.

Troe, J., Modeling the temperature and pressure dependence of the reaction $HO + CO \rightleftharpoons HOCO \rightleftharpoons H + CO_2$, Proc. Combust. Inst., 27, 167-175, 1998.

Trolier, M., R. L. Mauldin, III and A. R. Ravishankara, Rate coefficient for the termolecular channel of the self-reaction of chlorine monoxide, J. Phys. Chem., 94, 4896-4907, 1990.

Troya, D., J. Millán, I. Baños and M. González, Ab initio, kinetics, and dynamics study of $Cl + CH_4$ $HCl + CH_3$, J. Chem. Phys., 117, 5730-5741, 2002.

Tully, F. P., A. R. Ravishankara, R. L. Thompson, J. M. Nicolvich, R. C. Shah and N. M. Kreulter, Kinetics of the reaction of hydroxyl radical with benzene and toluene, J. Phys. Chem., 85, 2262-2269, 1981.

Tyndall, G. S., J. J. Orlando, C. A. Cantrell, R. E. Shetter and J. G. Calvert, Rate coefficient for the reaction $NO + NO_3 \rightarrow 2NO_2$ between 223 and 400 K, J. Phys. Chem., 95, 4381-4386, 1991.

Tyndall, G. S., R. A. Cox, C. Granier, R. Lesclaux, G. K. Moortgat, M. J. Pilling, A. R. Ravishankara and T. J. Wallington, Atmospheric chemistry of small organic peroxy radicals, J. Geophys. Res., 106, 12157-12182, 2001.

Uc, V. H., J. R. Alvarez-Idaboy, A. Galano, I. García-Cruz and A. Vivier-Bunge, Theoretical determination of the rate constant for OH hydrogen abstraction from toluene, J. Phys. Chem. A, 110, 10155-10162, 2006.

Vakhtin, A. B., J. E. Murphy and S. R. Leone, Low-temperature kinetics of reactions of OH radical with ethene, propene, and 1-butene, J. Phys. Chem. A, 107, 10055-10062, 2003.

Valero, R., M. C. van Hemert and G.-J. Kroes, Classical trajectory study of the HOCO system using a new interpolated ab initio potential energy surface, Chem. Phys. Lett., 393, 236-244, 2004.

Varandas, A. J. C. and L. P. Viegas, The HO_2+O_3 reaction: Current status and prospective work, Comp. Theoret. Chem., 965, 291-297, 2011.

Viswanathan, R. and L. M. Raff, Theoretical investigations of the reaction dynamics of polyatomic gas-phase systems: The ozone + nitric oxide reaction, J. Phys. Chem., 87, 3251-3266, 1983.

Vranckx, S., J. Peeters and S. A. Carl, Absolute rate constant and $O(^3P)$ yield for the $O(^1D)+N_2O$ reaction in the temperature range 227 K to 719 K, Atmos. Chem. Phys., 8, 6261-6272, 2008.

Vranckx, S., J. Peeters and S. Carl, A temperature dependence kinetic study of $O(^1D)+CH_4$: Overall rate coefficient and product yields, Phys. Chem. Chem. Phys., 10, 5714-5722, 2008.

Vranckx, S., J. Peeters and S. Carl, Kinetics of $O(^1D)+H_2O$ and $O(^1D)+H_2$: Absolute rate coefficients and $O(^3P)$ yields between 227 and 453 K., Phys. Chem. Chem. Phys., 28, 9213-9221, 2010.

Wahner, A., T. F. Mentel and M. Sohn, Gas phase reaction of N_2O_5 with water vapor: Importance of heterogeneous hydrolysis of N_2O_5 and surface desorption of HNO_3 in a large Teflon chamber, Geophys. Res. Lett., 25, 2169-2172, 1998.

Wald, W. R. and W. A. Goddard III, The electronic structure of the Criegee intermediate. Ramifications for the mechanism of ozonolysis, J. Am. Chem. Soc., 97, 3004-3021, 1975.

Wallington, T. J. and R. A. Cox, Kinetics and product of the gas-phase reaction of ClO with NO_2, J. Chem. Soc. Faraday Trans. 2, 82, 275-289, 1986.

Wallington, T. J. and S. M. Japar, Reaction of $CH_3O_2+HO_2$ in air at 295 K: A product study, Chem. Phys. Lett., 167, 513-518, 1990.

Wallington, T., M. Armmann, R. Atkinson, R. A. Cox, J. N. Crowley, R. Hynes, M. E. Jenkin, W. Mellouki, M. J. Rossi and J. Troe, IUPAC Subcommittee for Gas Kinetic Data Evaluation for Atmospheric Chemistry, Evaluated Kinetic Data, Gas-phase reactions, http://www.iupac-kinetic.ch.cam.ac.uk/, 2012.

Wang, J. J. and L. F. Keyser, Kinetics of the $Cl(^2P_j)+CH_4$ Reaction: Effects of secondary chemistry below 300 K, J. Phys. Chem. A, 103, 7460-7469, 1999.

Wang, J. J. and L. F. Keyser, HCl yield from the OH+ClO reaction at temperatures between 218 and 298 K, J. Phys. Chem. A, 105, 6479-6489, 2001a.

Wang, J. J. and L. F. Keyser, Absolute rate constant of the OH+ClO reaction at temperatures between 218 and 298 K, J. Phys. Chem. A, 105, 10544-10552, 2001b.

Wang, X., M. Suto and L. C. Lee, Reaction rate constants of HO_2+O_3 in the temperature range 233-400 K, J. Chem. Phys., 88, 896-899, 1988.

Welz, O., J. D. Savee, D. L. Osborn, S. S. Vasu, C. J. Percival, D. E. Shallcross and C. A. Taatjes, Direct kinetic measurements of Criegee intermediate (CH_2OO) formed by reaction of CH_2I with O_2, Science, 335, 204-207, 2012.

Wine, P. H. and A. R. Ravishankara, O3 photolysis at 248 nm and $O(^1D_2)$ quenching by H_2O, CH_4, H_2, and N_2O:$O(^3P_J)$ yields, Chem. Phys., 69, 365-373, 1982.

Wine, P. H., J. M. Nicovich, R. J. Thompson and A. R. Ravishankara, Kinetics of atomic oxygen (^3P_J) reactions with hydrogen peroxide and ozone, J. Phys. Chem., 87, 3948-3954, 1983.

Wine, P. H., R. J. Thompson, A. R. Ravishankara, D. H. Semmes, C. A. Gump, A. Torabi and J. M. Nicovich, Kinetics of the reaction $OH+SO_2+M \rightarrow HOSO_2+M$. Temperature and pressure dependence in the fall-off region, J. Phys. Chem., 88, 2095-2104, 1984.

Xia, W. S. and M. C. Lin, A multifacet mechanism for the $OH+HNO_3$ reaction: An ab initio molecular orbital/statistical theory study, J. Chem. Phys., 114, 4522-4532, 2001.

Xu, Z. F., R. S. Zhu and M. C. Lin, Ab initio studies of ClOx reactions: VI. Theoretical prediction of total rate constant and product branching probabilities for the HO_2+ClO reaction, J. Phys. Chem. A, 107, 3841-3850, 2003.

Xu, Z. F. and M. C. Lin, Ab initio study on the kinetics and mechanisms for O_3 reactions with HO_2 and HNO, Chem. Phys. Lett., 440, 12-18, 2007.

Yang, M.-U., C.-L. Yang, J.-Z. Chen and Q.-G. Zhang, Modified potential energy surface and timedependent wave packet dynamics study for $Cl+CH_4 \rightarrow HCl+CH_3$ reaction, Chem. Phys., 354, 180-185, 2008.

Yoon, S., S. Henton, A. N. Zivkovic and F. F. Crim, The relative reactivity of the stretch-bend combination vibrations of CH_4 in the $Cl(^2P_{3/2})+CH_4$ reaction, J. Chem. Phys., 116, 10744-19752, 2002.

Yu, H.-G., J. T Muckerman and T. J Sears, A theoretical study of the potential energy surface for the reaction $OH+CO \rightarrow H+CO_2$, Chem. Phys. Lett., 349, 547-554, 2001.

Yu, H. G. and J. T. Muckerman, MRCI calculations of the lowest potential energy surface for CH_3OH and direct ab initio dynamics simulations of the $O(^1D)+CH_4$ reaction, J. Phys. Chem. A, 108, 8615-8623, 2004.

Zabel, F., Unimolecular decomposition of peroxynitrates, Z. Physik. Chem., 188, 119-142, 1995.

Zahniser, M. S. and C. J. Howard, Kinetics of the reaction of HO_2 with ozone, J. Chem. Phys., 73, 1620-1626, 1980.

Zellner, R. and K. Lorenz, Laser photolysis/resonance fluorescence study of the rate constants for the reactions of hydroxyl radicals with ethene and propene, J. Phys. Chem., 88, 984-989, 1984.

Zellner, R., B. Fritz and K. Lorenz, Methoxy formation in the reaction of CH_3O_2 radicals with NO, J. Atmos. Chem., 4, 241-251, 1986.

Zhang, J., T. Dransfield and N. M. Donahue, On the mechanism for nitrate formation via the peroxy radical+NO reaction, J. Phys. Chem. A, 108, 9082-9095, 2004.

Zhang, J. and N. M. Donahue, Constraining the mechanism and kinetics of $OH+NO_2$ and HO_2+NO using the multiple-well master equation, J. Phys. Chem. A, 110, 6898-6911, 2006.

Zhou, J., J. J. Lin, B. Zhang and K. Liu, On the Cl^* ($^2P_{1/2}$) reactivity and the effect of bend excitation in the $Cl+CH_4/CD_4$ reactions, J. Phys. Chem., 108, 7832-7836, 2004.

Zhou, X.-M., Z.-Y. Zhou, Q.-Y. Wu, A. F. Jalbout and N. Zhang, Reaction of CH_3O_2 and HO_2: Ab initio characterization of dimer structure and vibrational mode analysis for reaction mechanisms, Int. J. Quant. Chem., 106, 514-525, 2006.

Zhu, R. S., E. G. W. Diau, M. C. Lin and A. M. Mebel, A computational study of the OH (OD)+CO reactions: Effects of pressure, temperature, and quantum-mechanical tunneling on product formation, J. Phys. Chem. A, 105, 11249-11259, 2001.

Zhu, R. S. and M. C. Lin, Ab initio study of the catalytic effect of H_2O on the self-reaction of HO_2, Chem. Phys. Lett., 354, 217-226, 2002.

Zhu, R. S., Z. F. Xu and M. C. Lin, Ab initio studies of ClOx reactions. I. Kinetics and mechanism for the OH+ClO reaction, J. Chem. Phys., 116, 7452-7460, 2002.

Zhu, R. S. and M. C. Lin, Ab initio study of the HO_2+NO reaction: Prediction of the total rate constant and product branching ratios for the forward and reverse processes, J. Chem. Phys., 119, 10667-10677, 2003a.

Zhu, R. S. and M. C. Lin, Ab initio studies of ClOx reactions. IV. Kinetics and mechanism for the selfreaction of ClO radicals, J. Chem. Phys., 118, 4094-4106, 2003b.

Zhu, R. S and M. C. Lin, Ab initio studies of ClOx reactions: prediction of the rate constants of $ClO+NO_2$ for the forward and reverse processes, ChemPhysChem, 12, 1514-1521, 2005.

Zhu, L., R. K. Talukdar, J. B. Burkholder and A. R. Ravishankara, Rate coefficients for the OH+acetaldehyde(CH_3CHO) reaction between 204 and 373 K, Int. J. Chem. Kinet., 40, 635-646, 2008.

第 6 章 大气中的非均相反应和摄取系数

尽管构成大气化学体系的大多数化学反应过程是由第 4 章和第 5 章中所述的气体分子的光解和气相均相反应构成，其中也存在一些诸如固体和液体表面对大气分子的吸收过程，在表面上的非均相反应以及在液体中的反应等都是重要的反应。在平流层中，极地平流层云（PSC）上的化学反应是最突出的示例，并且对于“臭氧洞”的形成至关重要。长期以来，科学家们一直认为在对流层云和雾中的多相反应与酸雨有一定的关系。最近，海洋边界层中在海盐上和对流层卤素化学相关的冰雪上的表面反应，与对流层臭氧化学有关的气溶胶对 HO_2 自由基和含氮化合物的吸收和非均相反应，以及与其老化过程有关的有机气溶胶的非均相氧化反应，已经受到科学家们的关注。本章描述了水滴、海盐、矿物颗粒和烟尘作为对流层非均相反应过程的重要表面，对大气组分的摄取系数，以及极地平流层云（PSC）的反应性吸收过程对于平流层的重要性。多相反应在对流层和平流层中的作用将分别在第 7 章和第 8 章中加以描述。

由于大多数均相反应过程已经建立，因此，近年来科学家们开始广泛关注大气中气-固和气-液界面的化学过程，并且正在进行深入研究。然而，由于表面的化学和形态结构的多样性，非均相过程不同于均相过程，存在摄取系数和反应概率不能唯一地确定为常数的问题。描述液体和固体颗粒表面上的气相分子损失速率常数可表示为

$$J_{\text{het}} = \frac{1}{4}\gamma u_{\text{av}} N_{\text{g}} \tag{6.1}$$

如 2.4 节中的方程式（2.84）所述。式中，J（分子 · cm^{-2} · s^{-1}）是耗散通量，γ 是摄取系数（气体分子损失数与气体分子与粒子碰撞的数量之比（见方程式（2.81）），N_g（分子 · cm^{-3}）是分子密度，u_{av}（cm · s^{-1}）是气体分子的平均动能速度。一般而言，气体分子在液体和固体表面上的损失过程是气相扩散、适应系数、亨利（Henry）定律常数、界面相互作用、液滴中的反应等的综合过程，并且摄取系数 γ 包含其联立方程。由于无法获得此方程式的一般解，因此使用基于电阻模型的近似方程表达 γ（参见 2.4 节）。本章中讨论的伴随非均相反应的吸收过程的 γ 值，可以通过之前的方程式（2.88）表示

$$\frac{1}{\gamma}=\frac{1}{\Gamma_g}+\frac{1}{\alpha}+\frac{1}{\Gamma_{sol}+\Gamma_{rxn}} \tag{6.2}$$

式中，α 是一个适应系数，它表示气体分子与粒子表面碰撞一次且分子停留在表面上的概率，Γ_g、Γ_{sol} 和 Γ_{rxn} 分别对应于气相扩散、液相扩散和化学反应的电导系数。当忽略 Γ_g，并且 $\Gamma_{sol}+\Gamma_{rxn}$ 表示为 Γ_{rs} 时，方程式(6.2)可以简化为

$$\frac{1}{\gamma}=\frac{1}{\alpha}+\frac{1}{\Gamma_{rs}} \tag{6.3}$$

本章讨论了由上式定义的 γ 和 α 的实验值。

然而，一些文献中已经报道了不能忽略 Γ_g 条件下的 γ 和 α 的值。在此情况下，将对一些非均相反应进行讨论。同时，例如，对于极地平流层云(PSC)的反应，科学家们认为 $\alpha=1$ 并且 γ 几乎由 Γ_{rs} 确定。此外，通常情况下，γ 取决于在过去已经被结合到表面的共存分子的密度，因此 γ 取决于反应时间，在本章中，初始和稳态的摄取系数分别表示为 γ_0 和 γ_{ss}，而 γ 只是在不进行区别时使用。然而，达到稳态的时间取决于每种反应的表面过程和大气中的分子密度，因此，在应用实际大气的模型中是使用 γ_0 还是使用 γ_{ss}，并不一定十分清楚。此外，在表面多孔的情况下，无论使用几何表面积还是 BET(Brunauer-Emmett-Teller)表面面积用于计算 γ，均会出现许多数量级的差异。此外，当分子的吸收伴随着表面上或液体中的反应，并且涉及反应产物的形成速率时，则使用反应性摄取系数 γ_r。

关于非均相反应过程，NASA/JPL 专家组评估文件第 17 号(Sander 等，2011)和报告 V(Crowley 等，2010)以及 IUPAC 小组委员会关于大气化学的气体动力学数据评估数据表(Wallington 等，2012)提供了有用的综述。然而，因上述原因，在许多情况下，摄取系数仍处于研究过程中，因此未给出其建议值。表 6.1 给出了从上述评估或本章中非均相反应过程的最新文献中得出的(反应性)摄取系数。在表 6.1 中，根据每种文献，α、γ、γ_0 或 $\gamma_{0,BET}$ 的值基于具体情况给出。在未来，这些值很可能会更新，因此届时本章内容需要进行修订。因与有机气溶胶的老化有关，本书中未包括现在正在研究中的有机分子的非均相反应过程。

表 6.1　水滴、海盐、土壤和矿尘以及烟灰的吸收系数

气相分子	表面	产物	吸收(调节)系数	温度(K)	参考
H_2O	水	—	$\alpha>0.3$	250～290	(c)
OH	水	—	$\alpha>0.1$	275～310	(a)
HO_2	水	—	$\alpha>0.5$	270～300	(a)
	水	—	$\gamma=0.1$	290～300	(a)

续表

气相分子	表面	产物	吸收(调节)系数	温度(K)	参考
O_3	水	—	$\alpha \geqslant 0.04$	195～262	(b)
	NaCl (s)	—	$\gamma < 1\times10^{-2}$	223～300	(b)
	自然盐	—	$\gamma = 10^{-3} \sim 10^{-2}$	～298	(d)
	Al_2O_3	—	$\gamma_{0,BET} = (1.2\pm0.4)\times10^{-4}$	296	(e)
	土壤	—	$\gamma_{0,BET} = (3\sim6)\times10^{-5}$	296	(e)
	烟灰	—	$\gamma_0 = 10^{-4} \sim 10^{-3}$	298	(f)
NO_2	烟灰	HONO、NO	$\gamma_{0,BET} = (3\sim5)\times10^{-5}$	240～350	(g)
N_2O_5	水	HNO_3	$\gamma = 0.01 \sim 0.06$	260～295	(b)
	NaCl(s)	$ClNO_2$、HNO_3	$\gamma_0 = 0.005$	～298	(h)
	NaCl(aq)	—	$\gamma_0 = 0.02$	260～300	(a)
	合成盐	$ClNO_2$	$\gamma_0 = 0.02 \sim 0.03$	～298	(h)
	土壤	—	$\gamma_{ss} = 0.01 \sim 0.04$	296	(i)
	烟灰	HNO_3	$\gamma = (4\pm2)\times10^{-4}$	294	(j)
	烟灰	$NO+NO_2$	$\gamma_{ss} = 5.0\times10^{-3}$	298	(k)
HNO_3	水	—	$\alpha \geqslant 0.05$	250～300	(b)
	NaCl (s)	$NaNO_3$	$\gamma_0 = 0.002$	295～298	(b)
	合成盐	$NaNO_3$	$\gamma_0 = 0.07 \sim 0.75$	298	(l)
	α-Al_2O_3	—	$\gamma_0 < 0.2$	295～300	(b)
	土壤	—	$\gamma_0 \approx 0.1$	298	(m)
	烟灰	NO、NO_2	$\gamma_0 = (2.0\pm0.1)\times10^{-2}$	298	(n)
$ClONO_2$	NaCl(s)	—	$\gamma_0 = 0.23\pm0.06$	298	(o)
	合成盐	—	$\gamma_0 = 0.42$	298	(o)
SO_2	水	—	$\alpha \geqslant 0.12$	260～298	(b)
	γ-Al_2O_3	—	$\gamma_0 > 5\times10^{-3}$	298	(b)
	土壤	—	$\gamma_0 = (7.6\pm0.5)\times10^{-2}$	298	(b)
	烟灰	—	$\gamma \approx 2\times10^{-3}$	298	(q)

来源：(a)IUPAC 小组委员会评估数据表(Wallington 等,2012)；(b)NASA/JPL 专家组评估文件第 17 号(Sander 等,2011)；(c)Voiglander 等(2007)；(d)Mochida 等(2000)；(e)Michel 等(2003)；(f)Fendel 等(1995)，Rogaski 等(1997)；(g)Lelievre 等(2004)；(h)Thornton 和 Abbatt(2005)；(i)Wagner 等(2008,2009)；(j)Saathoff 等(2001)；(k)Kargulian 和 Rossi(2007)；(l)De Haan 和 Finlayson-Pitts(1997)；(m)Seisel 等(2004)；(n)Salgado-Muñoz 和 Rossi(2002)；(o)Gebel 和 Finlayson-Pitts(2001)；(p)Seisel 等(2006)；(q)Koehler 等(1999)

6.1　水滴吸收反应

气体分子对水 $H_2O(l)$的摄取系数是一个重要的常数，它决定了气体分子在云雾中的去除过程以及在海洋上沉积的去除速率。科学家们对大气组分中的 O_3、H_2O、H_2O_2、NO_2、HONO、HNO_3 和许多水溶性有机分子进行了水表面摄取系数的测定。表 6.1 列出了水表面对典型无机大气分子的适应系数或摄取系数。通过水的气一液界面传输的模拟具有理论意义，Garrett 等(2006)对此进行了综述。

6.1.1　H_2O

气态 H_2O 分子(水蒸气)的吸收和蒸发过程对于云物理学的微观过程非常重要，因此从该角度出发，科学家们进行了许多测量和理论研究。从大气化学的角度来看，它是许多其他的大气分子吸收入水表面的最基本过程，值得研究。

近来，人们通过液滴下降法和液滴生长法对 $H_2O(l)$至 $H_2O(g)$的吸收适应系数进行了测量。尽管所获得的值均收敛在 $0.1<\alpha<1$ 范围之内，但这两种方法测得的值之间存在一些差异。例如，通过 Li 等(2001)的液滴下降方法获得的 α 值在 280 和 258 K 温度条件下为 0.17 ± 0.03 和 0.32 ± 0.04，而 Smith 等(2006)通过液滴蒸发法测得的值在 255～295 K 温度条件下为 0.62 ± 0.09。同时，Laaksonen 等(2005)、Winkler 等(2006)报道，在膨胀室中采用液滴生长速率获得的值为 $0.4<\alpha<1$，并建议 $\alpha\approx1$。Davidovits 等(2004)讨论了这些方法所测值之间的差异。Voigländer 等(2007)最新的研究是将液滴生长实验与流体动力学模型计算相结合，发现 α 值接近于 1，考虑到实验误差，下限定为 0.3。NASA/JPL 专家组评估文件第 17 号的建议值是 $\alpha>0.1$(Sander 等，2011)。

从分子动力学的观点看，液态 H_2O 表面对 H_2O 分子的吸收过程作为气液界面过程的基本模型引起学者关注，并且开展了理论分析(Morita 等，2003，2004b；Vieceli 等，2004)。通过这些理论分析，测得 $\alpha\approx1$，并且通过液滴下降法进行实验测得较小值的原因在于气相扩散的影响。

已知当水滴的表面被有机物覆盖时，α 的值会减小(Chakraborty 和 Zachariah，2011；Takahama 和 Russell，2011；Sakaguchi 等，2012)，从气溶胶对气候敏感性的间接影响的角度而言，此点值得关注。

6.1.2　OH

由于 OH 和 HO_2 是对流层中最重要的 HO_x 链反应的主要自由基，并且由于它们都是亲水性的，非常值得对它们被吸入 $H_2O(1)$中的理论进行深入研究。由于科学家们认为 OH 和 HO_2 的吸收率取决于它们通过 $H_2O(l)$表面上的自反应从界面去除的速度，因此认为该摄取系数取决于自由基与界面的接触时间、水的 pH 值以及共存物质等。因此，通过实验直接获得的值是在特定实验条件下的值，为了从中获得适应系数 α，必须在模拟这些自由基的界面反应的情况下进行转换。

对于 $H_2O(l)$ 对 OH 的吸收反应，Hanson 等(1992a)使用湿壁式流动管反应器通过测量给定在 275 K 温度条件下纯水的 $\gamma > 3.5\times10^{-3}$。Takami 等(1998)通过冲击流动法测得在 293 K 温度条件下纯水的 $\gamma = (4.2\pm2.8)\times10^{-3}$，并且报告称该值随气-液接触时间减小而减小，且对于 pH=1 和 11 的酸性和碱性水，该值增加 2～3 倍。他们通过使用水相中 OH 的速率常数和亨利定律常数进行模拟，估算出适应系数 α 接近于 1，这与 Roeselová 等(2004)通过分子动力学计算得到的 $\alpha=0.83$(300 K)的结果一致。IUPAC 小组委员会和 NASA/JPL 专家组的建议值分别为 $\alpha>0.1$ 和 $\alpha>0.02$(Wallington 等，2012；Sander 等，2011)。

6.1.3 HO_2

关于纯水对 HO_2 的吸收，Hanson 等(1992a)报告了通过湿壁流动反应器的测量结果，在 275 K 时，适应系数 $\alpha>0.01$。同时，Mozurkewich 等(1987)使用添加了 Cu^{2+} 的浓 NH_4HSO_4 溶液，通过细颗粒流动系统测得适应系数 $\alpha>0.2$。Morita 等(2004a)通过分子动力学计算得出 $\alpha\approx1$，并推断出摄取系数 γ 的上限可能接近于 1。IUPAC 小组委员会和 NASA/JPL 专家组的建议值分别为 $\alpha>0.5$ 和 $\alpha>0.02$(Wallington 等，2012；Sander 等，2011)。

6.1.4 O_3

纯水表面对 O_3 的吸收率非常低，并且不能通过实验直接测得该吸收率，因此迄今为止所有对适应系数的测定均是在含有离子的水溶液中进行，例如，I^- 作为 O_3 的清除剂的水溶液等。根据上述测量方法，我们已知 $H_2O(l)$ 对 O_3 的适应系数具有温度负依赖性，在 275～300 K 的较低温度条件下 α 值变大。Magi 等(1997)获得的测量值在介于 281 和 261 K 下，α 位于 0.92×10^{-2} 到 2.08×10^{-2} 的范围内。Müller 和 Heal(2002)使用湿壁式反应器获得的测量值在 293 K 温度条件下为 $\alpha=4\times10^{-3}$。考虑到实验误差，他们提出了 $\alpha\geqslant0.01$ 的估计值，并提出可能存在更大值，而 Schutze 和 Herrmann(2002)报告称使用单粒子流法在 298 K 温度条件下测得的 $\alpha\geqslant0.02$。

根据分子动力学的理论计算方法，Roeselová 等(2003)以及 Vieseli 等(2005)分别给出 $\alpha\approx0.1$ 和 0.047 的结果。这些研究对 OH 和 O_3 在 $H_2O(l)$ 表面的碰撞过程进行了比较，结果表明在室温下发生碰撞并产生热能时，OH 在表面停留 100 ps，而 O_3 的停留时间小于 50 ps，此点反映出 $H_2O(l)$ 对 OH 和 O_3 的亲和力的差异。NASA/JPL 专家组的建议值为 $\alpha\geqslant0.04$(Sander 等，2011)。

6.1.5 N_2O_5

水滴和气溶胶吸收 N_2O_5 形成硝酸 $HONO_2$(HNO_3)，此过程可以从气相中清除 NO_x。由于该过程可能对对流层中 O_3 和 OH 的产率产生较大影响，因此科学家们最近对此开展了多项研究。

Bertram 和 Thornton(2009)总结了纯水和盐溶液对 N_2O_5 的反应性吸收过程，如下所示

$$N_2O_5(g) \rightleftharpoons N_2O_5(aq) \tag{6.4}$$

$$N_2O_5(aq) + H_2O\ (l) \rightarrow H_2ONO_2^+(aq) + NO_3^-(aq) \tag{6.5}$$

$$H_2ONO_2^+(aq) + NO_3^-(aq) \rightarrow N_2O_5(aq) + H_2O\ (l) \tag{6.6}$$

$$H_2ONO_2^+(aq) + H_2O\ (l) \rightarrow H_3O^+\ (aq) + HONO_2(aq) \tag{6.7}$$

在 N_2O_5 的吸收并溶解在 $H_2O(l)$(反应 6.4)之后，假设 $N_2O_5(aq)$和 $H_2O(l)$反应形成质子化硝酸 $H_2ONO_2^+(aq)$(反应(6.5))，并且 $H_2ONO_2^+(aq)$通过与 $H_2O(l)$反应形成 $HONO_2(aq)$。此外，研究者认为 $NO_3^-(aq)$的存在可使 $N_2O_5(aq)$增加，并降低了对 $N_2O_5(g)$的吸收速率。

Van Doren 等(1990)发现纯水表面对 N_2O_5 的摄取系数具有与温度的负相关性，通过连续液滴滴落方法测定在 271 K 温度条件下 $\gamma=0.057\pm0.003$，在 282 K 温度条件下 $\gamma=0.036\pm0.004$。George 等(1994)通过使用相同的实验方法给出类似结果 0.030 ± 0.002(262 K)和 0.013 ± 0.008(277 K)。Schütze 和 Herrmann(2002)通过使用单颗粒悬浮流动法校正气相扩散后测得 $\alpha=0.011$(293 K)。

另一方面，对于无机盐的水溶液中 N_2O_5 的吸收情况也进行了许多测量。NASA/JPL 专家组评估文件第 17 号(Sander 等，2011)提出，考虑到温度和湿度的影响，还有 Mozurkewich 和 Calvert(1988)对 $NH_3/H_2SO_4/H_2O$ 所开展的开拓性研究以及 Hallquist 等(2003)($(NH_4)_2SO_4$、$NaNO_3$)和 Griffiths 等(2009)(有机酸＋$(NH_4)_2SO_4$)近年来的研究，所报告的值与在室温下 $\gamma=0.02\sim0.04$ 的范围是一致的。Bertram 和 Thornton(2009) 报告了使用化学电离质谱仪的实验系统进行的实验，该质谱仪使用 H_2O、NO_3^-、Cl^- 和有机酸的混合液滴，根据上述反应(6.4)—(6.7)，提出了一种新的测定混合液滴对 N_2O_5 的吸收情况的参数化方法，结果表明 NO_3^- 的抑制作用因同时存在 Cl^- 而被抵消。

众所周知，当水滴表面被有机物覆盖时，其对 N_2O_5 的摄取系数降低，与 $H_2O(l)$ 对 H_2O 的吸收情况一致(Folkers 等，2003；Anttila 等，2006；Park 等，2007)，Anttila 等(2006)和 Riemer 等(2009)就此开展了理论和模型分析。

6.1.6 HNO_3

HNO_3 对 $H_2O(1)$具有很大的亲和力，已知适应系数是气相去除过程的速率决

定步骤，而不是液相中的溶解度或主体反应。

对于 $H_2O(l)$ 对 HNO_3 的摄取系数，Van Doren 等(1990)使用单分散液滴连续滴落法实验测定，显示 γ 具有负温度依赖性，在 268 K 下该值为 0.19±0.02，在 293 K 下为 0.071±0.02。如 6.1.1 节所示，由于气相扩散效应，该实验方法低估了适应系数(Garrett 等，2006)。Ponche 等(1993)使用类似的实验方法，测得 298 K 下的值为 0.11±0.01，Schütze 和 Herrman(2002)报道了在气相扩散效应校正后的值 $\alpha \geq$ 0.03。NASA/JPL 专家组的建议值为 $\alpha \geq 0.05$(Sander 等，2011)。通常认为，当 $\alpha \geq 10^{-3}$ 时，气相中的扩散是决定气态分子摄取速率的因素。

6.1.7　SO_2

当 SO_2 与 $H_2O(l)$ 表面接触并进入水相时，SO_2 与水分子发生反应(如下式所示)

$$SO_2(g) + H_2O \rightleftharpoons SO_2 \cdot H_2O \tag{6.8}$$

$$SO_2 \cdot H_2O \rightleftharpoons HSO_3^- + H^+ \tag{6.9}$$

$$HSO_3^- \rightleftharpoons SO_3^{2-} + H^+ \tag{6.10}$$

然后达到化学平衡(Wallington 等，2012)。因此，当水滴呈碱性时，可以通过反应(6.9)和(6.10)快速清除界面中的 SO_2，但是，对于低 pH 范围，吸收速率取决于接触时间。Jane 等(1990)报告，pH>5 的情况下，SO_2 与 H_2O 反应生成 HSO_3^- 的速率决定了 SO_2 的吸收，当 pH 较低时，由亨利定律溶解度确定。然而，在任何一种情况下，使用液滴流动法改变 pH 和气液接触时间的实验的吸收系数，均比已知常数所预期的高得多。Donaldson 等(1995)使用光谱法检测出了 Jane 等(1990)假设的水表面上化学吸附的 $SO_2 \cdot H_2O$。

Boniface 等(2000)通过实验测得 γ 值，在 263 K 和 291 K 下分别为 0.43±0.01 和 0.175±0.015，显示出负温度依赖性。Ponche 等(1993)使用低压反应器测得 $\gamma=$ 0.13±0.01，Shimono 和 Koda(1996)通过液体撞击法测得 $\gamma=0.2$。NASA/JPL 专家组评估文件第 17 号(Sander 等，2011)建议值是 $\alpha \geq 0.12$。IUPAC 小组委员会提出主体适应系数为 α_b，并建议 $\alpha_b = 0.11$(Wallington 等，2012)。

7.6.2 节描述了 SO_2 进入雾和雨滴之后，由 O_3 和 H_2O_2 进行液相氧化过程的一系列多相反应。

6.2　海盐和碱性卤化物的吸收和表面反应

O_3、N_2O_5 等在海盐上的界面反应是重要的非均相反应，有可能释放出含有 Cl、Br 等的无机分子。然而，这些反应过程尚未完全阐明，仍然是实验和理论研究的重要主题。此外，海盐对 HO_2 自由基的吸收过程很重要，对于对流层中 HO_x 循环和臭氧形成的效率以及土壤和矿物尘的吸收过程有重大影响，这将在下一节中描述。此外，当硝酸通过与海盐的反应转化为 $NaNO_3$ 时，由于它的传输距离比具有高表面沉积速率的 HNO_3 气体传输的距离远得多，它对对流层的氮收支有很大的影响。$ClONO_2$ 与海盐的反应，是对流层卤素循环的一个重要过程，将在本节末尾描述。关于大气组分在海盐和碱金属卤化物盐的吸收和反应，Finlayson-Pitts（2003）和 Rossi（2003）进行了综述。

NaCl 的风化和潮解点分别为 43%和 75%的相对湿度。一般认为，水在风化点以上被吸附在固体表面上，而盐在潮解点以上被液化。在本节中，描述了作为盐类化合物的海盐和卤代碱金属盐表面上大气分子的吸收和非均相反应。通常，无机盐的表面并非多孔结构，因此通过 BET 法得出的吸附表面积与几何表面积相一致。

6.2.1　O_3

纯 NaCl、NaBr 等的固体表面对 O_3 的摄取系数非常小（$\gamma \approx 10^{-6}$），不能通过实验观察到 O_3 的衰减（Alebic-Juretic 等，1997；Mochida 等，2000）。然而，当海盐吸收水蒸气或有其他离子共存的情况下，已知 γ 值会大幅增加并且会释放 Cl_2 和/或 Br_2。

Sadanaga 等（2001）报告，当 Fe^{3+} 在 NaCl 中含量超过 0.1%时，γ 值从 $<10^{-5}$ 大幅增加到 3.5×10^{-2}，并且在 Fe^{3+} 比例增加到 0.5%～1%时，在暗反应中观察到 Cl_2 的释放。在使用合成海盐的实验中，观察到仅 Br_2 得到释放，这表明在实际海盐的反应中，Br_2 耗尽后，Cl_2 可以释放。Hirokawa 等（1998）报告，只有当相对湿度增加到接近潮解点时，才能在 NaBr 表面观察到 O_3 的吸收和 Br_2 的形成过程。在 Pyrex 玻璃表面（Anastasio 和 Mozurkewich，2002）和气溶胶室内（Hunt 等，2004）也证实了 O_3 吸收和 Br_2 释放的类似过程。此外，Oum 等（1998b）报道，Br_2 是从 O_3 在海冰表面暗反应中释放出来的，并且 Mochida 等（2000）报告，在克努森池实验中由合成和天然海盐形成的 Br_2 摄取系数 γ 约为 10^{-3}～10^{-2}，比溴化物本体溶液中反应的估值大三个数量级。

虽然 Cl：Br 的比例是 660：1，但在 O_3 与海盐的反应中优先释放 Br_2 的原因，已经开展了很多实验和理论研究。Ghosal 等（2000）通过 X 射线光电子能谱实验表明，在水汽暴露下，Br^- 聚集在少量 Br^- 掺杂的 NaCl 表面。Zangmeister 等（2001）通过光谱法实验发现，与海盐具有相同的 Br：Cl 比的混合盐表面的 Br 的比率为 4%～5%，比块状晶体高 35 倍。类似的，Hess 等（2007）采用 Rutherford 反向散射光谱法结果显示，当相对湿度增加到 50%～65%时，Br 聚集发生在掺杂有 Br 的 NaCl 单晶的表面上。如果将该结果应用于天然海盐，则建议将 Br/Cl 的比率提高至 0.2。另一方面，通过理论分子动力学计算可以看出，在有水分子存在的情况下，极性离子如 Br^- 和 I^- 会浮至表面（Jungwirth 和 Tobias，2002）。

6.2.2 OH

尽管尚未直接测定海盐对 OH 自由基的摄取系数，据报告，在实验箱内有海盐颗粒共存的情况下，通过对 O_3 的照射会形成活性氯组分(Behnke 等，1995)。Oum 等(1998a)证实，在 O_3 共存的情况下，通过在 254 nm 处紫外线照射潮解性海盐，Cl_2 会释放到气相中，同时提出，Cl_2 是通过在水蒸气存在的条件下，由 O_3 光解产生的 OH 与海盐颗粒之间的表面反应产生。

Knipping 等(2000)采用分子动力学计算方法对实验箱内的实验进行了详细分析，已证实在无其他金属离子存在的情况下，纯的 NaCl 和海盐上会发生该反应。从分子动力学计算可知，Na^+ 在潮解性 NaCl 表面通过氢键溶剂化作用而淹没在大量的水中，而直径较大的 Cl^- 则被推到液体表面，从而导致表面反应的发生概率更高，并且 OH 自由基对 Cl 的亲和能量为 4.0 kJ · mol^{-1}，远大于 H_2O 的 1.2 kJ · mol^{-1}，因此 OH · Cl^- 络合物更容易形成。基于这些结果，Knipping 等(2000)提出了从 OH 和海盐中形成 Cl_2 的机理，如

$$OH(g) + Cl^-(int) \rightarrow OH \cdot Cl^-(int) \tag{6.11}$$

$$2\ OH \cdot Cl^-(int) \rightarrow Cl_2 + 2\ OH^- \tag{6.12}$$

式中，Cl^-(int)和 OH · Cl^-(int)代表界面表面上的组分。此外，动力学分析表明，可以通过机理再现实验结果，但除非假设有强酸性溶液，否则无法用已知的液相反应加以解释。

6.2.3 HO_2

海盐吸收 HO_2 自由基的过程作为海洋边界层中 HO_2 的流失过程已引起了人们的兴趣。实验表明，在自由基浓度比大气中浓度高几百倍情况下，HO_2 在表面上的自反应可生成 H_2O_2。最近，Taketani 等(2008，2009)报道了在 HO_2 与其在大气中浓度相当的条件下的摄取系数 γ，他们的实验是采用化学转化激光诱导荧光(LIF)方法直接测定 HO_2。根据他们的结果，干燥的 NaCl 和$(NH_4)_2SO_4$ 的 γ 值很小，分别为 0.04～0.05(RH=20%～45%)和 0.01～0.02(RH=20%～55%)，但是，当湿度增加到高于潮解点的情况下，其值分别增加到 0.11～0.19(RH=44%～75%)和 0.09～0.11(RH=53%～75%)，并且当掺杂了 Cu(Ⅱ)时，其值分别进一步明显增加至 0.53±0.12 和 0.65±0.17。因此，当 H_2O(l)分子和金属离子如 Cu(Ⅱ)存在于海盐表面上时，海盐对 HO_2 的摄取系数增加。Taketani 等(2009)还报告称，在 RH 为 35%～75%的条件下，合成海盐和海水结晶形成的天然海盐的 γ 值分别为 0.07～0.13 和 0.10～0.11。根据这些结果，IUPAC 小组委员会建议在大气模型中使用的海盐的摄取系数为 0.1(Wallington 等，2012)。Loukhovitskaya 等(2009)报道了 HO_2 与海盐、NaCl、NaBr 和 $MgCl_2 \cdot 6H_2O$ 反应的负温度依赖性。

从这些结果来看，与 O_3 和 OH 的不同，海盐粒子摄取 HO_2 的过程，并未与 Cl^- 和 Br^- 发生直接的化学相互作用，以下过程被认为是在水溶液界面发生的过程（Wallington 等，2012）

$$HO_2(g) \rightarrow O_2^-(aq) + H^+ \tag{6.13}$$

$$O_2^-(aq) + HO_2(aq) + H_2O(l) \rightarrow H_2O_2(aq) + O_2(aq) + OH^-(aq) \tag{6.14}$$

$$O_2^-(aq) + Me^{n+} \rightarrow \text{产物} \tag{6.15}$$

其中，Me^{n+} 代表金属离子，例如 Cu(Ⅱ)。

6.2.4　N_2O_5

N_2O_5 与海盐的反应已经引起了人们的兴趣，因为它是海洋边界层中 N_2O_5 损耗的一个重要过程，通过在城市海岸的海洋边界层中形成光化学活性的 $ClNO_2$，也可以触发对流层卤素化学的反应。

在 N_2O_5 与 NaCl（一种海盐的替代物）的表面反应中，已知在固体表面上存在水的条件下，与 Cl^- 反应形成 $ClNO_2$ 和通过水解反应形成 HNO_3 同时发生。基于许多近期的测量，Bertram 和 Thornton（2009）总结了 N_2O_5 与溶解的 NaCl 的表面反应对 $H_2O(l)$ 和 Cl^- 的浓度依赖性，研究表明摄取系数 γ 的值随 NaCl 表面水含量的增加而增加（图 6.1a）。随着 Cl^- 浓度的增加，相对于减少的 N_2O_5 的量 $\Delta(N_2O_5)$，产生的 $ClNO_2$ 的量 $\Delta(ClNO_2)$ 增加，并且在[Cl^-]>1 M 时，$ClNO_2$ 的产率 $\Delta(ClNO_2)/\Delta(N_2O_5)$ 为 1（图 6.1b）。

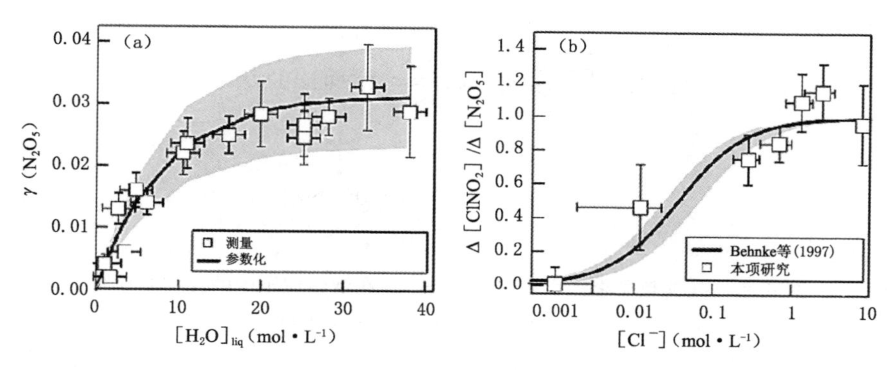

图 6.1　NaCl 粒子对 N_2O_5 的吸收情况（改编自 Bertram 和 Thornton，2009）
(a)$\gamma(N_2O_5)$对表面水浓度的依赖性；(b)$ClNO_2$ 的产量（$\Delta[ClNO_2]/\Delta[N_2O_5]$）对 Cl^- 表面浓度的依赖性

Hoffman 等（2003）的实验，对于 $ClNO_2$ 和 HNO_3 的形成的总反应性摄取系数测定为 $\gamma = 0.0029 \pm 0.0017(2\sigma)$，并且 $ClNO_2$ 形成反应的分支比为 0.73 ± 0.28。Thornton 和 Abbatt（2005）报告称，在湿度低于潮解点的情况下，NaCl 晶体的 $\gamma =$

0.005±0.004,此点与 Hoffman 等(2003)的实验结果一致。对于潮解性海盐,其 γ 值要高出一个数量级,即 γ= 0.03±0.008(RH=65%),与 Stewart 等(2004)的实验结果 0.025(RH>40%)一致。近期,Roberts 等(2009)在改变水溶液中 NaCl 浓度的实验中,对于 0.02 <[Cl^-] <0.5M 的情况下,测得 0.2<$\Delta(ClNO_2)/\Delta(N_2O_5)$<0.8。这些值分别作为如图 6.1a、b 所示的[$H_2O(l)$]和[Cl^-]的函数,与 $ClNO_2$ 的摄取系数和形成产率充分吻合。

根据 Hoffman 等(2003)报告,对于使用合成海盐的实验,γ 值要高出一个数量级,即 0.034±0.08,并且 $ClNO_2$ 的形成产率为 100%。Stewart 等(2004)在相对湿度大于 30%的条件下,测定的 γ 值为 0.025,且与湿度无关,而 Thornton 和 Abbatt (2005)在相对湿度为 43%~70%的条件下,测定的 γ 值为 0.02~0.03。

基于这些实验,研究者提出 N_2O_5 与溶解的海盐表面的反应的过程为

$$N_2O_5(aq) + H_2O(l) \rightarrow H_2ONO_2^+(aq) + NO_3^-(aq) \tag{6.5}$$

$$H_2ONO_2^+(aq) + Cl^-(aq) \rightarrow ClNO_2(aq) + H_2O(l) \tag{6.16}$$

形成 $ClNO_2$(Bertram 和 Thornton, 2009)。图 6.2 显示了包含这些反应的液滴的反应过程图解。

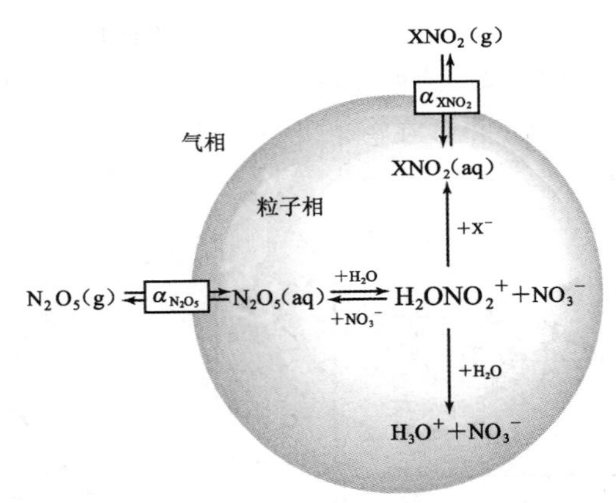

图 6.2 NaCl 粒子上的吸收过程和 N_2O_5 在液体粒子中的反应原理图
(改编自 Bertram 和 Thornton,2009)

6.2.5 HNO_3

对于将气态硝酸转化为颗粒状硝酸钠($NaNO_3$)而言,HNO_3 与海盐的反应是对流层中一种重要的非均相反应过程。由于该反应的摄取系数较高,大多数 HNO_3 从污染区域的沿海陆地边界层输送到海洋边界层,并在数小时内转化为 $NaNO_3$。HNO_3 在地表上的沉积速率非常高,并且在边界层中的大气寿命较短,而 $NaNO_3$ 的沉积速率低得多。这意味着通过 HNO_3 转化为 $NaNO_3$,NO_3^- 可进行长距离输送,并

且对偏远地区的 NO_3^- 具有很大影响。另一方面，由于有可能将 NaCl 和其他盐类注入平流层，从平流层化学角度而言，这种非均相反应也引起人们的兴趣。

对于 NaCl 颗粒和潮解性盐对 HNO_3 的吸收过程已经进行了许多研究（Rossi，2003），并且人们已知通过 NaCl 表面上的取代反应可促进 HNO_3 吸收。

$$HNO_3(g) + NaCl(aq) \rightarrow HCl(g) + NaNO_3(aq) \qquad (6.17)$$

该反应对水的吸收量有很大的依赖性。Ghosal 和 Hemminger（2004）以及 Davies 和 Cox（1998）研究显示，NaCl 表面吸附的水甚至在低于潮解点时也会增加离子的迁移率并增加摄取系数。NASA/JPL 专家组（Sander 等，2011）基于上述以及 Hoffman 等（2003）和 Leu 等（1995）的研究结果，建议将初始摄取系数 γ_0 设为 0.002。

NaCl 对 HNO_3 摄取系数的值，因表面条件不同而有较大差异，当 RH 为 60%时，潮解性盐的 γ_0 可达到 0.5±0.2，但是，当表面被长链脂肪酸包裹时，摄取系数降低 5～50 倍（Stemmler 等，2008）。Saul 等（2006）的报道，即使在 RH 为 10%的低湿度下，如同时存在 $MgCl_2$ 时，摄取系数也会变为>0.1。

De Haan 和 Finlayson-Pitts（1997）报道，通过使用合成海盐的实验测得 $\gamma_0 = 0.07 \sim 0.75$，稳态时的值 $\gamma_{ss} = 0.03 \sim 0.2$，与 6.2.1 节中提到的与 O_3 的反应相类似，表明与纯盐相比时，海盐的摄取系数变大。类似情况下，在 Guimbaud 等（2002）的实验中，对于潮解性海盐（RH 为 55%条件下），其摄取系数很高，为 0.5±0.2。

6.2.6　$ClONO_2$

在对流层卤素化学系统中，$ClONO_2$ 是一种准稳态化合物，在城市沿海地区 NO_x 浓度相对较高的区域，通过 ClO 链式终止反应形成。$ClONO_2$ 与海盐的反应在此过程中产生具有光化学活性的 Cl_2

$$ClONO_2(aq) + NaCl(aq) \rightarrow Cl_2(aq) + NaNO_3(aq) \qquad (6.18)$$

促进对流层中的卤素链式反应（Finlayson-Pitts 等，1989）（参见 7.5.2 节）。该反应可能是人们在海洋边界层中偶然观察到的 Cl_2 的来源。

已经报告了在 NaCl 晶体上，$ClONO_2$ 摄取系数的几个测量值。据报告，初始摄取系数的值较高，例如 $\gamma_0 = 0.23 \pm 0.06$（Caloz 等，1996）、0.10 ± 0.05（Aguzzi 和 Rossi，1999）以及 0.23 ± 0.06（Gebel 和 Finlayson-Pitts，2001），而 Hoffman 等（2003）通过模型校正后报告的稳态值为 $\gamma_{ss} = 0.024 \pm 0.012$。Deiber 等（2004）通过使用 NaCl 水溶液的连续液滴法测得适应系数 $\alpha = 0.108 \pm 0.03$。对于产物，在这些实验中测得了一致认同的结果，即反应（6.18）中 Cl_2 的产率为 1。

对于 NaBr 和 KBr 也进行了类似实验，并且具有与上述 NaCl 类似的较高的摄取系数值，以及 BrCl 作为产物的形成（Caloz 等，1996；Aguzzi 和 Rossi，1999；Deiber 等，2004）。此外，Gebel 和 Finlayson-Pitts（2001）采用合成海盐进行实验测得初始摄取系数为 0.42，稳态摄取系数为 0.16，并且 Cl_2 产率为 0.78±0.13。

6.3 土壤灰尘和矿物颗粒的吸收和表面反应

从撒哈拉、戈壁等沙漠吹来的土壤灰尘是对流层的重要组成部分，并且颗粒物表面吸收的 O_3、N_2O_5、HNO_3、SO_2 等，对对流层化学系统的影响很大（Bauer 等，2004）。土壤灰尘含有 SiO_2、Al_2O_3、Fe_2O_3、$CaCO_3$、NaCl、$MgCO_3$ 等化学成分。典型风尘的主要成分是有机硅和铝的氧化物，例如 60% 的 SiO_2 以及 10%～15% 的 Al_2O_3，其他矿物质元素的比例因地点不同而有很大的差异（Usher 等，2003）。因此，在实验室的实验中经常将 SiO_2、Al_2O_3、Fe_2O_3 等用作扬尘粒子的替代物。应当注意的是，这些矿物颗粒的表面通常是多孔的，这与前面所述的无机盐晶体不同，因此在校正 BET 表面积前后，摄取系数的值相差很大。

Usher 等(2003)对矿物粉尘的化学反应进行了综述，Bian 和 Zender(2003)、Bauer 等(2004)、Evans 和 Jacob(2005)采用全球化学传输模型讨论了其对全球对流层化学系统的影响，并做了其他研究。

6.3.1 O_3

现场观测表明，撒哈拉沙漠中的风尘使 O_3 浓度降低，这是由于土壤和矿物颗粒表面上 O_3 的分解、N_2O_5 的吸收以及转化为 HNO_3 等原因，从气相中去除了 NO_x 等（Usher 等，2003）。

研究者对实际土壤颗粒物（如撒哈拉粉尘）和替代物（如二氧化硅）表面上 O_3 的摄取系数进行了多次测量，研究了它们与暴露时间和水分子的关系。

根据这些结果，提出了以下表面分解过程（Li 等，1998）

$$O_3 + SS \rightarrow SS-O + O_2 \tag{6.19}$$

$$O_3 + SS-O \rightarrow SS-O_2 + O_2 \tag{6.20}$$

式中，SS 表示表面（例如，Al_2O_3 和 Fe_2O_3 颗粒）上的反应位点。矿物表面对 O_3 的吸收是不可逆过程，并且没有观察到 O_3 从表面解吸的过程（Crowley 等，2010）。根据上述反应方案，可以预料，对 O_3 的吸收量初始时较大，随后降低并在所有 SS 被氧化为 $SS-O_2$ 后达到稳态。研究认为水分子的存在，一方面通过竞争性地覆盖 SS 抑制 O_3 的吸收，另一方面，或者通过重新激活 SS－O 或 $SS-O_2$ 促进 O_3 的吸收，因此摄取系数具有正或负的湿度效应，取决于哪个过程占主导地位（Sullivan 等，2004；Mogili 等，2006）。Roscoe 和 Abbatt(2005)使用红外光谱法通过实验证实了在 Al_2O_3 表面上存在 SS－O。

Michel 等(2003)采用 Knudsen 池进行实验，通过多分子层吸附公式(BET)进行表面校正后，对于 α-Al_2O_3、α-Fe_2O_3 和 SiO_2，初始摄取系数 γ_0 为 $(1.2\pm0.4)\times10^{-4}$、$(2.0\pm0.3)\times10^{-4}$ 和 $(6.3\pm0.9)\times10^{-5}$，对于黄沙和撒哈拉沙尘，在 296 K 下，分别

为(2.7±0.8)×10^{-5}和(6±2)×10^{-5}。同时,α-Fe_2O_3 稳态摄取系数 $\gamma_{ss,\,BET}=2.2\times10^{-5}$,撒哈拉沙尘为 6×10^{-6}。Sullivan 等(2004)通过使用涂层壁流式反应器,在 O_3 的低混合比(ppmv①)区域测得 α-Al_2O_3 和撒哈拉沙尘的 $\gamma_{0,\,BET}=1.0\times10^{-5}$ 和 6×10^{-6}。Hanisch 和 Crowley(2003)研究表明,撒哈拉沙尘的摄取系数取决于 O_3 的混合比,并且在 O_3 为 30 ppbv 时测得 $\gamma_{0,\,BET}\approx3\times10^{-5}$、$\gamma_{ss,\,BET}\approx7\times10^{-6}$。从这些测量结果中可以看出,对于实际的土壤沙尘和 SiO_2,$\gamma_{0,\,BET}$ 和 $\gamma_{ss,\,BET}$ 分别$\approx10^{-5}$和$\approx10^{-6}$,比纯 Al_2O_3 和 α-Fe_2O_3 的值小一个数量级。

6.3.2 HO_2

近年来,研究者测量了土壤沙尘颗粒对 HO_2 的摄取系数,并报告了其对温度的依赖性。Bendjamian 等(2013)利用低压流动系统和分子束质谱仪组合方法,确定了亚利桑那州沙漠沙尘覆盖的膜上 HO_2 的反应性摄取系数。结果显示,RH 为 0.02%~94%条件下,$\gamma_0=1.2/(18.7+RH^{1.1})$,并且与温度(275~320 K)和光照无关,$H_2O_2$ 在表面的生成率上限为 5%。Taketani 等(2012)采用激光诱导荧光(LIF)方法测定在中国泰山(山东省)和蟒山(北京市)现场采集的颗粒对 HO_2 的摄取系数,并报道其值分别为 0.13~0.34 和 0.09~0.40。与单组分颗粒和海盐的值相比,上述值非常大,且表明由于共存的痕量金属离子和/或有机材料的影响,大气气溶胶对 HO_2 的摄取系数增加。

6.3.3 N_2O_5

风尘中的土壤尘埃对 N_2O_5 的吸收被认为对对流层臭氧减少的影响最大。虽然科学家们已经在实验室开展了多项实验研究,但所测得的摄取系数仍然存在很大差异。Chang 等(2011)最近对 N_2O_5 的非均相反应进行了综述,包括通过实地观察和模型计算。

Seisel 等(2005)和 Karagulian 等(2006)使用 Knudsen 池对撒哈拉沙尘进行实验,报告测得 $\gamma_{ss}(RH=0\%)$分别为 0.008±0.003 和 0.2±0.05,相差超过一个数量级。差异的原因被认为是对 N_2O_5 浓度(低浓度下的吸收系数增加)以及颗粒表面积的估计之间的差异较大。近期,Wagner 等(2008,2009)通过使用粒子流反应器测得撒哈拉沙尘的摄取系数($RH=0\%$)为 $\gamma=0.013\pm0.002$,该值通过 Knudsen 池实验同时测得。该实验分别给出撒哈拉沙尘和亚利桑那州尘埃的上限值,即 $\gamma_0=\gamma_{ss}=0.037\pm0.012$ 和 0.022 ± 0.008。

对于颗粒吸收 N_2O_5 后的反应产物,Karagulian 等(2006)报告称,对于亚利桑那州的测试粉尘和高岭石(含铝的硅酸盐矿物),HNO_3 产率较高,但是,对于撒哈拉粉

---

① 1 ppmv=10^{-6}(体积分数),余同

尘和 $CaCO_3$，其产率较低，特别是对于 $CaCO_3$，会产生二氧化碳且产率为 42%～50%。

Seisel 等(2005)提出 N_2O_5 与矿物尘埃颗粒的反应的机理为

$$N_2O_5(g) + S-OH \rightarrow N_2O_5 \cdot S-OH \tag{6.21}$$

$$N_2O_5 \cdot S-OH \rightarrow HNO_3(ads) + S-NO_3 \tag{6.22}$$

$$HNO_3(ads) + S-OH \rightarrow H_2O(ads) + S-NO_3 \tag{6.23}$$

将 N_2O_5(g)转换为 HNO_3(ads)。其中，S－OH 是存在于表面上的 OH 基团。当所吸收的水存在于表面时，会直接形成 HNO_3

$$N_2O_5(g) + H_2O(ads) \rightarrow 2\ HNO_3(ads) \tag{6.24}$$

$$HNO_3(ads) + H_2O(ads) \rightarrow H_3O^+ + NO_3^- \tag{6.25}$$

6.3.4 HNO_3

人们认为气态硝酸 HNO_3 被大气粉尘和矿物气溶胶吸收，是从气相中去除 HNO_3 的重要过程，因此通过对流层上方的光解作用可减少 NO_x 的供应，从而影响对流层 O_3 的形成(Bian 和 Zender，2003；Bauer 等，2004)。另一方面，因为光学性质发生变化，从对气候影响的角度而言，被 HNO_3 包覆的矿物粉尘受到科学家们的关注，该粉尘可以通过将颗粒变为亲水性物质而起到凝结核的作用(Lohmann 等，2004)。

尽管已经报告了多个关于矿物尘对 HNO_3 的摄取系数测定的研究，但是测得值差异较大，其原因在于对样品表面积的估值的不确定性。通常，扩散到表面孔和 BET 表面积的校正值比几何表面积的校正值小几个数量级。Hanisch 和 Crowley (2001a，2001b)通过使用 Knudsen 池分别给出 Al_2O_3、$CaCO_3$ 和撒哈拉沙尘的未校正值为 0.13±0.033、0.10±0.025 和 0.11±0.03。同样通过使用 Knudsen 池，Seisel 等(2004)测得撒哈拉、中国和亚利桑那州沙尘的 $\gamma_0 \approx 0.1$。Vlasenko 等(2006)通过使用流动系统实验报告，随着湿度增加，亚利桑那沙尘摄取系数从 0.022±0.007 (RH=12%)增加到 0.113±0.017(RH=73%)。科学家们已经报告，通过 BET 表面积进行校正后的 $CaCO_3$，其值较小，为$(2.5 \pm 0.1) \times 10^{-4}$ (Goodman 等，2000)和 $(2 \pm 1) \times 10^{-3}$ (Johnson 等，2005)。NASA/JPL 专家组评估文件第 17 号(Sander 等，2011)根据 Hanisch 和 Crowley(2001a，2001b)和 Seisel(2004)等的测量结果，建议 α-Al_2O_3 的 $\gamma_0 < 0.2$。

关于矿物粉尘对 HNO_3 的吸收过程，基于实验证据，初始摄取系数可达到～0.1，而对于在表面上形成 NO_3^-，γ 值要小得多，为 $8 \times 10^{-3} < \gamma < 5.4 \times 10^{-2}$，Seisel 等(2004)提出了 HNO_3(g)的初始表面吸收和 HNO_3(ads)的表面反应的两步机制。

HNO_3 和 $CaCO_3$ 的总体反应为

$$2HNO_3 + CaCO_3 \rightarrow Ca(NO_3)_2 + CO_2 + H_2O \tag{6.26}$$

但是，CO_2/HNO_3 和 H_2O/HNO_3 的产率远小于其化学计量值，这表明实际过程更复杂(Goodman 等，2000)。

6.3.5　SO_2

在土壤尘的实地测量中发现，SO_2 的浓度与撒哈拉沙漠和中国尘(黄沙)之间呈负相关，这引起了人们的兴趣（Hanke 等，2003)，矿物颗粒表面通常包覆着 nss-SO_4^{2-}(Kojima 等，2006)，气溶胶中的 nss-SO_4^{2-} 与矿物颗粒的浓度之间存在正相关关系(Carmichael 等，1996)。另外，与 Kasibhatla 等(1997)使用全局模型与观测结果相比，系统地观察到 SO_2 的高估和 SO_4^{2-} 的低估，除了气相反应和水滴中的液相氧化外，气溶胶表面还存在氧化过程。

矿物颗粒表面 SO_2 的摄取系数随样品制备和加工方法、比表面积估算方法、气相湿度和 SO_2 浓度等因素的变化而变化。对于 Al_2O_3，$\gamma_{0,BET}$ 值报告为$(9.5\pm0.3)\times10^{-5}$(Goodman 等，2001)和$(1.6\pm0.5)\times10^{-4}$(Usher 等，2002)，并且对于撒哈拉沙尘，$\gamma_{0,BET}$ 值为 $\sim10^{-6}$ (Ullerstam 等，2003)和$(6.6\pm0.8)\times10^{-5}$(Adams 等，2005)。如果不进行 BET 校正，Seisel 等(2006)报告称测得的 γ_0 值较大，对于 γ-Fe_2O_3、γ-Al_2O_3 和撒哈拉沙尘，该值分别为$(7.4\pm0.9)\times10^{-3}$、$(8.8\pm0.4)\times10^{-2}$和$(7.6\pm0.5)\times10^{-2}$。

当矿物粉尘表面吸收 SO_2 时，已知在 O_3 存在的情况下，SO_2 会被氧化为 SO_4^{2-} 和 $HOSO_3^-$(Usher 等，2002；Ullerstam 等，2003)。Wu 等(2011)研究了在 O_3 存在的情况下，SO_2 在 $CaCO_3$ 上形成 SO_4^{2-} 的摄取系数的温度依赖性，结果表明 SO_4^{2} 的形成速率在 230～250 K 之间随温度的升高而增加，在 250～298 K 之间随温度的降低而减小。在 230～245 K 之间，表观活化能相对较大，为 $14.6\pm0.2\ kJ\cdot mol^{-1}$。所测得的 $\gamma_{0,BET}$ 值在 298 K 温度条件下为 1.27×10^{-7}，与之前由 Li 等(2006)对 $CaCO_3$ 所测得的 1.4×10^{-7} 充分吻合。同时，采用几何表面积而不是 BET 校正的表面积测得的值是$(7.7\pm1.6)\times10^{-4}$，几乎大四个数量级。Ullerstam 等(2002)对撒哈拉沙漠沙尘测得的 $\gamma_{0,BET}$ 值为 5×10^{-7}，是 $CaCO_3$ 值的三倍，然而，使用几何面积测得的值为$\sim10^{-3}$，与 Li 等(2006)的测得值的数量级相同。对于 γ-Al_2O_3，NASA/JPL 专家组建议 $\gamma_0>5\times10^{-3}$(Sander 等，2011)。

根据这些结果可知，O_3 存在的情况下，对 SO_2 的吸收分两步进行，即吸附在矿物颗粒表面上，然后氧化(Ullerstam 等，2002；Li 等，2006)。吸附在矿物颗粒表面是决定速率的一步，对于 Al_2O_3、Fe_2O_3 等，在有水存在的情况下，会发生物理吸附并溶解到 $H_2O(l)$ 中形成 HSO_3^- 和 SO_3^{2-}。对于 $CaCO_3$ 的反应，下式被认为是反应过程(Al-Hosney 和 Grassian，2004；Santschi 和 Rossi，2006)

$$SO_2 + Ca(OH)(HCO_3) \rightarrow Ca(OH)(HSO_3) + CO_2 \tag{6.27}$$

$$SO_2 + Ca(OH)(HCO_3) \rightarrow CaSO_3 + H_2CO_3 \tag{6.28}$$

6.4 烟灰(soot)上的吸收和表面反应

烟灰是由化石燃料和生物质不完全燃烧产生的，也将其称为黑碳，因为其在紫外光、可见光和红外光的所有区域都强烈吸收太阳辐射和地面辐射，从气候变化的角度来看，作为辐射活性物种之一，受到广泛关注。作为在烟灰表面的反应，本节讨论了对流层上部和低空平流层中飞机尾气释放的烟尘对 O_3 的吸收和消失，以及边界层中 NO_2、N_2O_5、HNO_3 的反应性吸收过程对 O_3 光化学平衡的影响等。尤其是烟灰在污染空气中是 OH 的重要来源，可通过 NO_2 在烟灰上反应生成 HONO，因此受到了极大的关注。虽然新鲜的烟灰表面具有疏水性，但是通过气相中吸收的 H_2SO_4 和 HNO_3，以及在 SO_2 表面反应形成 H_2SO_4 而具有亲水性。因此，从云物理的观点来看，大气中烟灰表面上的非均相过程，例如云凝结核的活化，也是令人感兴趣的。

烟灰的成分主要是含有多环芳烃的无定形碳和含氧多环芳烃，其元素组成为 C：～95%、H：～1%、O：～1%～5%、N：<1%(Chughtai 等，1998；Stadler 和 Rossi，2000)。此外，根据红外光谱(Kirchner 等，2000；Liu 等，2010)可知，在烟灰的表面上存在各种官能团，如羰基，并且这些官能团的类型和数量对气体分子的吸收和反应具有重要影响。表面上的官能团类型在很大程度上取决于燃料类型、燃烧条件和火焰中烟灰的取样位置。在实验室研究烟灰摄取系数和表面反应中使用的烟灰，通常取自正己烷或柴油燃料的燃烧火焰，或取自柴油机发动机中使用的火花发生器。国际黑碳参考材料指导委员会(International Steering Committee for Black Carbon Reference Materials)建议使用正己烷火焰的样品作为标准烟灰(Sander 等，2011)。

尽管烟灰在气溶胶中的质量比很小，但由于烟灰是无定形的且具有分形结构，其比表面积远大于质量比，对大气中的非均相反应具有与其他气溶胶相似的重要性。目前获得的烟灰的摄取系数具有几个数量级的不确定性，其原因主要是由于形成方法和表面积估计的不同导致的表面官能团类型和数量的不同。烟灰至少有两个反应位点，排放源附近的新鲜烟灰具有高反应速率的位点，但大气中老化的烟灰的反应位点变少。因此，大气中烟灰摄取系数的实际值被认为受到气固接触时间差异的影响，从而导致烟灰表面的化学转变。

6.4.1 O_3

有认为，飞机排放的烟灰颗粒物对 O_3 的吸收和分解导致了平流层下部和对流层上部的 O_3 损失(Lary 等，1997)，以及城市大气中 O_3 的夜间损失(Berkowitz 等，2001)，对此进行了许多测量(Sander 等，2011)。

新鲜的烟灰对 O_3 的吸收过程导致 O_3 的初始损失量较高，但随着反应的进行或对于经过预处理的烟灰，吸收速率急剧下降。据报告，初始摄取系数为 $\gamma_0=10^{-4}$～

10^{-3}(Fendel 等，1995；Rogaski 等，1997)，随着时间的推移，摄取系数降低到 10^{-6} ～10^{-7}(Kamm 等，1999；Pöschl 等，2001)。Longfellow 等(2000)表示，取决于对表面积的估算，所测得的 γ_0 的值可以小 30 倍。根据这些值经讨论认为，烟灰上的反应过程对于 O_3 损失的重要性有限。

6.4.2　NO_2

作为将亚硝酸(HONO)释放到气相中的过程，烟灰对 NO_2 的吸收和反应过程非常重要。Akimoto 等(1987)首次发现了由非均相表面反应形成 HONO 及其通过光照射的增强作用。且该反应与烟雾箱中"未知的自由基来源"有关(见第 7 章后专栏)。烟灰对 NO_2 的吸收以及光催化反应已成为这种非均相过程的模型反应，用以阐明大气中 HONO 的形成特征。

在受污染的大气中，用均相气相反应，即 OH＋NO＋M→HONO＋M(见 5.2.4 节)，测量到的 HONO 浓度远高于预期，并在模型分析研究中讨论了均相反应以外的贡献(Gonçalves 等，2012；Elshorbany 等，2012)。

与 O_3 的情况一样，NO_2 的吸收过程由两个过程组成，即快速初始吸收过程和随后的慢速吸收过程，并且对 γ_0 和 γ_{aged} 开展了许多测定工作。NASA/JPL 专家组给出了一个大范围的数值，$\gamma_0 \approx 10^{-1} \sim 10^{-4}$ 和 $\gamma_{aged} \approx 10^{-4} \sim 10^{-6}$，用于各种方法产生的烟灰(Sander 等 2011)。最近报告的值为 $\gamma_{0,BET} \approx 10^{-5}$(Lelievre 等，2004)和 $\gamma_{aged,BET} \approx 10^{-8}$(Prince 等，2002)，这些值小于之前的报告值，并且认为该过程不可能是受污染大气中高浓度 HONO 的来源。然而，也有人指出，如果考虑到太阳光的光增强效应对非均匀 HONO 形成过程的影响，则有足够的可能性做出贡献。

作为烟灰吸收 NO_2 的反应产物，HONO 被释放到气相中是众所周知的。研究表明，在一些条件下，会形成 NO，但尚未发现 HNO_3 的形成(Arens 等，2001)。对于燃料/氧气比率高的火焰所产生的烟灰，HONO 的产率约为 100%，而贫焰的烟灰产率较低(Stadler 和 Rossi，2000；Khalizov 等，2010)。此外，已知 H_2SO_4 或有机物对烟灰表面的覆盖，也会影响 NO_2 的摄取系数和 HONO 的产率(Aubin 和 Abatt，2007；Khalizov 等，2010)。

最近，Monge 等(2010)发现，通过 300～420 nm 范围内的光照射可以加速烟灰上的 NO_2 反应，在照射下，HONO 的形成速率不随时间降低，NO_2 的摄取系数保持为$(2.0 \pm 0.6) \times 10^{-6}$。图 6.3 显示了 γ 与光辐射强度的关系。如图所示，γ 值与光强度成正比。这一实验结果非常重要，说明 NO_2 的光催化反应是白天高浓度 HONO 的重要来源。如上所述，在烟雾箱(Akimoto 等，1987；Rohrer 等，2005)中 PAH 的一种芘的薄层(Brignite 等，2008)中发现了非均相表面反应对 HONO 形成的光增强作用，因此推测反应可能发生在各种表面上。

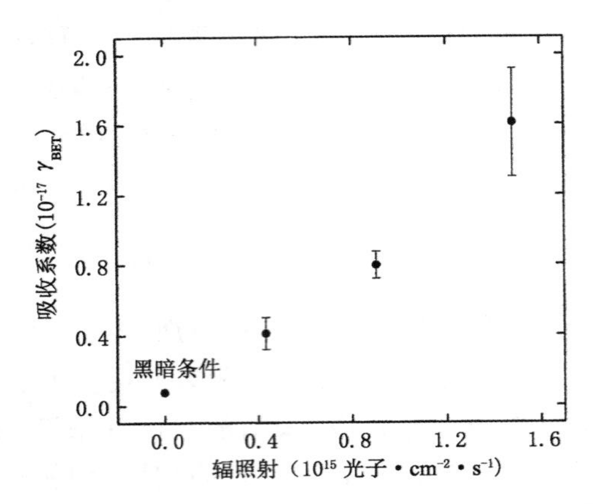

图 6.3　烟灰对 NO_2 的吸收系数 γ 对辐射光强度的依赖性

（改编自 Monge 等，2010）

6.4.3　N_2O_5

关于 N_2O_5 在烟灰上的反应，相关研究考虑了通过非均相反应有效地将 N_2O_5 转化为 HNO_3 的可能性，从而替代非常缓慢的气相双分子反应 $N_2O_5+H_2O \rightarrow 2HNO_3$。根据 Longfellow 等(2000)的测量数据，该反应在气相中形成 NO_2，据报道，利用几何表面积可以得出摄取系数上限为 $\gamma=0.016$。Saathoff 等(2001)的测量结果表明，在干燥条件下，N_2O_5＋烟灰→$2HNO_3$ 反应的摄取系数 $\gamma=(4\pm2)\times10^{-5}$；$RH$ 为 50%时，$\gamma=(2\pm1)\times10^{-4}$，而在干燥条件下，反应 N_2O_5＋烟灰→$NO+NO_2$＋产物的 $\gamma=(4\pm2)\times10^{-6}$。Kargulian 和 Rossi(2007)报道了将 N_2O_5 浓度外推至零，给出了 $NO+NO_2$ 作为反应物的较大的摄取系数 $\gamma_{r,ss}=5.0\times10^{-3}$。

6.4.4　HNO_3

HNO_3 与烟灰的反应有望解决模型与所观察到的 HNO_3/NO_2 比率之间的偏差，这是通过观测平流层下层和对流层上层中，在飞机排放的烟灰表面上将 HNO_3 转化为 NO 和 NO_2 而实现的(Lary 等，1997)，这样的测量已经进行了几次。

根据 Kirchner 等(2000)的测量结果，烟灰颗粒上 HNO_3 的吸收过程由快速和慢速过程组成，就像烟灰上 O_3 和 NO_2 的吸收。对于由火花发生器制备的烟灰，已经公布了快速和慢速过程的摄取系数分别是 $\gamma=10^{-3}\sim10^{-6}$ 和 $\gamma=10^{-6}\sim10^{-8}$。对于柴油发动机尾气中的烟灰，所公布的数值则相对较小。另外，通过傅里叶变换红外光谱(FTIR)测得，在结合有 HNO_3 的烟灰表面上会形成诸如 $-C=O$、$-NO_2$、$-ONO_2$、$-ONO$ 等官能团，表明 HNO_3 会在烟灰表面发生反应。Longfellow 等(2000)报道，通过流管/化学电离质谱仪(CIMS)，在 298 K 吸收 HNO_3 是可逆的，并

且不会形成 NO_2 或 NO。另一方面，Disselkamp 等(2000)称，在利用长光程红外光谱仪进行的室内实验中发现了 NO_2 的形成。这些实验说明，相对于 HNO_3 的减少，NO_2 的产率取决于烟灰的类型，并且，形成 NO_2 的表面活性点不再生，未反应的 HNO_3 会留在表面上。同样，Saathoff 等(2001)通过室内实验发现了 NO_2 的形成，其中 $\gamma_{BET} \leqslant 3\times10^{-7}$，Salgado-Muñoz 和 Rossi(2002)使用 Knudsen 池对稀薄癸烷火焰中的烟灰进行几何表面积测定，得出 NO_2 形成摄取系数 $\gamma_0=(2.0\pm0.1)\times10^{-2}$ 和 $\gamma_{ss}=(4.6\pm1.6)\times10^{-3}$。

因此，根据大气中的 HNO_3 浓度，已经可以确定烟灰上的非均相反应会形成 NO_2，但摄取系数 γ_r 因烟灰的类型和形成方式而变化，至于该反应对于大气的影响程度，不确定性仍然很高。

6.4.5　SO_2

烟灰上 SO_2 的吸收和反应是 S(IV)→S(VI)的一种非均相氧化过程，也是 SO_2 在液滴和矿物颗粒上氧化为 H_2SO_4 的氧化过程，但是却很少有摄取系数的报道。

Rogaski 等(1997)和 Koehler 等(1999)报告称，以燃煤的煤烟为样本，将烟灰的几何表面积的初始摄取系数分别确定为 $\gamma\leqslant(3\pm1)\times10^{-3}$(298 K)和 $\gamma\leqslant(2\pm1)\times10^{-3}$(173 K)。当考虑表面粗糙度时，该值降低为其值的 1/33 (Koehler 等，1999)。然而，由于该摄取系数在短时间内随时间降低到几乎为零，因此估计烟尘表面上 SO_2 的反应对大气中 H_2SO_4 的形成几乎没有贡献。同时，据报道，当烟灰表面存在 Fe_2O_3、MnO_2、V_2O_5 等金属氧化物时，与单独的烟灰或金属氧化物相比，H_2SO_4 的生成速率会显著提高(Chughtai 等，1993)。

6.5　在极地平流层云(PSC)上的反应

尽管到目前为止描述的许多非均相反应在对流层的均相气相反应中起着互补的作用，但极地平流层云上的非均相反应对于平流层臭氧空洞的形成具有重要意义。

当冬季(极夜)的温度在北极和南极的低平流层中降至 200 K 以下时，就会出现称为 PSC 的气溶胶颗粒云(Brasseur 和 Solomon，2005)。气溶胶通常由 H_2SO_4、HNO_3 和 H_2O 组成，并且其混合比例会由于热力学稳定性而变化(Koop 等，1997)。最初，在平流层中以液滴形式存在(40～80) wt%的硫酸气溶胶 $H_2SO_4/H_2O(1)$(SSA，平流层硫酸盐气溶胶)，但随着温度的下降，HNO_3 和 H_2O 气体分子会被吸收到硫酸液滴中。结果，H_2SO_4 和 HNO_3 分别变为约 30%的稀酸溶液。随着温度进一步降低，在 195 K 时，硫酸进一步被 HNO_3 和 H_2O 稀释，变成几乎由硝酸和水组成的液滴。从这种状态开始，硝酸三水化物 $HNO_3\cdot3H_2O$(NAT)以热力学最稳定的形式冻结(Molina 等，1993；Voight 等，2000)，并且从激光雷达观测的角度来讲，它被称为具有去极化的 Ia 型粒子。另一方面，在低于 NAT 形成温度 3～4 K 时，观察到形成了由 $H_2SO_4/HNO_3/H_2O$ 组成的过冷三元溶液(STS)，这些是不会使激光雷达去极化的 Ib 型粒子。此外，在 H_2O 的结冰温度 188 K 以下时，会形成由 H_2O 组成的大颗粒冰，被称为Ⅱ型 PSC。除了这种硫酸四水合物(SAT)之外，已知 $H_2SO_4 \cdot 4H_2O$ 作为固体颗粒从 $H_2SO_4/HNO_3/H_2O$ 溶液中冻结出来。尽管还有其他具有不同成分的颗粒被认为是 PSC，但在本节将三个固体颗粒(冰、NAT 和 SAT)和两个液体颗粒(SSA 和 STS)描述为最典型的 PSC。表 6.2 显示了这些主要 PSC 的特征。

表 6.2　构成极地平流层云(PSC)的典型粒子

粒子名称	化学成分	形状 · 相	粒径(μm)	阈值温度(K)
平流层硫酸盐气溶胶(SSA)	H_2SO_4/H_2O	细液滴	0.1～5	$T<261$
硫酸四水合物(SAT)	$H_2SO_4 \cdot 4H_2O$	细固体晶体	<1	$T<213$
硝酸三水合物(NAT)	$HNO_3 \cdot 3H_2O$	固体晶体	1～5	$T<196$
过冷三元溶液(STS)	$H_2SO_4/HNO_3/H_2O$	液滴	<1	$T<192$
冰	H_2O	粗固体晶体	5～50	$T<189$

来源：Brasseur 和 Solomon(2005)

另一方面，本节还描述了 H_2O、N_2O_5、HCl、HOCl 和 $ClONO_2$ 在 PSC 上的反应。PSC 在南极和北极臭氧空洞形成中之所以发挥主要作用，是因为在 PSC 上的反应形成了吸收可见光的物质，如 Cl_2、HOCl 和 $ClNO_2$ 等，它们在极夜之后立即被光解，产生 Cl 原子，从而迅速破坏臭氧(见 8.4 节)。虽然含 Br 物质也有类似的反应(Finlayson-Pitts 和 Pitts，2000)，但本章仅描述了含 Cl 物质在 PSC 上的非均相卤素反应。

关于 PSC 上的非均相反应，NASA/JPL 专家组评估文件第 17 号(Sander 等，2011)、IUPAC 小组委员会报告第 V 卷(Crowley 等，2010)以及评估数据表(Wallington 等，2012)中进行了相关回顾，并给出了多个反应摄取系数的建议值。基于这些评估报告，表 6.3 列出了 PSC 上含 Cl 的化合物的反应摄取系数 γ_r 值。

6.5.1　$N_2O_5 + H_2O$

N_2O_5 与 H_2O 在 PSC 上的反应是在颗粒上形成硝酸的过程

$$N_2O_5 + H_2O \rightarrow 2\ HNO_3 \tag{6.29}$$

该反应对于臭氧空洞的形成很重要，因为它在极夜期间，从气相中去除了反应性 NO_x，并通过消除 ClO_x 链终止反应 $ClO + NO_2 + M \rightarrow ClONO_2 + M$ 加速了春季的臭氧破坏。此外，当 N_2O_5 被吸收到大冰粒中，通过重力沉降硝酸从平流层中去除的过程，被称为反硝化，并且由于 HNO_3 的光解不再提供 NO_2，臭氧破坏的效果会更为明显。

表 6.3 在典型的极夜条件下极地平流层云的反应性吸收系数(γ_r)

(温度范围一般为 180～220 K。除非另有说明,否则参考来源)

反应	极地平流层云[a]				
	固体 冰	固体 NAT 氮三水合物	固体 SAT 硫酸四水合物	液体 SSA 平流层硫酸盐气溶胶	液体 STS 过冷三元溶液
$N_2O_5+H_2O \rightarrow 2HNO_3$	0.02(b)	4×10^{-4}(b)	6×10^{-3}(b)	0.05～0.20 (b)	0.09(218 K) (c) 0.02～0.03 (195 K) (c)
$N_2O_5+HCl \rightarrow ClNO_2+HNO_3$	0.03(b)	3×10^{-3}(b)	$<1\times10^{-4}$(SAM) (b)	—	—
$HOCl+HCl \rightarrow Cl_2+H_2O$	0.2(b)	0.1(b)	—	0.15(58%(质量百分比)H_2SO_4,1×10^{-8} atm(标准大气压)HCl,220 K)(d) 随着 H_2SO_4 浓度降低,随着 HCl 分压增加(e)	—
$ClONO_2+H_2O \rightarrow HOCl+HNO_3$	0.3(b)	0.004(b)	0.01(RH=100%)(f) 5×10^{-4}(RH=8%)(f) 在第二阶随 RH 增加(f)	0.038(45%(质量百分比)H_2SO_4,230 K)(g) 1.1×10^{-5}(75%(质量百分比)H_2SO_4,230 K)(g) 随着 H_2SO_4 浓度迅速降低(e)	0.019(4.6%HNO_3,44%H_2SO_4,205 K)(g) 随着 HNO_3 浓度降低(g)
$ClONO_2+HCl \rightarrow Cl_2+HNO_3$	0.3(b)	0.2(b)	≥0.1(RH=100%)(f) 0.0035(RH=18%)(f) 在第二阶随 RH 增加(f)	0.6(45%(质量百分比)H_2SO_4,1×10^{-8} atm HCl)(g) 0.043(55%(质量百分比)H_2SO_4,HCl 10^{-8} atm)(g) (均为 203～205 K) 随着 H_2SO_4 浓度迅速降低, 随着 HCl 分压增加(e)	0.18(4.4% HNO_3,44%H_2SO_4,205 K)(g) 随着 HNO_3 浓度降低(g)

(a)冰= H_2O,NAT(硝酸三水合物)=$HNO_3\cdot 3H_2O$,SAT(硫酸四水合物)=$H_2SO_4\cdot 4H_2O$,SSA(平流层硫酸盐气溶胶)/LBA(液体二元硫酸盐气溶胶)=H_2SO_4/H_2O,STS(过冷三元溶液)= $H_2SO_4/HNO_3/H_2O$,SAM(一水硫酸)= $H_2SO_2\cdot H_2O$;

(b)NASA/JPL 专家组评估文件第 17 号(Sander 等,2011);(c)Zhang 等(1995);(d)Donaldson 等(1997);(e)Shi 等(2001);(f)Zhang 等(1994b);(g)Hanson(1998)

Leu(1988)、Hanson 和 Ravishankara(1991b,1993a)使用涂层壁流反应器与 Quinlan 等(1990)和 Seisel 等(1998)使用克努森池在 188 K 温度下的冰粒上测到的 N_2O_5 摄取系数值十分吻合。NASA/JPL 专家组(Sander 等，2011)和 IUPAC 小组委员会(Wallington 等，2012)都建议 $\gamma=0.02$。

关于 N_2O_5 在 NAT 上的摄取系数,NASA/JPL 专家组根据 Hanson 和 Ravishankara(1993a)的测量结果建议 $\gamma=4\times10^{-4}$,这一数值比冰粒上的值小得多。

NASA/JPL 专家组(Sander 等 2011)建议 N_2O_5 在 SAT 表面上的摄取系数 $\gamma=6\times10^{-3}$,IUPAC 小组委员会(Wallington 等 2012)建议在 195～205 K 且 RH 为 22%～100%的条件下,$\gamma=6.5\times10^{-3}$。

与在固体 PSCs 上进行的反应相比,在 195 K 至室温的宽温度范围内,对 N_2O_5 在液体硫酸 H_2SO_4/H_2O 表面的反应进行了更多的测量。使用气溶胶流反应器(Fried 等，1994；Hanson 和 Lovejoy，1994)、湿壁流反应器(Zhang 等，1995),克努森池(Beichert 和 Finlayson-Pitts，1996)、液滴法(Robinson 等，1997)和室法(Wagner 等，2005),在低温下进行 PSC 测量,对于 40%～80%的 H_2SO_4,在 $\gamma_r=0.05$～0.20 的范围内有比较好的一致性。Robinson 等(1997)推测低温下 N_2O_5 的吸收受到本体液体中 N_2O_5 水解速率的控制,并提出了温度与浓度关系的参数公式。IUPAC 小组委员会报告建议将 $\gamma_r=[(7353/T)-24.83]^{-1}$ 作为在 210～300 K 的温度范围内 N_2O_5 的摄取系数的计算方程式(Wallington 等，2012)。图 6.4 描述了报告中总结的在 H_2SO_4/H_2O 气溶胶上 N_2O_5 摄取系数的温度依赖性。图中,α 是物理适应系数,γ_r 是 $N_2O_5+H_2O\rightarrow2\ HNO_3$ 反应的摄取系数,实线为上述方程式计算所得值。

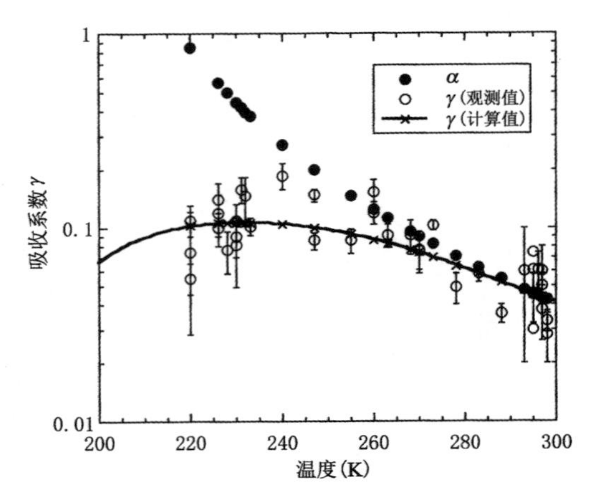

图 6.4　SAA(H_2SO_4/H_2O)表面对 N_2O_5 吸收系数的温度依赖性

(改编自 IUPAC 小组委员会评估数据表,Wallington 等,2012)

当 N_2O_5 进入 H_2SO_4/H_2O 时，硫酸水溶液被硝酸 HNO_3 稀释，PSC变为过冷三元溶液 $H_2SO_4/HNO_3/H_2O$(STS)。随着 HNO_3 浓度的增加，STS上 N_2O_5 的摄取系数变小(Hanson，1997)。根据Zhang等(1995)和Wagner等(2005)的实验，在这种硝酸盐效应随着温度的降低而增强，在平流层条件下 $p(H_2O)=3.8\times10^{-4}\sim1.0\times10^{-3}$ torr时，γ_r 从195 K下的0.09下降到218 K下的0.02～0.03，下降了2～5倍(Zhang等，1995)。

6.5.2 N_2O_5+HCl

PSC上的 N_2O_5+HCl 反应以下列方式进行

$$N_2O_5 + HCl \rightarrow ClNO_2 + HNO_3 \tag{6.30}$$

将亚稳态HCl转化为具有光化学活性的 $ClNO_2$，然后释放到气相中，将 NO_x 转化为 HNO_3，以去除气相中的 NO_2。在春季，这两个过程都会加速极地平流层的臭氧破坏。

在冰粒 $H_2O(s)$ 表面上的 N_2O_5+HCl 反应，Seisel等(1998)报道 N_2O_5 的摄取系数 $\gamma_r=0.03$，所消耗的 N_2O_5 对应的 $ClNO_2$ 产率为63%，NASA/JPL专家组建议使用此值。然而，Hanson和Ravishankara(1991a)指出，这种反应会在冰面上形成NAT层，由此降低了摄取系数，并且难以测量纯 H_2O 的反应摄取系数。

基于Hanson和Ravishankara(1991a)的测量数据，NASA/JPL专家组(Sander等，2011)建议NAT粒子上该反应的摄取系数为 3.2×10^{-3}。对于SAT的测量尚未进行，并且Zhang等(1995)已经提出了 $H_2SO_4\cdot H_2O$(SAM，一水硫酸)的 $\gamma_r=1\times10^{-4}$ 这一较小数值。IUPAC小组委员会(Wallington等，2012)根据此值，建议 γ_r 的上限值 $<1\times10^{-4}$。

6.5.3 HOCl+HCl

如下所示，HOCl与HCl在PSC颗粒上反应会形成 Cl_2

$$HOCl + HCl \rightarrow Cl_2 + H_2O \tag{6.31}$$

该反应与6.5.4节和6.5.5节所描述的有关 $ClONO_2$ 的反应被称为氯活化，这些反应会将极夜时平流层中储存的亚稳态HCl和 $ClONO_2$ 转化为光化学活性的 Cl_2 和HOCl，然后释放到气相中。如图4.38(4.4.3节)所示，HCl的吸收光谱小于200 nm，而HOCl的吸收光谱则超过300 nm，极地早春的平流层中，低海拔太阳光照可引起光解。如图4.36(4.4.1节)所示，Cl_2 在可见区域的吸收截面要大得多，因此，可以更有效地进行光解，以释放出两个Cl原子。

众所周知，HOCl与HCl的反应在任何PSC(例如冰粒、NAT、SAT和SSA)上具有较大的社区系数 $\gamma_r>0.1$(Hanson和Ravishankara，1992；Abbatt和Molina，1992a)。McNeill等(2006)推断，气相中HCl的存在会通过冰表面层的溶解引起表

面紊乱，并在平流层温度(188～203 K)下诱发准液层(QLL)，从而加速了 HOCl 和 $ClONO_2$ 与 HCl 在冰面上的非均相反应。由于这个原因，在含 HCl 的冰表面，HOCl 的摄取系数非常大，NASA/JPL 专家组建议取 Hanson 和 Ravishankara(1992)、Abbatt 和 Molina(1992a)以及 Chu 等(1993)所报告数据的平均值 $\gamma_r = 0.2$(不确定性因子为 2)。同时，如果考虑孔隙率的表面积，该值将降低 3～4 倍(Chu 等，1993)。如反应(6.31)所示，该反应的产物是 Cl_2 和 H_2O。Abbatt 和 Molina(1992a)报道，相对于 HOCl 的消耗，Cl_2 产率为 0.87±0.20，但通常认为该反应以 100%的产率产生 Cl_2 和 H_2O(Sander 等，2011)。

对于 HOCl 与 HCl 在 NAT 颗粒上的反应，其 γ_r 随着水蒸气压力的增加而增加，并在一定水平以上保持恒定。在不考虑多孔性表面的情况下，Hanson 和 Ravishankara(1992)以及 Abbatt 和 Molina(1992a)的测量平均值为 $\gamma_r = 0.135 \pm 0.049$。当几乎不存在水蒸气时，$\gamma_r$ 减少至 1/10(Abbatt 和 Molina，1992a)。NASA/JPL 专家组的建议值为 $\gamma = 0.1$(2 倍的不确定性)(Sander 等，2011)。

关于 HOCl 和 HCl 在硫酸液滴 $H_2SO_4 \cdot nH_2O$ (l)上的反应，很多人都进行了测量。该反应的摄取系数取决于温度、水蒸气以及 H_2SO_4/H_2O 的浓度比。其原因在于 HOCl 和 HCl 的溶解度在很大程度上受这些参数的影响。如 6.5.5 节所示，当硫酸液滴中含 $ClONO_2$ 时，HCl 与 HOCl 反应的实验结果可通过下面的酸催化质子化反应途径解释

$$HOCl(g) \rightleftharpoons HOCl\ (l) \tag{6.32}$$

$$HOCl(l) + H^+ \rightleftharpoons H_2OCl^+\ (l) \tag{6.33}$$

$$H_2OCl^+\ (l) + HCl(l) \rightarrow H_3O^+\ (l) + Cl_2(l) \tag{6.34}$$

$$Cl_2(l) \rightleftharpoons Cl_2(g) \tag{6.35}$$

Shi 等(2001)在 185～260 K 的温度范围内模拟了以上反应，并且证明了图 6.5 所示的模型可以很好地再现 Donaldson 等(1997)、Hanson 和 Lovejoy(1996)以及 Zhang 等(1994a)的 γ_r 测量值。如图所示，γ_r 的值随着 HCl 分压和硫酸中的 H_2O 比例的增加而增大。随着温度的升高，γ_r 减小，Zhang 等(1994a)报告称，当温度从 198 K 提高到 208 K 时，γ_r 减小了 50 倍。在 $T<199$ K 时，冷平流层中 HOCl+HCl 的反应速率非常快，并随着 HCl 的消耗而降低。

6.5.4 $ClONO_2 + H_2O$

在 PSC 上，$ClONO_2$ 与 H_2O 反应生成 HOCl

$$ClONO_2 + H_2O \rightarrow HOCl + HNO_3 \tag{6.36}$$

与 6.5.5 节描述的 $ClONO_2$ 与 HCl 反应生成 Cl_2 一样，都是重要的氯活化反应(参见前一段)。在没有太阳辐射的极夜中，大多数 ClO 自由基通过与 NO_2 反应，转化为亚稳态氯硝酸盐 $ClONO_2$。如图 4.37(4.4.2 节)所示，仅当波长短于 300 nm 时，

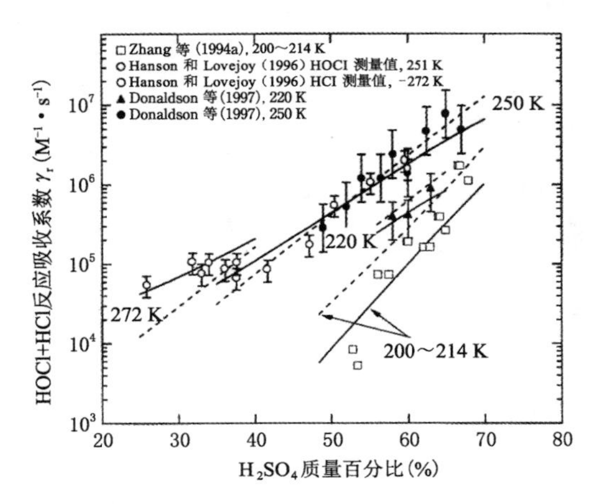

图 6.5　HOCl 和 HCl 在硫酸液滴上反应的反应吸收系数对温度和硫酸浓度的依赖性(改编自 Shi 等,2001)

$ClONO_2$ 的吸收光谱才有较大的吸收截面,因此如果 $ClONO_2$ 在极夜期间保持不变,在早春,太阳高度较低,太阳辐射波长相对较长,那么光解无法有效地释放活性氯且不会因快速的消耗臭氧而产生臭氧洞。但在极夜期间存在 PSC 的情况下,$ClONO_2$ 才会转化为 HOCl。如图 4.39a(4.4.4 节)所示,由于 HOCl 在 300～350 nm 范围有吸收,因此低空日照可能释放出 Cl 原子,形成臭氧洞。

在冰表面上 $ClONO_2$ 的吸收以及后续与 H_2O 反应被认为会形成 HOCl 和 HNO_3。在平流层温度下,产物 HOCl 会释放到气相中,而 HNO_3 则留在冰面上形成 NAT。HNO_3 在冰面上的积累减少了可参与表面反应的 H_2O 分子数量,并干扰了整体反应。因此,该反应的摄取系数通常随时间降低,对使用高浓度 $ClONO_2$ 进行的实验证据更明显(Sander 等,2011; Wallington 等, 2012)。根据 Hanson 和 Ravishankara(1991a,1992)、Oppliger 等(1997)以及 Fernandez 等(2005)使用相对低浓度的 $ClONO_2$ 的实验,NASA/JPL 专家组(Sander 等, 2011)建议在 180～200 K 温度范围内几何表面积的反应摄取系数 $\gamma_r=0.3$。根据 Fernandez 等(2005)的研究结果,IUPAC 小组委员会(Wallington 等,2012)给出了如图 6.6 所示的该反应的负温度依赖性。

Hanson 和 Ravishakara(1991a,1992,1993b)、Abbatt 和 Molina(1992b)、Zhang 等(1994b)、Barone 等(1997)测量了 $ClONO_2$ 和 H_2O 在 NAT 上进行反应的摄取系数,并证明了在较高的水蒸气压下 γ_r 更大(Wallington 等, 2012)。Sander 等(2011)提出当 $RH \geqslant 90\%$ 时,平均 $\gamma_r=0.0043\pm0.0021$。如图 6.7 所示,不同于冰粒子上的反应,该反应呈温度正相关性,并且在 RH 为 100%条件下,阿伦尼乌斯图中的 $\gamma_r=7.1\times10^{-3}\exp(-2940/T)$。

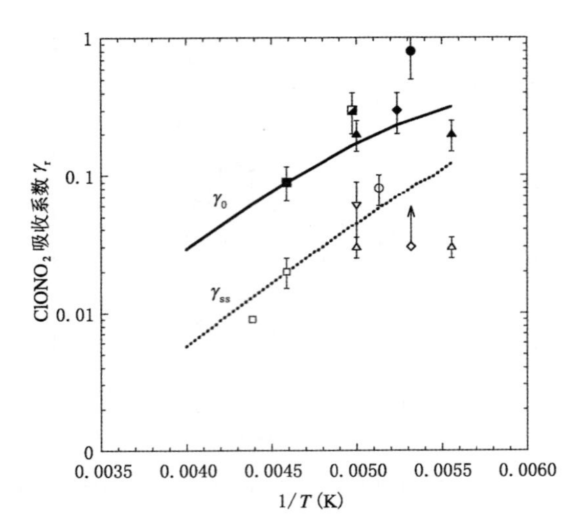

图 6.6　$ClONO_2$ 和 H_2O 反应在 PSC 冰面上的反应吸收系数的温度依赖性
（关于每个实验点的来源，请参阅原始文献。实线和虚线分别是通过模型计算的 γ_0 和 γ_{ss} 的值）
（改编自 IUPAC 小组委员会评估数据表，Wallington 等，2012）

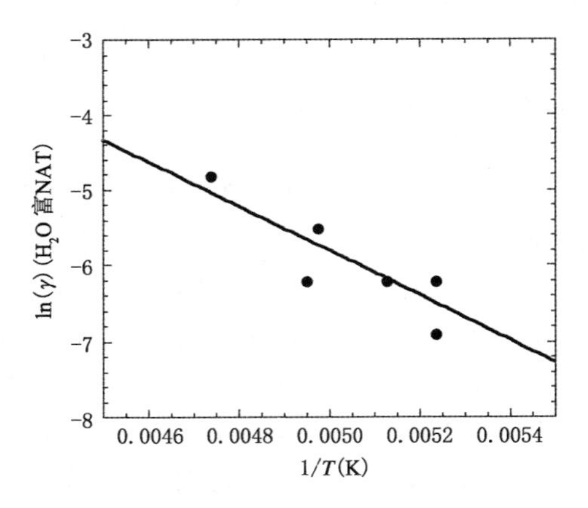

图 6.7　NAT 上 $ClONO_2$ 和 H_2O 反应的反应吸收系数的温度依赖性
（改编自 IUPAC 小组委员会评估数据表，Wallington 等，2012）

Hanson 和 Ravishankara(1993b)以及 Zhang 等(1994b)，在 192～205 K 温度范围内，测量了 $ClONO_2$ 和 H_2O 在 SAT 上进行反应时摄取系数与相对湿度的关系。从这些结果来看，该反应的 γ_r 随着 RH 的增加而迅速增大。Zhang 等(1994b)在 195 K温度下测得 $\gamma_r = 0.016$，介于冰粒子上和富含 H_2O 的 NAT 上进行反应时的摄取系数之间。当 RH 为 8%时，γ_r 随相对湿度的降低迅速下降至 5×10^{-4}。根据这些数据，IUPAC 小组委员会建议，γ_r 对相对湿度的依赖性为 $\gamma_r = 1\times10^{-4} + 1\times10^{-4}$

$[RH]+1\times10^{-7}[RH]^2$(192～205 K)(Crowley 等，2010；Wallington 等，2012)。

与上述固体 PSC 相比，已经对 SSA、硫酸液滴 $H_2SO_4/H_2O(l)$ 上的 $ClONO_2+H_2O$ 反应进行了多次测量，并研究了与温度、湿度和硫酸成分的相关性。$ClONO_2+H_2O$ 在硫酸液滴上的反应产物是 HOCl 和 HNO_3，与固体 PSC 上的反应产物相同，但是与固体表面的区别在于该反应向气相释放了 HNO_3。反应摄取系数很大程度上取决于硫酸中的 H_2O 含量，并且在 20%～70%(重量) H_2SO_4 范围内，随着 H_2O 的增多和温度的降低而增加(Hanson 和 Ravishankara，1991b；Zhang 等，1995；Ball 等，1998；Hanson，1998)。例如，在大约 200 K 的温度下，在 40%(质量百分比) H_2SO_4 范围内，γ_r 接近 0.1，但是，在 75%(质量百分比) H_2SO_4 时，γ_r 降低至 10^{-5} 左右(Hanosn，1998)。

基于直接反应(6.36)，以及 HOCl 与 HCl 的酸催化反应(6.5.3 节)，Shi 等(2001)假设

$$ClONO_2 + H^+ \rightleftharpoons ClONO_2^+(l) \tag{6.37}$$

$$ClONO_2^+(l) + H_2O(l) \rightarrow H_3O^+(l) + HOCl\ (l) \tag{6.38}$$

同时发生，并分析了该反应的反应速率。

图 6.8 描述了 $ClONO_2+H_2O$ 反应摄取系数与温度和硫酸浓度的相关性，旨在比较 Shi 等(2001)的实验数据和基于上述机制的模型方程。IUPAC 小组委员会评估数据表(Wallington 等，2012)中给出了模型方程的具体参数。

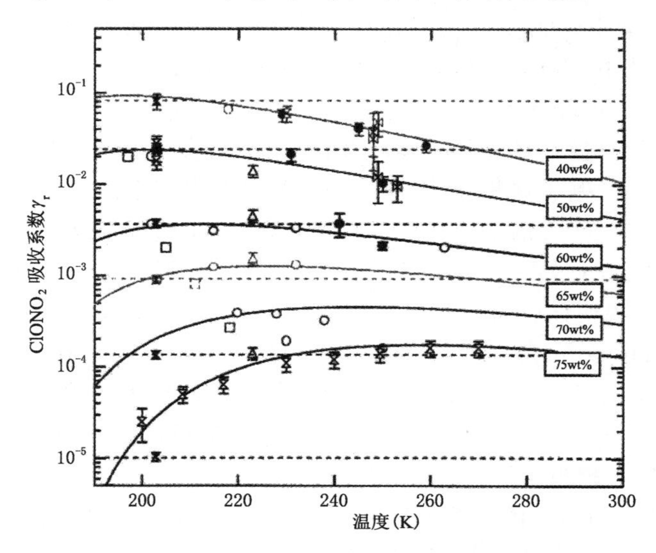

图 6.8　$ClONO_2$ 和 H_2O 反应在硫酸液滴上的反应吸收系数对温度和硫酸浓度的依赖性(关于每个实验点的来源，请参阅原始文献)(改编自 Shi 等，2001)

对于含硝酸的硫酸水滴 $H_2SO_4/HNO_3/H_2O(l)$，该反应的摄取系数较小。据报道，在极地平流层中，在气相低浓度为～5 ppb HNO_3 的典型条件下，γ_r 值是 $H_2SO_4/H_2O(l)$上反应的 1/2(Zhang 等，1995；Hanson，1998)。

6.5.5 $ClONO_2$ + HCl

$ClONO_2$ 与 HCl 在 PSC 上的反应

$$ClONO_2 + HCl \rightarrow Cl_2 + HNO_3 \tag{6.39}$$

与 6.5.4 节所述的 $ClONO_2$ 与 H_2O 的反应是导致形成臭氧洞的主要反应。特别值得一提的是，反应(6.39)生成了具有光化学活性的 Cl_2，其含有两个氯原子，分别来自亚稳态的 $ClONO_2$ 和 HCl。如图 4.36(4.4.1 节)所示，由于 Cl_2 的吸收光谱延伸到可见区域，因此，在低海拔太阳光照下，Cl_2 比 HOCl 在释放 Cl 原子上的效率更高，在早春时，迅速造成极地平流层臭氧的破坏。

$ClONO_2$+HCl 的多相反应在冰表面 H_2O 上快速进行，产物中的 Cl_2 立即释放到气相中(Oppliger 等，1997)。根据 McNeill 等(2006)使用克努森池测得的数据，在 HCl 的分压(p_{HCl})大于 $ClONO_2$ 的分压(p_{ClONO_2})的情况下，该反应的摄取系数 $\gamma_r \geqslant 0.3$ 较大，与 p_{HCl} 无关。根据该值和其他测量结果(Leu，1988；Hanson 和 Ravishankara，1991a；Chu 等，1993；Lee 等，1999；Fernandez 等，2005)，NASA/JPL 专家组(Sander 等，2011)建议在 180～200 K 温度范围内 $\gamma_r=0.3$。当 $p_{HCl} \leqslant p_{ClONO_2}$ 时，该反应的 γ_r 减小(Oppliger 等，1997)，并且随着冰表面逐渐被 HNO_3 覆盖继续减小，与 6.5.4 节中 $ClONO_2$ 和 H_2O 的反应相同(Fernandez 等，2005)。

Hanson 和 Ravishankara(1991a，1992，1993b)、Leu 等(1991)以及 Abbatt 和 Molina(1992b)均测量了 $ClONO_2$ 与 HCl 在 NAT 上发生反应时的摄取系数，并且结果也符合 $\gamma_r>0.1$。基于这些测量结果，NASA/JPL 专家组在 185～210 K 温度范围内的建议值为 $\gamma_r=0.2$。根据 Abbatt 和 Molina(1992b)的研究，在 *RH* 为 90%时，该反应的 $\gamma_r>0.2$，与上文中在 H_2O 上发生的反应大致相同。在 *RH* 为 20%时，γ_r 迅速降低至 0.002，说明该反应的发生必须溶剂化。图 6.9 显示了 IUPAC 小组委员会评估数据表(Wallington 等，2012)，在 190～202 K 温度范围内，在富含 H_2O 的 NAT 上，摄取系数逐渐降低。同时，在富含 HNO_3 的 NAT 上反应摄取系数随着 HCl 分压的增大而增大，表明 HCl 是该反应的限制因素(Abbatt 和 Molina，1992b)。Carslaw 和 Peter(1997)模拟了该反应与 HCl 的相关性。

Hanson 和 Ravishankara(1993b)以及 Zhang 等(1994b)测量了 $ClONO_2$ 和 HCl 在 SAT 上发生反应时的反应摄取系数，已知该系数强烈依赖于温度和水蒸气压力。在 *RH* 为 100%左右时，该反应的 γ_r 达到了较大值 0.12，但随着 *RH* 的降低而迅速减小，与 NAT 上的反应类似，在 *RH* 为 18%条件下，降低至 0.0035。Zhang 等(1994b)提出了 γ_r 与 *RH* 的相关性的参数方程式。

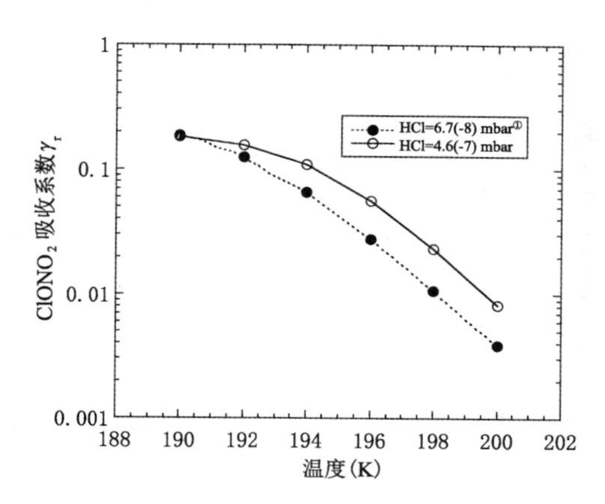

图 6.9　$ClONO_2$ 和 HCl 反应在 NAT 上的反应吸收系数的温度依赖性
（改编自 IUPAC 小组委员会评估数据表，Wallington 等，2012）

有大量的研究（Tolbert 等，1988；Hanson 和 Ravishankara，1991b，1994；Zhang 等，1994a；Elrod 等，1995；Hanson，1998）测量了 $ClONO_2$＋ HCl 在极夜的平流层条件下，在 SSA、硫酸液体颗粒上进行的反应，以比较在固体 PSC 上进行的类似 $ClONO_2$＋H_2O 反应。如反应(6.39)所示，反应产物是 Cl_2 和 HNO_3，两者都释放到气相中。与前文所述的 $ClONO_2$ 与 H_2O 反应相似，该反应取决于温度、湿度和硫酸成分，并且与 HCl 分压存在复杂的相关性。当 HCl 分压相对较高时，该反应的 γ_r 在 202 K 时达到较大的值 0.6，并且随着 p_{HCl} 的降低而减小至 0.01。γ_r 具有负的温度相关性，这被认为反映了 HCl 在硫酸中的溶解度随温度升高而降低这一事实。

Shi 等(2001)假设在该反应中由 H^+ 引起的酸催化反应与 6.5.4 节所述的 $ClONO_2$＋H_2O 反应类似，并通过评估可用的实验数据，提出了 γ_r 与温度、湿度和硫酸成分的相关性模型。IUPAC 小组委员会报告表采用了 Shi 等(2001)的研究参数，图 6.10 描述了在 200 K 温度下不同硫酸浓度（质量百分比）对应的 γ_r 与 p_{HCl} 的相关性（Wallington 等，2012）。此外，该反应的 γ_r 也会随着 $H_2SO_4/H_2O(l)$ 中的 HNO_3 浓度的增加而降低（Zhang 等，1994b；Hanson，1998）。

① 1 mbar＝100 Pa，余同

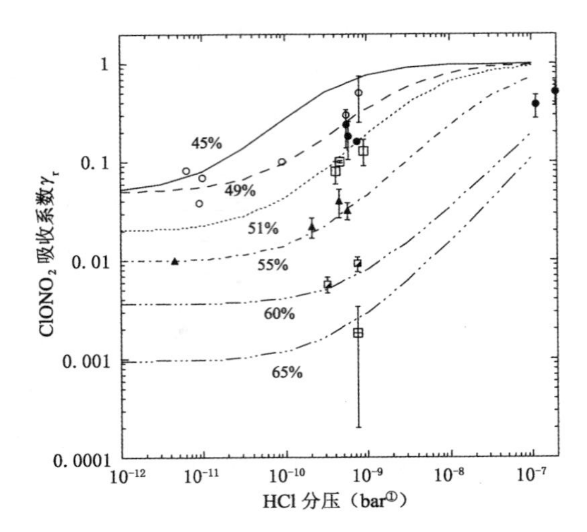

图 6.10　在不同质量分数的 H_2SO_4 下，$ClONO_2$ 和 HCl 反应在硫酸液滴上的反应吸收系数与气相 HCl 分压的依赖性

（改编自 IUPAC 小组委员会评估数据表，Wallington 等，2012）

参考文献

Abbatt，J. P. D. and M. J. Molina，The heterogeneous reaction of $HOCl + HCl \rightarrow Cl_2 + H_2O$ on ice and nitric acid trihydrate：Reaction probabilities and stratospheric implications，Geophys. Res. Lett.，19，461-464，1992a.

Abbatt，J. P. D. and M. J. Molina，Heterogeneous interactions of $ClONO_2$ and HCl on nitric acid trihydrate at 202 K，J. Phys. Chem.，96，7674-7679，1992b.

Adams，J. W.，D. Rodriguez and R. A. Cox，The uptake of SO_2 on Saharan dust：A flow tube study，Atmos. Chem. Phys.，5，2679-2689，2005，

Aguzzi，A. and M. J. Rossi，The kinetics of the heterogeneous reaction of $BrONO_2$ with solid alkali halides at ambient temperature. A comparison with the interaction of $ClONO_2$ on NaCl and KBr，Phys. Chem. Chem. Phys.，1，4337-4346，1999.

Akimoto，H.，H. Takagi and F. Sakamaki，Photoenhancement of the nitrous acid formation in the surface reaction of nitrogen dioxide and water vapor：Extra radical source in smog chamber experiments，Int. J. Chem. Kinet.，19，539-551，1987.

Alebic-Juretic，A.，T. Cvitas and L. Klasinc，Ozone destruction on solid particles，Environ. Monit. Assess.，44，241-247，1997.

Al-Hosney，H. A. and V. H. Grassian，Carbonic acid：An important intermediate in the surface chemistry of calcium carbonate，J. Am. Chem. Soc.，126，8068-8069，2004.

① 1 bar＝100000 Pa，余同

Anastasio, C. and M. Mozurkewich, Laboratory studies of bromide oxidation in the presence of ozone: Evidence for glass-surface mediated reaction, J. Atmos. Chem., 41, 135-162, 2002.

Anttila, T., A. Kiendler-Scharr, R. Tillmann and T. F. Mentel, On the reactive uptake of gaseous compounds by organic-coated aqueous aerosols: Theoretical analysis and application to the heterogeneous hydrolysis of N_2O_5, J. Phys. Chem. A, 110, 10435-10443, 2006.

Arens, F., L. Gutzwiller, U. Baltensperger, H. W. Gäggeler and M. Ammann, Heterogeneous reaction of NO_2 on diesel soot particles, Environ. Sci. Technol., 35, 2191-2199, 2001.

Aubin, D. G. and J. P. D. Abbatt, Interaction of NO_2 with hydrocarbon soot: Focus on HONO yield, surface modification, and mechanism, J. Phys. Chem. A, 111, 6263-6273, 2007.

Ball, S. M., A. Fried, B. E. Henry and M. Mozurkewich, The hydrolysis of $ClONO_2$ on sub-micron liquid sulfuric acid aerosol, Geophys. Res. Lett., 25, 3339-3342, 1998.

Barone, S. B., M. A. Zondlo and M. A. Tolber, A kinetic and product study of the hydrolysis of $ClONO_2$ on type Ia polar stratospheric cloud materials at 185 K, J. Phys. Chem. A, 101, 8643-8652, 1997.

Bauer, S. E., Y. Balkanski, M. Schulz, D. A. Hauglustaine and F. Dentener, Global modeling of heterogeneous chemistry on mineral aerosol surfaces: Influence on tropospheric ozone chemistry and comparison to observations, J. Geophys. Res., 109, D02304, doi: 10.1029/2003JD003868, 17 pp, 2004.

Bedjanian, Y., M. N. Romanias and A. El Zein, Uptake of HO_2 radicals on Arizona test dust surface, Atmos. Chem. Phys. Discuss., 13, 8873-8900, 2013.

Behnke, W. and C. Zetzsch, Production of a photolytic precursor of atomic Cl from aerosols and Clin the presence of O_3, in Naturally-Produced Organohalogens, edited by A. Grimvall and E. W. B. de Leer, pp. 375-384, Kluwer Acad., Norwell, Mass., 1995.

Beichert, P. and B. J. Finlayson-Pitts, Knudsen cell studies of the uptake of gaseous HNO_3 and other oxides of nitrogen on solid NaCl: The role of surface-adsorbed water, J. Phys. Chem., 100, 15218, 1996.

Berkowitz, C. M., E. G. Chapman, R. A. Zaveri, N. S. Laulainen, R. S. Disselkamp and X. Bian, Evidence of nighttime ozone depletion through heterogeneous chemistry, Atmos. Environ., 35, 2395-2404, 2001.

Bertram, T. H. and J. A. Thornton, Toward a general parameterization of N_2O_5 reactivity on aqueous particles: The competing effects of particle liquid water, nitrate and chloride, Atmos. Chem. Phys., 9, 8351-8363, 2009.

Bian H. and C. S. Zender, Mineral dust and global tropospheric chemistry: Relative roles of photolysis and heterogeneous uptake, J. Geophys. Res., 108, 4672, doi: 10.1029/2002JD003143, 10 pp, 2003.

Boniface, J., Q. Shi, Y. Q. Li, J. L. Chueng, O. V. Rattigan, P. Davidovits, D. R. Worsnop, J. T. Jayne and C. E. Kolb, Uptake of gas-phase SO_2, H_2S, and CO_2 by aqueous solutions, J. Phys. Chem. A, 104, 7502-7510, 2000.

Brasseur, G. P and S. Solomon, Aeronomy of the Middle Atmosphere: Chemistry and Physics of the Stratosphere and Mesosphere, 3rd ed., Springer, 2005.

Brigante M., D. Cazoir, B. D'Anna, C. George and D. J. Donaldson, Photoenhanced uptake of NO_2 by pyrene solid films, J. Phys. Chem. A, 112, 9503-9508, 2008.

Caloz, F., F. F. Fentner and M. J. Rossi, 1996, Heterogeneous kinetics of the uptake of $ClONO_2$ on NaCl and KBr, J. Phys. Chem., 100, 7494-7501, 1996.

Carmichael, G. R., Y. Zhang, L. L. Chen, M. S. Hong and H. Ueda, Seasonal variation of aerosol composition at Cheju Island, Korea, Atmos. Environ., 30, 2407-2416, 1996.

Carslaw, K. S. and T. Peter, Uncertainties in reactive uptake coefficients for solid stratospheric particles-1. Surface chemistry, Geophys. Res. Lett., 24, 1743-1746, 1997.

Chakraborty, P. and M. Zachariah, On the structure of organic-coated water droplets: From "net water attractors" to "oily" drops, J. Geophys. Res., 116, D21205, 8pp, doi: 10.1029/2011JD015961, 2011.

Chang, W. L., P. V. Bhave, S. S. Brown, N. Riemer, J. Stutz and D. Dabdub, Heterogeneous atmospheric chemistry, ambient measurements, and model calculations of N_2O_5: A review, Aerosol Sci. Technol., 45, 665-695, 2011.

Chu, L. T., M.-T. Leu and L. F. Keyser, Heterogeneous reactions of hypochlorous acid + hydrogen chloride → $Cl_2 + H_2O$ and chlorosyl nitrite + HCl → $Cl_2 + HNO_3$ on ice surfaces at polar stratospheric conditions, J. Phys. Chem., 97, 12798-12804, 1993.

Chughtai, A. R., M. E. Brooks and D. M. Smith, Effect of metal oxides and black carbon (soot) on $SO_2/O_2/H_2O$ reaction systems, Aerosol Sci. Technol., 19, 121-132, 1993.

Chughtai, A. R., M. M. O. Atteya, J. Kim, B. K. Konowalchuck and D. M. Smith, Adsorption and adsorbate interaction at soot particle surfaces, Carbon, 36, 1573-1589, 1998.

Crowley, J. N., M. Ammann, R. A. Cox, R. G. Hynes, M. E. Jenkin, A. Mellouki, M. J. Rossi, J. Troe and T. J. Wallington, Evaluated kinetic and photochemical data for atmospheric chemistry: Volume V — heterogeneous reactions on solid substrates, Atmos. Chem. Phys., 10, 9059-9223, 2010.

Davidovits, P., D. R. Worsnop, J. T. Jayne, C. E. Kolb, P. Winkler, A. Vrtala, P. E. Wagner, M. Kulmula, K. E. J. Lehtinen, T. Vessala and M. Mozurkewich, Mass accommodation coefficient of water vapor on liquid water, Geophys. Res. Lett., 31, L22111, 2004.

Davies, J. A. and R. A. Cox, Kinetics of the heterogeneous reaction of HNO_3 with NaCl: Effect of water vapor, J. Phys. Chem. A, 102, 7631-7642, 1998.

DeHaan, D. O. and B. J. Finlayson-Pitts, Knudsen cell studies of the reaction of gaseous nitric acid with synthetic sea salt at 298 K, J. Phys. Chem. A, 101, 9993-9999, 1997.

Deiber, G., C. George, S. Le Calve, F. Schweitzer and P. Mirabel, Uptake study of $ClONO_2$ and $BrONO_2$ by Halide containing droplets, Atmos. Chem. Phys., 4, 1291-1299, 2004.

Disselkamp, R. S., M. A. Carpenter and J. P. Cowin, A chamber investigation of nitric acid-soot aerosol chemistry at 298 K, J. Atmos. Chem., 37, 113-123, 2000.

Donaldson, D. J., J. A. Guest and M. C. Goh, Evidence for adsorbed SO_2 at the aqueous-air interface, J. Phys. Chem., 99, 9313-9315, 1995.

Donaldson, D. J., A. R. Ravishankara and D. R. Hanson, Detailed study of $HOCl+HCl \rightarrow Cl_2+H_2O$ in sulfuric acid, J. Phys. Chem. A, 101, 4717-4725, 1997.

Elrod, M. J., R. E. Koch, J. E. Kim and M. S. Molina, HCl vapour pressures and reaction probabilities for $ClONO_2+HCl$ on liquid H_2SO_4-HNO_3-HCl-H_2O solutions, Faraday Discuss, 100, 269-278, 1995.

Elshorbany, Y. F., B. Steil, C. Bruhl and J. Lelieveld, Impact of HONO on global atmospheric chemistry calculated with an empirical parameterization in the EMAC model, Atmos. Chem. Phys., 12, 9977-10000, 2012.

Evans, M. J. and D. J. Jacob, Impact of new laboratory studies of N_2O_5 hydrolysis on global model budgets of tropospheric nitrogen oxides, ozone, and OH, Geophys. Res. Lett., 32, L09813, doi: 10.1029/2005GL022469, 2005.

Fendel, W., D. Matter, H. Burtscher and A. Schimdt-Ott, Interaction between carbon or iron aerosol particles and ozone, Atmos. Environ., 29, 967-973, 1995.

Fernandez, M. A., R. G. Hynes and R. A. Cox, Kinetics of $ClONO_2$ reactive uptake on ice surfaces at temperatures of the upper troposphere, J. Phys. Chem. A, 109, 9986-9996, 2005.

Finlayson-Pitts, B. J., M. J. Ezell and J. N. Pitts, Jr., Formation of chemically active chlorine compounds by reactions of atmospheric NaCl particles with gaseous N_2O_5 and $ClONO_2$, Nature, 337, 241-244, 1989.

Finlayson-Pitts, B. J. and J. N. Pitts, Jr., Chemistry of the Upper and Lower Atmosphere, Academic Press, 2000.

Finlayson-Pitts, B. J., The tropospheric chemistry of sea salt: A molecular-level view of the chemistry of NaCl and NaBr, Chem. Rev., 103, 4801-4822, 2003.

Folkers, M., T. F. Mentel and A. Wahner, Influence of an organic coating on the reactivity of aqueous aerosols probed by the heterogeneous hydrolysis of N_2O_5, Geophys. Res. Lett., 30 (12), 1644, doi:10.1029/2003GL017168, 2003.

Fried, A., B. E. Henry, J. G. Calvert and M. Mozukewich, The reaction probability of N_2O_5 with sulfuric acid aerosols at stratospheric temperatures and compositions, J. Geophys. Res., 99, 3517-3532, 1994.

Garrett, B. C., G. K. Schenter and A. Morita, Molecular simulations of the transport of molecules across the liquid/vapor interface of water, Chem. Rev., 106, 1355-1374, 2006.

Gebel, M. E. and B. J. Finlayson-Pitts, Uptake and reaction of $ClONO_2$ on NaCl and synthetic sea salt, J. Phys. Chem. A, 105, 5178-5187, 2001.

George, C., J. L. Ponche, P. Mirabel, W. Behnke, V. Sheer and C. Zetzsch, Study of the uptake of N_2O_5 by water and NaCl solutions, J. Phys. Chem., 98, 8780-8784, 1994.

Ghosal, S., A. Shbeeb and J. C. Hemminger, Surface segregation of bromine in bromide doped NaCl: Implications for the seasonal variations in Arctic ozone, Geophys. Res. Lett., 27,

1879-1882, 2000.

Ghosal, S. and J. C. Hemminger, Surface adsorbed water on NaCl and its effect on nitric acid reactivity with NaCl powders, J. Phys. Chem. B, 108, 14102-14108, 2004.

Gonçalves, M., D. Dabdub, W. L. Chang, O. Jorba and J. M. Baldasano, Impact of HONO sources on the performance of mesoscale air quality models, Atmos. Environ., 54, 168-176, 2012.

Goodman, A. L., G. M. Underwood and V. H. Grassian, A laboratory study of the heterogeneous reaction of nitric acid on calcium carbonate particles, J. Geophys. Res., 105, 29053-29064, 2000.

Goodman, A. L., P. Li, C. R. Usher and V. H. Grassian, Heterogeneous uptake of sulfur dioxide on aluminum and magnesium oxide particles, J. Phys. Chem. A, 105, 6109-6120, 2001.

Griffiths, P. T., C. L. Badger, R. A. Cox, M. Folkers, H. H. Henk and T. F. Mentel, Reactive uptake of N_2O_5 by aerosols containing dicarboxylic acids. Effect of particle phase, composition, and nitrate content, J. Phys. Chem. A, 113, 5082-5090, 2009.

Guimbaud, C., F. Arens, L. Gutzwiller, H. W. Gäggeler and M. Ammann, Uptake of HNO_3 to deliquescent sea-salt particles: A study using the short-lived radioactive isotope tracer ^{13}N, Atmos. Chem. Phys., 2, 249-257, 2002.

Hallquist, M., D. J. Stewart, S. K. Stephenson and R. A. Cox, Hydrolysis of N_2O_5 on sub-micron sulfate aerosols, Phys. Chem. Chem. Phys., 5, 3453-3463, 2003.

Hanisch, F. and J. N. Crowley, Heterogeneous reactivity of gaseous nitric acid on Al_2O_3, $CaCO_3$, and atmospheric dust samples: A Knudsen cell study, J. Phys. Chem. A, 105, 3096-3106, 2001a.

Hanisch, F. and J. N. Crowley, The heterogeneous reactivity of gaseous nitric acid on authentic mineral dust samples, and on individual mineral and clay mineral components, Phys. Chem. Chem. Phys., 3, 2474-2482, 2001b.

Hanisch, F. and J. N. Crowley, Ozone decomposition on Saharan dust: An experimental investigation, Atmos. Chem. Phys., 3, 119-130, 2003.

Hanke, M., B. Umann, J. Uecker, F. Arnold and H. Bunz, Atmospheric measurements of gas-phase HNO_3 and SO_2 using chemical ionization mass spectrometry during the MINATROC field campaign 2000 on Monte Cimone, Atmos. Chem. Phys., 3, 417-436, 2003.

Hanson, D. R., Reaction of N_2O_5 with H_2O on bulk liquids and on particles and the effect of dissolved HNO_3, Geophys. Res. Lett., 24, 1087-1090, 1997.

Hanson, D. R., Reaction of $ClONO_2$ with H_2O and HCl in sulfuric acid and $HNO_3/H_2SO_4/H_2O$ mixtures, J. Phys. Chem. A, 102, 4794-4807, 1998.

Hanson, D. R., J. B. Burkholder, C. J. Howard and A. R. Ravishankara, Measurement of OH and HO_2 radical uptake coefficients on water and sulfuric acid surfaces, J. Phys. Chem., 96, 4979-4985, 1992a.

Hanson, D. R. and E. R. Lovejoy, The uptake of N_2O_5 onto small sulfuric acid particle, Geophys. Res. Lett. , 21, 2401-2404, 1994.

Hanson, D. R. and E. R. Lovejoy, Heterogeneous reactions in liquid sulfuric acid: HOCl+HCl as a model system, J. Phys. Chem. , 100, 6397-6405, 1996.

Hanson, D. R. and A. R. Ravishankara, The reaction probabilities of $ClONO_2$ and N_2O_5 on polar stratospheric cloud materials, J. Geophys. Res. , 96, 5081-5090, 1991a.

Hanson, D. R. and A. R. Ravishankara, The reaction probabilities of $ClONO_2$ and N_2O_5 on 40 to 75% sulfuric acid solutions, J. Geophys. Res. , 96, 17307-17314, 1991b.

Hanson, D. R. and A. R. Ravishankara, Investigation of the reactive and nonreactive processes involving $ClONO_2$ and HCl on water and nitric acid doped ice, J. Phys. Chem. , 96, 2682-2691, 1992.

Hanson, D. R. and A. R. Ravishankara, Response to "Comment on porosities of ice films used to simulate stratospheric cloud surfaces", J. Phys. Chem. , 97, 2802-2803, 1993a.

Hanson, D. R. and A. R. Ravishankara, Reaction of $ClONO_2$ with HCl on NAT, NAD, and frozen sulfuric acid and hydrolysis of N_2O_5 and $ClONO_2$ on frozen sulfuric acid, J. Geophys. Res. , 98, 22931-22936, 1993b.

Hanson, D. R. and A. R. Ravishankara, Reactive uptake of $ClONO_2$ onto sulfuric acid due to reaction with HCl and H_2O, J. Phys. Chem. , 98, 5728-5735, 1994.

Hess, M. , U. K. Krieger, C. Marcolli, T. Huthwelker, M. Ammann, W. A. Lanford and Th. Peter, Bromine enrichment in the near-surface region of Br-doped NaCl single crystals diagnosed by Rutherford backscattering spectrometry, J. Phys. Chem. A, 111, 4312-4321, 2007.

Hirokawa, J. , K. Onaka, Y. Kajii and H. Akimoto, Heterogeneous processes involving sodium halide particles and ozone: Molecular bromine release in the marine boundary layer in the absence of nitrogen oxides, Geophys. Res. Lett. , 25, 2449-2452, 1998.

Hoffman, R. C. , M. E. Gebel, B. S. Fox and B. J. Finlayson-Pitts, Knudsen cell studies of the reactions of N_2O_5 and $ClONO_2$ with NaCl: Development and application of a model for estimating available surface areas and corrected uptake coefficients, Phys. Chem. Chem. Phys. , 5, 1780-1789, 2003.

Hunt, S. W. , M. Roesolová, W. Wang, L. M. Wingen, E. M. Knipping, D. J. Tobias, D. Dabdub and B. J. Finlayson-Pitts, Formation of molecular bromine from the reaction of ozone with deliquesced NaBr aerosol: Evidence for interface chemistry, J. Phys Chem. A, 108, 11559-11572, 2004.

Jayne, J. T. , P. Davidovits, D. R. Worsnop, M. S. Zahniser and C. E. Kolb, Uptake of sulfur dioxide(g) by aqueous surfaces as a function of pH: The effect of chemical reaction at the interface, J. Phys. Chem. , 94, 6041-6048, 1990.

Johnson, E. R. , J. Sciegienka, S. Carlos-Cuellar and V. H. Grassian, Heterogeneous uptake of gaseous nitric acid on dolomite ($CaMg(CO_3)_2$) and calcite($CaCO_3$) particles: A Knudsen cell study using multiple, single, and fractional particle layers, J. Phys. Chem. A, 109, 6901-6911, 2005.

Jungwirth, P. and D. J. Tobias, Ions at the air/water interface, J. Phys. Chem. B, 106, 6361-6373, 2002.

Kamm, S., O. Mohler, K.-H. Naumann, H. Saathoff and U. Schurath, The heterogeneous reaction of ozone with soot aerosol, Atmos. Environ., 33, 4651-4661, 1999.

Karagulian, F., C. Santschi and M. J. Rossi, The heterogeneous chemical kinetics of N_2O_5 on $CaCO_3$ and other atmospheric mineral dust surrogates, Atmos. Chem. Phys., 6, 1373-1388, 2006.

Karagulian, F. and M. J. Rossi, Heterogeneous chemistry of the NO_3 free radical and N_2O_5 on decane flame soot at ambient temperature: Reaction products and kinetics, J. Phys. Chem. A, 111, 1914-1926, 2007.

Kasibhatla, P., W. L. Chameides and J. St John, A three-dimensional global model investigation of seasonal variations in the atmospheric burden of anthropogenic sulfate aerosols, J. Geophys. Res., 102, 3737-3759, 1997.

Khalizov, A. F., M. Cruz-Quinones and R. Zhang, Heterogeneous reaction of NO_2 on fresh and coated soot surfaces, J. Phys. Chem. A, 114, 7516-7524, 2010.

Kirchner, U., V. Scheer and R. Vogt, FTIR spectroscopic investigation of the mechanism and kinetics of the heterogeneous reactions of NO_2 and HNO_3 with soot, J. Phys. Chem. A, 104, 8908-8915, 2000.

Knipping, E. M., M. J. Lakin, K. L. Foster, P. Jungwirth, D. J. Tobias, R. B. Gerber, D. Dabdub and B. J. Finlayson-Pitts, Experiments and simulations of ion-enhanced interfacial chemistry on aqueous NaCl aerosols, Science, 288, 301-306, 2000.

Koehler, B. G., V. T. Nicholson, H. G. Roe and E. S. Whitney, A Fourier transform infrared study of the adsorption of SO_2 on n-hexane soot from $-130°$ to $-40℃$, J. Geophys. Res., 104, 5507-5514, 1999.

Kojima, T., P. R. Buseck, Y. Iwasaka, A. Matsuki and D. Trochkine, Sulfate-coated dust particles in the free troposphere over Japan, Atmos. Res., 82, 698-708, 2006.

Koop, K., K. S. Carslaw and T. Peter, Thermodynamic stability and phase transitions of PSC particles, Geophys. Res. Lett., 24, 2199-2202, 1997.

Laaksonen, A., T. Vesala, M. Kulmala, P. M. Winkler and P. E. Wagner, Commentary on cloud modelling and the mass accommodation coefficient of water, Atmos. Chem. Phys., 5, 461-464, 2005.

Lary, D. J., A. M. Lee, R. Toumi, M. J. Newchurch, M. Pirre, and J. B., Renard, Carbon aerosols and atmospheric photochemistry, J. Geophys. Res., 102, 3671-3682, 1997.

Lee, S. H., D. C. Leard, R. Zhang, L. T. Molina and M. J. Molina, The $HCl+ClONO_2$ reaction rate on various water ice surfaces, Chem. Phys. Lett., 315, 7, 1999.

Lelievre, S., Y. Bedjanian, G. Laverdet and G. Le Bras, Heterogeneous reaction of NO_2 with hydrocarbon flame soot, J. Phys. Chem. A, 108, 10807-10817, 2004.

Leu, M.-T., Laboratory studies of sticking coefficients and heterogeneous reactions important in the Antarctic stratosphere, Geophys. Res. Lett., 15, 17-20, 1988.

Leu, M.-T., S. B. Moore and L. F. Keyser, Heterogeneous reactions of chlorine nitrate and hydrogen chloride on type I polar stratospheric clouds, J. Phys. Chem., 95, 7763-7771, 1991.

Leu, M.-T., R. S. Timonen, L. F. Keyser and Y. L. Yung, Heterogeneous reactions of $HNO_3(g) + NaCl(s) \rightarrow HCl(g) + NaNO_3(s)$ and $N_2O_5(g) + NaCl(s) \rightarrow ClNO_2(g) + NaNO_3(s)$, J. Phys. Chem., 99, 13203-13212, 1995.

Li, L., Z. M. Chen, Y. H. Zhang, T. Zhu, J. L. Li and J. Ding, Kinetics and mechanism of heterogeneous oxidation of sulfur dioxide by ozone on surface of calcium carbonate, Atmos. Chem. Phys., 6, 2453-2464, 2006.

Li, W., G. V. Gibbs and S. T. Oyama, Mechanism of ozone decomposition on a manganese oxide catalyst 1, In situ Raman spectroscopy and ab initio molecular orbital calculations, J. Am. Chem. Soc., 120, 9041-9046, 1998.

Li, Y. Q., P. Davidovits, Q. Shi, J. T. Jayne, C. E. Kolb and D. R. Worsnop, Mass and thermal accommodation coefficients of $H_2O(g)$ on liquid water as a function of temperature, J. Phys. Chem. A, 105, 10627-10634, 2001.

Liu, Y, C. Liu, J. Ma, Q. Ma and H. He, Structural and hydroscopic changes of soot during heterogeneous reaction with O_3, Phys. Chem. Chem. Phys., 12, 10896-10903, 2010.

Lohmann, U., B. Karcher and J. Hendricks: Sensitivity studies of cirrus clouds formed by heterogeneous freezing in the ECHAM GCM, J. Geophys. Res., 109, D16204, doi: 10.1029/2003JD004443, 2004.

Longfellow, C. A., A. R. Ravishankara and D. R. Hanson, Reactive and nonreactive uptake on hydrocarbon soot: HNO_3, O_3, and N_2O_5, J. Geophys. Res., 105, 24345-24350, 2000.

Loukhovitskaya, E., Y. Bedjanian, I. Morozov and G. Le Bras, Laboratory study of the interaction of HO_2 radicals with the NaCl, NaBr, $MgCl_2 \cdot 6H_2O$ and sea salt surfaces, Phys. Chem. Chem. Phys., 11, 7896-7905, 2009.

Magi, L., F. Schweitzer, C. Pallares, S. Cherif, P. Mirabel and C. George, Investigation of the uptake rate of ozone and methyl hydroperoxide by water surfaces, J. Phys. Chem. A, 101, 4943-4948, 1997.

McNeill, V. F., T. Loerting, F. M. Geiger, B. L. Trout and M. J. Molina, Hydrogen chloride-induced surface disordering on ice, Proc. Nat. Acad. Sci., 103, 9422-9427, 2006.

Michel, A. E., C. R. Usher and V. H. Grassian, Reactive uptake of ozone on mineral oxides and mineral dusts, Atmos. Environ., 37, 3201-3211, 2003.

Mochida, M., J. Hirokawa and H. Akimoto, Unexpected large uptake of O_3 on sea salts and the observed Br_2 formation, Geophys. Res. Lett., 27, 2629-2632, 2000.

Mogili, P. K., P. D. Kleiber, M. A. Young and V. H. Grassian, Heterogeneous uptake of ozone on reactive components of mineral dust aerosol: An environmental aerosol reaction chamber study, J. Phys. Chem. A, 110, 13799-13807, 2006.

Molina, M. J., R. Zhang, P. J. Wooldridge, J. R. McMahon, J. E. Kim, H. Y. Chang and K.

D. Beyer, Physical chemistry of the $H_2SO_4/HNO_3/H_2O$ system: Implications for polar stratospheric cloud, Science, 261, 1418-1423, 1993.

Monge, M. E., B. D'Anna, L. Mazri, A. Giroir-Fendler, M. Ammann, D. J. Donaldson and C. George, Light changes the atmospheric reactivity of soot, Proc. Natl., Acad. Sci., 107, 6605-6609, 2010.

Morita, A., M. Sugiyama, and S. Koda, Gas-phase flow and diffusion analysis of the droplet train/flow-reactor technique for the mass accommodation process, J. Phys. Chem. A, 107, 1749-1759, 2003.

Morita, A., Y. Kanaya and J. S. Francisco, Uptake of the HO_2 radical by water: Molecular dynamics calculations and their implications for atmospheric modeling, J. Geophys. Res., 109, D09201, doi: 10.1029/2003JD004240, 10 pp, 2004a.

Morita, A., M. Sugiyama, H. Kameda, S. Koda and D. R. Hanson, Mass accommodation coefficient of water: Molecular dynamics simulation and revised analysis of droplet train/flow experiment, J. Phys. Chem. B, 108, 9111-9120, 2004b.

Mozurkewich, M., P. H. McMurray, A. Gupta and J. G. Calvert, Mass accommodation coefficient for HO_2 radicals on aqueous particles, J. Geophys. Res., 92, 4163-4170, 1987.

Mozurkewich, M. and J. Calvert, Reaction probability of N_2O_5 on aqueous aerosols, J. Geophys. Res., 93, 15882-15896, 1988.

Müller, B. and M. R. Heal, The mass accommodation coefficient of ozone on an aqueous surface, Phys. Chem. Chem. Phys., 4, 3365-3369, 2002.

Oppliger, R., A. Allanic and M. J. Rossi, Real-time kinetics of the uptake of $ClONO_2$ on ice and in the presence of HCl in the temperature range 160 K$\leqslant T \leqslant$200 K, J. Phys. Chem. A, 101, 1903-1911, 1997.

Oum, K. W., M. J. Lakin, D. O. DeHaan, T. Brauers and B. J. Finlayson-Pitts, Formation of molecular chlorine from the photolysis of ozone and aqueous sea-salt particles, Science, 279. 74-76, 1998a.

Oum, K. W., M. J. Lakin and B. J. Finlayson-Pitts, Bromine activation in the troposphere by the dark reaction of O_3 with seawater ice, Geophys. Res. Lett., 25, 3923-3926, 1998b.

Park, S.-C., D. K. Burden and G. M. Nathanson, The inhibition of N_2O_5 hydrolysis in sulfuric acid by 1-butanol and 1-hexanol surfactant coatings, J. Phys. Chem. A, 111, 2921-2929, 2007.

Ponche, J. L., C. George and P. Mirabel, Mass transfer at the air/water interface: Mass accommodation coefficients of SO_2, HNO_3, NO_2 and NH_3, J. Atmos. Chem., 16, 1-21, 1993.

Pöschl, U., T. Letzel, C. Schauer and R. Niessner, Interaction of ozone and water vapor with spark discharge soot aerosol particles coated with benzo[*a*]pyrene: O_3 and H_2O adsorption, benzo[*a*] pyrene degradation, and atmospheric implications, J. Phys. Chem. A, 105, 4029-4041, 2001.

Prince, A. P., J. L. Wade, V. H. Grassian, K. D. Kleiber and M. A. Young, Heterogeneous reactions of soot aerosols with nitrogen dioxide and nitric acid: Atmospheric chamber and Knudsen cell studies, Atmos. Environ., 36, 5729-5740, 2002.

Quinlan, M. A., C. M. Reihs, D. M. Golden and M. A. Tolbert, Heterogeneous reactions on model polar stratospheric cloud surfaces: Reaction of dinitrogen pentoxide on ice and nitric acid trihydrate, J. Phys. Chem., 94, 3255-3260, 1990.

Riemer, N., B. Vogel, T. Anttila, A. Kiendler-Scharr and T. F. Mentel, Relative importance of organic coatings for the heterogeneous hydrolysis of N_2O_5 during summer in Europe, J. Geophys. Res., 114, D17307, 14 pp., 2009.

Roberts, J M., H. D. Osthoff, S. S. Brown, A. R. Ravishankara, D. Coffman, P. Quinn and T. Bates, Laboratory studies of products of N_2O_5 uptake on Cl— containing substrates, Geophys. Res. Lett., 36, L20808, doi:10.1029/2009GL040448, 2009.

Robinson, G. N., D. R. Worsnop, J. T. Jayne, C. E. Kolb and P. Davidovits, Heterogeneous uptake of $ClONO_2$ and N_2O_5 by sulfuric acid solutions, J. Geophys. Res., 102, 3583-3601, 1997.

Roeselová, M., P. Jungwirth, D. J. Tobias and R. B. Gerber, Impact, trapping, and accommodation of hydroxyl radical and ozone at aqueous salt aerosol surfaces. A molecular dynamics study, J. Phys. Chem. B., 107, 12690-12699, 2003.

Roeselová, M., J. Vieceli, L. X. Dang, B. C. Garrett and D. J. Tobias, Hydroxyl radical at the air-water interface, J. Am. Chem. Soc., 126, 16308-16309, 2004.

Rogaski, C. A., D. M. Golden and L. R. Williams, Reactive uptake and hydration experiments on amorphous carbon treated with NO_2, SO_2, O_3, HNO_3, and H_2SO_4, Geophys. Res. Lett., 24, 381-384, 1997.

Roscoe, J. M. and J. P. D. Abbatt, Diffuse reflectance FTIR study of the interaction of alumina surfaces with ozone and water vapor, J. Phys. Chem. A, 109, 9028-9034, 2005.

Rossi, M. J., Heterogeneous reactions on salts, Chem. Rev., 103, 4823-4882, 2003.

Saathoff, H., K.-H. Naumann, N. Riemer, S. Kamm, O. Möhler, U. Schurath, H. Vogel and B. Vogel, The loss of NO_2, HNO_3, NO_3/N_2O_5, and $HO_2/HOONO_2$ on soot aerosol: A chamber and modeling study, Geophys. Res. Lett., 28, 1957-1960, 2001.

Sadanaga, Y., J. Hirokawa and H. Akimoto, Formation of molecular chlorine in dark condition: Heterogeneous reaction of ozone with sea salt in the presence of ferric ion, Geophys. Res. Lett., 28, 4433-4436, 2001.

Sakaguchi, S. and A. Morita, Mass accommodation mechanism of water through monolayer films at water/vapor interface, J. Chem. Phys., 137, 064701, doi.org/10.1063/1.4740240, 9 pp, 2012.

Salgado-Muñoz, M. S. and M. J. Rossi, Heterogeneous reactions of HNO_3 with flame soot generated under different combustion conditions. Reaction mechanism and kinetics, Phys. Chem. Chem. Phys., 4, 5110-5118, 2002.

Sander, S. P., R. Baker, D. M. Golden, M. J. Kurylo, P. H. Wine, J. P. D. Abatt, J. B.

Burkholder, C. E. Kolb, G. K. Moortgat, R. E. Huie and V. L. Orkin, Chemical Kinetics and Photochemical Data for Use in Atmospheric Studies, Evaluation Number 17, JPL Publication 10-6, Pasadena, California, 2011. http://jpldataeval.jpl.nasa.gov/.

Santschi, Ch. and M. J. Rossi, Uptake of CO_2, SO_2, HNO_3 and HCl on calcite ($CaCO_3$) at 300 K: Mechanism and the role of adsorbed water, J. Phys. Chem. A, 110, 6789-6802, 2006.

Saul, T. D., M. P. Tolocka and M. V. Johnston, Reactive uptake of nitric acid onto sodium chloride aerosols across a wide range of relative humidities, J. Phys. Chem. A, 110, 7614-7620, 2006.

Schütze, M. and H. Herrmann, Determination of phase transfer parameters for the uptake of HNO_3, N_2O_5 and O_3 on single aqueous drops, Phys. Chem. Chem. Phys., 4, 60-67, 2002.

Seisel, S., B. Flückiger and M. J. Rossi, The heterogeneous reaction of N_2O_5 with HBr on ice comparison with N_2O_5+HCl, Ber. Bunsen. Phys. Chem., 102, 811-820, 1998.

Seisel, S., C. Börensen, R. Vogt and R. Zellner, The heterogeneous reaction of HNO_3 on mineral dust and g-alumina surfaces: A combined Knudsen cell and DRIFTS study, Phys. Chem. Chem. Phys., 6, 5498-5508, 2004.

Seisel, S., C. Börensen, R. Vogt and R. Zellner, Kinetics and mechanism of the uptake of N_2O_5 on mineral dust at 298 K, Atmos. Chem. Phys., 5, 3423-3432, 2005.

Seisel, S., T. Keil, Y. Lian and R. Zellner, Kinetics of the uptake of SO_2 on mineral oxides: Improved initial uptake coefficients at 298 K from pulsed Knudsen cell experiments, Int. J. Chem. Kinet., 38, 242-249, 2006.

Shi, Q., J. T. Jayne, C. E. Kolb and D. R. Worsnop, Kinetic model for reaction of $ClONO_2$ with H_2O and HCl and HOCl with HCl in sulfuric acid solutions, J. Geophys. Res., 106, 24259-24274, 2001.

Shimono, A. and S. Koda, Laser-spectroscopic measurements of uptake coefficients of SO_2 on aqueous surfaces, J. Phys. Chem., 100, 10269-10276, 1996.

Smith, J. D., C. D. Cappa, W. S. Drisdell, R. C. Cohen and R. J. Saykally, Raman thermometry measurements of free evaporation from liquid water droplets, J. Am. Chem. Soc., 128, 12892-12898, 2006.

Stadler, D. and M. J. Rossi, The reactivity of NO_2 and HONO on flame soot at ambient temperature: The influence of combustion conditions, Phys. Chem. Chem. Phys., 2, 5270 5420-5429, 2000.

Stemmler, K., A. Vlasenko, C. Guimbaud and M. Ammann, The effect of fatty acid surfactants on the uptake of nitric acid to deliquesced NaCl aerosol, Atmos. Chem. Phys., 8, 5127-5141, 2008.

Stewart, D. J., P. T. Griffiths and R. A. Cox, Reactive uptake coefficients for heterogeneous reaction of N_2O_5 with submicron aerosols of NaCl and natural sea salt, Atmos. Chem. Phys., 4, 1381-1388, 2004.

Sullivan, R. C., T. Thornberry and J. P. D. Abbatt, Ozone decomposition kinetics on alumina:

Effects of ozone partial pressure, relative humidity and repeated oxidation cycles, Atmos. Chem. Phys., 4, 1301-1310, 2004.

Takahama, S. and L. M. Russell, A molecular dynamics study of water mass accommodation on condensed phase water coated by fatty acid monolayers, J. Geophys. Res., 116, D02203, doi:10.1029/2010JD014842, 14 pp, 2011.

Takami, A., S. Kato, A. Shimono and S. Koda, Uptake coefficient of OH radical on aqueous surface, Chem. Phys., 231, 215-227, 1998.

Taketani, F., Y. Kanaya and H. Akimoto, Kinetics of heterogeneous reactions of HO_2 radical at ambient concentration levels with $(NH_4)_2SO_4$ and NaCl aerosol particles, J. Phys. Chem. A, 112, 2370-2377, 2008.

Taketani, F., Y. Kanaya and H. Akimoto, Heterogeneous loss of HO_2 by KCl, synthetic sea salt, and natural seawater aerosol particles, Atmos. Environ., 43, 1660-1665, 2009.

Taketani, F., Y. Kanaya, P. Pochanart, Y. Liu, J. Li, K. Okuzawa, K. Kawamura, Z. Wang and H. Akimoto, Measurement of overall uptake coefficients for HO_2 radicals by aerosol particles sampled from ambient air at Mts. Tai and Mang(China), Atmos. Chem. Phys., 12, 11907-11916, 2012.

Thornton, J. A. and J. P. D. Abbatt, N_2O_5 reaction on submicron sea salt aerosol: Kinetics, products, and the effect of surface active organics, J. Phys. Chem. A, 109, 10004-10012, 2005.

Tolbert, M. A., M. J. Rossi and D. M. Golden, Heterogeneous interactions of chlorine nitrate, hydrogen chloride, and nitric acid with sulfuric acid surfaces at stratospheric temperatures, Geophys. Res. Lett., 15, 847-850, 1988.

Ullerstam, M., R. Vogt, S. Langer and E. Ljungstrom, The kinetics and mechanism of SO_2 oxidation by O_3 on mineral dust, Phys. Chem. Chem. Phys, 4, 4694-4699, 2002.

Ullerstam, M., M. S. Johnson, R. Vogt and E. Ljungström, DRIFTS and Knudsen cell study of the heterogeneous reactivity of SO_2 and NO_2 on mineral dust, Atmos. Chem. Phys., 3, 2043-2051, 2003.

Usher, C. R., H. Al-Hosney, S. Carlos-Cuellar and V. H. Grassian, A laboratory study of the heterogeneous uptake and oxidation of sulfur dioxide on mineral dust particles, J. Geophys. Res., 107, 4713, 2002.

Usher, C. R., A. E. Michel and V. H. Grassian, Reactions on mineral dust, Chem. Rev., 103, 4883-4940, 2003.

Van Doren, J. M., L. R. Watson, P. Davidovits, D. R. Worsnop, M. S. Zahniser and C. E. Kolb, Temperature dependence of the uptake coefficients of nitric acid, hydrochloric acid and nitrogen oxide(N_2O_5) by water droplets, J. Phys. Chem., 94, 3265-3269, 1990.

Van Doren, J. M., L. R. Watson, P. Davidovits, D. R. Worsnop, M. S. Zahniser and C. E. Kolb, Uptake of dinitrogen pentoxide and nitric acid by aqueous sulfuric acid droplets, J. Phys. Chem., 95, 1684-1689, 1991.

Vieceli, J., M. Roeselov and D. J. Tobias, Accommodation coefficients for water vapor at the air/water interface, Chem. Phys. Lett., 393, 249-255, 2004.

Vieceli, J., M. Roeselová, N. Potter, L. X. Dang, B. C. Garrett and D. J. Tobias, Molecular dynamics simulations of atmospheric oxidants at the air-water interface: Solvation and accommodation of OH and O_3, J. Phys. Chem. B, 109, 15876-15892, 2005.

Vlasenko, A., S. Sjogren, E. Weingartner, K. Stemmler, H. W. Gäggeler and M. Ammann, Effect of humidity on nitric acid uptake to mineral dust aerosol particles, Atmos. Chem. Phys., 6, 2147-2160, 2006.

Voight, C., J. Schreiner, A. Kohlmann, P. Zink, K. Mauersberger, N. Larsen, T. Deshler, C. Kröger, J. Rosen, A. Adriani, F. Cairo, G. D. Donfrancesco, M. Viterbini, J. Ovarlez, H. Ovarlez, C. David and A. Dörnbrack, Nitric acid trihydrate (NAT) in polar stratospheric clouds, Science, 290, 1756-1758, 2000.

Voigtländer, J., F. Stratmann, D. Niedermeier, H. Wex and A. Kiselev, Mass accommodation coefficient of water: A combined computational fluid dynamics and experimental data analysis, J. Geophys. Res., 112, D20208, doi:10.1029/2007JD008604, 8 p, 2007.

Wagner, C., F. Hanisch, N. S. Holmes, H. C. de Coninck, G. Schuster and J. N. Crowley, The interaction of N_2O_5 with mineral dust: Aerosol flow tube and Knudsen reactor studies, Atmos. Chem. Phys., 8, 91-109, 2008.

Wagner, C., G. Schuster and J. N. Crowley, An aerosol flow tube study of the interaction of N_2O_5 with calcite, Arizona dust and quartz, Atmos. Environ., 43, 5001-5008, 2009.

Wagner, R., K.-H. Naumann, A. Mangold, O. Möhler, H. Saathoff and U. Schurath, Aerosol chamber study of optical constants and N_2O_5 uptake on supercooled $H_2SO_4/H_2O/HNO_3$ solution droplets at polar stratospheric cloud temperatures, J. Phys. Chem. A, 109, 8140-8148, 2005.

Wallington, T., M. Ammann, R. Atkinson, R. A. Cox, J. Crowley, R. Hynes, M. E. Jenkin, W. Mellouki, M. J. Rossi and J. Troe, Evaluated kinetic and photochemical data for atmospheric chemistry — Data Sheet V, VI, IUPAC Subcommittee for Gas Kinetic Data Evaluation for Atmospheric Chemistry, http://www.iupac-kinetic.ch.cam.ac.uk/members.html, 2012.

Winkler, P. M., A. Vrtala, R. Rudolf, P. E. Wagner, I. Riipinen, T. Vesala, K. E. J. Lehtinen, Y. Viisanen and M. Kulmala, Condensation of water vapor: Experimental determination of mass and thermal accommodation coefficients, J. Geophys. Res., 111, D19202, 12 pp., doi:10.1029/2006JD007194, 2006.

Wu, L. Y., S. R. Tong, W. G. Wang and M. F. Ge, Effects of temperature on the heterogeneous oxidation of sulfur dioxide by ozone on calcium carbonate, Atmos. Chem. Phys., 11, 6593-6605, 2011.

Zangmeister, C. D., J. A. Turner and J. E. Pemberton, Segregation of NaBr in NaBr/NaCl crystals grown from aqueous solutions: Implications for sea salt surface chemistry, Geophys. Res. Lett., 28, 995-998, 2001.

Zhang, R., M.-T. Leu and L. F. Keyser, Heterogeneous reactions of $ClONO_2$, HCl, and HOCl on liquid sulfuric acid surfaces, J. Phys. Chem., 98, 13563-13574, 1994a.

Zhang, R., J. T. Jayne and M. J. Molina, Heterogeneous interactions of $ClONO_2$ and HCl with sulfuric acid tetrahydrate: Implications for the stratosphere, J. Phys. Chem., 98, 867-874, 1994b.

Zhang, R., M.-T. Leu and L. F. Keyser, Hydrolysis of N_2O_5 and $ClONO_2$ on the $H_2SO_4/HNO_3/H_2O$ ternary solutions under stratospheric conditions, Geophys. Res. Lett., 22, 1493-1496, 1995.

第7章　对流层化学反应

地球大气中约90%的主要组分为氮和氧，与大多数大气微量组分共同存在于对流层中。在对流层中所发现的微量组分几乎都来自地面上的人为源和/或天然源，比如从火山和飞机排放到自由对流层的物质。O_3 是例外，主要来自平流层的输送和对流层中的光化学反应，还包括其他二次产物，如闪电产生的 NO。对流层化学是一个研究领域，主要研究一系列过程，包括对排放源的识别和量化，化学反应和大气中的传输，从气相分子到液态和/或固态颗粒的转化以及沉积到云层和雾、雨滴和地球表面的过程。对流层化学是在全球、区域和城市范围内研究影响人类社会生活的各种空气污染问题的最重要的基础学科，为空气污染和全球变暖/气候变化的综合管理，提供大气化学、特别是对流层化学以及大气物理学和气象学等重要的科学知识。

最近几十年来出版了许多将大气/对流层化学作为整体系统科学的教科书（例如，Jacob，1999；Finlayson-Pitts 和 Pitts，2000；Wayne，2000；Akimoto 等，2002；Brasseur 等，1999，2003；Seinfeld 和 Pandis，2006）。本章详细介绍了对流层中的化学反应系统，这是对流层化学的主要组成部分。

7.1　天然大气中甲烷的氧化反应与 OH 自由基链式反应

如第1章中所述，与20世纪30年代 Chapman(1930)出版臭氧层形成化学理论不同，对流层化学反应系统的研究始于20世纪60年代末至70年代初，在此期间，人们提出了 OH/HO_2 自由基链式反应系统(Crutzen，1973)。这个时代与阐明 HO_x、NO_x 和 ClO_x 的链式反应的时代相重叠，后者改变了平流层化学中的查普曼机制（见第8章）。本节描述了甲烷在天然大气中的氧化反应机理，这为提出以 OH 和 HO_2 自由基为链载体的链机理提供了机会。本章后专栏讲述了提出 OH 链式反应机理时所发生的历史故事。

对于不受人为活动影响的偏远自然大气中的主要微量化学物质，甲烷(CH_4)来源于湖泊和沼泽排放以及生物挥发性有机化合物(BVOCs)；一氧化氮(NO)来源于天然土壤和雷电；二甲基硫(DMS)来源于海洋生物；O_3 来源于平流层。其中，O_3 和 NO_2 是最重要的对流层光化学通量（参见3.5节）进行光解的物质（参见4.2.1节和

4.2.2 节）。

特别是在对流层大气化学中，通过水蒸气（H_2O）与由 O_3 光解产生的激发态氧原子 $O(^1D)$ 的反应形成的 OH 自由基（4.2.1 节和 5.1.4 节），在对流层化学中起着非常重要的作用。

$$O_3 + h\nu \rightarrow O(^1D) + O_2 \tag{7.1}$$

$$O(^1D) + H_2O \rightarrow 2OH \tag{7.2}$$

$$O(^1D) + N_2 \rightarrow O(^3P) + N_2 \tag{7.3}$$

$$O(^1D) + O_2 \rightarrow O(^3P) + O_2 \tag{7.4}$$

在光解反应(7.1)形成的 $O(^1D)$ 中，与 H_2O 发生反应形成 OH 的 $O(^1D)$ 的比例取决于湿度。例如，在 298 K，RH 为 50%时，通过反应(7.3)和(7.4)失活（也称为淬灭）的约为 10%，参照表 5.1 给出的速率常数。由于湿度降低，该反应形成 OH 的比例随着海拔的升高而降低。同时，通过失活作用形成的基态氧原子 $O(^3P)$ 与 O_2 发生反应再形成 O_3（5.1.1 节）

$$O(^3P) + O_2 + M \rightarrow O_3 + M \tag{7.5}$$

因此，基态氧原子在对流层化学中几乎不发挥作用。

反应(7.2)形成的 OH 自由基，在自然大气中与 CH_4 发生反应（5.2.7 节），然后在 NO 浓度较低的情况下发生一系列反应（Levy，1971；Warneck，1988）

$$OH + CH_4 \rightarrow CH_3 + H_2O \tag{7.6}$$

$$CH_3 + O_2 + M \rightarrow CH_3O_2 + M \tag{7.7}$$

$$CH_3O_2 + NO \rightarrow CH_3O + NO_2 \tag{7.8}$$

$$CH_3O + O_2 \rightarrow HCHO + HO_2 \tag{7.9}$$

$$HO_2 + NO \rightarrow OH + NO_2 \tag{7.10}$$

对流层化学中重要的基本过程是由 OH 与 CH_4 反应引发的一系列反应形成 HO_2，以及通过反应(7.10)再生 OH（5.3.2 节）。因此，该系列反应(7.6)—(7.10)与作为链载体的 OH 和 HO_2 形成链式反应。该链式反应称为 HO_x 链式循环，通常称为 OH 自由基链式反应，因为 OH 与 CH_4 的反应是决定速率的步骤。包括第 8 章中所述的平流层化学在内，大气化学反应系统的基本方面是链反应。在链式反应中，超微量水平的自由基充当催化剂，使得浓度远高于这些自由基的微量物质得以消解和形成。

在对流层 CH_4 的氧化过程中，反应(7.9)形成甲醛（HCHO）。HCHO 进一步与 OH（5.2.11 节）发生反应或通过光解（4.2.5 节）反应形成 CO、H_2O 和 H_2

$$HCHO + OH \rightarrow HCO + H_2O \tag{7.11}$$

$$HCHO + h\nu \rightarrow HCO + H \tag{7.12}$$

$$\rightarrow CO + H_2 \tag{7.13}$$

$$HCO + O_2 \rightarrow CO + HO_2 \tag{7.14}$$

CO 与 OH 反应(5.2.3 节),生成最终产物 CO_2

$$OH + CO \rightarrow CO_2 + H \tag{7.15}$$

$$H + O_2 + M \rightarrow HO_2 + M \tag{7.16}$$

由于 HCHO 和 CO 与 OH 的反应通过反应(7.14)和(7.16)形成 HO_2,并且 OH 通过反应(7.10)再生,由此形成 HO_x 链式循环,与 CH_4 的情况相同。

因此,参考 CO,由反应(7.6)—(7.10)表示的 HO_x 链式循环可以更简单地表示为

$$OH + CO \rightarrow CO_2 + H \tag{7.15}$$

$$H + O_2 + M \rightarrow HO_2 + M \tag{7.16}$$

$$HO_2 + NO \rightarrow OH + NO_2 \tag{7.10}$$

另外,北半球中纬度清洁大气中 CH_4 和 CO 的典型浓度分别约为 1.8 ppmv 和 120 ppbv(Brasseur 等, 1999; Finlayson-Pitts 和 Pitts, 2000)。使用这些值,估算 OH 自由基与 CH_4 和 CO 反应的比例分别约为 30%和 70%。因此,通过该系列的反应,经由 HCHO 和 CH_4 最终通过氧化反应生成 CO_2 和 H_2O。

在任何链式循环中,除了上述链增长反应之外,还存在链终止反应。在天然大气中 HO_x 链式循环的情况下

$$HO_2 + HO_2 \rightarrow H_2O_2 + O_2 \tag{7.17}$$

$$HO_2 + CH_3O_2 \rightarrow CH_3OOH + O_2 \tag{7.18}$$

这是形成过氧化物,如过氧化氢(H_2O_2)和甲基氢过氧化物(CH_3OOH)(见 5.3.5 和 5.3.6 节)的主要终止反应,因此,假设存有微量的 NO 和 NO_2,天然对流层中 HCHO、CO、H_2O_2 和 CH_3OOH 的存在,可以通过 Levy(1971)提出的对流层中 O_3 和 CH_4 的反应加以解释。对于除了反应(7.17)和(7.18)之外的 HO_x 链式循环的终止反应也可以是

$$OH + HO_2 \rightarrow H_2O + O_2 \tag{7.19}$$

尽管 OH 的大气浓度通常比 HO_2 的大气浓度低两个数量级(参见 7.3.1 节),但反应(7.19)作为链终止反应也很重要,因为在室温下,该反应的速率常数(表 5.2)比反应(7.17)(表 5.4)的速率常数大两个数量级。

7.2 污染大气中挥发性有机化合物(VOCs)的氧化反应机理

随着人类活动对大气影响的增强,源于人类活动的组分,如氮氧化物($NO_x = NO + NO_2$),挥发性有机化合物(VOCs)等的大气浓度增加到了一定水平。由此,对流层化学反应超出了自然大气的扰动范围,形成了以受污染大气为特征的化学反应系统,有时称为“烟雾反应”。本节描述了与 OH 链式反应直接相关的 NO_x-VOCs 混合物的氧化反应机理。

与清洁的低层大气中的 NO_x 浓度 10～100 pptv① 相比，城市污染空气中的 NO_x 的浓度通常为一到几十 ppbv，比前者高 100 多倍(Finlayson-Pitts 和 Pitts，2000)。同样，污染大气中非甲烷挥发性有机化合物(NMVOCs，non-methane volatile orgonic compounds)或非甲烷总烃(NMHC，non-methane hydrocarbons)在组分浓度，也是 0.1～100 ppbv，通常比其在清洁大气中的浓度 1～1000 pptv 高 100 倍(Finlayson-Pitts 和 Pitts，2000)。在这种污染大气中，反应(7.1)和(7.2)形成的大多数 OH 自由基与人为源非甲烷总烃反应，而不是与 CH_4 和 CO 发生反应。

在 NO_x 存在的情况下，VOC 与烷烃(饱和烃)、烯烃(具有双键的不饱和烃)、炔烃(具有三键的不饱和烃)和芳香烃(具有苯环的不饱和烃)的氧化反应过程不同。但是，所有非甲烷总烃均与 OH 反应，并且 HO_x 链式循环可以正式表示为

$$OH + RH + O_2 \rightarrow RO_2 + \text{产物} \quad (7.20)$$

$$RO_2 + NO \rightarrow RO + NO_2 \quad (7.21)$$

$$RO + O_2 \rightarrow R'CHO\ (R'COR'') + HO_2 \quad (7.22)$$

$$HO_2 + NO \rightarrow OH + NO_2 \quad (7.10)$$

与大多数 NMHC 相同，其方式与 CH_4 相似。对于醛类，也可以采用几乎相同形式的链反应机理。烯烃与 O_3 和 NO_3 的氧化反应以及醛与 NO_3 的反应也很重要。本节对烃类和醛类与 OH、O_3 和 NO_3 的氧化反应机理进行了综述。

Calvert 等(2000，2002，2008)的专论中有详细描述了本节讨论的烷烃、烯烃和芳香烃的氧化反应；Stockwell 等(2012)总结了空气质量模型的反应机理。此外，Calvert 等(2011)和 Mellouki 等(2003)论述了本书中未涉及的含氧挥发性有机化合物(OVOCs)的氧化机理。将 VOC 光解以及与 OH、O_3、NO_3 反应的详细模型命名为 MCM(master chemical mechanism)；介绍非芳香族的 V3 卷(Part A)(Saunders 等，2003)；介绍芳香族 VOC 的 V3 卷(Part B)(Jenkin 等，2003)，以及 Bloss 等(2005)进一步发表了芳香族 VOC 的改进版本 v3.1。

7.2.1　OH、O_3、NO_3 与碳氢化合物和醛的反应速率常数

在第 5 章的表 5.2 中引用了 C_1～C_3 烃和醛与 OH、O_3 和 NO_3 的基元反应的速率常数，表 7.1 总结了在 298 K 时在污染大气中观察到的碳数较高的烷烃、炔烃和芳香烃的 OH 速率常数。表 7.2 显示了在 298 K 温度下，最重要的生物烃 C_2～C_6 烯烃以及异戊二烯和 α-、β-蒎烯与 OH、O_3 和 NO_3 的速率常数。尽管表 5.2 中已经给出了 C_1～C_3 化合物的速率常数，但为了与其他 $>C_3$ 非甲烷挥发性有机化合物(NMVOC)进行比较，表 7.1 和 7.2 中再次引用这些常数。表 7.1 和表 7.2 中给出的速率常数的温度参数参考了 Atkinson(1989)、Atkinson 和 Arey(2003)以及

① 1 pptv=10^{-12}(体积分数)，余同

IUPAC 小组委员会评估数据表(Wallington 等，2012)。

表 7.1 烷烃、炔烃和芳烃与 OH 在 298 K 温度条件下反应的速率常数

化合物	化学式	速率常数(298 K 温度条件下)(10^{-11} cm^3·分子$^{-1}$·s^{-1})	参考
	烷烃		
甲烷	CH_4	0.00064	(a)
乙烷	CH_3CH_3	0.024	(a)
丙烷	$CH_3\ CH_2CH_3$	0.11	(a)
正丁烷	$CH_3CH_2CH_2CH_3$	0.24	(b)
2-甲基丙烯	$CH_3CH(CH_3)CH_3$	2.1	(b)
正戊烷	$CH_3CH_2CH_2CH_2CH_3$	3.8	(b)
2-甲基丁烷	$CH_3CH(CH_3)CH_2CH_3$	3.6	(b)
2,2-二甲基丙烷	$CH_3C(CH_3)_2CH_3$	0.83	(b)
环戊烷		5.0	(b)
正己烷	$CH_3CH_2CH_2CH_2CH_2CH_3$	5.2	(b)
2-甲基戊烷	$CH_3CH(CH_3)CH_2CH_2CH_3$	5.2	(b)
3-甲基戊烷	$CH_3CH_2CH(CH_3)CH_2\ CH_3$	5.2	(b)
2,2-二甲基丁烷	$CH_3C(CH_3)_2CH_2CH_3$	2.2	(b)
2,3-二甲基丁烷	$CH_3CH(CH_3)CH(CH_3)CH_3$	5.8	(b)
环己烷		7.0	(b)
	炔烃		
乙炔	CHCH	0.078[1)]	(a)
丙炔	$CHCCH_3$	0.59	(c)
1-丁炔	$CHCCH_2CH_3$	0.80	(c)
2-丁炔	CH_3CCCH_3	2.7	(c)
	芳烃		
苯		0.12	(b)
甲苯		0.56	(b)
乙苯		0.70	(b)
邻二甲苯		1.4	(b)
间二甲苯		2.3	(b)
对二甲苯		1.4	(b)
1,2,3-三甲基苯		5.8	(b)

1)1 个标准大气压

来源：(a)IUPAC 小组委员会报告第Ⅱ卷(Atkinson 等，2006)；(b)Atkinson 和 Arey(2003)；(c)Atkinson(1989)

表 7.2　烯烃、生物源 VOCs 和醛与 OH、O_3 和 NO_3 在 298 K 温度条件下反应的速率常数

化合物	化学式	速率常数(298 K 温度条件下)(cm³ · 分子⁻¹ · s⁻¹)		
		OH(参考) $\times 10^{-11}$	O_3(参考) $\times 10^{-17}$	NO_3(参考) $\times 10^{-14}$
乙烯	$CH_2=CH_2$	0.79[1)]　(a)	0.16　(a)	0.0021　(a)
丙烯	$CH_2=CHCH$	2.9[1)]　(a)	1.0　(a)	0.095　(a)
1-丁烯	$CH_2=CHCH_2CH_3$	3.1　(b)	0.96　(b)	0.13　(b)
顺式-2-丁烯	$CH_3CH=CHCH_3$	5.6　(b)	12.5　(b)	3.5　(b)
反式-2-丁烯	$CH_3CH=CHCH_3$	6.4　(b)	19.0　(b)	3.9　(b)
2-甲基丙烷	$CH_2=C(CH_3)CH_3$	5.1　(b)	1.1　(b)	3.4　(b)
1-戊烯	$CH_3CH=CHCH_2CH_3$	3.1　(b)	1.1　(b)	0.15　(b)
顺式-2-戊烯	$CH_3CH=CHCH_2CH_3$	6.5　(b)	13　(b)	n/a[3)]
反式-2-戊烯	$CH_3CH=CHCH_2CH_3$	6.7　(b)	16　(b)	n/a
环戊烯		6.7　(b)	57　(b)	4.2　(b)
2-甲基-1-丁烯	$CH_2=C(CH_3)\ CH_2CH_3$	6.1　b)	1.4　(b)	n/a
3-甲基-1-丁烯	$CH_2=CHCH(CH_3)CH_3$	3.2　(b)	0.95[2)] (b)	n/a
2-甲基-2-丁烯	$CH_3C(CH_3)=CHCH_3$	8.7　(b)	40　(b)	94　(b)
1-己烯	$CH_3CH=CHCH_2CH_2CH_3$	3.7　(b)	1.1　(b)	0.18　(b)
2-甲基-1-戊烯	$CH_2=C(CH_3)\ CH_2CH_2CH_3$	6.3　(b)	1.6　(b)	n/a
2-甲基-2-戊烯	$CH_3C(CH_3)=CHCH_2CH_3$	8.9　(b)	n/a	n/a
环己烯		6.8　(b)	8.1　(b)	5.1　(b)
1,3-丁二烯	$CH_2=CH=CH=CH_2$	6.7　(b)	0.63 (b)	1.0　(b)
异戊二烯	$CH_2=C(CH_3)=CH=CH_2$	10　(a)	1.3　(a)	7.0　(a)
α-蒎烯	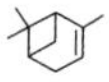	5.3　(a)	9.0　(a)	62　(a)
β-蒎烯	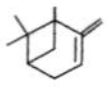	7.4　(b)	1.5　(b)	25　(b)
甲醛	HCHO	0.85　(a)	n/r[4)]	0.0056　(a)
乙醛	CH_3CHO	1.5　(a)	n/r	0.027　(a)
丙醛	CH_3CH_2CHO	2.0　(a)	n/r	0.064　(a)
丁醛	$CH_3CH_2CH_2CHO$	2.4　(a)	—n/r	0.11　(a)
2-甲基丙醛	$CH_3CH(CH_3)CHO$	2.6　(b)	—n/r	0.11　(b)

1)高压限制;2)293 K 温度条件下;3)不适用;4)无反应。

来源:(a)IUPAC 小组委员会报告第Ⅱ卷(Atkinson 等,2006);(b)Atkinson 和 Arey(2003)

表 7.1 和表 7.2 中给出 298 K 下≥C3 的碳氢化合物与 OH 的反应速率常数,是

反应最慢的乙烷的几十倍，而且大多数碳氢化合物的反应速率常数比甲烷大三个数量级(表5.2)。假设夏季城市大气中OH自由基在白天峰值浓度为4×10^6分子·cm^{-3}(见7.4节)，则与OH反应的速率常数大于1×10^{-11} cm^3·分子$^{-1}$·s^{-1}物种的大气寿命仅为几个小时，被认为在城市光化学空气污染中起着重要作用。虽然丙烷、正丁烷、乙炔、苯、乙烯等小分子与OH反应速率常数较上述速率常数小一个数量级，但由于他们的浓度在城市大气中通常相对较高，与其他VOCs一样也很重要。出于这些原因，在讨论城市大气时，人们将甲烷和其他烃类分开讨论，且更侧重于讨论非甲烷挥发性有机化合物(NMVOCs)或非甲烷总烃(NMHCs)。另外，在298 K时，乙烷与OH的反应速率常数为2.4×10^{-13} cm^3·分子$^{-1}$·s^{-1}，与CO(298 K，1个标准大气压下，2.4×10^{-13} cm^3·分子$^{-1}$·s^{-1})一致(表5.2)，对应于大气寿命超过一个月。因此，乙烷不会直接导致城市光化学空气污染，但可能成为半球范围内人为污染的良好示踪剂。

如表7.2所示，烯烃与O_3和NO_3反应的速率常数较大，并且随着碳数的增加而增加。即使在碳数相同的情况下，速率常数的差异很大程度上取决于分子结构。如第5章5.4.3节和5.5.3节所述，这些反应是亲电加成反应，因此，与具有多个可以迅速推出电子的、相邻甲基的双键烯烃的加成反应速率常数非常大，这种烯烃也称为内烯烃。尽管表7.2中未作说明，但是人们已知NO_3与$\geq C_4$烷烃和$\geq C_8$芳香烃反应，其速率常数为$\sim10^{-16}$ cm^3·分子$^{-1}$·s^{-1}(Atkinson和Arey，2003)。

尽管醛不与O_3发生反应，但它与OH和NO_3发生反应的速率常数相对较大，如表7.2所示，速率常数值介于C_2H_4和C_3H_6之间。醛与NO_3的反应，以及O_3和NO_3与烯烃的反应(见7.4.1节)是受污染大气夜间OH和HO_2自由基的主要来源。

关于VOCs与OH、O_3和NO_3的速率常数以及分子参数之间的相关性，据报道，如5.2.8节所述，OH和烯烃反应的速率常数与反应分子最高占据分子轨道(HOMO)具有充分的相关性(King等，1999)。Pfrang等(2006)基于最近获得的量子化学计算结果，给出了OH、O_3和NO_3各自的反应速率常数与HOMO能量之间的相关公式。

7.2.2　烷烃与OH发生反应的氧化反应机理

烷烃与OH反应的初始过程是抽氢反应，与CH_4相同，并且对于碳数≥3的烷烃，可以从伯碳、仲碳和叔碳原子中抽氢(参见5.2.7节)。例如，正丁烷(n-C_4H_{10})在NO_x存在的条件下被OH氧化的反应机理，如反应示意图7.1所示。对于正丁烷，通过(a)从仲碳中抽氢和(b)从伯碳中抽氢分别形成2-丁基和1-丁基。一般而言，如5.2.7节所述，按伯碳、仲碳和叔碳顺序，发生反应的概率逐渐增大，各自的键能分别为~420、~410、~400 kJ·mol^{-1}(Haynes，2012—2013)。对于正丁烷，在298 K温度条件下，过程(a)和(b)的比例约为 85%和 15%(Atkinson 等，2006)。

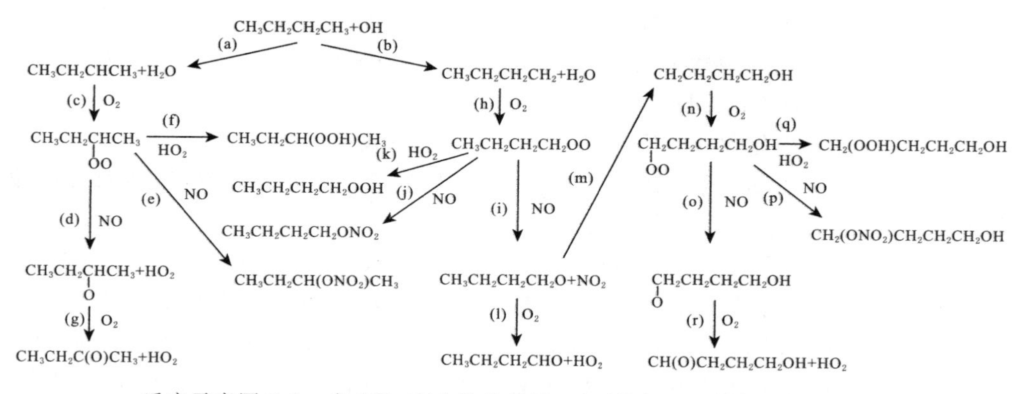

反应示意图 7.1　在 NO_x 存在的条件下，正丁烷与 OH 的氧化反应机理

通过抽氢反应形成的烷基自由基在大气中与 O_2 反应形成烷基过氧自由基(途径(c)和(h))，然后在 NO_x 存在下，将 NO 氧化为 NO_2，并将大多数烷基自由基转化为烷氧基(途径(d)和(i))。然而，一些烷基过氧自由基通过重组异构化反应(e)和(j)与 NO 反应形成硝酸烷基酯(见 5.3.3 节)。

尽管在 2-丁基和 1-丁基自由基情况下，2-丁基和 1-丁基硝酸酯的产率较小，分别为 0.083 和≤0.04，但是，如 5.3.3 节所述，硝酸烷基酯的产率随烷基自由基的碳数增加而增加。对于 C_6 和 C_7 仲正烷基(2-己基、3-己基、2-庚基和 3-庚基)，产率>0.2(Lightfoot 等，1992；Arey 等，2001)。由于这些反应也是 OH 链式反应的终止反应，因此他们对于确定模型计算中臭氧形成效率至关重要。Arey 等(2001)总结了许多烷基过氧自由基(RO_2)与 NO 反应生成 $RONO_2$ 反应的产率。

在 2-丁基和 1-丁基过氧自由基与 NO 的反应中(途径(d)和(j))形成的 2-丁氧基和 1-丁氧基与 O_2 反应生成 HO_2 与羰基化合物(如甲基乙基酮和丁醛(途径(g)和(1)))，由此完成 HO_x 循环。在污染大气中一定的 NO_x 浓度下，烷氧基与 NO_2 反应形成硝酸烷基酯的速率可以忽略不计，烷基过氧自由基与 NO 的重组异构化反应是硝酸烷基酯形成过程的主要途径。

众所周知，对于碳原子数为 4 的直链烷氧基(例如 1-丁氧基)，尽管可能会出现六元环(Atkinson，1997a，1997b)，异构化可将烷氧基变成为醇基，如下所示

$$CH_3CH_2CH_2CH_2O \rightarrow \left[\begin{array}{c} H \\ CH_2 \quad O \\ | \qquad | \\ CH_2 \quad CH_2 \\ CH_2 \end{array}\right] \rightarrow CH_2CH_2CH_2CH_2OH \qquad (7.23)$$

在上述反应示意图 7.1 中，途径(m)对应于此过程。所形成的正丁醇自由基按照与上述丁基自由基相似的方法，产生羟基丁醛和硝酸 1-羟基丁酯(分别为途径(r)

和(p))。烷氧基通过异构化反应形成醇基的速率常数通常为 $10^5\ s^{-1}$,而 O_2 通过抽氢反应产生醛或酮的速率常数通常为 $\sim 1\times 10^{-15}\ cm^3\cdot 分子^{-1}\cdot s^{-1}$(Atkinson 和 Arey,2003)

$$CH_3CH_2CH_2CH_2O + O_2 \rightarrow CH_3CH_2CH_2CHO + HO_2 \tag{7.24}$$

因此,在大气中异构化和抽氢反应以几乎相同的速率发生。

此外,对于碳数≥4 的烷氧基,已知发生以下类型的单分子分解,破坏附着在羧基上的碳与相邻碳原子之间的 C-C 键。

$$RCH(O)R' \rightarrow RCHO + R' \tag{7.25}$$

由于≥C_4 的仲烷氧基的单分子分解速率常数为 $\sim 10^4\ s^{-1}$(Atkinson 和 Arey,2003),因此反应(7.23)、(7.24)和(7.25)类型的反应可以并行发生,得到与反应物烷碳数相同的羟基醛,以及分别比原来的烷烃少一个碳的醛。Finlayson-Pitts 和 Pitts(2000)总结了典型烷氧基异构化反应、与 O_2 反应以及单分子分解反应的速率常数。

在大气 NO_x 浓度相对较低的条件下,部分烷基过氧自由基和羟烷基过氧自由基与 HO_2 反应生成氢过氧丁烷(途径 (f)、(k))和羟基氢过氧丁烷(途径(q))。因此,在大气中烷烃的氧化反应中,除了形成正常的醛类、酮类和硝酸烷基酯之外,还可以生成氢过氧化物、羟基氢过氧化物和硝酸羟烷基酯等。

7.2.3 烯烃与 OH 发生反应的氧化反应机理

烯烃和 OH 的初始反应是加成反应,大多处于大气条件下的高压极限状态,包括如 5.2.8 节所述的乙烯。此加成反应形成 β-羟烷基,与具有未配对电子的碳原子相邻的碳上有一个 OH 基团。

$$OH + RCH{=}CH_2 \rightarrow RCH - CH_2OH \tag{7.26}$$

$$\rightarrow RCH(OH) - CH_2 \tag{7.27}$$

如上所示,对于碳数≥3 的不对称烯烃,OH 可能会加成到双键的任一端。众所周知,通过向末端碳加成 OH 形成仲碳自由基(如反应(7.26))处于主要地位,例如丙烯,发生反应(7.26)和(7.27)类型的比例分别约为 65%和 35%(Finlayson-Pitts 和 Pitts,2000;Calvert 等,2000)。

反应示意图 7.2 给出了 1-丁烯($1\text{-}C_4H_8$)作为烯烃的反应机理。途径(a)和(b)形成的羟烷基自由基是 7.2.2 节中所提及的烷基之一,它们都能在大气中与 O_2 反应形成羟基过氧自由基。

如 7.2.2 节所述的烷基过氧自由基的情况,羟基过氧自由基通过与 NO 的反应产生氧自由基(羟基丁氧基)、NO_2(途径(d)和(k))和部分羟烷基硝酸酯(途径(e)和(1))。对于 $C_4\sim C_6$ 烯烃,羟烷基硝酸酯的产率为 2%~6%(O'Brien 等, 1998),约为通过烷氧基形成硝酸烷基酯产率的一半。对于含氧自由基存在的情况下,已知途径(d)和(k)中形成的羟烷氧基自由基遵循三种反应途径,即单分子分解作用(途径

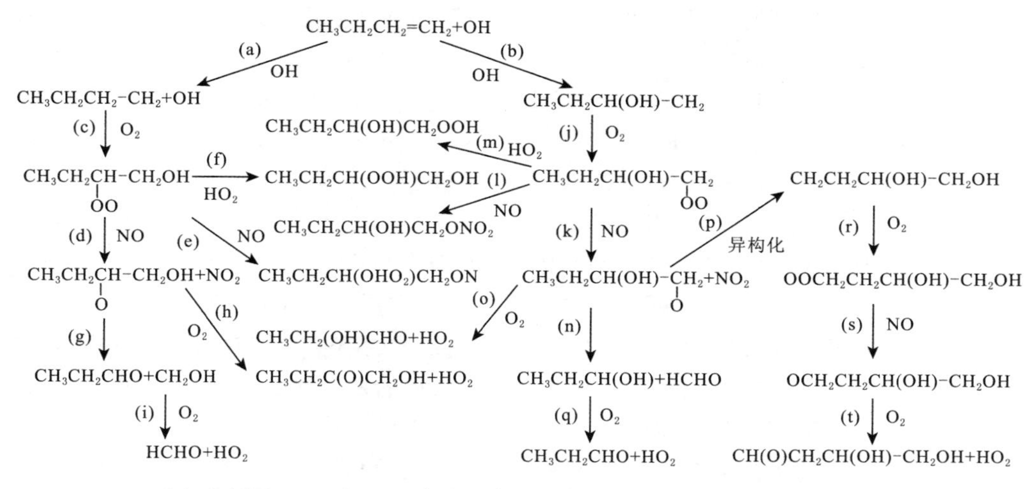

反应示意图 7.2　在 NO_x 存在的条件下，1-丁烯与 OH 的氧化反应机理

(g)和(n))、通过 O_2 的抽氢反应(途径(h)和(o))和通过异构化形成二羟基自由基(途径 p)，分别对应于反应(7.25)、(7.24)和(7.23)(Atkinson，1997b)。在单分子分解途径中，形成碳原子数少于反应物的羰基化合物(CH_3CH_2CHO、HCHO)和羟烷基(CH_2OH、CH_3CHOH)。通过与 O_2 的反应从羟烷基自由基中产生 HO_2。通过与 O_2 的抽氢反应，形成羟基酮、羟基醛和 HO_2 自由基团。通过 HO_2 和 NO 的反应，从 HO_2 自由基再生成 OH(反应(7.2))，从而完成 HO_x 循环。

如的 7.2.2 节中的烷氧基的情况，在途径(k)中可以由 H 原子通过六元环在分子内转移进行异构化形成羟基烷氧基自由基，然后通过分子中具有两个 OH 基团的二羟基自由基通过途径(q)、(r)、(s)形成二羟基醛。已经通过实验证实二羟基醛的形成过程，并且 1-丁烯的二羟基醛(3,4-二羟基丁醛)的产率为 0.04，而 1-辛烯的产率高达 0.6(Kwok 等，1996b)。在 NO_x 浓度较低时，一部分羟基过氧自由基与 HO_2 反应，并且已知该反应产生羟基过氧丁烷(途径(f)和(m))(Hatakeyama 等，1995；Tuazon 等，1998)。

因此，污染大气中烯烃与 OH 的氧化反应被认为会产生各种有机硝酸盐和氢过氧化物，例如羟基硝酸盐、二羟基硝酸盐、羟基过氧化氢和二羟基过氧化物。这表明在受污染的大气中存在许多尚未检测到或未被识别出的有机过氧化物和有机硝酸盐以及 7.2.2 节中讨论的烷烃与 OH 的氧化反应的产物。

7.2.4　烯烃与 O_3 发生反应的氧化反应机理

关于 O_3 和烯烃反应的途径，在第 5 章 5.4.3 节中，已对 C_2H_4 进行了详细阐释，基本上考虑了其他烯烃的类似反应机理。对于不对称链烯烃，当相当于反应(5.84)

的伯臭氧反应物断裂时，可以考虑两个反应途径，取决于双键两端的哪一侧形成羰基氧化物（Criegee 中间体）。

$$O_3+RCH{=}CH_2 \rightarrow RCHO+[CH_2OO]^{\dagger} \quad (0.50) \qquad (7.28)$$

$$\rightarrow [RCHOO]^{\dagger}+HCHO \quad (0.50) \qquad (7.29)$$

$$O_3+R_1R_2C{=}CH_2 \rightarrow R_1C(O)R_2+[CH_2OO]^{\dagger} \quad (0.35) \qquad (7.30)$$

$$\rightarrow [R_1R_2COO]^{\dagger}+HCHO \quad (0.65) \qquad (7.31)$$

$$O_3+R_1R_2C{=}CHR_3 \rightarrow R_1C(O)R_2+[R_3CHOO]^{\dagger} \quad (0.35) \qquad (7.32)$$

$$\rightarrow [R_1R_2COO]^{\dagger}+R_3CHO \quad (0.65) \qquad (7.33)$$

关于两种替代途径的比例，人们已知会优先形成含有更多烷基的羰基氧化物，并且对于反应(7.29)、(7.31)和(7.33)，通过实验获得的发生比率分别为 0.50、0.65 和 0.65(Atkinson 等，1997，2006)。

关于如上所述形成的振动激发的羰基氧化物的反应，可以设想通过单分子分解形成 OH 自由基和通过碰撞失活作用形成稳定的羰基氧化物。

$$[RCH_3COO]^{\dagger}+M \rightarrow RCH_3COO+M \qquad (7.34)$$

$$\rightarrow \left[R{-}C(O{-}OH){=}CH{-}H \right]^{\dagger} \rightarrow R{-}\dot{C}(=O){-}CH{-}H + OH \qquad (7.35)$$

在污染的大气中，通过烯烃与 O_3 的反应形成 OH 自由基，在下一节中描述的臭氧形成的大气化学中非常重要。在大气压下，OH 自由基的产率由 IUPAC 小组委员会(Atkinson 等，2006)汇编并在表 7.3 中加以总结。这些值是通过 OH 清除剂的间歇式实验获得，Kroll 等(2001a)使用高压流动系统研究了 O_3 与烯烃反应中初始 OH 产率的压力依赖性(1～400 torr)，并通过 LIF 直接检测了 OH。从该实验中发现，除 C_2H_4 以外的烯烃的 OH 产率均强烈依赖于压力，低压下的 OH 产率＞1。这是由于除了反应(7.35)所示的 OH 生成途径外，在低压下 C_2H_4 的反应(5.92)中也观察到了 H 原子。

$$H+O_3 \rightarrow OH+O_2 \qquad (7.36)$$

另一方面，除了 C_2H_4 之外，从该实验获得的大约 1 个大气压的 OH 产率比表 7.3 中的 OH 产率小得多，表 7.3 是使用 OH 作为清除剂获得的。为了解决此问题，Kroll 等(2001b)通过 RRKM 计算方法获得了在 O_3 与烯烃反应中形成的羰基氧化物的单分子分解速率。结果证实在更长的时间尺度上，除了由振动激发的羰基氧化物产生的 OH 自由基以外，还由反应(7.34)中通过碰撞稳定化，而形成的稳定的羰基氧化物产生了 OH 自由基。因此，人们认为，包括这一缓慢过程在内的总 OH 产率是由之前的 OH 清除剂实验得到的，表 7.3 中的值适用于大气化学模型。对于 C_2H_4，在上述流动系统实验中未观察到受压力影响，且所得到的值 0.14 与间歇式实验的值一致,表明与其他烯烃的反应机理不同(Kroll 等, 2001c)。

表 7.3　大气压下 O_3 与烯烃反应中 OH 的产率

烯烃	OH 产率	参考
乙烯	0.14～0.20	(a)
丙烯	0.32～0.35	(a)
1-丁烯	0.41	(b)
1-戊烯	0.37	(b)
1-己烯	0.32	(b)
顺式-2-丁烯	0.33	(a)
反式-2-丁烯	0.54～0.75	(a)
2-异丁烯	0.60～0.72	(a)
2-甲基-1-丁烯	0.83	(b)
2-甲基-2-丁烯	0.80～0.98	(a)
2,3-二甲基-2-丁烯	0.80～1.00	(a)
环戊烯	0.61	(b)
环己烯	0.68	(b)
异戊二烯	0.25	(a)
α-蒎烯	0.70～1.00	(a)
β-蒎烯	0.35	(b)

来源:(a)IUPAC 小组委员会报告第Ⅱ卷(Atkinson 等,2006);
(b)Finlayson-Pitts 和 Pitts(2000)

Johnson 和 Marston(2008)综述了不饱和 VOC 与 O_3 在对流层中的反应,Donahue 等(2011)介绍了关于 OH 产率与压力相关的新数据和解释。

7.2.5　烯烃与 NO_3 发生反应的氧化反应机理

如第 5 章 5.5.3 节所述,NO_3 和烯烃的初始反应是双键的加成反应。如表 7.2 所示,反应速率常数随碳数增加而增大,但对于具有相同碳数的种类,内烯烃的反应速率常数要大得多。NO_3 和烯烃反应的反应机理与 OH 和烯烃的反应机理类似,顺-2-丁烯的反应示意图如下。

如反应示意图 7.3 所示,在 NO_3 和烯烃反应中,环氧烷烃(也称为环氧化物或环氧乙烷)、氢过氧硝酸盐、羰基硝酸盐和二硝酸盐是特征产物(Bandow 等, 1980; Kwok 等, 1996a; Calvert 等, 2000),并且已在受污染的大气中检测到其中一些物质(Schneider 等, 1998)。最近,从有机气溶胶形成的角度,NO_3 与烯烃的反应引发人们的兴趣(Gong 等, 2005; Ng 等, 2008)。

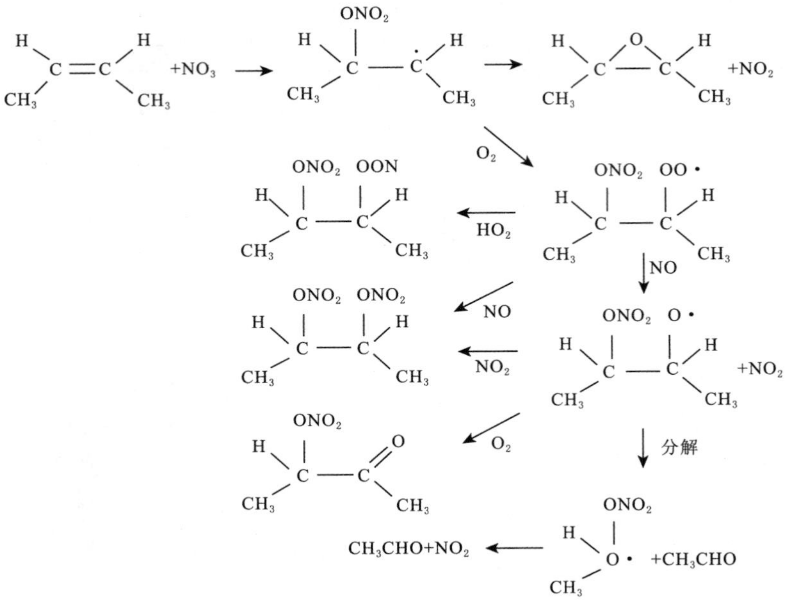

反应示意图 7.3　顺-2-丁烯与 NO_3 的氧化反应机理

关于 NO_3 和烯烃反应的初始途径，通过量子化学计算表明，C_2H_4 和 C_3H_6 发生了如反应示意图 7.3 所示的开环加成反应(Párez-Casany 等，2000；Nguyen 等，2011)，对于某些烯烃，也提出了环加成作用的可能性(Cartas-Rosado 等，2004)。

7.2.6　异戊二烯与 OH、O_3 和 NO_3 的氧化反应机理

IUPAC 将异戊二烯($CH_2=C(CH_3)-CH=CH_2$)命名为 2-甲基-1,3-丁二烯，是一个分子中具有两个双键的化合物且最重要的生物烃，占全球排放量的 50%(Guenther 等，2006)。如表 7.2 所示，异戊二烯与 OH、O_3 和 NO_3 的反应速率常数较大，在 298 K 温度下，分别为 1.0×10^{-11}、1.3×10^{-17} 和 6.8×10^{-13} cm^3 · 分子$^{-1}$ · s^{-1}。这些化合物的反应在大气中都很重要，尤其是日间与 OH 和 O_3 的反应，以及夜间与 NO_3 的反应(Calvert 等，2000)。

异戊二烯与 OH、O_3 和 NO_3 的氧化机理类似烯烃的加成反应，可以看作是 7.2.3 节、7.2.4 节和 7.2.5 节所述反应的应用。然而，由于异戊二烯具有不对称的两个双键，因此必须考虑四种反应途径，这取决于活性物质加成到双键中的哪一端和碳的哪一侧。关于异戊二烯氧化机理的实验和理论研究很多(Finlayson-Pitts 和 Pitts，2000；Seinfeld 和 Pandis，2006)，Fan 和 Zhang(2004)通过总结这些研究，分别提出了 OH、O_3 和 NO_3 的反应方案。反应示意图 7.4、7.5 和 7.6 分别说明了改编自 Fan 和 Zhang(2004)的 OH、O_3 和 NO_3 引发的异戊二烯氧化反应机理。

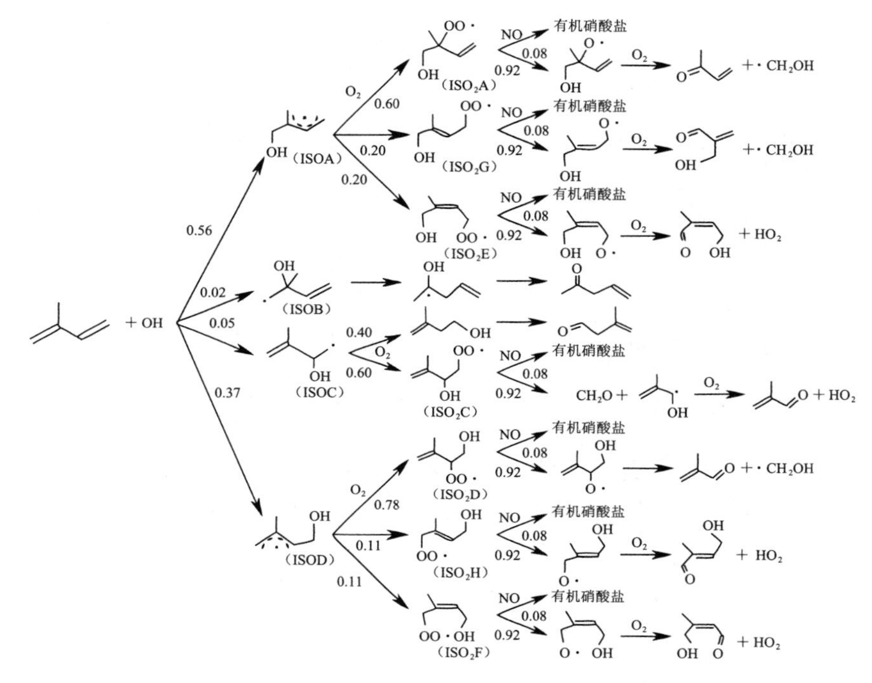

反应示意图 7.4　在 NO_x 存在的情况下，异戊二烯与 OH 的氧化反应机理
(改编自 Fan 和 Zhang，2004)

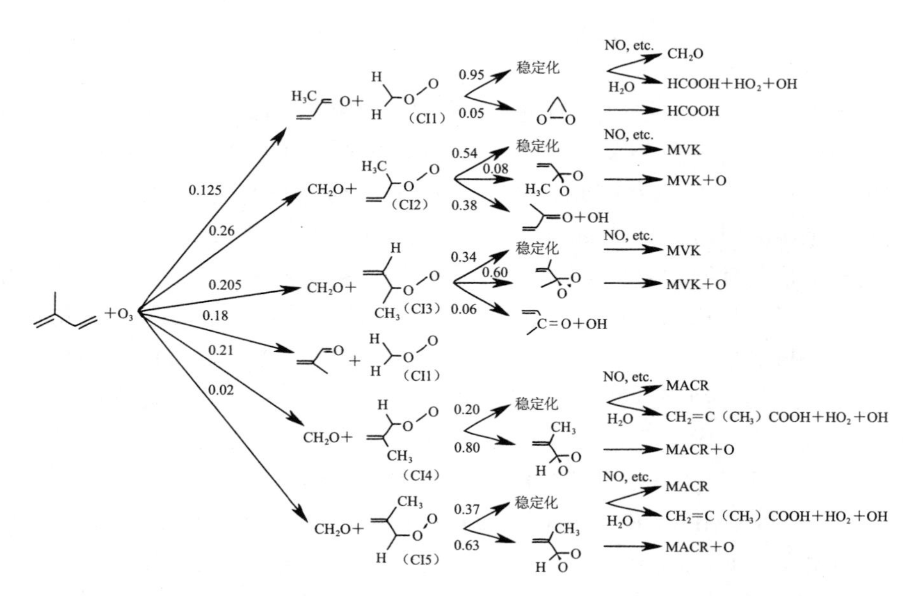

反应示意图 7.5　在 NO_x 存在的情况下，异戊二烯与 O_3 的氧化反应机理
(改编自 Fan 和 Zhang，2004)

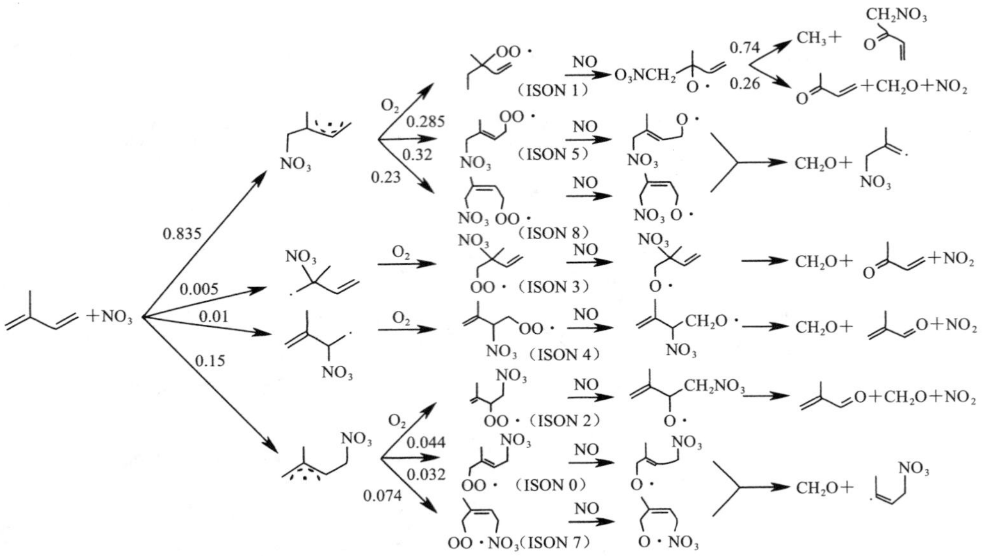

反应示意图 7.6　异戊二烯与 NO_3 的氧化反应机理

（改编自 Fan 和 Zhang，2004）

如反应示意图 7.4 所示，异戊二烯与 OH 发生氧化反应的主要产物是甲基丙烯醛（$CH_2=CH(CH_3)CHO$，MACR）和甲基乙烯基酮（$CH_3C(O)CH=CH_2$，MVK）（Karl 等，2006）。除此之外，还形成不饱和羟基羰基化合物和羟基硝酸盐作为特征产物。

在异戊二烯与 O_3 的反应中，通过 5 种羰基氧化物（Criegee 中间体），形成与 OH 氧化反应相同的主要产物 MACR 和 MVK，同时还生成 HCHO、HCOOH 以及不饱和羧酸等。在该反应中，类似于烯烃和 O_3 的反应，会形成 OH 自由基，这是夜间 OH 的很重要的来源。Zhang 和 Zhang（2002）通过量子化学计算表明，在双键的任一键中以相同比例形成环状伯氮氧化物，而 OH 是由伯氮氧化物分解形成的羰基氧化物的单分子分解反应形成。如 7.2.4 节所述（Kroll 等，2001b），通过羰基氧化物的单分子分解作用形成的 OH 有两种方式，一种是短时间内从振动激发的羰基氧化物中产生，另一种是具有时间延迟的碰撞稳定的羰基氧化物产生。这些过程中的 OH 总产率对于大气反应化学很重要。Malkin 等（2010）报告了通过使用清除剂进行产物分析和使用 FAGE/LIF 进行直接测量（见 7.4.1 节）获得的平均 OH 产率为 0.26±0.02；在 298 K 和 1 atm 下使用 FAGE 方法获得的 HO_2 产率为 0.26±0.03。同时，通过理论计算得到的 OH 形成总产率为 0.24，与实验结果一致（Zhang 和 Zhang，2002；Zhang 等，2002）。尽管本书中没有涉及，但是 Zhang 和 Zhang（2005）总结了 O_3 与 α-蒎烯和 β-蒎烯的反应机理，α-蒎烯和 β-蒎烯是仅次于异戊二烯的重要生物源碳氢化合物。

异戊二烯与 NO_3 的反应(反应示意图 7.6),是通过 8 种硝基氧烷基过氧自由基(ISON1-ISON8)以及它们与 NO 反应生成的 8 种硝基氧烷氧基自由基(ISN1-ISN8)进行的。最终产物主要为甲醛、不饱和醛、酮和有机硝酸盐,与其与 OH 和 NO_3 反应相比,MACR 和 MVK 的产率很小(Barnes 等, 1990; Skov 等, 1992; Kwok 等, 1996a)。根据最近使用质子转移反应质谱仪(PTR-MS)和热分解激光诱导荧光(TD-LIF)在实验舱中的结果表明,MACR 和 MVK 的产率均为~10%,有机硝酸盐的产率为 0.65±0.12(Perring 等, 2009)。此外,在产物中发现了羟基硝酸盐(C)、硝基醛(D)和硝基氢过氧化物(E)等,它们的反应途径未包含在反应示意图 7.6 中,如反应示意图 7.7 所示。

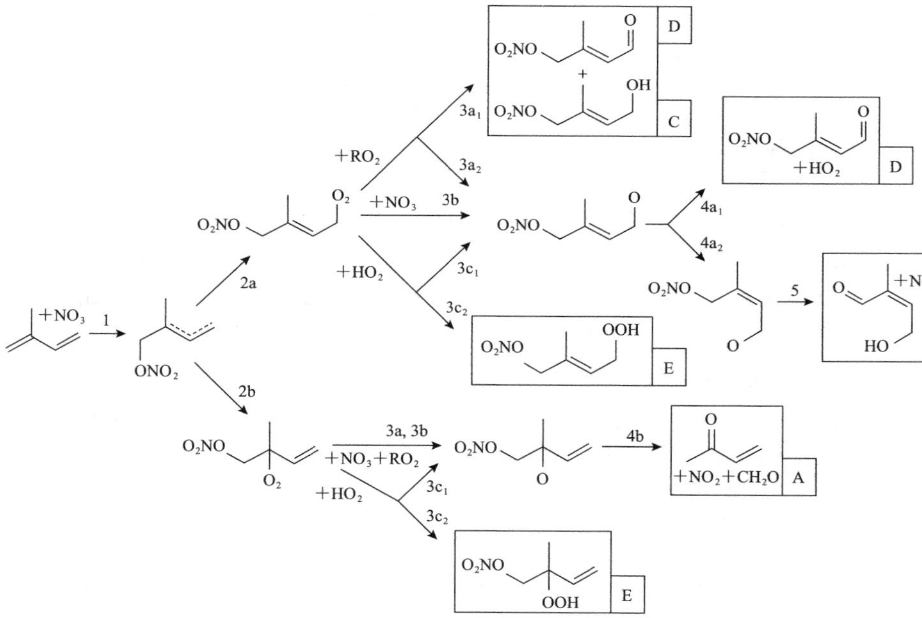

反应示意图 7.7　在异戊二烯和 NO_3 的反应中的产物生成过程包括:(A)C_4-羰基、(B)C_5-羟基羰基、(C)羟基硝酸盐、(D)硝基氧醛和(E)硝基氢过氧化物(Perring 等, 2009)

在美国内华达山脉丘陵地带的实地观测中,使用化学电离质谱仪(CIMS)和 TD-LIF 方法检测到许多有机硝酸盐,包括来自异戊二烯和其他生物挥发性有机物(BVOCs)的羟基硝酸盐,并报告其比例相当于总有机硝酸盐的 2/3(Beaver 等, 2012)。大气中异戊二烯和其他 BVOCs 的氧化反应对于有机气溶胶的形成作用引人关注(Claeys 等, 2004; Kroll 等, 2006; Zhang 等, 2007; Ng 等, 2008; Rollins 等, 2009)。

7.2.7 炔烃与 OH 的氧化反应机理

炔烃与 OH 的反应是其大气耗散的唯一过程。此外，OH 与炔烃的初始反应类似于烯烃，对于碳数>3 的炔烃，在 1 atm 反应处于高压极限的条件下，尽管对于乙炔(C_2H_2)(参见 5.2.9 节)需要几个大气压才能达到高压极限状态(见表 7.1)。受污染大气中的主要炔烃是 C_2H_2，并且通过与 OH 发生反应的氧化机理如反应示意图 7.8 所示。

$$\mathrm{CH{\equiv}CH+OH} \xrightarrow{(a)} \cdot\mathrm{CH{=}CHOH} \xrightarrow{(c)} \cdot\mathrm{CH_2{=}CHO}$$

$$\cdot\mathrm{CH{=}CHOH} \xrightarrow[(b)]{O_2} \cdot\mathrm{OOCH{-}CHOH} \xrightarrow[(d)]{NO} \cdot\mathrm{OCH{-}CHOH} \xrightarrow[O_2]{(e)} \mathrm{CHO{-}CHO+HO_2}$$

$$\cdot\mathrm{CH_2{=}CHO} \xrightarrow[(f)]{O_2} \cdot\mathrm{OOCH_2CHO} \xrightarrow{(g)} ?$$

反应示意图 7.8 在 NO_x 存在的条件下，乙炔与 OH 发生反应的氧化反应

如反应示意图 7.8 所示，乙二醛(CHO-CHO)是 OH 和 C_2H_2 先通过 OH 加成，再通过过氧和氧自由基反应形成的主要产物(Hatakeyama 等，1986；Galano 等，2008)。在主反应过程中，最后的步骤(e)中产生 HO_2，并形成 HO_x 链式循环。同理，甲基乙二醛(CH_3COCHO)和双乙酰基(CH_3COCH_3CO)分别是丙炔(C_3H_4)和 2-丁炔(2-C_4H_6)的主要产物(Hatakeyama 等，1986)。

一部分加成的 OH 自由基，通过途径(c)异构化，并形成自由基(CH_2CHO)(Schmidt 等，1985)，但其后续反应尚未知晓。

7.2.8 芳香烃与 OH 的氧化反应机理

OH 和芳香烃在大气条件下的反应由两个过程组成，即第 5 章 5.2.10 节所述的苯环的加成反应和烷基团的抽氢反应。通常以污染大气中芳香烃里浓度最高的甲苯($CH_3—C_6H_5$)为代表示例，从侧链甲基的抽氢反应中得到苄基(Calvert 等，2002；Atkinson 和 Arey，2003)(5.2.10 节)

$$\mathrm{OH} + \mathrm{C_6H_5CH_3} \longrightarrow \mathrm{C_6H_5\dot{C}H_2} + \mathrm{H_2O} \tag{7.37}$$

已知在 NO_x 存在的情况下，通过苄基形成的主要产物是苯甲醛和硝酸苄酯(Akimoto 等，1978；Klotz 等，1998；Calvert 等，2002；Atkinson 和 Arey，2003)，且其反应机理如反应示意图 7.9 所示。

根据该反应示意图，HO_2 自由基的形成过程类似于在 7.2.2 节中看到的形成烷

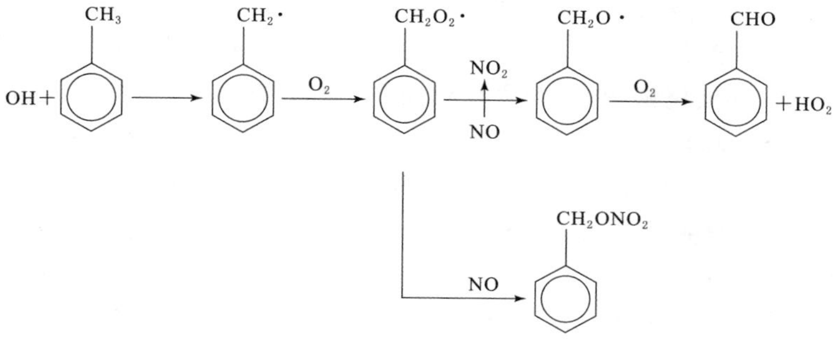

反应示意图 7.9　在存在 NO_x 的情况下，甲苯与 OH 经由抽氢反应过程的氧化反应机理

烃的抽氢反应过程。由于 OH 自由基通过 HO_2 再生，完成 HO_x 链式反应循环，同时 NO 氧化成 NO_2。然而，对于甲苯，发生抽氢反应的比例仅为百分之几，并且从产物分析中已经知道主要途径是下面所述的加成反应（Klotz 等，1998；Calvert 等，2002；Atkinson 和 Arey，2003）。

OH 与苯环加成反应的第一步是形成羟甲基环己二烯基（A），如反应示意图 7.10 所示（见 5.2.10 节）。

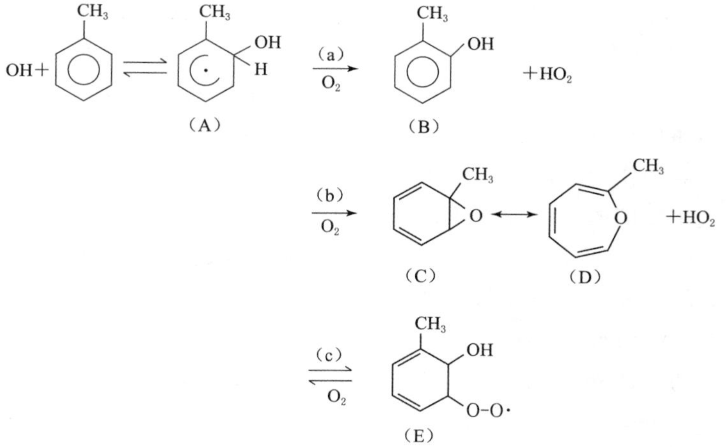

反应示意图 7.10　OH 与甲苯的加成反应及其与 O_2 反应形成羟甲基环己二烯基自由基

使用紫外吸收法（5.2.10 节）直接测定羟甲基环己二烯基自由基与 O_2 反应的速率常数，苯为 2.5×10^{-16} cm^3 · 分子$^{-1}$ · s^{-1}（Bohn 和 Zetzsch，1999；Grebenkin 和 Krasnoperov，2004；Raoult 等，2004；Nehr 等，2011），对于甲苯为 6.0×10^{-16} cm^3 · 分子$^{-1}$ · s^{-1}（Knispel 等，1990；Bohn，2001）。因此，大多数羟甲基环己二烯基被认为仅与 O_2 反应。另外，据报道，在 298 K 时，从苯的环己二烯基回到 C_6H_6＋OH 的单分子分解速率为（3.9 ± 1.3）s^{-1}（Nehr 等，2011）。

对于甲苯，如反应示意图 7.10 所示，人们设想了三种羟甲基环己二烯基自由基与 O_2 发生反应的途径：①通过从 OH 加成的碳的抽氢反应（途径 a），形成甲酚（B）；②形成甲苯 1，2-环氧化物（C）和与之相称的 2-甲基氧杂环庚三烯（D）；③通过向苯环加成 O_2 形成羟甲基环己二烯基过氧自由基（E）（Suh 等，2003；Cartas-Rosado 和 Castro，2007；Baltaretu 等，2009）。甲酚的形成途径（a）是众所周知的，主要生成邻甲酚，然后是对甲酚和间甲酚，反映了苯环上 OH 加成物的邻位和对位取向（见 5.2.10 节）。然而，对于 OH 与甲苯、二甲苯和三甲苯的反应，通过 O_2 从羟甲基环己二烯自由基的苯环进行抽氢反应的比例约为 20%，并且根据产物分析得知途径（b）和（c）优先发生（Klotz 等，1998；Calvert 等，2002；Atkinson 和 Arey，2003）。

Klotz 等（2000）提出了通过途径（b）生成甲苯 1，2-环氧化物（C）和 2-甲基氧杂环庚三烯（D）。实验和理论上均发现它们与 OH 的反应速度很快，被认为是下文所述开环化合物的形成途径之一（Cartas-Rosando 和 Castro，2007）。对于苯，报告称苯酚通过苯氧化物和氧杂环庚三烯的光解作用形成（Klotz 等，1997），但对于甲苯、甲基酚不是由甲苯 1.2-环氧化物或 2-甲基氧杂环庚三烯形成（Klotz 等，2000）。

反应示意图 7.10 中，生成羟甲基环己二烯基过氧自由基（E）的途径（c），被认为是生成开环化合物最重要的方法，众所周知，该开环化合物是 OH 和芳香族的反应产物。对于在苯环上加成 OH 的自由基，O_2 的加成反应是可逆的，例如在苯的情况下，平衡常数和焓变为 $K(298\ \mathrm{K})=(8.0\pm0.6)\times10^{-20}\ \mathrm{cm^3}\cdot$分子$^{-1}$（Johnson 等，2002）和 $\Delta H^{\circ}_{298}=(-44\pm2)\mathrm{kJ\cdot mol^{-1}}$（Grebenkin 和 Krasnoperov，2004）。因此，途径（c）中形成的羟基环己二烯自由基在大气中通常处于稳定状态，并且在芳香族化合物的氧化反应中作为中间体起重要作用。

芳香烃氧化反应的一个独特的特征是通过打开苯环生成二羰基化合物。例如，人们已知乙二醛（CHOCHO）由苯形成；乙二醛和甲基乙二醛（$CHOC(CH_3)O$）由甲苯形成；乙二醛、甲基乙二醛和联乙酰基（$C(CH_3)OC(CH_3)O$）由邻二甲苯形成（Calvert 等，2002；Atkinson 和 Arey，2003）。对于甲苯，可生成 C_5、C_6 和 C_7 二醛和羟基二羰基化合物。此外，如下所述，已证实环氧化物的形成，如 2，3-环氧-2-甲基己烯二醛（Yu 和 Jeffries，1997；Baltaretu 等，2009）。这些开环化合物的生成率和形成机理尚未确定，许多研究仍在进行中。

在甲苯和 OH 的氧化反应中，生成开环化合物被认为会通过两个反应途径发生，一种是通过羟甲基环己二烯基过氧自由基（E），另一种通过反应示意图 7.10 中的甲苯-1，2-环氧化物（C）或 2-甲基氧杂环庚三烯（D）。根据最新的研究结果，反应示意图 7.11 概述了反应示意图 7.10 所示的过氧自由基（E）之前的途径。

从羟甲基环己二烯基过氧自由基（E）出发，理论上预测了 O-O 桥连到苯环的中间体双环氧自由基（F）的形成（Andino 等，1996；García-Cruz 等，2000；Suh 等，2003；Suh 等，2006）。大多数开环产物被认为是通过这种双环自由基形成的，并且

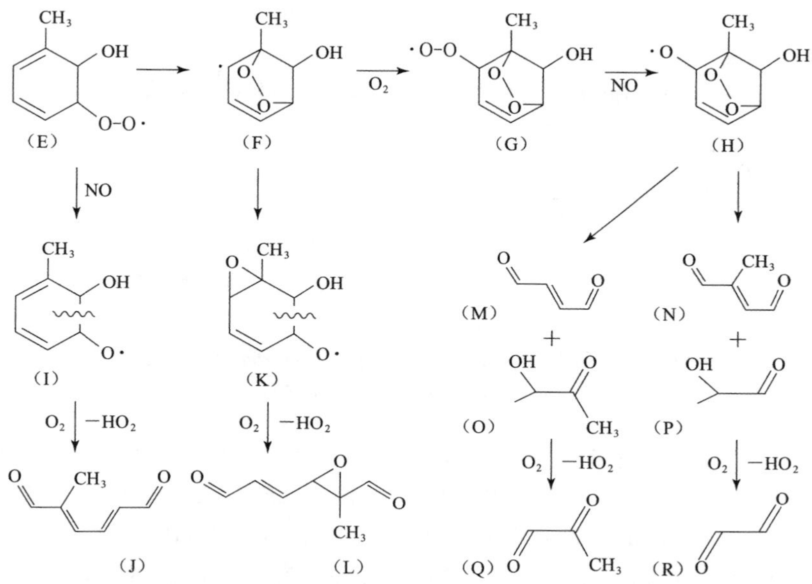

反应示意图 7.11　在甲苯与 OH 的氧化反应中，开环化合物通过羟甲基环己二烯基过氧自由基(E)的形成途径

对于甲苯而言，C_7 环氧化物、环氧甲基己二烯(L)被认为是由双环过氧自由基异构化为羟甲基环氧基(K)生成的(Bartolotti 和 Edney，1995；Baltaretu 等，2009)。此外，Baltaretu 等(2009)通过使用流式化学电离质谱仪，发现含有甲苯全部碳原子的甲基己二烯(J)在甲苯与 OH 的氧化反应中生成且产率较高，并提出通过环己二烯基过氧自由基与 NO 反应生成含氧自由基(I)的途径，而无需通过双环中间体(F)。

利用化学电离质谱仪对进一步向双环氧自由基中添加 O_2 生成的双环氧过氧自由基(G)进行了实验检测(Birdsall 等，2010)，如反应示意图 7.11 所示的，过氧自由基和 NO 反应形成双环过氧氧自由基(H)的单分子分解，生成丁二醛(M)和甲基乙二醛(Q)，以及 2-甲基丁二醛(N)和乙二醛(R)(Volkamer 等，2001；Suh 等，2003；Baltaretu 等，2009)。

另一方面，对甲苯 1,2-环氧化物(C)和 2-甲基氧杂环庚三烯(D)的反应还没有很好的研究。根据量子化学计算，前者的环氧化物与 OH 的反应速率常数为≈1×10^{-10} cm^3 · 分子$^{-1}$ · s^{-1}(Cartas-Rosado 和 Castro，2007)，实验值为≈2×10^{-10} cm^3 · 分子$^{-1}$ · s^{-1}(Klotz 等，2000)，OH 与后者的氧杂环庚三烯的速率常数的理论值非常小，≈1×10^{-14} cm^3 · 分子$^{-1}$ · s^{-1}。通过理论计算也预测了由 Klotz 等(2000)通过实验获得的反应产物 6-氧代庚烷-2,4-二烯醛(6-oxohepa-2,4-dienal)，其反应途径，如反应示意图 7.12 所示，由 Cartas-Rosado 和 Castro(2007)提出。

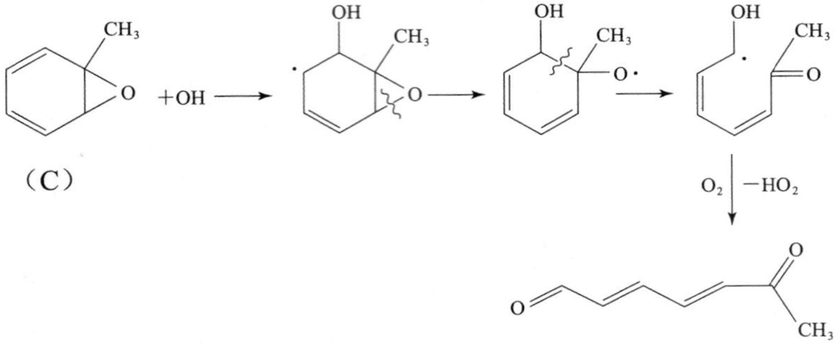

（C）

反应示意图 7.12　从甲苯 1,2-环氧化物(C)的 OH 氧化反应
形成 6-氧代庚烷-2,4-二烯醛的途径

大气中芳香烃的氧化反应机理尚未建立。尽管基于本文所述反应示意图的反应模型 MCM(主化学反应),已通过使用欧盟室外烟雾箱(EURPHORE)的实验数据进行了验证(见第 7 章后的专栏),但有关生成的臭氧、OH 和 HO_2 等的浓度仍有很大差异(Wagner 等，2003；Bloss 等，2005)。有许多实验证据仍然不足,尤其是 NO_x 对产物的依赖性和含氮氧化产物的鉴定等。

关于 OH 和甲苯的反应产物,还报道了许多上述未提及的化合物,并且其生成途径尚不清楚。此外,上述许多产物,如含有两个双键的二烯烃和含有两个醛基的二醛等,与 OH 的反应具有较大的反应速率常数,因此,由它们二次形成的化合物有可能在受污染大气中发挥重要作用。很容易预料,它们是大气中大部分未识别的 VOCs 的来源(见 7.4.2 节),并且是光化学臭氧和氧化剂预测模型中很大的不确定因素。此外,其中还有许多致癌物质和致突变物质,如二醛和环氧化物等,涉及光化学空气污染对健康的影响。

7.2.9　醛与 OH 和 NO_3 的氧化反应机理

醛类与 OH 在 NO_x 存在下的氧化反应生成具有强烈生物毒性的过氧乙酰硝酸酯(PANs，$RC(O)OONO_2$)的特殊化合物是非常重要的。如第 5 章 5.2.11 节所示，OH 和醛的初始反应是抽氢反应,生成酰基自由基。例如,乙醛的反应机理是

$$CH_3CHO + OH \rightarrow CH_3CO + H_2O \tag{7.38}$$

$$CH_3CO + O_2 + M \rightarrow CH_3C(O)OO + M \tag{7.39}$$

$$CH_3C(O)OO + NO \rightarrow CH_3C(O)O + NO_2 \tag{7.40}$$

$$CH_3C(O)OO + NO_2 + M \rightarrow CH_3C(O)OONO_2 + M \tag{7.41}$$

$$CH_3C(O)OO + HO_2 \rightarrow CH_3C(O)OOH + O_2 \tag{7.42}$$

$$CH_3C(O)O \rightarrow CH_3 + CO_2 \tag{7.43}$$

$$CH_3 + O_2 + M \rightarrow CH_3O_2 + M \tag{7.7}$$

$$CH_3O_2 + NO \rightarrow CH_3O + NO_2 \tag{7.8}$$

$$CH_3O + O_2 \rightarrow HCHO + HO_2 \tag{7.9}$$

这些反应途径与 7.2.2 节中提到的烷烃反应过程同时发生，反应(7.43)中 CH_3 自由基形成后的反应(7.7)—(7.9)与 7.1 节所述的甲烷氧化过程中所述的途径相同。醛的氧化反应的具体特征是通过反应(7.41)由过氧酰基与 NO_2 反应生成亚稳态的过氧酰基硝酸酯。对于 CH_3CHO，生成过氧乙酰硝酸酯($CH_3C(O)OONO_2$)。该化合物被称为 PAN(过氧乙酰硝酸酯)，与 O_3 相比，其对植物的毒性更强烈。一组过氧酰基硝酸酯可统称为 PANs。

由于 $CH_3C(O)OONO_2$ 中的键能 $D°(O—NO_2)$ 较小，为 92 kJ·mol^{-1}，因此该分子容易发生热分解，在对流层中处于以下热平衡状态

$$CH_3C(O)OO + NO_2 + M \rightleftharpoons CH_3C(O)OONO_2 + M \tag{7.44}$$

PAN 热分解速率常数由 IUPAC 小组委员会报告第Ⅱ卷给定为 $k_{\infty,7.44}$(298 K)＝ 3.8×10^{-4} s^{-1}(Atkinson 等, 2006)，在 298 K 下，PAN 的大气寿命计算值为 43 min。因此，PAN 可通过热分解作用而损失，并且在对流层低层不会长距离输送。然而，在温度较低的对流层上部，其寿命要长得多，可作为 NO_x 储库远距离输送，与 OH 反应或光解反应后，还可作为 NO_x 的缓慢再生源。

与 OH 相同，醛与 NO_3 的反应是抽氢反应(Mora-Diez 和 Boyd, 2002)，例如，对于 CH_3CHO，其反应如下

$$CH_3CHO + NO_3 \rightarrow CH_3CO + HONO_2 \tag{7.45}$$

因此，后续反应与反应(7.39)和以上所述相同，并且通过反应(7.9)生成 HO_2。醛和 NO_3 的反应作为夜间 HO_x 自由基的来源很重要。

7.3 基于 OH 自由基链式反应的 O_3 的生成和损失

7.1 节中所述的 OH 自由基链反应在对流层化学中起着至关重要的作用，涉及几乎所有大气有机化合物的去除，包括有机气溶胶在内的二次污染物的形成以及臭氧的形成和破坏。在人为影响小、NO_x 浓度低的情况下，水蒸气反应产生的 OH 自由基与在 O_3 的光解中形成的激发态氧原子 $O(^1D)$，通过 O_3 自身反应与 CH_4 和 CO 的竞争反应而导致 O_3 损失。另一方面，在 NO_x 浓度高于一定程度时，OH 自由基链式反应与 NO_2 的光分解作用相结合生成 O_3。特别是在具有高浓度 NO_x 和 VOC 的污染大气中，上述反应产生高浓度的 O_3，导致光化学空气污染。因此，在确定 O_3 的空间分布时，NO_x 的分布以及由此引起的 O_3 的形成和破坏具有至关重要的作用。此外，对于光化学空气污染的控制策略，定量阐明 O_3 形成与受污染大气中 NO_x 和 VOC 浓度之间的关系很重要。本节描述了 HO_x 链式反应机理，此反应机理是 NO_x 和 VOC 与生成 O_3 之间关系的基础。

7.3.1 清洁大气中 O_3 的形成和损失

当大气中的 NO_x 浓度非常低时，由 O_3 的光分解作用所触发的反应(7.1)和(7.2)中生成的 OH 自由基，以及 OH 与 CO 和 CH_4 反应中生成的 HO_2 自由基，除了自由基—自由基反应(7.17)和(7.18)(5.2.1 节和 5.3.1 节)之外，它们与 O_3 反应

$$OH + O_3 \rightarrow HO_2 + O_2 \tag{7.46}$$

$$HO_2 + O_3 \rightarrow HO + 2O_2 \tag{7.47}$$

由此构成了破坏 O_3 的链式反应。同样，在 O_3 的光分解作用中形成的 $O(^1D)$，与 H_2O 反应形成 OH

$$O_3 + h\nu \rightarrow O(^1D) + O_2 \tag{7.1}$$

$$O(^1D) + H_2O \rightarrow 2OH \tag{7.2}$$

导致 O_3 的损失。根据这些反应，O_3 的原位损失率可表示为

$$L(O_3) = (j_{7.1}\, f_{7.2} + k_{7.46}[OH] + k_{7.47}[HO_2])[O_3] \tag{7.48}$$

式中，$j_{7.1}$ 是反应(7.1)的光解速率，$f_{7.2}$ 是由该反应产生的 $O(^1D)$ 形成的 OH 的产率，$k_{7.46}$ 和 $k_{7.47}$ 分别是反应(7.46)和(7.47)的速率常数。$j_{7.1}$ 的值可以根据 O_3 的吸收截面积(表 4.1)和表 3.5 中给出的光化通量计算得出，例如，对于地表

$$f_{7.2} = \frac{k_{7.2}[H_2O]}{k_{7.2}[H_2O] + k_{7.3}[N_2] + k_{7.4}[O_2]} \tag{7.49}$$

本书中，$k_{7.2}$、$k_{7.3}$ 和 $k_{7.4}$ 是反应(7.2)、(7.3)和(7.4)的速率常数。

另一方面，当大气中 NO_x 浓度增加时，在 7.1 节所述的低 NO_x 浓度条件下，OH 与 CH_4 和 CO 发生 HO_x 链式反应，O_2 与从 NO_2(4.2.2 节)光解产生的 $O(^3P)$ 耦合，生成 O_3。

$$HO_2 + NO \rightarrow OH + NO_2 \tag{7.10}$$

$$RO_2 + NO \rightarrow RO + NO_2 \tag{7.21}$$

$$NO_2 + h\nu \rightarrow NO + O(^3P) \tag{7.50}$$

$$O(^3P) + O_2 + M \rightarrow O_3 + M \tag{7.51}$$

根据这些方程式，原位 O_3 产率可表示为

$$P(O_3) = (k_{7.10}[HO_2] + k_{7.21}[RO_2])\,[NO] \tag{7.52}$$

式中，$k_{7.10}$ 和 $k_{7.21}$ 是反应(7.10)和(7.21)的速率常数，RO_2 表示有机过氧自由基。对于开阔海洋上方远处的未受污染大气，仅考虑 CH_3O_2 就足够了，但是因为天然源和人为源 VOCs 的加入，对 7.2 节所示的许多其他有机过氧化物自由基必须加以考虑。根据方程式(7.52)和(7.48)，O_3 的净原位生成率 $N(O_3)$ 可表示为

$$N(O_3) = P(O_3) - L(O_3) \tag{7.53}$$

图 7.1 是在清洁大气条件下，计算出的 O_3 的形成和损失率与 NO_x 的函数关系的示意图(Liu 等，1992)。有研究计算了基于 Mauna Loa 的干净空气条件下，NO_x

浓度范围为 1～100 pptv 的白天和晚上的平均值。如图所示，O_3 的损失率几乎与 NO_x 浓度无关，而生成率几乎与 NO_x 浓度成比例。这意味着方程式(7.48)和(7.52)中白天和晚上的平均浓度[OH]、[HO_2]和[RO_2]几乎恒定，与 NO_x 浓度无关。

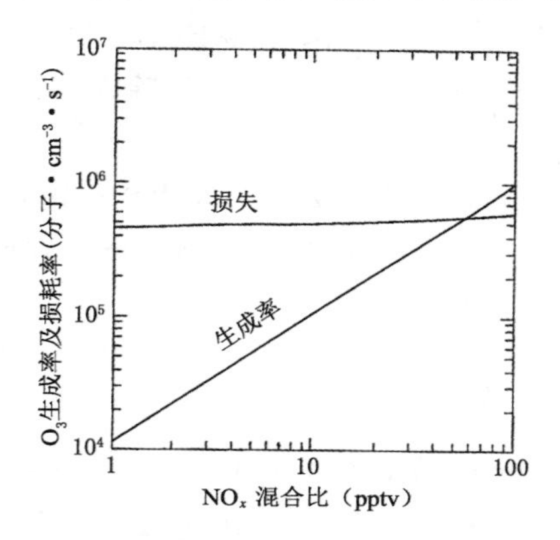

图 7.1　通过模型模拟计算得出的干净的对流层中 O_3 的产生和损失率与 NO_x 混合比的关系(改编自 Liu 等，1992)

从图 7.1 可看出，NO_x 的浓度具有临界值，在未受污染的对流层中，在该临界值以内，发生净 O_3 破坏；在该临界值以上，发生净 O_3 生成。将 $P(O_3)=L(O_3)$放入方程式(7.53)，NO 浓度的临界值$[NO]_{th}$计算为

$$[NO]_{th}=\frac{(j_{7.1}f_{7.2}+k_{7.46}[OH]+k_{7.47}[HO_2])[O_3]}{k_{7.10}[HO_2]+k_{7.21}[RO_2]} \tag{7.54}$$

这里，代入标准值，$j_{7.1}=4\times10^{-5}\ s^{-1}$，$f_{7.2}=0.1$；$[HO_2]=6\times10^8$，$[OH]=4\times10^6$，$[CH_3O_2]=3\times10^8$ 分子·cm^{-3}；$k_{7.46}=1.9\times10^{-15}$，$k_{7.47}=7.3\times10^{-14}$，$k_{7.10}=8.0\times10^{-12}$，$k_{7.21}(CH_3O_2)=7.7\times10^{-12}\ cm^3$·分子$^{-1}$·$s^{-1}$，以及 $[O_3]=40$ ppb，进而得出 $[NO]_{th}\approx25$ ppt①。

在日间太阳照射下，NO 和 NO_2 的浓度比可以通过 NO_2 在反应(7.50)中的光解反应生成 NO 的比率和 O_3 将 NO 转化为 NO_2 的比率(见 5.4.1 节)来确定

$$O_3+NO\rightarrow NO_2+O_2 \tag{7.55}$$

因此，

$$\frac{[NO]}{[NO_2]}=\frac{j_{7.50}}{k_{7.55}[O_3]+k_{7.10}[HO_2]+k_{7.21}[RO_2]} \tag{7.56}$$

在未受污染的海洋以及未受污染的陆地上方，典型 O_3 的浓度分别为～10 ppbv 和 30～50 ppbv，而过氧自由基的浓度为～10 pptv，比 O_3 低了 3 个数量级。然而，NO 与过氧自由基，如 HO_2、CH_3O_2 的反应速率常数为～$8\times10^{-12}\ cm^3$·分子$^{-1}$·s^{-1}，

① 1 ppt$=10^{-12}$，下同

其相比 NO 和 O_3 的反应速率常数 $1.8\times10^{-14}\ cm^3\cdot$ 分子$^{-1}\cdot s^{-1}$大了近 3 个数量级(参见表 5.4),这些过氧自由基以及 O_3 的贡献,可用于确定白天 NO 和 NO_2 的平衡浓度比。方程式(7.56)计算出[NO]/[NO_2]≈0.3。使用该值,从方程式(7.53)计算得出的 NO_x 临界值为$[NO_x]_{th}\approx80$ pptv。从图 7.1 可以看出,NO_x 的临界值为~60 pptv,因此,通常认为在干净的大气中产生或消除净 O_3 的 NO_x 浓度的阈值是数十~100 pptv。

在实际的偏远大气中,O_3 的浓度主要由长距离传输决定,并不直接反映 O_3 的净产生量或原位消耗量。然而,上述 O_3 的生成与消耗反映在区域臭氧浓度分布中,对于考虑全球对流层臭氧平衡非常重要。

7.3.2 受污染大气中 O_3 的形成

在 NO_x 浓度超过 1 ppbv 的污染大气中,O_3 的产生和损耗对 NO_x 浓度的依赖性显示出完全不同的特征。通过模型计算,给出了 1~100 pptv 清洁状况和超过 10 ppbv 污染状况下,OH 和 HO_2 浓度、O_3 净产率与 NO_x 浓度的关系图(Brune,2000)。图中显示了大气边界层(PBL)和对流层上部(UP)两种情况下的计算结果。如图 7.2a 所示,在 NO_x 浓度直到 100 pptv 时,边界层中的 OH 浓度几乎是恒定的,当 NO_x 浓度超过该值时,OH 浓度增加,在 NO_x 浓度超过 1 ppbv 时,OH 和 HO_2 的浓度迅速降低。在对流层上部,这些变化的发生几乎使 NO_x 浓度降低了一个数量级,在 NO_x 浓度大于 10 pptv 时,OH 增加,而在 NO_x 浓度大于 200 pptv 时,OH 和 HO_2 的减少。另一方面,如图 7.2b 所示,边界层中的 O_3 的净生成率 $N(O_3)$ 与图 7.1 一致,在数十 pptv 以上变成正值;在达到 100 pptv 时迅速增加,并且在 NO_x 为 1~2 ppb 时达到最大值,然后在较高的 NO_x 浓度时,净生成率迅速降低。

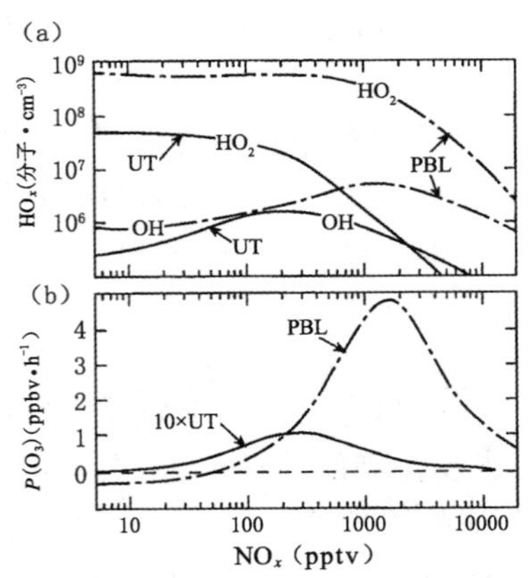

图 7.2　模型计算得出对 NO_x 混合比的依赖性

(PBL:行星边界层,UT:对流层上部)(改编自 Brune,2000)

(a)OH 与 HO_2 浓度;(b)O_3 净产率

这些 NO_x 对 HO_x 浓度和 $N(O_3)$ 的依赖性可以解释如下：在大气边界层中小于 100 pptv（低于净 O_3 产生的阈值）的低 NO_x 区域中，由 O_3 光解产生的 OH 和由此产生的 HO_2，受到与 O_3 的反应(7.46)和(7.47)以及自由基一自由基反应(7.17)—(7.19)的损失过程控制。并且，由于 HO_2+NO 反应(7.10)无法与其竞争，因此 OH 和 HO_2 的浓度几乎恒定，与 NO_x 的浓度无关。但是，随着 NO_x 的增加，HO_2+NO 反应的贡献增加，并且该反应控制了 O_3 的生成，同时促进了 HO_2 向 OH 的转化，从而导致 OH 浓度增加。当 NO_x 浓度进一步增加到 1 ppbv 以上时，OH 和 NO_2 的反应（见 5.2.4 节）

$$OH+NO_2+M \rightarrow HONO_2+M \tag{7.57}$$

随着 NO_x 浓度的增加，OH 和 HO_2 浓度降低。因此，在 NO_x 超过 1～2 ppbv 的情况下，HO_2 浓度和净 O_3 生成率 $N(O_3)$ 随 NO_x 开始降低。10～100 ppbv 的 NO_x 浓度会导致臭氧污染高达 100 ppbv 光化学空气污染。如下一节所示，在该区域中，O_3 的生成速率和浓度相对于 NO_x 浓度表现出很强的非线性。

在对流层上部，由于湿度较低，$O(^1D)$ 和 H_2O 反应生成 OH 的速率较小，因此作为 HO_x 源的 H_2O_2（4.2.8 节）、HCHO（4.2.5 节）和 $CH_3C(O)CH_3$（4.2.7 节）的光解贡献比 PBL 更大。如图 7.2 所示，对流层上部低 NO_x 范围内的 OH 和 HO_2 浓度较小，与边界层相比，OH 和 HO_2 的浓度分别约为 1/3 和 1/10。因此，作为 HO_x 损失过程的 HO_x 的自反应在这里很难发生。另一方面，HO_2 和 NO_2 反应生成 HO_2NO_2（见 5.3.4 节）

$$HO_2+NO_2+M \rightarrow HO_2NO_2+M \tag{7.58}$$

随着对流层上部 NO_x 的增加变得很重要。这是因为热分解反应的速率

$$HO_2NO_2+M \rightarrow HO_2+NO_2+M \tag{7.59}$$

在对流层上层的低温下变小，反应(7.58)成为 NO_x 原位大量损失的过程。因为与 NO_x 的反应相比，作为链终止反应的 HO_x 之间的自反应更有效，如图 7.2 所示，在 NO_x 浓度比 PBL 低得多的情况下，OH 和 HO_2 浓度以及净 O_3 生成率开始下降。因此，OH 浓度和 $N(O_3)$ 的最大值出现在 200 pptv 的 NO_x 附近，并且 HO_2 浓度在 200 pptv以上开始迅速降低，这两者都发生在与 PBL 相比，NO_x 浓度低 1 个数量级的情况下。在对流层上层已经观察到 NO_x 的浓度大于 100 pptv（Brasseur 等，1999），应该注意的是，在此范围内，O_3 的生成是非线性的。

7.3.3　NO_x 和 VOC 对 O_3 生成的依赖性和 O_3 浓度曲线

在本节中，根据光化学烟雾箱实验总结了城市大气污染条件下，O_3 生成与 NO_x 和 VOC 浓度的依赖关系（参见本章后专栏）。对流层中直接生成 O_3 的几乎唯一的反应是 NO_2 光解的基态氧原子 $O(^3P)$ 与 O_2 的反应

$$NO_2+h\nu \rightarrow NO+O(^3P) \tag{7.50}$$

$$O(^3P) + O_2 + M \rightarrow O_3 + M \qquad (7.51)$$

如果仅进行这些反应，则大气中的所有 NO_2 分子都会被光解，并且将形成与 NO_2 初始浓度相同数量的 O_3。因此，例如，如果在污染大气中的 NO_2 浓度为 100 ppb，则形成的 O_3 也应为 100 ppb。图 7.3 描绘了大约 100 ppb NO_2 在烟雾箱被太阳模拟器照射时，NO_2、NO 和 O_3 的浓度实验图（Akimoto 等，1979a）。如图所示，NO_2、NO 和 O_3 在几分钟内达到光平衡，所以 NO_2 的初始浓度仅有约 30%转换成了相等数量的 NO 和 O_3，未出现 NO_2 到 O_3 的进一步转换。图 7.3 中所示的 k_1 值，是由 NO、NO_2 和 O_3 的浓度计算而来的 NO_2 光解速率常数实验值，光平衡方程式(7.56)中，HO_2 和 RO_2 值等于零。在达到光平衡后，k_1 值为 0.24 min^{-1}，与文中的 $j_{7.50}$ 相一致。

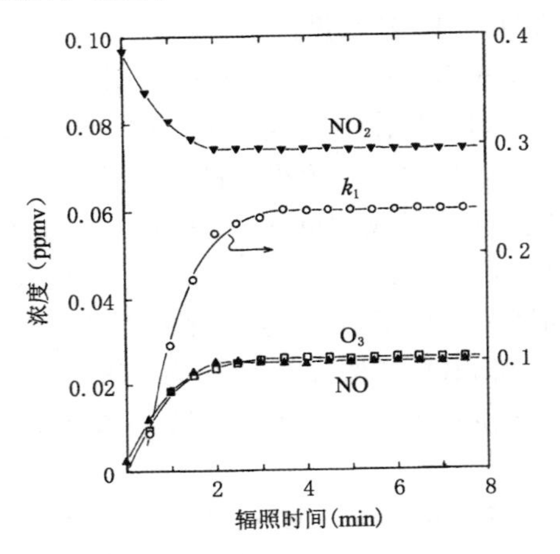

图 7.3 在烟雾箱 NO_2 辐照下，NO、NO_2 和 O_3 混合比的时间曲线
（图中的 k_1 值是根据稳态方程通过实验获得的 NO_2 的光解速率常数）
（改编自 Akimoto 等，1979a）

光平衡的发生是因为 O_3 与 NO 之间的逆反应（见 5.4.1 节）

$$O_3 + NO \rightarrow NO_2 + O_2 \qquad (7.55)$$

其将 NO 重新生成 NO_2。从反应(7.50)、(7.51)和(7.55)可以看出，大气中仅存在 NO_x 时，在光稳定状态下产生的 O_3 浓度可以估算为

$$[O_3]_{ps} = [NO]_{ps} = \frac{-j_{7.50} + \sqrt{j_{7.50}^2 + j_{7.50}k_{7.55}[NO_2]_0}}{2k_{7.55}} \approx \sqrt{\frac{j_{7.50}}{k_{7.55}}[NO_2]_0} \qquad (7.60)$$

（Akimoto 等，1979a）。式中，$[NO_2]_0$ 是 NO_2 的初始浓度，$[O_3]_{ps}$ 和 $[NO]_{ps}$ 分别是 O_3 和 NO 的光稳态浓度，$j_{7.50}$ 和 $k_{7.50}$ 分别是 NO_2 的光解速率（图 7.3 实验中为 $4\times10^{-3}\ s^{-1}$）和反应(7.55)的速率常数（$1.8\times10^{-14}\ cm^3 \cdot$ 分子$^{-1} \cdot s^{-1}$，参见表 5.5）。另外，反应(7.55)很重要，因为它会使大气污染源释放的 NO 迅速消耗其附近的 O_3，并且

因为降低的 O_3 浓度从化学计量上等同于 NO 浓度，所以被叫作“NO 滴定反应”。

当 VOC 加入到 NO_2-空气混合物中时，7.2 节提及的 HO_x 链式反应(7.20)、(7.21)、(7.22)和(7.10)结合以上反应(7.50)、(7.51)和(7.55)共同构成以下链式反应体系

$$OH + RH + O_2 \rightarrow RO_2 + 产物 \tag{7.20}$$

$$RO_2 + NO \rightarrow RO + NO_2 \tag{7.21}$$

$$RO + O_2 \rightarrow R'CHO\ (R'COR'') + HO_2 \tag{7.22}$$

$$HO_2 + NO \rightarrow OH + NO_2 \tag{7.10}$$

$$NO_2 + h\nu \rightarrow NO + O(^3P) \tag{7.50}$$

$$O(^3P) + O_2 + M \rightarrow O_3 + M \tag{7.51}$$

$$O_3 + NO \rightarrow NO_2 + O_2 \tag{7.55}$$

在该反应系统中，光分解反应(7.50)中形成的 NO，而不通过反应(7.55)消耗 O_3，通过反应(7.10)和(7.21)与 HO_2 和 RO_2 优先反应重新生成 NO_2。再生的 NO_2 可再次生成 O_3，由于该循环被多次重复，NO 被氧化成 NO_2 的同时 O_3 得到累积，逐渐形成了高浓度的 O_3。

图 7.4 中的烟雾箱实验验证了这一特性。图 7.4 显示了 34 ppbv 的 NO_x(NO 为 33 ppbv，NO_2 为 1 ppbv)与 100 ppbv 丙烯(C_3H_6)被太阳模拟器照射时，每种组分的浓度变化(Akimoto 等，1979b)。从图中可看到 NO 氧化生成 NO_2，生成远高于 NO_x 初始浓度 120 ppbv 的臭氧以及 C_3H_6 的衰减。图中的[NO_x-NO]代表 NO 以外的氮氧化物的浓度，在达到[NO_x-NO]的峰值之前，几乎与 NO_2 的浓度相同，但是随着照射时间的延长，会反映出含 PAN 和部分硝酸的含氮化合物的总和。这是因为实验中使用的带有钼转化器的商用化学发光 NO_x 分析仪，将除 NO_2 以外的许多次级含氮化合物还原为 NO，并将其总和表示为 NO_x。如图 7.4 所示，O_3 的形成速率在实验后半部分下降，O_3 浓度达到最大值，这是因为反应(7.57)中硝酸的形成、反应(7.44)PAN 的生成，以及由反应示意图 7.2 所示的通过硝酸羟烷基酯将 NO_x 从反应体系中除去。同时，如图 7.4 所示，C_3H_6 的衰减归因于 OH 和 O_3 的反应。

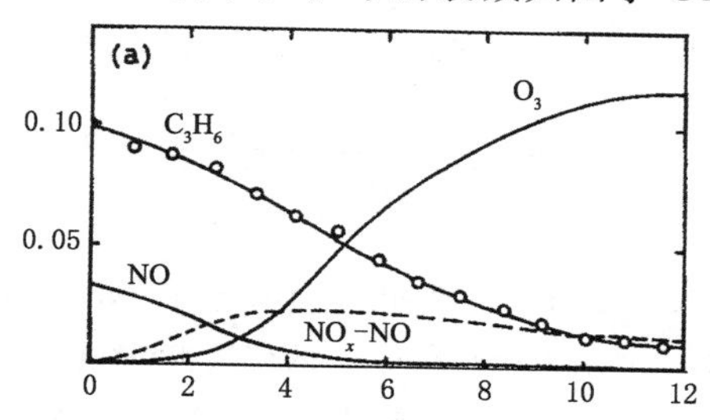

图 7.4　在烟雾箱空气中 C_3H_6 和 NO_x 混合物的辐照下，C_3H_6、NO、NO_x－NO 和 O_3 混合比的时间曲线(改编自 Akimoto 等，1979b)

在图 7.4 中，O_3 达到其最大值需要将近 10 个小时，然而，众所周知，O_3 的形成速率大致与 VOC 浓度成正比（Akimoto 和 Sakamaki，1983）。根据方程式(7.52)，O_3 的形成速率 $P(O_3)$ 与 HO_2 和 RO_2 的浓度成正比，并且，OH 与 RH 的反应，即反应(7.20)，是过氧自由基形成速率的决定步骤。通过室内实验推导，当 VOC/NO_x 高于一定值时（VOC 过量或 NO_x 限制），OH 的浓度几乎恒定，因此，OH 与 VOC 的反应速率几乎与 VOC 浓度成正比（Akimoto 等，1980）。

图 7.5 显示了在 VOC 过量条件下，通过烟雾箱实验得出的 NO_x 和 VOC 初始浓度与最大 O_3 浓度$[O_3]_{max}$之间的关系，实验值与反应模型计算值之间的对比。在该实验中，C_3H_6 作为 VOC，通过在 10～300 ppbv 范围内改变 NO_x 初始浓度，对初始浓度为 100 和 500 ppbv 的 C_3H_6 进行长时间照射。如图 7.5 所示，O_3 最终达到的浓度几乎与 C_3H_6 无关，近似与 NO_x 初始浓度的平方根成正比（Akimoto 等，1979b），该结果可被模型计算（Sakamaki 等，1982）很好重现。类似地，通过实验与模型计算（Sakamaki 等，1982），确认了$[O_3]_{max}$与 NO_2 光分解速率常数 $j_{7.44}$ 的平方根成正比。通过这些结果，他们修改方程式(7.60)定义$[O_3]_{ps}$为

$$[O_3]_{max} \propto [O_3]_{ps} = \sqrt{\frac{j_{7.44}}{k_{7.50}}[NO_x]_0} \tag{7.61}$$

显示了 VOC 过量条件下经过足够时间的照射，$[O_3]_{max}$与$[O_3]_{ps}$成正比（Sakamaki 等，1982）。

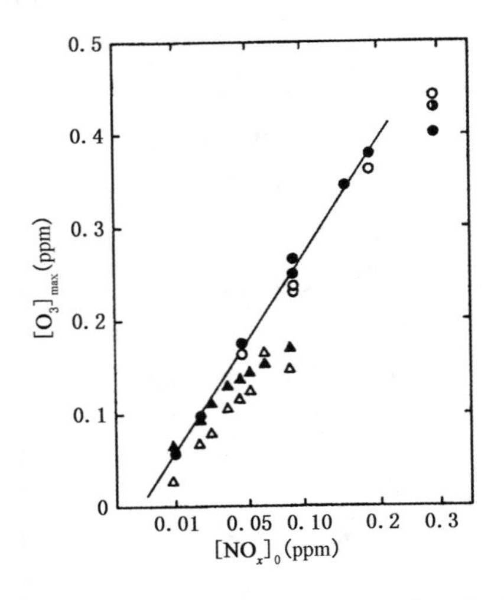

图 7.5 C_3H_6 和 NO_x 混合空气在烟雾箱中辐照下，NO_x 初始混合比$[NO_x]_0$平方根的函数对最大臭氧混合比$[O_3]_{max}$的依赖性（横坐标轴是平方根浓度。C_3H_6 的初始浓度为 500 ppbv（○、●）和 100 ppbv（△、▲）。实验值（空心符号）与模型计算值（填充符号）之间进行了对比）（Sakamaki 等，1982）

从图 7.5 可以看出，当$[C_3H_6]_0$为 100 和 500 ppbv 时，当$[NO_x]_0$高于一定值时，$[O_3]_{max}$的实验值和计算值从直线向下方偏离。这意味着随着$[VOC]_0/[NO_x]_0$的降低，$[O_3]_{max}$越来越依赖于$[VOC]_0$，而非$[NO_x]_0$。在此类 NO_x 过量情况下，已显示出$[O_3]_{max}$大约与 VOC 初始浓度的平方根成正比(Sakamaki 等，1982)。图 7.6 显示$[C_3H_6]_0/[NO_x]_0$的各种组合通过反应模型计算得出的$[O_3]_{max}/[O_3]_{ps}$值的曲线图(Sakamaki 等，1982)。图中显示，在受污染城市大气中通常所见的浓度范围内，$[O_3]_{max}$主要取决于$[VOC]_0/[NO_x]_0$的比。

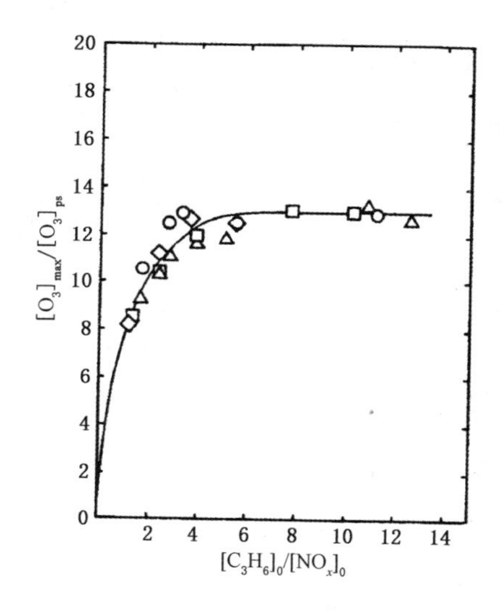

图 7.6 烟雾箱中 C_3H_6 和 NO_x 混合空气在辐照下，$[O_3]_{max}/[O_3]_{ps}$对$[C_3H_6]_0/[NO_x]_0$的依赖性(Sakamaki 等，1982)

表示臭氧最大浓度对于 NO_x 和 VOC 初始浓度依赖性的二维图叫作“臭氧等值线”。通常，如图 7.7a、b 所示，VOC 浓度作为横坐标，NO_x 浓度作为纵坐标。图 7.7a 是以烟雾箱实验数据获得的图 7.5 的等值曲线图；而图 7.7b 显示了使用 EKMA 模型(经验动力学建模方法)绘制的 VOC 混合物的臭氧等值浓度曲线(Dodge，1977；Finlayson-Pitts 和 Pitts，2000)。很显然，该两条曲线形状看起来不同，引起这些不同的原因在于照射时间的不同。在图 7.7b 中，经过固定的几个小时的照射后，臭氧浓度达到最大值，而在图 7.7a 中，在超过 10 个小时的照射以后，臭氧浓度达到最大值。这是因为在通常绘制的等浓度曲线时，光照射时间被限制为一定的小时数，当照射在几个小时内终止时，臭氧尚未达到最终的最大值，往往会在高 NO_x 侧产生更大的等值正斜率，并给出显示臭氧随 NO_x 的减少而增加的曲线图。在图 7.7b 中，以 $VOC/NO_x=8$ 绘制的直线表示等值线的脊线，通常将右下和左上区域分别叫作 NO_x 控制区与 VOC 控制区。这些图通常被作为讨论臭氧(氧化物)控制策略的基础。对于某个城市，如果 VOC/NO_x 比在 VOC 控制区，对 VOC 的排放控制会有作用，如果 VOC/NO_x 比在 NO_x 控制区，NO_x 的控制更为有效。然而，对于制定政策建议过程中应用臭氧等值曲线，需要重视以下几点。

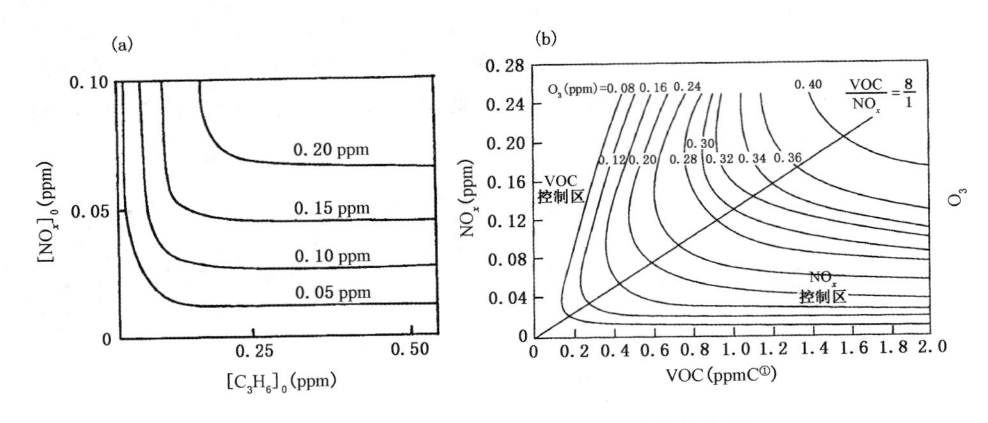

图 7.7　通过以下方法获得 O_3 最大浓度等值线

(a)经过长时间辐照后最终达到最大值的烟雾箱实验(Sakamaki 等，1982)；

(b)EKMA 模型，经过有限时间辐照模拟每日的臭氧变化(Dodge 等，1977)

第一个是模型的不确定性问题，这是由于在实际的环境大气中未完全验证模型的化学准确性的情况引起的。第二个是光化学空气污染的时间与空间分布问题，比如：O_3 与源区 NO_x 和 VOC 的初始浓度的关系，与经过几小时输送后 O_3 到达下风区它们的关系存在较大差异。至于模型的化学精度，在反应物 VOC 的种类和浓度已明确的烟雾箱实验中，基于该模型的等值线在验证范围内被认为是准确的，它们有助于从概念上和定量上理解 O_3 与 NO_x 和 VOC 初始浓度之间的关系。但是，如 7.4.2 节所述，通常在实际大气中进行常规化学分析时，VOC 常常不能被充分捕获，因此，在仅考虑捕获的 VOC 情况下的计算，往往会更倾向于得出 VOC 控制区域的结论，而事实也许并非如此。此外，尽管反应模型的准确性必须通过现场观测链载体 OH 和 HO_2 的浓度来进行验证，但先前的测定往往低估了较高 NO_x 区域内的 HO_2 值。这意味着在 NO_x 的高浓度时存在着促进 O_3 生成的未知反应，通过缺少了这种反应路径的模型计算的臭氧生成潜势，也倾向于 VOC 控制区。

在城市中心地区的空气污染物排放区域，由于 NO_x 的浓度相对于 VOC 较高，模型计算的结果趋于 VOC 控制区。由于早上的 O_3 生成速率与 VOC 浓度成正比，因此通常表明，VOC 的减少对于 O_3 的控制更为有效。然而，在地理和气象条件下，污染的烟羽在下午被输送到下风区域，O_3 浓度在反应过程中更倾向于依赖 NO_x，并倾

① 1 ppmC=10^{-6}(浓度分数)，余同

向于转换至 NO_x 控制区。然后，O_3 的浓度对 NO_x 的进一步加入更加敏感。通过三维模型对这种情况进行了分析可知，NO_x 和 VOC 哪一个需要优先控制有着很大的差异，这一点在很大程度上取决于控制对象中哪一个区域受到传输影响。洛杉矶盆地已清楚地显示了这样的例子。根据臭氧等值线，在洛杉矶市中心地区，VOC 控制更为有效，但在下风向 100 km 处，则以 NO_x 控制更为有效(Milford 等，1989；Finlayson-Pitts 和 Pitts，2000)。同样在针对美国东部更广阔地区的计算中发现，VOC 控制在城市内部更为有效，而 NO_x 控制在农村地区更为有效(Sillman 等，1990)。

7.4　大气中 OH 和 HO_2 自由基的测量及模型验证

化学传输模型计算的对流层大气中的 O_3 及其前体物的 NO_x、VOC、CO 等浓度值，与各点测量值进行比较，并验证其可重复性，是证明模型有效性的必要条件。但是，由于大气中化学物质浓度，是由原位化学反应导致的生成和损失以及传输引起的流入和流出的组合，因此计算值和观测值之间的一致性不一定确保模型中包含的化学反应机理的准确性。特别是，在使用化学传输模型讨论臭氧控制对策，以明确将来应如何控制 NO_x 和 VOC 以减少 O_3 时，其结论很大程度上取决于该模型是否准确描述了重要的反应过程以及是否准确输入了 NO_x 和 VOCs 的排放量。

为了验证与 O_3 生成和损失有关的反应机理，应对大气中的链载体 OH 和 HO_2 自由基，进行直接测量结果与模型计算结果的比较。由于 OH 和 HO_2 的大气寿命分别短于 1 s 和数十秒，因此它们的浓度是在现场测量的，可以排除传输的影响。在使用同时测量多种化学物质浓度和光解速率与观测值的约束条件下，通过箱模型(不含传输的零维模型)对计算出的 OH 和 HO_2 浓度进行比较，可以说，这是比使用 O_3 或其前体物浓度的验证更高级别的验证方法。测量环境大气中 OH、HO_2 和 RO_2 自由基本身就是具有挑战性的科学课题，目前通过许多技术发展已经成为可能。在本节中，讨论了用光学和质谱方法直接测量 OH 和用转换成 OH 的方法测量 HO_2。然而，近来在测量 HO_2 时，通过添加 NO 将其转化为 OH 时，OH 也会由 RO_2 的反应产生并干扰 HO_2 的测量(Fuchs 等，2011)。当异戊二烯、烯烃和芳烃的含量很高时，这种干扰会很大，而来自碳原子少的烷烃的 RO_2 不会产生 OH。因此，先前在自由对流层和偏远地点的测量可能不会受到影响。但是以前报道的城市中，特别是在 BVOC 浓度很高的森林大气中的 HO_2 值可能被高估了。尽管与模型比较的定性的结论不会受到影响，但在进行定量讨论时应谨慎使用，将来这些值可能会被修改。

然而，这些自由基的测量值与计算值之间的一致性仍然是化学反应机理准确性的必要条件，但不是充分条件。对于这些自由基，它们的浓度由形成率和损失率之比决定，因此，即使反应机理中缺失了重要的未知反应过程，也不能排除形成率和损失率的误差几乎相同、它们相互抵消，使实际测量值和模型之间达成一致的可能性。为了进一步验证大气中的 HO_x 化学反应过程，开发了一种检测未知 OH 损失过程的方法，该方法会在空气中产生 OH 脉冲，并测量其时间衰减，并与同时测量的 VOCs 和 NO_x 浓度计算出的衰减率进行对比。这种方法被称为 OH 反应性的测量，作为直接验证与 OH 平衡有关的损失过程的方法非常有效。

在本节中，从验证 HO_x 链反应机理的角度出发，描述了现场观测中 OH 和 HO_2 浓度的最新测量值与箱模型计算值之间的比较，以及如何通过测量 OH 反应性来确定模型中去除 OH 的物质。同时，将三维模型的输出结果与飞机测量的 OH 和 HO_2 浓度进行比较，对于定量估算自由对流层中 O_3 的形成和损失具有重要意义。由于很难将详细的化学种类和反应机理纳入 3D 模型中，在 7.4.1 节中将对其进行简要介绍。Stone 等(2012)最近综述了关于野外观测与 OH 和 HO_2 自由基模型结果之间的比较。

7.4.1　OH 和 HO_2 浓度的测量以及与模型的比较

白天大气中 OH 和 HO_2 自由基的典型浓度分别为～10^6 和～10^8 分子·cm^{-3}(～0.1 pptv 和几个 pptv)。精度较高的低压激光诱导荧光法(LIF)，也叫作气体扩张激光诱导荧光(Fluorescence Assay by Gas Expansion (FAGE))和化学电离质谱法(CIMS)，近年来得到了广泛的应用。两种方法均可直接测量 OH，而 HO_2 是在引入检测器之前向大气样品中添加 NO 通过 $HO_2 + NO \rightarrow OH + NO_2$ 反应转化为 OH(反应(7.10))。除这些方法外，差分光学吸收光谱法(DOAS)也用于野外和烟雾箱中的 OH 测量。

OH 和 HO_2 的测量是使用飞机在对流层上方以及海洋、森林和城市边界层进行的。从验证 HO_x 反应机理的角度出发，几乎以此顺序验证包含更多化学物种的更复杂的反应系统非常有意义。

对流层上部：海洋对流层上部的 HO_x 测量对应于 VOCs 浓度最低的最简单反应系统。美国 NASA 在 20 世纪 90 年代后期至 21 世纪的许多任务中对这一大气区域进行了测量，并与模型进行了比较(Stone 等，2012)。通过这些调查，在高于 8 km 的海拔高度，低于 100 ppmv H_2O 的情况下，分析了对流层中 HO_x 的主要来源。除了此过程

$$O(^1D) + H_2O \rightarrow 2OH \tag{7.2}$$

以下过程(4.2.5 节和 4.2.7 节)

$$HCHO + h\nu \rightarrow HCO + H \tag{7.62}$$

$$H_2O_2 + h\nu \rightarrow 2OH \tag{7.63}$$

$$CH_3COOH + h\nu \rightarrow CH_3CO + OH \tag{7.64}$$

贡献也很大(Tan 等，2001b；Ren 等，2008)。丙酮的光分解(4.2.6 节)

$$CH_3COCH_3 + h\nu \rightarrow CH_3CO + CH_3 \tag{7.65}$$

曾经被认为是对流层高层 HO_x 的主要来源，现在估计其贡献较低，因为已经发现光解量子产率具有温度依赖性，并且在低温下会大大降低（Arnold 等，2004；Blitz 等，2004）。同时，据估计 $O(^1D) + H_2O$ 的反应在低于 7 km 时占主导（Tan 等，2001b）。

在对流层上部，HO_x 主要消解过程是

$$OH+CH_4 \rightarrow CH_3+H_2O \tag{7.6}$$

$$HO_2+HO_2 \rightarrow H_2O_2+O_2 \tag{7.17}$$

$$HO_2+CH_3O_2 \rightarrow CH_3OOH+O_2 \tag{7.18}$$

$$OH+HO_2 \rightarrow H_2O+O_2 \tag{7.19}$$

而且，该反应

$$OH+NO_2+M \rightarrow HONO_2+M \tag{7.57}$$

由于平流层 NO_x 的影响，NO_x 的浓度随着海拔的升高而增加，因此在高于 8 km 的海拔高度处作为 HO_x 的“汇”变得越来越重要。Ren 等(2008)获得了在 INTEX、TRACE-P 和 PEM-Tropics-B 中的测量值与箱模型计算值的比较图(图 7.8)。结果表明，在对流层上方整个区域内，在观测误差范围内，OH 的计算值和观测值具有良好的一致性。对于 HO_2，在海拔低于 8 km，NO 浓度小于 100 pptv 区域，观测值与计算值之比在 1.2 以内；在高于 11 km，NO 浓度超过 1000 pptv 时，观测值与计算值之比超过 3。根据这些分析，计算出的 OH 和 HO_2 浓度通常与低 NO_x 浓度区域中对流层中的测量值非常吻合，并且 HO_x 链循环可以通过已知的化学过程很好地解释。另一方面，高 NO_x 浓度区域中 HO_2 浓度的计算值的低估与污染大气中的相似，表明有未知反应路径的可能性，这将在后面讨论。

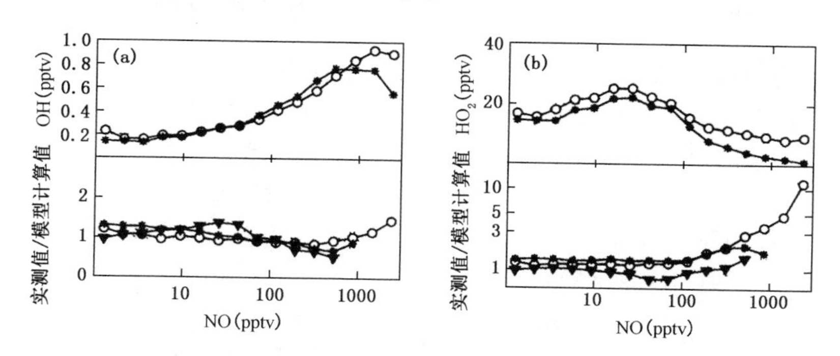

图 7.8　通过飞行观测比较高空对流层中 OH(a)和 HO_2(b)对 NO 的依赖性（上图：实测值(○)，模型值(★)；下图：实测值与模型计算值之比，INTEX-A(○)，TRACE-P(★)，PEM-Tropics B(▼))（改编自 Ren 等，2008）

为了在自由对流层中进行比较，还对这种飞机测量 OH 和 HO_2 进行了三维模拟（Sudo 等，2002；Zhang 等，2008；Regelin 等，2012）。图 7.9 是 Sudo 等(2002)的一个实例。在图中，通过 CHASER 模型对夏威夷、斐济和复活节岛的观测结果进行

了比较，总体上一致性较好。

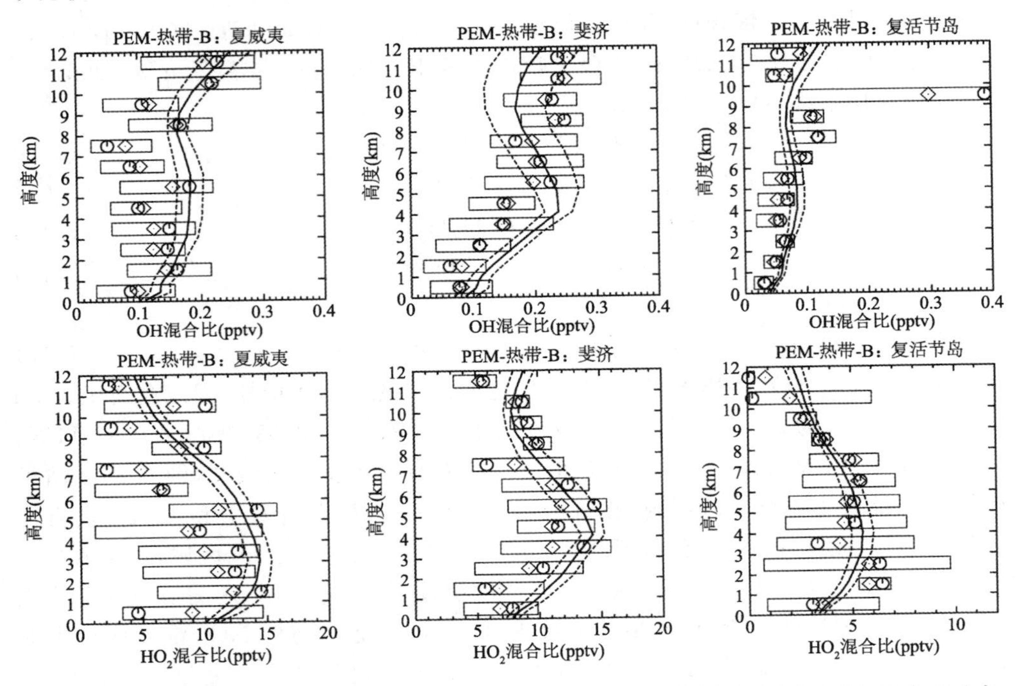

图 7.9　飞行器观测(PEM-Tropics-B)与三维模型(CHASER)之间的 OH 与 HO_2 混合比垂直分布的对比(实线和虚线分别是通过模型计算的平均值以及 $\pm 1\sigma$ 值。◇和○分别是平均观测值与观测中值，方框代表 ±50%以内的数据)(改编自 Sudo 等，2002)

海洋边界层：在不受人为活动影响的条件下，测量偏远海洋边界层中的 OH 和 HO_2，对于验证大气反应机理的模型非常有用，目前已经进行了许多测量(Stone 等，2012)。从这些测量中看出，OH 和 HO_2 的日最大浓度通常分别为 $(3\sim10)\times10^6$ 分子 · cm^{-3} 和 $(1\sim6)\times10^8$ 分子 · cm^{-3}(4～25 pptv)。对于观测值与计算值之间的比较，据报道，1998 年在日本隐岐岛的 OKIPEX、2000 年在日本利尻岛的 RISOTTO 和 2003 年野外观测(Kanaya 等，2000，2002，2007a)研究结果显示，计算的 HO_2 浓度值往往比在野外观测到的值高 3 倍。另一方面，OH 浓度的计算值和观测值之间的差异在 10%～30%之间，远小于 HO_2。图 7.10 显示了箱模型使用 RACM 反应模型(Stockwell 等，1997)计算的 HO_2 和 OH 结果与在 RISOTTO 实际观察结果(Kanaya 和 Akimoto，2002)之间的比较。卤素化学不包括在这个模型中，Kanaya 等(2002)、Kanaya 和 Akimoto(2002)提出，在海洋边界层中检测到的涉及卤素(如 IO)的链反应(Alicke 等，1999)

$$HO_2 + XO \rightarrow HOX + O_2 \tag{7.66}$$

$$HOX + h\nu \rightarrow OH + X \tag{7.67}$$

$$X + O_3 \rightarrow XO + O_2 \quad (7.68)$$
$$(X = I、Br)$$

可能会将更多的 HO_2 转化为 OH。其他可能的结果包括：气溶胶中 HO_2 的非均相损失，HO_x 的非均相反应（HOI 等）引起的 HO_x 自由基的净损耗，以及对一些未知的 HO_2 + RO_2 反应速率常数认识不足等。

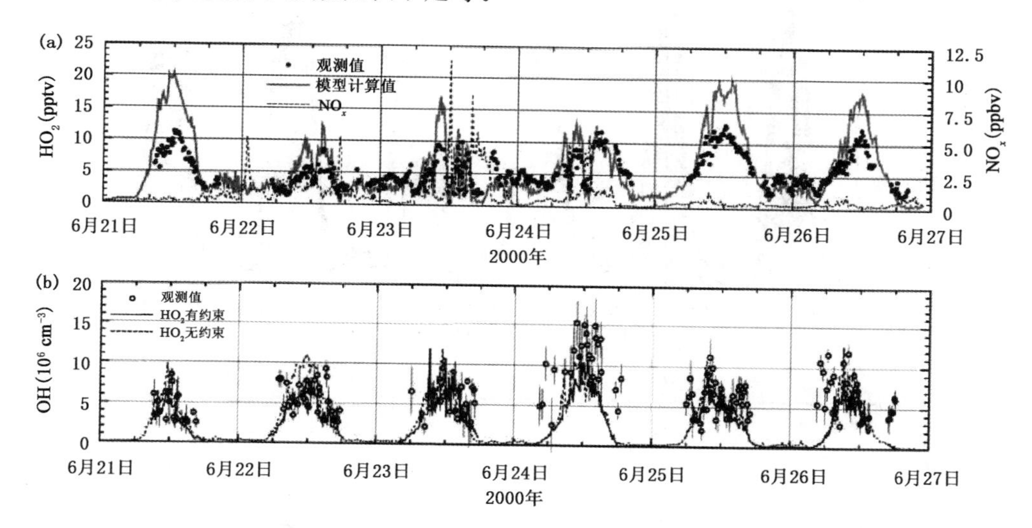

图 7.10　在日本利尻岛 RISOTTO 观测中，HO_2(a)与 OH(b)箱模型计算值与观测值之间的对比（改编自 Kanaya 和 Akimoto，2002）

2002 年，在 Mace Head 岛的 NAMBLEX 现场观测中，同时测量了 OH 和 HO_2 与 BrO、IO、OIO 和 I_2(Saiz-Lopez 等，2006)。观测到的 IO 和 BrO 最大浓度分别为 4 和 6.5 pptv，以这些观测值为基础，图 7.11(Sommariva 等，2006)显示了 HO_2 的测定值与应用 MCM 反应模型(Bloss 等，2005)的计算值两者之间的对比。在该模型的计算中，包含了各种 VOC 反应的计算，图 7.11a 显示了有和没有 IO 反应的对比，图 7.11b 显示了气溶胶上吸收和没有吸收 HO_2 和 HOI 两者的情况。如图 7.11a 所示，当包含 IO 反应时，HO_2 的高估最多可改善 30%，但这种改进还不够。如果采用气溶胶吸取 HO_2 的最大系数 $\gamma=1$，例如 8 月 15 日和 20 日，对计算值的高估可改善 40%左右，相反 16 日计算值反而被低估。Taketani 等(2012)最近给出了中国山东的泰山(Mt. Tai)和北京的蟒山(Mt. Mang)大气中收集的气溶胶的 HO_2 吸收系数为 $\gamma=0.1\sim0.4$(参见 6.2.3 节)。这意味着 HO_2 在气溶胶的非均相吸收过程中，与 IO 一样对于海洋大气中 HO_2 浓度很重要。

此外，在 2007 年北大西洋热带佛得角的 RHaMBLe 野外观测中，观测了 HO_x，并通过 DOAS 同时测量了 IO 和 BrO。在考虑卤素化学和 $\gamma(HO_2)=0.1$ 的 HO_2 非

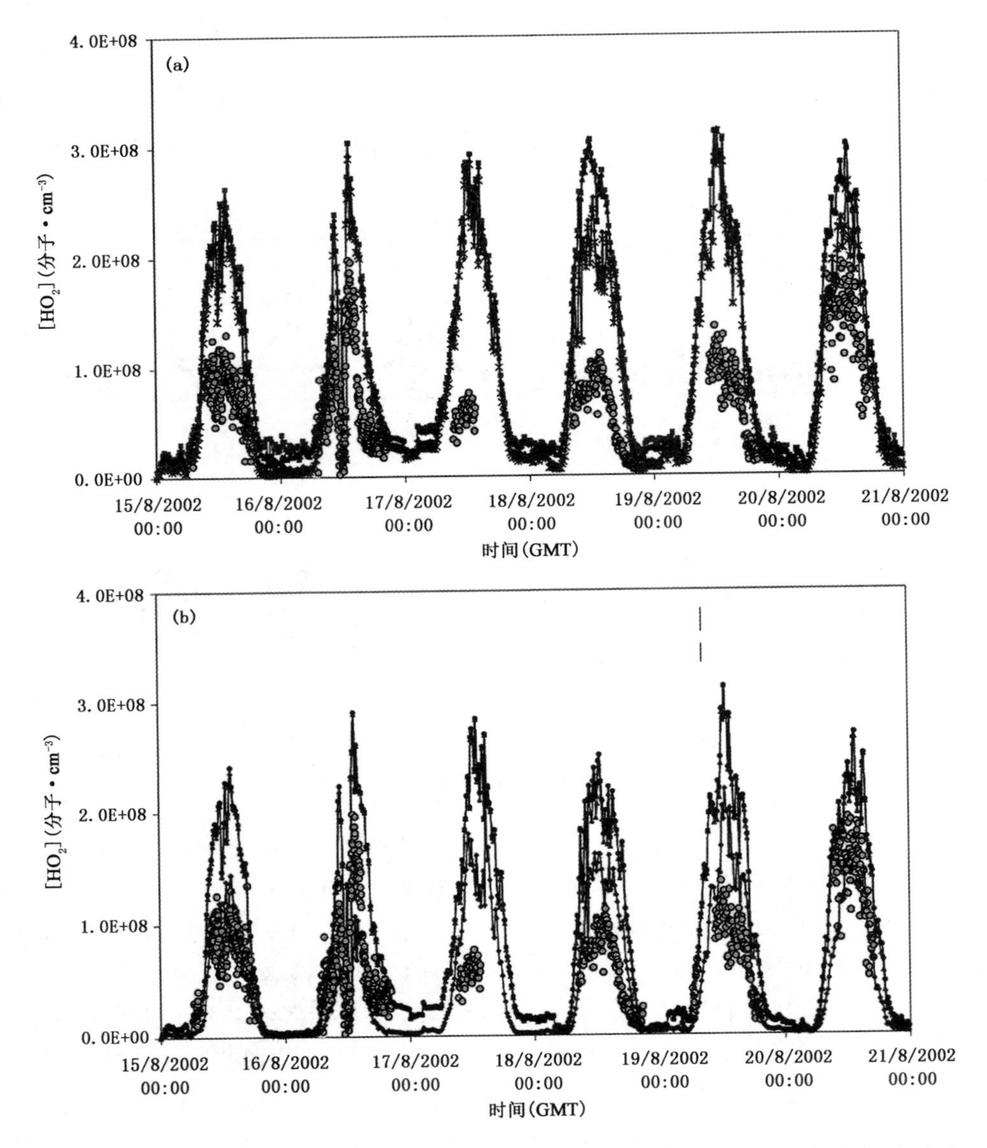

图 7.11　在 Mace Head 岛进行的 NAMBLEX 观测中，观测到 HO_2 的浓度与考虑 IO 在内的模型计算值之间的对比(改编自 Sommariva 等，2006)

(a)无 IO(■)的计算与有 IO(×)的计算与观测值(●)之间的对比；(b)有 IO 和 HOI 吸收的计算(■)以及有 IO 和 HO_2 吸收(▮)的计算与观测值(●)的对比

均相损失过程的情况下，基于这些观测值的 MCM 模型计算结果与测量值非常吻合(Whalley 等，2010)，测量值在 20%的误差范围内。图 7.12 显示了通过模型计算获得的每个化学过程对 OH 和 HO_2 的生成和损失的贡献率(Whalley 等, 2010)。如图所示,$O(^1D)$通过 O_3 的光分解而生成的 OH 的贡献率为 76%,卤素 HOI 和 HOBr 光解的共同贡献为 13%。在 OH 的损失过程中,CO、CH_3CHO 的贡献最大,分别为 28%和 25%。另一方面,对于 HO_2 的形成,OH+CO 反应占 41%,OH+HCHO 和 HCHO 光解各自分别占 10%。对于 HO_2 的损失过程,RO_2+HO_2 最大,约为 40%,气溶胶表面的吸收为 23%,IO 和 BrO 反应总计约为 19%。

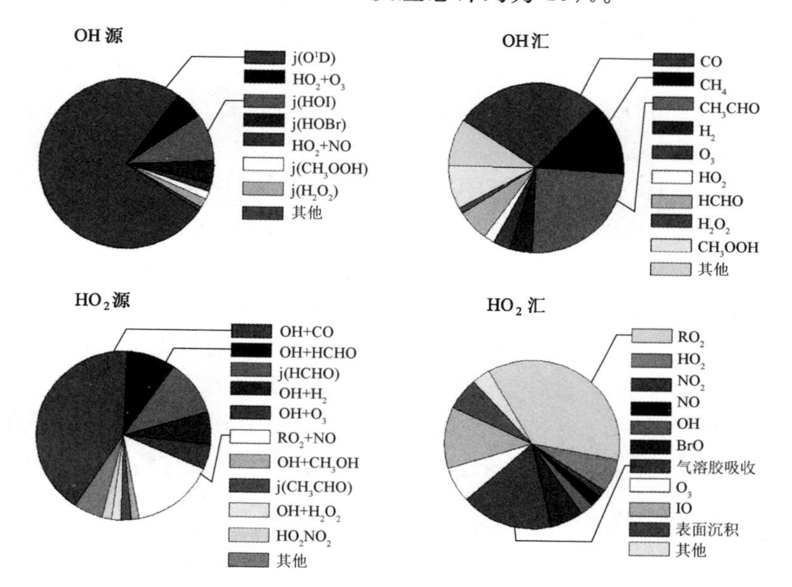

图 7.12　在佛得角 RHaMBLe 观测中,通过模拟得出,各个化学过程对 OH 和 HO_2 生成与消耗的作用(改编自 Whalley 等,2010)

在许多海洋边界层测量中,即使在夜间也存在几个 pptv 的 HO_2,它们被认为是由于 O_3 与海洋周边陆地释放的异戊二烯、单萜、内烯烃等的反应生成的(Kanaya 等, 2007a; Smith 等, 2006; Whalley 等, 2010)。一般认为,海洋边界层中的 OH 在夜间处于检测限以下。

森林大气:研究者还曾多次对受异戊二烯和单萜烯等植物衍生的碳氢化合物的影响的森林大气中的 HO 和 HO_2 进行了测量,并与模型计算进行了比较(Stone 等, 2012)。例如,这些研究对于验证 7.2.6 节中描述的异戊二烯的反应机理,在多大程度上正确反映了其在 HO_x 自由基链式反应中的作用具有重要意义。通常,在异戊二烯浓度较高的位点,与实测值相比,模型计算出的 OH 结果大大低估。例如,在美国密歇根州进行的 PROPHET-98 野外观测,异戊二烯浓度较高,利用 RACM 模型的计算值较实际测量值低 2.7 倍,尤其是当 NO 较低时,差异可达 6 倍(Tan 等, 2001a)。另一方面,HO_2 的计算值与观测值有 15%是一致的。这意味着当 NO 浓度低时，HO_x 链反应系统中存在将 HO_2 转化为 OH 的未知反应。在随后的 PROPHET-2000 野外观测中，还对 OH 的反应性进行了观测，结果表明存在许多未知的 BVOC(Di Carlo 等，2004)。

据报道，在 2005 年的亚马孙热带雨林的 GABRIEL 观测(Sander 等，2005)和 2008 年的 Borneo Sabah 观测(Whalley 等，2011)中，均发现 OH、HO_2 的计算值比实测值低很多。但是，HO_2 的观测值被认为受到了如上所述的来自 BVOC 的 RO_2 的较大正干扰，因此将来必须对定量结果进行修订。

特别是在低浓度 NO 时，提出了可能产生过量 OH 的过氧自由基的几种反应。Dillon 和 Crowley(2008)报道了 HO_2 和含羰基的过氧化物自由基的反应，例如乙酰基过氧自由基的反应

$$HO_2 + CH_3C(O)O_2 \rightarrow CH_3C(O)O_2H + O_2 \tag{7.69}$$

$$\rightarrow CH_3C(O)OH + O_3 \tag{7.70}$$

$$\rightarrow CH_3C(O)O + O_2 + OH \tag{7.71}$$

据报告，OH 生成反应(7.71)的产率为 $\alpha(298\ K) = 0.5 \pm 0.2$。在 OH 和异戊二烯反应中生成带羰基的过氧自由基的情况下，与 HO_2 的反应会生成 OH 自由基，这将导致在低 NO 浓度条件下，在森林大气中产生过量的 OH。另一方面，Peeters 和 Müller (2010)提出，在 OH 与异戊二烯的反应中，氢过氧自由基中分子内氢转移形成的氢过氧甲基丁醛的光解作用，使 OH 的量子产率为 1，并可能导致森林空气中过量的 OH。

$$\xrightarrow[O_2]{OH} \text{OH}\cdots\dot{\text{O}}\text{O} \xrightarrow[O_2]{\text{1,6-H-转移}} \text{O}\quad\text{OOH} + HO_2 \xrightarrow{h\nu} \text{OH} + \text{自由基} \tag{7.72}$$

因此，从直接测量 HO_x 来看，在低 NO 浓度下，异戊二烯和单萜的氧化反应机理仍然显示出许多不确定性。

另一方面，在 2006 年中国广州附近的 PRIDE-PRD 观测中，在 VOC 中有含高达 20%的异戊二烯和低浓度 NO(白天浓度为 200 ppt)条件下，观察到 OH 和 HO_2 在白天浓度非常高，分别为$(15\sim26)\times10^6$和$(3\sim25)\times10^8$分子·cm^{-3}(80 pptv)(Hofzumahaus 等，2009；Lu 等，2012)。在低 NO 浓度条件下，模型计算几乎重现了 HO_2 浓度，而 OH 浓度的计算值与实际测量值相比被低估了 3～5 倍。这些结果表明，已知的反应机理缺少 OH 的来源，并且即使在上述的 $HO_2 + RO_2$ 产生 OH 的反应中 $\alpha=1$，也无法解释该差异。有人认为，除了与 NO 的反应之外，还有一个未知的由 HO_2 生成 OH 的循环(Hofzumahaus 等，2009；Lu 等，2012)。

在密歇根州进行的 PROPHET-98 野外观测中，夜间的 OH 和 HO_2 分别为 1×10^6分子·cm^{-3}和 2 pptv，OH 的浓度很高，而 HO_2 则相对较低。根据测得的单萜烯与 O_3 反应的模型计算，OH 的浓度被低估约 2 倍(Faloora 等，2001)。

城市受污染空气:城市受污染空气包含几百种碳氢化合物和含氧挥发性有机化合物(OVOCs)(Lewis 等, 2000),对室外空气中观测到的 OH 与 HO_2 浓度,可用于验证全部 VOCs 的反应模型。从验证 O_3 形成速率对污染大气中 NO_x 和 VOC 依赖性的角度来看,比较模型计算和野外观测中 OH 和 HO_2 浓度也很有意义,并且作为对反应模型的验证,如上一节所述,在氧化剂控制策略讨论过程中也非常重要。根据这些观点,在城市空气中进行了许多测量并与模型计算进行了比较,结果显示,OH 的值为$(3\sim20)\times10^6$ 分子·cm^{-3}、HO_2 的值为$(1\sim12)\times10^8$ 分子·cm^{-3}(4～50 pptv),与海洋边界层相似或略高(Stone 等, 2012)。

作为比较城市空气中 OH 和 HO_2 的测量和 RACM 模型计算的一个例子,图 7.13 显示了 Kanaya 等(2007b)于 2004 年夏天在日本东京进行的 IMPACT 野外观测

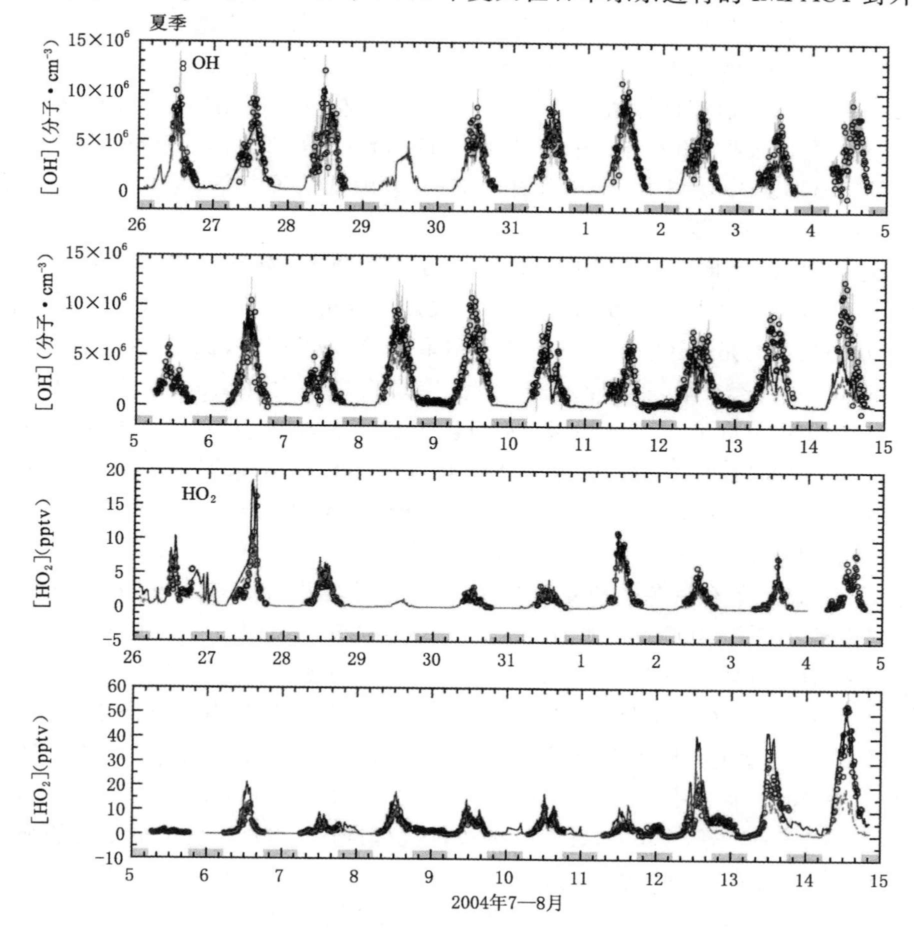

图 7.13　在东京 IMPACT 观测中,对于 OH 与 HO_2 浓度观测值与计算值之间的对比(○观测值,——基本案例计算,- - -包含 HO_2 非均相损耗过程的计算值)(Kanaya 等,2007b)

的结果。该测量中,OH 最大浓度为 13×10^6 分子·cm^{-3},白天中位数浓度为 6.3×10^6 分子·cm^{-3},每日的变化相对较小;而 HO_2 浓度最大为 50 pptv,白天中位数浓度为 5.7 pptv,每日变化非常大。2004 年冬季,在同一地点 OH 和 HO_2 的观测最大值和中位数分别为 1.5×10^6 分子·cm^{-3}和 1.1 pptv,两者均为夏季的五分之一。从图中可以看出,夏季的 OH 和 HO_2 的计算值和测量值在各自的误差范围内相对一致,OH 和 HO_2 的计算值与实测值的比值分别为 0.81 和 1.21,即被低估和高估约 20%。同时,OH 的计算/测量中位数比率 0.93,显示出良好的一致性,而 HO_2 的计算/测量值的中位数比为 0.48,低估了约 2 倍。

在洛杉矶、纳什维尔、伯明翰、休斯敦、纽约、埃塞克斯、墨西哥城等不同城市进行了城市大气中 OH 和 HO_2 的测量和计算的比较。尽管在大多数情况下,测量和计算的比值在 50%内,模型通常会高估 OH,而当 NO_x 浓度高时,模型会低估 HO_2(Stone 等, 2012)。然而,例如在墨西哥城,HO_2 的计算值比观测值低估了 5 倍(10 时左右),而 OH 的计算值比计算值高估了 1.7 倍(中午左右),这归因于 VOC 测量过程中有许多烃类化合物,如芳香烃未能被捕获(Dusanter 等, 2009)。此外,在冬季纽约市的 PMTACS 野外观测中,计算出白天 HO_2 浓度低估了 6 倍,尤其是当 NO 浓度高时,差异更大(Ren 等,2006)。

从这些观测中,通常可以发现,HONO 的光解、烯烃-臭氧反应和醛的光解在很大程度上是城市空气中总 HO_x 的来源,O_3 光解引起的 $O(^1D)+H_2O$ 反应的贡献率仅为百分之几。但是,HO_x 来源的主要光解种类取决于城市,例如,在墨西哥城,据报道甲醛和二醛(乙二醛,甲基乙二醛)的光降解作用很大(Dusanter 等, 2009)。顺便说一句,如第 6 章 6.4.2 节所述,人们认为白天在城市空气中观测到的高浓度 HONO 是由地面附近 NO_2 的光催化反应形成的。从对 RACM,MCM 等的模型间比对的研究来看,对于城市空气,反应模型之间的差异相对较小,这表明 VOC 反应机理差异的影响不大,如下所述,NO_x 的化学作用更为重要(Chen 等, 2010)。

图 7.14 显示了东京冬季和夏季 OH、HO_2 的浓度以及 HO_2/OH 对 NO 浓度的依赖性(Kanaya 等, 2007b)。如图所示,在 1~100 ppbv 范围内,随着 NO 浓度的增加,OH 和 HO_2 的浓度以及$[HO_2]/[OH]$降低,并且通过模型计算可以很好地再现这种趋势。然而,计算值 OH 和 HO_2 在较低的 NO 浓度范围内都倾向于被高估,而在较高的 NO 浓度范围内则被低估。对于冬季的 HO_2 以及 HO_2/OH,这种趋势更为明显。在 2003 年 4 月的墨西哥城(Sheehy 等, 2010; Volkamer 等, 2010)和纽约的冬季观测中(Ren 等, 2006),在 NO 的高浓度范围内,HO_2 浓度的低估也明显扩大了,并且这种趋势在许多观测中均存在(Stone 等, 2012)。飞机在对流层上方也观测到了类似的趋势(Ren 等, 2008),这强烈表明与化学模型中使用的 NO_x 有关的反应机制中存在着未知的过程。

如 7.3.2 节所示,在大气中 O_3 的净生成速率可以表示成 $P(O_3)-L(O_3)$

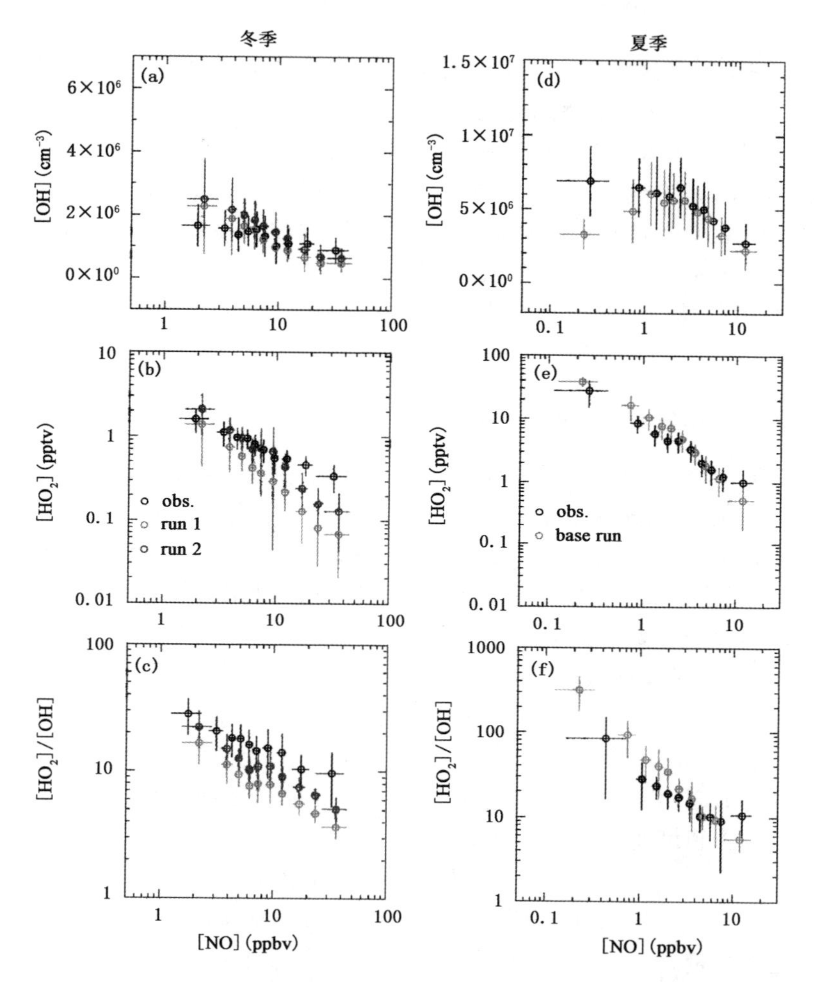

图 7.14 东京的冬季和夏季观测到的 OH 与 HO_2 浓度以及 $[HO_2]/[OH]$ 对 NO 依赖性（run 2 是当 RACM 中的内烯烃(OL1)与反应性烯烃(HC8)增加 3.5 倍时的计算值）(Kanaya 等,2007b)

$$P(O_3)=(k_{7.10}[HO_2]+k_{7.21}[RO_2])[NO] \tag{7.52}$$

$$L(O_3)=(j_{7.1}\ f_{7.2}+k_{7.47}[HO_2]+k_{7.46}[OH])[O_3] \tag{7.48}$$

表明 OH、HO_2 和 RO_2 的浓度是 O_3 净生成的关键参数。因此，通过模型中使用的反应机理，可以正确再现观察到的 OH 和 HO_2 对 NO_x 和 VOC 依赖性，是使用 7.3.2 节所述的等值线来讨论关于 NO_x 控制区和 VOC 控制区的前提。Kanaya 等(2008)根据东京的 OH 和 HO_2 的观测结果，绘制了 $P(O_3)-L(O_3)$ 等值线图，并将其作为 NO_x 和 VOC 浓度的函数，并且表明观察的趋势和计算出的趋势不一定一致，特别是在冬季。

通常在城市和郊区污染大气中的夜间可观测到OH和HO_2。例如，1998年夏天在德国的BERLIOZ野外观测中，观测到1.9×10^5分子·cm^{-3}的OH和4 ppt的HO_2，分析表明，NO_3反应和O_3反应对OH的贡献分别为36%和64%，对HO_2的贡献分别为53%和47%(Geyer等，2003)。2003年夏天，在英国埃塞克斯的TORCH野外观测中，测得的OH和HO_2平均浓度分别为2.6×10^5分子·cm^{-3}和2.9×10^7分子·cm^{-3}(1.2 pptv)。估计有66%的O_3反应和33%的NO_3反应作为自由基来源，但是模型计算分别低估了OH和HO_2 41%和16%(Emmerson和Carslaw，2009)。

7.4.2 OH反应性与流失反应性测定

如前段所述，由于大气中的OH和HO_2浓度取决于这些自由基的形成和损失的平衡，因此通过模型的计算值来重现测量值并不一定能保证这些自由基的源和汇的准确性。在确定大气中OH的生成率和损失率时，开发了一种称为"OH反应性"的损失率测量技术，是通过在环境空气中产生脉冲OH，来直接测量其时间衰减的方法(Sadanaga等，2004；Sinha等，2008；Ingham等，2009)。

大气OH的损失率可表示为

$$L(OH)=\sum_i k_{VOCi}[VOC_i]+k_{CO}[CO]+k_{NO_2}[NO_2]+k_{NO}[NO]+k_{SO_2}[SO_2]+k_{O_3}[O_3]+k_{CH_4}[CH_4]+\cdots \tag{7.73}$$

是每种反应物浓度和相应的OH反应速率常数的乘积之和。在OH反应性的测量中，损失率$L(OH)$可通过以下式直接计算出

$$[OH]_t=[OH]_0\exp\{-L(OH)t\} \tag{7.74}$$

$$\ln([OH]_t/[OH]_0)=-L(OH)\,t \tag{7.75}$$

通过这种测量，可以基于同时观察到的各个VOC、NO_x和其他物质及OH反应速率常数，通过将观测值与计算值进行比较，来定量估算损失率。在城市大气中，估计存在数百种VOCs(Lewis等，2000)，此外，如果包括生物挥发性有机化合物，那么数量是巨大的(Goldstein和Galbally，2007)，在计算臭氧生成速率时，自下而上的模型方案通常是不现实的。由于OH反应性测量值可以对其进行总体评估，因此对于为模型提供边界条件非常有用。

研究者在美国密歇根州的温带森林，亚马孙地区的热带森林和芬兰的北方森林中进行了森林空气中OH反应性的测量。在密歇根州的测量中，与OH反应性相比，有很多未知的反应性无法用已测得的VOC来解释。由于其数量级在温度依赖性方面与其他萜类相似，因此据估计，许多植物来源的BVOC及其所生成的OVOC均未得到分析(Di Carlo等，2004)。此外，在热带森林中进行的测量报告称，这种未知的反应性可能高达所测量的VOC的10倍(Lelieveld等，2008)。在2008年8月

的芬兰森林中进行的一项测量中，使用质子转移反应质谱仪(PTR-MS)对 30 种植物源性 VOC 进行了定量，显然，所计算的 OH 反应性仅捕获到实际测量值的 50%(Sinha 等，2010)。

另一方面，Yoshino 等(2012)于 2007 年 8 月、12 月和 2009 年 10 月在东京测量了城市空气中的 OH 反应性。在这些观察结果中，通过 GC-FID 分析了 60 多种 VOC，如图 7.15 所示，同时通过 PTR-MS 测量了 HCHO、CH_3CHO、CH_3COCH_3、CH_3OH 等，并对测得的和计算出的 OH 反应性进行了比较。如图所示，在 8 月测得的 OH 反应性为 17～70 s^{-1}，在 10 月测得的为 10～80 s^{-1}，这大大高于计算得出的值，这表明仍有许多未分析到的 VOC 和 OVOC。这些缺少的反应性在 8 月为 27%，10 月为 35%。图 7.16 显示了每种被测物质对 OH 反应性的贡献，在夏季，NO_x($NO+NO_2$)为 26.0%，人为源 VOC 为 22.1%，OVOC 为 12.4%，生物源 VOC 为 5.8%，而在秋季，NO_x 为 37.3%，人为源 VOC 为 18.0%，OVOC 为 4.9%，生物源 VOC 为 0.9%。

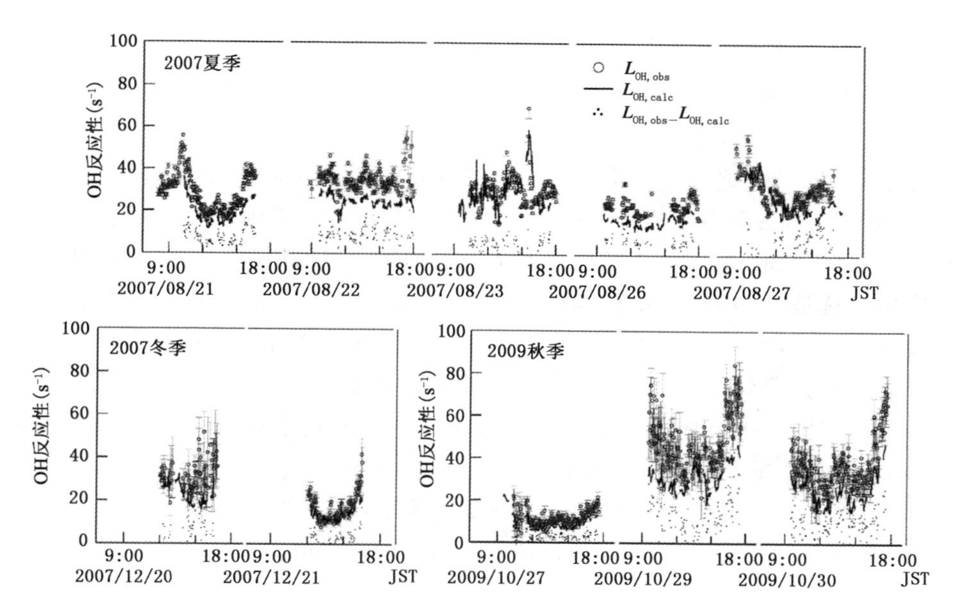

图 7.15　城市空气中，OH 反应性的观测值($L_{OH,obs}$)与计算值($L_{OH,calc}$)之间的对比
(改编自 Yoshino 等，2012)

应当注意的是，通过将从这种 OH 反应性测量值估计的未知 VOC 和 OVOC 添加到模型中，用于计算臭氧生成的模型的结果倾向于从 VOC 控制区向 NO_x 控制区转移。

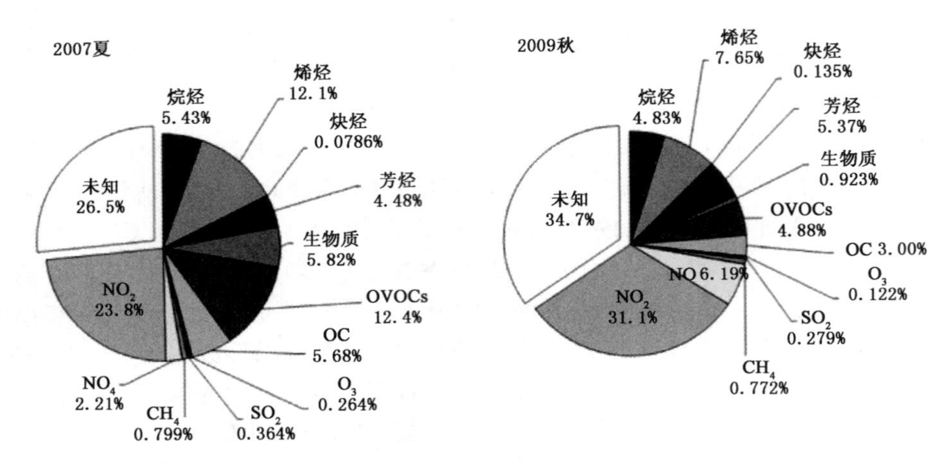

图 7.16　2007 夏和 2009 秋东京，每个观测到的物种对 OH 反应性的贡献百分比（Yoshino 等，2012）

7.5　对流层卤素化学

诸如 Cl、Br 和 I 之类的卤素在对流层化学反应系统中的重要作用是在 20 世纪 80 年代才被人们意识到。触发因素发现在春季，北极圈内近地表臭氧浓度可以在几个小时内从大约 30 ppbv 的正常值迅速下降，在有些日子甚至几乎降为零，Barrie 等的研究发现这是 BrO 对 O_3 的破坏反应（Barrie 等，1988）。后来在南极洲也发现了类似现象。此外，在中高纬度海洋边界层中广泛观测到含有 Cl、Br 和 I 的活性卤素物种，并且如前一部分所述，发现它们会影响 OH 和 HO_2 的浓度，导致 O_3 的原位减少。在盐湖周围和火山烟羽中也发现了与卤素有关的化学反应（Saiz-Lopez 和 von Glasow，2012）。尽管本章中没有提到火山卤素，但它们不仅在间歇性喷发中被发现，而且在固定烟羽流中也被发现，一般来讲，倾向于将它们视为对流层化学的研究对象（Bobrowski，等，2003，2007；Lee 等，2005；Aiuppa 等，2009；Vance 等，2010）。

最近，Saiz Lopez 和 von Glasow（2012）对对流层卤素化学进行了全面综述。此外，还有对海盐非均相反应（Finlayson-Pitts，2003；Rossi，2003）和对流层卤素化学的其他特定主题的综述（Carpenter，2003；Sander 等，2003；Simpson 等，2007；von Glasow，2010；Abbatt 等，2012；Saiz-Lopez 等，2012）。

7.5.1　卤素的初始来源

对流层卤素化学中的一个重大问题是，尽管与 Cl、Br 和 I 相关的后续连锁反应已经比较清楚，但向大气释放卤素的初始过程尚未完全确定。迄今为止，海盐的非均相反应和生物排放已被认为是无机卤素的主要初始来源。然而，它们的详细过程和贡献率因地区和卤素物种的不同而大不相同，在很多情况下，与释放相关的参数尚未很好地量化。在本节中，我们总结了当前有关Cl、Br和I的知识。

氯：尽管Cl:Br的摩尔比为660:1，但是由于大气中的氧化性气体与海盐颗粒表面之间的非均相反应，释放到大气中的Cl的比例远小于Br。海盐中的Cl作为光化学活性物质释放到大气中，N_2O_5与海盐颗粒在污染城市的烟羽反应中形成硝酰氯$ClNO_2$是最被实验证实的过程（参见6.2.4节）(Rossi，2003；Finlayson-Pitts，2003)。6.2.4节混合反应(6.5)和(6.16)的总体反应可以表示成

$$N_2O_5(g) + NaCl(aq) \rightarrow ClNO_2(g) + NaNO_3(aq) \tag{7.76}$$

产物$ClNO_2$在对流层很容易光解，释放Cl原子（参见4.4.8节）。

$$ClNO_2 + h\nu \rightarrow Cl + NO_2 \tag{7.77}$$

尽管这种反应释放的Cl仅限于受污染空气直接影响的地区，如大城市的海岸带和船舶排放占主导地位的港口，但这种反应的贡献被认为是巨大的，甚至是全球范围的，因为这种条件适用于世界上许多海岸线。最近，不仅在海岸带(Osthoff等，2008)观察到了$ClNO_2$，而且在内陆不存在海盐的城市(Thornton等，2010；Mielke等，2011)也观察到了$ClNO_2$。在此情况下，$ClNO_2$被认为是由N_2O_5在含有人为氯化物的气溶胶表面上的反应形成的。N_2O_5在海盐颗粒上的反应除释放$ClNO_2$外，还释放出Br_2，其释放比例取决于温度(Lopez-Hilfiker等，2012)。

另一方面，HNO_3与海盐的反应(6.2.5节)

$$HNO_3(g) + NaCl(aq) \rightarrow HCl(g) + NaNO_3(aq) \tag{7.78}$$

在远离海岸线的海洋之上非常重要，因为HNO_3的大气寿命比N_2O_5要长得多。尽管如此，反应产物HCl在对流层并不被光分解（参见4.4.3节），并且与OH反应的速率常数不大，在298 K温度条件下为7.8×10^{-13} cm^3·分子$^{-1}$·s^{-1}（参见表5.2），所以在对流层中反应(7.78)作为Cl原子来源并不重要。

如7.5.4节所提及，在海洋边界层零星发现过Cl_2。关于Cl_2的释放，通过实验证实了OH在潮解性海盐上的表面反应(Oum等，1998a；Knipping等，2000)。人们已知，O_3与海盐的反应（参见6.2.1节）是Br_2释放最为重要的过程，具体描述如下。据报道，O_3与Fe^{3+}掺杂的NaCl反应释放Cl_2(Sadanaga等，2001)，并提出了在Br_2消耗尽后可能会释放Cl_2的观点。因最近发现海洋边界层普遍存在Cl_2，所以有必要进一步研究Cl_2释放到大气的过程。因Cl_2的吸收光谱扩展到可见光区域（图4.36），并且很容易被光解释放出Cl原子（参见4.4.1节），所以它是对流层中重要的活性物种。

溴：在对流层卤素中，最著名的是活性溴，例如BrO，不仅在极地地区而且在中低纬度海洋边界层中被广泛测量。作为大气中活性溴的来源，人们很好地研究了O_3

在海盐表面的反应，并认为这是最重要的(Hirokawa 等，1998；Mochida 等，2000；Anastasio 和 Mozukewich，2002)(参见 6.2.1 节)。此外，O_3 与被海冰和海盐覆盖的雪之间的反应是极地地区 Br_2 的来源(Tang 和 McConnell，1996；Oum 等，1998b)。Br_2 在可见光区域的吸收光谱的波长比 Cl_2 长，因此在更短的时间内可被光解释放 Br 原子，因此在对流层卤素化学中起着最重要的作用。

另一方面，由于海藻释放的三溴甲烷(溴仿，$CHBr_3$)在光通量光谱区的吸收截面很小(Gillotay 等，1989)，因此它不是对流层中光活性溴物种的重要来源。

碘(I)：由于海盐中碘的含量很小，为 5×10^{-8}，因此海盐中 I 的释放可忽略不计，在海洋边界层中广泛观察到的 I 的来源被认为是有机碘化合物的光解，如碘甲烷(甲基碘，CH_3I)、碘乙烷(乙基碘，C_2H_5I)、1-碘代丙烷(丙基碘，1-C_3H_7I)、氯碘甲烷(CH_2ICl)、溴碘甲烷(CH_2IBr)以及二碘甲烷(CH_2I_2)和来自海洋生物体的无机碘 I_2(Saiz-Lopez 等，2012)。这些有机碘化合物由海岸区域的海藻以及海洋微藻类释放。最近，人们认为在海洋表面海水中，臭氧与有机化合物之间的海洋表面反应存在非生物释放(Martino 等，2009)。在有机碘化合物中，据估计，CH_3I 和 CH_2I_2 的释放在全球范围内最大(Saiz-Lopez 等，2012)。与此同时，已知 I_2 是从海岸区域的海藻中释放出来的，但对于海洋上空的来源尚不明确。

碘甲烷的吸收光谱如第 4 章图 4.32 所示。包括碘甲烷在内的有机碘化合物在对流层光化通量区域具有强吸收，所以易光解以释放 I 原子(参见 4.3.8 节，CH_3I)

$$CH_3I + h\nu \rightarrow CH_3 + I \tag{7.79}$$

$$CH_2ICl + h\nu \rightarrow CH_2 + I + Cl \tag{7.80}$$

$$CH_2I_2 + h\nu \rightarrow CH_2 + 2I \tag{7.81}$$

对于 CH_3I、CH_2ICl、CH_2I_2，计算得出的光解生命周期分别是几天、几小时、几分钟(Saiz-Lopez 等，2012)。如 4.4.1 节以及图 4.36 所示，I_2 极易被可见光分解形成 I 原子。

7.5.2 气相卤素链式反应

在大气中，通过 Cl_2、$ClNO_2$、Br_2、I_2 以及有机碘化合物光解形成的卤素原子，与 O_3 反应生成的 ClO、BrO 和 IO 自由基，它们通过下述链式反应在降低对流层 O_3 浓度中起重要作用。用 X 和 Y(=Cl、Br、I)代表这些卤素原子，在活性卤素浓度较高的地方，比如极地，主要链式循环可以表示为

$$X + O_3 \rightarrow XO + O_2 \tag{7.82}$$

$$Y + O_3 \rightarrow YO + O_2 \tag{7.83}$$

$$XO + YO \rightarrow X + Y + O_2 \tag{7.84}$$

这些反应构成链式循环，导致净 O_3 耗散

$$2O_3 \rightarrow 3O_2 \tag{7.85}$$

尽管如此，XO＋YO 的实际反应取决于卤素的种类，除遵循反应(7.84)外，还遵循以下其他反应途径，因此，在对反应机理的详细分析中，应进行考虑。

$$XO + YO \rightarrow OXO + Y \quad (7.86)$$

$$\rightarrow XY + O_2 \quad (7.87)$$

$$+M \rightarrow XOOY + M \quad (7.88)$$

例如：在大气压力下 ClO＋ClO 的反应几乎完全按以下方式进行

$$ClO + ClO + M \rightarrow ClOOCl + M \quad (7.89)$$

(参见 5.6.6 节)，而对于 BrO 和 IO，给出了在 298 K 温度条件下的反应途径和分支比(Sander 等，2011；Atkinson 等，2007；Saiz-Lopez 等，2012)

$$BrO + ClO \rightarrow Br + OClO \quad (0.48) \quad (7.90)$$

$$\rightarrow Br + ClOO \quad (0.44) \quad (7.91)$$

$$\rightarrow BrCl + O_2 \quad (0.08) \quad (7.92)$$

$$BrO + BrO \rightarrow 2Br + O_2 \quad (0.85) \quad (7.93)$$

$$\rightarrow Br_2 + O_2 \quad (0.15) \quad (7.94)$$

$$BrO + IO \rightarrow OIO + Br \quad (0.80) \quad (7.95)$$

$$\rightarrow IBr + O_2 \quad (0.20) \quad (7.96)$$

$$IO + IO \rightarrow 2I + O_2 \quad (7.97)$$

$$\rightarrow I + OIO \quad (7.98)$$

通过这些反应生成的 ClOOCl(4.4.6、5.6.6 节)、BrCl(4.4.1 节)、Br_2(4.4.1 节)、IBr 和 OIO，极易受到热分解或光解作用影响(参见 4.4.1 节和 4.4.6 节)。

$$ClOOCl + M \rightarrow ClO + ClO + M \quad (7.99)$$

$$ClOOCl + h\nu \rightarrow 2Cl + O_2 \quad (0.80) \quad (7.100)$$

$$\rightarrow ClO + ClO \quad (0.20) \quad (7.101)$$

$$BrCl + h\nu \rightarrow Br + Cl \quad (7.102)$$

$$Br_2 + h\nu \rightarrow 2Br \quad (7.103)$$

$$IBr + h\nu \rightarrow I + Br \quad (7.104)$$

$$OIO + h\nu \rightarrow I + O_2 \quad (7.105)$$

至于 OIO 的光解反应(7.105)，有实验报告了其单位量子产率(Gómez Martín 等，2009)。第 4 章 4.4.5 节描述了链载体 ClO、BrO、IO 的吸收光谱和光解过程，这些吸收光谱和光解过程导致反应(7.82)、(7.83)和(7.84)对 O_3 的消耗。

对于此种气相链式反应，卤素自由基(XO)超过一定的浓度，如 3 pptv 时，自由基一自由基反应((7.84)、(7.86)—(7.88))占主导地位。随着浓度降低，通过 XO 与 HO_2 反应，生成 HOX

$$XO + HO_2 \rightarrow HOX + O_2 \quad (7.106)$$

变得更加重要。对于后续 HOX 反应，除了光解反应(参见第 4 章 4.4.4 节)，

$$HOX + h\nu \rightarrow X + OH \quad (7.107)$$

7.5.3 节中描述的多相反应对于 HOBr 特别重要。

在具有高浓度 NO_x 的受污染空气影响的环境中，通过 XO 与 NO_2 反应形成 $XONO_2$，其作为链终止反应很重要($ClONO_2$ 参见 5.6.5 节)，

$$XO + NO_2 + M \rightarrow XONO_2 + M \quad (7.108)$$

生成的 $XONO_2$ 将被光分解

$$XONO_2 + h\nu \rightarrow X + NO_3 \quad (7.109)$$

形成 X 与 NO_3(参见 4.4.2 节)，尽管 $ClONO_2$ 的光解速率在对流层中相当小。

7.5.3　多相卤素链式反应

对于对流层中涉及卤素的链式反应，除了气相反应以外，通过海盐水溶液表面的多相反应，特别是 Br 的反应，为大家所熟知。从上节的描述可知，通过反应(7.106)形成 HOBr

$$BrO + HO_2 \rightarrow HOBr + O_2 \quad (7.110)$$

Mozukewich(1995)提议，在极地的酸性海盐表面，Br_2 以气态形式被释放，Sander 和 Crutzen(1996)提出在中纬度的受污染海洋边界层中也发生了类似的过程。

$$HOBr(g) \rightarrow HOBr(aq) \quad (7.111)$$

$$HOBr(aq) + Br^- + H^+ \rightarrow Br_2(aq) + H_2O \quad (7.112)$$

$$Br_2(aq) \rightarrow Br_2(g) \quad (7.113)$$

在海盐颗粒的多相反应中，Cl^- 也参与反应形成 BrCl

$$HOBr(aq) + Cl^- + H^+ \rightarrow BrCl(aq) + H_2O \quad (7.114)$$

但是，BrCl 在溶液中会转化为 Br_2

$$BrCl(aq) + Br^- + H^+ \rightarrow Br_2(aq) + HCl \quad (7.115)$$

直到 Br^- 存在于海盐表面水溶液中。因此，Br_2 被优先释放，只有在 Br^- 耗尽后，BrCl 才能被释放到大气中(Vogt 等，1996)。

$$BrCl\ (aq) \rightarrow BrCl\ (g) \quad (7.116)$$

因此，释放到气相的 Br_2 和 BrCl 通过反应重新生成 HOBr

$$Br_2 + h\nu \rightarrow 2Br \quad (7.103)$$

$$BrCl + h\nu \rightarrow Br + Cl \quad (7.102)$$

$$Br + O_3 \rightarrow BrO + O_2 \quad (7.117)$$

$$BrO + HO_2 \rightarrow HOBr + O_2 \quad (7.110)$$

只要有海盐颗粒表面存在，就会形成多相之间的链反应。由一系列上述反应组成的链式循环也叫作自催化反应。决定这种多相链式反应速率的步骤是 HOBr(g) 与 NaBr/NaCl 的多相反应。该反应的吸收系数，在 253 K(−20 ℃)时为 $\gamma > 10^{-2}$，并且随温度降低而增大(Adams 等，2002)。

该多相链式循环的净反应可表示为

$$Br^- + H^+ + O_3 + HO_2 + h\nu \rightarrow Br + 2O_2 + H_2O \quad (7.118)$$

$$Cl^- + H^+ + O_3 + HO_2 + h\nu \rightarrow Cl + 2O_2 + H_2O \quad (7.119)$$

表明 O_3 的损失是由一系列此类反应引起的。如 7.5.4 节所示，在春季的极地，高浓度 Br 可以导致近地表 O_3 浓度急剧降低。因该现象无法用之前提及的气相链式反应进行解释，所以认为多相链式反应发生在冰层的海盐中，极地 Br 的突然增加叫作“溴爆炸”(Wennberg,1999)。

在受污染的海洋边界层，涉及 $BrONO_2$ 反应的多相链式反应

$$BrO + NO_2 + M \rightarrow BrONO_2 + M \quad (7.120)$$

$$BrONO_2 + Br^- \rightarrow NO_3^- + Br_2 \quad (7.121)$$

$$BrONO_2 + Cl^- \rightarrow NO_3^- + BrCl \quad (7.122)$$

由 Sander 等(1999)进行了分析。

7.5.4　活性卤素的大气测定以及与模型的对比

对流层中活性卤素物种的观测浓度通常在 1～100 pptv，对这些物种的直接测定一般通过使用以下方式：长光程差分光学吸收光谱(LP-DOAS)、多轴差分吸收光谱遥测系统(MAX-DOAS)，化学电离质谱仪(CIMS)以及激光迎诱导荧光(LIF)。对于 BrO 和 IO，卫星观测显示其在对流层柱的空间分布情况。

本节介绍了活性卤素物种及其对臭氧的影响，极地地区、海洋边界层、盐湖以及 BrO 和 IO 卫星观测的测量和模型的比较。

极地地区：从阿拉斯加巴罗(Barrow)的长期监测数据可知，春季地表臭氧浓度经常有规律地降低(Oltmans 和 Komhyr, 1986)。Barrie 等(1988)发现春季的地表臭氧迅速下降，在加拿大极地地区的 Alert 地区从 40 ppbv 下降到几 ppbv，并报告采用过滤膜采集的气溶胶中 O_3 和 Br 的浓度之间存在明显的反相关性，如图 7.17 所示。这一发现使人们认识到对流层中卤素链反应的重要性。后来，通过 LP-DOAS 测量了 Alert 极地日出时 BrO 的含量，据报道 24 h 平均浓度为 4～17 pptv (Hausmann 和 Platt,1994)。已经证明，BrO 的这种浓度水平足以使 O_3 在一天之内降至几乎为零

$$Br + O_3 \rightarrow BrO + O_2 \quad (7.117)$$

$$BrO + BrO \rightarrow 2Br + O_2 \quad (7.93)$$

之后，在 Alert(2000)观测中，通过 CIMS 进行了 Br_2 和 BrCl 的实时测定，得出它们的最大浓度分别为 27 pptv 和 35 pptv，然而无法在检测限 2 pptv 以上观测到 Cl_2(Foster 等，2001；Spicer 等，2002)。另一方面，Jobson 等(1994)发现了低 O_3 浓度时，Cl 原子取代 OH 自由基在烃类消耗中发挥主要作用，证明了 Cl 原子存在于低 O_3 烟羽流中。图 7.18 是低臭氧与正常臭氧浓度之间，异丁烷/正丁烷对异丁烷/丙

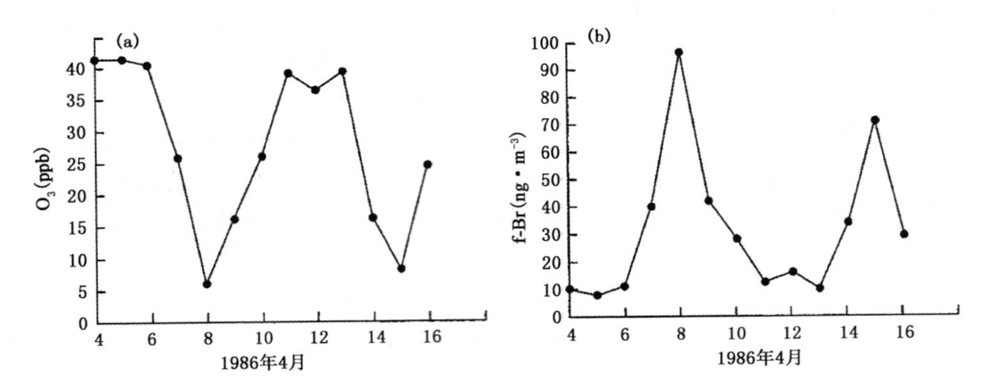

图 7.17 在 Alert 测定的表面臭氧(a)与可滤膜采集的溴离子(f-Br)(b)浓度的相关关系
(Barrie 等,1988)

烷的关系图(Jobson 等，1994)。异丁烷和丙烷与 Cl 原子反应速率常数几乎相同,但 OH 的速率常数不同,而异丁烷和正丁烷与 OH 反应速率常数几乎相同,异丁烷和正丁烷与 Cl 原子反应速率常数不同。以此为基础,如图 7.18 所示,低 O_3 时,异丁烷/丙烷几乎恒定,在此期间,碳氢化合物的消耗是由 Cl 原子的反应引起的;正常 O_3 时,异丁烷/正丁烷几乎恒定,表明在此期间,HC 被 OH 消耗。

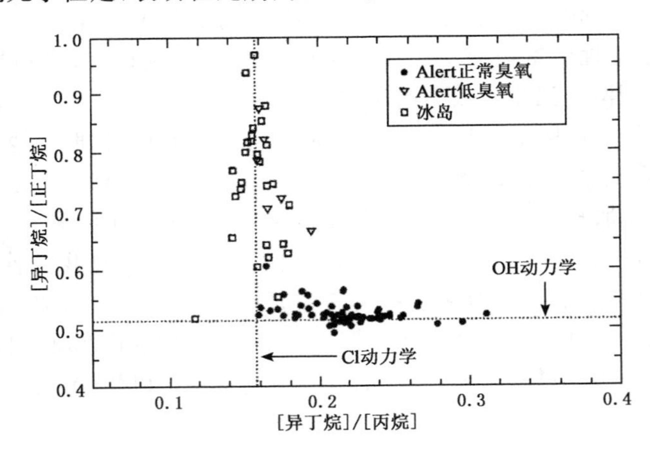

图 7.18 当表面臭氧被消耗(空心符号),并且臭氧达到正常水平(•)时,
Alert 的 $i\text{-}C_4H_{10}/n\text{-}C_4H_{10}$ 对 $i\text{-}C_4H_{10}/C_3H_8$ 关系图(Jobson 等,1994)

在北极地区,除 Alert 地区之外,在挪威斯匹次卑尔根岛(Spitsbergen)的 Ny Ålesund 地区,1995—1996 年通过使用 DOAS 在低臭氧期间测定到最大 BrO 浓度为 30 pptv,ClO 为 1～2 pptv,以过滤膜采集的气溶胶 Br 为 120 ng · m^{-3}(Tuckermann 等，1997；Lehner 等，1997)。这种情况下,NO_2 和 SO_2 少于 50 pptv,表明极地的臭

氧消耗是一种自然现象，与人类污染无关。而且，使用 CIMS 在 Barrow 地区进行的观测中，测定的平均日间 HOBr 浓度为 10 pptv，最大值为 26 pptv，平均夜间 Br_2 浓度为 13 pptv，最大值为 46 pptv，如图 7.19 所示，与臭氧呈现明显反相关关系（Liao 等，2012）。据报道，包括多相反应在内的箱模型计算，很好地再现了 BrO、HOBr 和 Br_2 的日变化（Liao 等，2012）。

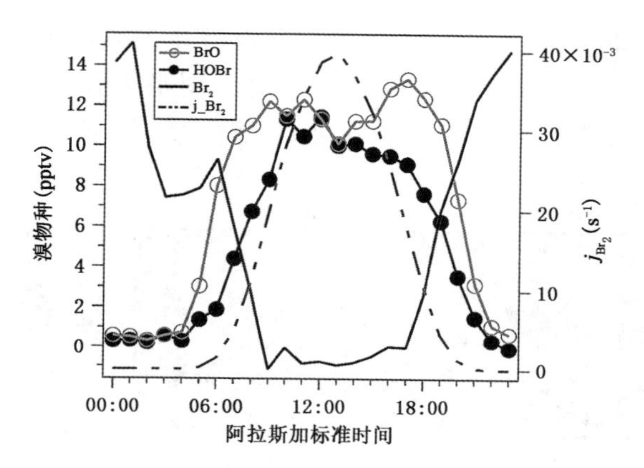

图 7.19　在阿拉斯加 Barrow 观测到的 BrO、HOBr 和 Br_2 混合比以及 Br_2 的光解速率（j_{Br_2}）（改编自 Liao 等，2012）

另外，极地观察到的卤素引起臭氧减少的现象在南极洲也同样存在（Kreher 等，1997）。根据最近 Buys 等（2013）在南极 Hallay 用 CIMS 测定的结果，BrO 的最大值为 13 pptv（白天），Br_2 和 BrCl 分别为 46 和 6 pptv（夜间）。另一方面，在 Neumeier，通过 DOAS 测得的 IO 最高为 10 pptv，这与 IO 浓度低的北极地区相差很大（Frieß 等，2001）。在南极洲周围的观测中，通过轨迹分析表明，这些活性卤素的浓度与大气和海冰之间的接触时间具有良好的相关性，这种现象支持了 7.5.3 节所述的由于海盐表面的非均相链反应导致活性卤素浓度增加的推测（Wagner 等，2007）。与北极圈相比，南极洲上 I 的高浓度可能归因于从海冰周围海面释放的微生物光化学活性有机碘化合物的强度不同（Frieß 等，2001）。SCIAMACHY 通过卫星观测了南极洲的 IO，柱密度在春季的 10 月达到最高，从夏季至秋季都能观察到高值，但冬季未观察到 IO 的增加（Schönhardt 等，2008）。已经证实在北极圈中未观察到这种 IO 浓度的增加，这可能是由于释放碘化合物的海洋生物分布的差异所致。

通过 MAX-DOAS 的斜柱测量以及臭氧探测仪，对极地区域中的臭氧进行的测量表明，极地区域中的臭氧损失主要发生在距地面约 1 km 的边界层。然而，由于大气的混合，已知活性卤素在某些情况下会扩散到自由对流层中（Hönninger 和 Platt，2002；Choi 等，2012）。此外，BrO 的柱密度已被诸如 GOME 的卫星传感器广泛观察到，并且得出结论，极地的高密度 BrO 是由于对流层柱引起的，而极地以外的高密度 BrO 是由于平流层柱引起的(Platt 和 Wagner，1998)。根据卫星数据，极地地区的春季对流层 BrO 在海冰上以"溴云"的形式在 2～4 d 的时间尺度和 2000 km 的空间尺度扩散，这证明，对流层卤素化学反应不是局限于在表面上观察到臭氧损失的点附近的局部现象。

最近人们对极地 BrO 形成和边界层臭氧消耗开展了三维建模研究(Zhao 等，2008；Toyota 等，2011)。Toyota 等(2011)假设海冰上的雪层中含有的海盐与 O_3 的反应是 Br_2 释放到大气中的唯一初始过程，并使用基于前段所述的自催化链式反应的三维模型计算了北极圈的 BrO 形成和 O_3 消耗过程。图 7.20 比较了 2001 年 4

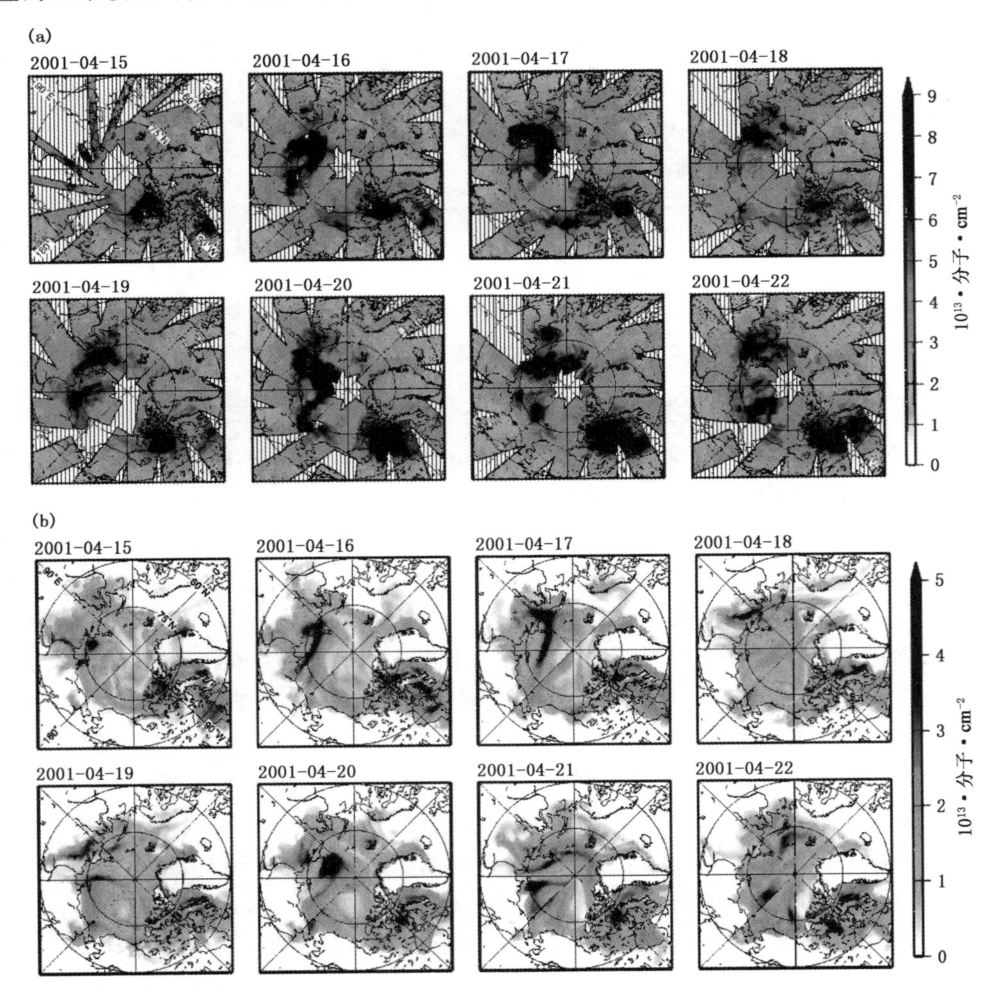

图 7.20　北极圈"溴爆炸"事件中，对流层 BrO 柱密度对比(改编自 Toyota 等，2011)
(a)卫星观测值；(b)模型计算值

月北极地区 BrO 对流层柱的 GOME 卫星数据和模型计算结果。在 4 月 16—17 日以及 20—22 日，分别在西伯利亚边缘和加拿大北极地区超过 1000 km 处看到了大型溴云。图 7.20b 显示了 RUN 3 模型的结果，将 O_3、HOBr 和 $BrONO_2$ 和海盐在雪盖上反应生成 Br_2 的临界温度设为 $T_c=-10$ ℃。可以看出，RUN 3 模型成功地再现了 BrO 的时间变化和空间分布。在该模型研究中，据报道，如果将 T_c 设置为 -15 ℃，则溴云的出现时间和位置与卫星数据不匹配，并且将 T_c 设置为 -20 ℃时，不会生成溴云。同时，实验获得的 HOBr 在 NaCl 冰上的摄取系数在 -15 ℃时 $\gamma \approx 1\times10^{-2}$，并随温度降低而增加，但它对温度的依赖性不是很强（Adams 等，2002）。图 7.21 描述了 2001 年 4 月在 Alert、Barrow、Zeppelin 山（挪威 Spitsbergen 岛）和格陵兰岛 Summit 地区对地面臭氧的观测与模型计算之间的比较（Toyota 等，2011）。从图中可以看出，在完全不考虑 Br 释放的 RUN 1 中并未出现 O_3 损耗，但是在

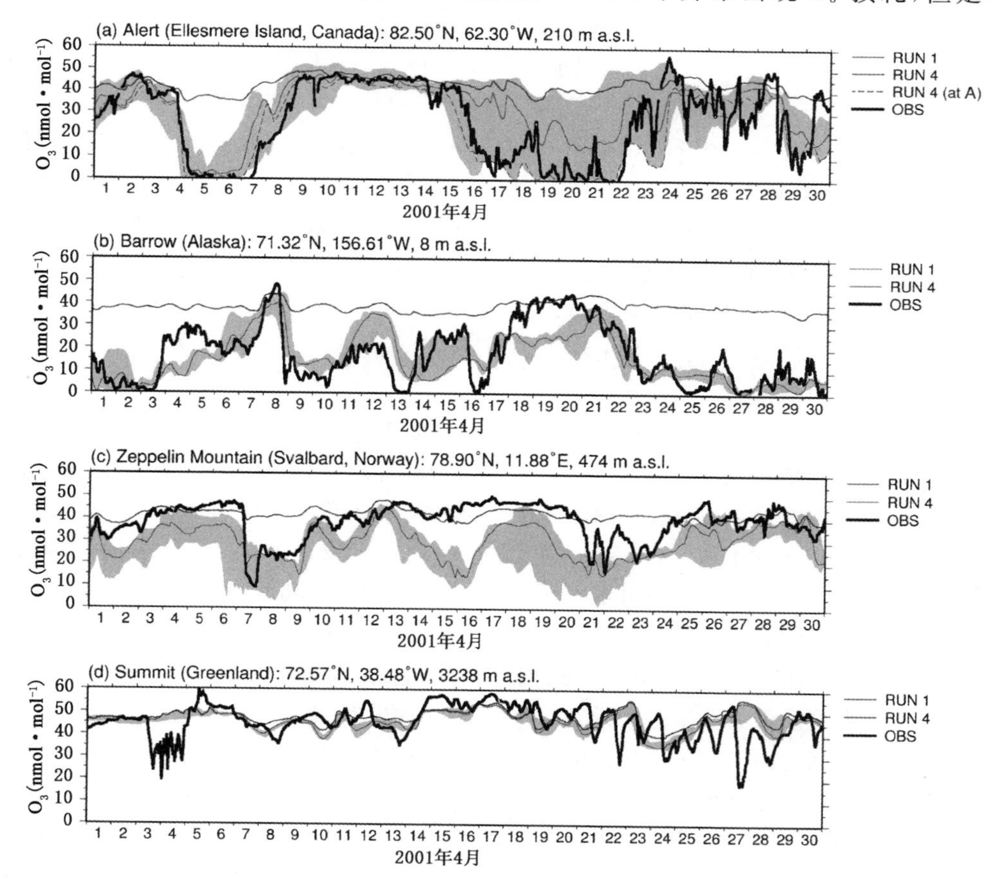

图 7.21　表面 O_3 混合比的观测值与模型计算值之间的比较（改编自 Toyota 等，2011）
(a)加拿大 Alert；(b)阿拉斯加 Barrow；(c)挪威 Swalbard 的 Zeppelin 山；(d)格陵兰岛的 Summit

RUN 4 中，设置 $T_c=-15$ ℃时，O_3 损耗得以良好重现。该模型研究表明，关于零星溴爆炸的原因，可能是由气象条件引发的，例如通过传输和湍流扩散来影响 O_3 与海盐在积雪上的接触时间。对于溴的释放，第一年的新鲜雪被认为是重要的，这是定量确定溴排放释放量的因素，并且它对上述临界温度敏感。

中低纬海洋边界层：人们不仅在极地区域，而且在海洋边界层中都观察到了无机卤素。海洋边界层中卤素的浓度在污染和未受污染的空气中差异明显，并且通常在受污染影响的空气中浓度更高。Cl 浓度的差异较显著，例如 2009 年夏季在热带东大西洋的佛得角岛，来自辽阔海域的气团中的 HOCl 和 Cl_2 的浓度最高为 60 pptv（日间）和 10 pptv（夜间），而来自欧洲大陆的气团中的 HOCl 和 Cl_2 的浓度在日间和夜间分别超过 100 pptv 和 35 pptv（Lawler 等，2011）。Lawler 等（2011）使用包括多相光化学链反应在内的箱模型分析了数据

$$HCl+OH \rightarrow Cl+H_2O \tag{7.123}$$

$$Cl+O_3 \rightarrow ClO+O_2 \tag{7.124}$$

$$ClO+HO_2 \rightarrow HOCl+O_2 \tag{7.125}$$

$$HOCl+Cl^-+H^+ \rightarrow Cl_2+H_2O \tag{7.126}$$

$$Cl_2+h\nu \rightarrow 2Cl \tag{7.127}$$

考虑到存在所观察到的 0.6 pptv 的 HCl。该模型充分再现了夜间 10 pptv 的 Cl_2 浓度，但无法再现 HOCl 在日间数十 pptv 的浓度，表明存在 HOCl 缺失的来源。从包含 Br 的一维模型对该观测数据进行的分析，Sommariva 和 von Glasow（2012）得出结论，5%～11%的 CH_4 损失是由 Cl 原子引起的，而 35%～40%的 O_3 损耗是由卤素（主要是 Br）造成的。

在佛得角，人们针对 BrO 和 IO 进行了全年观测，报告了 2006 年 11 月—2007 年 6 月，BrO 的平均浓度为 2.5 ± 1.1（1σ）pptv，IO 的平均浓度为 1.4 ± 0.8 pptv（Read 等，2008）。图 7.22 显示了 BrO 和 IO 的日变化和季节变化。如 7.3.1 节所述，在该站点的测得的 NO 值非常低，为 3.0 ± 1.0 pptv，白天会发生 O_3 的光化学损失，并且推断 30%～50%的 O_3 损失是由于卤素引起的（Read 等，2008）。另外，Dickerson 等（1999）通过模型计算对热带印度洋的观测进行了估计，在观测到白天 O_3 浓度降低的 32%中，12%的损失是由 HO_x 链式反应造成，包括 BrO/HOBr/HBr 在内的多相链式反应造成的损失为 22%。在不存在海藻的点位，例如佛得角和中纬度的开阔海域，碘的来源被认为是在阳光下有机化合物与碘的海面反应形成的 CH_2I_2、$CHClI_2$ 和 CH_3I（Martino 等，2009；Mahajan 等，2010）。如图 7.23 所示，McFiggans 等（2000）使用箱模型作为在遥远大西洋上测得的 CH_2I_2、CH_2BrI 和 CH_3I 浓度（分别为 0.03、0.3 和 3 pptv）的约束条件，计算了 IO 浓度的日变化，获得了与测量值良好的一致性。通过该计算，计算出初始 I 原子释放率为 CH_2I_2 64%、CH_2BrI 34%和 CH_3I 4%，并且再现了约 3 pptv 的最大 IO 浓度。

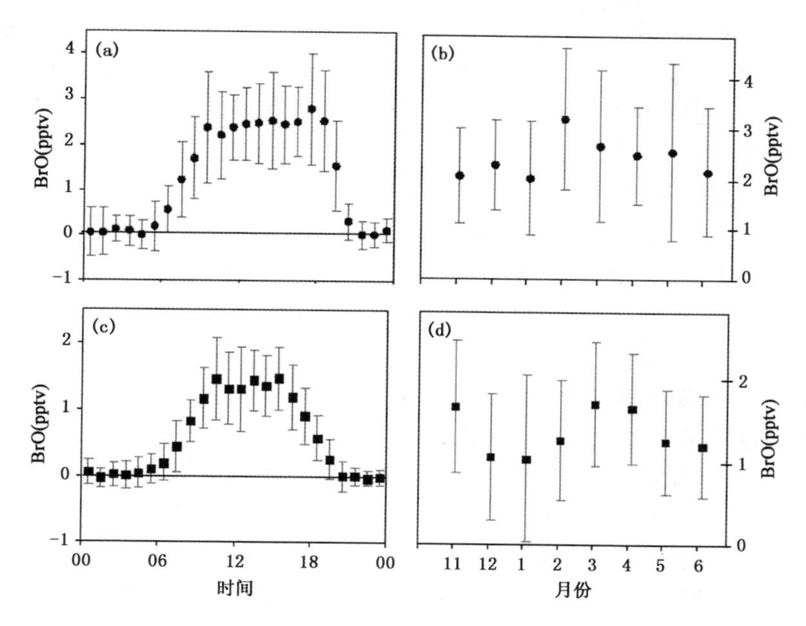

图 7.22　佛得角 BrO 的日变化(a)、BrO 的季节变化(b)、IO 的日变化(c)以及 IO 的季节变化(d)(误差为 1σ)(改编自 Read 等,2003)

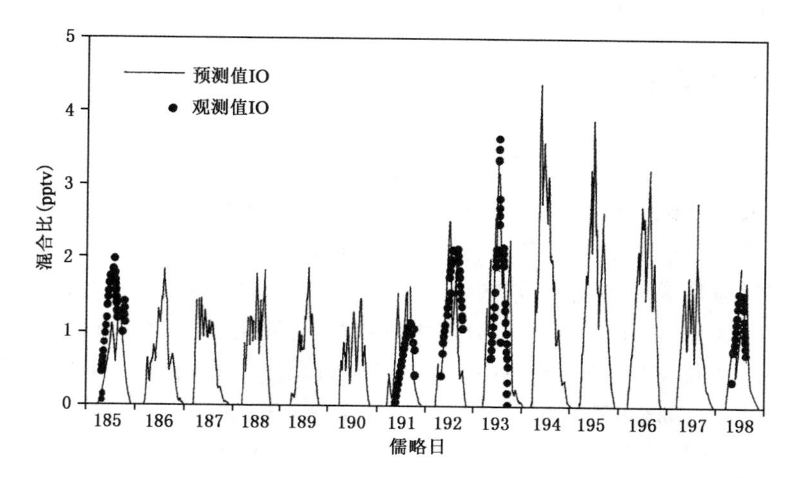

图 7.23　在大西洋上观测到的 IO 混合比与 CH_2I_2、CH_2BrI 和 CH_3I 的观测预估值之间的对比(改编自 McFiggans 等,2000)

在中纬度爱尔兰的 Mace Head 地区相对清洁的海洋边界层中,使用 LP-DOAS 观测到 BrO 的最大浓度为 6.5 pptv,白天平均值为 2.3 pptv, I_2、IO 和 OIO 最大值分别为 93、2.5 和 10.8 pptv,并通过模型进行了分析(Saiz-Lopez 等, 2004, 2006)。

基于与低潮的相关性，Mace Head 地区高碘的来源被认为是由于海藻造成的。

另一方面，在受污染空气影响强烈的海洋边界层中，观察到浓度非常高的 $ClNO_2$ 和 Cl_2。例如，洛杉矶附近海港 $ClNO_2$ 和 Cl_2 的最高浓度为 2100 和 200 pptv（Riedel 等，2012），在美国长岛 Cl_2 在夜间的最大浓度为 150 pptv（Spicer 等，1998）。人们认为这些高浓度的卤素是由来自城市和港口船舶产生的污染空气中的 N_2O_5 与海盐之间的反应(7.76)形成 $ClNO_2$，以及 7.5.3 节所述的自催化反应形成的 Cl_2。但是，洛杉矶附近的观测报告了 Cl_2 与 $ClNO_2$ 具有良好相关性的情况以及几乎没有相关性的情况，后一种情况表明 Cl_2 来自城市污染源的直接排放（Riedel 等，2012）。

盐湖：人们已知对流层中的反应性卤素不仅存在于海洋边界层之中，而且还存在于陆地盐湖的周围。对于内陆盐湖中的卤素种类，人们对以色列的死海进行了充分研究，发现无论季节如何，均观测到 BrO 的最大浓度为 100～200 pptv（Matveev 等，2001；Tas 等，2005）。除了 BrO，还测量到 IO 的最大浓度为 10 pptv（Zingler 和 Platt，2005）。关于死海的卤素来源，人们认为其并非源于生物，可能由水中卤素离子与水表面的气相 O_3 之间的非均相光化学反应产生（Zingler 和 Platt，2005；Tas 等，2006；Smoydzin 和 von Glasow，2009）。此外，人们在美国大盐湖观察到 ClO 和 BrO，在玻利维亚 Salar de Uyuni 观察到 BrO（Stutz 等，2002；Hönninger 等，2004），并且已经明确，内陆盐湖周围大气中存在活性卤素物种是普遍现象。

7.6 对流层硫化学

从历史上看，对流层中的硫化合物与空气污染有关，自工业革命以来一直受到人们的关注。人们已经对最重要的空气污染物——化石燃料燃烧直接排放的二氧化硫和大气中氧化形成的硫酸气溶胶进行了研究，并且还深入研究了它们被云雾吸收，随后通过液相反应形成的酸雨（Finlayson-Pitts 和 Pitts，2000）。另一方面，自然生物来源的硫化合物，如二甲基硫（DMS）在大气中发生氧化反应，在开阔的海域上形成硫酸气溶胶。从其充当云凝结核（CCN）形成云的观点来看，自然生物来源的硫化合物吸引了很多关注，该过程影响了地球的辐射平衡，并且有可能对控制 DMS 的排放产生负反馈（Charlson 等，1987）。由人为源排放的二氧化硫形成的硫酸气溶胶也会影响辐射平衡，并且，从因人类活动引起的气候变化角度来看，其影响巨大（IPCC，2013）。

大气中的硫化物包括硫化氢（H_2S）、甲硫醇（CH_3SH）、二甲基硫（DMS，CH_3SCH_3）、二甲基二硫（CH_3SSCH_3）和羰基硫（COS），它们主要来自海洋生物，二硫化碳（CS_2）既有海洋又有人为来源，二氧化硫（SO_2）主要是人为来源，部分由火山形成。在天然来源的含硫化合物中，DMS 是最重要的（Bates 等，1992），本节将介绍其气相氧化机理。COS 与 OH 的速率常数很小，在对流层寿命超过 10 a，因此它们大部分到达平流层，形成平流层气溶胶，如第 8 章 8.5 节所述。

对于 SO_2，在 7.6.1 节中将描述气相氧化反应，在 7.6.2 节中将介绍雾水和雨滴中的多相非均相反应(请参见 2.4 节)。

7.6.1 气相均相氧化反应机理

对流层中硫化合物的大多数氧化反应均由 OH 自由基引发，但是在受污染的空气和海洋边界层中必须分别考虑与 NO 和活性卤素，如 BrO 和 IO 的反应。对于 SO_2，除了与 OH 的气相反应之外，云和雾滴中的氧化反应很重要，此反应将在后面章节中加以描述。

SO_2：二氧化硫(SO_2)的主要排放源是人为源的化石燃料燃烧以及火山和生物质燃烧(Bates 等，1992)。大气中的 SO_2 与 OH 反应

$$SO_2 + OH + M \rightarrow HOSO_2 + M \tag{7.128}$$

形成 $HOSO_2$ 自由基(参见 5.2.6 节)。Stockwell 和 Calvert(1983)最早提出由 $HOSO_2$ 形成三氧化硫(SO_3)和 HO_2

$$HOSO_2 + O_2 \rightarrow SO_3 + HO_2 \tag{7.129}$$

生成 HO_2 是该过程的一个重要结果，因此，SO_2 和 OH 的反应不作为 OH 链式反应的终止反应(参见 7.3 节)。SO_3 形成硫酸的反应是 H_2O 的二级反应，并且人们已知 SO_3 和 H_2O 的加合物

$$SO_3 + H_2O \rightarrow H_2OSO_3 \tag{7.130}$$

可与另一个 H_2O 分子发生反应形成 H_2SO_4(Lovejoy 等，1996)。

$$H_2OSO_3 + H_2O \rightarrow H_2SO_4 + H_2O \tag{7.131}$$

产生的 H_2SO_4 是气态分子，但是由于蒸气压较低，H_2SO_4 与大气中的水蒸气冷凝，产生 $H_2SO_4(aq)$ 并形成硫酸气溶胶。它们进一步与氨分子发生反应生成固体硫酸铵

$$H_2SO_4(aq) + 2NH_3 \rightarrow (NH_4)_2SO_4(s) \tag{7.132}$$

根据表 5.2 中给出的 OH 和 SO_2 的气体反应速率常数(1 个标准大气压，298 K 温度条件下)，当假设 OH 的平均浓度为 8×10^5 分子 · cm^{-3}时，SO_2 的平均大气寿命超过一周，但考虑到多相反应时，该时间通常短得多。

CS_2：人们已知二硫化碳(CS_2)主要来自工业排放，部分来自海洋中的自然生物群(Chin 和 Davis，1993)。CS_2 和 OH 的反应是加成反应

$$CS_2 + OH + M \rightleftharpoons CS_2OH + M \tag{7.133}$$

CS_2OH 自由基与 O_2 反应生成 OCS 和 SO_2，产率约为 0.83～0.84(Stickel 等，1993)，人们已通过量子化学计算提出了反应途径(Zhang 和 Qin，2000；McKee 和 Wine，2001)

$$CS_2OH + O_2 \rightarrow OCS + HOSO \tag{7.134}$$

$$HOSO + O_2 \rightarrow SO_2 + HO_2 \tag{7.135}$$

如下所述，在 CS_2 的大气反应中形成的羰基硫化物 COS 在对流层具有较长的寿命，并且主要输送到平流层。虽然在该反应中形成了其他产物 CO 和 SO_2，其产率分别约为 0.16 和 0.30，但是其详细生成途径尚不清楚。

在大气条件下 CS_2 和 OH 的反应速率常数与 SO_2 的反应速率常数大致相同（参见表 5.2），其大气寿命为 1～2 周。

COS：羰基硫化物（COS）是存在于对流层中的硫化合物，其浓度约为 0.5 ppbv。COS 通过火山活动排放出，并且如上所述也可通过 CS_2 和 OH 的大气反应形成。在 COS 的全球排放源中，来自 CS_2 的二次形成的比率估计约为 30%（Chin 和 Davis，1993）。如表 5.2 所示，COS 和 OH 的反应速率常数非常小（在 298 K 温度条件下，为 2×10^{-15} cm^3 · 分子$^{-1}$ · s^{-1}），并且根据 OH 的平均浓度（假设为 8×10^5 分子 · cm^{-3}）计算其大气寿命约为 20 a。因此，在对流层中排放和形成的大部分 COS 被输送到平流层，并在平流层中通过光解作用产生 H_2SO_4，从而产生同温层气溶胶（见第 8 章 8.5 节）。

H_2S：硫化氢（H_2S）通过自然源，例如，火山、土壤、生物体燃烧和海洋生物，或人为源，主要由工业活动排放到大气中。H_2S 与 OH 的反应通过抽氢反应产生 HS 自由基

$$H_2S + OH \rightarrow HS + H_2O \tag{7.136}$$

所形成的 HS 自由基与大气中的 O_3 或 NO_2 发生反应

$$HS + O_3 \rightarrow HSO + O_2 \tag{7.137}$$

$$HS + NO_2 \rightarrow HSO + NO \tag{7.138}$$

生成 HSO（巯基）自由基，由此产生 SO_2

$$HSO + O_3 \rightarrow HSO_2 + O_2 \tag{7.139}$$

$$HSO_2 + O_2 \rightarrow HO_2 + SO_2 \tag{7.140}$$

如表 5.2 所示，OH 和 H_2S 反应的速率常数在 298 K 温度条件下为 4.7×10^{-12} cm^3 · 分子$^{-1}$ · s^{-1}，并且假设 OH 浓度为 8×10^5 分子 · cm^{-3}，计算得出其对流层寿命约为 70 h。

CH_3SH：Methanetiol 被称为甲硫醇，其来源主要是海洋生物。人们认为其与 OH 自由基的反应是抽氢反应（Atkinson 等，2004；Sander 等，2011）。

$$CH_3SH + OH \rightarrow CH_3S + H_2O \tag{7.141}$$

产物 CH_3S 自由基作为二甲基硫（DMS、CH_3SCH_3）的大气氧化反应的中间体非常重要，并将在本段后续内容中详细描述。

CH_3SH 和 OH（参见表 5.2）的反应速率常数比 H_2S 的反应速率常数高 7 倍，计算得出 CH_3SH 的对流层寿命为数个小时。

CH_3SCH_3：二甲基硫(DMS)的排放率在自然源的硫化合物中最高(Bates 等，1992)，并且作为自然源的 SO_2、颗粒甲磺酸(MSA、CH_3SO_3H)和二甲基亚砜(DMSO、CH_3SOCH_3)的前体物受到人们的关注。不同于 OH、DMS 与 NO_3 的反应速率常数也很大，该反应受到人为活动的影响较大，对于沿海地区很重要。人们已知 DMS 也与活性卤素物质如 ClO 和 BrO 发生反应。已经报道了许多关于 DMS 的大气氧化过程的研究，Barnes 等(2006)对此进行了综述。

众所周知，DMS 和 OH 的初始反应既是抽氢反应也是硫原子的加成反应(Albu 等，2006)

$$CH_3SCH_3 + OH \rightarrow CH_3SCH_2 + H_2O \tag{7.142}$$

$$+M \rightarrow CH_3S(OH)CH_3 + M \tag{7.143}$$

如表 5.2 所示，抽氢反应具有正活化能，反应速率常数随温度升高而增大，而加成反应具有负温度依赖性，且其速率常数随温度降低而增大。人们也在作为三体反应的加成反应中观察到压力依赖性，因此反应(7.142)和(7.143)的分支比根据温度和压力发生变化。例如，在 1 个标准大气压和 298 K 的温度条件下，约 80%的反应是抽氢反应，加成反应的比例随温度的降低而增加(Albu 等，2006)。在 298 K 温度条件下的抽氢反应的速率常数是 4.7×10^{-12} cm^3 · 分子$^{-1}$ · s^{-1}(参见表 5.2)，与 H_2S 的抽氢反应速率常数几乎相同，其大气寿命是几十小时。

在反应(7.142)中形成的 CH_3SCH_2 自由基与 O_2 发生反应，并且人们认为在 NO 存在的情况下遵循与烷基相同的反应途径(Barnes 等，2006)。

$$CH_3SCH_2 + O_2 + M \rightarrow CH_3SCH_2O_2 + M \tag{7.144}$$

$$CH_3SCH_2O_2 + NO \rightarrow CH_3SCH_2O + NO_2 \tag{7.145}$$

$$CH_3SCH_2O \rightarrow CH_3S + HCHO \tag{7.146}$$

$$CH_3SCH_2O_2 + HO_2 \rightarrow CH_3SCH_2OOH + O_2 \tag{7.147}$$

人们开展了许多关于在上述反应(7.146)中形成 CH_3S 自由基以及 CH_3SH 和 OH 的反应(7.141)的反应途径研究，其中大部分基于对最终产物的分析，并且尚未建立精确的反应机理。在大气中，人们认为 CH_3S 会与 NO_2 和 O_3 发生反应

$$CH_3S + NO_2 \rightarrow CH_3SO + NO \tag{7.148}$$

$$CH_3S + O_3 \rightarrow CH_3SO + O_2 \tag{7.149}$$

生成 CH_3SO，并进一步反应

$$CH_3SO + O_2 + M \rightarrow CH_3S(O)O_2 + M \tag{7.150}$$

$$CH_3S(O)O_2 + NO \rightarrow CH_3SO_2 + NO_2 \tag{7.151}$$

$$CH_3SO + O_3 \rightarrow CH_3SO_2 + O_2 \tag{7.152}$$

生成 CH_3SO_2。CH_3SO_2 与 O_3 的反应

$$CH_3SO_2 + O_3 \rightarrow CH_3SO_3 + O_2 \tag{7.153}$$

会生成 CH_3SO_3，并且人们研究了生成甲磺酸(MSA，CH_3SO_3H)作为最终产品的机

理(Barnes 等, 2006)。

$$CH_3SO_3 + RH \rightarrow CH_3SO_3H + R \quad (7.154)$$

人们通过实验了解到,在大气条件下,在 DMS 的 OH 氧化反应中会产生 SO_2 以及 CH_3SO_3H(Hatakeyama 等, 1982)。关于形成 SO_2 的途径,人们提出在上述反应(7.152)中形成的 CH_3SO_2 的热分解作用

$$CH_3SO_2 \rightarrow CH_3 + SO_2 \quad (7.155)$$

但反应途径尚未确定。

同时,人们认为从 DMS 和 OH 的加成反应(7.143)中形成的 $CH_3S(OH)CH_3$,生成了二甲基亚砜(DMSO、CH_3SOCH_3)和甲基磺酸(CH_3SOH)(Gross 等, 2004; Ramírez-Anguita 等, 2009)。

$$CH_3S(OH)CH_3 + O_2 \rightarrow CH_3SOCH_3 + HO_2 \quad (7.156)$$

$$\rightarrow CH_3SOH + CH_3O_2 \quad (7.157)$$

在与 NO_3 的反应中,速率常数具有负温度依赖性,因此假定在初始阶段形成加合物,但基于实验观察到的 H/D 同位素效应,人们认为该反应基本上是提供 CH_3SCH_2 自由基的抽氢反应

$$CH_3SCH_3 + NO_3 \rightarrow [CH_3S(ONO_2)CH_3]^\dagger \rightarrow CH_3SCH_2 + HNO_3 \quad (7.158)$$

此点与 OH 反应相同(Atkinson 等, 2004; Sander 等, 2011)。

至于 DMS 的大气反应,如 7.5 节所述,与活性卤素种类的反应也是已知的。例如,与 BrO 的反应

$$CH_3SCH_3 + BrO \rightarrow [CH_3S(OBr)CH_3]^\dagger \rightarrow CH_3S(O)CH_3 + Br \quad (7.159)$$

具有负的活化能,并且 DMSO 的反应产率接近 1。人们还了解到 ClO 和 IO 的反应直接产生 DMDS(Atkinson 等, 2004; Sander 等, 2011)。

CH_3SSCH_3: 二甲基二硫化物(DMDS、CH_3SSCH_3)主要来自海洋生物和生物质燃烧。OH 反应的速率常数非常高,在 298 K 温度条件下为 2.3×10^{-10} cm^3 · 分子$^{-1}$ · s^{-1},并且其大气寿命非常短,仅为数小时内。人们认为该反应直接产生甲磺酸(MSA)(Barnes 等, 1994):

$$CH_3SSCH_3 + OH \rightarrow CH_3S + CH_3SOH \quad (7.160)$$

$$CH_3SOH + O_2 \rightarrow CH_3SO_3H \quad (7.161)$$

7.6.2 多相非均相反应与云雾酸化

对流层中多相反应的研究是通过酸雨/湿沉降的大气环境问题进行的。如本段所述,人们已充分建立了雨水中与硫酸盐、硝酸盐和碳酸根离子有关的大部分氧化过程的理论。然而,对流层中的多相反应涉及气溶胶表面对许多大气组分的吸收以及这些组分在气溶胶表面的反应,与有机气溶胶相关的气溶胶水溶液中的反应是目前得到深入研究的领域,因为其与二次有机气溶胶的形成有关,在未来会获得进一步发

展。本段内容参考了 Finlayson-Pitts 和 Pitts(2000)、Seinfeld 和 Pandis(2006)以及 McElroy(2002)的教科书。由于本书未涉及酸雨的实际现场观测,因此就此方面参考上述教科书,关于历史数据方面则需参考 Cowling(1982)的文献。

本书中考虑了云和雾滴对 SO_2 的吸收,液相氧化过程对硫酸的吸收以及水滴的酸化。如第 2 章 2.4.1 节所示,大气分子的多相反应过程包括:①气体分子向气液表面传输和扩散;②液相吸收气态分子;③液体扩散;④本体液相中的化学反应(Schwartz 和 Freiberg, 1981)。

水滴中的多相过程:首先,假设气体分子通过分子扩散到球形水滴粒子而进行输送和扩散,输送速率常数 β_{gd}(s^{-1})等于第 2 章 2.4.1 节中的多相速率常数 k_{het},可以表示为

$$\beta_{gd} = k_{het} = \frac{1}{\tau_g} = \frac{1}{4}\Gamma_g u_{av} A \tag{7.162}$$

通过将 $\gamma=\Gamma_g$ 置于方程式(2.84)。式中,τ_g 是气相向液滴扩散的特征时间,u_{av} 是平均热动力学速度,A 是单位体积气体中所包含的液滴的表面积密度。在此,将半径为 r 的液滴粒子视为水滴粒子,A 可以表示为

$$A = 4\pi r^2 N_p \tag{7.163}$$

式中,N_p(粒子 · cm^{-3})是单位气体体积中的颗粒数。同时,如果将液态水含量(LWC,liquid water content)定义为单位体积大气中所含的水的重量(Wallace 和 Hobbs, 2006; Seinfeld 和 Pandis, 2006)

$$L = \frac{4}{3}\pi r^3 N_p \tag{7.164}$$

根据该定义

$$A = \frac{3L}{r} \tag{7.165}$$

将公式(7.165)和 Γ_g 相对应的 2.4.1 节的式(2.88)代入方程(7.162)中,得到

$$\beta_{gd} = \frac{3D_g L}{r^2} \tag{7.166}$$

当假定典型的扩散常数值 $D_g=0.1\ cm^2\cdot s^{-1}$,云和雾滴半径 $r=7\times10^{-4}$ cm,液态水含量 $L=5\times10^{-7}$(l(aq)/l(air))(0.5 g · m^{-3}),计算得出 $\beta_{gd}\approx0.3\ s^{-1}$,通过取倒数,扩散到表面所需的特征时间约为 1 s。

另一方面,气液表面的调节过程的输送速率常数 β_i(s^{-1})可以类似地通过将 $\gamma=\alpha$ 代入方程式(2.84)中表示

$$\beta_i = k_{het} = \frac{1}{4}\alpha u_{av} A = \frac{3u_{av}\alpha L}{4r} \tag{7.167}$$

如果采用表 6.1 中给出的水滴粒子表面对 SO_2 分子的调节系数 $\alpha\geqslant0.12$,$u_{av}=4.7\times10^4\ cm\cdot s^{-1}$,液态水含量 $L=5\times10^{-7}$(l(aq)/l(air))以及粒子半径 $r=7\times$

10^{-4} cm,计算得出 β_i 为 3.0 s^{-1},液体表面吸收气相所需的特征时间通过取倒数约为 0.1 s。而且,水滴吸收的 SO_2 分子与液体表面的 H_2O 分子发生反应,并与后续提到的三种硫物质 $SO_2 \cdot H_2O$、HSO_3 和 SO_3^{2-} 达到化学平衡,达到化学平衡的时间只有短短 10^{-3}s。

然后,考虑到球形液体中的扩散,可以通过将第 2 章 2.4.3 节中的一维扩散方程式(2.97)转换为三维极坐标来计算液滴中所吸收的分子的扩散

$$\frac{\partial N_{aq}}{\partial t} = D_{aq}\left(\frac{\partial^2 N_{aq}}{\partial r^2} + \frac{2}{r}\frac{\partial N_{aq}}{\partial r}\right) \tag{7.168}$$

式中,r 是径向上的位置坐标,N_{aq}是单位体积的水溶液中所包含的分子密度(分子·cm^{-3}),D_{aq}是水溶液中分子的扩散常数。通过假设初始和边界条件求解该方程式后,可以得出液相内部分子的可扩散速率常数 β_{ad}(s^{-1})为

$$\beta_{ad} = \frac{\pi^2 D_{aq}}{r^2} \tag{7.169}$$

如果假定为液相分子扩散,则水滴中分子的特征扩散时间比气相扩散小 4 个数量级。最后,考虑液体层中的反应。对于半径小于 10 μm 的粒子,如云和雾滴,气相扩散到液体表面,从气相转换到液相,以及液滴内的扩散时间小于 1 s,它们不是多相氧化反应过程的限速步骤。如下所述的水滴内的液相反应是限速步骤。

SO_2 溶解于水中:溶解于水中的 SO_2 分子形成分子复合物 $SO_2 \cdot H_2O$,然后通过如下两步离子离解作用产生硫酸氢根离子 HSO_3^- 和亚硫酸根离子 SO_3^{2-}

$$SO_2(g) + H_2O \rightleftharpoons SO_2 \cdot H_2O \tag{7.170}$$

$$SO_2 \cdot H_2O \rightleftharpoons H^+ + HSO_3^- \tag{7.171}$$

$$HSO_3^- \rightleftharpoons H^+ + SO_3^{2-} \tag{7.172}$$

之后

$$K_{H,SO_2} = \frac{[SO_2 \cdot H_2O]}{p_{SO_2}} \tag{7.173}$$

$$K_{S1} = \frac{[H^+][HSO_3^-]}{[SO_2 \cdot H_2O]} \tag{7.174}$$

$$K_{S2} = \frac{[H^+][SO_3^{2-}]}{[HSO_3^-]} \tag{7.175}$$

式中,K_{H,SO_2}是水的 SO_2 的亨利定律常数,K_{S1}、K_{S2}是反应(7.171)和(7.172)的离解常数,p_{SO_2}是大气中 SO_2 的分压。298 K 温度条件下的每个值给定为 K_{H,SO_2} = 1.4 M·atm^{-1}(表 2.6)、$K_{S1} = 1.3\times10^{-2}$ M、$K_{S2} = 6.6\times10^{-8}$ M(Seinfeld 和 Pandis,2006)。如表 2.6 所示,SO_2 的亨利定律常数处于中等水平,远小于硝酸、醛和有机酸的 SO_2 的亨利定律常数,但远大于 CO_2、NO 和 NO_2 的 SO_2 的亨利定律常数。同时,$SO_2 \cdot H_2O$ 生成 H^+ + HSO_3^- 的离解常数 K_{S1}相当大,但 HSO_3^- 生成 H^+ + SO_3^{2-} 的 K_{S2}非常小。使用这些常数值,$SO_2 \cdot H_2O$、HSO_3^- 和 SO_3^{2-} 的浓度由下式给出,分

别为

$$[SO_2 \cdot H_2O] = K_{H,SO_2} p_{SO_2} \tag{7.176}$$

$$[HSO_3^-] = \frac{K_{S1}[SO_2 \cdot H_2O]}{[H^+]} = \frac{K_{H,SO_2} K_{S1} p_{SO_2}}{[H^+]} \tag{7.177}$$

$$[SO_3^{2-}] = \frac{K_{S2}[HSO_3^-]}{[H^+]} = \frac{K_{H,SO_2} K_{S1} K_{S2} p_{SO_2}}{[H^+]^2} \tag{7.178}$$

因此，水溶液中所吸收的 SO_2 分子以三种化学形式 $SO_2 \cdot H_2O$、HSO_3^- 和 SO_3^{2-} 存在。由于它们均是氧化数(化合价)为 4 的硫化合物，总体可表示为 S(IV)

$$S(IV) = SO_2 \cdot H_2O + HSO_3^- + SO_3^{2-} \tag{7.179}$$

通过使用方程式(7.176)、(7.177)和(7.178)，S(IV)的浓度可表示为

$$[S(IV)] = K_{H,SO_2} p_{SO_2} \left[1 + \frac{K_{S1}}{[H^+]} + \frac{K_{S1} K_{S2}}{[H^+]^2}\right] \tag{7.180}$$

因此，如果将 S(IV)的有效亨利定律常数定义为

$$K^*_{H,S(IV)} = K_{H,SO_2} \left[1 + \frac{K_{S1}}{[H^+]} + \frac{K_{S1} K_{S2}}{[H^+]^2}\right] \tag{7.181}$$

二氧化硫溶解总量的亨利平衡方程式可表示为

$$[S(IV)] = K^*_{H,S(IV)} p_{SO_2} \tag{7.182}$$

根据这些方程式，作为氢离子指数和 pH 的函数，图 7.24 中显示了 SO_2 浓度为 1 ppbv 的水溶液中 $SO_2 \cdot H_2O$、HSO_3^-、SO_3^{2-} 和 S(IV)的摩尔浓度(Seinfeld 和 Pandis，2006)。众所周知，pH 定义为

$$pH = -\lg [H^+] \tag{7.183}$$

如图 7.24 所示，随着 pH 值增加，水溶液中 S(IV)的浓度迅速增加。对于 pH＝2～7 的水溶液中，大部分 S(IV)以 HSO_3^- 的形式存在。在 pH＞7 和 pH＜2 的水溶液中，SO_3^{2-} 和 $SO_2 \cdot H_2O$ 分别是浓度最高的化学物质，但由于亨利平衡与 pH 无关，$SO_2 \cdot H_2O$ 的浓度保持恒定。HSO_3^- 和 SO_3^{2-} 浓度随 pH 增加的原因在于 H^+ 存在于反应(7.171)和(7.172)的右侧，随 pH 增加 H^+ 浓度降低，平衡向右侧进行。反应遵循勒夏特列原理，该原理表明，通常情况下，当与反应相关的浓度、温度或压力中的任何一个发生变化时，平衡向抵消变化的方向移动。在图 7.25 中，显示了由方程式(7.181)定义的水的有效亨利定律常数对 pH 的依赖性(Seinfeld 和 Pandis，2006)。反映出如图 7.24 所示 S(IV)的浓度对 pH 的依赖性也会随着 pH 迅速增加。对于 pH≈1，其中水溶液中仅存在 $SO_2 \cdot H_2O$，有效亨利定律常数的值几乎与表 2.6 中给出的值相同，为 1.36 $M \cdot atm^{-1}$，而在 pH＝5 时为～10^3 $M \cdot atm^{-1}$，pH＝7 时为～10^5 $M \cdot atm^{-1}$。

S(IV)在水溶液中的氧化反应：水滴中吸收的 S(IV)通过氧化形成硫酸根离子 SO_4^{2-}，该氧化过程最重要的反应是与 H_2O_2 和 O_3 的液相反应。大气中 H_2O_2 的典

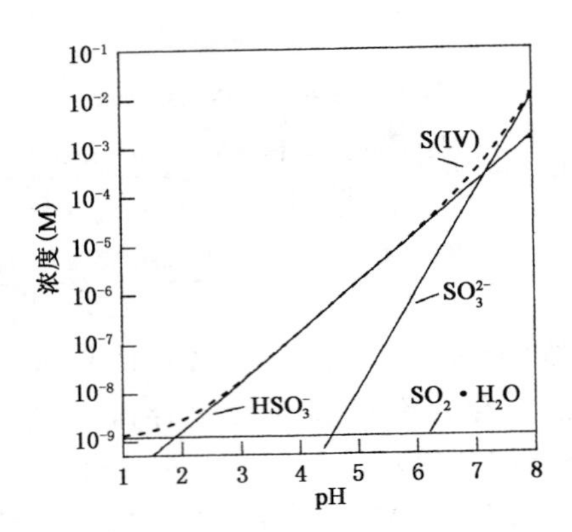

图 7.24　在 298 K 温度条件下,气相 SO_2 混合比为 1 ppbv 时,用溶液 pH 函数表示的 $SO_2 \cdot H_2O$、HSO_3^-、SO_3^{2-} 和 S(IV)的浓度(Seinfeld 和 Pandis,2006)

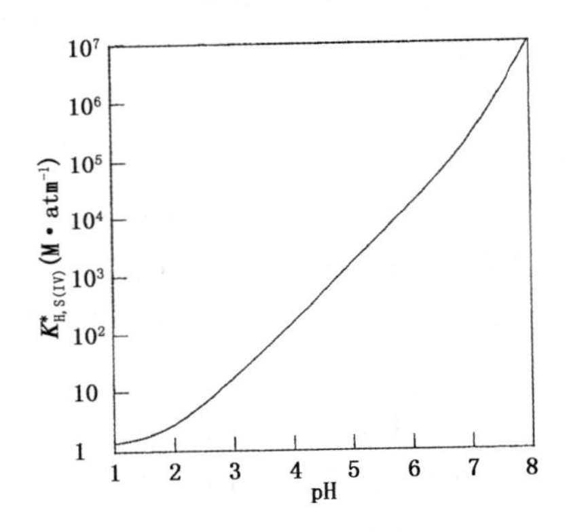

图 7.25　水中有效的 SO_2 亨利定律常数 $K^*_{H,S(IV)}$ 在 298 K 时对溶液 pH 的依赖性(Seinfeld 和 Pandis,2006)

型浓度约为 1 ppbv,远低于 O_3 的典型浓度,但 H_2O_2 的亨利定律常数在 298 K 温度条件下为 8.44×10^4 M · atm^{-1},与 O_3 的 1.03×10^{-2} M · atm^{-1}相差近 7 个数量级(见 2.6 节)。因此,水溶液中的 H_2O_2 浓度为$\sim1\times10^{-4}$ M,比 O_3 的浓度大 5 个数量级。

溶解于水中的 H_2O_2 的解离反应的离解常数

$$H_2O_2 \rightarrow H^+ + HO_2^- \tag{7.184}$$

非常小,在 298 K 温度条件下为 2.2×10^{-12} M · atm^{-1}(Pandis 和 Seinfeld, 1989),因此 H_2O_2 在水溶液中主要以分子形式存在。它与溶液中的 S(IV)的主要成分 HSO_3^- 发生反应

$$HSO_3^- + H_2O_2 \rightarrow SO_2OOH^- + H_2O \tag{7.185}$$

$$SO_2OOH^- + H^+ \rightarrow HSO_4^- + H^+ \tag{7.186}$$

通过过氧亚硫酸根离子 SO_2OOH^- 形成硫酸氢根离子 HSO_4^-（McArdle 和 Hoffmann，1983）。由于 HSO_4^- 中硫的化合价为 6，将 HSO_4^- 中的硫表示为 S(VI)、S(IV)和 H_2O_2 的总反应速率常数可定义为

$$d[S(VI)]/dt = k_{S(IV)+H_2O_2}[S(IV)][H_2O_2] \tag{7.187}$$

在本文中，已证实 $k_{S(IV)+H_2O_2}$ 的值对 pH 的依赖性较强，并且 $k_{S(IV)+H_2O_2}$ 的实验值对 pH 的依赖性如图 7.26 所示（Martin 和 Damschen，1981）。在 pH＝1.5 左右时，该反应的速率常数最大值为～5×10^5 M · s^{-1}，随 pH 的增加而降低。如图 7.24 所示，HSO_3^- 的浓度随 pH 增加而增加，与图 7.26 中所示的 $k_{S(IV)+H_2O_2}$ 对 pH 的依赖性形成对比。为此，这两个值的乘积是 H_2O_2 对 S(IV)的氧化速率，具有与 pH 无关的几乎恒定的特性。

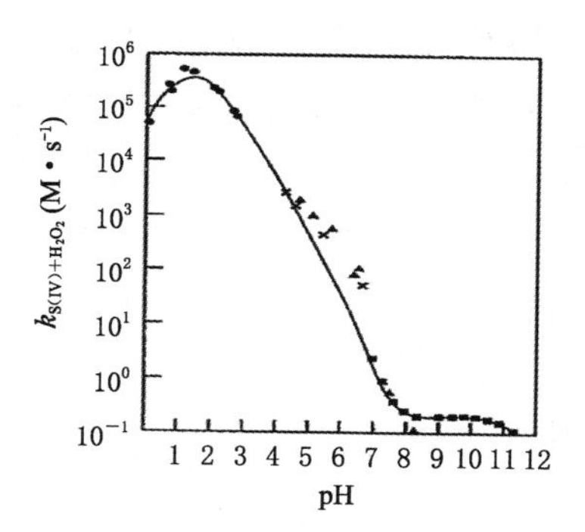

图 7.26　S(IV)和 H_2O_2 在水溶液中反应的二级速率常数在 298 K 下随 pH 的变化：$d[S(IV)]/dt = k_{S(IV)+H_2O_2}[S(IV)][H_2O_2(aq)]$（请参阅图中有关单个数据文献来源）（Martin 和 Damschen，1981）

对于 $SO_2\cdot H_2O$、HSO_3^- 和 SO_3^{2-} 的任一种物质，人们已知 S(IV)会和 O_3 在水溶液中发生反应

$$SO_2\cdot H_2O + O_3 \rightarrow [\text{反应复合体}] \rightarrow H_2SO_4 + O_2 \tag{7.188}$$

$$HSO_3^- + O_3 \rightarrow [\text{反应复合体}] \rightarrow HSO_4^- + O_2 \tag{7.189}$$

$$SO_3^{2-} + O_3 \rightarrow [\text{反应复合体}] \rightarrow SO_4^{2-} + O_2 \tag{7.190}$$

分别通过各反应复合体形成硫酸 H_2SO_4、硫酸氢根离子 HSO_4^- 和硫酸根离子 SO_4^{2-}

(Hoffmann,1986)。当我们将每个反应速率设为 k_0、k_1、k_2,通过计算得出 $k_0=(2.4\pm1.1)\times10^4$、$k_1=(3.7\pm0.7)\times10^5$ 和 $k_2=(1.5\pm0.6)\times10^9$ $M\cdot s^{-1}$(Hoffmann,1986)。由于反应产物 H_2SO_4、HSO_4^- 和 SO_4^{2-} 中硫的化合价为 6,它们都可以表示为 S(VI)

$$S(VI)=H_2SO_4+HSO_4^-+SO_4^{2-} \tag{7.191}$$

且 S(IV)和 O_3 的总反应的反应速率常数可以定义为

$$d[S(VI)]/dt=k_{S(IV)+O_3}[S(IV)][O_3] \tag{7.192}$$

图 7.27 显示了由此定义的 $k_{S(IV)+O_3}$ 的 pH 依赖性(Seinfeld 和 Pandis,2006)。如图所示,S(IV)和 O_3 的反应速率常数随 pH 增加而增加。根据 k_0、k_1 和 k_2——由 Hoffmann(1986)分别给出的反应(7.188)、(7.189)和(7.190)的速率常数,关于其对 pH 的依赖性,k_0 与 pH 无关,而 k_1 和 k_2 随 pH 增加而增加,因此图 7.26 中 $k_{S(IV)+O_3}$ 的依赖性反映了这一特点。如图 7.24 所示,由于 HSO_3^- 和 SO_3^{2-} 的浓度随着 pH 的增加而迅速增加,因此认为 O_3 与 S(IV)的氧化反应速率乘以速率常数会随 pH 增加而迅速增加。

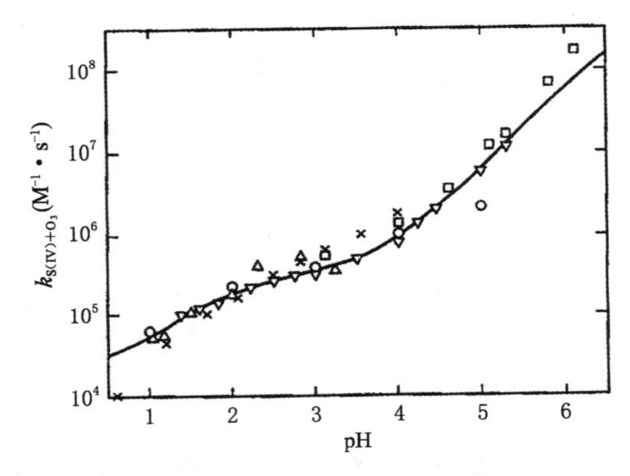

图 7.27　S(IV)和 O_3 反应的二阶速率常数与 298 K 下溶液 pH 的关系：$d[S(IV)]/dt=k_{S(IV)+O_3}[S(IV)][O_3(aq)]$(请参阅图中有关单个数据文献的来源)(Seinfeld 和 Pandis,2006)

图 7.28 描述了 SO_2 在每 1 ppbv 气态 SO_2 的水溶液中的氧化速率对 pH 的依赖性,采用上述 $k_{S(IV)+H_2O_2}$ 和 $k_{S(IV)+O_3}$ 的值,取大气中 H_2O_2 的浓度为 1 ppbv 和 O_3 的浓度值为 30 ppbv。如图所示,对于 pH<5 的情况,SO_2 氧化的主要原因在于 H_2O_2,而通过 O_3 的氧化反应仅在 pH>6 时占据主导地位。

云雾的 pH:云和雾滴的酸化源于对 SO_2 和其他酸性物质的吸收。在讨论此问题之前,应先讨论大气中 CO_2 对水滴 pH 的影响。通过两步解离作用形成 H_2O 分子和 $CO_2\cdot H_2O$ 的分子复合物后,溶解在水中的 CO_2 分子解离成碳酸氢根离子

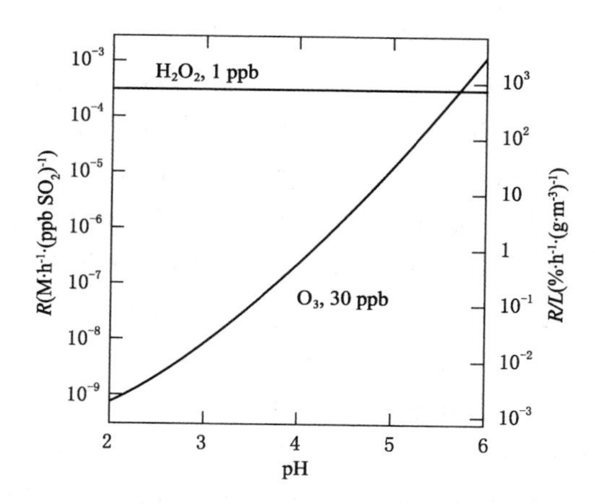

图 7.28　1 ppb 的 H_2O_2 和 30 ppbv 的 O_3 对 S(IV)的水相氧化速率与 298 K 下溶液 pH 的关系(R 表示每 ppb 气相 SO_2 的水相反应速率。右轴上的 R/L 表示相对于每单位云液态水含量($g \cdot m^{-3}$)的气相 SO_2 的反应速率)(改编自 Seinfeld 和 Pandis,2006)

HCO_3^- 和碳酸根离子 CO_3^{2-}。

$$CO_2(g) + H_2O \rightleftharpoons CO_2 \cdot H_2O \tag{7.193}$$

$$CO_2 \cdot H_2O \rightleftharpoons H^+ + HCO_3^- \tag{7.194}$$

$$HCO_3^- \rightleftharpoons H^+ + CO_3^{2-} \tag{7.195}$$

这些过程与 SO_2 在水溶液中的解离作用同时发生。与 SO_2 的情况类似,通过使用亨利定律和离解常数,$CO_2 \cdot H_2O$、HCO_3^- 和 CO_3^{2-} 的浓度可写为

$$[CO_2 \cdot H_2O] = K_{H,CO_2} p_{CO_2} \tag{7.196}$$

$$[HCO_3^-] = \frac{K_{C1}[CO_2 \cdot H_2O]}{[H^+]} = \frac{K_{H,CO_2} K_{C1} p_{CO_2}}{[H^+]} \tag{7.197}$$

$$[CO_3^{2-}] = \frac{K_{C2}[HCO_3^{2-}]}{[H^+]} = \frac{K_{H,CO_2} K_{C1} K_{C2} p_{CO_2}}{[H^+]^2} \tag{7.198}$$

式中,K_{H,CO_2} 是水的 CO_2 的亨利定律常数,K_{C1}、K_{C2} 分别是反应(7.194)和(7.195)的离解常数,是大气中 CO_2 的分压(atm)。每个值分别给定为:$K_{H,CO_2} = 3.4 \times 10^{-2}$ M·atm^{-1}(表 2.6)、$K_{C1} = 4.3 \times 10^{-7}$ M 和 $K_{C2} = 4.7 \times 10^{-11}$ M (298 K 温度条件下)(Seinfeld 和 Pandis, 2006)。CO_2 的亨利定律常数约为 SO_2 的 1/4、NO_2 的 2 倍。同时,K_{C1} 和 K_{C2} 分别比 K_{S1} 和 K_{S2} 小 4 和 3 个数量级,表明羧酸比亚硫酸的酸性弱得多。

假设当前大气中 CO_2 的分压为 4.0×10^{-4} atm(400 ppmv),设定$[CO_2 \cdot H_2O] = 1.36 \times 10^{-5}$ M 和$[H^+] = [HCO_3^-]$,通过方程式(7.196)和(7.197)获得$[H^+] = 2.42 \times 10^{-6}$ M,据此则 pH=5.62。因此,与大气的 CO_2 平衡的水滴的 pH 约为 5.6。然而,由于 DMS 产生的 H_2SO_4 的影响,实际的天然云、雾和雨滴的 pH 在开阔海域中低至

pH=4,而在黄沙或撒哈拉沙尘影响下则高达 pH=7。

假设大气 SO_2 的分压为 1.0×10^{-9} atm(1 ppbv),并且水滴中仅含有亚硫酸,得出$[H^+]=4.3\times10^{-6}$ M,并且通过设定$[SO_2\cdot H_2O]=1.4\times10^{-9}$ M 和$[H^+]=[HSO_3^-]$,得出 pH=5.4,这与 CO_2 的情况类似。如图 7.25 所示,在此条件下,SO_3^{2-} 的浓度比 HSO_3^- 低两个数量级,可以忽略不计。另外,对于 SO_2 分压为 1.0×10^{-8} atm(10 ppbv),得出 pH=4.9。另一方面,如果水滴中所有 S(IV)均转化为 H_2SO_4,因为 H_2SO_4 是强酸,因此

$$H_2SO_4 \rightleftharpoons H^+ + HSO_4^- \tag{7.199}$$

$$HSO_4^- \rightleftharpoons H^+ + SO_4^{2-} \tag{7.200}$$

由于反应(7.199)和(7.200)在 298K 温度条件下的离解常数非常大,为 1000 M 和 1.0×10^{-2} M(Pandis 和 Seinfeld, 1989),一个 S(IV)分子产生两个 H^+。如果假设 SO_2 的分压为 10^{-9} atm(1 ppbv),则大气中 SO_2 的摩尔浓度为

$$[SO_2(g)]=p_{SO_2}/RT=4.1\times10^{-11}\ \text{mol}\cdot\text{L}^{-1}$$

式中,$R=0.082$ atm · L · K^{-1} · mol^{-1},$T=298$ K。假设云水含量为 $L=0.5\times10^{-6}$ L(aq)/L(gas),当所有 SO_2 被氧化成 H_2SO_4 时,水滴中 H_2SO_4 的浓度为

$$[H_2SO_4(aq)]=[SO_2(g)]/(0.5\times10^{-6})=0.82\times10^{-4}\ \text{mol}\cdot\text{L}^{-1}$$

由此得出$[H^+]=1.6\times10^{-4}$ mol · L^{-1},pH=3.8。如果 SO_2 的大气浓度为 10 ppbv,则云水 pH 降至 2.8。现场实际观测时,观察到平均 pH 为 3.4~3.9 的云(Aneja 和 Kim, 1993)。对于雾滴,取 $L=0.05\times10^{-6}$ L(aq)/L(g)(0.05 g · m^{-3}),对于浓度为 1 和 10 ppbv 的 SO_2,pH 可以低至 2.8 和 1.8,甚至低于云滴的 pH。实际上,已经实地观察到 pH 为 2.2 的雾(Munger 等, 1983),人们称其为"酸雾"。在降水的情况下,大气中的水含量大于云中的水含量,但云的影响范围很广。通常在污染的大气中可观察到 pH 为 4~5 的雨水,人们称其为"酸雨"。在实际的雨水中,会同时发生通过 SO_2 的气相氧化反应形成的硫酸气溶胶的吸收过程。

本节仅从硫化学的角度讨论了云、雾和雨水的酸度。在实际的云、雾和雨水中,通过由 NO_x 形成的 HNO_3 发生进一步的酸化作用,NH_4^+ 通过吸收土壤粉尘中的气态 NH_3 和 Ca^{2+} 进行中和反应,这些过程同时发生,其 pH 取决于这些物质的总离子平衡。

参考文献

Abbatt, J. P. D., J. L. Thomas, K. Abrahamsson, C. Boxe, A. Granfors, A. E. Jones, M. D. King, A. Saiz-Lopez, P. B. Shepson, J. Sodeau, D. W. Toohey, C. Toubin, R. von Glasow, S. N. Wren and X. Yang, Halogen activation via interactions with environmental ice and snow in the polar lower troposphere and other regions, Atmos. Chem. Phys., 12, 6237-6271, 2012.

Albu, M., I. Barnes, K. H. Becker, I. Patroescu-Klotz, R. Mocanu and T. Benter, Rate coefficients for the gas-phase reaction of OH radicals with dimethyl sulfide: Tempenature and O_2 partial pressure dependence, Phys. Chem. Chem. Phys., 8, 728-736, 2006.

Adams, J. W., N. S. Holmes and J. N. Crowley, Uptake and reaction of HOBr on frozen and dry NaCl/NaBr surfaces between 253 and 233 K, Atmos. Chem. Phys., 2, 79-91, 2002.

Aiuppa, A., D. R. Baker and J. D. Webster, Halogens in volcanic systems, Chem. Geol., 263, 1-18, 2009.

Akimoto, H. and F. Sakamaki, Correlation of the ozone formation rates with hydroxyl radical concentrations in the propylene-nitrogen dioxide-dry air system: Effective ozone formation rate constant, Environ. Sci. Technol., 17, 94-99, 1983.

Akimoto, H., M. Hoshino, G. Inoue and M. Okuda, Reaction mechanism of the photooxidation of the toluene-NO_2-O_2-N_2 system in the gas phase, Bull. Chem. Soc. Jpn., 51, 2496-2502, 1978.

Akimoto, H., M. Hoshino, G. Inoue, F. Sakamaki, N. Washida and M. Okuda, Design and characterization of the evacuable and bakable photochemical smog chamber, Environ. Sci. Technol., 13, 471-475, 1979a.

Akimoto, H., F. Sakamaki, M. Hoshino, G. Inoue and M. Okuda, Photochemical ozone formation in propylene-nitrogen oxide-dry air system, Environ. Sci. Technol., 13, 53-58, 1979b.

Akimoto, H., F. Sakamaki, G. Inoue and M. Okuda, Estimation of OH radical concentration in a propylene-NOx-dry air system, Environ. Sci. Technol., 14, 93-97, 1980.

秋元　肇,河村公隆,中澤高清,鷲田伸明編,対流圏大気の化学と地球環境,学会出版センター, 2002.

Alicke, B., K. Hebestreit, J. Stutz and U. Platt, Iodine oxide in the marine boundary layer, Nature, 397, 572-573, 1999.

Anastasio, C. and M. Mozurkewich, Laboratory studies of bromide oxidation in the presence of ozone: Evidence for glass-surface mediated reaction, J. Atmos. Chem., 41, 135-162, 2002.

Andino, J. M., J. N. Smith, R. C. Flagan, W. A. Goddard and J. H. Seinfeld, Mechanism of atmospheric photooxidation of aromatics: A theoretical study, J. Phys. Chem., 100, 10967-10980, 1996.

Aneja, V. P. and D.-S. Kim, Chemical dynamics of clouds at Mt. Mitchell, North Carolina, Air & Waste, 43, 1074-1083, 1993.

Arey, J., S. M. Aschmann, E. S. C. Kwok and R. Atkinson, Alkyl nitrate, hydroxyalkyl nitrate, and hydroxycarbonyl formation from the NOx-air photooxidations of C_5-C_8 n-alkanes, J. Phys. Chem. A, 105, 1020-1027, 2001.

Arnold, S. R., M. P. Chipperfield, M. A. Blitz, D. E. Heard and M. J. Pilling, Photodissociation of acetone: Atmospheric implications of temperature-dependent quantum yields, Geophys. Res. Lett., 31, L07110, doi:10.1029/2003GL019099, 2004.

Atkinson, R., Kinetics and mechanisms of the gas-phase reactions of the hydroxyl radical with organic compounds, J. Phys. Chem. Ref. Data, Monogr. 1, 1-246, 1989.

Atkinson, R., Gas-phase tropospheric chemistry of volatile organic compounds: 1. Alkanes and alkenes, J. Phys. Chem. Ref. Data, 26, 215-290, 1997a.

Atkinson, R., Atmospheric reactions of alkoxy and b-hydroxyalkoxy radicals, Int. J. Chem. Kinet., 29, 99-111, 1997b.

Atkinson, R. and J. Arey, Atmospheric degradation of volatile organic compounds, Chem. Rev., 103, 4605-4638, 2003.

Atkinson, R., D. L. Baulch, R. A. Cox, R. F. Hampson, J. A. Kerr, M. J. Rossi and J. Troe, Evaluated kinetic, photochemical and heterogeneous data for atmospheric chemistry: Supplement V. IUPAC Subcommittee on Gas Kinetic Data Evaluation for Atmospheric Chemistry, J. Phys. Chem. Ref. Data, 26, 521-1011, 1997.

Atkinson, R., D. L. Baulch, R. A. Cox, J. N. Crowley, R. F. Hampson, R. G. Hynes, M. E. Jenkin, M. J. Rossi and J. Troe, Evaluated kinetic and photochemical data for atmospheric chemistry: Volume I — gas phase reactions of Ox, HOx, NOx, and SOx species, Atmos. Chem. Phys., 4, 1461-1738, 2004.

Atkinson, R., D. L. Baulch, R. A. Cox, J. N. Crowley, R. F. Hampson, R. G. Hynes, M. E. Jenkin, M. J. Rossi and J. Troe, Evaluated kinetic and photochemical data for atmospheric chemistry: Volume II — gas phase reactions of organic species, Atmos. Chem. Phys., 6, 3625-4055, 2006.

Atkinson, R., D. L. Baulch, R. A. Cox, J. N. Crowley, R. F. Hampson, R. G. Hynes, M. E. Jenkin, M. J. Rossi and J. Troe, Evaluated kinetic and photochemical data for atmospheric chemistry: Volume III — gas phase reactions of inorganic halogens, Atmos. Chem. Phys., 7, 981-1191, 2007.

Baltaretu, C. O., E. I. Lichtman, A. B. Hadler and M. J. Elrod, Primary atmospheric oxidation mechanism for toluene, J. Phys. Chem. A, 113, 221-230, 2009.

Bandow, H., M. Okuda and H. Akimoto, Mechanism of the gas-phase reactions of C_3H_6 and NO_3 radicals, J. Phys. Chem., 84, 3604-3608, 1980.

Barnes, I., K. H. Becker and N. Mihalopoulos, An FTIR product study of the photooxidation of dimethyl disulfide. J. Atmos Chem., 18, 267-289, 1994.

Barnes, I., V. Bastian, K. H. Becker and Z. Tong, Kinetics and products of the reactions of NO_3 with monoalkenes, dialkenes, and monoterpenes, J. Phys. Chem., 94, 2413-2419, 1990.

Barnes, I., J. Hjorth and N. Mihalopoulos, Dimethyl sulfide and dimethyl sulfoxide and their oxidation in the atmosphere, Chem. Rev., 106, 940-975, 2006.

Barrie, L. A., J. W. Bottenheim, R. C. Schnell, P. J. Crutzen and R. A. Rasmussen, Ozone destruction and photochemical reactions at polar sunrise in the lower Arctic atmosphere, Nature, 334, 138-141, 1988.

Bartolotti, L. J. and E. O. Edney, Density functional theory derived intermediates from the OH initiated atmospheric oxidation of toluene, Chem. Phys. Lett., 245, 119-122, 1995.

Bates, T. S., B. K. Lamb, A. B. Guenther, J. Dignon and R. E. Stoiber, Sulfur emissions to the atmosphere from natural sources. J. Atmos. Chem., 14, 315-337, 1992.

Beaver, M. R., J. M. St. Clair, F. Paulot, K. M. Spencer, J. D. Crounse, B. W. LaFranchi, K. E. Min, S. E. Pusede, P. J. Wooldridge, G. W. Schade, C. Park, R. C. Cohen and P. O. Wennberg, Importance of biogenic precursors to the budget of organic nitrates: Observations of multifunctional organic nitrates by CIMS and TD-LIF during BEARPEX 2009, Atmos. Chem. Phys., 12, 5773-5785, 2012.

Birdsall, A. W., J. Dreoni and M. J. Elrod, Investigation of the role of bicyclic peroxy radicals in the oxidation mechanism of toluene, J. Phys. Chem. A, 114, 10655-10663, 2010.

Blitz, M. A., D. E. Heard, M. J. Pilling, S. R. Arnold and M. P. Chipperfield, Pressure and temperature-dependent quantum yields for the photodissociation of acetone between 279 and 327.5 nm, Geophys. Res. Lett., 31, L06111, doi:1029/2003GL018793, 2004.

Bloss, C., V. Wagner, M. E. Jenkin, R. Volkamer, W. J. Bloss, J. D. Lee, D. E. Heard, K. Wirtz, M. Martin-Reviejo, G. Rea, J. C. Wenger and M. J. Pilling, Development of a detailed chemical mechanism (MCMv3.1) for the atmospheric oxidation of aromatic hydrocarbons, Atmos. Chem. Phys., 5, 641-664, 2005.

Bobrowski, N., G. Hönninger, B. Galle and U. Platt, Detection of bromine monoxide in a volcanic plume, Nature, 423, 273-276, 2003.

Bobrowski, N., R. von Glasow, A. Aiuppa, S. Inguaggiato, I. Louban, O. W. Ibrahim and U. Platt, Reactive halogen chemistry in volcanic plumes, J. Geophys. Res., 112, D06311, doi: 10.1029/2006JD007206, 2007.

Bohn, B., Formation of peroxy radicals from OH-toluene adducts and O_2, J. Phys. Chem. A, 105, 6092-6101, 2001.

Bohn, B. and C. Zetzsch, Gas-phase reaction of the OH-benzene adduct with O_2: Reversibility and secondary formation of HO_2, Phys. Chem. Chem. Phys., 1, 5097-5107, 1999.

Brasseur, G. P., J. L. Orlanddo and G. S. Tyndall (eds), Atmospheric Chemistry and Global Change, Oxford University Press, 1999.

Brasseur, G. P., R. G. Prinn and A. P. Pszenny (eds), Atmospheric Chemistry in a Changing World, An Integration and Synthesis of a Decade of Tropospheric Chemistry Research. The International Global Atmospheric Chemistry Project of the International Geosphere-Biosphere Programme, Springer-Verlag, 2003.

Brune, W., OH and HO_2: Sources, interactions with nitrogen oxides, and ozone production, IGAC Newsletter, No. 21, http://www.igacproject.org/sites/all/themes/bluemasters/images/NewsletterArchives/Issue_21_Sep_2000.pdf, 2000.

Buys, Z., N. Brough, L. G. Huey, D. J. Tanner, R. von Glasow and A. E. Jones, High temporal resolution Br_2, BrCl and BrO observations in coastal Antarctica, Atmos. Chem. Phys., 13, 1329-1343, 2013.

Calvert, J. G., R. Atkinson, J. A. Kerr, S. Madronich, G. K Moortgat, T. J. Wallington and

G. Yarwood, The Mechanisms of Atmospheric Oxidation of the Alkenes, Oxford University Press, 2000.

Calvert, J. G., R. Atkinson, K. H. Becker, R. M. Kamens, J. H. Seinfeld, T. J. Wallington and G. Yarwood, The Mechanisms of Atmospheric Oxidation of the Aromatic Hydrocarbons, Oxford University Press, 2002.

Calvert, J. G., R. G. Derwent, J. J. Orlando, G. S. Tyndall and T. J. Wallington, The Mechanisms of Atmospheric Oxidation of the Alkanes, Oxford University Press, 2008.

Calvert, J., A. Mellouki, J. Orlando, M. J. Pilling and T. J. Wallington, The Mechanisms of Atmospheric Oxidation of the Oxygenates, Oxford University Press, 2011.

Carpenter, L. J., Iodine in the marine boundary layer, Chem. Rev., 103, 4953-4962, 2003.

Cartas-Rosado, R. and M. Castro, Theoretical study of reaction mechanisms of OH radical with toluene 1, 2-epoxide/2-methyloxepin. J. Phys. Chem. A, 111, 13088-13098, 2007.

Cartas-Rosado, R., J. R. Alvarez-Idaboy, A. Galano-Jimenez and A. Vivier-Bunge, A theoretical inveistigation of the mechanism of the NO_3 addition to alkenes, J. Mol. Struct. Theochem., 684, 51-59, 2004.

Charlson, R. J., J. E. Lovelock, M. O. Andreae and S. G. Warren, Oceanic phytoplankton, atmospheric sulphur, cloud albedo and climate, Nature, 326, 655-661, 1987.

Chen, S., X. Ren, J. Mao, Z. Chen, W. H. Brune, B. Lefer, B. Rappenglueck, J. Flynn, J. Olson and J. H. Crawford, A comparison of chemical mechanisms based on TRAMP-2006 field data, Atmos. Environ., 44, 4116-4125. 2010.

Chin, M. and D. D. Davis, Global sources and sinks of OCS and CS_2 and their distributions, Global Biogeochem. Cycles, 7, 321-337, 1993.

Choi, S., Y. Wang, R. J. Salawitch, T. Canty, J. Joiner, T. Zeng, T. P. Kurosu, K. Chance, A. Richter, L. G. Huey, J. Liao, J. A. Neuman, J. B. Nowak, J. E. Dibb, A. J. Weinheimer, G. Diskin, T. B. Ryerson, A. da Silva, J. Curry, D. Kinnison, S. Tilmes and P. F. Levelt, Analysis of satellite-derived Arctic tropospheric BrO columns in conjunction with aircraft measurements during ARCTAS and ARCPAC, Atmos. Chem. Phys., 12, 1255-1285, 2012.

Claeys, M., B. Graham, G. Vas, W. Wang, R. Vermeylen, V. Pashynska, J. Cafmeyer, P. Guyon, M. O. Andreae, P. Artaxo and W. Maenhaut, Formation of secondary organic aerosols through photooxidation of isoprene, Science, 303, 1173-1176, 2004.

Cowling, E. B., Acid precipitation in historical perspective, Environ. Sci. Technol., 16, 110A-123A, 1982.

Crutzen, P., A discussion of the chemistry of some minor constituents in the stratosphere and troposphere, Pure Appl. Geophys., 106-108, 1385-1399, 1973.

Di Carlo, P., W. H. Brune, M. Martinez, H. Harder, R. Lesher, X. R. Ren, T. Thornberry, M. A. Carroll, V. Young, P. B. Shepson, D. Riemer, E. Apel and C. Campbell, Missing OH reactivity in a forest: Evidence for unknown reactive biogenic VOCs, Science, 304, 722-

725, 2004.

Dickerson, R. R. , K. P. Rhoads, T. P. Carsey, S. J. Oltmans, J. P. Burrows and P. J. Crutzen, Ozone in the remote marine boundary layer: A possible role for halogens, J. Geophys. Res. , 104, 21385-21395, 1999.

Dillon, T. J. and J. N. Crowley, Direct detection of OH formation in the reactions of HO_2 with $CH_3C(O)O_2$ and other substituted peroxy radicals, Atmos. Chem. Phys. , 8, 4877-4889, 2008.

Dodge, M. C. , "Combined Use of Modeling Techniques and Smog Chamber Data to Derive Ozone Precursor Relationships," in Procedings of the International Conference on Photochemical Oxidant Pollution and Its Control(B. Dimitriades, ed.), EPA-600/3-77-001b, Vol. II, pp. 881-889, 1977.

Donahue, N. M. , G. T. Drozd, S. A. Epstein, A. A. Prestoa and J. H. Kroll, Adventures in ozoneland: Down the rabbit-hole, Phys. Chem. Chem. Phys. , 13, 10848-10857, 2011.

Dusanter, S. , D. Vimal, P. S. Stevens, R. Volkamer, L. T. Molina, A. Baker, S. Meinardi, D. Blake, P. Sheehy, A. Merten, R. Zhang, J. Zheng, E. C. Fortner, W. Junkermann, M. Dubey, T. Rahn, B. Eichinger, P. Lewandowski, J. Prueger and H. Holder, Measurements of OH and HO_2 concentrations during the MCMA-2006 field campaign — Part 2: Model comparison and radical budget, Atmos. Chem. Phys. , 9, 6655, 2009.

Emmerson, K. M. and N. Carslaw, Night-time radical chemistry during the TORCH campaign, Atmos. Environ. , 43, 3220-3226, 2009.

Faloona, I. , D. Tan. W. Brune, J. Hurst, D. Barket Jr. , T. L. Couch, P. Shepson, E. Apel, D. Riemer, T. Thornberry, M. A. Carroll, S. Sillman, G. J. Keeler, J. Sagady, D. Hooper and K. Paterson, Nighttime observations of anomalously high levels of hydroxyl radicals above a deciduous forest canopy, J. Gephys. Res. , 106, 24315-24333, 2001.

Fan, J. and R. Zhang, Atmospheric oxidation mechanism of isoprene, Environ. Chem. , 1, 140-149, 2004.

Finlayson-Pitts, B. J. and J. N. Pitts, Jr. , Chemistry of the Upper and Lower Atmosphere, Academic Press, 2000.

Finlayson-Pitts, B. J. , The tropospheric chemistry of sea salt: A molecular-level view of the chemistry of NaCl and NaBr, Chem. Rev. , 103, 4801-4822, 2003.

Foster, K. L. , R. A. Plastridge, J. W. Bottenheim, P. B. Shepson, B. J. Finlayson-Pitts and C. W. Spicer, The role of Br_2 and BrCl in surface ozone destruction at polar sunrise, Science, 291, 471-474, 2001.

Frieß, U. , T. Wagner, I. Pundt, K. Pfeilsticker and U. Platt, Spectroscopic measurements of tropospheric iodine oxide at Neumayer Station, Antarctica, Geophys. Res. Lett. , 28, 1941-1944, 2001.

Fuchs, H. , B. Bohn, A. Hofzumahaus, F. Holland, K. D. Lu, S. Nehr, F. Rohrer and A. Wahner, Detection of HO_2 by laser-induced fluorescence: Calibration and interferences from

RO_2 radicals, Atmos. Meas. Tech., 4, 1209-1225, 2011.

Galano, A., L. G. Ruiz-Suárez and A. Vivier-Bunge, On the mechanism of the OH initiated oxidation of acetylene in the presence of O_2 and NOx, Theoret. Chem. Accounts, 121, 219-225, 2008.

García-Cruz, I., M. Castro and A. Vivier-Bunge, DFT and MP2 molecular orbital determination of OH-toluene-O_2 isomeric structures in the atmospheric oxidation of toluene, J. Comp. Chem., 21, 716-730, 2000.

Geyer, A., K. Bachmann, A. Hofzumahaus, F. Holland, S. Konrad, T. Klupfel, H. W. Patz, D. Perner, D. Mihelcic, H. J. Schafer, A. Volz-Thomas and U. Platt, Nighttime formation of peroxy and hydroxyl radicals during the BERLIOZ campaign: Observations and modeling studies, J. Geophys. Res., 108, 8249, doi:10.1029/2001JD000656, D4, 2003.

Gillotay, D., A. Jenouvrier, B. Coquart, M. F. Merienne and P. C. Simon, Ultraviolet absorption crosssections of bromoform in the temperature range 295-240 K, Planet. Space Sci., 37, 1127-1140, 1989.

Goldstein, A. H. and A. E. Galbally, Known and unexplored organic constituents in the earth's atmosphere, Environ. Sci. Technol., 41, 1514-1521, 2007.

Gómez Martín, J. C., S. H. Ashworth, A. S. Mahajan and J. M. C. Plane, Photochemistry of OIO: Laboratory study and atmospheric implications, Geophys. Res. Lett., 36, L09802, doi: 10.1029/2009GL037642, 2009.

Gong, H., A. Matsunaga and P. J. Ziemann, Products and mechanism of secondary organic aerosol formation from reactions of linear alkenes with NO_3 radicals, J. Phys. Chem. A, 109, 4312-4324, 2005.

Grebenkin, S. Y. and L. N. Krasnoperov, Kinetics and thermochemistry of the hydroxycyclohexadienyl radical reaction with O_2: $C_6H_6OH + O_2 \rightleftharpoons C_6H_6(OH)OO$, J. Phys. Chem. A, 108, 1953-1963, 2004.

Gross, A., I. Barnes, R. M. Sørensen, J. Kongsted and K. V. Mikkelsen, A theoretical study of the reaction between $CH_3S(OH)CH_3$ and O_2, J. Phys. Chem. A, 108, 8659-8671, 2004.

Guenther, A., T. Karl, P. Harley, C. Wiedinmyer, P. I. Palmer and C. Geron, Estimates of global terrestrial isoprene emissions using MEGAN (Model of Emissions of Gases and Aerosols from Nature), Atmos. Chem. Phys., 6, 3181-3210, 2006.

Hatakeyama, S., M. Okuda and H. Akimoto, Formation of sulfur dioxide and methanesulfonic acid in the photooxidation of dimethyl sulfide in the air, Geophys. Res. Lett., 9, 583-586, 1982.

Hatakeyama, S., N. Washida and H. Akimoto, Rate constants and mechanisms for the reaction of hydroxyl(OD) radicals with acetylene, propyne, and 2-butyne in air at 297±2 K, J. Phys. Chem., 90, 173-178, 1986.

Hatakeyama, S., H. Lai and K. Murano, Formation of 2-hydroxyethyl hydroperoxide in an OHinitiated reaction of ethylene in air in the absence of NO, Environ. Sci. Technol., 29, 833-

835, 1995.

Hausmann, M. and U. Platt, Spectroscopic measurement of bromine oxide and ozone in the high Arctic during Polar Sunrise Experiment 1992, J. Geophys. Res., 99, 25399-25413, 1994.

Haynes, W. M. ed., CRC Handbook of Chemistry and Physics, 93th ed., CRC Press, 2012-2013.

Hirokawa, J., K. Onaka, Y. Kajii and H. Akimoto, Heterogeneous processes involving sodium halide particles and ozone: Molecular bromine release in the marine boundary layer in the absence of nitrogen oxides, Geophys. Res. Lett., 25, 2449-2452, 1998.

Hoffman, M. R., On the kinetics and mechanism of oxidation of aquated sulfur dioxide by ozone, Atmos. Environ., 20, 1145-1154, 1986.

Hofzumahaus, A., F. Rohrer, K. D. Lu, B. Bohn, T. Brauers, C. C. Chang, H. Fuchs, F. Holland, K. Kita, Y. Kondo, X. Li, S. R. Lou, M. Shao, L. M. Zeng, A. Wahner and Y. H. Zhang. Amplified trace gas removal in the troposphere, Science, 324, 1702-1704, 2009.

Hönninger, G and U. Platt, Observations of BrO and its vertical distribution during surface ozone depletion at Alert, Atmos. Environ., 36, 2481-2489, 2002.

Hönninger, G., N. Bobrowski, E. R. Palenque, R. Torrez and U. Platt, Reactive bromine and sulfur emissions at Salar de Uyuni, Bolivia, Geophys. Res. Lett., 31, L04101, doi:10.1029/2003GL018818, 2004.

Ingham, T., A. Goddard, L. K. Whalley, K. L. Furneaux, P. M. Edwards, C. P. Seal, D. E. Self, G. P. Johnson, K. A. Read, J. D. Lee and D. E. Heard, A flow-tube based laser-induced fluorescence instrument to measure OH reactivity in the troposphere, Atmos. Meas. Tech., 2, 465-477, 2009.

IPCC, Climate Change 2013: The Physical Science Basis, Contribution of Working Group I to the Assessment Report of the Intergovernmental Panel on Climate Change, 2013. http://www.ipcc.ch/report/ar5/wg1/#.Uprr3M1ZCto

Jacob, D., Introduction to Atmospheric Chemistry, Princeton University Press, 1999 (大気化学入門,近藤　豊訳,東京大学出版会, 2002).

Jenkin, M. E., S. M. Saunders, V. Wagner and M. J. Pilling, Protocol for the development of the Master Chemical Mechanism, MCM v3 (Part B): Tropospheric degradation of aromatic volatile organic compounds, Atmos. Chem. Phys., 3, 181-193, 2003.

Jobson, B. T., H. Niki, Y. Yokouchi, J. Bottenheim, F. Hopper and R. Leaitch, Measurements of C_2-C_6 hydrocarbons during the Polar Sunrise1992 Experiment: Evidence for Cl atom and Br atom chemistry, J. Geophys. Res., 99, 25355-25368, 1994.

Johnson, D. and G. Marston, The gas-phase ozonolysis of unsaturated volatile organic compounds in the troposphere, Chem. Soc. Rev., 37, 699-716, 2008.

Johnson, D., S. Raoult, M.-T. Rayez, J.-C. Rayez and R. Lesclaux, An experimental and theoretical investigation of the gas-phase benzene-OH radical adduct + O_2 reaction, Phys. Chem.

Chem. Phys., 4, 4678-4686, 2002.

Kanaya, Y. and H. Akimoto, Direct measurement of HOx radicals in the marine boundary layer: Testing the current tropospheric chemistry mechanism, Chemistry Record., 2, 199-211, 2002.

Kanaya, Y., Y. Sadanaga, J. Matsumoto, U. Sharma, J. Hirokawa, Y. Kajii and H. Akimoto, Daytime HO_2 concentrations at Oki Island, Japan, in summer 1998: Comparison between measurement and theory, J. Geophys. Res., 105, 24205-24222, 2000.

Kanaya, Y., Y. Yokouchi, J. Matsumoto, K. Nakamura, S. Kato, H. Tanimoto, H. Furutani, K. Toyota and H. Akimoto, Implication of iodine chemistry for daytime HO_2 levels at Rishiri Island, Geophys. Res. Lett., 29(8), 10.1029/2001GL014061, 2002.

Kanaya, Y., R. Cao, S. Kato, Y. Miyakawa, Y. Kajii, H. Tanimoto, Y. Yokouchi, M. Mochida, K. Kawamura and H. Akimoto, Chemistry of OH and HO_2 radicals observed at Rishiri Island, Japan, in September 2003: Missing daytime sink of HO_2 and positive nighttime correlations with monoterpenes, J. Geophys. Res., 112, D11308, doi: 10.1029/2006JD007987, 2007a.

Kanaya, Y., R. Cao, H. Akimoto, M. Fukuda, Y. Komazaki, Y. Yokouchi, M. Koike, H. Tanimoto, N. Takegawa and Y. Kondo, Urban photochemistry in central Tokyo: 1. Observed and modeled OH and HO_2 radical concentrations during the winter and summer of 2004, J. Geophys. Res., 112, D21312, 2007b.

Kanaya, Y., M. Fukuda, H. Akimoto, N. Takegawa, Y. Komazaki, Y. Yokouchi, M. Koike and Y. Kondo, Urban photochemistry in central Tokyo: 2. Rates and regimes of oxidant (O_3+NO_2) production, J. Geophys. Res., 113, D06301, 2008.

Karl, M., H. P. Dorn, F. Holland, R. Koppmann, D. Poppe, L. Rupp, A. Schaub and A. Wahner, Product study of the reaction of OH radicals with isoprene in the atmosphere simulation chamber SAPHIR, J. Atmos. Chem., 55, 167-187, 2006.

King, M. D., C. E. Canosa-Mas and R. P. Wayne, Frontier molecular orbital correlations for predicting rate constants between alkenes and the tropospheric oxidants NO_3, OH and O_3, Phys. Chem. Chem. Phys., 1, 2231-2238, 1999.

Klotz, B., I. Barnes, K. H. Becker and B. T. Golding, Atmospheric chemistry of benzeneoxide/oxepin, J. Chem. Soc., Faraday Trans., 93, 1507-1516, 1997.

Klotz, B., S. Sørensen, I. Barnes, K. H. Becker, T. Etzkorn, R. Volkamer, U. Platt, K. Wirtz and M. Martín-Reviejo, Atmospheric oxidation of toluene in a large-volume outdoor photoreactor: In situ determination of ring-retaining product yields, J. Phys. Chem. A, 102, 10289-10299, 1998.

Klotz, B., I. Barne, B. T. Golding and K. H. Becker, Atmospheric chemistry of toluene-1, 2-oxide/2-methyloxepin, Phys. Chem. Chem. Phys., 2, 227-235, 2000.

Knipping, E. M., M. J. Lakin, K. L. Foster, P. Jungwirth, D. J. Tobias, R. B. Gerber, D. Dabdub and B. J. Finlayson-Pitts, Experiments and simulations of ion-enhanced interfacial chemistry on aqueous NaCl aerosols, Science, 288, 301-306, 2000.

Knispel, R., R. Koch, M. Siese and C. Zetzsch, Adduct formation of OH radicals with benzene, toluene and phenol and consecutive reactions of the adducts with nitrogen oxide and oxygen, Ber. Bunsenges. Phys. Chem., 94, 1375-1379, 1990.

Kreher, K., P. V. Johnston, S. W. Wood, B. Nardi and U. Platt, Ground-based measurements of tropospheric and stratospheric BrO at Arrival Heights, Antarctica, Geophys. Res. Lett., 23, 3021-3024, 1997.

Kroll, J. H., J. S. Clarke, N. M. Donahue, J. G. Anderson and K. L. Demerjian, Mechanism of HOx formation in the gas-phase ozone-alkene reaction. 1. Direct, pressure-dependent measurements of prompt OH yields, J. Phys. Chem. A, 105, 1554-1560, 2001a.

Kroll, J. H., S. R. Sahay and J. G. Anderson, Mechanism of HOx formation in the gas-phase ozonealkene reaction. 2. Prompt versus thermal dissociation of carbonyl oxides to form OH, J. Phys. Chem. A, 105, 4446-4457, 2001b.

Kroll, J. H., T. F. Hanisco, N. M. Donahue, K. L. Demerjian and J. G. Anderson, Accurate, direct measurements of OH yields from gas-phase ozone-alkene reactions using an in situ LIF instrument, Geophys. Res. Lett., 28, 3863-3866, 2001c.

Kroll, J. H., N. L. Ng, S. M. Murphy, R. C. Flagan and J. H. Seinfeld, Secondary organic aerosol formation from isoprene photooxidation, Environ. Sci. Technol., 40, 1869-1877, 2006.

Kwok, E. S. C., S. M. Aschmann, J. Arey and R. Atkinson, Product formation from the reaction of the NO_3 radical with isoprene and rate constants for the reactions of methacrolein and methyl vinyl ketone with the NO_3 radical, Int. J. Chem. Kinet., 28, 925-934, 1996a.

Kwok, E. S. C., R. Atkinson and J. Arey, Isomerization of b-hydroxyalkoxy radicals formed from the OH radical-initiated reactions of C_4-C_8 1-alkenes, Environ. Sci. Technol., 30, 1048-1052, 1996b.

Lawler, M. J., R. Sander, L. J. Carpenter, J. D. Lee, R. von Glasow, R. Sommariva and E. S. Saltzman, HOCl and Cl_2 observations in marine air, Atmos. Chem. Phys., 11, 7617-7628, 2011.

Lee, C., Y. J. Kim, H. Tanimoto, N. Bobrowski, U. Platt, T. Mori, K. Yamamoto and C. S. Hong, High ClO and ozone depletion observed in the plume of Sakurajima volcano, Japan, Geophys. Res. Lett., 32, L21809, doi:10.1029/2005GL023785, 2005.

Lehrer, E., D. Wagenbach and U. Platt, Aerosol chemical composition during tropospheric ozone depletion at Ny Ålesund/Svalbard, Tellus B, 49, 486-495, 1997.

Lelieveld, J., T. M. Butler, J. N. Crowley, T. J. Dillon, H. Fischer, L. Ganzeveld, H. Harder, M. G. Lawrence, M. Martinez, D. Taraborrelli and J. Williams, Atmospheric oxidation capacity sustained by a tropical forest, Nature, 452, 737-740, 2008.

Levy II, H., Normal atmosphere: Large radical and formaldehyde concentrations predicted, Science, 173, 141-143, 1971.

Lewis, A. C., N. Carslaw, P. J. Marriott, R. M. Kinghorn, P. Morriso, A. L. Lee, K. D. Bartle and M. J. Pilling, A larger pool of ozone-forming carbon compounds in urban atmospheres, Nature, 405, 778-781, 2000.

Liao, J., L. G. Huey, D. J. Tanner, F. M. Flocke, J. J. Orlando, J. A. Neuman, J. B. Nowak, A. J. Weinheimer, S. R. Hall, J. N. Smith, A. Fried, R. M. Staebler, Y. Wang, J.-H. Koo, C. A. Cantrell, P. Weibring, J. Walega, D. J. Knapp, P. B. Shepson and C. R. Stephens, Observations of inorganic bromine(HOBr, BrO, and Br_2) speciation at Barrow, Alaska, in spring 2009, J. Geophys. Res., 117, D00R16, doi: 10. 1029/2011JD016641, 2012.

Lightfoot, P. D., R. A Cox, J. N. Crowley, M. Destriau, G. D. Hayman, M. E. Jenkin, G. K. Moortgat and F. Zabel, Organic peroxy radicals: Kinetics, spectroscopy and tropospheric chemistry, Atmos. Environ.. 26A, 1805-1961, 1992.

Liu, S. C., M. Trainer, M. A. Carriolli, G. Huber, D. D. Montzaka, R. B. Norton, B. A. Ridley, J. G. Walega, E. L. Atlas, B. G. Heikes, B. J. Huebert and W. Warreb, A Study of the photochemistry and ozone budget during the Mauna Loa Observatory photochemistry experiment, J. Gephys. Res., 97,10463-10471, 1992.

Lopez-Hilfiker, F. D., K. Constantin, J. P. Kercher and J. A. Thornton, Temperature dependent halogen activation by N_2O_5 reactions on halide-doped ice surfaces, Atmos. Chem. Phys., 12, 5237-5247, 2012.

Lovejoy, E. R., D. R. Hanson and L. G. Huey, Kinetics and products of the gas-phase reaction of SO_3 with water, J. Phys. Chem., 100, 19911-19916, 1996.

Lu, K. D., F. Rohrer, F. Holland, H. Fuchs, B. Bohn, T. Brauers, C. C. Chang, R. Häseler, M. Hu, K. Kita, Y. Kondo, X. Li, S. R. Lou, S. Nehr, M. Shao, L. M. Zeng, A. Wahner, Y. H. Zhang and A. Hofzumahaus, Observation and modelling of OH and HO_2 concentrations in the Pearl River Delta 2006: A missing OH source in a VOC rich atmosphere, Atmos. Chem. Phys., 12, 1541-1569, 2012.

Mahajan, A. S., J. M. C. Plane, H. Oetjen, L. Mendes, R. W. Saunders, A. Saiz-Lopez, C. E. Jones, L. J. Carpenter and G. B. McFiggans, Measurement and modelling of tropospheric reactive halogen species over the tropical Atlantic Ocean, Atmos. Chem. Phys., 10, 4611-4624, 2010.

Malkin, T. L., A. Goddard, D. E. Heard and P. W. Seakins, Measurements of OH and HO_2 yields from the gas phase ozonolysis of isoprene, Atmos. Chem. Phys., 10, 1441-1459, 2010.

Martin, L. R. and D. E. Damschen, Aqueous oxidation of sulfur dioxide by hydrogen peroxide at low pH, Atmos. Environ., 15, 1615-1621, 1981.

Martino, M., G. P. Mills, J. Woeltjen and P. S. Liss, A new source of volatile organoiodine compounds in surface seawater, Geophys. Res. Lett., 36, L01609, doi: 10. 1029/2008GL036334, 2009.

Matveev, V., M. Peleg, D. Rosen, D. S. Tov-Alper, K. Hebestreit, J. Stutz, U. Platt, D. Blake and M. Luria, Bromine oxide — ozone interaction over the Dead Sea, J. Geophys. Res., 106, 10375-10387, 2001.

McArdle, J. V. and M. R. Hoffmann, Kinetic and mechanism of oxidation of aquated sulfur dioxide by hydrogen peroxide at low pH, J. Phys. Chem., 87, 5425-5429, 1983.

McElroy, M. B., The Atmospheric Environment: Effects of Human Activities, Princeton University Press, 2002.

McFiggans, G., J. M. C. Plane, B. J. Allan, L. J. Carpenter, H. Coe and C. O'Dowd, A modeling study of iodine chemistry in the marine boundary layer, J. Geophys. Res., 105, 14371-14385, 2000.

McKee, M. L. and P. H. Wine, Ab initio study of the atmospheric oxidation of CS_2, J. Am. Chem. Soc., 123, 2344-2353, 2001.

Mellouki, A., G. Le Bras and H. Sidebottom, Kinetics and mechanisms of the oxidation of oxygenated organic compounds in the gas phase, Chem. Rev., 103, 5077-5096, 2003.

Mielke, L. H., A. Furgeson and H. D. Osthoff, Observation of $ClNO_2$ in a mid-continental urban environment, Environ. Sci. Technol., 45, 8889-8896, 2011.

Milford, J. B., A. G., Russell and G. J. McRae, A new approach to photochemical pollution control: Implications of spatial patterns in pollutant responses to reductions in nitrogen oxides and reactive organic gas emissions, Environ. Sci. Technol., 23, 1290-1301, 1989.

Mochida, M., J. Hirokawa and H. Akimoto, Unexpected large uptake of O_3 on sea salts and the observed Br_2 formation, Geophys. Res. Lett., 27, 2629-2632, 2000.

Mozukewich, M., Mechanisms for the release of halogens from sea-salt particles by free radical reactions, J. Geophys. Res., 100, 14199-14207, 1995.

Munger, J. W., D. J. Jacob, J. M. Waldman and M. R. Hoffmann, Fogwater chemistry in an urban atmosphere, J. Geophys. Res., 88, 5109-5121, 1983.

Nehr, S., B. Bohn, H. Fuchs and A. Hofzumahaus, HO_2 formation from the OH+benzene reaction in the presence of O_2, Phys. Chem. Chem. Phys., 13, 10699-10708, 2011.

Ng, N. L., A. J. Kwan, J. D. Surratt, A. W. H. Chan, P. S. Chhabra, A. Sorooshian, H. O. T. Pye, J. D. Crounse, P. O. Wennberg, R. C. Flagan and J. H. Seinfeld, Secondary organic aerosol (SOA) formation from reaction of isoprene with nitrate radicals (NO_3), Atmos. Chem. Phys., 8, 4117-4140, 2008.

Nguyen, T. L., J. H. Park, K. J. Lee, K. Y. Song and J. R. Barker, Mechanism and kinetics of the reaction $NO_3+C_2H_4$, J. Phys. Chem. A, 115, 4894-4901, 2011.

O'Brien, J. M., E. Czuba, D. R. Hastie, J. S. Francisco and P. B. Shepson, Determination of the hydroxy nitrate yields from the reaction of C_2-C_6 alkenes with OH in the presence of NO, J. Phys. Chem. A, 102, 8903-8908, 1998.

Oltmans, S. J. and W. Komhyr, Surface ozone distributions and variations from 1973-1984 measurements at the NOAA geophysical monitoring for climate change baseline observatories, J.

Geophys. Res., 91, 5229-5236, 1986.

Osthoff, H. D., J. M. Roberts, A. R. Ravishankara, E. J. Williams, B. M. Lerner, R. Sommariva, T. S. Bates, D. Coffman, P. K. Quinn, J. E. Dibb, H. Stark, J. B. Burkholder, R. K. Talukdar, J. Meagher, F. C. Fehsenfeld and S. S. Brown, High levels of nitryl chloride in the polluted subtropical marine boundary layer, Nat. Geosci., 1, 324-328, 2008.

Oum, K. W., M. J. Lakin, D. O. DeHaan, T. Brauers and B. Finlayson-Pitts, Formation of molecular chlorine from the photolysis of ozone and aqueous sea-salt particles, Science, 279, 74-76, 1998a.

Oum, K. W., M. J. Lakin and B. J. Finlayson-Pitts, Bromine activation in the troposphere by the dark reaction of O_3 with seawater ice, Geophys. Res. Lett., 25, 3923-3926, 1998b.

Pandis, S. N. and J. H. Seinfeld, Sensitivity analysis of a chemical mechanism for aqueous-phase atmospheric chemistry, J. Geophys. Res., 94, 1105-1126, 1989.

Peeters, J. and J.-F. Müller, HOx radical regeneration in isoprene oxidation via peroxy radical isomerisations. II: Experimental evidence and global impact, Phys. Chem. Chem. Phys., 12, 14227-14235, 2010.

Pérez-Casany, M. P., I. Nebot-Gil and J. Sánchez-Marín, Ab initio study on the mechanism of tropospheric reactions of the nitrate radical with alkenes: Propene, J. Phys. Chem. A, 104, 6277-6286, 2000.

Perring, A. E., A. Wisthaler, M. Graus, P. J. Wooldridge, A. L. Lockwood, L. H. Mielke, P. B. Shepson, A. Hansel and R. C. Cohen, A product study of the isoprene+NO_3 reaction, Atmos. Chem. Phys., 9, 4945-4956, 2009.

Pfrang, C., M. King, C. E. Canosa-Mas and R. P. Wayne, Correlations for gas-phase reactions of NO_3, OH and O_3 with alkenes: An update, Atmos. Environ., 40, 1170-1179, 2006.

Platt, U. and T. Wagner, Satellite mapping of enhanced BrO concentrations in the troposphere, Nature, 395, 486-490, 1998.

Ramírez-Anguita, J. M., à. González-Lafont and J. M. Lluch, Formation pathways of CH_3SOH from $CH_3S(OH)CH_3$ in the presence of O_2: A theoretical study, Theor. Chem. Acc., 123, 93-103, 2009.

Raoult, S., M.-T. Rayez, J.-C. Rayezand and R. Lesclaux, Gas phase oxidation of benzene: Kinetics, thermochemistry and mechanism of initial steps, Phys. Chem. Chem. Phys., 6, 2245-2253, 2004.

Read, K. A., A. S. Mahajan, L. J. Carpenter, M. J. Evans, B. V. E. Faria, D. E. Heard, J. R. Hopkins, J. D. Lee, S. J. Moller, A. C. Lewis, L. Mendes, J. B. McQuaid, H. Oetjen, A. Saiz-Lopez, M. J. Pilling and J. M. C. Plane, Extensive halogen-mediated ozone destruction over the tropical Atlantic Ocean, Nature, 453, 1232-1235, 2008.

Regelin, E., H. Harder, M. Martinez, D. Kubistin, C. T. Ernest, H. Bozem, T. Klippel, Z. Hosaynali-Beygi, H. Fischer, R. Sander, P. Jöckel, R. Königstedt and J. Lelieveld, HOx measurements in the summertime upper troposphere over Europe: A comparison of observations to a box model and a 3-D model, Atmos. Chem. Phys. Discuss., 12, 30619-30660, 2012.

Ren, X., W. H. Brune, J. Mao, M. J. Mitchell, R. Lesher, J. B. Simpas, A. R. Metcalf, J. J. Schwab, C. Cai, Y. Li, K. L. Demerjian, H. D. Felton, G. Boynton, A. Adams, J. Perry, Y. He, X. Zhou and J. Hou, Behavior of OH and HO_2 in the winter atmosphere in New York City, Atmos. Environ., 40, Supplement 2, 252-263, 2006.

Ren, X., J. R. Olson, J. Crawford, W. H. Brune, J. Mao, R. B. Long, Z. Chen, G. Chen, M. A. Avery, G. W. Sachse, J. D. Barrick, G. S. Diskin, G. Huey, A. Fried, R. C. Cohen, B. Heikes, P. O. Wennberg, H. B. Singh, D. Blake and R. Shetter, HOx chemistry during INTEX-A 2004: Observation, model calculation, and comparison with previous studies, J. Geophys. Res., 113, D05310, doi:10.1029/2007JD009166, 2008.

Riedel, T. P., T. H. Bertram, T. A. Crisp, E. J. Williams, B. M. Lerner, A. Vlasenko, S.-M. Li, J. Gilman, J. de Gouw, D. M. Bon, N. L. Wagner, S. S. Brown and J. A. Thornton, Nitryl chloride and molecular chlorine in the coastal marine boundary layer, Environ. Sci. Technol., 46, 10463-10470, 2012.

Rollins, A. W., A. Kiendler-Scharr, J. L. Fry, T. Brauers, S. S. Brown, H.-P. Dorn, W. P. Dubé, H. Fuchs, A. Mensah, T. F. Mentel, F. Rohrer, R. Tillmann, R. Wegener, P. J. Wooldridge, and R. C. Cohen, Isoprene oxidation by nitrate radical: Alkyl nitrate and secondary organic aerosol yields, Atmos. Chem. Phys., 9, 6685-6703, 2009.

Rossi, M. J., Heterogeneous reactions on salts, Chem. Rev., 103, 4823-4882, 2003.

Sadanaga, Y., J. Hirokawa and H. Akimoto, Formation of molecular chlorine in dark condition: Heterogeneous reaction of ozone with sea salt in the presence of ferric ion, Geophys. Res. Lett., 28, 4433-4436, 2001.

Sadanaga, Y., A. Yoshino, K. Watanabe, A. Yoshioka, Y. Wakazono, Y. Kanaya and Y. Kajii, Development of a measurement system of OH reactivity in the atmosphere by using a laser-induced pump and probe technique, Rev. Sci. Instr., 75, 2648-2655, 2004.

Saiz-Lopez, A. and R. von Glasow, Reactive halogen chemistry in the troposphere, Chem. Soc. Rev. 41, 6448-6472, 2012.

Saiz-Lopez, A., J. M. C. Plane and J. A. Shillito, Bromine oxide in the mid-latitude marine boundary layer, Geophys. Res. Lett., 31, L03111, doi:10.1029/2003GL018956, 2004.

Saiz-Lopez, A., J. A. Shillito, H. Coe and J. M. C. Plane, Measurements and modelling of I_2, IO, OIO, BrO and NO_3 in the mid-latitude marine boundary layer, Atmos. Chem. Phys., 6, 1513-1528, 2006.

Saiz-Lopez, A., J. M. C. Plane, A. R. Baker, L. J. Carpenter, R. von Glasow, J. C. Gómez Martín, G. McFiggans and R. W. Saunders, Atmospheric chemistry of iodine, Chem. Rev., 112, 1773-1804, 2012.

Sakamaki, F., M. Okuda, H. Akimoto and H. Yamazaki, Computer modeling study of photochemical ozone formation in the propene-nitrogen oxides-dry air system. Generalized maximum ozone isopleth, Environ. Sci. Technol., 16, 45-52, 1982.

Sander, R. and P. J. Crutzen, Model study indicating halogen activation and ozone destruction in polluted air masses transported to the sea, J. Geophys. Res., 101, 9121-9138, 1996.

Sander, R., Y. Rudich, R. von Glasow and P. J. Crutzen, The role of $BrNO_3$ in marine tropospheric chemistry: A model study, Geophys. Res. Lett., 26, 2857-2860, 1999.

Sander, R., W. C. Keene, A. A. P. Pszenny, R. Arimoto, G. P. Ayers, E. Baboukas, J. M. Cainey, P. J. Crutzen, R. A. Duce, G. Hoenninger, B. J. Huebert, W. Maenhaut, N. Mihalopoulos, V. C. Turekian and R. Van Dingenen, Inorganic bromine in the marine boundary layer: A critical review, Atmos. Chem. Phys., 3, 1301-1336, 2003.

Sander, R., A. Kerkweg, P. Jockel and J. Lelieveld, Technical note: The new comprehensive atmospheric chemistry module MECCA, Atmos. Chem. Phys., 5, 445-450, 2005.

Sander, S. P., R. Baker, D. M. Golden, M. J. Kurylo, P. H. Wine, J. P. D. Abatt, J. B. Burkholder, C. E. Kolb, G. K. Moortgat, R. E. Huie and V. L. Orkin, Chemical Kinetics and Photochemical Data for Use in Atmospheric Studies, Evaluation Number 17, JPL Publication 10-6, Pasadena, California, 2011. Website: http://jpldataeval.jpl.nasa.gov/.

Saunders, S. M., M. E. Jenkin, R. G. Derwent and M. J. Pilling, Protocol for the development of the Master Chemical Mechanism, MCM v3 (Part A): Tropospheric degradation of nonaromaticvolatile organic compounds, Atmos. Chem. Phys., 3, 161-180, 2003.

Schmidt V., G. Y. Zhu, K. H. Becker and E. H. Fink, Study of OH reactions at high pressures by excimer laser photolysis-dye laser fluorescence, Ber. Bunsenges. Phys. Chem., 89, 321, 1985.

Schneider, M., O. Luxenhofer, A. Deissler and K. Ballschmiter, C_1-C_{15} alkyl nitrates, benzyl nitrate, and bifunctional nitrates: Measurements in California and south Atlantic air and global comparison using C_2Cl_4 and $CHBr_3$ as marker, Environ. Sci. Technol., 32, 3055-3062, 1998.

Schönhardt, A., A. Richter, F. Wittrock, H. Kirk, H. Oetjen, H. K. Roscoe and J. P. Burrows, Observations of iodine monoxide columns from satellite, Atmos. Chem. Phys., 8, 637-653, 2008.

Schwartz, S. E. and J. E. Freiberg, Mass-transport limitation to the rate of reaction of gases in liquid droplets: Application to oxidation of SO_2 in aqueous solutions, Atmos. Environ., 15, 1129-1144, 1981.

Seinfeld, J. H. and S. N. Pandis, Atmospheric Chemistry and Physics: Air Pollution to Climate Change, 2nd ed., John Wiley and Sons, 2006.

Sheehy, P. M., R. Volkamer, L. T. Molina and M. J. Molina, Oxidative capacity of the Mexico City atmosphere — Part 2: A ROx radical cycling perspective, Atmos. Chem. Phys., 10, 6993-7008, 2010.

Sillman, S., J. A. Logan and S. C. Wofsy, The sensitivity of ozone to nitorgen oxides and hydrocarbons in regional ozone episodes, J. Geophys. Res., 95, 1837-1851, 1990.

Simpson, W. R., R. von Glasow, K. Riedel, P. Anderson, P. Ariya, J. Bottenheim, J. Burrows, L. J. Carpenter, U. Frieß, M. E. Goodsite, D. Heard, M. Hutterli, H.-W. Jacobi, L. Kaleschke, B. Neff, J. Plane, U. Platt, A. Richter, H. Roscoe, R. Sander, P. Shepson, J. Sodeau, A. Steffen, T. Wagner and E. Wolff, Halogens and their role in polar boundary-layer ozone depletion, Atmos. Chem. Phys., 7, 4375-4418, 2007.

Sinha, V., J. Williams, J. N. Crowley and J. Lelieveld, The comparative reactivity method: A new tool to measure total OH reactivity in ambient air, Atmos. Chem. Phys., 8, 2213-2227, 2008.

Sinha, V., J. Williams, J. Lelieveld, T. M. Ruuskanen, M. K. Kajos, J. Patokoski, H. Hellen, H. Hakola, D. Mogensen, M. Boy, J. Rinne and M. Kulmala, OH reactivity measurements within a boreal forest: Evidence for unknown reactive emissions, Environ. Sci. Technol., 44, 6614-6620, 2010.

Skov, H., J. Hjorth, C. Lohse, N. R. Jensen and G. Restelli, Products and mechanisms of the reactions of the nitrate radical (NO_3) with isoprene, 1, 3-butadiene and 2, 3-dimethyl-1, 3-butadiene in air, Atmos. Environ. A, 26, 2771-2783, 1992.

Smith, S. C., J. D. Lee, W. J. Bloss, G. P. Johnson, T. Ingham and D. E. Heard, Concentrations of OH and HO_2 radicals during NAMBLEX: Measurements and steady state analysis, Atmos. Chem. Phys., 6, 1435-1453, 2006.

Sommariva, R. and R. von Glasow, Multiphase halogen chemistry in the tropical Atlantic ocean, Environ. Sci. Technol., 46, 10429-10437, 2012.

Sommariva, R., W. J. Bloss, N. Brough, N. Carslaw, M. Flynn, A.-L. Haggerstone, D. E. Heard, J. R. Hopkins, J. D. Lee, A. C. Lewis, G. McFiggans, P. S. Monks, S. A. Penkett, M. J. Pilling, J. M. C. Plane, K. A. Read, A. Saiz-Lopez, A. R. Rickard and P. I. Williams, OH and HO_2 chemistry during NAMBLEX: Roles of oxygenates, halogen oxides and heterogeneous uptake, Atmos. Chem. Phys., 6, 1135-1153, 2006.

Smoydzin, L. and R. von Glasow, Modelling chemistry over the Dead Sea: bromine and ozone chemistry, Atmos. Chem. Phys., 9, 5057-5072, 2009.

Spicer, C. W., E. G. Chapman, B. J. Finlayson-Pitts, R. A. Plastridge, J. M. Hubbe, J. D. Fast and C. M. Berkowit, Unexpectedly high concentrations of molecular chlorine in coastal air, Nature, 394, 353-356, 1998.

Spicer, C. W., R. A. Plastridge, K. L Foster, B. J. Finlayson-Pitts, J. W. Bottenheim, A. M. Grannas and P. B. Shepson, Molecular halogens before and during ozone depletion events in the Arctic at polar sunrise: Concentrations and sources, Atmos. Environ., 36, 2721-2731, 2002.

Stickel, R. E., M. Chin, E. P. Daykin, A. J. Hynes, P. H. Wine and T. J. Wallington, Mechanistic studies of the hydroxyl-initiated oxidation of carbon disulfide in the presence of oxygen, J. Phys. Chem., 97, 13653-13661, 1993.

Stockwell, W. R. and J. G. Calvert, The mechanism of the HO-SO_2 reaction, Atmos. Environ., 17, 2231-2235, 1983.

Stockwell, W. R., F. Kirchner, M. Kuhn and S. Seefeld, A new mechanism for regional atmospheric chemistry modeling, J. Geophys. Res., 102, 25847-25879, 1997.

Stockwell, W. R., C. V. Lawson, E. Saunders and W. S. Goliff, A review of tropospheric atmospheric chemistry and gas-phase chemical mechanisms for air quality modeling, Atmosphere, 3, 1-32, 2012.

Stone, D., L. K. Whalley and D. E. Heard, Tropospheric OH and HO_2 radicals: Field measurements and model comparisons, Chem. Soc. Rev., 41, 6348-6404, 2012.

Stutz, J., R. Ackermann, J. D. Fast and L. Barrie, Atmospheric reactive chlorine and bromine at the Great Salt Lake, Utah, Geophys. Res. Lett., 29(10), doi: 10.1029/2002GL014812, 2002.

Sudo, K., M. Takahashi and H. Akimoto, CHASER: A global chemical model of the troposphere 2. Model results and evaluation, J. Geophys. Res., 107, D21, 4586, doi: 10.1029/2001JD001114, 2002.

Suh, I., R. Zhang, L. T. Molina and M. J. Molina, Oxidation mechanism of aromatic peroxy and bicyclic radicals from OH-toluene reactions, J. Am. Chem. Soc., 125, 12655-12665, 2003.

Suh, I., J. Zhao and R. Zhang, Unimolecular decomposition of aromatic bicyclic alkoxy radicals and their acyclic radicals, Chem. Phys. Lett., 432, 313-320, 2006.

Taketani, F., Y. Kanaya, P. Pochanart, Y. Liu, J. Li, K. Okuzawa, K. Kawamura, Z. Wang and H. Akimoto, Measurement of overall uptake coefficients for HO_2 radicals by aerosol particles sampled from ambient air at Mts. Tai and Mang (China), Atmos. Chem. Phys., 12, 11907-11916, 2012.

Tan, D., I. Faloona, J. B. Simpas, W. Brune, P. B. Shepson, T. L. Couch, A. L. Sumner, M. A. Carroll, T. Thornberry, E. Apel, D. Riemer and W. Stockwell, HOx budgets in a deciduous forest: Results from the PROPHET summer 1998 campaign, J. Geophys. Res., 106, 24407-24427, 2001a.

Tan, D., I. Faloona, J. B. Simpas, W. Brune, J. Olson, J. Crawford, M. Avery, G. Sachse, S. Vay, S. Sandholm, H. W. Guan, T. Vaughn, J. Mastromarino, B. Heikes, J. Snow, J. Podolske and H. Singh, OH and HO_2 in the tropical Pacific: Results from PEM-Tropics B, J. Geophys. Res., 106, 32667-32681, 2001b.

Tang, T. and J. C. McConnell, Autocatalytic release of bromine from Arctic snow pack during polar sunrise, Geophys. Res. Lett., 23, 2633-2636, 1996.

Tas, E., M. Peleg, V. Matveev, J. Zingler and M. Luria, Frequency and extent of bromine oxide formation over the Dead Sea, J. Geophys. Res., 110, D11304, doi: 10.1029/2004JD005665, 2005.

Tas, E., M. Peleg, D. U. Pedersen, V. Matveev, A. Pour Biazar and M. Luria, Measurement-based modeling of bromine chemistry in the boundary layer: 1. Bromine chemistry at the Dead Sea, Atmos. Chem. Phys., 6, 5589-5604, 2006.

Thornton, J. A., J. P. Kercher, T. P. Riedel, N. L. Wagner, J. Cozic, J. S. Holloway, W.

P. Dubé, G. M. Wolfe, P. K. Quinn, A. M. Middlebrook, B. Alexander and S. S. Brown, A large atomic chlorine source inferred from mid-continental reactive nitrogen chemistry, Nature, 464, 271-274, 2010.

Toyota, K., J. C. McConnell, A. Lupu, L. Neary, C. A. McLinden, A. Richter, R. Kwok, K. Semeniuk, J. W. Kaminski, S.-L. Gong, J. Jarosz, M. P. Chipperfield and C. E. Sioris, Analysis of reactive bromine production and ozone depletion in the Arctic boundary layer using 3-D simulations with GEMAQ: Inference from synoptic-scale patterns, Atmos. Chem. Phys., 11, 3949-3979, 2011.

Tuazon, E. C., S. M. Aschmann, J. Arey and R. Atkinson, Products of the gas-phase reactions of a series of methyl-substituted ethenes with the OH radical, Environ. Sci. Technol., 32, 2106-2112, 1998.

Tuckermann, M., R. Ackermann, C. Gölz, H. Lorenzen-Schmidt, T. Senne, J. Stutz, B. Trost, W. Unold and U. Platt, DOAS-observation of halogen radical-catalyzed arctic boundary layer ozone destruction during the ARCTOC-campaigns 1995 and 1996 in Ny-Ålesund, Spitsbergen, Tellus B, 49, 533-555, 1997.

Vance, A., A. J. S. McGonigle, A. Aiuppa, J. L. Stith, K. Turnbull and R. von Glasow, Ozone depletion in tropospheric volcanic plumes, Geophys. Res. Lett., 37, L22802, doi:10.1029/2010GL044997, 2010.

Vogt, R., P. J. Crutzen and R. Sander, A mechanism for halogen release from sea-salt aerosol in the remote marine boundary layer, Nature, 383, 327-330, 1996.

Volkamer, R., U. Platt and K. Wirtz, Primary and secondary glyoxal formation from aromatics: Experimental evidence for the bicycloalkyl-radical pathway from benzene, toluene, and p-xylene, J. Phys. Chem. A, 105, 7865-7874, 2001.

Volkamer, R., P. Sheehy, L. T. Molina and M. J. Molina, Oxidative capacity of the Mexico City atmosphere — Part 1: A radical source perspective, Atmos. Chem. Phys., 10, 6969-6991, 2010.

von Glasow, R., Atmospheric chemistry in volcanic plumes, PNAS, 107, 6594-6599, 2010.

Wagner, V., M. E. Jenkin, S. M. Saunders, J. Stanton, K. Wirtz and M. J. Pilling, Modelling of the photooxidation of toluene: conceptual ideas for validating detailed mechanisms, Atmos. Chem. Phys., 3, 89-106, 2003.

Wagner, T., O. Ibrahim, R. Sinreich, U. Frieß, R. von Glasow and U. Platt, Enhanced tropospheric BrO over Antarctic sea ice in mid winter observed by MAX-DOAS on board the research vessel Polarstern, Atmos. Chem. Phys., 7, 3129-3142, 2007.

Wallace, J. M. and P. V. Hobbs, Atmospheric Science, 2nd ed.: An Introductory Survey, Academic Press, 2006.

Wallington, T., M. Armmann, R. Atkinson, R. A. Cox, J. N. Crowley, R. Hynes, M. E. Jenkin, W. Mellouki, M. J. Rossi and J. Troe, IUPAC Subcommittee for Gas Kinetic Data Evaluation for Atmospheric Chemistry, Evaluated Kinetic Data, Gas-phase Reactions, http://

www. iupac-kinetic. ch. cam. ac. uk/, 2012.

Warneck, P. , Chemistry of the Natural Atmosphere, Academic Press, 1988.

Wayne, R. P. , Chemistry of Atmospheres, 3rd ed. , Oxford University Press, 2000.

Wennberg, P. , Atmospheric chemistry:Bromine explosion, Nature, 397, 299-301, 1999.

Whalley, L. K. , K. L. Furneaux, A. Goddard, J. D. Lee, A. Mahajan, H. Oetjen, K. A. Read, N. Kaaden, L. J. Carpenter, A. C. Lewis, J. M. C. Plane, E. S. Saltzman, A. Wiedensohler and D. E. Heard, The chemistry of OH and HO_2 radicals in the boundary layer over the tropical Atlantic Ocean, Atmos. Chem. Phys. , 10, 1555-1576, 2010.

Whalley, L. K. , P. M. Edwards, K. L. Furneaux, A. Goddard, T. Ingham, M. J. Evans, D. Stone, J. R. Hopkins, C. E. Jones, A. Karunaharan, J. D. Lee, A. C. Lewis, P. S. Monks, S. Moller and D. E. Heard, Quantifying the magnitude of a missing hydroxyl radical source in a tropical rainforest, Atmos. Chem. Phys. , 11, 7223-7233, 2011.

Yoshino, Y. , Y. Nakashima, K. Miyazaki, S. Kato, J. Suthawaree, N. Shimo, S. Matsunaga, S. Chatani, E. Apel, J. Greenberg, A. Guenther, H. Ueno, H. Sasaki, J. Hoshi, H. Yokota, K. Ishii and Y. Kajii, Air quality diagnosis from comprehensive observations of total OH reactivity and reactive trace species in urban central Tokyo, Atmos. Environ. , 49, 51-59, 2012.

Yu, J. and E. Jeffries, Atmospheric photooxidation of alkylbenzenes — II. Evidence of formation of epoxide intermediates, Atmos. Environ. , 31, 2281-2287, 1997.

Zhang, D. and R. Zhang, Mechanism of OH formation from ozonolysis of isoprene:A quantum-chemical study, J. Am. Chem. Soc. , 124, 2692-2703, 2002.

Zhang, D. and R. Zhang, Ozonolysis of a-pinene and b-pinene:Kinetics and mechanism, J. Chem. Phys. , 122, 114308(12 pages), 2005.

Zhang, D. , W. Lei and R. Zhang, Mechanism of OH formation from ozonolysis of isoprene:Kinetics and product yields, Chem. Phys. Lett. , 358, 171-179, 2002.

Zhang, L. and Q. -Z. Qin, Theoretical studies on CS_2OH-O_2 :A possible intermediate in the OH initiated oxidation of CS_2 by O_2 , J. Mol. Structure(Theochem), 531, 375-379, 2000.

Zhang, L. , D. J. Jacob, K. F. Boersma, D. A. Jaffe, J. R. Olson, K. W. Bowman, J. R. Worden, A. M. Thompson, M. A. Avery, R. C. Cohen, J. E. Dibb, F. M. Flock, H. E. Fuelberg, L. G. Huey, W. W. McMillan, H. B. Singh and A. J. Weinheimer, Transpacific transport of ozone pollution and the effect of recent Asian emission increases on air quality in North America:An integrated analysis using satellite, aircraft, ozonesonde, and surface observations, Atmos. Chem. Phys. , 8, 6117-6136, doi:10. 5194/acp-8-6117-2008, 2008.

Zhang, Y. , J. -P. Huang, D. K. Henze and J. H. Seinfeld, The role of isoprene in secondary organic aerosol formation on a regional scale, J. Geophys. Res. , 112, D20207, doi:10. 1029/2007JD008675, 2007.

Zhao, T. L. , S. L. Gong, J. W. Bottenheim, J. C. McConnell, R. Sander, L. Kaleschke, A. Richter, A. Kerkweg, K. Toyota and L. A. Barrie, A three-dimensional model study on the production of BrO and Arctic boundary layer ozone depletion，J. Geophys. Res.，113，D24304，doi：10.1029/2008JD010631，2008.

Zingler，J. and U. Platt，Iodine oxide in the Dead Sea Valley：Evidence for inorganic sources of boundary layer IO，J. Geophys. Res.，110，D07307，doi：10.1029/2004JD004993，2005

专栏 OH 自由基链反应机理"发现"

20 世纪 70 年代初期提出了一种以 OH 自由基为载体的链式反应机理，现已被认为是对流层化学最基本的反应过程。这个理论是由两个研究团体独立提出的。其中一位来自对自然大气中一氧化碳和甲醛 HCHO 的形成和去除机制感兴趣的科学家。Levy(1971)在 *Science*《科学》上发表了图 1 所示的 OH 链反应示意图，以解释 HCHO 形成的机理。提出的理论是以 OH 与甲烷 CH_4 的反应开始

$$OH + CH_4 \rightarrow CH_3 + H_2O \tag{1}$$

在 NO 的存在下

$$HO_2 + NO \rightarrow OH + NO_2 \tag{2}$$

OH 通过链反应机理再生(参照 7.1 节)。该理论的重点是，当时虽尚未测定 HO_2+NO 的反应速率常数，但是假定其速率常数大于 10^{-12} cm^3 · 分子$^{-1}$ · s^{-1} 时，则这种链反应成立。随后，如表 5.4 所示，确认该反应的速率常数为 8.0×10^{-12}(298 K)，从而证实了 Levy 的假设成立。该理论的另一点是，如图 1 所示，由臭氧 O_3 的光解产生的 $O(^1D)$ 与 H_2O 之间的反应将 OH 提供给清洁的空气。清洁空气中 O_3 的光解过程中产生的 OH 与上述链式反应相结合，使 Levy 的假设成为对流层化学的重大突破，当前许多教科书中描述了该理论。

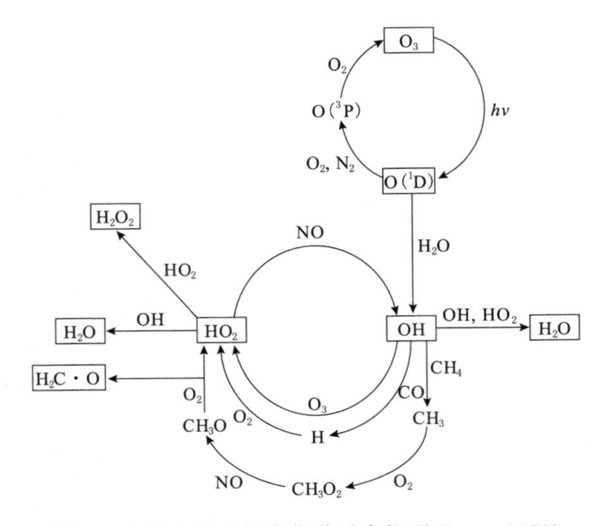

图 1 自然大气中的光化学反应机理(Levy,1971)

另一方面，在对污染空气的化学研究中，进行了烟雾箱实验（请参阅下一专栏），当时，用模拟阳光（λ≥300 nm）照射了 ppm 浓度水平的 NO_x 和 NMHC 混合物，如 7.3.2 节中的图 7.2 所示，随着 NMHC 的衰减，NO 转化为 NO_2 并生成 O_3。在这样的烟雾箱实验中，什么样的反应物与 NMHC 反应并消除，同时将 NO 氧化为 NO_2，还是一个很大的谜。例如，对于丙烯 C_3H_6，如图 2 所示，当时已知的 O 原子与 O_3 的反应无法解释衰减速率的一半，因此，还需要其他一些反应活性物质参与。在此情况下，Weinstock(1971)和 Heicklen(1971)讨论了与反应活性物质 OH 发生链反应的可能性。尤其是 Heicklen(1971)提出了如下反应

$$C_4H_{10}+OH \rightarrow C_4H_9+H_2O \tag{3}$$

$$C_4H_9+O_2 \rightarrow C_4H_9O_2 \tag{4}$$

$$C_4H_9O_2+NO \rightarrow C_4H_9O+NO_2 \tag{5}$$

$$C_4H_9O+O_2 \rightarrow C_4H_8O+HO_2 \tag{6}$$

$$HO_2+NO \rightarrow OH+NO_2 \tag{2}$$

高反应性烃的 OH 链反应机理。其机制与 Levy 提出的 CH_4 的链反应机制等效，并且是独立提出的。该理论发表在 1969 年 Heicklen 当时任职的宾夕法尼亚大学的公告中（Heicklen 等，1969），而非同行评议期刊，非常遗憾，在当今的教科书中几乎都没有被引用。

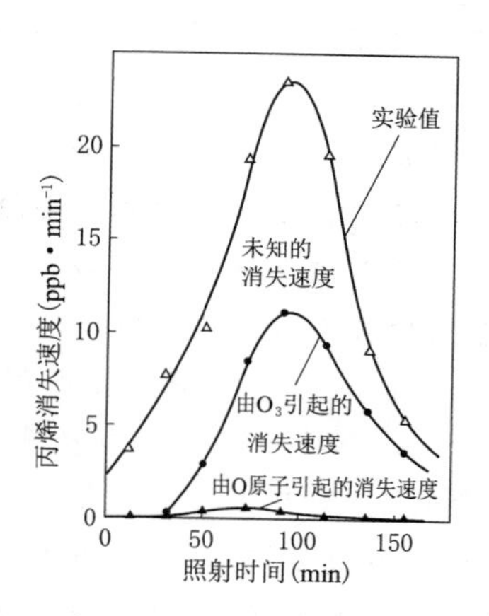

图 2　烟雾箱中 C_3H_6-NO_x-空气混合物的光照实验中 C_3H_6 消除率实验值与 O 原子与 O_3 的反应率的计算值的比较（改编自 Niki 等，1972）

参考文献

Heicklen, J., In "Chemical Reactions in Urban Atmospheres" (C. S. Tuesday, ed.), pp. 55-59, American Elsevier, 1971.

Heicklen, J., K. Westberg and N. Cohen, The conversion of NO to NO_2 in polluted atmospheres, Publication No. 115-69, Center for Air Environment Studies, 1969.

Levy II, H., Normal atmosphere: Large radical and formaldehyde concentrations predicted, Sci-

ence, 173, 141-143, 1971.
Niki, H., E. E. Daby and B. Weinstock, Mechanism of smog reactions, in photochemical smog and ozone reactions, Advances in Chemistry, 113, 16-57, 1972.
Weinstock, B., In "Chemical Reactions in Urban Atmospheres" (C. S. Tuesday, ed.), pp. 54-55, American Elsevier, 1971.

专栏　光化学烟雾箱

设计用于研究污染空气中光化学反应的大型反应容器称为"光化学烟雾箱",或简称为"烟雾箱"(也称为光化学室或环境室)。烟雾箱的原型是20世纪60年代,用金属框架和塑料膜制成,容量为数个立方米。通过在外部布置称为黑光灯的荧光灯来照射长波长300 nm的光的方式进行实验(Rose和Brandt,1960)。出于分析和反应原因,需要大容量的烟雾箱。在烟雾箱实验中,无论是连续的还是间歇的,都需要抽吸大量的样气以通过测量空气污染物的仪器来分析反应物和产物,不可避免地需要大容量的反应容器。另一方面,从反应的观点来看,在使用低浓度气体的实验中,在反应容器壁上的吸附和解吸不容忽视。为了最大程度地降低壁效应,需要具有大的表面积/体积比的大容量容器。

根据以上两方面的需求,烟雾箱从两个方向发展。一个是真空排气烟雾箱的构造,该箱的目的是在一次实验后通过真空加热壁面来去除吸附的物质,从而消除先前的反应历史,提高实验的精度。可以说是应用经典玻璃电池进行光化学物理学实验技术的概念。最早的真空排气烟雾箱由美国加州大学里弗赛德分校(UCR)建造(Winer等,1980)。第二个是在日本国立环境研究所(NIES)建造的(Akimoto等,1979),图1是该烟雾箱的外观图。NIES烟雾箱的容量为6.3 m^3,并且加热油介质通过不锈钢双壁之间的间隙循环,从而可以在200 ℃的温度下烘烤并在实验过程中设定温度。使用多光氙弧灯作为模拟太阳光,并沿轴向发射光。该烟雾箱在单轴方向上装有长光程傅里叶变换红外分光光度计,并且使用在烟雾箱主体加热期间不受热变形影响的混凝土光具座系统来支撑多个反射镜。这些真空排气型烟雾箱成功获得了可重复的实验数据,从20世纪70年代末到80年代,它提供了许多有用的实验结果(参见7.3.3节)。法国巴黎狄的德罗大学建立了最新的真空排气型烟雾箱(Wang等,2011)。

烟雾箱的另一个方向是室外烟雾箱的发展。这是通过在室外安装烟雾箱并使用自然阳光作为光源,来实现大容量腔室。尽量消除壁效应。在美国北卡罗来纳大学建造了第一个156 m^3 的室外烟雾箱(Fox等,1975)。那之后,建造了许多室外烟雾

图1 日本国立环境研究所的真空抽气型光化学烟雾箱

箱，最近在德国尤里希建造的一个270 m^3 的烟雾箱(SAPHIR)，还包含了一个用于OH自由基的长光程吸收池(Wang等，2011)。欧盟(EC)于1993年在西班牙巴伦西亚建造了一个约200 m^3 的室外烟雾箱(EUPHORE)，如图2所示(Becker，1996)，该舱用于验证模型模拟和研究大气响应机制。烟雾箱的原型诞生于20世纪60年代，是一种罕见的实验装置，已在50年后重新建造并使用。由于上述原因，早期的烟雾箱实验因缺乏可重复性和科学价值低而受到批评。

图2 巴伦西亚室外烟雾箱(EUPHORE)

参考文献

Akimoto, H., M. Hoshino, G. Inoue, F. Sakamaki, N. Washida and M. Okuda, Design and characterization of the evacuable and bakable photochemical smog chamber, Environ. Sci. Technol., 13, 471-475, 1979.

Becker, K.-H., The European Photoreactor EUPHORE: Design and Technical Development of the European Photoreactor and first Experimental Results; Final Report of the EC-Project Contract EV5V-CT92-0059, BUGH Wuppertal, Wuppertal, 1996.

Fox, D. L., J. E. Sickles, M. R. Kuhlman, P. C. Reist and W. E. Wilson, Design and operating parameters for a large ambient aerosol chamber, J. Air Poll. Contr. Ass., 25, 1049-1053,

1975.

Rose, A. H. and C. S. Brandt, Environmental irradiation test facility, Air Poll. Contr. Ass., 10, 331-335, 1960.

Wang, J., J. F. Doussin, S. Perrier, E. Perraudin, Y. Katrib, E. Pangui, and B. Picquet-Varrault, Design of a new multi-phase experimental simulation chamber for atmospheric photo-smog, aerosol and cloud chemistry research, Atmos. Meas. Tech., 4, 2465-2494, 2011.

Winer, A. M., R. A. Graham, G. J. Doyle, P. J. Bekowies, J. M. McAfee and J. N. Pitts, Jr., An evacuable environmental chamber and solar simulator facility for the study of atmospheric photochemistry, Adv. Environ. Sci. Technol., 10, 461-511, 1980.

第 8 章　平流层反应化学

地球大气层最特殊的化学特征之一，就是平流层中的主要成分之一 O_2 可被波长小于 200 nm 的紫外线光解，从而形成 O_3。平流层中光化学反应生成的 O_3 形成了臭氧层，臭氧层几乎能 100%吸收波长小于 300 nm 的紫外线，并且不会到达对流层，从而防止紫外线到达地球表面。构成地球上的生物体细胞的 DNA，在吸收了波长为 300 nm 或更小的紫外线后，会被光化学破坏，因此，在该紫外线下无法维持地球上的生命。从地球历史的角度来看，臭氧层是由于海洋中原始生物的光合作用增加了大气中的 O_2 而形成的，它可以防止有害的紫外线辐射到达地球表面，从而使地球上的生物能够迁移到土地上，并形成当今世界的生物圈(Berkner 和 Marshall, 1965)。相反，这意味着平流层中的臭氧含量因任何原因发生减少都会危及陆地生物的繁衍存续。自 20 世纪 70 年代以来，人类活动造成的臭氧层损耗是我们面临的一大问题(Dotto 和 Schiff, 1978; Middleton 和 Tolbert, 2000; Finlayson-Pitts 和 Pitts, 2000)。其中，氯氟烃(CFC)可使臭氧层损耗已被认识，大气化学在提出问题、解释现象和制定解决方案方面发挥了关键作用。

除 O_3 外，平流层中化学反应相关的所有物种几乎都起源于地球表面，并由对流层进入平流层。如前文章节所述，由于对流层和平流层之间大气的移动和混合需要约 1～2 a，因此具有足够长寿命以抵达平流层的化合物相对于对流层中现存的众多化学物种而言则是相当有限的。鉴于这一原因，平流层中的反应化学相比对流层中的反应化学要简单得多，而采用化学反应模型来描述平流层则应比描述对流层更为精确。

Brasseur 和 Solomon(2005)对包括中间层在内的平流层化学进行了详细描述，Warneck(1988)、Brasseur 等(1999)、Finlayson-Pitts 和 Pitts(2000)、Wayne(2000)、McElroy(2002)、Seinfeld 和 Pandis(2006)等在教科书中也对此做出了相应陈述。Bedjanian 和 Pullet(2003)对平流层中卤素自由基的各种反应进行了综述，世界气象组织(WMO)定期提供有关平流层臭氧消耗的最新评述(WMO, 2011)。在本章节中，对平流层化学的化学反应系统进行了介绍，该系统同时考虑了大气传输和化学反应。

8.1 纯氧大气和臭氧层

Chapman(1930a,1930b)指出,假设大气中只有氧气作为反应性物种存在,则可以通过光化学反应来描述地球大气中臭氧层高度和臭氧浓度的基本特征。该反应机理称为"纯氧理论"或"查普曼机制"。波长小于 242 nm 的太阳辐射会促使 O_2 发生光解(参见 4.3.1 节)。仅以下光解过程

$$O_2 + h\nu\ (\lambda < 242\ \text{nm}) \rightarrow O(^3P) + O(^3P) \tag{8.1}$$

在平流层中从能量上是可能的,是波长超过 180 nm 的太阳辐射能够到达的地方。从基态氧原子 $O(^3P)$,通过以下反应生成 O_3

$$O(^3P) + O_2 + M \rightarrow O_3 + M \tag{8.2}$$

这是大气中直接生成 O_3 的唯一反应。生成的 O_3 分子通过 $O(^3P)$ 原子的反应(5.1.2 节)或通过光解反应(4.3.2 节)还原为 O_2,如

$$O_3 + O(^3P) \rightarrow 2O_2 \tag{8.3}$$

$$O_3 + h\nu \rightarrow O(^3P) + O_2 \tag{8.4}$$

$$\rightarrow O(^1D) + O_2 \tag{8.5}$$

虽然如此形成的大部分激发态氧原子 $O(^1D)$ 在大气中淬灭(参见 7.1 节和表 5.1)

$$O(^1D) + N_2 \rightarrow O(^3P) + N_2 \tag{8.6}$$

$$O(^1D) + O_2 \rightarrow O(^3P) + O_2 \tag{8.7}$$

但它们中的一部分则与对流层中的痕量气体发生反应,并对平流层的 O_3 浓度产生较大影响,如 8.2 节所述。因此,平流层中 O 和 O_3 的浓度由反应(8.1)—(8.5)的光化学平衡及下文所述的与痕量物质发生的光化学反应确定。

由于 $O(^1D)$ 的浓度远小于 $O(^3P)$,因此将 $O(^3P)$ 简单地表述为 O,同时忽略 $O(^1D)$,O 和 O_3 的速率方程式可表示为

$$\frac{d[O]}{dt} = 2j_{8.1} - k_{8.2}[O][O_2][M] - k_{8.3}[O][O_3] - j_{8.4+8.5}[O_3] \tag{8.8}$$

$$\frac{d[O_3]}{dt} = k_{8.2}[O][O_2][M] - k_{8.3}[O][O_3] - j_{8.4+8.5}[O_3] \tag{8.9}$$

对这些方程式求和,并将 O 与 O_3 之和定义为奇数氧 O_x

$$[O_x] = [O] + [O_3]$$

则

$$\frac{d[O_x]}{dt} = \frac{d[O]}{dt} + \frac{d[O_3]}{dt} = 2j_{8.1}[O_2] - 2k_{8.3}[O][O_3] \tag{8.10}$$

该方程式简明地表述了 O_x 通过 O_2 的光解生成,并通过 O 和 O_3 的反应(反应(8.3))而消失。这里,假设 O_3 和 O_x 为稳态,$d[O_3]/dt=0$ 且 $d[O_x]/dt=0$,则方程式(8.9)

和(8.10)分别为

$$k_{8.2}[O][O_2][M]=k_{8.3}[O][O_3]+j_{8.4+8.5}[O_3] \tag{8.11}$$

以及

$$j_{8.1}[O_2] = k_{8.3}[O][O_3] \tag{8.12}$$

从方程式(8.11)和(8.12),以固定浓度的 O_3 得出二次方程式

$$j_{8.4+8.5}\ k_{8.3}[O_3]^2+j_{8.1}\ k_{8.3}[O_2]\ [O_3]-j_{8.1}\ k_{8.2}[O_2]^2[M] = 0 \tag{8.13}$$

其解为

$$[O_3]_{ss} = \frac{-j_{8.1}+\sqrt{j_{8.1}^2+4j_{8.1}j_{8.4+8.5}k_{8.2}[M]/k_{8.3}}}{2j_{8.4+8.5}}[O_2] \tag{8.14}$$

平流层中 O_3 的稳态浓度的垂直分布可以通过使用每个海拔高度的 $j_{8.1}$、$j_{8.4}$、$[O_2]$和 $M(=[O_2]+[N_2])$的值获得。近似地,假定平流层中的 $2j_{8.1}[O_2] \ll j_{8.4+8.5}[O_3]$以及 $k_{8.2}[O_2][M] \gg k_{8.3}[O_3]$,则 $d[O]/dt=0$ 稳态下的方程式(8.8)为

$$[O]_{ss} = \frac{2j_{8.1}[O_2]+j_{8.4+8.5}[O_3]}{k_{8.2}[O_2][M]+k_{8.3}[O_3]} \approx \frac{j_{8.4+8.5}[O_3]}{k_{8.2}[O_2][M]} \tag{8.15}$$

将其代入方程式(8.10)

$$\frac{d[O_x]}{dt} = 2j_{8.1}[O_2]-\frac{2k_{8.3}j_{8.4+8.5}[O_3]^2}{k_{8.2}[O_2][M]} \tag{8.16}$$

这里,由于平流层中的大多数 O_x 为 O_3,因此使 $d[O_x]/dt = d[O_3]/dt=0$ 处于稳态,从方程式(8.16)得出

$$[O_3]_{ss} \approx \sqrt{\frac{j_{8.1}k_{8.2}[M]}{j_{8.4+8.5}k_{8.3}}}[O_2] \tag{8.17}$$

方程式(8.17)与方程式(8.14)近似。由于 $j_{8.4+8.5}$ 对海拔高度依赖性在各个参数中相对较小,因此$[O_3]_{ss}$主要由 $j_{8.1}$、$[O_2]$和$[M]$对海拔高度的依赖性决定。由于 $j_{8.1}$ 与光化通量成正比,因此 $j_{8.1}$ 会随海拔高度增加而增加,而$[O_2]$和$[M]$则会随海拔高度增加而减小。因此,$[O_3]_{ss}$在一定海拔高度下具有最大值,这是从查普曼机制推导出的臭氧层。

图 8.1 显示了中纬度臭氧浓度廓线的计算值和观测值之间的对比。图中的水平线显示了观测到的臭氧密度的范围。从图中可以看出,查普曼机制基本正确地预测出了海拔高度约为 25 km 时臭氧层的最大值及其臭氧浓度。但是,仔细观察表明,理论曲线和观察值在两个点处分离。一种是密度的理论值高于局部最大值,该值几乎是实测值的 2 倍,并且最大高度理论值比观测值也高出几千米。另一个是理论值从低平流层到对流层迅速减小,而观测值几乎保持恒定。

第一个偏差点是由于未完全正视纯氧理论,忽略了除 O、O_2 和 O_3 之外的痕量成分,这将在下文中进行详细说明。第二点是低估了平流层下部的 O_3 密度,这是一个与平流层中 O_3 输送有关的问题。在约 45 km 高度,平流层 O_3 的光化学寿命约为

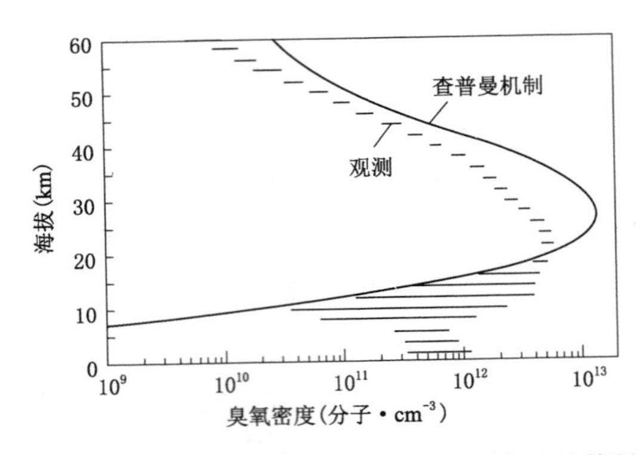

图 8.1　通过纯氧理论(查普曼机制)和采用观测方法计算得出的臭氧垂直廓线之间的对比(改编自 Shimazaki,1989)

10 min,并且可观察到昼夜周期。另一方面,在 20 km 的高度上,其寿命超过几天,因此有必要考虑传输的影响,以便在比此更低的高度上再现 O_3 分布。在低平流层中,由于海拔较高的臭氧层中 O_3 的下降,O_3 密度随海拔高度的降低的速率远小于通过光平衡计算得出的值。由于这个原因,在比图 8.1 的低平流层低的高度处,O_3 密度出现偏差。

8.2　痕量成分产生的臭氧损耗循环

自 Chapman 根据纯氧理论,在 1930 年提出平流层臭氧以来,根据纯氧理论,它在平流层中的臭氧分布被认为是正确的,但是在 20 世纪 60 年代通过实验确定了精确的反应(8.3)速率常数,使用这些值发现,基于纯氧理论的臭氧分布值比实际测量值高估 2 倍,如图 8.1 所示。由于与纯氧理论相关的其他速率常数 $j_{8.1}$、$k_{8.2}$ 和 $j_{8.4+8.5}$ 被认为是正确的,因此这意味着存在除反应(8.3)之外破坏 O_3 的化学反应。如 7.1 节所述,链式反应是痕量物质影响更高浓度 O_3 的先决过程。发生这种链式反应的可能性由 Bates 和 Nicolet(1950)针对水蒸气对上层大气的影响首次提出,但更细致的研究则是在 20 世纪 60 年代末到 70 年代初。Crutzen (1970)提出了氮氧化物对平流层臭氧的重要性,Stolarski 和 Cicerone (1974)以及 Wofsy 和 McElroy (1974)则进一步指出了氯的相关性。Nicolet (1975)对当时平流层臭氧化学研究进行了总结。在当时有关微量气体消耗臭氧的研究中,倡导者基于 Johnston(1971)的大气化学理论,研究了由超音速平流层运输机(SST)释放的氮氧化物破坏臭氧的可能性,也因此打开了人类的视野,开启了人为活动对平流层的影响关注。尽管没有实现 SST 的飞行,但却实现了 Molina 和 Rowland(1974)对于氯氟烃(CFCs)破坏臭氧的可能性主张,如 8.3 节和 8.4 节所述,这一主张通过名为《蒙特利尔议定书》的国际协议以禁止生产 CFCs,从而对现实世界产生了重大影响。

导致平流层中臭氧消耗的链式反应有三个过程,即 HO_x、NO_x 和 ClO_x 循环,书面表述为

$$X + O_3 \rightarrow XO + O_2 \tag{8.18}$$

净反应

$$\frac{XO + O \rightarrow X + O_2}{O + O_3 \rightarrow O_2 + O_2} \tag{8.19}$$

在 HO_x、NO_x 和 ClO_x 循环中,OH、NO 和 Cl 分别主要作为 X,同时在导致作为净反应的 O_3 消耗方面发挥一定作用,同反应(8.3)。

8.2.1　含氢物质和 HO_x 循环

H_2O、H_2 和 CH_4 是平流层中含有氢原子的活性物质(如 OH、HO_2 等)的来源。尽管对流层中水蒸气(H_2O)的含量为 0.1%～1%,但在水蒸气穿过冷的对流层顶时(热带地区高于 195 K),蒸气压力会下降,平流层中水蒸气的混合比通常为 5～6 ppmv。然而,应当注意,平流层中存在的一半 H_2O 是由 CH_4 的原位氧化生成的。与对流层相同,平流层中的 H_2O 与 O_3 光解形成的 $O(^1D)$ 发生反应而成为 OH 的来源 (5.1.4 节)

$$O(^1D) + H_2O \rightarrow 2OH \tag{8.20}$$

另一方面,平流层下部的对流层中 H_2 的混合比约为 0.55 ppmv,与平流层中 H_2 的混合比几乎相等,但在 30 km 以上的平流层上部则为 0.4 ppmv(Brasseur 和 Solomon, 2005)。同样,对流层来源的 CH_4 在对流层顶的混合比约为 1.8 ppmv,与对流层中的混合比几乎相同,并且在平流层内迅速降低至平流层上部约 0.3 ppmv (Brasseur 和 Solomon, 2005)。H_2 和 CH_4 均不会在平流层中发生光解,而是通过与 $O(^1D)$的反应形成 OH,类似于 H_2O(有关 CH_4 的信息,请参见 5.1.6 节)。

$$O(^1D) + H_2 \rightarrow OH + H \tag{8.21}$$

$$O(^1D) + CH_4 \rightarrow OH + CH_3 \tag{8.22}$$

由反应(8.22)中生成的 CH_3 开始,通过与第 7 章 7.1 节提到的对流层相似的反应过程,由 HCHO 生成 H、HCO、H_2 和 CO。然后,H 和 HCO 通过与 O_2 反应而被转化为 HO_2,它们构成了平流层中的臭氧消耗循环。

$$OH + O_3 \rightarrow HO_2 + O_2 \tag{8.23}$$

净反应

$$\frac{HO_2 + O \rightarrow OH + O_2}{O + O_3 \rightarrow O_2 + O_2} \tag{8.24}$$

在 O 原子浓度较低的平流层下层(<30 km),链式反应更为重要

$$OH + O_3 \rightarrow HO_2 + O_2 \tag{8.23}$$

净反应

$$\frac{HO_2 + O_3 \rightarrow OH + 2O_2}{O_3 + O_3 \rightarrow 3O_2} \tag{8.25}$$

在 O 原子浓度较高的平流层上层（>40 km），链式反应也会发生以消耗奇氧 O_x。

$$OH + O \rightarrow H + O_2 \tag{8.26}$$

$$H + O_2 + M \rightarrow HO_2 + M \tag{8.27}$$

$$HO_2 + O \rightarrow OH + O_2 \tag{8.24}$$

净反应

$$O + O + M \rightarrow O_2 + M$$

H、OH 和 HO_2 的总和称为奇氢族 HO_x，而上述链式循环则统称为 HO_x 循环。

HO_x 循环的主要终止反应（5.3.5 节）为

$$OH + HO_2 \rightarrow H_2O + O_2 \tag{8.28}$$

而反应

$$HO_2 + HO_2 + M \rightarrow H_2O_2 + M \tag{8.29}$$

因生成的 H_2O_2 在平流层中快速光解（4.2.8 节）

$$H_2O_2 + h\nu \rightarrow 2OH \tag{8.30}$$

而效果不佳。

在平流层下层，HO_2 与 NO 发生的反应（5.3.2 节）

$$HO_2 + NO \rightarrow OH + NO_2 \tag{8.31}$$

非常重要，该反应与 O_3 参与的上述反应具有竞争性。虽然该反应是对流层中生成 O_3 的最重要反应（7.3.1 节和 7.3.2 节），但它形成了一个与平流层中 HO_x 循环结合的链循环

$$OH + O_3 \rightarrow HO_2 + O_2 \tag{8.23}$$

$$HO_2 + NO \rightarrow OH + NO_2 \tag{8.31}$$

$$NO_2 + h\nu \rightarrow NO + O \tag{8.32}$$

$$O + O_2 + M \rightarrow O_3 + M \tag{8.2}$$

当方程式两边相加时，它们会被清除而不留下任何成分，这表明不会发生任何反应。这种链式反应称为“空循环”，其中“空”在德语中意为“零”。空循环中既不会净生成臭氧，也不会破坏臭氧。

此外，在平流层下层，除了

$$OH + H_2O_2 \rightarrow H_2O + HO_2 \tag{8.33}$$

$$OH + CO \rightarrow H + CO_2 \tag{8.34}$$

$$OH + HNO_3 \rightarrow H_2O + NO_3 \tag{8.35}$$

$$OH + HO_2NO_2 \rightarrow H_2O + O_2 + NO_2 \tag{8.36}$$

$$OH + HCl \rightarrow H_2O + Cl \tag{8.37}$$

与 O、O_3 和 HO_2 发生的反应之外，这些反应作为 OH 的损耗过程也非常重要。

图 8.2 显示了 1997 年在阿拉斯加的 Fairbanks (65°N)(Jucks 等，1998)上空通过卫星观测和模型计算得出的 OH 和 HO_2 的垂直廓线之间的对比。如图所示，[OH]和[HO_2]在海拔高度分别为 45 km 和 35～40 km 时的最大密度为 2×10^7 和

1.8×10^7 分子·cm^{-3}，而作为总和的[HO_x]在海拔高度为 40～45 km 的平流层上层内具有 3.4×10^7 分子·cm^{-3}的最大值。使用 NASA/JPL 专家组评估文件第 12 号(DeMore 等，1997)得出的速率常数进行的模型计算与整个平流层中 OH 浓度的垂直廓线相吻合，而 HO_2 则在平流层上层相吻合，但在平流层下层的密度被高估了约 30%。在平流层上层观测到[HO_2]/[OH]小于 1，而在海拔高度为 30 km 处约为 2。

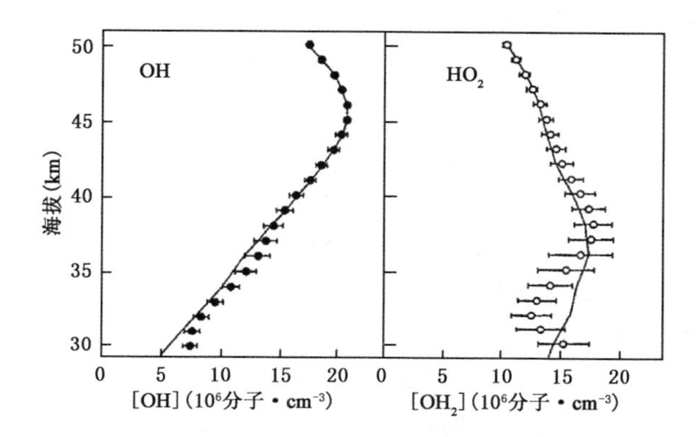

图 8.2　1977 年通过卫星观测(符号)和模型计算(实线)得出美国阿拉斯加 Fairbanks 地区上空平流层中 OH 和 HO_2 混合比的垂直廓线之间的对比(改编自 Jucks 等，1998)

8.2.2　含氮物种和 NO_x 循环

平流层中 NO、NO_2 等活性氮来源于对流层的 N_2O。平流层中的 N_2O 混合比在对流层中直到约 20 km 的高度都保持约 320 ppbv 的值，但在 20 km 以上迅速减小，并在约 40 km 时变为约 20 ppbv(Brasseur 和 Solomon，2005；Seinfeld 和 Pandis，2006)。这种快速降低的 90%是由于光解所致(4.3.4 节)

$$N_2O + h\nu \rightarrow N_2 + O(^1D) \tag{8.38}$$

其余则主要是由于与 O_3 光解中生成的 $O(^1D)$发生反应所致(5.1.5 节)

$$O(^1D) + N_2O \rightarrow N_2 + O_2 \quad (0.39) \tag{8.39}$$

$$\rightarrow 2NO \quad (0.61) \tag{8.40}$$

反应(8.40)中生成的 NO 是平流层中 NO_x 的主要来源。NASA/JPL 专家组评估文件第 17 号(Sander 等，2011)建议反应(8.40)分支比的推荐值为 0.61(参见 5.1.5 节)。

平流层中生成的 NO 与 O_3 反应，转化为 NO_2，而 NO_2 则与 O 原子反应，还原为 NO，这产生了 O_3 净损耗

$$NO + O_3 \rightarrow NO_2 + O_2 \tag{8.41}$$

$$\frac{NO_2 + O \rightarrow NO + O_2}{O + O_3 \rightarrow 2O_2} \tag{8.42}$$

净反应

在平流层中，通过反应(8.41)将 NO 转化为 NO_2 的时间通常约为 1 min，而通过反应(8.42)将 NO_2 转化为 NO 的时间约为 10 min。在平流层化学中，除 NO 和 NO_2 之外包括 N_2O_5、HNO_3 和 $ClONO_2$ 等在内的含氮物质称为奇氮族 NO_x，而包括这些物质的链式反应则称为 NO_x 循环。应当注意，从这个意义上讲，它与对流层化学中将 $NO+NO_2$ 定义为 NO_x 不同。链反应(8.41)和(8.42)在高平流层中以高 O 原子浓度高效发生。NO_2 光解与反应(8.42)竞争时

$$NO_2 + h\nu \rightarrow NO + O \tag{8.32}$$

一系列过程

$$NO + O_3 \rightarrow NO_2 + O_2 \tag{8.41}$$

$$NO_2 + h\nu \rightarrow NO + O \tag{8.32}$$

$$O + O_2 + M \rightarrow O_3 + M \tag{8.2}$$

形成空循环，不发生 O_3 的净损耗。

NO_x 和 O_x 之间的另一反应

$$NO_2 + O_3 \rightarrow NO_3 + O_2 \tag{8.43}$$

会生成 NO_3，但 NO_3 会在日间被快速光解(见 4.2.4 节)

$$NO_3 + h\nu \rightarrow NO_2 + O \quad (0.89) \tag{8.44}$$

$$\rightarrow NO + O_2 \quad (0.11) \tag{8.45}$$

并在几秒内耗尽。光解反应(8.44)和(8.45)的分支比取决于波长和温度，该分支比在平流层条件下推导得出约为 9 : 1(Sander 等，2011)。净反应(8.43)和(8.44)对应于 O_3 的光解反应。NO_3 在夜间是稳定的，同时它会与 NO_2 进一步反应生成 N_2O_5(5.5.2 节)

$$NO_3 + NO_2 + M \rightarrow N_2O_5 + M \tag{8.46}$$

生成的 N_2O_5 在日间通过光解作用被消耗(4.2.4 节)

$$N_2O_5 + h\nu \rightarrow NO_2 + NO_3 \tag{8.47}$$

$$\rightarrow NO_3 + NO + O \tag{8.48}$$

对于光解过程，反应(8.47)是主要过程，但反应(8.48)也会在平流层条件下部分进行(Atkinson 等，2004；Sander 等，2011)。我们将在 8.4 节探讨 N_2O_5 在极地平流层云(PSC)(6.1.5 节和 6.5.1 节)冰粒上

$$N_2O_5(g) + H_2O(s) \rightarrow 2HNO_3(g) \tag{8.49}$$

发生的多相反应。与此相反，N_2O_5 的热解反应(5.5.2 节)

$$N_2O_5 + M \rightarrow NO_3 + NO_2 + M \tag{8.50}$$

因温度较低而在平流层中一般不重要。

对于平流层中 NO_2 的损耗过程，与前面章节中所提及的 HO_x 循环发生交叉反应

$$NO_2 + OH + M \rightarrow HONO_2 + M \tag{8.51}$$

$$NO_2 + HO_2 + M \rightarrow HO_2NO_2 + M \quad (8.52)$$

是最重要的反应(5.2.4 节和 5.3.4 节)。特别是,$HONO_2$(=HNO_3)是平流层下层中 NO_x 的重要载体,而反应(8.51)则是 HO_x 和 NO_x 循环的重要终止反应。此外,反应(8.52)中生成的 HO_2NO_2 作为 NO_x 的重要载体而存在,因为它在温度较低的平流层下层和中层中表现出热稳定性。$HONO_2$ 和 HO_2NO_2 的化学损耗过程是光解以及与 OH 发生的反应(有关 $HONO_2$ 的内容,请参见 5.2.5 节)

$$HONO_2 + h\nu \rightarrow OH + NO_2 \quad (8.53)$$

$$HONO_2 + OH \rightarrow NO_3 + H_2O \quad (8.54)$$

$$HO_2NO_2 + h\nu \rightarrow HO_2 + NO_2 \quad (0.80) \quad (8.55)$$

$$\rightarrow OH + NO_3 \quad (0.20) \quad (8.56)$$

$$HO_2NO_2 + OH \rightarrow NO_2 + H_2O \quad (8.57)$$

HO_2NO_2 的热解反应(5.3.4 节)

$$HO_2NO_2 + M \rightarrow HO_2 + NO_2 + M \quad (8.58)$$

由于温度较低一般不重要。

除了这些过程之外,通过 NO_2 与下文所述 ClO_x 循环的主要载体 ClO(5.3.4 节)发生的交叉反应而生成的 $ClONO_2$ 是 NO_x 的重要载体。

$$ClO + NO_2 + M \rightarrow ClONO_2 + M \quad (8.59)$$

$ClONO_2$ 的耗散反应主要是光解(4.4.2 节)

$$ClONO_2 + h\nu \rightarrow ClO + NO_2 \quad (0.4) \quad (8.60)$$

$$\rightarrow Cl + NO_3 \quad (0.6) \quad (8.61)$$

我们将在 8.4 节中对极地内 $ClONO_2$ 的多相反应进行说明。

图 8.3 显示了 1993 年秋季在美国新墨西哥州(35°N)用气球上装载的 FTIR(傅里叶变换红外光谱仪)进行观测,假定为光化学稳态,在平流层中观测到奇氮化合物(NO、NO_2、N_2O_5、HNO_3 和 $ClONO_2$)的垂直分布的平均计算值之间的比较(Sen 等, 1998)。如图所示,中纬度的 NO 混合比从 20 km 高度的约 0.1 ppbv 增加到 40 km高度的约 10 ppbv,增加约 100 倍。另一方面,NO_2 的混合比从 20 km 处的约 1 ppbv 增加到 30~35 km 处的最大约 8 ppbv,但在较高的高度时降低至 40 km 处的约 5 ppbv。在低纬度和中纬度,大部分 NO_x 以 HNO_3 的形式存在,其混合比在海拔高度为 20 km 时约为 3 ppbv,在海拔高度约 23 km 时达到最大 6 ppbv,然后在海拔高度大于 30 km 时快速降低。N_2O_5 的混合比在海拔高度大于 30 km 时最高,但显示出较大的昼夜循环,即日间较低且夜间较高(Brasseur 和 Solomon, 2005)。如图 8.3 所示,黎明时其最大混合比在海拔 30 km 处达到 3 ppbv,约占 NO_x 的 20%,在白天平均水平下降至 5%~10%。$ClONO_2$ 的混合比在 25~30 km 处显示最大值约为 1 ppbv。在高于 30 km 的海拔高度上,奇数氮的总量几乎恒定在约 18 ppbv,在 25 km和 20 km 时分别降至 10 ppbv 和 3 ppbv(Sen 等, 1998)。图 8.3 还显示,假设

光平衡可以很好地再现 NO_x 混合比的绝对值和垂直分布，则表明平流层中的 NO_x 化学反应系统已得到充分理解。在发生 PSC 的臭氧洞中，N_2O_5 和 HNO_3 通过非均相反应几乎完全从气相中去除，应该注意的是，NO_x 的分布与图 8.3 有很大不同。在第 8.4 节中将对臭氧层空洞内 PSC 相关的平流层反应化学进行说明。

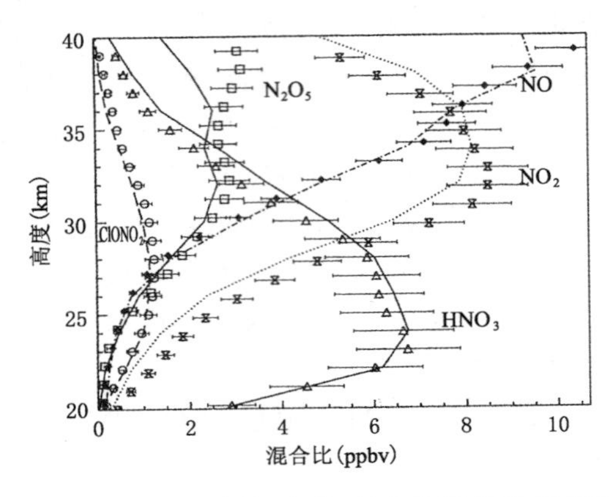

图 8.3　通过气球观测(符号)和模型计算(实线)得出美国新墨西哥州上空黎明时分平流层中奇氮(NO、NO_2、N_2O_5、HNO_3 和 $ClONO_2$)混合比的垂直廓线之间的对比

(改编自 Seinfeld 和 Pandis，2006；基于 Sen 等，1998)

8.2.3　含氯物质和 ClO_x 循环

在对流层释放的卤素化合物中，海洋源 CH_3Cl 的大气寿命相对较长，为 1.5 a (Brasseur 和 Solomon，2005)，部分到达平流层，成为天然平流层中的 Cl 原子源。CH_3Cl 在干净的对流层中的混合比为 550 ppbv，并以这种混合比进入平流层。CH_3Cl 分子到达平流层后，通过光解形成 Cl 原子和氯甲基自由基(4.3.8 节)。

$$CH_3Cl + h\nu \rightarrow CH_3 + Cl \tag{8.62}$$

并与 OH 分别反应

$$CH_3Cl + OH \rightarrow CH_2Cl + H_2O \tag{8.63}$$

反应(8.63)中生成的 CH_2Cl 为烷基型自由基，并通过以下反应过程

$$CH_2Cl + O_2 + M \rightarrow CH_2ClO_2 + M \tag{8.64}$$

$$CH_2ClO_2 + NO \rightarrow CH_2ClO + NO_2 \tag{8.65}$$

$$CH_2ClO + O_2 \rightarrow ClCHO + M \tag{8.66}$$

生成甲酰氯(ClCHO)。Cl 原子通过与甲醛类似的光解从甲酰氯中被释放出来

$$ClCHO + h\nu \rightarrow HCO + Cl \tag{8.67}$$

通过反应(8.62)和(8.67)释放的 Cl 原子主要与 O_3 发生反应

$$Cl + O_3 \rightarrow ClO + O_2 \tag{8.68}$$

以形成 ClO 自由基(5.6.1 节)。对于 ClO 的反应，与平流层上层和下层中的 O 原子

(5.1.3 节)和 NO 发生的反应分别具有重要作用。

$$ClO + O \rightarrow Cl + O_2 \tag{8.69}$$

$$ClO + NO \rightarrow Cl + NO_2 \tag{8.70}$$

反应(8.68)和(8.69)形成 O_3 耗散循环

$$Cl + O_3 \rightarrow ClO + O_2 \tag{8.68}$$

净反应

$$\frac{ClO + O \rightarrow Cl + O_2}{O + O_3 \rightarrow 3O_2} \tag{8.69}$$

反应(8.68)和(8.70)形成空循环

$$Cl + O_3 \rightarrow ClO + O_2 \tag{8.68}$$

$$ClO + NO \rightarrow Cl + NO_2 \tag{8.70}$$

$$NO_2 + h\nu \rightarrow NO + O \tag{8.32}$$

$$O + O_2 + M \rightarrow O_3 + M \tag{8.2}$$

此处,活性氯族 Cl、ClO、HOCl 和 $ClONO_2$ 被称为 ClO_x,而由其构成的链式反应则被称为 ClO_x 循环。上述两个 ClO_x 循环的控制步骤分别为 ClO+O 和 ClO+NO,根据[O]和[NO]的混合比及其速率常数,计算得出的平流层上层中在海拔高度为 40 km 时这两个循环的占比几乎相等(Seinfeld 和 Pandis, 2006)。

Cl 原子是 ClO_x 循环的链载体,它与除 O_3 之外的物质反应生成 HCl

$$Cl + CH_4 \rightarrow CH_3 + HCl \tag{8.71}$$

$$Cl + H_2 \rightarrow H + HCl \tag{8.72}$$

$$Cl + HO_2 \rightarrow O_2 + HCl \tag{8.73}$$

HCl 的主要损耗过程是光解(4.4.3 节),并与 OH 和 $O(^1D)$ 发生反应

$$HCl + h\nu \rightarrow H + Cl \tag{8.74}$$

$$HCl + OH \rightarrow H_2O + Cl \tag{8.75}$$

$$HCl + O(^1D) \rightarrow OH + Cl \tag{8.76}$$

$$\rightarrow H + ClO \tag{8.77}$$

然而,由于这些反应的速率常数不是很大,因此反应(8.71)、(8.72)和(8.73)会发挥有效链终止反应的作用,而 HCl 则成为平流层中 ClO_x 的最重要载体。

对于 ClO 的反应,ClO_x 循环的另一链载体与 NO_2 发生的反应(5.6.5 节)最为重要,不包括上文所提及的与 O 和 NO 的反应。

$$ClO + NO_2 + M \rightarrow ClONO_2 + M \tag{8.78}$$

虽然 $ClONO_2$ 的主要损耗过程是光解(4.4.2 节)

$$ClONO_2 + h\nu \rightarrow ClO + NO_2 \tag{8.79}$$

$$\rightarrow Cl + NO_3 \tag{8.80}$$

但光解速率不是很大,因此 $ClONO_2$ 成为中层平流层中的重要储库。如下文所述,作为 ClO_x 的储库,在 25~30 km 处 $ClONO_2$ 中约 50%为 HCl,而在≥30 km 时,

ClO_x 仅有 HCl 存在。

除了这些反应外，ClO 与 HO_2 发生的反应(5.6.4 节)

$$ClO + HO_2 \rightarrow HOCl + O_2 \quad (8.81)$$

对于 HOCl 形成反应非常重要。由于 HOCl 易于在可见光下进行光解(4.4.4 节)

$$HOCl + h\nu \rightarrow OH + Cl \quad (8.82)$$

因此它无法成为有效的储库。然而，HOCl 的混合比在极夜的平流层中变得更大，其非均相反应与 $ClONO_2$ 的相关反应共同表现出重要作用。除了这些反应外，还必须考虑 ClO 自身的光解(4.4.5 节)及与 OH 的反应(5.6.3 节)。

$$ClO + h\nu \rightarrow Cl + O \quad (8.83)$$

$$ClO + OH \rightarrow Cl + HO_2 (0.94) \quad (8.84)$$

$$\rightarrow HCl + O_2 (0.06) \quad (8.85)$$

虽然反应(8.85)的速率较小，但它会影响平流层上层中[ClO]/[HCl]的值。

图 8.4 显示了 2004 年通过卫星观测获得的中纬度(30°～60°N)平流层中氯化合物的观测垂直分布(WMO, 2007)。如图所示，总 Cl 的混合比约为 3.6 ppbv。由于天然 Cl 的混合比约为 550 pptv，因此其余可归因于 8.3 节所述的人工氯化合物，其含量相当于天然排放物的数倍。在氯化合物中，HCl 是最丰富的物质，混合比从海拔高度 20 km 的约 1.5 ppbv 上升至海拔高度为 40 km 时的约 3 ppbv。另一种丰富的物质是 $ClONO_2$，其最大混合比为海拔高度 20～30 km 时的最大值约 1 ppbv。ClO 的混合比在海拔高度 35～40 km 时最大约为 0.5 ppbv，而 HOCl 等其他氯化合物在所有海拔高度都小于 0.2 ppbv。

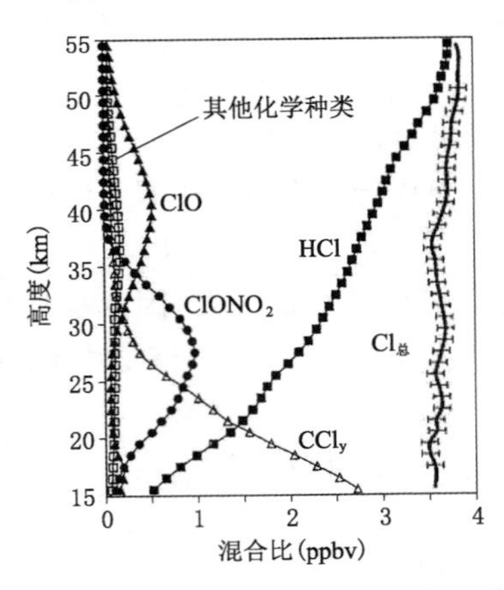

图 8.4　2004 年在北半球中纬度地区(30°～60°N)的平流层中通过卫星观测到的活性氯化合物的垂直廓线(CCl_y 是总有机氯化合物)(改编自 WMO,2007)

随着 ClO_x 的混合比因人工含氯化合物的增加而增加，ClO_x 之间的自反应日趋重要，这将在 8.3 节中加以说明。

8.2.4　其他卤素(溴、碘、氟)化合物的反应

除氯以外，平流层中还存在含有溴、碘、氟的卤素化合物。从臭氧消耗的角度来看，这些卤素化合物中最重要的是溴。虽然碘也会形成破坏臭氧的链式循环，但由于混合比较低，因此其影响程度是有限的。相反，氟因其反应性而不会形成此类链式循环，因此不会造成对臭氧的破坏。

溴:正如 CH_3Cl 一样，最重要的天然溴化合物是来自海洋生物的 CH_3Br。未受污染的对流层中 CH_3Br 的混合比约为 10 pptv，同时由于大气寿命约为 1.5 a，几乎与 CH_3Cl 相同，因此溴被认为是以该混合比存在于自然平流层中(Brasseur 和 Solomon，2005)。尽管自然平流层中 Br 的混合比仅为 Cl 的 1/50，但人们认为 Br 对臭氧损耗的影响与 Cl 相当。这意味着溴化合物引起的臭氧损失链反应的效率远高于氯化合物。

在到达平流层后，CH_3Br 通过光解(4.3.8 节)并与 OH 发生反应进而释放出 Br 原子

$$CH_3Br + h\nu \rightarrow CH_3 + Br \tag{8.86}$$

$$CH_3Br + OH \rightarrow CH_2Br + H_2O \tag{8.87}$$

OH 的反应速率常数(8.87)与 CH_3Cl 大致相同(表 5.2)，但 CH_3Br 在平流层太阳紫外线区域(约 200 nm)内的吸收截面约为 CH_3Cl 的几十倍(图 4.32)，通过光解释放出 Br 的速度要比 CH_3Cl 快得多。这是 Br 的链式循环有效破坏臭氧的原因之一。由于释放到平流层中的 Br 原子会与 O_3 发生反应，而生成的 BrO 会与 O 原子发生反应再生成 Br，因此会形成 BrO_x 循环以消耗 O_3，正如 ClO_x 循环一样

$$Br + O_3 \rightarrow BrO + O_2 \tag{8.88}$$

净反应
$$\frac{BrO + O \rightarrow Br + O_2}{O + O_3 \rightarrow 3O_2} \tag{8.89}$$

除了与 O 原子发生反应外，BrO 还会与 NO 和 OH 反应再生成 Br

$$BrO + NO \rightarrow Br + NO_2 \tag{8.90}$$

$$BrO + OH \rightarrow Br + HO_2 \tag{8.91}$$

然而，更重要的 Br 再生成过程为 BrO 自身的光解

$$BrO + h\nu \rightarrow Br + O \tag{8.92}$$

由于 BrO 在大于 300 nm 的波长区域内具有较大的吸收截面(图 4.40)，因此通过光解由 BrO 向 Br 的转换效率远大于 ClO 光解生成 Cl 的情况。

另一方面，通过与 Br 和 HO_2 反应生成 HBr

$$Br + HO_2 \rightarrow HBr + O_2 \tag{8.93}$$

是 BrO_x 循环的重要链终止反应。由于 Br 不与 CH_4 和 H_2 发生反应，因此上述反应是生成 HBr 的主要过程。生成的 HBr 通过光解并与 OH 和 $O(^1D)$发生反应被快速

还原为 Br

$$HBr + h\nu \rightarrow H + Br \tag{8.94}$$

$$HBr + OH \rightarrow Br + H_2O \tag{8.95}$$

$$HBr + O(^1D) \rightarrow Br + OH \tag{8.96}$$

因此，HBr 不能成为重要的储库，而 BrO_x 循环的链终止反应(8.88)和(8.89)的效率也不高。

与 ClO 的情况类似，BrO 的另一个链终止反应在 NO_2 和 HO_2 存在时发生

$$BrO + NO_2 + M \rightarrow BrONO_2 + M \tag{8.97}$$

$$BrO + HO_2 \rightarrow HOBr + O_2 \tag{8.98}$$

以生成 $BrONO_2$ 和 HOBr。然而，$BrONO_2$ 和 HOBr 均以高速率被光解(4.4.2 节和 4.4.4 节)

$$BrONO_2 + h\nu \rightarrow BrO + NO_2 \tag{8.99}$$

$$HOBr + h\nu \rightarrow OH + Br \tag{8.100}$$

它们也不是有效的储库，同时反应(8.97)和(8.98)作为链终止反应的效率也很低。因此，链终止反应的低效性是 BrO_x 循环高效率的另一原因，同时即使混合比相对较低，也会提高 Br 在臭氧破坏反应中的重要性。$BrONO_2$ 和 HOBr 在无太阳辐射的情况下是稳定的，并且在多相链式反应系统中扮演重要角色，包括平流层极夜中 PSC 与 $ClONO_2$ 和 HOCl 的非均相反应，将在下一节中加以说明。

平流层中氯化合物的混合比约为 3.5 ppbv，而溴化合物的混合比约为 20 pptv，不到氯化合物的 1/150。由于天然来源的 Br 的混合比约为 10 pptv，这表示人为排放是 Br 化合物进入平流层的量与天然来源的 CH_3Br 大致相同。随着人为卤代烃排放量的增加，ClO_x 和 BrO_x 之间的交叉反应日趋重要，这将在 8.3 节中进行介绍。

图 8.5 显示了通过模型计算获得的活性溴化合物在 30°N 时 24 h 平均的垂直分

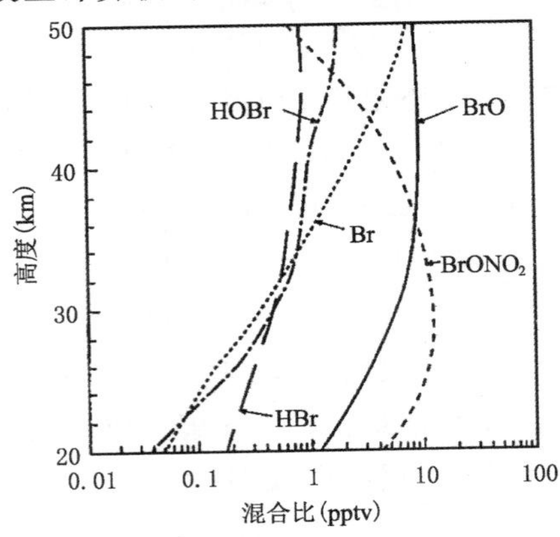

图 8.5　在 30°N 纬度平均 24 h 内通过模型计算得出平流层中活性溴化合物的垂直廓线(改编自 McElroy, 2002)

布(McElroy, 2002)。总结一下所有这些化合物,平流层中 Br 的总混合比约为 20 pptv。在 BrO_x 中,BrO 和 $BrONO_2$ 最丰富,在高于和低于 35 km 的高度处分别约为 10 pptv。另一方面,Br 原子的混合比随高度单调增加,在平流层界面附近接近 10 pptv,与平流层顶的 BrO 几乎相同。HBr 的混合比非常低,小于 1 pptv,这意味着它不能用作有效的 Br 储库,与 Cl 的情况不同。HOBr 的混合比在上层平流层中小于 1 pptv,甚至在小于 30 km 的高度处进一步降低。

碘:尽管天然源会释放出几种生物碘化合物,但它们在对流层的光解寿命很短,即使对于相对较长寿命的物种,例如 CH_3I,也只有几天(Brasseur 和 Solomon, 2005)。因此,通常认为对流层 CH_3I 不会侵入平流层。但是,也有人提出,热带地区的强上升气流可以将海面附近的 CH_3I 迅速输送到平流层,并可能进一步导致 O_3 的耗散(Solomon 等, 1994)。

碘原子从 CH_3I 被释放出来,并通过快速光解而到达平流层(4.3.8 节)。

$$CH_3I + h\nu \rightarrow CH_3 + I \quad (8.101)$$

I 原子的反应与 Br 类似,例如与 O_3 反应

$$I + O_3 \rightarrow IO + O_2 \quad (8.102)$$

但是,生成的 IO 的光解速率(4.3.4 节)却极大

$$IO + h\nu \rightarrow I + O \quad (8.103)$$

同时与以下反应一起发生时

$$IO + NO \rightarrow I + NO_2 \quad (8.104)$$

$$IO + O \rightarrow I + O_2 \quad (8.105)$$

它们构成了由 O_3 破坏造成的 IO_x 循环。由于 IO 与 NO_2 和 HO_2 发生反应而生成的 $IONO_2$ 和 HOI 等中间体比 $BrONO_2$ 和 HOBr 更快速地发生光解,它们不作为终止反应起作用,其特征在于链反应的效率非常高。

氟:在卤素中,氟与 Cl、Br 和 I 有很大不同,因为它不会引起 O_3 损耗。如下文所述,氟以人为 CFCs 和 HCFCs 的形式以及 CF_4 和氢氟烃(HFCs)的形式输送到平流层。这些化合物的分解过程(请参阅 8.3 节)形成了 COF_2 和 COFCl 等,它们的光解作用和后续反应产生了 F 原子和其他活性物质

$$COF_2 + h\nu \rightarrow FCO + F \quad (8.106)$$

$$COFCl + h\nu \rightarrow FCO + Cl \quad (8.107)$$

$$FCO + O_2 + M \rightarrow FC(O)O_2 + M \quad (8.108)$$

$$FC(O)O_2 + NO \rightarrow FCO_2 + NO_2 \quad (8.109)$$

$$FCO_2 + NO \rightarrow FNO + CO_2 \quad (8.110)$$

Wallington 等(1994)获得了反应(8.108)、(8.109)和(8.110)在 296 K 时的速率常数,分别为 $k_{8.108} = (1.2 \pm 0.2) \times 10^{-12}$、$k_{8.109} = (2.5 \pm 0.8) \times 10^{-11}$ 和 $k_{8.110} = (1.3 \pm 0.7) \times 10^{-10}\ cm^3 \cdot 分子^{-1} \cdot s^{-1}$,这些反应都是快速反应。

氟原子和 O_3 反应的速率常数

$$F + O_3 \rightarrow FO + O_2 \tag{8.111}$$

为 $k_{8.111}$(298 K)=1.0×10^{-11} cm^3 · 分子$^{-1}$ · s^{-1},该值与 Cl+O_3 反应的 $k_{8.68}$(298 K)= 1.2×10^{-11} cm^3 · 分子$^{-1}$ · s^{-1}大致相当。然而,在存在氟的情况下,氟原子与大气主要成分 O_2 的反应

$$F + O_2 + M \rightleftharpoons FO_2 + M \tag{8.112}$$

具有平衡常数 $K_{8.112}$(298 K)=3.7×10^{-16} cm^3 · 分子$^{-1}$,该值远大于 Cl 的 2.9×10^{-21} cm^3 · 分子$^{-1}$(Sander 等, 2011),因此氟和 FO_2 之间的平衡倾向于 FO_2 生成,[FO_2]/[F]~10^4。因此,F+O_3 反应远不及与 O_2 的反应重要。同时,氟原子以~10^{-11} cm^3 · 分子$^{-1}$ · s^{-1}数量级(Sander 等, 2011)的速率常数与 CH_4、H_2O 和 H_2 发生反应生成 HF。

$$F + CH_4 \rightarrow HF + CH_3 \tag{8.113}$$

$$F + H_2O \rightarrow HF + OH \tag{8.114}$$

$$F + H_2 \rightarrow HF + H \tag{8.115}$$

由于 H—F 键的离解能极大(D_{298}=568 kJ · mol^{-1}),因此 HF 具有光化学稳定性,同时趋向反应会变成非常稳定的储库,因此它们最终会被输送到对流层,通过降水从大气中除去。

通过反应(8.112)生成的 FO_2 不与 O_3 发生反应,其主要反应为

$$FO_2 + NO \rightarrow FNO + O_2 \tag{8.116}$$

$$FNO + h\nu \rightarrow F + NO \tag{8.117}$$

(Wallington 等, 1995; Burley 等, 1993)。

虽然 F 原子与 O_3 发生反应而生成的 FO 能够与 NO 和 O 反应生成氟(Sander 等, 2011)

$$FO + NO \rightarrow F + NO_2 \tag{8.118}$$

$$FO + O \rightarrow F + O_2 \tag{8.119}$$

但氟原子可以 HF 形式从反应系统被完全清除,同时氟产生的 O_3 破坏循环将不起作用。

截至 1985 年,通过卫星观测获得平流层中氟化合物的丰度为 1.2 ppbv,大多数化合物在海拔高度大于 30 km 时以 HF 形式存在(Zander 等, 1992)。

8.3　气相链式反应和 CFCs 造成的臭氧消耗

虽然 HO_x、NO_x 和 ClO_x 循环往往会降低平流层 O_3 混合比,但它们是由微量自然来源的物种在平流层发生的化学反应,Molina 和 Rowland(1974)提出了人为源氯氟碳化合物(CFCs)向平流层中输送大量的氯,导致臭氧层损耗的可能性。CFCs 是

分子中仅包含氯和氟的碳化合物，并且都是人为来源的物质。最常见的物种是 $CFCl_3$（CFC-11）和 CF_2Cl_2（CFC-12），由于它们既不发生光解也不与活性物质，如 OH 等发生反应，因此它们在对流层没有汇，全部到达平流层，并被光解释放出 Cl 原子。还有许多会对平流层臭氧造成破坏的其他人为源物质，如分子中除氯和氟外还有含氢的氯氟烃（HCFCs）、1，1，1-三氯乙烷（CH_3CCl_3）、四氯化碳（CCl_4）和分子中含有溴、氯和氟的溴氯氟碳化合物（哈龙）（WMO，2011；Brasseur 和 Solomon，2005）。它们统称为卤代烃。分子中没有氢原子的物种，如 CFCs，哈龙，CCl_4 等，其大气寿命由平流层的光解速率决定，一般很长，几十年到 100 多年不等。由于在对流层中含氢化合物 HCFC 和 CH_3CCl_3 等与 OH 反应而被消耗，因此这些物质的大气寿命相对较短，与 CH_4 近似，为几年到十几年，但是，它们大多会到达平流层并释放参与臭氧损耗的 Cl 原子（Brasseur 和 Solomon，2005）。在 CFCs，中，CF_2Cl_2（CFC-12）和 $CFCl_3$（CFC-11）的混合比最大，2008 年分别约为 540 ppbv 和 240 ppbv，其次是其他人为源含氯化合物 CHF_2Cl（HCFC-22）和 CCl_4，分别为 190 ppbv 和 90 ppbv。包括 550 ppbv 的天然 CH_3Cl 在内，平流层中氯的总量约为 3.5 ppbv（WMO，2011）。类似地，对于人为源溴化合物，CF_2ClBr（halon-1211）和 CF_3Br（halon-1301）分别具有最大的混合比，约为 4.3 pptv 和 3.2 pptv。加入这些哈龙后，总溴的混合比约为 20 pptv，而来自自然和人为来源的 CH_3Br 约为 10 pptv（WMO，2011）。

波长为 200～220 nm 的紫外线辐射到达平流层中层的 30～40 km 的高度，被称为平流层的“大气窗口”（参见第 4 章 4.1 节）。CFC、HCFC 和卤代烷的吸收光谱在 200 nm 附近具有较大的横截面（图 4.33、4.34 和 4.35），并且与大气窗口相匹配，从而实现了有效的光解。举例来说，CFC-12 光解生成 Cl 原子

$$CF_2Cl_2 + h\nu \rightarrow CF_2Cl + Cl \tag{8.120}$$

同时生成的 CF_2Cl 是一种烷基型自由基，随后的过程会释放另一个 Cl 原子

$$CF_2Cl + O_2 + M \rightarrow CF_2ClO_2 + M \tag{8.121}$$

$$CF_2ClO_2 + NO \rightarrow CF_2ClO + NO_2 \tag{8.122}$$

$$CF_2ClO + M \rightarrow COF_2 + Cl \tag{8.123}$$

并且会生成羰基氟化物 COF_2。在存在 $CFCl_3$ 的情况下，包括类似形成的羰基氯氟化物（COFCl）的光解，最终释放所有三个 Cl 原子。除光解之外，CFC 会与 $O(^1D)$ 发生反应，而对于 CF_2Cl_2，主要反应为

$$CF_2Cl_2 + O(^1D) \rightarrow CF_2Cl + ClO \tag{8.124}$$

以形成 CF_2Cl 和 ClO。由于光解和与 $O(^1D)$ 的反应，因此从卤代烷中释放的 Br 和 BrO 是相似的。

考虑到 8.1、8.2 节和本节中提到的所有反应，图 8.6 比较了模型计算出的 O_x、HO_x、NO_x、ClO_x 和 BrO_x 循环中的每个高度上 O_3 的消耗速率，以及根据气球观测获得的各个自由基浓度的测量值计算出的 O_3 消耗速率（Osterman 等，1997）。如图

所示，这些气相链式循环会在大于 30 km 的平流层上层引起较大的 O_3 损失，而在海拔高度小于 30 km 的平流层中层和下层，消耗速率则小于 2×10^6 分子 · cm^{-3} · s^{-1}。图 8.7 显示了各循环对 O_3 损耗的占比情况（Osterman 等，1997）。如图 8.7 所示，在大于 40 km 的平流层上层和小于 20 km 的平流层下层，HO_x 的贡献最重要，而在平流层中部，NO_x 循环最重要。同时，卤素循环（ClO_x、BrO_x）的贡献在 40 km 左右达到最大。

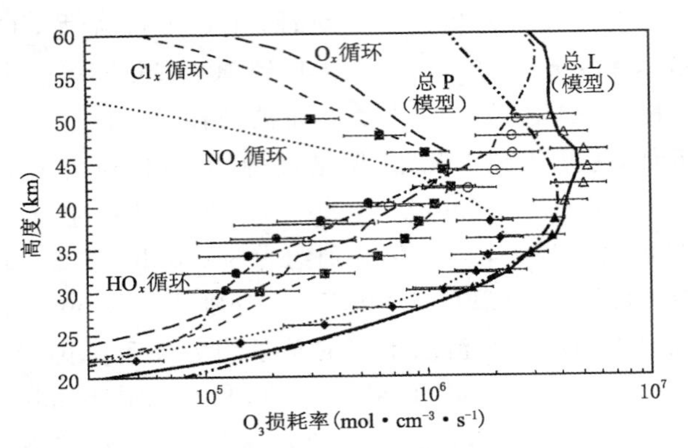

图 8.6　通过 O_x、ClO_x、NO_x 和 HO_x 的每个循环比较观测（符号）和模型计算（实线）计算出的臭氧耗散率垂直廓线（●和○代表通过不同观测得出的 HO_x 的占比，■和◆分别代表通过观测得出的 ClO_x 和 NO_x 的占比，▲和△分别是观测值的总损耗率和未观测到的 NO_x 的部分模型计算值。横线和双点划线分别是通过模型计算得出的 O_3 的总损耗率和生成率）（改编自 Seinfeld 和 Pandis，2006，基于 Osterman 等，1997 更新的反应速率常数）

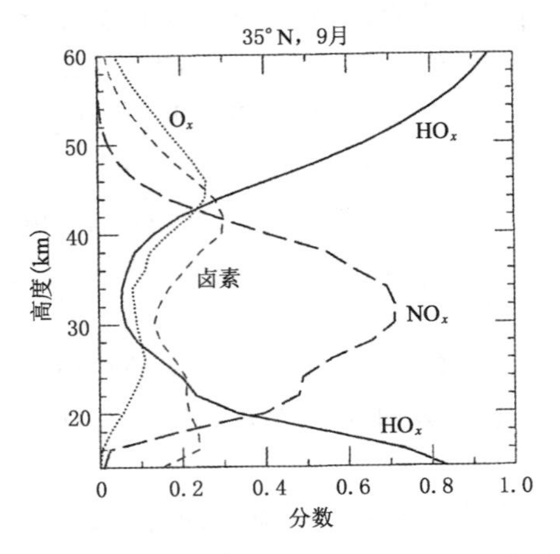

图 8.7　O_x、HO_x、NO_x 和 ClO_x 循环在不同海拔高度处臭氧消耗的占比
（改编自 Seinfeld 和 Pandis，2006，基于 Osterman 等，1997 更新的反应速率常数）

对此，可理论性地推断出，在中低纬度海拔高度为 30～35 km 的平流层上层会因人为源 CFC 和卤代烷的增加而造成臭氧消耗，并且 1980—2004 年臭氧减少量为 5%～10%（WMO,2007）。该值与通过卫星和探测仪得出的约 7%减少量的测定值相吻合（WMO,2007）。相反，在极区平流层较低层的臭氧消耗更为明显，这被称为"臭氧洞"，它是由于涉及 PSC 的多相链式反应造成的，下一节将进行描述。

8.4　PSC 上的非均相反应和臭氧层空洞

如前一节所述，在中低纬度的 33～35 km 的高空地区，由于 CFCs 和哈龙的增加而导致的臭氧消耗预计为 5%～10%。相比之下，令人惊讶的是，9—10 月，南半球的臭氧柱密度从通常的 300 DU（Dobson 单位，100 DU 等于 1 个标准大气压下在 0 ℃时 1 mm 厚的 O_3）下降到约 100 DU（Farman 等，1985；Chubachi 等，1985），而该下降被认为是由平流层下部的臭氧损耗引起的。卫星观测显示，这一现象发生在整个南极洲的上空，被称为"南极臭氧层空洞"。图 8.8 显示了通过臭氧探空仪观测到的臭氧空洞形成之前和之后，O_3 分压的典型垂直分布（Hofmann 等，1987）。尽管在这一发现后不久人们对这种现象的原因持有不同的看法，但 Anderson 等（1989）通过飞机观测发现，ClO 和 O_3 在臭氧层空洞中具有空间和时间上的明显反相关关系，如图 8.9 所示，并证明了直接原因是 ClO_x 循环的化学作用。

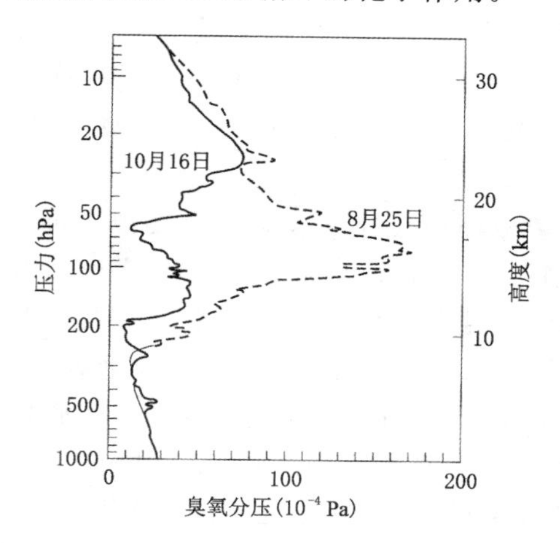

图 8.8　1986 年在臭氧层空洞形成前（8 月 25 日）及其扩展后（10 月 26 日）臭氧垂直廓线之间的对比（改编自 Hoffmann 等，1987）

但是，春天是南极洲的黎明，日照弱，没有足够的紫外线辐射到达。因此，O 原子浓度低，仅考虑上一节中所述的气相反应就无法用 ClO_x 循环解释这种现象。后来的研究发现，臭氧空洞是南极上空特殊的气象条件下的一种称为极涡的物理现象，以

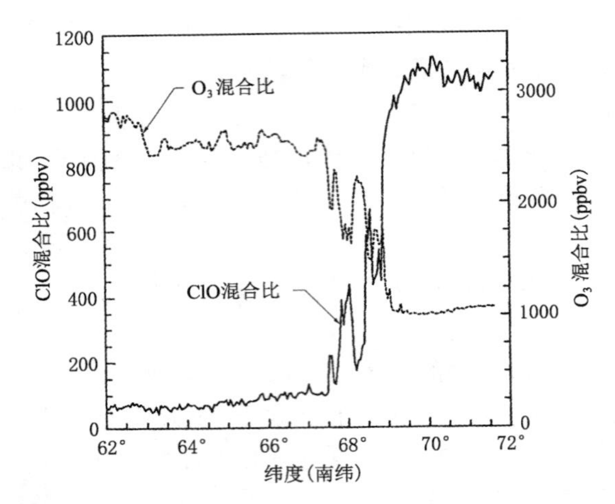

图 8.9　通过飞机观测到的臭氧层空洞内 O_3 和 ClO 混合比之间的反相关性
(改编自 Anderson 等,1989)

及由 PSCs 表面的非均相反应和随后的气相链式反应结合的化学现象共同造成的。由于寒冷大陆对大气的冷却,南极从冬季到春季形成了一个非常稳定的极涡,它提供了像封闭容器一样的反应场,阻止了外部空气与之混合(Schoeberl 等, 1992; Brasseur 和 Solomon, 2005)。由于平流层的空气非常干燥,只有几 ppmv 的水蒸气,因此通常不会形成云。但是,南极冬季平流层温度低于 195 K,水蒸气冻结形成云层,称为珠光云或珍珠母云,而与 HCl、HNO_3 等共同冷凝的云称为 PSC (参见第 6 章 6.5 节)。PSC 出现的海拔高度为 10～25 km,这与 O_3 在臭氧层空洞中极度损耗的情况大致一致。

此后发现,不仅在南极洲而且在北极附近也发现了极区的臭氧消耗(McElroy 等, 1986; Müller 等, 1997)。但是,在北极地区,与南极洲不同,由于沿经度的地球表面的不均匀性较大,并且温度比南极洲高,因此北极的极涡不能充分发展,臭氧洞的大小通常较小,但本质上由于与南极臭氧洞相同的化学反应,导致 CFCs 等对臭氧层的破坏。特别是在 2011 年的北极春季,就浓度和空间而言,在北极上空观察到的臭氧破坏程度与南极臭氧空洞相当(Manney 等, 2011)。

与 PSCs 发生的最重要的非均相反应是通过与气相中的 $ClONO_2$(g)和固体表面上的 HCl(s)发生的反应,这些反应会将 Cl_2 释放到气相中(6.5.5 节)。

$$ClONO_2(g) + HCl(s) \rightarrow Cl_2(g) + HNO_3(s) \tag{8.125}$$

通过该反应,极夜期间在极地涡旋中滞留的 HCl 和 $ClONO_2$ 会形成光解活性的 Cl_2。在春季,当极地平流层开始接收太阳辐射时,Cl_2 会快速光解以释放 Cl 原子,同时对臭氧的破坏会继续进行。HOCl 由反应(8.125)中形成的 Cl_2 生成

$$Cl_2 + h\nu \rightarrow 2Cl \tag{8.126}$$

$$Cl + O_3 \rightarrow ClO + O_2 \quad (8.68)$$

$$ClO + HO_2 \rightarrow HOCl + O_2 \quad (8.81)$$

而 ClO 和 HO_2 则通过 HOCl 的光解得以再生

$$HOCl + h\nu \rightarrow OH + Cl \quad (8.82)$$

$$Cl + O_3 \rightarrow ClO + O_2 \quad (8.68)$$

$$OH + O_3 \rightarrow HO_2 + O_2 \quad (8.23)$$

确保形成链式反应且 O_3 通过反应(8.68)和(8.23)消耗。由于臭氧层空洞会在海拔高度小于 20 km 的区域扩展，如图 8.8 所示，O 原子混合比较低，并且一个明显的特征是，8.2.3 节中所提及的再生 Cl 原子的反应

$$ClO + O \rightarrow Cl + O_2 \quad (8.69)$$

不能发挥有效作用。同样在极涡中，由于 NO_2 主要作为 HNO_3 进入 PSC，NO_2 在气相中的混合比极低。因此，链终止反应

$$ClO + NO_2 + M \rightarrow ClONO_2 + M \quad (8.78)$$

无效，从而有效促进了上述 O_3 的消耗反应。在 PSC 中，硝酸三水合物(NAT)(参见 6.5 节表 6.2)极其稳定，可生长成直径为 1～20 μm 的大颗粒，并通过重力沉降从平流层移动到对流层。该过程会将 NO_x 从平流层中彻底清除，导致在春季的太阳辐射下，NO_2 混合比降低和 O_3 消耗循环的加速。

在反应(8.125)之后，$ClONO_2$ 在 PSC 上通过与 $H_2O(s)$发生的水解反应(6.5.4 节)

$$ClONO_2(g) + H_2O(s) \rightarrow HOCl(g) + HNO_3(s) \quad (8.127)$$

是将光解活性 HOCl 释放到气相中的重要反应。当 HOCl 光解

$$HOCl + h\nu \rightarrow OH + Cl \quad (8.82)$$

生成上文所述的 OH 和 Cl 并通过气相均相反应促进 O_3 破坏时，HOCl 会参与到 PSC 中与 HCl 的非均相反应(6.5.3 节)

$$HOCl(g) + HCl(s) \rightarrow Cl_2(g) + H_2O(s) \quad (8.128)$$

从而将 Cl_2 释放到气相中。

作为 PSC 上的其他非均相反应，N_2O_5 的反应

$$N_2O_5(g) + H_2O(s) \rightarrow 2HNO_3(s) \quad (8.129)$$

$$N_2O_5(g) + HCl(s) \rightarrow ClNO_2(g) + HNO_3(s) \quad (8.130)$$

也是已知的(6.5.1 节和 6.5.2 节)。反应(8.130)会将具有光化学活性的 $ClNO_2$ 释放到气相中，$ClNO_2$ 的光解会形成 Cl 原子

$$ClNO_2 + h\nu \rightarrow Cl + NO_2 \quad (8.131)$$

同时，通过反应(8.129)和(8.130)将活性氮作为 HNO_3 加入到 PSC 中。

极涡中气相反应的特征是春季的 ClO 和 BrO 浓度比正常平流层中的要高得多，因此 ClO 与 ClO 和 BrO 之间的自由基反应非常重要。如 Molina 和 Molina(1987)所提出的，ClO 二聚体 ClOOCl(5.6.6 节)的形成及其光解会促进 O_3 的消耗。

$$ClO + ClO + M \rightarrow ClOOCl + M \quad (8.132)$$

目前,ClOOCl 是极地地区平流层下层极夜时气相中最富的 Cl 物种(Brasseur 和 Solomon, 2005)。ClOOCl 在春季的极地涡旋中光解(4.4.6 节)

$$ClOOCl + h\nu \rightarrow Cl + ClOO \quad (8.133)$$

$$\rightarrow 2Cl + O_2 \quad (8.134)$$

生成 Cl 和 ClOO,而 ClOO 则被进一步光解或热分解为 $Cl + O_2$

$$ClOO + h\nu \rightarrow Cl + O_2 \quad (8.135)$$

$$ClOO + M \rightarrow Cl + O_2 + M \quad (8.136)$$

通过 ClO 二聚体的 O_3 破坏反应可表示为

$$ClO + ClO + M \rightarrow ClOOCl + M \quad (8.132)$$

$$ClOOCl + h\nu \rightarrow 2Cl + O_2 \quad (8.134)$$

$$\text{净反应} \quad \frac{2[Cl + O_3 \rightarrow ClO + O_2]}{2O_3 \rightarrow 3O_2} \quad (8.68)$$

类似地,经由 ClO 和 BrO 的交叉反应引起对 O_3 的破坏在春季的极涡中具有重要作用(McElroy 等, 1986)。

$$BrO + ClO \rightarrow Br + OClO \quad (8.137)$$

$$\rightarrow Br + ClOO \quad (8.138)$$

$$\rightarrow BrCl + O_2 \quad (8.139)$$

因此,生成的 OClO 会光解产生 O 原子和 ClO(4.4.7 节)

$$OClO + h\nu \rightarrow O + ClO \quad (8.140)$$

反应(8.139)中生成的 BrCl 也易于光解,从而生成 Br 和 Cl 原子(4.4.1 节)

$$BrCl + h\nu \rightarrow Br + Cl \quad (8.141)$$

由于 ClO 的相互反应以及 ClO 与 BrO 的反应会再生 Cl 或 Br,因此除 O 原子形成反应(8.140)之外,其他反应都是加速 O_3 消耗的链式反应。这些反应引起的臭氧破坏可表示为

$$BrO + ClO \rightarrow Br + ClOO \quad (8.138)$$

$$ClOO + M \rightarrow Cl + O_2 + M \quad (8.136)$$

$$Cl + O_3 \rightarrow ClO + O_2 \quad (8.68)$$

$$\text{净反应} \quad \frac{Br + O_3 \rightarrow BrO + O_2}{2O_3 \rightarrow 3O_2} \quad (8.88)$$

或

$$BrO + ClO \rightarrow BrCl + O_2 \quad (8.139)$$

$$BrCl + h\nu \rightarrow Br + Cl \quad (8.142)$$

$$Cl + O_3 \rightarrow ClO + O_2 \quad (8.68)$$

$$\text{净反应} \quad \frac{Br + O_3 \rightarrow BrO + O_2}{2O_3 \rightarrow 3O_2} \quad (8.88)$$

据估计，ClO＋ClO 和 BrO＋ClO 对南极臭氧层空洞中臭氧消耗比分别为 60%和 40%(Seinfeld 和 Pandis，2006)。

8.5　平流层硫化学

从地表附近释放的大多数无机和有机硫化合物不会到达平流层，因为它们在大气中的寿命很短，不到一年。唯一例外的是海洋生物和火山来源的羰基硫(COS)。COS 在对流层中不被光解，与 OH 反应的速率常数小至 2.0×10^{-15} cm^3 · 分子$^{-1}$ · s^{-1}(298 K)(表 5.2)，在对流层中寿命长达数年，并且可以到达平流层。COS 在对流层中的混合比约为 500 pptv，并以该值进入平流层。在平流层中，COS 容易发生光解，并且在海拔高度为 35 km 时其混合比降低至约 15 pptv(Brasseur 和 Solomon，2005)。通过 COS 的光解，硫酸(H_2SO_4)分子以气体分子形成，然后在极低的 H_2SO_4 蒸气压力下凝结形成硫酸气溶胶。平流层中的硫酸气溶胶层在海拔高度为 20 km 附近扩散，称为"Junge 层"，是以发现者的姓名命名的。平流层气溶胶的粒径为 0.01～1 μm，它会反射、吸收并散射太阳光和地面辐射，从而改变地球的热平衡，继而影响气候变化(Brühl 等，2012)。作为平流层中除 COS 以外的硫化合物，大规模火山喷发可能会将 SO_2 零星地直接注入平流层，从而暂时增加平流层气溶胶，并在数年内趋于降低地球表面温度。

到达平流层的 COS 会如第 4 章 4.3.6 节所述发生光解

$$COS + h\nu \rightarrow CO + S \tag{8.143}$$

以释放 S 原子。大气中的硫原子会立即与 O_2 发生反应

$$S + O_2 \rightarrow SO + O \tag{8.144}$$

形成一氧化硫(SO)(Donovan 和 Little，1972)。COS 也会与氧原子 $O(^3P)$ 反应生成 SO

$$O(^3P) + COS \rightarrow CO + SO \tag{8.145}$$

然而，该反应的速率常数相对较小，为 1.3×10^{-14} cm^3 · 分子$^{-1}$ · s^{-1}(298 K)(表 5.1)，因此光解是产生 SO 的主要途径。反应(8.144)中生成的 SO 与 O_2 反应生成 SO_2(Black 等，1982；Atkinson 等，2004)

$$SO + O_2 \rightarrow SO_2 + O \tag{8.146}$$

SO_2 在平流层中易于光解(4.3.7 节)

$$SO_2 + h\nu \rightarrow SO + O \tag{8.147}$$

还会与 OH 发生反应(5.2.6 节)并生成在对流层所看到的 $HOSO_2$ 自由基

$$OH + SO_2 + M \rightarrow HOSO_2 + M \tag{8.148}$$

$HOSO_2$ 会与大气中的 O_2 发生反应

$$HOSO_2 + O_2 \rightarrow HO_2 + SO_3 \tag{8.149}$$

生成三氧化硫(SO_3)(Stockwell 和 Calvert，1983)。硫酸分子 H_2SO_4 由 SO_3 通过与 H_2O 发生的均相反应或非均相反应生成(Jayne 等，1997；Atkinson 等，2004)

$$SO_3 + H_2O \rightarrow H_2SO_4 \tag{8.150}$$

生成的 H_2SO_4 是一种气态分子,但由于其较低的蒸气压而凝结形成硫酸气溶胶。利用气球上安装的负离子质谱仪可观测到平流层中的气态 H_2SO_4(Krieger 和 Arnold，1994)。图 8.10 显示了一个测量示例(Reiner 和 Arnold，1997)。由于 H_2SO_4 的饱和蒸气压随温度升高而增加,因此 H_2SO_4(g)的混合比会在 35～38 km 以内随高度增加而增加,并在更高的海拔高度快速减小。这是由于 COS 的消耗造成的,并且在平流层上部很少发生 H_2SO_4 的形成反应。

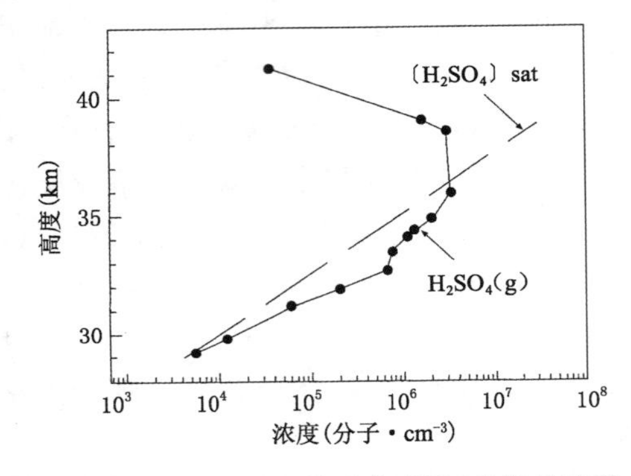

图 8.10　观测到的平流层中 H_2SO_4(g)的垂直廓线(虚线是硫酸在液态硫酸气溶胶上的平衡蒸气压)(改编自 Reiner 和 Arnold,1997)

图 8.11 显示了利用模型计算所得的含硫类物种混合比的垂直分布(Turco 等，1979)。如图所示,COS 在平流层下层发生光解,而 H_2SO_4 则以 100～200 pptv 的混

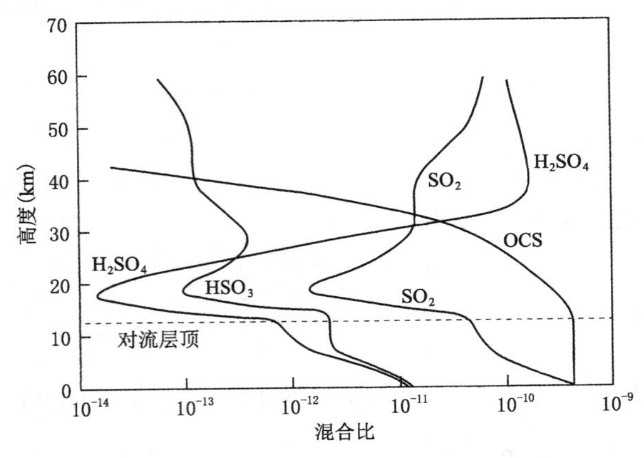

图 8.11　模型计算的平流层含硫化合物的垂直廓线
(改编自 Turco 等,1979)

合比在海拔高度大于 35 km 时作为主要的硫类物种存在。几十 pptv 的 SO_2 存在于对流层附近，在距对流层顶几千米之内迅速减少，并在平流层上层再次增加至 10～30 pptv。

参考文献

島崎達夫，成層圏オゾン，第 2 版，東京大学出版会，1987.

Anderson，J. G.，W. H. Brune and M. H. Proffitt，Ozone destruction by chlorine radicals within the Antarctic vortex — The spatial and temporal evolution of ClO-O_3 anticorrelation based on in situ ER-2 data，J. Geophys. Res.，94，11465-11479，1989.

Atkinson，R.，D. L. Baulch，R. A. Cox，J. N. Crowley，R. F. Hampson，R. G. Hynes，M. E. Jenkin，M. J. Rossi and J. Troe，Evaluated kinetic and photochemical data for atmospheric chemistry：Volume I — Gas phase reactions of Ox，HOx，NOx，and SOx species，Atmos. Chem. Phys.，4，1461-1738，2004.

Bates，D. R. and M. Nicolet，The photochemistry of atmospheric water vapor，J. Geophys. Res.，55.，301-327，1950.

Bedjanian，Y. and G. Poulet，Kinetics of halogen oxide radicals in the stratosphere，Chem. Rev.，103，4639-4655，2003.

Berkner，L. V. and L. C. Marshall，On the origin and rise of oxygen concentration in the Earth's atmosphere，J. Atmos. Sci.，22，225-261，1965.

Black，G.，R. L. Sharpless and T. G. Slanger，Rate coefficients for SO reactions with O_2 and O_3 over the temperature range 230 to 420 K，Chem. Phys. Lett.，93，598-602，1982.

Brasseur，G. P and S. Solomon，Aeronomy of the Middle Atmosphere：Chemistry and Physics of the Stratosphere and Mesosphere，3rd ed.，Springer，2005.

Brasseur，G. P.，J. J. Orlando and G. S. Tyndall，Atmospheric Chemistry and Global Change，Oxford University Press，1999.

Brühl，C.，J. Lelieveld，P. J. Crutzen and H. Tost，The role of carbonyl sulphide as a source of stratospheric sulphate aerosol and its impact on climate，Atmos. Chem. Phys.，12，1239-1253，2012.

Burley，J. D.，C. E. Miller and H. S. Johnston，Spectroscopy and photoabsorption cross sections of FNO，J. Mol. Spec.，158，377-391，1993.

Chapman，S.，A theory of upper atmospheric ozone，Mem. Roy. Meteorol. Soc.，3，103-125，1930a.

Chapman，S.，On ozone and atomic oxygen in the upper atmosphere，Phil. Mag.，10，369-383，1930b.

Chubachi，S.，A special ozone observation at Syowa Station，Antarctica from February1982 to January1983，in Atmospheric Ozone，Zerefos and Chazi eds.，Reidel，606-610，1985.

Crutzen，P. J.，The influence of nitrogen oxides on atmospheric ozone content，Qurt. J. Roy. Meteorol. Soc.，96，320-325，1970.

DeMore, W. M., D. M. Golden, R. F. Hampson, M. J. Kurylo, C. J. Howard, A. R. Ravishankara, C. E. Kolb and M. J. Molina, Chemical Kinetics and Photochemical Data for Use in Atmospheric Studies, Evaluation Number 12, JPL Publication 97-4, 1997.

Donovan, R. J. and D. J. Little, The rate of the reaction $S(3^3P_J)+O_2$, Chem. Phys. Lett., 13, 488-490, 1972.

Dotto. L. and H. Schiff, The Ozone War, Doubleday, 1978.(オゾン戦争:蝕まれる宇宙船地球号, Volume 2,見角鋭二,高田加奈子訳,社会思想社,1982)

Farman, J. C., B. G. Gardiner and J. D. Shankin, Large losses of total ozone in Antarctica reveal seasonal ClO_x/NO_x interaction, Nature, 315, 207-210, 1985.

Finlayson-Pitts, B. J. and J. N. Pitts, Jr., Chemistry of the Upper and Lower Atmosphere, Academic Press, 2000.

Hofmann, D. J., J. W. Harder, S. R. Rolf and J. M. Rosen, Balloon-borne observations of the development and vertical structure of the Antarctic ozone hole in 1986, Nature, 326, 59-62, 1987.

Jayne, J. T., U. Pöschl, Y. Chen, D. Dai, L. T. Molina, D. R. Worsnop, C. E. Kolb and M. J. Molina, Pressure and temperature dependence of the gas-phase reaction of SO_3 with H_2O and the heterogeneous reaction of SO_3 with H_2O/H_2SO_4 surfaces, J. Phys. Chem. A, 101, 10000-10011, 1997.

Johnston, H. S., Reduction of stratospheric ozone by nitrogen oxide catalysis from supersonic transport exhaust, Science, 173, 517-522, 1971.

Jucks, K. J., D. G. Johnson, K. V. Chance, W. A. Traub, J. J. Margitan, G. B. Osterman, R. J. Salawitch and Y. Sasano, Observations of OH, HO_2, H_2O, and O_3 in the upper stratosphere; Implications for HOx photochemistry, Geophys. Res. Lett., 25, 3935-3938, 1998.

Krieger, A. and F. Arnold, First composition measurements of stratospheric negative ions and inferred gaseous sulfuric acid in winter Arctic vortex: Implications for aerosols and hydroxyl radical formation, Geophys. Res. Lett., 21, 1259-1262, 1994.

Manney, G. L., M. L. Santee, M. Rex, N. J. Livesey, M. C. Pitts, P. Veefkind, E. R. Nash, I. Wohltmann, R. Lehmann, L. Froidevaux, L. R. Poole, M. R. Schoeberl, D. P. Haffner, J. Davies, V. Dorokhov, H. Gernandt, B. Johnson, R. Kivi, E. Kyrö, N. Larsen, P. F. Levelt, A. Makshtas, C. T. McElroy, H. Nakajima, M. C. Parrondo et al., Unprecedented Arctic ozone loss in 2011, Nature, 478, 469-475, 2011.

McElroy, M. B., The Atmospheric Environment: Effects of Human Activities, Princeton University Press, 2002.

McElroy, M. B., R. J. Salawitch, S. C. Wofsy and J. A. Logan, Reductions of Antarctic ozone due to synergistic interactions of chlorine and bromine, Nature, 321, 759-762, 1986.

Middleton, A. M. and M. A, Tolbert, Stratospheric Ozone Depletion, RSC Publishing, 2000.

Molina, M. J. and F. S. Rowland, Stratospheric sink for chlorofluoromethanes: Chlorine atom catalyzed destruction of ozone, Nature, 249, 810-812, 1974.

Molina, L. T. and M. J. Molina, Production of Cl_2O_2 from the self-reaction of the ClO radical, J. Phys. Chem., 91, 433-436, 1987.

Müller, R., P. J. Crutzen, J.-U. Groo, C. Bürhl, J. M. Russell, III, H. Gernandt, D. S. McKennal and A. F. Tuck, Severe chemical ozone loss in the Arctic during the winter of 1995—1996, Nature, 389, 709-712, 1997.

Nicolet, M., Stratospheric ozone; An introduction to its study, Rev. Geophys., 13, 593-636, 1975.

Osterman, G. B., R. J. Salawitch, B. Sen, G. C. Toon, R. A. Stachnik, H. M. Pickett, J. J. Margitan, J.-F. Blavier and D. B. Peterson, Balloon-borne measurements of stratospheric radicals and their precursors: Implications for the production and loss of ozone, Geophys. Res. Lett., 24, 1107-1110, 1997.

Reiner, T. and F. Arnold, Stratospheric SO3: Upper limits inferred from ion composition measurements — Implications for H_2SO_4 and aerosol formation, Geophys. Res. Lett., 24, 1751-1754, 1997.

Sander, S. P., R. Baker, D. M. Golden, M. J. Kurylo, P. H. Wine, J. P. D. Abatt, J. B. Burkholder, C. E. Kolb, G. K. Moortgat, R. E. Huie and V. L. Orkin, Chemical Kinetics and Photochemical Data for Use in Atmospheric Studies, Evaluation Number 17, JPL Publication 10-6, 2011.

Schoeberl, M. R., L. R. Lait, P. A. Newman and J. E. Rosenfield, The structure of the polar vortex, J. Geophys. Res., 97, 7859-7882, 1992.

Seinfeld, J. H. and S. N. Pandis, Atmospheric Chemistry and Physics: Air Pollution to Climate Change, 2nd ed., John Wiley and Sons, 2006.

Sen, B., G. C. Toon, G. B. Osterman, J.-F. Blavier, J. J. Margitan, R. J. Salawitch and G. K. Yue, Measurements of reactive nitrogen in the stratosphere, J. Geophys. Res., 103, 3571-3585, 1998.

Solomon, S., R. R. Garcia and A. R. Ravishankara, On the role of iodine in ozone depletion, J. Geophys. Res., 99, 20491-20499, 1994.

Stockwell, W. R. and J. G. Calvert, The mechanism of the HO-SO_2 reaction. Atmos. Environ., 17, 2231-2235, 1983.

Stolarski, R. S. and R. J. Cicerone, Stratospheric chlorine: A possible sink for ozone, Can. J. Chem., 52, 1610-1615, 1974.

Turco, R. P., P. Hamill, O. B. Toon, R. C. Whitten and C. S. Kiang, A one-dimensional model describing aerosol formation and evolution in the stratosphere: I. Physical process and mathematical analogs, J. Atmos. Sci., 36, 699-717, 1979.

Warneck, P., Chemistry of the Natural Atmosphere, Academic Press, 1988.

Wallington, T. J., T. Ellermann, O. J. Nielsen and J. Sehested, Atmospheric chemistry of FCO_x radicals: UV spectra and self-reaction kinetics of FCO and $FC(O)O_2$ and kinetics of some reactions of FCO_x with O_2, O_3, and NO at 296 K, J. Phys. Chem., 98, 2346-2356, 1994.

Wallington, T. J., W. F. Schneider, J. J. Szente, M. M. Maricq, O. J. Nielsen and J. Sehested, Atmospheric chemistry of FNO and FNO_2: Reactions of FNO with O_3, $O(^3P)$, HO_2, and HCl and the reaction of FNO_2 with O_3, J. Phys. Chem., 99, 984-989, 1995.

Wayne, R. P., Chemistry of Atmospheres, 3rd ed., Oxford University Press, 2000.

WMO (World Meteorological Organization), Scientific Assessment of Ozone Depletion: 2006, Global Ozone Research and Monitoring Project — Report No. 50, Geneva, 2007.

WMO (World Meteorological Organization), Scientific Assessment of Ozone Depletion: 2010, Global Ozone Research and Monitoring Project — Report No. 52, Geneva, 2011.

Wofsy, S. C. and M. B. McElroy, HOx, NOx, and ClOx: Their role in atmospheric chemistry, Can. J. Chem., 52, 1582-1591, 1974.

Zander, R., M. R. Gunson, C. B. Farmer, C. P. Rinsland, F. W. Irion and E. Mahieu, The 1985 chlorine and fluorine inventories in the stratosphere based on ATMOS observations at 30° north latitude, J. Atmos. Chem., 15, 171-186, 1992.